ライフサイエンス 必須 英和・和英辞典 改訂第3版

編著◆
ライフサイエンス辞書プロジェクト

Life Science

English-Japanese Japanese-English Dictionary Third Edition

羊土社
YODOSHA

羊土社のメールマガジン
「羊土社ニュース」は最新情報をいち早くお手元へお届けします!

主な内容

・羊土社書籍・フェア・学会出展の最新情報
・羊土社のプレゼント・キャンペーン情報
・毎回趣向の違う「今週の目玉」を掲載

●バイオサイエンスの新着情報も充実!
・人材募集・シンポジウムの新着情報!
・バイオ関連企業・団体の
キャンペーンや製品,サービス情報!

いますぐ,ご登録を!
(登録・配信は無料)
➡ **羊土社ホームページ http://www.yodosha.co.jp/**

改訂第3版の序

この本を手にした多くの若い皆さんは，英語を習い始めたときからポケットに入る電子辞書やパソコンでのインターネットが身近にあって使い慣れている世代だと思う．われわれもそういう時代が来ることを見越して，15年以上も前からWebでライフサイエンス辞書を制作，公開してきた．それなのに，なぜ今さらまた紙に印刷した辞書なのか？

パソコン，電子辞書，そして印刷辞書にはそれぞれ利点と欠点がある．電子媒体と比較した場合の書籍のメリットには次のようなことがあげられる．

①持ち運びやすく丈夫なこと
②安価なこと
③面積あたりの情報量が多いこと
④簡単に書き込みやマークができること

一方，書籍の最大の欠点は，収録できる情報量が実質的に限られることである．ページ数を増やせば情報を増やすことができる．しかしページ数の増大は検索に要する時間を増加させるため，使い勝手や効率が悪化する．したがって，冊子体には自ずと最適な情報の質と量というものが存在するはずである．

そのひとつの答えが本書である．われわれは今回の改訂で，医学や生命科学にこれから取り組もうとする初学者にとって「必要十分」な印刷辞書を目指した．本書に収録された英語は，実際に欧米の医学教科書や最新の論文で頻出する語句を解析して選ばれている．その過程で，カタカナにしか翻訳されない固有名詞の医薬品名や遺伝子名は最低必要限を採用した．また，頻度の少ない名詞と動詞の関係や形容詞の副詞形などを1つの見出し語にまとめて表示することで，一見して最大の理解が得られるように，時間をかけて絞り込みと整理を行った．その結果，英和見出しとして1万語，副見出しや派生語に約1,700語，用例に約5,000語が厳選されている．

本書に収載した英語の語彙は，中学レベルの基本800語を理解していると仮定して，活用形を含めると欧米の医学教科書テキストを93%までカバーできることを検証してある．この値は，10倍以上の語彙を収録した既存の医学辞典をはるかに凌駕している．それは出現頻度を詳細に解析して，最新の専門用語や略語を無駄なく収録しているからである．加えて，本書は教科書や論文でよく使われる動詞や形容詞も医学的な文脈で最適となる訳語とともに収録している．つまり，学習辞書と併用する必要がなく，すべてを1冊で調べやすく作ってある．

実際，本書が完成した後，京都大学薬学部の3年生 12名の協力の下に英語医学教科書翻訳の「randomized crossover trial」を実施し，種々の辞書と使いやすさを科学的に比較してみた．その結果，本書を用いた場合の翻訳スピードと成績は，驚いたことに高価な医学辞典を収録した電子辞書を用いた場合とまったく同等であった．また，学生の主観的満足度でも高い評価が得られた（結果は http://lsd.pharm.kyoto-u.ac.jp/ja/document/archive/index.html 参照）．

さらに，今回の改訂は英和の見直しだけに留まらず，和英索引に英語綴りを表示して引きやすくした．そうして英和・和英辞書の機能が1冊に凝縮され，英文執筆時の有用性も向上している．収録した日本語は国内の教科書や総説の解析からよく用いられている表記から選択されたものである．発音については，統一規格のない発音記号の表記をやめる代わりに，日本人が発音やアクセントを間違えやすい500語を厳選して見出し語にマークを施すとともに，出現頻度の高い最重要語，すべての動詞，特徴ある専門用語や重要単語の合計約3,500語について，複数の外国人の音声をパソコンやiPodで聞けるMP3ファイルとしてダウンロードできるようにした．

医歯薬系学部あるいは生命科学を専攻する学科でライフサイエンスを学び始めた学生諸君，あるいは医学・バイオに関連する職場に新しく就かれた社会人の方々にとって，本書は必要にして十分な語彙と知識を参照できる唯一の辞書であると自信を持って推薦できる．インターネットで公開しているWebLSDとはひと味違う内容の「濃さ」を味わってみていただきたい．

2010年2月

編著者を代表して
金子周司

初版の序

本書は，これから生命科学（ライフサイエンス）を学ぼうという学生，大学院生，社会人が越えなくてはならない専門英語というハードルを少しでも低くするためにつくった本である．すなわち本書は，英語論文を読み書きするときや，英語で行われる試験の勉強をするときに役立つよう，広範な生命科学の諸領域において頻用される語句を厳選し，代表的な訳と用例を示した我が国で初めてのライフサイエンス単語帳である．

本書に収録されている語彙の選択は，Medline に収録された学術論文抄録を解析した結果に基づいており，見出し語で 3 段階に示した重要度も，抄録での出現頻度に基づいてマークしている．本書の見出し語約 2,400 語は，生命科学系の論文で使われる全単語種約 20 万語のたった 1.2% にすぎないが，全英単語から中学生レベルの語彙を除いた単語のうち 75% をカバーできる．実際の論文では化合物名や人名などの固有名詞が多いことと，本書では見出し以外に用例や派生語を収録して主要な不足を補ったことを合わせると，本書の語彙を身につけていれば，高度に専門的な語句以外はほとんど不自由なく原著論文を読むことができるはずである．

また，内容的には生命科学の根幹である基礎医学，臨床医学を中心にしているが，植物学，化学，物理学，数学などの周辺領域の語彙の充実にも努めた．これは分野によって微妙に異なる訳語を有する専門語が多いためである．さらに，一般的な単語であっても，ある分野に特異的な訳語や概念を有する場合も収録した．したがって医歯薬系に限らず，自然科学専攻の学部あるいは教養課程での専門英語の学習にも本書は十分に役立つものと思う．

本書は構想から完成に至るまでに 3 年以上の年月を費やしたが，現状でもなお，見出し語の過不足や訳語の選択について改良の余地が残されているように思う．しかし，試作した単語リストで大学院入試の勉強をした学生から「すごく役に立つので早い時期に出版するように」と励まされたこともあり，読者の勉学の参考になればと念じて上梓することにした．使ってみた方々からの忌憚ないご意見やご批判を頂戴できれば幸いである．

最後に，本書を制作する土台となる専門用語の電子辞書を築いたライフサイエンス辞書プロジェクトのメンバー諸氏と，出版までに多大なご迷惑をおかけした羊土社編集部の天野幸さんに感謝申し上げる．

2000 年 1 月

編者を代表して
金子周司

本書の構成

◆英和　p.1

◆和英索引　p.463

◆付録　間違えやすい語句一覧

1. 複数形の成り立ち　p.654
2. 綴りが似ている関連語で，意味が異なる単語　p.656
3. 外来語の正しい綴りとアクセント　p.657

◆音声データ

（発音注意語・動詞・重要単語などの音声データを羊土社ホームページからダウンロードし，iTunes，Windows Media Player などの音楽ソフトで聞くことができます．詳細は次ページ参照）

本書を利用するにあたって

①見出し語（10,000 語）の配列はアルファベット順としました．

②つづりが米英，年代，分野で異なる場合は併記しました．

③見出し語に付した「★」は，その語の医学教科書や論文における出現頻度を表します．★（2,861 語）までが，まず暗記すべき語彙の目安となります．★★（610 語）は最重要語であり，使われ方を含めて十分に理解している必要があります．

④本文中の《　》内は使用される分野，（　）内は補足説明，読み，表記の追加などを表します．内容を分けて説明する必要のある場合は，❶，❷などを用いました．

⑤本文中の記号

⑤-1．品詞

名(名詞)　動(動詞)　形(形容詞)　副(副詞)

接(接続詞)　前(前置詞)　接頭(接頭語)　接尾(接尾語)

⑤-2．その他の略号

類(類義語)　反(反意語)　英(英国表記)

略(略記)　対(対語)　複(複数形)　単(単数形)

学(学名)　派(派生語)　熟(熟語)　ラ(ラテン語)

化(化学記号)　例(用例)

⑤-3．発音やアクセントを間違いやすい見出し語には下記の記号を付しました．

（実際の発音が聞ける音声データをダウンロードすることができます．詳細は次ページ参照）

発　（発音に注意が必要な単語）

ア　（アクセントに注意が必要な単語）

発/発（品詞によって発音が異なる単語）

音声データのダウンロードについて

本書に掲載している見出し語のうち，次の約 3,500 語の音声データを下記手順にてダウンロードできます．ぜひご活用ください．

※ 音声データはご登録いただいた本書の読者のみご利用いただけます

1：**発音注意語 [500 語]**（見出し語に 発 ア 発/発 の記号が付いている語．各記号の意味は前ページ ⑤ -3．参照）

2：**最重要語［349 語］**［★★が付与された見出し語（略語等を除く）．詳細は前ページ ③参照］

3：**動詞［770 語］**（本書の見出し語として掲載されている動詞）

4：**専門的な名詞［924 語］**（解説文中に《　》で分野の説明などが記された専門的な名詞等）

5：**重要単語［940 語］**（形容詞など，その他の重要な単語）

（語数は 2010 年 3 月現在の数です）

登録・ダウンロード手順

❶パソコンから空メールを eiwa3rd@yodosha.co.jp 宛に送信してください．

❷返信メール中の URL をクリックし登録ページにアクセスしてください※．

❸登録画面にて必須事項をご入力ください．

❹すべて入力後に送信ボタンを押すと登録内容確認画面が表示されます．内容をご確認のうえ OK ボタンを押してください．

❺ご登録いただいたメールアドレスに音声データダウンロードページの URL と，ユーザ名・パスワードをご連絡いたします．

❻ダウンロードページにアクセスするとダイアログボックスが出ますので，ユーザ名とパスワードを入力してください．

❼ページに書かれた案内に従って，必要なファイルをダウンロードしてください．

※ ご利用の環境によっては“返信メール”が迷惑メールとして処理されるなど正常に受信できない可能性があります．しばらく経っても“返信メール”を受信しない場合，yodosha.co.jp のメールを受信可能にするなど迷惑フィルターの設定見直しを行ってください．設定変更ができない，不明な方は件名を「返信メール未到着」として eiwa3rd@yodosha.co.jp までご連絡ください

ダウンロードできるデータについて

音声は MP3 形式で作成しております．iTunes，Windows Media Player などの音楽ソフトでご利用ください．

ライフサイエンス辞書プロジェクト メンバー

金子周司
京都大学大学院薬学研究科教授

鵜川義弘
宮城教育大学環境教育実践研究センター教授

大武　博
福井県立大学学術教養センター教授

河本　健
広島大学大学院医歯薬学総合研究科助教

竹内浩昭
静岡大学理学部生物科学科准教授

竹腰正隆
東海大学医学部基礎医学系分子生命科学講師

藤田信之
製品評価技術基盤機構バイオテクノロジー本部

英　和

English-Japanese

数字

3D [略] 三次元の(three-dimensional)

5-HT [略]《化合物》セロトニン(serotonin, 5-hydroxytryptamine)

^{99m}Tc [化]《放射性同位元素》^{99m}テクネチウム(technetium 99m)

A

A ★ [略] ❶《核酸》アデニン(adenine) ❷《アミノ酸》アラニン(alanine) ❸《単位》アンペア(ampere)

Å [略]《単位》オングストローム(angstrom)

a- ★★ [接頭]「非，無」を表す
[例] asymptomatic(無症候性の), atypical(非定型の)

AAA [略]《疾患》腹部大動脈瘤(abdominal aortic aneurysm)

AAV [略]《病原体》アデノ随伴ウイルス(adeno-associated virus)

Ab [略]《免疫》抗体(antibody)

abbreviate [動] 省略する

ABC transporter [名]《生体物質》ABCトランスポータ(ATP結合領域をもち主として低分子を膜輸送するタンパク質ファミリー)

abdomen [名]《解剖》腹部

abdominal ★ [形] 腹部の
[例] abdominal cavity(腹腔＝ふっくう), abdominal pain(腹痛), abdominal tenderness(腹部圧痛)

abductor [名]《解剖》外転筋

aberrant ★ [ア] [形] 異常な [副] aberrantly

aberration [名] ❶異常(性) ❷《物理》収差(しゅうさ)
[例] mental aberration(精神異常)

Abeta(β) [略]《生体物質》βアミロイド(amyloid β-protein)

ability ★★ [名] 能力，性能 [類] capability, competence, facility

ab initio [ラ] アブイニシオ，第一原理による
[例] *ab initio* calculation(第一原理計算)

ablate [動] 切除する

ablation ★ 名《臨床》アブレーション(高周波通電による組織焼却手術)，焼灼術(しょうしゃくじゅつ)
例 catheter ablation(カテーテル焼灼術)

abnormal ★ 形 異常な 副 abnormally 反 normal

abnormality ★★ 名 異常性，《臨床》奇形

abolish ★ 動 廃止する，消失させる，無効にする 類 abrogate

abort 動 ❶流産する ❷中断する，(計画が)流れる 名 中断

abortion ★ 名 ❶《臨床》流産，妊娠中絶 ❷《生物》発育不全 ❸失敗
例 artificial abortion(人工妊娠中絶)，spontaneous abortion(自然流産)

abortive 形 ❶発育不全の ❷失敗に終わった

above-mentioned 形 上述の，すでに述べた

abrasion 名 ❶《物理》摩耗 ❷《疾患》擦過傷，剥離(はくり) ❸《地学》侵食

abrogate ★ 動 廃止する，無効にする 類 abolish

abrogation 名 撤廃，抑止

abrupt 形 急激な

abscess ★ 名《疾患》膿瘍(のうよう＝化膿性分泌物の蓄積)

abscisic acid 名《化合物》アブシジン酸(植物ホルモン) 略 ABA

abscissa 名《数学》横軸，横座標 類 horizontal axis 反 ordinate(縦軸)

absence ★★ 名 ❶欠如，非存在 ❷《疾患》欠神(発作) 反 presence(存在) 熟 in the absence of(〜の非存在下で)
例 absence epilepsy(欠神てんかん)，absence seizure(欠神発作)

absent ★ 形 不在の，欠けている 反 present(存在する)

absolute ★ 形 ❶絶対的な ❷《化学》無水の 副 absolutely 反 relative(相対的な)
例 absolute alcohol(無水アルコール)，absolute configuration(絶対配置)，absolute temperature(絶対温度)，absolute value(絶対値)

absorb ★ 発 動 吸収する

absorbance 名《物理》吸光度，光吸収率

absorptiometry 名《実験》吸光光度法

absorption ★ 名 吸収
例 absorption spectrum(吸収スペクトル)，intestinal absorption(腸管吸収)

abstinence 名 ❶禁断 ❷禁欲 類 withdrawal

abstract ★ 発/発 名 要旨，抜粋 動 除去する，抽象化する 形 抽象的な
例 abstract a hydrogen atom(水素原子を除去する), a brief abstract of the paper(その論文の簡潔な要旨)

abstraction 名 抽出，抽象化

abundance ★ 名 存在量，大量，豊富

abundant ★ 形 大量の，豊富な 副 abundantly

abuse ★ 発/発 名 ❶(薬物の)乱用 ❷(人間の)虐待 動 ❶乱用する ❷虐待する 類 misuse, overuse
例 child abuse(児童虐待), drug abuse(薬物乱用)

abuser 名 乱用者，中毒者

academic ★ 形 学術的な，学問的な 副 academically

academy 名 学会，協会

ACAT 略《酵素》アシルCoAコレステロールアシルトランスフェラーゼ(acyl-CoA-cholesterol acyltransferase＝コレステロールエステル化に関与)

accelerate ★ 動 促進する，加速する，速める
例 accelerated partial-breast irradiation(加速乳房部分照射)

acceleration 名 ❶加速，促進 ❷《物理》加速度

accelerator 名 ❶促進剤 ❷《物理》加速器

accentuate 動 強調する，目立たせる

accept ★ 動 受け入れる，承認する，受理する

acceptable 形 容認できる，受け入れられる

acceptance 名 受諾，承認，受け入れ

acceptor ★ 名《物理》受容器，アクセプター

access ★ 名 アクセス，接近 動 接近する 熟 have access to(利用できる), gain access to(到達する，接近する)

accessibility ★ 名 到達性，接近できること

accessible ★ 形 到達できる，接近できる

accessory ★ 形 付属の 名 付属物，アクセサリー

accident 名 事故，アクシデント

accidental 形 偶発的な，偶然の 副 accidentally

acclimate / acclimatize 動 気候に順応する

acclimation / acclimatization 名《生理》順化，気候順応

accommodate 動 適応する，順応する，収容する

accommoda-tion 名❶《生理》適応，順応　❷宿泊設備　❸(眼の)遠近調節

accompany ★ 動付随させる，伴う

accomplish ★ 動達成する，成し遂げる

accomplish-ment 名達成，成就

accord ★ 動一致する，調和する　名一致，調和　熟in accord with(〜と一致して)，according to(〜によれば)

accordance 名一致，調和　熟in accordance with(〜と一致して)

accordingly ★ 副(主に文頭で用いて)それ故に，従って

account ★ 名❶価値　❷理由　❸《会計》計算書，取引　熟on account of(〜の理由のために)，take into account(考慮に入れる)

account for ★ 動説明する
例be accounted for by(〜によって説明される)

accountability 名説明責任，アカウンタビリティー

accretion 名癒着(ゆちゃく)

accrual 名自然増加

accumbens 形《解剖》側坐核の
例nucleus accumbens(側坐核)

accumulate ★ 動蓄積する

accumula-tion ★★ 名蓄積，集積，貯留

accuracy ★ 名正確さ，精度

accurate ★ 形正確な，的確な　副accurately

ACE 略《酵素》アンジオテンシン変換酵素(angiotensin-converting enzyme)

acetal 名《化合物》アセタール(2つのエーテル結合を1炭素原子にもつ有機化合物の総称)

acetate ★ 名《化合物》酢酸(塩やエステルとして)　形酢酸の
形acetic　類acetic acid(酢酸)
例acetic anhydride(無水酢酸)

acetone 名《化合物》アセトン(有機溶媒)

acetonitrile 名《化合物》アセトニトリル(有機溶媒)

acetyl ★ 名《化学》アセチル
例acetyl group(アセチル基)，acetyl-CoA(アセチルCoA)

acetylate 動アセチル化する
例acetylated histone(アセチル化ヒストン)

acetylation ★ 名《化学》アセチル化

acetylcholine ★ 名《生体アミン》アセチルコリン 略 ACh
例 acetylcholine receptor(アセチルコリン受容体)

acetylcholin-esterase 名《酵素》アセチルコリンエステラーゼ，アセチルコリン分解酵素

acetylene 名《化合物》アセチレン(炭素数2で三重結合をもつアルキン)

acetyltrans-ferase ★ 名《酵素》アセチルトランスフェラーゼ，アセチル基転移酵素
例 choline acetyltransferase(アセチルコリン合成酵素)

ACh 略 アセチルコリン(acetylcholine)

achalasia 名《症候》アカラシア(食道噴門部での通過障害)

ache 発 名 痛み 動 うずく 類 pain 派 headache(頭痛)，toothache(歯痛)

achieve ★★ 動 達成する，成し遂げる

achievement 名 達成，業績，成果

Achilles tendon 名《解剖》アキレス腱

acid ★★ 名《化学》酸
例 acid-base equilibrium(酸塩基平衡)，acid-sensing ion channel(酸感受性イオンチャネル；ASIC)，Lewis acid(ルイス酸)

acidic ★ 形 酸性の 反 basic(塩基性の)
例 acidic residue(酸性残基)，acidic protein(酸性タンパク質)

acidification 名 酸性化

acidify 動 酸性化する

acidity 名《化学》酸性度

acidosis ★ 名《症候》アシドーシス(体液の酸性化状態)，酸血症

acinar 形《解剖》腺房の
例 acinar cell(腺房細胞)，pancreatic acinar cell(膵腺房細胞)

acknowledge 動 承認する，認知する

acknowledg-ment ★ / 英 acknowl-edgement 名 謝辞

acne 名《疾患》挫瘡(ざそう)，皰(にきび)

acoustic 発 形 ❶《生理》聴覚性の ❷《物理》音響(学)の
例 acoustic nerve(内耳神経)

acquire ★ 動 獲得する，取得する

acquired ★ 形《疾患》後天性の 反 congenital, innate, hereditary, familial
例 acquired immunodeficiency syndrome（後天性免疫不全症候群；AIDS）

acquisition ★ 名 獲得，習得

acromegaly 名《疾患》先端巨大症（成長ホルモンの過剰分泌で生じる病態），末端肥大症

acrosome 名《細胞》アクロソーム（精子の頭部構造体），先体

acrylamide 名《化合物》アクリルアミド（重合物をゲル電気泳動に用いる試薬）

ACS 略《疾患》急性冠症候群（acute coronary syndrome）

act ★★ 動 作用する（+as），動作する，行動する 名 行為，《法律》条例
例 short-acting（短時間作用性の）

ACTH 略《生体物質》副腎皮質ホルモン刺激ホルモン（adrenocorticotropic hormone）

actin ★★ 名《生体物質》アクチン（細胞骨格タンパク質）
例 actin cytoskeleton（アクチン細胞骨格），actin filament（アクチン線維），actin polymerization（アクチン重合）

actinomycin D 名《化合物》アクチノマイシンD（RNA合成阻害抗生物質）

action ★★ 名 ❶作用 ❷行為，措置
例 action potential（活動電位），action potential duration（活動電位持続時間；APD），main action（主作用），site of action（作用点）

activate ★★ 動 活性化する
例 activated channel（活性化チャネル），activated charcoal（活性炭），activated form（活性型）

activation ★★ 名 活性化
例 activation energy（活性化エネルギー），activation-induced cell death（活性化誘導細胞死）

activator ★ 名 活性化物質，活性剤

active ★★ 形 ❶活性のある，有効な ❷活動的な，積極的な，能動的な 副 actively 反 inactive（不活性な），passive（受動的な）
例 active center（酵素の活性中心），active immunity（能動免疫），active immunization（能動免疫獲得），active site（活性部位），active transport（能動輸送）

activin 名《生体物質》アクチビン（分化誘導や形態形成に関与するTGF β類似ホルモン）

activity ★★ 名❶活性，活動性 ❷《化学》活量
例 biological activity(生物活性)，enzyme activity(酵素活性)

actomyosin 名《生体物質》アクトミオシン(アクチン・ミオシン複合体)

actual ★ 形実際の 副 actually

acuity 名鋭さ

acupuncture 名《臨床》鍼(治療)(はりちりょう)

acute ★★ 形❶《疾患》急性の ❷《数学》鋭角の 副 acutely
反 chronic(慢性の)，obtuse(鈍角の)
例 acute administration of drug(薬物の急性投与)，acute alcohol intoxication(急性アルコール中毒)，acute coronary syndrome(急性冠症候群；ACS)，acute myeloid leukemia(急性骨髄性白血病；AML)，acute myocardial infarction(急性心筋梗塞)，acute respiratory distress syndrome(急性呼吸促迫症候群；ARDS)

acyl ★ 名《化学》アシル(カルボン酸から水酸基を除いた原子団)
例 acyl carrier protein(アシルキャリアータンパク質)，acyl-CoA(アシルCoA＝脂肪酸代謝中間体)，acyl-CoA synthetase(アシルCoAシンテターゼ)，acyl group(アシル基)

acylation 名《化学》アシル化(アシル基導入反応) 動 acylate

acyltrans-ferase 名《酵素》アシルトランスフェラーゼ(アシル基転移酵素)

ADA 略《酵素》アデノシンデアミナーゼ(adenosine deaminase)

adapt ★ 動適応させる，順応させる

adaptation ★ 名《生理》順応，適応
例 light adaptation(眼の明順応)

adaptive ★ 形適応できる，順応性の

adaptor ★ **/ adapter** 名アダプター，補助具
例 adaptor protein(アダプタータンパク質)

add ★ 動加える，加算する 反 subtract(減算する)

addict 動耽溺させる 名常習者
例 cocaine addict(コカイン常習者)

addiction ★ 名《症候》耽溺(たんでき)，嗜癖(しへき)，習慣性
例 drug addiction(薬物嗜癖，薬物中毒)

addictive 形耽溺性の，習慣性のある

addition ★★ 名❶添加，追加 ❷《化学》付加(反応) ❸《数学》加算，相加 反 subtraction(減算) 熟 in addition to(～に加えて)

additional ★★ 形 付加的な，追加の 副 additionally（そのうえ，さらに）

additive ★ 形 ❶《数学》相加的な ❷加算性の 名 添加物 副 additively 対 synergistic（相乗的な）
例 additive effect（相加作用）

address ★ 名 アドレス，住所 動（問題に）取り組む，立ち向かう
熟 to address this issue（この問題に取り組むために）

adduct ★ 名 付加物
例 cisplatin-DNA adduct（シスプラチンとDNAの付加物）

adduction 名《生理》内転

adductor 名《解剖》内転筋

adenine ★ 発 名《核酸塩基》アデニン 略 A
例 adenine nucleotide（アデニンヌクレオチド）

adenocarcinoma ★ 名《疾患》腺癌

adenoma ★ 名《疾患》アデノーマ，腺腫

adenomatous 形 腺腫性の
例 adenomatous polyp（腺腫性ポリープ），adenomatous polyposis coli（大腸腺腫症）

adenopathy 名《疾患》アデノパチー，腺症（リンパ節腫大）

adenosine ★ 名《ヌクレオシド》アデノシン（RNA構成ヌクレオシド，神経伝達物質）
例 adenosine deaminase（アデノシンデアミナーゼ；ADA），adenosine triphosphate（アデノシン三リン酸；ATP）

adenovirus ★ 発 名《病原体》アデノウイルス（中型2本鎖DNAウイルスの一属） 形 adenoviral

adenylyl cyclase ★ 名《酵素》アデニリルシクラーゼ，アデニル酸シクラーゼ 類 adenylate cyclase

adequate ★ 形 ❶適切な，妥当な ❷十分な 副 adequately 反 inadequate

ADH 略 ❶《酵素》アルコール脱水酵素（alcohol dehydrogenase） ❷《生理》抗利尿ホルモン（antidiuretic hormone）

ADHD 略《疾患》注意欠陥多動性障害（attention deficit hyperactivity disorder）

adhere ★ 動 接着する（+to），付着する

adherence ★ 名 付着性，（精神的）癒着（ゆちゃく）
例 strict adherence of A to B（Bに対するAの強固な付着性）

adherent 形 付着力のある，付着性の 副 adherently

adhesin 名《生体物質》アドヘシン(細菌の線毛先端にあるレクチン様糖鎖認識タンパク質)

adhesion ★★ 名《物理》接着,《臨床》癒着(ゆちゃく)
例 adhesion molecule(接着分子), cell adhesion(細胞接着)

adhesive ★ 形 接着性の 名 接着剤 派 adhesiveness(接着性)

ad hoc ラ その場限りの, 臨時目的の

adiabatic 名《物理》断熱性の
例 adiabatic expansion(断熱膨張)

adipocyte ★ 名 脂肪細胞

adipogenesis 名 脂肪生成 形 adipogenic

adiponectin 名《生体物質》アディポネクチン(脂肪細胞から分泌されるタンパク質でマクロファージ泡沫化を抑制したりインスリン感受性を上昇させる)

adipose ★ 形 脂肪の 類 fatty
例 adipose tissue(脂肪組織)

adiposity 名《疾患》肥満(症) 類 obesity

adjacent ★ 形 隣接している(+to), 近接している 副 adjacently

adjoin 動 隣接する

adjunct 形 補助の(+to) 名 付属物

adjunctive 形 付属の, 補助的な
例 adjunctive therapy(補助的療法)

adjust ★ 動 補正する, 調整する
例 adjusted hazard ratio(補正ハザード比), adjusted life year(調整生存年)

adjustable 形 調節可能な

adjustment ★ 名 調整

adjuvant ★ 名《免疫》アジュバント(抗原免疫増強剤)
例 adjuvant chemotherapy(アジュバント化学療法), complete Freund's adjuvant(フロイント完全アジュバント=関節炎モデル作製試薬)

ad libitum ラ 自由に, 適宜 略 *ad lib*

administer ★ 動 ❶(薬物を)投与する ❷管理する
例 administer orally(経口投与する)

administration ★★ 名 ❶(薬物の)投与 ❷管理, 行政
例 Food and Drug Administration(米国食品医薬品局; FDA), self-administration(自己投与), systemic administration(全身投与)

administrative 形 行政の

admission ★ 名 ❶承認 ❷《臨床》入院 ❸入学
例 hospital admission(入院)

admit 動 ❶承認する，認める ❷《臨床》入院させる

admixture 名 混合(物)

adolescence 名 青年期 形 adolescent 類 puberty(思春期)

adolescent ★ 発 形 青年期の 名 青年

AdoMet 略《生体物質》S-アデノシル-L-メチオニン(S-adenosyl-L-methionine)

adopt ★ 動 ❶装う，形をとる ❷採用する，採択する

adoption 名 ❶採用 ❷養子縁組

adoptive ★ 形 養子の 副 adoptively
例 adoptive immunotherapy(養子免疫治療)，adoptive transfer(養子移入)

ADP 略《ヌクレオチド》アデノシン二リン酸(adenosine diphosphate)
例 ADP-ribosylation factor(ADPリボシル化因子)

ADPKD 略《疾患》常染色体優性多発性囊胞腎(autosomal dominant polycystic kidney disease)

ADR 略《症候》薬物有害反応(adverse drug reaction)

adrenal ★ 形《解剖》副腎の
例 adrenal cortex(副腎皮質)，adrenal gland(副腎)，adrenal medulla(副腎髄質)，adrenal insufficiency(副腎不全)

adrenalectomy 名《臨床》副腎摘除(術)

adrenaline 名《生体アミン》アドレナリン(副腎髄質ホルモン；神経伝達物質)

adrenergic ★ 形《生理》アドレナリン作動性の
例 adrenergic agonist(アドレナリン受容体刺激薬)，adrenergic antagonist(アドレナリン受容体遮断薬)，adrenergic nerve(アドレナリン作動神経)，adrenergic receptor(アドレナリン受容体)

adrenoceptor 名《生体物質》アドレナリン受容体 類 adrenergic receptor

adrenocorticotropic hormone 名《生体物質》副腎皮質刺激ホルモン 略 ACTH

adsorb 動 吸着する

adsorption 名《物理》吸着
例 adsorption to membranes(膜への吸着)

adult ★★ 名 成体，成人 形 成人(性)の
例 adult-onset(成人発症)，adult respiratory distress syndrome(成人呼吸促迫症候群；ARDS)，adult T-cell leukemia(成人T細胞白血病；ATL)，young adult(若年成人)

adulthood ★ 名 成人期

advance ★ 名 進歩，進行 動 進歩する，進行する 熟 in advance(前もって)
例 advance directive(事前指示)，recent advances in the basic sciences(基礎科学における最近の進歩)

advanced ★ 形 進行性の，高度な
例 advanced cancer(進行癌)，advanced glycation end product(終末糖化産物)，advanced stage(進行期)

advancement 名 進歩，前進

advantage ★ 名 利点，優位性 反 disadvantage

advantageous 形 有利な，都合良い 副 advantageously

advent 名 出現，到来

adventitial 形《解剖》(血管)外膜の

adventitious 形 外来性の，不定の
例 adventitious root(不定根)

adverse ★ 形 ❶有害な ❷逆方向の 副 adversely
例 adverse effect(有害作用)，adverse event([薬物の]有害事象)，adverse reaction(有害反応)

advertise 動 宣伝する，広告する

advice 発 名 (複数形にならない不可算名詞)助言，勧告，アドバイス

advisable 形 得策の，賢明な

advise 発 動 助言する，勧める

advisory 形 顧問の
例 advisory committee(専門委員会)

advocate 発/発 動 提唱する 名 擁護者

aerate 動 空気にさらす，酸素を供給する

aeration 名 通気，曝気

aerial 形 ❶大気の ❷空中の
例 aerial hyphae(気菌糸)

aerobic ★ 発 形 好気性の，有酸素性の 副 aerobically 反 anaerobic(嫌気性の)

aerosol 名 エアロゾル，煙霧剤

aerosolize 動 エアロゾル化する

aeruginosa ➡ *Pseudomonas*(シュードモナス)

affect ★★ 動 影響する，発症する，(病気が身体を)冒す
例 His lungs are affected.(彼の肺は冒されている)

affective 形《疾患》情動(性)の，感情の 副 affectively
例 affective disorder(感情障害)

afferent ★ 形《解剖》求心性の 名 求心路 反 efferent（遠心性の）
例 afferent neuron（求心性ニューロン）, primary afferent fiber（一次求心性線維＝感覚神経）

affiliate 動 提携する

affinity ★★ 名 親和性, アフィニティー
例 affinity chromatography（アフィニティークロマトグラフィー）, affinity labeling（親和性標識）, high affinity（高親和性）

afflict 動 苦しめる

afford ★ 動 ❶（時間や金銭などに）余裕がある, 費用を負担できる ❷産出する

AFM 略《物理》原子間力顕微鏡（atomic force microscope）

aforementioned 形 上述の

afterdischarge 名《生理》後発射

afterload 名《生理》後負荷（動脈抵抗により収縮時に左心室にかかる圧力） 対 preload（前負荷）

Ag ★ 略《元素》銀（silver）

agar ★ 名 寒天
例 agar bridge（寒天橋）

agarose 名《化合物》アガロース（電気泳動担体）
例 agarose gel electrophoresis（アガロースゲル電気泳動）

age ★★ 名 年齢, 歳 動 ❶加齢する ❷《発酵》熟成する 派 aging / ageing（加齢） 形 aged（老齢の）, age-related（加齢性の）
例 age-matched control（同年齢対照群）, age of onset（発症年齢）, age-related macular degeneration（加齢性黄斑変性症）, middle age（中年）

agency 名 ❶機関 ❷代理業

agenda 名 協議事項, 議題

agenesis 名《症候》無形成, 欠損

agent ★★ 名 ❶薬剤, 作用薬 ❷媒介物
例 alkylating agent（アルキル化薬）, antiviral agent（抗ウイルス薬）

agglutinate 動（血球などが）凝集する, 膠着する

agglutination 名（血球などの）凝集, 膠着

agglutinin 名《生体物質》アグルチニン（=abrin）, 凝集素

aggravate 動 悪化させる, 増悪させる

aggravation 名《症候》増悪(ぞうあく)，悪化

aggregate ★ 発/発 動 凝集する，集合する 名 凝集体

aggregation ★ 名 (細胞や受容体の)凝集
例 platelet aggregation(血小板凝集)

aggression 名 攻撃性，侵襲

aggressive ★ 形 ❶攻撃的な，積極的な ❷(腫瘍が)高悪性度の
副 aggressively
例 aggressive behavior(攻撃行動)

aggressive-ness 名 攻撃性，積極性，病原力

aging ★ **/ ageing** 名 ❶《生理》加齢，老(齢)化 ❷《物理》エイジング ❸《発酵》熟成
例 aging process(老化過程)

agitation 名 ❶撹拌，かき混ぜ ❷《心理》激越(げきえつ)，不隠，煽動(せんどう)

agonism 名 受容体活性化作用

agonist ★★ ア 名 (受容体の)刺激薬，作動薬，アゴニスト 形 agonistic 反 antagonist(遮断薬)
例 partial agonist(部分作用薬)

agree 動 賛成する(+with)，一致する，同意する
例 agree with the previous results(以前の結果と一致する)

agreement ★ 名 ❶一致 ❷賛成，同意 ❸約束 反 disagreement(不一致) 熟 in (good) agreement with(〜と〔よく〕一致して)

agriculture ★ 名 農業，農学 形 agricultural

Agrobacterium 学《生物》アグロバクテリウム(属)(植物病原菌の一属)
例 *Agrobacterium tumefaciens*(アグロバクテリウム・ツメファシエンス)

AhR ★ 略《生体物質》アリール炭化水素受容体(aryl hydrocarbon receptor)

AHR 略《疾患》気道過敏症(airway hyperresponsiveness)

aid ★ 名 援助，助け 動 助ける

AIDP 略《疾患》急性炎症性脱髄性多発ニューロパチー(acute inflammatory demyelinating polyradiculoneuropathy)

AIDS 略《疾患》エイズ，後天性免疫不全症候群(acquired immunodeficiency syndrome)

aim ★ 名目的，目標　動目標とする　類object, goal, purpose, endpoint

air ★ 名❶空気　❷大気
例air pollution(大気汚染)

airborne 形《生物》風媒性の

AIRE 略自己免疫調節物質(autoimmune regulator)

airflow 名《物理》気流

airway ★ 名《解剖》気道　類air duct, respiratory tract
例airway epithelial cell(気道上皮細胞), airway hyperreactivity(気道過敏性), airway obstruction(気道閉塞), airway resistance(気道抵抗)

Al 略《元素》アルミニウム(aluminum)

Ala 略《アミノ酸》アラニン(alanine)

alanine ★ 発 名《アミノ酸》アラニン　略Ala, A
例alanine aminotransferase(アラニンアミノ基転移酵素；ALT), alanine scanning(アラニンスキャニング＝アミノ酸残基の機能を点変異で探る方法)

alarm 名警告　動警告する

albeit 接～にもかかわらず　類although

albino 名《生物》白色種，アルビノ

albumin ★ 名《生体物質》アルブミン(血清タンパク質)

albuminuria 名《疾患》アルブミン尿(症)

alcohol ★ 発 名《化合物》アルコール，(一般的に)酒　派ethanol(エタノール), methanol(メタノール)
例alcohol consumption(飲酒量), alcohol dehydrogenase(アルコール脱水素酵素), alcohol intoxication(アルコール中毒)

alcoholic ★ 形アルコール性の，アルコール中毒の　名アルコール中毒患者
例alcoholic cirrhosis(アルコール性肝硬変)

alcoholism 名《疾患》アルコール依存(症)

aldehyde ★ 発 名《化合物》アルデヒド
例aldehyde dehydrogenase(アルデヒド脱水素酵素)

aldol 名《化合物》アルドール
例aldol condensation(アルドール縮合)

aldolase 名《酵素》アルドラーゼ(解糖系酵素)

aldose 名《化合物》アルドース(アルデヒド基をもつ単糖の総称)
例aldose reductase(アルドース還元酵素)

aldosterone 名《生体物質》アルドステロン(副腎皮質ミネラルコルチコイド)

alert 形 機敏な 動 警戒する

aleurone 形《植物》デンプンの
例 aleurone layer(《植物》糊粉層)

alga 名《生物》藻類(そうるい) 複 algae 形 algal

alginate 名《化合物》アルギン酸(ウロン酸直鎖重合体の多糖)
類 alginic acid

algorithm ★ 名《コンピュータ》アルゴリズム，問題解決法 形 algorithmic

alien 形 異国の，異質な 名 外国人

align ★ 動 整列させる

alignment ★ 名 整列(化)，アラインメント

alimentary 形 食事性の，栄養補給の 類 dietary

aliphatic 形《化学》脂肪族の
例 aliphatic polycyclic hydrocarbon(脂肪族多環式炭化水素)

aliquot 発 名 一定分量，分割量
例 apply an aliquot of the extract(一定分量の抽出物を適用する)

alive 形 生きている

ALK 略《酵素》未分化リンパ腫キナーゼ(anaplastic lymphoma kinase)

alkali 名《化学》アルカリ
例 alkali metal(アルカリ金属)

alkaline ★ 発 形 ❶アルカリ性の ❷アルカリ属の
例 alkaline earth metal(アルカリ土類金属)，alkaline phosphatase(アルカリホスファターゼ)，weak alkaline(弱アルカリ性の)

alkalinization 名 アルカリ化

alkaloid 名《化合物》アルカロイド，植物塩基

alkalosis 名《症候》アルカローシス(生体内のアルカリ過剰)

alkane 発 名《化合物》アルカン＝飽和炭化水素

alkene 発 名《化合物》アルケン＝二重結合が1つの不飽和炭化水素

alkyl ★ 名《化学》アルキル
例 alkyl group(アルキル基；R)

alkylate 動 アルキル化する
例 alkylating agent(アルキル化薬)

alkylation 名《化学》アルキル化

alkyne 発 名《化合物》アルキン＝三重結合が1つの不飽和炭化水素

all ★★ 形 全，総 熟 at all (まったく〜ない)
例 all-cause mortality (総死亡率)，all-or-none (全か無か)，all-trans-retinoic acid (オールトランスレチノイン酸；ATRA)

ALL 略《疾患》急性リンパ性白血病 (acute lymphoblastic leukemia)

allele ★★ ア 名《遺伝子》アレル，対立遺伝子
例 allele frequency (対立遺伝子頻度)，mutant allele (突然変異遺伝子)

allelic ★ 形 アレルの，対立形質の
例 allelic exclusion (対立遺伝子排除)，allelic loss (対立遺伝子欠失)

allergen ★ 名《免疫》アレルギー誘発物質，アレルギー抗原

allergic ★ 形《疾患》アレルギー(性)の
例 allergic asthma (アレルギー性喘息)，allergic encephalomyelitis (アレルギー性脳脊髄炎)，allergic inflammation (アレルギー性炎症)，allergic reaction (アレルギー反応)，allergic rhinitis (アレルギー疾患)

allergy ア 名《疾患》アレルギー，過敏症
例 food allergy (食物性アレルギー)

alleviate 動 軽減する，緩和する

alleviation 名 軽減

alloantibody 名《免疫》アロ抗体，同種抗体

alloantigen 名《免疫》アロ抗原，同種抗原

allocate 動 割り当てる，分配する

allocation 名 割当，分配

allodynia 名《疾患》異痛症，アロディニア

allogeneic ★ 形 同種(異系)間の
例 allogeneic immunity (同種免疫)，allogeneic transplantation (同種移植)

allograft ★ 名 同種移植(片) 動 同種移植する 類 allotransplantation，homograft 対 xenograft (異種移植)
例 allograft rejection (同種移植片拒絶)

alloimmune 形 同種免疫の

allosteric ★ 形 アロステリックな(活性中心以外に結合してタンパク質の構造変化をおこすような) 副 allosterically
例 allosteric binding site (アロステリック結合部位)，allosteric regulation (アロステリック制御)

allotype 名《免疫》アロタイプ，《分類学》別基準標本

allow ★★ 動 許す，許容する

allowance 名 許容(度)

alloy [発] [名]合金，アロイ

allozyme [名]《酵素》アロザイム(同一サブユニットからなる酵素;ヘテロ接合体の場合は2種類のサブユニットで構成)

allyl [名]《化学》アリル(一価の不飽和炭化水素基) [形] allylic

almost ★ [副]ほとんど [類] nearly, quite, largely

alopecia [名]《疾患》脱毛症

alpha(α)-helix ★ [名]《生化学》αヘリックス(タンパク質のらせん状部分構造) [対] beta-sheet(βシート)

ALS [略]《疾患》筋萎縮性側索硬化症(amyotrophic lateral sclerosis)

ALT [略]《酵素》アラニンアミノ基転移酵素(alanine aminotransferase) [類]《旧名称》GPT

alter ★★ [動]変える，変わる

alteration ★ [名]変化

alternate ★ [形]交互の [動]交替する [副] alternately(交互に)
[例] alternating current([電気] 交流)

alternation [名]❶交互，交互変化 ❷《症候》交互脈

alternative ★ [ア] [形]❶二者択一の ❷代替の [名]代替物 [副] alternatively(代わりに)
[例] alternative medicine(代替医療＝西洋医学以外の治療法), alternative splicing of mRNA(RNAの選択的スプライシング)

although ★★ [接]～であるにもかかわらず

altitude [名]高度 [類] height

altogether [副]❶全く ❷全体で

aluminum / [英] aluminium [名]《元素》アルミニウム [化] Al

alveolar ★ [形]❶《解剖》槽の，肺胞の ❷《歯科》歯槽の
[例] alveolar bone(歯槽骨), alveolar epithelial cell(肺胞上皮細胞), alveolar macrophage(肺胞マクロファージ), alveolar rhabdomyosarcoma(胞巣型横紋筋肉腫)

alveolitis [名]《疾患》肺胞炎，胞隔炎

alveolus [名]《解剖》肺胞，《歯科》歯槽 [複] alveoli

Alzheimer's disease ★ [名]《疾患》アルツハイマー病(老人斑形成と神経原線維変化を特徴とする神経細胞脱落による認知症)

amacrine cell [名]《解剖》アマクリン細胞(網膜介在ニューロン)

amastigote [名]《生物》無鞭毛型(リーシュマニア原虫の一形態)
[対] promastigote(前鞭毛型)

ambient 形 外界の，周囲の
例 ambient temperature(外気温)

ambiguity 名 あいまい性，多義性

ambiguous 形 あいまいな，多義性の

amblyopia 名《症候》弱視

ambulatory 形《臨床》携帯式の，外来の
例 ambulatory blood pressure monitoring(携帯式血圧測定法)

amebiasis 名《疾患》アメーバ症

ameliorate 動 寛解させる，回復させる

amelioration 名《臨床》寛解(かんかい)，回復

amenable 形 受け入れられる

amenorrhea 名《疾患》無月経(症)

amide ★ 名《化学》アミド
例 amide bond(アミド結合)

amine ★ 発 名《化学》アミン

amino ★★ ア 名《化学》アミノ(基)
例 amino group(アミノ基)，amino terminus(アミノ末端)

amino acid ★★ 名《化合物》アミノ酸
例 amino acid composition(アミノ酸組成)，amino acid residue(アミノ酸残基)，amino acid sequence(アミノ酸配列)，amino acid sequence identity(アミノ酸配列同一性)，amino acid substitution(アミノ酸置換)，aromatic amino acid(芳香族アミノ酸)，basic amino acid(塩基性アミノ酸)

amino-terminal ★ 形《タンパク質》アミノ末端の 略 N-terminal

aminoglycoside 名《化合物》アミノ配糖体，アミノグリコシド
例 aminoglycoside antibiotic(アミノ配糖体系抗生物質)

aminopeptidase 名《酵素》アミノペプチダーゼ

aminotransferase 名《酵素》アミノトランスフェラーゼ，アミノ基転移酵素

AML 略《疾患》急性骨髄性白血病(acute myeloid leukemia)

ammonia 名《化合物》アンモニア 化 NH_3
例 ammonia-lyase(アンモニアリアーゼ＝アンモニア脱離に伴い炭素二重結合を形成させる酵素)

ammonium 名《化合物》アンモニウム 化 NH_4^+
例 quaternary ammonium salt(四級アンモニウム塩)

A

amnesia 発 名《症候》健忘(症)，記憶喪失 形 amnesic

amniotic 形 羊水の
例 amniotic fluid(羊水)

amorphous 形《物理》無定形の，アモルファス

amount ★★ 名 量，含量 動 達する(+ to)
例 a large amount of energy(大量のエネルギー)

AMP 略《ヌクレオチド》アデノシン一リン酸(adenosine monophosphate)

AMPA 略《化合物》AMPA＝イオンチャネル型グルタミン酸受容体選択的アゴニスト(α-amino-3-hydroxy-5-methyl-4-isoxazolepropionic acid)

amphetamine 名《化合物》アンフェタミン(中枢興奮作用の強い覚醒剤)

amphibian 形《生物》両生類の 名 両生類 学 Amphibia

amphipathic 形《物理》両親媒(性)の(水性と油性の溶媒に親和性のある) 名 amphipathicity 類 amphiphilic

amphiphilic 形《物理》両親媒性(物質)の 名 amphiphile 類 amphipathic

amphotericin 名《化合物》アンホテリシン(抗真菌薬)

ampicillin 名《化合物》アンピシリン(広範囲ペニシリン系抗生物質)

amplicon 名《遺伝子》アンプリコン(単位複製配列)，(PCRの)増幅産物

amplification ★ 名 増幅
例 gene amplification(遺伝子増幅)

amplify ★ 動 増幅する

amplitude ★ 名《物理》振幅 類 magnitude
例 high-amplitude(高振幅の)

amputation 名《臨床》切断(術)

amygdala ★ 名《解剖》扁桃体 形 amygdaloid(扁桃体の)

amylase 名《酵素》アミラーゼ(デンプンまたはアミロースを加水分解する酵素)

amyloid ★ 名《生体物質》アミロイド(＝類デンプン質)
例 amyloid beta-peptide(アミロイドβタンパク質)，amyloid deposition(アミロイド沈着)，amyloid fibril formation(アミロイド原線維形成)，amyloid plaque(アミロイド斑)，amyloid precursor protein(アミロイド前駆タンパク質；APP)

amyloidogenic 形 アミロイド形成的

amyloidosis 名《疾患》アミロイドーシス，アミロイド(蓄積)症

amyotrophic 形《疾患》筋萎縮(性)の
例 amyotrophic lateral sclerosis(筋萎縮性側索硬化症；ALS)

anabolic 名 同化(性)の
例 anabolic steroid(タンパク同化ステロイド)

anabolism 名《生化学》同化(作用) 反 catabolism(異化)

anaerobe 名《生物》嫌気性菌

anaerobic ★ 形 嫌気性の，無酸素性の 副 anaerobically 反 aerobic(好気性の)
例 anaerobic bacteria(嫌気性菌)

anagen 名(毛の)成長期

anal 形《解剖》肛門の
例 anal sphincter(肛門括約筋)

analgesia 名《薬理》鎮痛
例 morphine-induced analgesia(モルヒネ誘発鎮痛)

analgesic 形 鎮痛性の 名 鎮痛薬
例 analgesic effect(鎮痛効果)

analog ★ **/ analogue** 名 ❶類似体 ❷アナログ 対 digital(デジタル)

analogous ★ 形 類似の(+to)

analogy 名 類似性

analysis ★★ 名 分析，解析 複 analyses
例 analysis of covariance(共分散分析)，analysis of variance(分散分析；ANOVA)，chemical analysis(化学分析)，factor analysis(因子分析法)，multivariate analysis(多変量解析)

analyst 名 分析者

analyte ★ 名 分析物

analytic / analytical 形 分析の，分析的な
例 analytical chemistry(分析化学)

analyze ★★ **/ 英 analyse** 動 分析する

analyzer 名 分析計

anaphase ★ 名《細胞》分裂後期 対 metaphase(分裂中期)，prophase(分裂前期)
例 anaphase-promoting complex(後期促進複合体)

anaphylaxis 名 アナフィラキシー，(I型)即時型過敏反応 形 anaphylactic
例 passive cutaneous anaphylaxis(受動皮膚アナフィラキシー；PCA)

A

anaplastic 形《疾患》未分化の，退形成の
例 anaplastic large-cell lymphoma（未分化大細胞リンパ腫）

anastomose 動 吻合する

anastomosis 名《解剖》吻合，《臨床》吻合（術） 複 anastomoses
対 anastomotic

anatomical ★ / anatomic 形 解剖学的，解剖の 副 anatomically

anatomy ★ 名 解剖学

ANCA 略《免疫》抗好中球細胞質抗体（anti-neutrophil cytoplasmic antibody）

ancestor 名 祖先 類 ancestry, progenitor 形 ancestral 対 offspring, descendant（子孫）

anchor ★ 名 アンカー 動 繋留する
例 anchoring protein（アンカータンパク質）

anchorage 名 固定（法），足場
例 anchorage-independent growth（足場非依存性増殖）

ancient 形 古代の

ancillary 形 付属的な，補助的な

androgen ★ 名《化合物》アンドロゲン（ステロイド男性ホルモンの総称），男性ホルモン

androgenic / androgenetic 形 アンドロゲンの
例 androgenetic alopecia（男性型脱毛症；AGA）

anecdotal 形 逸話に富んだ

anemia ★ / anaemia 名《疾患》貧血 形 anemic
例 hemolytic anemia（溶血性貧血），sickle-cell anemia（鎌型赤血球貧血）

anergy 名《症候》アネルギー，無反応 形 anergic

anesthesia ★ 発 名《臨床》麻酔，感覚消失
例 intravenous anesthesia（静脈麻酔），local anesthesia（局所麻酔）

anesthesiologist 名 麻酔科医

anesthesiology 発 名 麻酔学，麻酔科

anesthetic ★ 形 麻酔性の 名 麻酔薬
例 anesthetic agent（麻酔薬）

anesthetize / anaesthetize 動 麻酔をかける，麻酔する

aneuploid 名 異数体（染色体の欠失や増加により染色体数に異常を持つ細胞） 類 aneuploid cell

aneuploidy 名《染色体》異数性

aneurysm ★ 発 名《疾患》動脈瘤（どうみゃくりゅう） 形 aneurysmal

anger 名 怒り

angiitis 名《疾患》血管炎，脈管炎

angina ★ 名《症候》アンギナ（しめつけられるような激痛＝絞扼感を表す）
例 angina pectoris（狭心症）

angio- 接頭「血管」を表す

angioedema 名《疾患》血管浮腫

angiogenesis ★ 名 血管新生（既存血管からの血管形成）
例 angiogenesis inhibitor（血管新生抑制薬）

angiogenic ★ 形 血管新生の，血管形成の
例 angiogenic factor（血管新生因子）

angiogram 名《臨床》血管造影図

angiographic 形 血管造影の 副 angiographically

angiography ★ 名 血管造影法

angiomatosis 名《疾患》血管腫症

angioplasty ★ 名《臨床》血管形成（術）

angiosperm 名《生物》被子植物

angiotensin ★ 名《生体物質》アンジオテンシン（昇圧ペプチド），アンギオテンシン 派 angiotensinogen（アンジオテンシン前駆体）
例 angiotensin-converting enzyme（アンジオテンシン変換酵素；ACE），angiotensin II（アンジオテンシンII＝生理活性体）

angle ★ 名《物理》角度，角
例 angle of refraction（屈折角），contact angle（接触角）

angstrom 名《単位》オングストローム（10^{-10} メートル＝0.1nm） 略 Å

angular 形 ❶角の ❷角をもつ
例 angular velocity（角速度）

anhydrase 名《酵素》アンヒドラーゼ，脱水酵素

anhydride 名《化合物》無水物，無水塩
例 acetic anhydride（無水酢酸）

animal ★★ 名 動物 反 plant（植物）
例 animal kingdom（動物界），animal pole（動物極），laboratory animal（実験動物）

anion ★ 名《化学》アニオン，陰イオン 形 anionic 反 cation（カチオン）
例 anion exchanger（陰イオン交換体），anion transport（陰イオン輸送）

anisotropic 形《物理》異方性の 反 isotropic（等方性の）

anisotropy 名 異等方性

ankle 名《解剖》足首

ankylosing 形《疾患》強直性の
例 ankylosing spondylitis（強直性脊椎炎）

ankyrin 名《生体物質》アンキリン（膜の裏打ちタンパク質結合体）
例 ankyrin repeat（[タンパク質の] アンキリン反復配列）

annealing 名 ❶《遺伝子》アニーリング（DNA等の加熱徐冷によるハイブリッド形成） ❷徐冷 動 anneal
例 annealing temperature（[PCRなどの] アニーリング温度）

annexin 名《生体物質》アネキシン（リン脂質やカルシウムに結合する多機能タンパク質ファミリー）

annotate 動 注釈を付ける，注解する

annotation ★ 名《遺伝子》アノテーション，注釈づけ

announce 動 発表する，公表する，アナウンスする

annual ★ 形 ❶年間の ❷年一回の，《植物》一年生の 副 annually（毎年） 類 yearly
例 annual incidence rate（年間発病率），annual meeting（学会などの年会），annual plant（一年生植物），annual usage（年間使用量）

annular 形 環状の，輪状の

annulus 名《解剖》輪，弁輪
例 mitral annulus（僧帽弁輪）

anode 名 アノード，陽極，正電極 形 anodal，anodic 反 cathode

anoikis 名《生理》アノイキス（細胞接着不全に起因するアポトーシス）

anomalous 形 異常な 類 abnormal

anomaly ★ 名 異常，例外

anomer 名《化学》アノマー（糖のカルボニル由来のジアステレオマー） 形 anomeric

anonymous 形 匿名の，無名の

anorexia 名《疾患》食欲不振（症），摂食障害
例 anorexia nervosa（神経性食欲不振症）

another 形 もう一つの 熟 one another（互いに）

ANOVA 名《統計》分散分析(analysis of variance)

anoxia 名《疾患》無酸素(症) 形 anoxic 類 hypoxia(低酸素症)

ANP 略 心房性ナトリウム利尿ペプチド(atrial natriuretic peptide)

ANS 略《生理》自律神経系(autonomic nervous system)

answer 名 答え, 解答, 回答 動 答える 対 question(問い)

antacid 形 制酸の 名 制酸薬

antagonism 名《薬理》拮抗(きっこう)

antagonist ★★ 発 名 (受容体)遮断薬, 拮抗物質, アンタゴニスト 形 antagonistic 類 blocker(阻害薬) 反 agonist(作用薬)
例 competitive antagonist(競合的遮断薬)

antagonize ★ 動 拮抗する

antecedent 形 先行する, 前提の 名《疾患》前駆症状

antenna 名《物理》アンテナ 形 antennal
例 light-harvesting antenna(集光性アンテナ=光合成細菌タンパク質)

anterior ★ 形《解剖》前側(ぜんそく)の, 前の 副 anteriorly 反 posterior
例 anterior chamber [of eye](前眼房), anterior cingulate cortex(前帯状皮質), anterior commissure(前交連), anterior communicating artery aneurysm(前交通動脈瘤), anterior horn(前角), anterior pituitary gland(脳下垂体前葉)

anterograde 形《生理》順行性の 反 retrograde(逆行性の)

anteroposterior 形《解剖》前後方向の, 体軸方向の
例 anteroposterior axis(前後軸)

anthracis ➡ *Bacillus*(バチルス)

anthracycline 名《化合物》アントラサイクリン(抗腫瘍性抗生物質)

anthrax 名《疾患》炭疽(炭疽菌による敗血症を主体とする人畜共通感染症)
例 anthrax toxin(炭疽毒素)

anthropogenic 形《環境》人為的起源の(経済活動による)
例 anthropogenic greenhouse gas(人類起源の温室ガス)

anthropometric 形《臨床》人体計測の 名 anthropometry
例 anthropometric measure(人体計測尺度)

anti- ★★ 接頭「抗」を表す

antiangiogenic 形 抗血管新生の

antiapoptotic ★ 形 抗アポトーシス性の

antiarrhythmic 形 抗不整脈(性)の 名 抗不整脈薬
例 antiarrhythmic drug(抗不整脈薬)

antibacterial 形 抗菌性の 類 antimicrobial
例 antibacterial activity(抗菌活性), antibacterial agent(抗菌薬)

antibiotic ★ 形 抗菌性の 名 抗生物質
例 antibiotic resistance(抗生物質耐性), broad-spectrum antibiotics(広域性抗生物質)

antibody ★★ ア 名《免疫》抗体 略 Ab 対 antigen(抗原) 熟 antibodies raised against(〜に対して産生された抗体)
例 antibody response(抗体応答), monoclonal antibody(モノクローナル抗体)

anticancer ★ 形 抗癌性の

anticipate ア 動 予測する

anticipation 名 予測

anticoagulant 形 (血液)抗凝固の 名 抗凝固薬
例 anticoagulant therapy(抗凝固療法)

anticoagulation 名 抗凝固(作用)

anticodon 名《遺伝子》アンチコドン(mRNA上のコドンに相補的なtRNA上の3つのヌクレオチド)

anticonvulsant 形 抗痙攣(こうけいれん)性の 名 抗痙攣薬

antidepressant ★ 形 抗うつ性の 名 抗うつ薬
例 tricyclic antidepressant(三環系抗うつ薬)

antidiabetic 形 抗糖尿病(性)の 名 抗糖尿病薬

antidiuretic 形 抗利尿(性)の
例 antidiuretic hormone(抗利尿ホルモン＝バソプレシン；ADH)

antidote 名 解毒薬

antiemetic 形 制吐の 名 制吐薬，鎮吐薬

antiepileptic 形 抗てんかんの 名 抗てんかん薬
例 antiepileptic drug(抗てんかん薬)

antiestrogen 名 抗エストロゲン剤

antifolate 名 葉酸代謝拮抗薬

antifungal 形 抗真菌(性)の 名 抗真菌薬
例 antifungal agent(抗真菌薬)

antigen ★★ 発 名《免疫》抗原 略 Ag 対 antibody(抗体)
例 antigen presentation(抗原提示), antigen-presenting cell(抗原提示細胞), human leukocyte antigen(ヒト白血球抗原；HLA)

antigenemia 名《疾患》抗原血症

antigenic ★ 形 抗原(性)の 副 antigenically(抗原性に)
例 antigenic determinant(抗原決定基)

antigenicity 名 抗原性

antihistamine 名 抗ヒスタミン薬 形 抗ヒスタミン作用の

antihyperten-sive 形 降圧性の，抗高血圧の
例 antihypertensive agent(降圧薬)

antiinflamma-tory / anti-inflam-matory 形 抗炎症性の
例 antiinflammatory drug(抗炎症薬)，nonsteroidal antiinflammatory drug(非ステロイド抗炎症薬；NSAID)

antileukemic 形 抗白血病性の

antimalarial 形《医薬》抗マラリアの
例 antimalarial agent(抗マラリア薬)

antimetabolite 名 代謝拮抗薬

antimicrobial ★ 形 抗菌性の 類 antibacterial
例 antimicrobial activity(抗菌活性)，antimicrobial agent(抗菌薬)，antimicrobial peptide(抗菌ペプチド)

antineoplastic 形 抗悪性腫瘍の
例 antineoplastic agent(抗悪性腫瘍薬)

antinociceptive 形 抗侵害受容性の

antinuclear 形 ❶抗細胞核の ❷(社会問題)核反対の
例 antinuclear antibody(抗核抗体)

antioxidant ★ 形 抗酸化の 名 抗酸化物質
例 antioxidant vitamin(抗酸化ビタミン)

antiparallel 形 逆平行の

antiphospho-lipid 形 抗リン脂質の
例 antiphospholipid antibody(抗リン脂質抗体)

antiplatelet 形 抗血小板の
例 antiplatelet agent(血小板凝集阻害薬)

antiport 形 対向輸送の

antiporter 名《生体物質》アンチポーター，交換輸送体(膜内外の異なるイオンを相互に逆向きに輸送するタンパク質)

antiprolifera-tive 形 抗増殖性の

antipsychotic 形 抗精神病の 名 統合失調症治療薬
例 antipsychotic agent(統合失調症治療薬)

antiretroviral ★ 形 抗レトロウイルス性の
例 antiretroviral therapy(抗レトロウイルス療法)

antisense ★ 形《遺伝子》アンチセンス(DNAの機能を失わせるように遺伝子に相補的な配列を持った)
例 antisense ODN(アンチセンスオリゴデオキシヌクレオチド)

antiseptic 形 防腐性の，消毒の 名(局所に用いる)消毒薬

antiserum 名《免疫》抗血清 複 antisera

antisocial 形 反社会的な

antithrombin 名《生体物質》アンチトロンビン
例 antithrombin III(アンチトロンビンIII＝ヘパリン補因子)

antithrombotic 形 抗血栓(性)の

antithymocyte 形 抗胸腺細胞の
例 antithymocyte globulin(抗胸腺細胞グロブリン)

antitumor ★ 形 抗腫瘍性の
例 antitumor immune response(抗腫瘍免疫応答)

antiviral ★ 形 抗ウイルス性の 名 抗ウイルス薬
例 antiviral activity(抗ウイルス活性)，antiviral agent(抗ウイルス薬)

antrum 名《解剖》(幽門)洞

anxiety ★ 発 名《心理》不安
例 anxiety agent(不安誘発薬)，anxiety disorder(不安障害)

anxiolytic 形 抗不安(作用)の 名 抗不安薬

anxious 発 形 不安な 副 anxiously

aorta ★ 発 名《解剖》大動脈 複 aortae
例 thoracic aorta(胸部大動脈)

aortic ★ 形 大動脈の
例 aortic aneurysm(大動脈瘤)，aortic arch(大動脈弓)，aortic dissection(大動脈解離)，aortic regurgitation(大動脈弁逆流)，aortic stenosis(大動脈狭窄)，aortic valve(大動脈弁)

APACHE 略《臨床》アパッチ重症度スコア(Acute Physiology and Chronic Health Evaluation)

apart ★ 副 別個に
例 apart from(～は別にして)

APC 略 ❶《免疫》抗原提示細胞(antigen-presenting cell) ❷《疾患》大腸腺腫症(adenomatous polyposis coli) ❸《細胞分裂》後期促進複合体(anaphase-promoting complex) ❹《生体物質》活性化プロテインC(activated protein C)

APD 略《生理》活動電位持続時間(action potential duration)

aperture 名 開口(部)

apex 名《解剖》頂端，尖端

aphasia 名《疾患》失語(症)

apheresis 名《医療》アフェレーシス，除去療法 派 plasmapheresis(血漿交換)

apical ★ 形《解剖》頂端の，尖端の 副 apically
例 apical membrane(頂端膜)，apical meristem(頂端分裂組織)

Apicomplexa 学《生物》アピコンプレックス(門)(寄生性の微胞子虫類である原生動物) 形 apicomplexan

APL 略《疾患》急性前骨髄球性白血病(acute promyelocytic leukemia)

aplasia 名《疾患》形成不全

aplastic 形《疾患》再生不良性の，無形成の
例 aplastic anemia(再生不良性貧血)

Aplysia 学《生物》アメフラシ(植物食性の後鰓類の一属)

apnea 名《症候》無呼吸
例 obstructive sleep apnea(閉塞型睡眠時無呼吸)

apo 略《生体物質》アポリポタンパク質(apolipoprotein)
例 apoB(アポリポタンパク質B)，apoE(アポリポタンパク質E)

apoenzyme 名《生化学》アポ酵素(補酵素を除いた酵素タンパク質) 対 holoenzyme(ホロ酵素)

apolipoprotein ★ 名《生体物質》アポリポタンパク質
例 apolipoprotein E(アポリポタンパク質E)

apologize 動 謝罪する

apoptosis ★★ 発 名《生理》アポトーシス(遺伝子にプログラムされた能動的な細胞死) 形 apoptotic 類 programmed cell death(プログラム細胞死)

APP 略《生体物質》アミロイド前駆タンパク質(amyloid precursor protein)

apparatus ★ 名 装置，器具 類 device，instrument，equipment
例 Golgi apparatus(ゴルジ体，ゴルジ装置)

apparent ★ 形 ❶見かけの ❷明らかな 副 apparently(明らかに)
例 apparent affinity(見かけの親和性)，apparent molecular weight(見かけの分子量)

appeal 名 訴え，アピール 動 訴える

appear ★★ 動 ❶〜らしい(+to)，思える ❷現れる

appearance ★ 名 ❶出現 ❷外見 反 disappearance(消滅)

append 動 付加する，付け加える

appendage 名《生物》付属器，付属肢
appendectomy 名《臨床》虫垂切除(術)
appendicitis 名《疾患》虫垂炎
appendix 名 ❶付録，添付物 ❷《解剖》虫垂
appetite 名《生理》食欲
applicability 名 適応性，適用性
applicable ★ 形 適用可能な，応用できる
application ★ 名 ❶適用，応用 ❷申込み
apply ★ 動 適用する，応用する
appose 動 並置する，並列する
apposition 名 並置，同格
appreciable 形 かなりの，はっきりと認識できる 副 appreciably (かなり)
appreciate 動 感謝する，評価する，認める
appreciation 名 感謝，評価，理解 類 acknowledg(e)ment
approach ★★ 名 接近，アプローチ 動 接近する
appropriate ★ 発 形 適切な，妥当な 動 充当する 副 appropriately 類 adequate
appropriateness 名 適切さ，妥当性
approval 名 承認，同意
approve ★ 動 認める，承認する
approximate ★ 形 近似の 動 近づく
approximately ★★ 副 約，およそ，ほぼ 類 about，ca.
approximation 名《数学》近似
a priori ★ ラ ❶経験的な ❷先験的な
aptamer 名《化合物》アプタマー(リガンド結合能のあるオリゴヌクレオチド)
apurinic 形《遺伝子》プリン塩基のない(DNAで)，脱プリン塩基の
例 apurinic endonuclease (脱プリン部位エンドヌクレアーゼ＝DNA修復酵素)
apyrimidinic 形《遺伝子》ピリミジン塩基のない(DNAで)，脱ピリミジン塩基の
例 apyrimidinic endonuclease(脱ピリミジン部位エンドヌクレアーゼ＝DNA修復酵素)
aquaporin 名《生体物質》アクアポリン，水チャネル
aquatic 形《生物》水生の，水界の

aqueous ★ 発 形 水の，水(溶)性の
例 aqueous humor(眼房水)，aqueous phase(水層)，aqueous solution(水溶液)

Arabidopsis thaliana ★ 学《植物》シロイヌナズナ(＝モデル植物) 類 thale cress

arabinose 名《化合物》アラビノース(五炭糖の一種)

arabinoside 名《化合物》アラビノシド
例 cytosine arabinoside(シトシンアラビノシド＝ヌクレオシド系DNA合成阻害薬)

arachidonic acid ★ 名《生体物質》アラキドン酸 類 arachidonate
例 arachidonate 5-lipoxygenase(アラキドン酸5-リポキシゲナーゼ)

arachnoid 名《解剖》くも膜

arbitrary 形 任意の，勝手な 副 arbitrarily 類 optional, voluntary

arbor 名《解剖》分枝，側枝
例 axonal arbor(軸索側枝)

arborization 名《解剖》分枝(神経突起などの)，枝分かれ

arc 名 ❶《物理》アーク，電弧 ❷《数学》弧

arch ★ 名 アーチ，弓状のもの

archaea 名《生物》(複数扱い) 古細菌 単 archaeon 形 archaeal

architecture ★ 名 構築 形 architectural(構築上の)

archive 名 アーカイブ，保存記録，公文書 動 保存記録する 形 archival

arcuate 形 アーチ状の，弓状の
例 arcuate nucleus(弓状核)

ARDS 略《疾患》急性呼吸窮迫症候群(acute respiratory distress syndrome)

area ★★ 名 ❶領域，範囲 ❷《数学》面積
例 area under the curve(曲線下面積；AUC)，gray area(中間領域；gray zone とはいわない)，tegmental area(被蓋野)

ARF 略《生体物質》ADPリボシル化因子(ADP-ribosylation factor)

Arg 略《アミノ酸》アルギニン(arginine)

arginine ★ 発 名《アミノ酸》アルギニン(塩基性アミノ酸) 略 Arg, R
例 arginine vasopressin(アルギニンバソプレシン)

argon 名《元素》アルゴン(不活性ガス) 化 Ar

argue ★ 動 主張する，立証する

argument 名 議論，論拠

arise ★ 動 生じる，起因する
例 arise from(～から生じる)

armadillo 名《動物》アルマジロ(哺乳類アリクイ目の動物)
例 armadillo repeat(アルマジロリピート＝繰り返し配列)

aroma 名 芳香，香り

aromatase 名《酵素》アロマターゼ，芳香化酵素(チトクロムP450の一種)
例 aromatase inhibitor(アロマターゼ阻害薬)

aromatic ★ ア 形 芳香性の，《化学》芳香族の
例 aromatic amino acid(芳香族アミノ酸)，aromatic compound(芳香族化合物)，aromatic ring(芳香環)

arousal 名 覚醒(状態)

arrange 動 配列する，準備する，取り計らう

arrangement ★ 名 ❶配列 ❷協定 ❸準備
例 linear chromosomal arrangement of the four genes(四つの遺伝子の染色体上での直線的配列)

array ★ 名《遺伝子》アレイ(整然と並んだ部品)，配列
例 cDNA array(cDNAアレイ)

arrest ★ 名 停止 動 停止させる
例 cardiac arrest(心停止)

arrestin ★ 名《生体物質》アレスチン(GPCR共役制御タンパク質)
例 β-arrestin(βアレスチン)

arrhythmia ★ 名《症候》不整脈 形 arrhythmic

arrhythmogenic 形 催不整脈性の，不整脈源性の

arrival 名 ❶到着 ❷出現

arrive 動 達する，到着する，到達する

arrow 名 矢印，矢

arsenate 名《化合物》ヒ酸(塩)

arsenic 名《元素》ヒ素 形 ヒ素の 化 As
例 arsenic poisoning(ヒ素中毒)

arsenite 名《化合物》亜ヒ酸(塩)

arterial ★ 形《発生》動脈の
例 arterial pressure(動脈圧)，arterial thrombosis(動脈血栓症)

arteriography 名《臨床》動脈造影(法)

arteriole 名《解剖》細動脈 形 arteriolar 対 venule(細静脈)

arteriosclerosis 発 名《疾患》動脈硬化(症) 形 arteriosclerotic
例 arteriosclerosis obliterans(閉塞性動脈硬化症)

arteriosus ㋶《解剖》動脈性の
例 ductus arteriosus(動脈管), truncus arteriosus(総動脈幹)

arteritis 名《疾患》動脈炎

artery ★★ 名《解剖》動脈 ㊊ vein(静脈)
例 artery wall(動脈壁), carotid artery(頸動脈), femoral artery(大腿動脈), pulmonary artery(肺動脈)

arthralgia 名《症候》関節痛

arthritis ★ 発 名《疾患》関節炎 形 arthritic
例 rheumatoid arthritis(関節リウマチ；RA)

arthrography 名《臨床》関節造影(法), 関節腔造影

arthropathy 名《疾患》関節症, 関節障害

arthropod 名《生物》節足動物

article ★ 名 ❶論文, 記事 ❷物品

articular 形《解剖》関節の
例 articular cavity(関節腔), articular cartilage(関節軟骨)

articulation 名 ❶《解剖》関節 ❷《歯科》咬合(こうごう) ❸調音

artifact ★ **/ artefact** 名 人為現象, アーチファクト

artificial ★ 形 人為的な, 人工の 副 artificially
例 artificial abortion(人工妊娠中絶), artificial chromosome(人工染色体)

aryl ★ 名《化学》アリール
例 aryl group(アリール基＝芳香族炭化水素の核から水素原子を除いた残基), aryl hydrocarbon receptor(アリール炭化水素受容体；AhR)

as for 熟 ～に関しては, ～に関する限りは 類 as to, about, concerning, with respect to, regarding, in terms of, in regard to

as of 熟 ～時点で
例 as of Dec. 31, 2009(2009年12月31日時点で)

as to ★ 熟 ～に関して 類 as for, about, concerning, with respect to, regarding, in terms of, in regard to
例 as to how it acts(それがどのように作用するかに関しては)

as well as ★★ 熟 (～と)同様に

asbestos 発 名《鉱物》(単数扱い)アスベスト, 石綿

ascend 動 上がる, 上昇する

ascending 形《解剖》上行性(じょうこうせい)の 反 descending (下行性の)
例 ascending aorta(上行大動脈), ascending colon(上行結腸)

ascertain ★ 動 確かめる, 確認する

ascertainment 名 確認, 確認法

ascites 発 名《疾患》(単数扱い)腹水 形 ascitic

ascorbic acid 名《化合物》アスコルビン酸(ビタミンC) 類 ascorbate, vitamin C

ascribable 形 原因である

ascribe 動 (原因が〜に)帰する, 基づく, 起因する
例 be ascribed to(〜に起因する)

aseptic 形 無菌の, 防腐の 副 aseptically
例 aseptic meningitis(無菌性髄膜炎)

asexual 形 無性の, 無性生殖の
例 asexual reproduction(無性生殖)

ash 名 灰, 灰分(かいぶん)

Asian 形 アジアの 名 アジア人

ask ★ 動 尋ねる

Asn 略《アミノ酸》アスパラギン(asparagine)

Asp 略《アミノ酸》アスパラギン酸(aspartic acid)

asparagine 発 名《アミノ酸》アスパラギン 略 Asn, N

aspartate ★ 発 名《アミノ酸》アスパラギン酸(塩やエステルとして) 形 アスパラギン酸の 類 aspartic acid(アスパラギン酸)
例 aspartate aminotransferase(アスパラギン酸アミノ基転移酵素)

aspartic acid 発 名《アミノ酸》アスパラギン酸(酸性アミノ酸) 形 aspartate 略 Asp, D

aspect ★ 名 ❶外観, 面 ❷局面, 状況 類 appearance, character, look, face, phase, side, situation, state

aspergillosis 名《疾患》アスペルギルス症(真菌の日和見感染症)

Aspergillus 学《生物》アスペルギルス(属)(糸状真菌コウジカビの一属)
例 *Aspergillus nidulans*(偽巣性コウジ菌)

aspirate 動 吸引する

aspiration ★ 名 ❶吸引 ❷抱負 類 suction, vacuum

aspirator 名 吸引器

aspirin ★ 名《化合物》アスピリン(解熱鎮痛薬) 類 acetylsalicylic acid(アセチルサリチル酸)

assault 名 襲撃，攻撃，暴行 動 襲撃する，攻撃する

assay ★★ 発/発 名 アッセイ，試験法，測定法 動 定量する
例 enzyme immunosorbent assay(酵素免疫測定法)

assemblage 名 集合体，構築物

assemble ★ 動 構築する，集合する

assembly ★★ 名 組立，集合体，アセンブリー
例 peptide chain assembly(ペプチド鎖集合体)

assess ★★ 動 評価する，査定する

assessable 形 評価できる，査定できる

assessment ★ 名 評価，査定，アセスメント
例 environmental impact assessment(環境影響評価)

assign ★ 動 割り当てる，(原因が～の)せいだとする

assignment ★ 名 割当，決定
例 sex assignment(性決定)

assimilation 名 同化作用(食物の吸収や異文化などへの) 形 assimilatory

assist ★ 動 補助する，援助する
例 assisted suicide(幇助自殺)

assistance 名 (複数形にならない不可算名詞)補助，援助 類 help，aid，support

assistant 名 補助者，アシスタント
例 assistant professor(《米国》助教授，《日本》助教)

associate ★★ 動 付随する，会合する，関連する，連想する 形 仲間の，準～
例 associate professor(《米国》準教授，《日本》准教授)

association ★★ 名 ❶《化学》会合，結合 ❷連合性，関連 ❸協会，連合 形 associational 熟 in association with(～に関連して)
例 association constant(会合定数)，association learning(連合学習)，Japan Radioisotope Association(日本アイソトープ協会)

associative 形 連合性の，連想の
例 associative law(結合則)，associative learning(連合学習)，associative memory(連合記憶)

assume ★ 動 想定する，仮定する

assumption ★ 名 仮定，想定
例 on the assumption that(～という仮定に立つと)

assurance 名 保証 類 guarantee，certainty

assure 動 保証する

A

AST [略]《酵素》アスパラギン酸アミノ基転移酵素(aspartate aminotransferase) [類]《旧名称》GOT

asteroid [形]《解剖》星状の

asthma ★[発] [名]《疾患》喘息(ぜんそく) [形] asthmatic [派] status asthmaticus(喘息発作重積状態)
[例] allergic asthma(アレルギー性喘息)

astrocyte ★ [名]《解剖》アストロサイト，アストログリア細胞 [形] astrocytic

astrocytoma [名]《疾患》アストロサイトーマ，星状細胞腫

asymmetric ★ **/ asymmetrical** [形] ❶非対称の ❷《化学》不斉の [副] asymmetrically
[例] asymmetric carbon(不斉炭素)，asymmetric cell division(非対称細胞分裂)，asymmetric synthesis(不斉合成)

asymmetry ★[発] [名] ❶非対称 ❷《化学》不斉(ふせい) [反] symmetry(対称) [派] asymmetrization(非対称化)

asymptomatic ★ [形] 無症候性の，無症状の [副] asymptomatically
[例] asymptomatic bacteriuria(無症候性細菌尿)

asymptote [名]《数学》漸近線(ぜんきんせん) [形] asymptotic(漸近の)

asynchronous [形] 非同期的な [副] asynchronously

asystole [名]《症候》心停止

ataxia ★ [名]《疾患》失調(症)，運動失調 [形] ataxic
[例] ataxia telangiectasia(血管拡張性運動失調症)，ataxia telangiectasia mutated(血管拡張性失調症変異遺伝子；ATM)

atelectasis [名]《疾患》無気肺(種々の原因により含気のない肺)

ATF [略]《生体物質》活性化転写因子(activating transcription factor)

atherectomy [名]《臨床》アテレクトミー，粥腫切除(術)(血管内プラーク除去)

atherogenesis [名]《症候》アテローム生成 [形] atherogenic

atheroma [名]《疾患》アテローム，粥腫 [形] atheromatous

atherosclerosis ★[発] [名]《疾患》アテローム性(動脈)硬化症

atherosclerotic ★ [形] アテローム動脈硬化の
[例] atherosclerotic lesion(動脈硬化病変)，atherosclerotic plaque(動脈硬化プラーク)

athlete [名] 運動選手，スポーツマン

athymic [形]《実験》胸腺欠損の
[例] athymic mice(胸腺欠損マウス)

ATL [略]《疾患》成人T細胞白血病(adult T-cell leukemia)

Atlantic [形]《地理》大西洋の

atlas [名] ❶アトラス，図譜(解剖組織図など) ❷《解剖》環椎

atm [略]《単位》大気圧

ATM [略]《遺伝子》血管拡張性失調症変異(ataxia telangiectasia mutated)

atmosphere [名] ❶《環境》大気，気圏 ❷《合成化学》雰囲気 ❸《単位》気圧
[例] inert atmosphere(不活性雰囲気), standard atmosphere(標準大気)

atmospheric [形] 大気の
[例] atmospheric pressure(気圧)

atom ★ [名]《化学》原子

atomic ★ [形] 原子の
[例] atomic absorption spectrophotometry(原子吸光分析), atomic force microscopy(原子間力顕微鏡；AFM), atomic number(原子番号), atomic weight(原子量)

atomization [名] ❶微粒化，噴霧 ❷《物理》原子化 [類] spray(噴霧) [動] atomize(噴霧する)

atonia [名]《疾患》アトニー(筋緊張が減弱した状態)，無緊張症 [類] atony

atopic [形] アトピー性の
[例] atopic dermatitis(アトピー性皮膚炎)

atopy [名]《疾患》アトピー(アレルギーを起こしやすい体質)

ATP ★★ [略]《ヌクレオチド》アデノシン三リン酸(adenosine triphosphate)
[例] ATP-dependent(ATP依存性の), ATP hydrolysis(ATP加水分解)

ATPase [略]《酵素》アデノシン三リン酸分解酵素(adenosine triphosphatase)

ATRA [略]《化合物》オールトランスレチノイン酸(all-trans-retinoic acid)

atresia [名]《疾患》閉鎖(症)

atrial ★ [形]《解剖》心房(性)の
[例] atrial fibrillation(心房細動), atrial flutter(心房粗動), atrial natriuretic peptide(心房性ナトリウム利尿ペプチド), atrial septal defect(心房中隔欠損症)

atrioventricular [形] (心臓の)房室間の [略] AV
[例] atrioventricular block(房室ブロック), atrioventricular conduction(房室伝導)

atrium ★ 発　名《解剖》心房　複 atria　形 atrial
例 left atrium(左心房), right atrium(右心房)

atrophy ★　名《疾患》萎縮(症)　形 atrophic(萎縮性の)
例 muscular atrophy(筋萎縮症)

atropine　名《化合物》アトロピン(ムスカリン受容体遮断薬)

atropisomer　名《化学》アトロプ異性体(立体障害等により結合軸の自由回転が阻害されて生じる光学異性体)　派 atropisomerism(アトロプ異性)

attach ★　動 付着する

attachment ★　名 ❶付着　❷付属物
例 attachment site(付着部位)

attack ★　名 ❶《症候》発作　❷襲撃　❸《化学》攻撃　動 襲う
類 insult, seizure, stroke(発作)
例 heart attack(心臓発作), nucleophilic attack(求核攻撃)

attain　動 達する, 果たす, 達成する

attainment　名 達成　類 accomplishment, achievement

attempt ★　名 試み　動 試みる

attend　動 ❶出席する　❷通院する　❸看護する

attendance　名 ❶出席　❷看護, 付き添い

attendant　名 付添い人, 出席者

attention ★　名 注意, 注目　形 attentional(《心理》注意の)　熟 pay attention to(～に注意を払う)
例 attention deficit hyperactivity disorder(注意欠陥多動性障害 ; ADHD)

attenuate ★ 発　動 ❶減弱させる　❷弱毒化する
例 attenuated vaccine(弱毒ワクチン)

attenuation ★　名 ❶減衰　❷《生物》弱毒化

attitude　名 姿勢, 態度, 意向

attract　動 引きつける, 魅惑する, 誘引する

attractant　名 誘引物質, 誘引剤　反 repellent(忌避物質)

attraction　名 魅惑, 誘引　反 distraction

attractive ★　形 ❶魅力的な　❷《物理》誘引性の
例 attractive force(引力)

attributable ★　形 起因しうる

attribute ★ 発　動 起因する, 帰する
例 be attributed to(～に起因する)

attribution　名 性状, 属性

attrition　名《物理》摩擦(まさつ), 摩耗(まもう)

atypical ★　形《疾患》非定型の　副 atypically　反 typical

AUC ㊙《統計》曲線下面積(area under the curve)

auditory ★ 形《生理》聴覚性の 類 acoustic
例 auditory brainstem response(聴性脳幹反応), auditory nerve(聴神経), auditory system(聴覚系)

augment ★ ア 動 増強する，増大する

augmentation 名 増強，増大 類 enhancement, increase, potentiation

aura 名《症候》(発作の)前兆

aureus ➡ *Staphylococcus*(ブドウ球菌)

aurora 名《気象》オーロラ，極光
例 Aurora kinase(オーロラキナーゼ=細胞分裂を司る酵素群)

auscultation 名《臨床》聴診

autacoid 名《生体物質》オータコイド，局所ホルモン 類 local hormone

authentic 形 ❶確証的な ❷標準の，真正の
例 authentic compound(標準化合物)

author ★ 名 著者，筆者，命名者

authority 名 権威，当局

authorization 名 認可

authorize 動 ❶認可する，公認する ❷正当化する

autism 名《疾患》自閉症 形 autistic(自閉症の)

auto- ★★ 接頭「自己，自動」を表す

autoantibody ★ 名《免疫》自己抗体

autoantigen 名《免疫》自己抗原

autocatalytic 形《生化学》自己触媒の

autoclave 名《実験》オートクレーブ，高圧蒸気滅菌器 動 オートクレーブで処理する
例 autoclaved water(オートクレーブ滅菌水)

autocorrelation 名《物理》自己相関
例 autocorrelation function(自己相関関数)

autocrine ★ 名《生理》自己分泌(分泌されたホルモンが分泌細胞自体に作用する様式)

autofluorescence 名《物理》自己蛍光

autograft 名《臨床》自家移植，自家移植片 動 自家移植する

autoimmune ★ 形《疾患》自己免疫性の
例 autoimmune disease(自己免疫疾患), autoimmune hemolytic anemia(自己免疫性溶血性貧血)

autoimmunity ★ 名 自己免疫

autoinducer 名《微生物》自己誘導物質

autoinhibition 名 自己抑制
例 autoinhibitory(自己抑制的)

autologous ★ 形 自己の，自家性の
例 autologous transfusion(自己血輸血)，autologous transplantation(自家移植)

autolysis 名 自己分解，自己融解，自己溶菌

automate ★ 動 自動化する
例 automated external defibrillator(自動体外式除細動器；AED)

automatic 形 自動(性)の，自動的な 副 automatically
例 automatic sampler(自動採取機)

automaticity 名 自動性，自動能

automation 名 自動化

autonomic ★ 形《生理》自律神経性の
例 autonomic dysfunction(自律神経障害)，autonomic nervous system(自律神経系)，autonomic neuropathy(自律神経ニューロパチー)

autonomous 形 自律性の，自主的な，自治の 副 autonomously

autonomy 名 自律性

autophagy 名《細胞》自己貪食 形 autophagic(自己貪食の)

autophosphorylation ★ 名《生化学》自己リン酸化 形 autophosphorylated(自己リン酸化された)

autopsy 名《臨床》剖検，検死解剖 類 necropsy

autoradiography 名《放射化学》オートラジオグラフィー(試料中の放射性物質の分布をフィルムに記録する手法) 形 autoradiographic(オートラジオグラフィの)

autoreactive 形 自己反応性の

autoreceptor 名《生理》自己受容体，オートレセプター(主にシナプス前終末にあって自己の神経伝達物質遊離量を負に制御する受容体)

autoregulation 名《生理》自己調節，自動調節 動 autoregulate 形 autoregulatory

autosomal ★ 形《遺伝》常染色体(性)の
例 autosomal dominant inheritance(常染色体優性遺伝)，autosomal dominant polycystic kidney disease(常染色体優性多発性嚢胞腎；ADPKD)，autosomal recessive inheritance(常染色体劣性遺伝)

autosome 名《遺伝子》常染色体(性染色体以外の染色体)

autoxidation 名《化学》自動酸化，自己酸化

auxiliary 発 形 補助的な

auxin ★ 名《生体物質》オーキシン(植物成長ホルモン)

auxotroph 名 栄養要求体，栄養要求株 形 auxotrophic

AV 略《解剖》(心臓)房室の(atrioventricular)
例 AV block(房室ブロック)，AV conduction(房室伝導)，AV node(房室結節)

availability ★ 名 ❶可用性 ❷有用性

available ★★ 形 ❶入手可能な，利用できる ❷有用な，役立つ 反 unavailable(入手できない)

avascular 形《疾患》無血管性の，無腐性の
例 avascular necrosis(無血管性壊死)

avenue 名 ❶街路 ❷手段 熟 open new avenues for(〜のための道を開く)

average ★ 名《統計》平均(値) 動 平均する 形 平均の 類 mean
例 average molecular weight(平均分子量)，on average(平均して)

aversion 名《生理》嫌悪 形 aversive(嫌悪の)

avert 動 防ぐ

avian ★ 発 形《動物》鳥類の，トリの 名 bird
例 avian leukemia virus(トリ白血病ウイルス)

avid 形 どん欲な 副 avidly

avidin 名《生体物質》アビジン(ビオチンと強力に結合する卵白タンパク質)

avidity 名《免疫》(抗原と抗体の)結合活性，アビディティー

avirulence 名《生物》弱毒性，非病原性
例 avirulent(非病原性)

Avogadro's number 名《化学》アボガドロ数(1モル中の分子の数=6.022×10^{23})

avoid ★ 動 回避する，避ける

avoidance 名 回避

await 動 待つ

awake 形《生理》覚醒している

aware 形 気づいている，知っている

awareness 名《生理》自覚，認識

axial ★ 形 ❶軸の，軸に沿った ❷《化学》アキシャルな(面に対して直交する立体配座) 対 equatrial(《化学》エクアトリアルな)
例 axial bond(アキシャル結合)

axilla 名《解剖》腋窩(えきか)，腋(わき) 形 axillary
例 axillary lymph node(腋窩リンパ節)

axis ★ 名 軸 複 axes
例 axis formation(軸形成)，axis of symmetry(対称軸)，horizontal axis(横軸)，vertical axis(縦軸)

axon ★ 名《解剖》軸索，アクソン
例 axon guidance(軸索誘導)，axon outgrowth(軸索伸長)，axon pathfinding(軸索誘導)

axonal ★ 形《解剖》軸索の
例 axonal arbor(軸索側枝)，axonal flow(軸索流)，axonal process(軸索突起)，axonal projection(軸索投射)，axonal regeneration(軸索再生)，axonal transport(軸索輸送)

axoneme 名《解剖》軸糸

axotomy 名《実験》軸索切断

azeotrope 名《化学》共沸(きょうふつ)混合物

azide 発 名《化合物》アジド，アジ化物
例 sodium azide(アジ化ナトリウム＝防腐剤)

azido 名《化学》アジド
例 azidothymidine(アジドチミジン＝抗HIV薬)

azo 名《化学》アゾ
例 azo dye(アゾ染料)

azole 発 名《化合物》アゾール

azoospermia 名《疾患》無精子症

azotemia 名《疾患》高窒素血症

B

B ★ 化《元素》ホウ素(boron)

B-cell ★★ 略《免疫》B細胞(bone marrow-derived cell)，Bリンパ球 類 B-lymphocyte(Bリンパ球) 対 T-cell(T細胞)
例 B-cell receptor(B細胞受容体)

Ba 化《元素》バリウム(barium)

BAC 略《遺伝子》バクテリア人工染色体(bacterial artificial chromosome)

Bacillus ★ 学《生物》バチルス(属)(病原菌が多いグラム陽性有芽胞菌の一属)，桿菌 複 bacilli 形 bacillary(桿菌[性]の)
例 *Bacillus anthracis*(炭疽菌)，*Bacillus subtilis*(枯草菌)

backbone ★ 名 ❶背骨 ❷中心的な要素

backcross 動《生物》戻し交雑する，戻し交配する 名バッククロス(戻し交配で作成した動物)

background ★★ 名 ❶背景，バックグラウンド ❷《放射線》自然放射能
例 be reduced to background levels(バックグラウンド水準にまで減少する)

backscattering 名《放射線》後方散乱

backward 形 後方の，逆の

bacteremia / bacteraemia ★ 名《疾患》菌血症 形 bacteremic(菌血症の)

bacteria ★ 名《生物》(複数扱い)細菌，バクテリア 単 bacterium
例 Gram-positive bacteria(グラム陽性菌)，Gram-negative bacteria(グラム陰性菌)

bacterial ★★ 形 細菌(性)の 副 bacterially
例 bacterial artificial chromosome(バクテリア人工染色体；BAC)，bacterial endocarditis(細菌性心内膜炎)，bacterial flora(細菌叢)，bacterial meningitis(細菌性髄膜炎)，bacterial pathogen(病原性微生物)，bacterial vaginosis(細菌性膣症)

bactericidal 形 殺菌性の，殺菌的な

bacteriochlorophyll 名《生体物質》微生物葉緑素，バクテリオクロロフィル

bacteriology 名 細菌学 形 bacteriologic

bacteriolysis 名《生物》溶菌

bacteriophage ★ 名《病原体》バクテリオファージ(クローニングベクターとしても用いる細菌に感染するウイルス)
例 bacteriophage lambda(λファージ)

bacteriorhodopsin 名《生体物質》バクテリオロドプシン(高度好塩菌の感光色素タンパク質)

bacterium ★ 名《生物》細菌 複 bacteria

bacteriuria 名《疾患》細菌尿(症)

baculovirus 名《病原体》バキュロウイルス(タンパク発現系になる昆虫ウイルス)

bait 名《実験》餌，ベイト(相互作用を指標にして釣るための餌となるタンパク質) 対 prey(獲物，プレイ)

balance ★ 名 ❶(収支の)バランス，平衡 ❷《物理》天秤 反 imbalance(不均衡)
例 balanced salt solution(平衡塩類溶液)，energy balance(エネルギー収支[平衡])

balloon ★ [名] 気球，風船，《臨床》バルーン（血管を広げるための小風船）
[例] balloon angioplasty（バルーン血管形成術），balloon injury（バルーン傷害），balloon tamponade（バルーンタンポナーデ＝止血法）

ban [名] 禁止 [動] 禁止する

band ★ [名] バンド，帯 [派] bandwidth（帯域）
[例] smear band（スメアバンド＝電気泳動像で尾を引いたようなバンド）

BAPTA [略]《化合物》ビス２アミノフェニルエチレングリコール四酢酸＝カルシウムキレート薬〔1,2-bis (2-aminophenoxy) ethane-*N,N,N′,N′*-tetraacetic acid〕

barbiturate [名]《化合物》バルビツール酸（塩）（催眠麻酔作用のある化合物群）
[例] barbiturate anesthesia（バルビツール酸麻酔）

bare [形] 裸の
[例] bare metal stent（金属ステント＝従来型の金属剥き出し）

barely [副] かろうじて

barium [名]《元素》バリウム [化] Ba
[例] barium enema（バリウム注腸）

bark [名]《植物》樹皮

barley [名]《植物》オオムギ

baroreceptor [名]《生理》圧受容器

baroreflex [名]《生理》圧反射

barrel [名] 筒，注射外筒

Barrett's esophagus [名]《疾患》バレット食道（逆流性食道炎に付随して円柱上皮が食道粘膜に達した状態）

barrier ★ [名] 関門，障壁，バリヤー
[例] blood-brain barrier（血液脳関門；BBB），barrier function（バリア機能）

basal ★ [形] ❶基礎の，基本の ❷《解剖》基底部の
[例] basal cell carcinoma（基底細胞癌），basal forebrain（前脳基底核），basal ganglia（基底核），basal membrane（基底膜），basal metabolic rate（基礎代謝率），basal promoter（基本プロモーター）

base ★★ 名 ❶《化学》塩基 ❷基礎，基(底)部 ❸基剤 動 基づく，基礎づける 類 baseline(基線，ベースライン) 熟 based on(〜に基づいて)
例 base excision repair(塩基除去修復)，base pair(塩基対；bp)，base pair mismatch(塩基対ミスマッチ)，base treatment(基礎的治療)，Schiff base(シッフ塩基)，weak base(弱塩基)

baseline ★ 名 ベースライン，基線
例 baseline value(ベースライン値)

basement ★ 名 基底部，基底
例 basement membrane(基底膜)

basic ★ 形 ❶《化学》塩基(性)の ❷基礎の，基本の 反 acidic(酸性の)
例 basic amino acid(塩基性アミノ酸)，basic fibroblast growth factor(塩基性線維芽細胞増殖因子；bFGF)，basic helix-loop-helix(ベーシック・ヘリックス・ループ・ヘリックス；bHLH)，basic principle(基本原理)，basic protein(塩基性タンパク質)，basic research(基礎研究)，basic science(基礎科学)

basilar 形 基部の，《解剖》頭蓋底の，脳底の
例 basilar artery(脳底動脈)

basin 名 ❶《地理》海盆，盆地 ❷《臨床》洗面器

basis ★★ 名 基礎，基準，根拠 複 bases
例 on the basis of these observations(これらの知見に基づいて)

basolateral ★ 形《解剖》側底の，基底外側の
例 basolateral amygdala(扁桃体基底外側部)，basolateral membrane(側底膜)

basophil 発 名《細胞》好塩基球 形 basophilic

batch 名 バッチ(処理単位)，1回分
例 a batch of(1回あたり〜の)

battery 名 ❶(セルを組み合わせた一組の)電池 ❷ひと揃い
例 a battery of questions(一連の質問)

BBB 略《生理》血液脳関門(blood-brain barrier)

BCR 略《免疫》B細胞受容体(B-cell receptor)

Bcr-Abl 略《遺伝子》Bcr-Abl融合タンパク質(フィラデルフィア染色体転座で生じる慢性骨髄性白血病の原因タンパク質)

BDNF 略《生体物質》脳由来神経栄養因子(brain-derived neurotrophic factor)

bead 名 ビーズ，粒子
例 magnetic beads(磁気ビーズ)

beam 名《物理》ビーム，放射 動 放射する

bean 名《植物》マメ

bear ★ 動 <bear - bore - born>❶有する ❷耐える ❸生む

beat ★ 名 拍動 動 <beat - beat - beaten>❶拍動する ❷打ち負かす

bed ★ 名 ❶《臨床》ベッド，床 ❷土台 派 bedside(ベッドサイド，枕元)，bedtime(就寝時刻)
例 bed rest(床上安静)

beginning ★ 名 最初，初期，初め

behave ★ 動 振る舞う，挙動する

behavior ★★ / 英 **behaviour** 名 行動，挙動，振舞い
例 stereotyped behavior(常同行動)

behavioral ★ 形 行動上の 副 behaviorally
例 behavioral change(行動変化)，behavioral sensitization(行動感作)

belief 名 信条，信念

believe ★ 動 信じる

bell-shaped 形 釣鐘状の，逆U字型の
例 bell-shaped dose-response curve(逆U字型の用量反応曲線)

benchmark 名 ベンチマーク(標準性能評価基準)，基準 動 評価する

bend ★ 動 <bend - bent - bent>屈曲させる，曲げる 名 屈曲，ベンド

beneath 前 真下に

beneficial ★ 形 有益な，利点のある

benefit ★ 名 利益，利点 動 利益を得る 類 advantage

benign ★ 発 形 ❶《疾患》良性の ❷穏和な 反 malignant(悪性の)
例 benign prostatic hyperplasia(前立腺肥大)，benign tumor(良性腫瘍)，benign ulcer(良性潰瘍)

benzene 名《化合物》ベンゼン
例 benzene ring(ベンゼン環)

benzoate 名《化合物》安息香酸(エステルや塩として) 形 安息香酸の 類 benzoic acid(安息香酸)

benzodiazepine ★ 名《化合物》ベンゾジアゼピン(GABA受容体に結合する抗不安薬の一群)
例 benzodiazepine receptor(ベンゾジアゼピン受容体)

beriberi 名《症候》脚気(かっけ)

B

best ★　形 最良の，最高の　副 最も
例 best-characterized (最もよく特徴がわかっている)，best-fit (最適合の)，best-studied (最もよく研究された)

beta(β) cell ★　名《解剖》β細胞，ベータ細胞(膵臓のインスリン分泌細胞)　類 pancreatic beta cell(膵β細胞)

beta(β) oxidation　名《生化学》β酸化(脂肪酸の酸化)

beta(β) particle　名《放射線》β粒子，β線

beta(β) sheet ★　名《生化学》βシート(タンパク質の構造の一つ)　対 alpha-helix(αヘリックス)

beverage　名 飲料，飲み物

bFGF　略《生体物質》塩基性線維芽細胞成長因子(basic fibroblast growth factor)

BFU　略《細胞》バースト形成単位(burst-forming unit)
例 BFU-E(赤芽球バースト形成細胞)

bHLH　略《生化学》ベーシック・ヘリックス・ループ・ヘリックス (basic helix-loop-helix)＝タンパク質の高次構造のひとつ

bi- ★　接頭「二つの，双，両方」を表す

biallelic　形《遺伝》二対立遺伝子の，両アレルの

bias ★　名 ❶バイアス　❷偏向，偏見　動 偏る　類 prejudice

bibliography　名 著書目録，文献

bicarbonate ★　名《化学》炭酸水素塩，重炭酸塩
例 sodium bicarbonate(炭酸水素ナトリウム)

bicistronic　形《遺伝子》2シストロン性の，バイシストロニックな(1つの遺伝子が2種類のタンパク質をコードすること)

bicyclic　形《化学》二環式の，二環の

bidirectional　形 双方向性の　副 bidirectionally

bifunctional　形 二機能性の　副 bifunctionally

bifurcate　動 二股に分ける　形 二分枝の，二股の

bifurcation　名 二分枝，分岐

bilateral ★　形《解剖》両側(りょうそく)性の　副 bilaterally　対 unilateral(一側性の)

bilayer ★　名《物理》二重層，二分子膜
例 lipid bilayer(脂質二重層)

B

bile ★ 名《生理》胆汁
例 bile acid(胆汁酸), bile duct(胆管), bile salt(胆汁酸塩)

biliary ★ 形 胆汁の
例 biliary cirrhosis(胆汁性肝硬変), biliary drainage(胆道ドレナージ), biliary excretion(胆汁排泄), biliary obstruction(胆管閉塞)

bilirubin ★ 名《生体物質》ビリルビン(胆汁色素)

bimodal 形 二峰性の

bimolecular 形《化学》二分子の

binary 形 ❶《数学》二進法の ❷二成分の
例 binary code(二進法コード)

bind ★★ 動 結合する(+to)

binder 名 結合剤, バインダー

binding ★★ 名 (非共有)結合 形 結合の
例 binding affinity(結合親和性), binding assay(結合実験), binding constant(結合定数), binding dissociation constant(結合解離定数), binding site(結合部位), binding protein(結合タンパク質)

binge 名 過度

binocular 形《生理》両眼(性)の

binomial 名《数学》二項式
例 binomial distribution(二項分布), binomial theorem(二項定理)

binuclear 形《化学》二核性の

bio- ★★ 接頭「生物, 生体」を表す

bioactivity 名 生理活性 形 bioactive(生理活性のある)

bioassay 名 生物検定法, バイオアッセイ

bioavailability 名 生体利用度, バイオアベイラビリティ 形 bioavailable(生物が利用可能な)

biochemical ★ 形 生化学の 副 biochemically
例 biochemical characterization(生化学的検討)

biochemistry ★ 名 生化学

biocompatibility 名 生体適合性 形 biocompatible(生体適合性のある)

biodegradable 形《環境》生分解性の 名 biodegradation(生分解)
例 biodegradable plastic(生分解性プラスチック)

biodistribution 名 体内分布

biodiversity 名 生物多様性

bioenergetic 形 生体エネルギー論の

bioethics 名 生命倫理

biofilm ★ 名《生物》バイオフィルム(＝微生物が繁殖したぬるぬるした膜)
例 biofilm formation(バイオフィルム形成)

biogenesis ★ 名 (細胞内小器官などの)生合成，形成 形 biogenetic 対 biosynthesis

biohazard 名《実験》バイオハザード(生物学的危険性)

bioinformatics 名 バイオインフォマティクス，生物情報学

biological ★ **/ biologic** 形 生物学的な，生物の 副 biologically
例 biological activity(生物活性)，biological containment(生物学的封じ込め)，biological half life(生物学的半減期)，biological oxygen demand(生物学的酸素要求量；BOD)

biologist 名 生物学者

biology ★ 名 生物学

bioluminescence 名 生物発光，バイオルミネセンス

biomarker ★ 名 生物マーカー

biomass 名《環境》バイオマス(＝動植物由来の有機資源)

biomaterial 名《臨床》生体材料，バイオマテリアル

biomechanics 名 生体工学，身体力学 形 biomechanical

biomedical 形 生物医学の，医学生物学的な 副 biomedically
例 biomedical research(生物医学研究)

biomolecule 名 生体分子
例 biomolecular(生体分子の)

biophysical 形 生物物理学的な，生物物理の 副 biophysically

biophysics 名 生物物理学

biopolymer 名 バイオポリマー，生体高分子

biopsy ★ 名《臨床》組織診，生検，バイオプシー 対 autopsy(死体解剖)
例 biopsy specimen(生検組織)，biopsy-proven(生検診断による)，liver biopsy(肝生検)

bioscience 名 生物科学，バイオサイエンス

biosensor 名 バイオセンサー(生体触媒を利用した検出器)

biosynthesis ★ 名《生化学》生合成(化学反応による) 対 biogenesis(器官などの生合成)

biosynthetic ★ 形 生合成の
例 biosynthetic pathway(生合成経路)

biotechnology 名 バイオテクノロジー，生物工学 形 biotechnological

biotin ★ 名《化合物》ビオチン(ビタミンB群の一種)

biotinylation 名《実験》ビオチン化，ビオチン標識 形 biotinylated(ビオチン化された)

biotransformation 名 生体内変換

biotype 名 生物型，バイオタイプ

bipartite 形 二連の，二分の

biphasic ★ 形 二相性の 副 biphasically

bipolar ★ 形 双極性の，両極性の
例 bipolar cell(双極細胞)，bipolar disorder(双極性障害)

bird ★ 名《生物》鳥類，トリ

birefringence 名《物理》複屈折

birth ★ 名《臨床》出生(しゅっしょう)，誕生 類 childbirth
派 birthweight(出生時体重)
例 birth cohort(出生コホート)，birth weight(出生体重)

bisphosphonate 名《化合物》ビスホスホネート(2つのリン酸を有し破骨細胞を抑制する薬物群)

bite 名《疾患》咬傷 動 ＜bite - bit - bit(ten)＞かみつく
例 tick bite(ダニ咬傷)

bivalent 形《化学》(結合が)二価の 対 divalent([イオンが]二価の)
例 bivalent ligand(二価リガンド＝結合が2箇所)

biventricular 形《解剖》(心臓)両室の

bladder ★ 名《解剖》膀胱(ぼうこう)
例 bladder cancer(膀胱癌)

blank 形《実験》ブランク，空の，盲検の
例 blank value(ブランク値)

-blast 接尾「芽細胞，芽球」を表す
例 myoblast(筋芽細胞)，osteoblast(骨芽細胞)

blast ★ 名 ❶《細胞》芽球 ❷《植物》イモチ病 形 急激な
例 blast cell(芽細胞)，blast crisis(急性転化)

blastocyst 名《発生》胚盤胞，尾胞

blastoderm 名《発生》胚盤葉，胞胚葉

blastomere 名《発生》卵割球，割球

blastomycosis 名《疾患》ブラストミセス症

blastula 名《発生》胞胚 複 blastulae

bleach 動 漂白する，退色する 名 漂白剤，ブリーチ

bleb 名《細胞》小疱，ブレブ 派 blebbing(小疱形成)

bleed ★ 動 ＜bleed - bled - bled＞出血する

bleeding ★ 名《症候》出血
例 bleeding time(出血時間), gastrointestinal bleeding(消化管内出血)

bleomycin 名《化合物》ブレオマイシン(DNA鎖を切断する抗生物質系抗悪性腫瘍薬)

blind ★ 形 盲目の,《統計》盲検法の 名 blindness(盲目)
例 blind study(盲検試験)

blink 名《生理》まばたき 類 eye blink

blister 名《症候》水疱(すいほう), 疱疹(ほうしん) 類 blistering(水疱形成)

bloating 名《症候》腹部膨満(ふくぶぼうまん), 鼓腸(こちょう)

block ★★ 名 ❶遮断 ❷塊 動 遮断する
例 blocking antibody(阻止抗体)

blockade ★ 発 名 遮断

blockage 名 妨害物

blocker ★ 名 遮断薬, ブロッカー

blood ★★ 名《生理》血液 形 血中の
例 blood-borne(血液由来の), blood-brain barrier(血液脳関門;BBB), blood cell count(血球数), blood coagulation(血液凝固), blood component(血液成分), blood donation(献血), blood glucose level(血糖値), blood flow(血流), blood level(血中濃度), blood pressure(血圧), blood product(血液製剤), blood-sucking(吸血性の), blood transfusion(輸血), blood type(血液型), blood vessel(血管), occult blood(潜血)

blood-borne 形 血液由来の

bloodstream 名 血流

bloody 形《臨床》観血的な,《疾患》血性の
例 bloody diarrhea(血性下痢)

blot ★ 動《実験》ブロットする, (紙などに)吸収させる

blotting ★ 名《実験》ブロット法, 吸収転移法
例 Northern blotting(ノーザンブロット法=RNA), Southern blotting(サザンブロット法=DNA), Western blotting(ウエスタンブロット法=タンパク質)

blue ★ 名 青色, 青 形 青い
例 blue shift(青色シフト)

blunt ★ 動 鈍らせる,《遺伝子》平滑末端化する 形 鈍い 名 blunting(平滑末端化)
例 blunt end(平滑末端)

Bmax 略《生化学》最大結合量(maximum binding)

BMI [略]《臨床》肥満度指数，体格指数(body mass index)

BMP [略]《生体物質》骨形成タンパク質(bone morphogenetic protein)

BMT [略]《臨床》骨髄移植(bone marrow transplantation)

board [名]❶板，ボード ❷委員会
[例] editorial board(編集委員会)，institutional review board(機関審査委員会；IRB)

BOD [略]《環境》生物学的酸素要求量(biological oxygen demand)

body ★★ [名]身体，～体
[例] body-centered cubic lattice(体心立方格子)，body donation(献体)，body fat(体脂肪)，body mass index(肥満度指数；BMI)，body surface(体表面)，body surface area(体表面積)，body temperature(体温)，body weight(体重)，ketone body(ケトン体)，pineal body(松果体)

boil [動]煮沸する，沸騰する [名]《症候》おでき
[例] boiling point(沸点)

bolus ★ [名]《臨床》ボーラス，大量瞬時投与
[例] bolus injection(迅速投与)

bombardment [名]《物理》照射

bona fide [ラ]真実の，誠実に

bond ★★ [名]《化学》結合 [動]結合する
[例] bond length(結合距離)，axial bond(アキシアル結合，軸結合)，double bond(二重結合)，hydrogen bond(水素結合)

bone ★★ [名]《解剖》骨 [接頭]osteo-
[例] bone grafting(骨移植)，bone mass(骨量)，bone mineral density(骨塩量)，bone morphogenetic protein(骨形成タンパク質；BMP)，bone remodeling(骨リモデリング)，bone resorption(骨吸収)，cranial bone(頭蓋骨＝とうがいこつ)

bone marrow ★ [名]《解剖》骨髄
[例] bone marrow-derived macrophage(骨髄由来マクロファージ)，bone marrow stromal cell(骨髄間質細胞)，bone marrow transplantation(骨髄移植)

bony [形]骨性の

book [名]本 [動]予約する

boost [動]《免疫》追加免疫する，ブーストする [対]prime(初回抗原刺激する)

bootstrap [名]《コンピュータ》(自動実行式の)ブートストラップ

borate 名《化合物》ホウ酸(塩やイオンとして) 類 boric acid

border ★ 名 境界，辺縁 動 境を接する 派 borderline(境界線)
例 brush border(《細胞》刷子縁)

borderline 名 境界線，境界，境界域
例 borderline personality disorder(境界性人格障害)

borne 形 (接尾辞的に用いて)由来の，媒介性の
例 blood-borne(血液由来の)，louse-borne(シラミ媒介性の)

boron 名《元素》ホウ素 化 B

Borrelia 学《生物》ボレリア(属)(スピロヘータの一属)
例 *Borrelia burgdorferi*(ライム病ボレリア)

botanical 形 植物学の，植物の 名 botany(植物学)

bottleneck 名 ボトルネック(進展を制限する物)，支障，妨げ

bottom 名 底面

botulinum 名《生物》ボツリヌス 学 *Clostridium botulinum*(ボツリヌス菌)
例 botulinum toxin(ボツリヌス毒素)

botulism 名《疾患》ボツリヌス中毒

bound ★★ 形 結合した(bindの過去・過去分詞形)
例 bound form(結合型)

boundary ★ 形 境界領域の，辺縁の

bout 名《症候》発作

bouton 発 名《細胞》終末ボタン(神経線維の末端＝シナプス前膜のボタン状構造)

bovine ★ 形《動物》ウシの 名 cattle，ox
例 bovine serum albumin(ウシ血清アルブミン；BSA)

bowel ★ 名《解剖》腸(一般的表現) 類 intestine
例 bowel movement(便通)，bowel obstruction(腸閉塞)

bp 略 ❶《遺伝子》塩基対(base pair) ❷《物理》沸点(boiling point)

Br 略《元素》臭素(bromine)

brachial 形《解剖》上腕の
例 brachial artery(上腕動脈)

brachytherapy 名《臨床》密封小線源治療(カプセルに封入した放射性同位元素による放射線療法)，近距離照射療法

brachyury 名《発生》短尾奇形

bradycardia 名《症候》徐脈(じょみゃく) 反 tachycardia(頻脈)

bradykinin 名《生体物質》ブラジキニン(起炎性ペプチド)

brain ★★ 名《解剖》脳 接頭 cerebro-
例 brain contusion(脳挫傷), brain death(脳死), brain-derived neurotrophic factor(脳由来神経栄養因子;BDNF), brain injury(脳傷害), brain region(脳領域), brain stem / brainstem(脳幹), brain tissue(脳組織), brain tumor(脳腫瘍)

brainstem ★ **/ brain stem** 名《解剖》脳幹
例 auditory brainstem response(聴性脳幹反応)

branch ★ 名 ❶枝分かれ, 分岐 ❷部門, 支店 動 枝分かれする
例 branch migration(分岐点移動), branch point(分岐点), branched-chain amino acid(分岐鎖アミノ酸), branching morphogenesis(分枝形態形成)

branchial 形《発生》鰓(えら)の
例 branchial arch(鰓弓=さいきゅう), branchial respiration(鰓呼吸)

breach 名 違反, 不履行 動 違反する

breadth 名 幅, 横幅 類 width

break ★ 名 中断 動 <break - broke -broken>破壊する, 切断する

breakage 名 破損, 切断 類 damage, destruction, disruption, impairment

breakdown ★ 名 崩壊, 分解 類 decay, decomposition, degradation

breakpoint 名 限界点

breakthrough 名 大きな進歩, ブレークスルー 形《疾患》破綻的な

breast ★★ 名 ❶胸 ❷《解剖》乳房
例 breast feeding(母乳栄養), breast cancer(乳癌)

breath ★ 名《生理》息, 呼吸(運動)
例 breath test(呼気試験)

breathe ★ 発 動 呼吸する 名 breathing(呼吸, 空気の揺らぎ)

breed 動《動物》繁殖させる, 育種する 名 breeding(繁殖, 育種)

brew 動 醸造する 名 brewing(醸造[業])

bridge ★ 名 橋, ブリッジ 動 架橋する 派 bridgehead(橋頭の)

brief ★ 形 (比較級briefer-最上級briefest)短時間の, (時間や長さが)短い 動 要約する 副 briefly

bright 形 明るい, 輝く 名 brightness(輝度)

brisk 形 活発な

bristle 名《解剖》剛毛

broad ★ 形 広範な，広い 副 broadly
例 broad-leaved tree (広葉樹)，broad-spectrum (広域性)

broaden 動 広げる，広幅化する

bromide 名《化合物》臭化物
例 ethidium bromide (臭化エチジウム＝核酸染色試薬)

bromine 名《元素》臭素，ブロム 化 Br 接頭 bromo-

bromodeoxyuridine 名《化合物》ブロモデオキシウリジン (DNA前駆物質)

bronchial ★ 形《解剖》気管支の 名 bronchus, bronchi (気管支)
例 bronchial epithelial cell (気管支上皮細胞)

bronchiectasis 名《疾患》気管支拡張症

bronchiolitis 名《疾患》細気管支炎
例 bronchiolitis obliterans (閉塞性細気管支炎)

bronchitis 名《疾患》気管支炎

bronchoalveolar 形《解剖》気管支肺胞の
例 bronchoalveolar lavage fluid (気管支肺胞洗浄液)

bronchoconstriction 名《生理》気管支収縮

bronchodilator 名 気管支拡張薬

bronchogenic 形 気管支原性の

bronchoscopy 名《臨床》気管支鏡検査(法)

bronchospasm 名《症候》気管支攣縮，気管支痙攣

bronchus 発 名《解剖》気管支 複 bronchi 対 trachea (気管)

broth 名《実験》ブロス，肉汁

brown ★ 形 褐色の
例 brown adipose tissue (褐色脂肪組織)

browser 名《コンピュータ》ブラウザ (Webページを見るソフトウェア)

Brucella 学《生物》ブルセラ(属) (人畜共通感染症を起こすグラム陰性桿菌の一属)
例 *Brucella abortus* (ウシ流産菌)

brucellosis 名《疾患》ブルセラ症 (ブルセラ菌による人畜共通感染症)

brush 名 ブラシ，刷子 動 ブラシでこする 派 brushing (ブラシがけ)
例 brush border (《解剖》刷子縁＝さっしえん)

BSA 略《生体物質》ウシ血清アルブミン (bovine serum albumin)

BSE 略《疾患》ウシ海綿状脳症 (bovine spongiform encephalopathy)

BSP 略《生体物質》骨シアロタンパク質(bone sialoprotein)

bubble 名 気泡，バブル 動 泡立つ

buccal 形《解剖》頬側の(きょうそく＝口腔内の頬の内にあたる) 名 バッカル錠
例 buccal mucosa(頬側粘膜)

bud ★ 名《植物》芽 動 発芽する，出芽する 派 budding(出芽，発芽)

budget 名 予算

buffer ★ 名 ❶緩衝液，緩衝剤 ❷緩衝(性) 動 緩衝する 派 buffering(緩衝化)
例 buffer action(緩衝作用), phosphate-buffered saline(リン酸緩衝食塩水；PBS), Tris-HCl buffer(トリス塩酸緩衝液)

build ★ 動 <build - built - built>建設する，構築する 名 building(建物)

buildup 名 発達

built-in 形 ❶一体型の，組込みの ❷(性質などが)生まれつきの

bulb 名《解剖》球(きゅう)
例 olfactory bulb(嗅球)

bulbar 形《解剖》延髄の，球の

bulge 名 ❶急増 ❷《遺伝子》バルジ(二本鎖の一方の塩基が余った状態) 動 隆起する

bulimia 名《疾患》過食症，大食症 形 bulimic
例 bulimia nervosa(神経性過食症)

bulk ★ 名 ❶容積 ❷(医薬品などの)原末，バルク 形 大量の 形 bulky(かさ高い)
例 bulk density(かさ密度)

bullous 形《疾患》水疱性の
例 bullous impetigo(水疱性膿痂疹)

BUN 略《臨床》血中尿素窒素(blood urea nitrogen)

bundle ★ 名《解剖》束，線維束 動 束ねる
例 bundle branch block(脚ブロック)

buoyant 形 浮揚性の，浮力のある

burden ★ 名 重荷，負担 動 悩ます，負担させる

burgdorferi ➡ *Borrelia*(ボレリア)

Burkitt's lymphoma 名《疾患》バーキットリンパ腫(Burkittが発見報告した小児悪性リンパ腫)

burn ★ 名《症候》火傷(やけど) 動 燃える，燃やす

bursa 発 名《解剖》嚢，滑液包

burst ★ 名 バースト，群発，突発 動 群発する，突発する
例 burst firing（バースト発火）

bury 動 埋める，埋葬する

butanol 名《化合物》ブタノール（炭素数4のアルコール）

buttock 名《解剖》殿部（でんぶ）

butyl 名《化学》ブチル（炭素数4のアルキル基）

butyrate 名《化合物》酪酸（らくさん）（塩やエステルとして）
形 酪酸の 類 butyric acid（酪酸）

bypass ★ 名 バイパス，迂回 動 迂回する
例 bypass graft surgery（バイパス術）

byproduct / by-product 名《化学》副生物，副産物

bystander 名 傍観者

C

C ★ 略 ❶《元素》炭素（carbon） ❷《ヌクレオチド》シトシン（cytosine） ❸《アミノ酸》システイン（cysteine）

C-terminal 略《タンパク質》カルボキシ末端の（carboxyl-terminal）
例 C-terminal domain（C末端領域）

Ca ★ 略《元素》カルシウム（calcium）

ca. 略 約，およそ（circa）

CABG 略《臨床》冠動脈バイパス（術）（coronary artery bypass grafting）

cable 名 ケーブル

cachexia 発 名《疾患》悪液質（あくえきしつ＝癌や結核などの末期でおこる体重減少と全身症状） 形 cachectic

CAD 略《疾患》冠動脈疾患（coronary artery disease）

cadaver 名 死骸，屍体 形 cadaveric（屍体の）

cadherin ★ 名《生体物質》カドヘリン（細胞間接着タンパク質ファミリー）

cadmium 名《元素》カドミウム 化 Cd

Caenorhabditis elegans ★ 学《生物》線虫 略 *C. elegans* 類 nematode

caffeine 名《化合物》カフェイン（覚醒作用のあるキサンチン誘導体）
例 caffeine-intolerant individual（カフェイン不耐性の人）

cage	名 ケージ，かご 動 かごに入れる 例 caged compound(ケージド化合物＝光照射によって活性化するように設計された低分子化合物)
cal	略 カロリー(calorie)
calcification ★	名《症候》石灰化，カルシウム沈着 動 calcify
calcineurin ★	名《酵素》カルシニューリン(カルシウム依存性に活性化される脱リン酸化酵素) 例 calcineurin inhibitor(カルシニューリン阻害薬)
calcitonin	名《生体物質》カルシトニン(血中Caを低下させる甲状腺ペプチドホルモン) 例 calcitonin gene-related peptide(カルシトニン遺伝子関連ペプチド；CGRP)
calcium ★★	名《元素》カルシウム 化 Ca 例 calcium channel(カルシウムチャネル)，calcium-free(カルシウムを含まない)，calcium influx(カルシウム流入)，calcium mobilization(カルシウム動員)
calculate ★	動 計算する
calculation ★	名 計算，算出
calculus	名《疾患》結石，《歯科》歯石 複 calculi
calf	名 ❶子ウシ ❷《解剖》腓腹(ひふく＝ふくらはぎ) 複 calves 例 fetal calf serum(子ウシ胎児血清)
caliber	名 内径，口径
calibrate	動 較正する
calibration ★	名 較正，キャリブレーション 例 calibration curve(検量線)
callosum	名《解剖》脳梁 例 callosal(脳梁の)
callus	名《植物》カルス(脱分化した組織塊) 複 calli
calmodulin ★	名《生体物質》カルモジュリン(カルシウム結合調節タンパク質) 例 calmodulin-dependent protein kinase II(カルモジュリン依存性プロテインキナーゼII；CAMKII)
caloric	形 熱量の 例 caloric intake(カロリー摂取)
calorie / calory	名《単位》カロリー，熱量 略 cal
calorimetry	名《物理》熱量測定法 形 calorimetric(熱量測定の)
calpain ★	名《生体物質》カルパイン(プロセシングに関与するシステインプロテアーゼの一種)
calves	名《解剖》(複数扱い)ふくらはぎ 単 calf

CaM 略《生体物質》カルモジュリン(calmodulin)

CaMKⅡ 略《酵素》カルモジュリンキナーゼII(calmodulin-dependent protein kinase II)

cAMP 略《生体物質》サイクリックAMP(cyclic adenosine 3',5'-monophosphate)
例 cAMP-dependent protein kinase(cAMP依存性プロテインキナーゼ)

campaign 名 キャンペーン

Campylobacter 学《生物》カンピロバクター(属)(食中毒原因となるグラム陰性桿菌の一属)
例 *Campylobacter jejuni*(ジェジュニ菌＝腸炎原因菌の一種)

canal 名 水路，管 類 duct, tube, vas, vessel

canalicular 形 小管の，管状の，《解剖》毛細胆管の

cancer ★★ 名《疾患》癌 類 carcinoma
例 cancer chemotherapy(癌化学療法), cancer patient(癌患者), breast cancer(乳癌), lung cancer(肺癌)

cancerous 形 癌の

Candida ★ 学《生物》カンジダ(属)(不完全酵母の一属)
例 *Candida albicans*(カンジダ・アルビカンス＝主要なカンジダ症原因菌)

candidate ★ 名 候補
例 candidate gene(候補遺伝子)

candidemia 名《疾患》カンジダ血症

candidiasis 名《疾患》カンジダ症(酵母様の真菌である常在性カンジダ属の内因性感染症)

canine ★ 形《動物》イヌの 名《歯学》犬歯 類 dog

cannabinoid 名《化合物》カンナビノイド，大麻類
例 cannabinoid receptor(カンナビノイド受容体)

cannula 発 名《臨床》カニューレ

cannulation 名《臨床》カニューレ挿入(法)

canonical ★ 形 標準的な，規範的な

capability ★ 名 能力，才能，将来性

capable ★ 形 能力のある，可能な，有能な

capacitance 名《物理》電気容量，キャパシタンス

capacitative / capacitive 形 容量性の

capacity ★ 名 ❶能力，容量 ❷《物理》電気容量(＝capacitance)
例 transport capacity(輸送能)

capillary ★ 名 ❶毛細管，キャピラリー ❷《解剖》毛細血管
例 capillary permeability(毛細血管透過性)

capping 名《遺伝子》キャップ形成(mRNAの5'末端が閉環に修飾されること)
例 capping protein(キャッピングタンパク質)

caprine 形《動物》ヤギの 類 goat(ヤギ)

CAPS 略《疾患》クリオピリン関連周期性症候群(cryopyrin-associated periodic syndrome)

capsaicin 名《化合物》カプサイシン(トウガラシ辛み成分)

capsid ★ 名《生体物質》カプシド(ウイルス核酸を包む外衣タンパク質)
例 capsid protein(カプシドタンパク質)

capsular 形 カプセルの 名 capsule

capsulatum 名《解剖》莢膜

capsule ★ 名 ❶カプセル(剤) ❷《生物》莢(きょう)膜 ❸《植物》さく果 形 capsular

capture ★ 名 捕獲 動 捕獲する
例 electron capture(電子捕獲)

CAR 略 ❶(核内受容体)アンドロスタン受容体(constitutive androstane receptor) ❷コクサッキーウイルス・アデノウイルス受容体(coxsackievirus and adenovirus receptor)

carbene 名《化学》カルベン(孤立電子対と空軌道を有する炭素)

carbohydrate ★ 名《化合物》炭水化物 類 sugar
例 carbohydrate chain(糖鎖)

carbon ★ 名《元素》炭素 化 C
例 carbon dioxide(二酸化炭素；CO_2), carbon dioxide fixation(炭酸固定), carbon fiber(炭素繊維，カーボンファイバー), carbon monoxide(一酸化炭素；CO), carbon nanotube(カーボンナノチューブ), carbon source(炭素源)

carbonate 名《化合物》炭酸(塩やイオンとして) 類 carbonic acid(炭酸)

carbonic 形 炭酸の
例 carbonic anhydrase(炭酸脱水酵素)

carbonyl ★ 名《化学》カルボニル
例 carbonyl group(カルボニル基)

carboxy ★ **/ carboxyl** 名《化学》カルボキシ，カルボキシル
例 carboxy group(カルボキシ基), carboxy-terminal(カルボキシ末端の)

carboxylase 名《酵素》カルボキシラーゼ，カルボキシ基転移酵素

carboxylation 名《化学》カルボキシル化

carboxylic acid 名《化合物》カルボン酸 類 carboxylate

carboxypeptidase 名《酵素》カルボキシペプチダーゼ(タンパク質C末端を切断する酵素群)

carcinoembryonic 形 癌胎児性の
例 carcinoembryonic antigen(癌胎児抗原)

carcinogen 名 発癌物質

carcinogenesis ★ 名 発癌 形 carcinogenic(発癌性の)

carcinoid 名《疾患》カルチノイド(良性の上皮性腫瘍)
例 carcinoid syndrome(カルチノイド症候群), carcinoid tumor(カルチノイド腫瘍)

carcinoma ★ 名《疾患》癌腫(上皮細胞の悪性腫瘍) 類 cancer
例 carcinoma *in situ*(上皮内癌), squamous carcinoma(扁平上皮癌)

cardi(o)- ★ 接頭「心臓」を表す

cardiac ★★ 発 形《解剖》心臓の 名 heart
例 cardiac arrest(心停止), cardiac glycoside(強心配糖体), cardiac hypertrophy(心肥大), cardiac muscle(心筋), cardiac output(心拍出量), cardiac repolarization(心再分極), cardiac tamponade(心タンポナーデ)

cardinal 形 主要な, 基本的な 名《数学》基数

cardiocyte 名 心筋細胞

cardiogenic 形《疾患》心原性の
例 cardiogenic shock(心原性ショック)

cardiologist 名 心臓病専門医

cardiology 名 心臓病学

cardiomyocyte ★ 名《解剖》心筋細胞

cardiomyopathy ★ 名《疾患》心筋症

cardioplegia 名 ❶《臨床》心筋保護(外科的心臓機能停止法) ❷心筋保護液

cardioprotection 名《臨床》心保護 形 cardioprotective

cardiopulmonary 形《臨床》心肺の
例 cardiopulmonary bypass(心肺バイパス術), cardiopulmonary resuscitation(心肺蘇生)

cardiorespiratory 形《生理》心肺の
例 cardiorespiratory fitness(心肺適応能, 心肺持久力)

cardiotonic 形 強心性の 名 強心薬

cardiotoxicity 名 心毒性

cardiovascular ★ 形《解剖》心血管系の，循環器の
例 cardiovascular disease（循環器疾患），cardiovascular event（心血管イベント），cardiovascular morbidity（心血管罹患率），cardiovascular system（心血管系）

cardioversion 名《臨床》（心臓の）電気除細動 派 cardioverter（電気除細動器）

carditis 名《疾患》心炎

care ★★ 名 ❶看護，治療 ❷注意，世話 動 看護する（+for），心配する 派 caring（看護，介護）
例 home care（在宅医療），intensive care unit（集中治療部；ICU），primary care（プライマリケア，一次医療）

career 名 経歴

careful ★ 形 慎重な，注意深い 副 carefully

caregiving 名 介護 派 caregiver（介護者）

cargo 名《生化学》カーゴ（膜輸送で運ばれるタンパク質などを指す），積荷

caries 発 名《疾患》（単数扱い）齲蝕（うしょく），カリエス 形 carious
例 dental caries（齲歯，むし歯）

carinii ➡ *Pneumocystis*（ニューモシスチス）
例 carinii pneumonia（カリニ肺炎）

carnivore 名《生物》肉食動物 形 carnivorous（肉食の） 反 herbivore（草食動物）

carotene 発 名《化合物》カロテン，カロチン（ビタミンA前駆体ファミリー）

carotenoid 名《化合物》カロテノイド

carotid ★ 形《解剖》頸部の
例 carotid artery（頸動脈），carotid endarterectomy（頸動脈内膜剥離術），carotid sinus（頸動脈洞）

carpal 形《解剖》手根の
例 carpal tunnel（手根管）

carriage 名 輸送，保因

carrier ★ 名 ❶担体，キャリア ❷《医療》保因者
例 carrier protein（輸送タンパク質），virus carrier（ウイルス感染者）

carry ★ 動 ❶輸送する，運ぶ ❷保有する，持つ 熟 carry out（実行する）

CARS 略《疾患》代償性抗炎症性反応症候群(compensatory anti-inflammatory response syndrome)

cartilage ★ 名《解剖》軟骨 形 cartilaginous
例 articular cartilage(関節軟骨)

cartridge 名 カートリッジ，薬包

cascade ★ 名《生化学》カスケード(一連の増幅的段階反応)

case ★★ 名 ❶ケース，場合 ❷《医療》症例
例 case-control study(症例対照研究)，case report(症例報告)，case study(症例研究)

casein 名《生体物質》カゼイン(牛乳タンパク質)
例 casein kinase II(カゼインキナーゼII)

caspase ★ 発 名《酵素》カスパーゼ(Cys残基を活性中心にもつプロテアーゼでAsp残基のC末側を切断)
例 caspase 3(カスパーゼ3)，caspase inhibitor(カスパーゼ阻害剤)

cassette ★ 名 カセット，小箱
例 ATP-binding cassette transporter(ABCトランスポータ)

cast 名 ❶ギプス包帯 ❷円柱 動 ❶鋳造する ❷投げる ❸役をつける
例 casting hormone(階級分化ホルモン)

castration 名《臨床》性腺摘除，去勢 動 castrate

casual 形 ❶偶然の，不用意な ❷略式の

cat ★ 名《動物》ネコ 形 feline
例 cat-scratch disease(ネコ引っかき病)

catabolism 名《生化学》異化(作用) 形 catabolic 反 anabolism(同化)

catabolite 名 異化産物
例 catabolite repression(異化代謝産物抑制)

catabolize 動 異化する，分解する

catalase 名《酵素》カタラーゼ(抗酸化酵素)

catalepsy 名《症候》カタレプシー，強直症(きょうちょくしょう)

catalog 名 カタログ，目録

catalysis ★ 名《化学》触媒作用

catalyst ★ 名《化学》触媒

catalytic ★★ 形 触媒(作用)の 副 catalytically
例 catalytic activity(触媒活性)，catalytic domain of enzyme(酵素の触媒部位)，catalytic reduction(接触還元)，catalytic subunit(触媒サブユニット)

catalyze ★ / 英 **catalyse**　[動] 触媒する

cataract ★　[名]《疾患》白内障
[例] cataract extraction(白内障摘出術)

catastrophe　[名] カタストロフ，破局　[形] catastrophic(破局的な)

catch　[動] ＜catch - caught- caught＞捕らえる，捕獲する

catechol　[名]《化合物》カテコール

cate-cholamine ★　[名]《生体アミン》カテコラミン　[派] catecholaminergic (カテコラミン作動性の)

categorical　[形] 分類上の，カテゴリーの

categorization　[名] 分類，カテゴリー化

categorize　[動] 分類する

category ★　[名] カテゴリー，範疇(はんちゅう)，分類

catenin ★　[名]《生体物質》カテニン(多機能な細胞質タンパク質)

cathepsin ★　[名]《酵素》カテプシン(リソソームのプロテアーゼ総称)

catheter ★ [発]　[名]《臨床》カテーテル
[例] catheter ablation(カテーテル焼灼術)

catheterization　[名]《臨床》カテーテル挿入，カテーテル法

cathode　[名]《物理》陰極，負電極，カソード　[形] cathodic　[反] anode(陽極)
[例] cathode ray tube(陰極線管；CRT)

cation ★　[名]《化学》カチオン，陽イオン　[形] cationic　[反] anion
[例] cation channel(カチオンチャネル), cation exchanger(カチオン交換輸送体), cation transport (カチオン輸送)

Caucasian　[形] 白色人種の　[名] 白人

caudal ★　[形]《解剖》尾側(びそく)の　[副] caudally　[反] rostral (吻側[ふんそく]の)

caudate　[形]《解剖》尾状核の
[例] caudate nucleus(尾状核)

causal　[形] 必然的な，因果関係のある　[副] causally(必然的に)
[例] causal therapy(原因療法)

causation　[名] 因果関係

causative ★　[形] 原因である

cause ★★　[名] 原因，理由　[動] 引き起こす
[例] cause of death(死因)

caution　[名] 注意，警告，警戒，慎重さ

cava	名《解剖》大静脈 形 caval 類 vena cava(大静脈)
caveola	名《細胞》カベオラ(形質膜が陥入した特殊な細胞膜構造) 形 caveolar
caveolin	名《生体物質》カベオリン(カベオラにある膜タンパク質)
cavernous	形《解剖》空洞性の 例 cavernous sinus(海綿静脈洞)
cavitation	名 空洞化，空洞形成
cavity ★	名《解剖》腔(くう)，空洞，窩洞(かどう) 例 abdominal cavity(腹腔)，nasal cavity(鼻腔)
CBF	略《臨床》脳血流量(cerebral blood flow)
CCK	略《生体物質》コレシストキニン(cholecystokinin)
CCR	略《生体物質》ケモカイン受容体(chemokine receptor)
Cd	略《元素》カドミウム(cadmium)
CD	略 ❶《免疫》表面抗原分類(cluster of differentiation) ❷《物理》円偏光二色性(circular dichroism) 例 CD4 lymphocyte(CD4リンパ球)，CD spectroscopy(円偏光二色性分光法)
CDK	略《酵素》サイクリン依存性キナーゼ(cyclin-dependent kinase)
cDNA ★★	略《遺伝子》相補DNA(complementary DNA) 例 cDNA array(cDNAアレイ)，cDNA cloning(cDNAクローニング)，cDNA library(cDNAライブラリ)
CDS	略《遺伝子》コード配列(coding sequence) 類 ORF
cease	動 止む(やむ)，終わる
cecal	形 盲腸の 例 cecal ligation and puncture(腸管穿孔モデル)
cecum 発	名《解剖》盲腸
ceiling	名 上限，天井 例 ceiling effect(天井効果)
celiac	形《解剖》腹腔の 例 celiac disease(《疾患》セリアック病＝グルテン腸症)

cell ★★ 名 細胞 接尾 -cyte
例 cell adhesion molecule（細胞接着分子），cell body（細胞体），cell cognition（細胞認識），cell count（細胞数），cell culture（細胞培養），cell cycle progression（細胞周期進行），cell death（細胞死），cell debris（細胞破片），cell division（細胞分裂），cell fate（細胞運命），無細胞系（無細胞系），cell function（細胞機能），cell line（培養細胞株），cell membrane（細胞膜），cell nucleus（細胞核），cell-permeant（細胞浸透性の），cell polarity（細胞極性），cell proliferation（細胞増殖），cell separation（細胞分離），cell sorting（細胞選別），cell-specific（細胞特異的な），cell surface（細胞表面），cell suspension（細胞懸濁液），cell-to-cell communication（細胞間の情報交換），cell wall（細胞壁）

cellular ★★ 形 細胞（性）の
例 cellular immunity（細胞性免疫），cellular process（細胞プロセス），cellular response（細胞応答），cellular senescence（細胞老化）

cellularity 名 細胞型，細胞充実性（細胞分化や増殖の度合い）

cellulitis 名《疾患》蜂巣炎，蜂窩織炎（ほうかしきえん），蜂巣織炎（皮下の化膿性炎症）

cellulose 名《生体物質》セルロース

cement 名 セメント，接合剤，充填材

census 名 国勢調査

center ★★ / 英 **centre** 名 ❶中心，中央 ❷センター 動 ❶集中する ❷中央に置く
例 at the center of（～の中央に），be centered about（～の中央に位置している）

centimeter 名《単位》センチメートル

centimorgan 名《遺伝子》センチモルガン（遺伝子地図における距離の単位）

central ★★ 形 ❶中心の ❷《解剖》中枢の 副 centrally 対 peripheral（末梢の）
例 central dogma（セントラルドグマ），central nervous system（中枢神経系；CNS），central role（中心的役割），central venous catheter（中心静脈カテーテル）

centrifugation 名《生化学》遠心分離法，遠心沈降 形 centrifugal
例 isopycnic centrifugation（等密度遠心法）

centrifuge 動 遠心分離する 名 遠心機

centriole 名《細胞》中心子，中心粒（微小管の円柱状構造物）

centromere ★ 名《細胞》セントロメア(分裂期に動原体となる染色体領域) 形 centromeric

centrosome ★ 名《細胞》中心体(動物細胞における主要な微小管形成中心) 形 centrosomal
例 centrosome duplication(中心体複製)

century 名 世紀
例 in the 21st century(21世紀において)

cephalosporin 名《化合物》セファロスポリン(セフェム系抗生物質のプロトタイプ)

ceramic 名 セラミック 形 セラミックの

ceramide ★ 名《生体物質》セラミド(スフィンゴシンに脂肪酸が酸アミド結合した物質の総称)

cereal 名《農業》穀類，シリアル

cerebellar ★ 形《解剖》小脳の
例 cerebellar ataxia(小脳失調)，cerebellar granule neuron(小脳顆粒神経細胞)

cerebellum ★ 発 名《解剖》小脳 複 cerebella 形 cerebellar 接頭 cerebello-

cerebr(o)- 接頭「脳，大脳」を表す 類 encephalo-

cerebral ★ 発 形《解剖》大脳の，脳の
例 cerebral blood flow(脳血流量)，cerebral cortex(大脳皮質)，cerebral hemisphere(大脳半球)，cerebral ischemia(脳虚血)，cerebral palsy(脳性麻痺)

cerebrospinal 形 脳脊髄の
例 cerebrospinal fluid(脳脊髄液；CSF)

cerebrovascular 形 脳血管性の
例 cerebrovascular disorder(脳血管障害)

cerebrum 名《解剖》大脳 複 cerebra 形 cerebral

cerevisiae ➡ *Saccharomyces*(出芽酵母)

certain ★ 形 ❶確信して，確実な，確かな ❷とある，いくらかの 副 certainly

certainty 名 確実性，確信

certificate 名 証明書

certification 名 証明，認可

certify 動 証明する

cervical ★ 形 ❶《解剖》頸椎(部)の ❷子宮頸部の
例 cervical cancer(子宮頸癌)，cervical cord(頸髄)，cervical ripening(子宮頸部熟化)，cervical spine(頸椎)，cervical swab(子宮頸部スワブ)

cervicitis 名《疾患》子宮頸管炎

cervix 名 ❶《解剖》頸部(首の) ❷子宮頸部

cesarean section 名《臨床》帝王切開(術) 類 cesarean delivery(帝王切開による出産)

cesium / caesium 発 名《元素》セシウム 化 Cs

cessation ★ 発 名 休止

cf. 略 参照せよ(confer)

CFTR 略《生体物質》嚢胞性線維症膜コンダクタンス制御因子(cystic fibrosis transmembrane conductance regulator)

CFU 略《細胞》コロニー形成単位(colony-forming unit)

CGD 略《疾患》慢性肉芽腫症(chronic granulomatous disease)

CGH 略《実験》比較ゲノムハイブリダイゼーション(comparative genomic hybridization)

cGMP 略《生体物質》サイクリックGMP(cyclic guanosine 3',5'-monophosphate)

CGRP 略《生体物質》カルシトニン遺伝子関連ペプチド(calcitonin gene-related peptide)

Chagas' disease 名《疾患》シャーガス病(*Trypanosoma cruzi*の感染に起因する寄生虫症)

chain ★★ 名 鎖
例 chain reaction(連鎖反応), light chain(軽鎖), side chain(側鎖)

chair 名 椅子 動 議長を務める
例 chair conformation(いす形配座)

challenge ★ 名 ❶挑戦 ❷《免疫》(アレルギーの)誘発 動 ❶挑戦する ❷曝露する

chamber ★ 名 ❶チャンバー, 容器 ❷《解剖》房(ぼう)
例 anterior chamber of eye(前眼房), perfusion chamber(灌流容器)

chance 名 ❶機会, 見込み ❷確率, 偶然

chancroid 名《疾患》軟性下疳(げかん)

change ★★ 名 変化 動 変わる, 変える 類 alter, convert, modify, shift, switch, vary

channel ★★ 名《生体物質》チャネル
例 channel opening(チャネル開口), channel pore(チャネルポア), calcium channel(カルシウムチャネル)

chaos 発 名 無秩序, カオス 形 chaotic(無秩序な)

C

chaperone ★ 名《生化学》シャペロン(=タンパク質のフォールディングに関与する分子) 派 chaperonin(シャペロニン)
例 chaperone protein(シャペロンタンパク質)

chapter ★ 名 章，チャプター

character ★ 名 ❶特徴，性質 ❷性格

characteristic ★★ 形 特徴ある 名 特徴 副 characteristically

characterization ★ / 英 **characterisation** 名 特徴づけ，性質決定

characterize ★★ / 英 **characterise** 動 特徴を調べる，特徴づける
例 be characterized by(〜の特徴を有する)

charcoal 名 木炭，チャコール
例 activated charcoal(活性炭)

charge ★ 名 ❶《物理》電荷，帯電，チャージ ❷負荷 動 荷電する 類 electric charge
例 charged amino acid(荷電アミノ酸)，charge transfer(電荷移動)，membrane charge(膜電荷)，negative charge(負電荷)

chart 名 ❶チャート，図表 ❷《医療》カルテ

CHD 略《疾患》冠動脈心疾患(coronary heart disease)

check 名 点検 動 調べる，点検する，チェックする 派 checklist(チェックリスト)

checkpoint ★ 名 チェックポイント，確認箇所
例 checkpoint control(チェックポイント制御)

chelate 名《化学》キレート 動 キレートする 派 chelating(キレート化)
例 chelating agent(キレート薬)

chelation 名《化学》キレート現象

chelator 名《化合物》キレート剤，キレーター

chemical ★ 形 化学の 名 化学薬品 副 chemically
例 chemical analysis(化学分析)，chemical composition(化学組成)，chemical formula(化学式)，chemical oxygen demand(化学的酸素要求量；COD)，chemical potential(化学ポテンシャル)，chemical shift([NMR]化学シフト)，chemical structure(化学構造)

chemiluminescence 名《物理》ケミルミネッセンス，化学発光 形 chemiluminescent

chemist 名 化学者

chemistry ★ 名 化学 接頭 chemo- 形 chemical

chemo 接頭「化学，化学的」を表す

chemoattractant ★ 名 化学誘引物質

chemokine ★ 発 名《生体物質》ケモカイン(＝炎症性細胞遊走因子)
例 chemokine receptor(ケモカイン受容体)

chemoprevention 名《臨床》(癌に対する)化学予防，化学防御 形 chemopreventive 類 cancer chemoprevention(癌予防)

chemoprophylaxis 名《臨床》(感染症などに対する)化学的予防(法)

chemoradiotherapy 名《臨床》化学放射線療法(抗癌剤と放射線照射の組み合わせによる癌治療法) 類 chemoradiation

chemoreceptor 名《生理》化学受容器
例 chemoreceptor trigger zone(化学受容器引金帯)

chemosensitivity 名 化学受容性 形 chemosensory

chemotactic ★ 形 走化性の
例 chemotactic factor(走化因子)

chemotaxis ★ 名《生物》走化性，走化作用

chemotherapeutic ★ 形 化学療法の 名 化学療法薬 副 chemotherapeutically
例 chemotherapeutic agent(化学療法剤)

chemotherapy ★ 名《臨床》(癌の)化学療法
例 chemotherapy regimen(化学療法計画)

chest ★ 名《解剖》胸部，胸
例 chest discomfort(胸部不快感)，chest pain(胸痛)，chest radiography(胸部X線)，chest roentgenogram(胸部X線写真)，chest wall(胸壁)

chew 動 噛む 名 chewing(咀嚼＝そしゃく)

CHF 略《疾患》うっ血性心不全(congestive heart failure)

chiasm 名《解剖》交叉
例 optic chiasm(視交叉)

chick ★ 形 ニワトリの 名《鳥類》ヒヨコ
例 chick embryo(ニワトリ胚)

chickenpox 名《疾患》水痘

chief 形 主要な，主たる 名 チーフ 副 chiefly(主に)

child ★ 名 子供，小児 形 小児用の 複 children
例 child abuse(児童虐待)

childbearing 形 出産可能の 名 出産

childbirth 名《臨床》出生

childhood ★ 名 幼児期，小児期 対 adulthood(成人期)

chill 名《症候》悪寒(おかん) 動 冷却する

chimera ★ **/ chimaera** 発 名《生物》キメラ(体) (2つの遺伝的に異なる細胞が組み合わさった生物)

chimeric ★ **/ chimaeric** 形 キメラの
例 chimeric mice(キメラマウス)，chimeric protein(キメラタンパク質)

chimerism / chimaerism 名 キメラ現象

chimpanzee 発 名《動物》チンパンジー(類人猿)

Chinese hamster ★ 名《動物》チャイニーズハムスター
例 Chinese hamster ovary cell (CHO 細胞＝遺伝子発現実験によく用いられる細胞株)

CHIP 略《実験》クロマチン免疫沈降法 (chromatin immunoprecipitation assay)

chiral 形《化学》立体対称性の，キラルな 副 chirally
例 chiral center(キラル中心)

chirality 発 名《化学》キラリティー(立体対称性)，掌性(しょうせい)，鏡像異性 形 chiral

Chlamydia 学《生物》クラミジア(属) (動物に寄生する小型のグラム陰性球菌の一属)
例 *Chlamydia trachomatis*(トラコーマクラミジア)

chlamydial 形《疾患》クラミジア(性)の
例 chlamydial infection(クラミジア感染症)

chloramphenicol 名《化合物》クロラムフェニコール(抗生物質)
例 chloramphenicol acetyltransferase (クロラムフェニコールアセチル基転移酵素)

chloride ★ 名《化学》塩素イオン，塩化物 化 Cl^-
例 chloride channel(クロライドチャネル)

chlorinate 動 塩素化する，塩素処理する

chlorine 名《元素》塩素 化 Cl

chloroform 名《化合物》クロロホルム(揮発性で麻酔作用のあるハロゲン化炭化水素)

chlorophyll 名《生体物質》葉緑素，クロロフィル

chloroplast ★ 発 名《植物》葉緑体 形 chloroplastic(葉緑体の)

chloroquine 名《化合物》クロロキン (アミノキノリン系抗マラリア薬)

CHO cell 略《実験》チャイニーズハムスター卵巣細胞 (Chinese hamster ovary cell)

choice ★ 名 選択　動 choose　類 selection
例 first choice(第一選択)

cholangiocarcinoma 名《疾患》胆管細胞癌，胆管腺癌

cholangiocyte 名《解剖》胆管細胞

cholangiography 名《臨床》胆道造影(法)，胆管造影(法)

cholangitis 名《疾患》胆管炎

cholecystectomy 名《臨床》胆嚢切除(術)

cholecystitis 名《疾患》胆嚢炎

cholecystokinin 名《生体物質》コレシストキニン(胆嚢収縮性ペプチド)

cholelithiasis 発 名《疾患》胆石(症)

cholera 名《疾患》コレラ
例 cholera toxin(コレラ毒素)

cholestasis 名《疾患》胆汁うっ滞　形 cholestatic(胆汁うっ滞性の)

cholesterol ★ ア 名《生体物質》コレステロール　形 cholesteryl(コレステリル)
例 cholesterol acyltransferase(コレステロールアシル基転移酵素)，cholesterol-lowering(コレステロール低下)，cholesteryl ester(コレステリルエステル)

choline ★ 名《化合物》コリン(アセチルコリン前駆物質および分解産物)
例 choline acetyltransferase(コリンアセチル基転移酵素)

cholinergic ★ 形《生理》コリン作動性の
例 cholinergic neuron(コリン作動性神経)

chondrocyte ★ 名《解剖》軟骨細胞

chondrogenesis 名《生理》軟骨形成

chondroitin sulfate 名《生体物質》コンドロイチン硫酸(軟骨成分の硫酸化ムコ多糖)

choose ★ 動 ＜choose - chose - chosen＞選ぶ，選択する
名 choice

chorda 名《解剖》腱　複 chordae　形 chordal

chordate 名《生物》脊索動物

choriocarcinoma 名《疾患》絨毛癌

choriogonado-tropin 名《生体物質》絨毛性ゴナドトロピン

choriomenin-gitis 名《疾患》脈絡髄膜炎

chorionic 形《解剖》絨毛(じゅうもう)性の，絨毛膜の
例 chorionic gonadotropin(絨毛性ゴナドトロピン)

choroid 名《解剖》脈絡膜(血管膜)
例 choroid plexus(脈絡叢)

choroidal 形 脈絡膜の
例 choroidal neovascularization(脈絡膜新生血管)

chow 名《実験》固形飼料

chromaffin cell 名《解剖》クロム親和(性)細胞(カテコラミンやセロトニンを含む細胞) 類 pheochromocyte

chromate 名《化合物》クロム酸(塩あるいはイオン)

chromatid 名《細胞》染色分体(染色体の糸状体部)

chromatin ★ 名《細胞》染色質，クロマチン(染色体内でのDNAタンパク質複合体成分)
例 chromatin assembly(クロマチン構築)，chromatin immunoprecipitation assay(クロマチン免疫沈降；CHIP)

chromatogram 名 クロマトグラム(＝出力されたチャート)

chromatograph 名 クロマトグラフ(＝機器)

chromatog-raphy ★ 名《実験》クロマトグラフィー(＝方法) 形 chromatographic(クロマトグラフィーの)
例 high-performance liquid chromatography(高速液体クロマトグラフィー；HPLC)

chromium 名《元素》クロム 化 Cr

chromogenic 形 発色性の
例 chromogenic substrate(発色基質)

chromophore 名《化学》発色団

chromosomal ★ 形 染色体の 名 chromosome 副 chromosomally
例 chromosomal DNA(染色体DNA)，chromosomal instability(染色体不安定性)，chromosomal rearrangement(染色体再構成)，chromosomal remodeling(染色体再構築)，chromosomal translocation(染色体転座)

chromosome ★★ ア 名《細胞》染色体，クロモソーム(真核生物の細胞分裂で出現する核内DNA構造物)
例 chromosome condensation(染色体凝縮)，chromosome number(染色体数)，chromosome painting(染色体彩色)，chromosome segregation(染色体分配)

chronic ★★ 形《疾患》慢性の 副 chronically 反 acute(急性の)
例 chronic exposure to(～への慢性曝露), chronic fatigue syndrome(慢性疲労症候群；CFS), chronic hepatitis(慢性肝炎；CH), chronic kidney disease(慢性腎臓病；CKD), chronic obstructive pulmonary disease(慢性閉塞性肺疾患；COPD), chronic phase(慢性期)

chronicity 名 慢性

chronological 形 経時的な 副 chronologically

chronotropic 形《生理》変時(性)の 対 inotropic(変力性の)

chylomicron 名《生体物質》カイロミクロン(食事性脂質を輸送する血漿リポタンパク質)

chymase 名《酵素》キマーゼ(マスト細胞の中性タンパク質分解酵素)

chymotrypsin 発 名《酵素》キモトリプシン

CIDP 略《疾患》慢性炎症性脱髄性多発ニューロパチー(chronic inflammatory demyelinating polyradiculoneuropathy)

cigarette ★ 名(紙巻き)タバコ
例 cigarette smoking(喫煙)

cilia 名《細胞》(複数扱い)繊毛(せんもう) 単 cilium 形 ciliate(繊毛の)

ciliary 形 ❶《解剖》毛様体の ❷《細胞》繊毛の
例 ciliary body(毛様体), ciliary neurotrophic factor(毛様体神経栄養因子；CNTF)

cingulate 形《解剖》帯状の
例 cingulate cortex(帯状回皮質), cingulate gyrus([大脳辺縁系]帯状回)

circa ラ 約 略 ca. 類 about

circadian ★ 発 形《生理》概日性の, 日周性の
例 circadian clock(概日時計), circadian rhythm(日周性リズム, サーカディアンリズム)

circuit ★ 名《電気》回路 派 circuitry(回路網)
例 neural circuit(神経回路)

circular ★ 形 ❶環状の, 円形の ❷循環式の 名 回覧物
例 circular DNA(環状DNA), circular dichroism(円[偏光]二色性；CD)

circulate ★ 動 循環させる, 循環する

circulation ★ 名《生理》循環
例 enterohepatic circulation(腸肝循環)

circulatory 形 循環性の
例 circulatory collapse(循環虚脱)

circumference 名 外周，周縁 形 circumferential

circumflex 形 回旋性の 名《解剖》回旋枝

circumscribe 動 外接する，取り囲む

circumstance ★ 名 ❶環境 ❷場合，状況

circumvent 動 ❶回避する ❷包囲する ❸出し抜く

cirrhosis ★ 発 名《疾患》肝硬変 形 cirrhotic(肝硬変の)
例 alcoholic cirrhosis(アルコール性肝硬変)，primary biliary cirrhosis(原発性胆汁性肝硬変)

cis ★ 形《化学》シス(型)の(＝同じ側の) 反 trans(トランス型の)
例 cis element(シスエレメント)，cis configuration(シス配置)

cis-acting ★ 形《遺伝子》シス作用(性)の(転写制御領域と発現する遺伝子が同一鎖に存在する場合を指して) 反 trans-acting(トランス作用性の)
例 cis-acting element(シス作用領域，シスエレメント)

cisplatin 名《化合物》シスプラチン(白金製剤の抗悪性腫瘍薬)
例 cisplatin-DNA adduct(シスプラチンとDNAの付加物)

citation 名 引用 動 cite(引用する)

citrate 名《化合物》クエン酸(塩やエステルとして) 形 クエン酸の 類 citric acid
例 citrate synthase(クエン酸合成酵素)

citrulline 名《化合物》シトルリン

CJD 名《疾患》クロイツフェルトヤコブ病(Creutzfeldt-Jakob disease)

CKD 略《疾患》慢性腎臓病(chronic kidney disease)

Cl 化《元素》塩素(chlorine)

CLA 略《化合物》共役二重結合型リノール酸(conjugated dienoic linoleic acid)

clade 名《進化》クレイド(共通祖先から進化した生物種)

claim 名 要求，主張，クレーム 動 要求する，主張する

clamp ★ 名 ❶固定 ❷《臨床》鉗子(かんし)，クランプ 動 クランプする
例 clamp loader(クランプローダー＝DNA複製に関与するタンパク質複合体)

clarify ★ 動 ❶明らかにする ❷浄化する 類 clear，disclose，elucidate，manifest，reveal，uncover

clarity 名 明確さ，明瞭さ，透明性

class ★★ 名 クラス，分類
例 class switching([抗体の] クラススイッチ)

classic ★ **/ classical** 形 古典的な 副 classically 反 modern(現代的な)

classification ★ 名 分類 類 categorization, grouping, typing
例 histological classification(組織分類)

classifier 名 分類指標，分類子

classify ★ 動 分類する

clathrin ★ 名《生体物質》クラスリン(飲作用や細胞内輸送に関わるタンパク質)
例 clathrin-coated vesicle(クラスリン被覆小胞), clathrin-mediated endocytosis(クラスリン媒介エンドサイトーシス)

claudication 名《症候》跛行(はこう)

cleaning 名 クリーニング，洗浄，清掃

clear ★ 形 ❶明らかな，明瞭な，明白な ❷清澄な 副 clearly(明らかに) 類 apparent, evident, obvious, pronounced, unequivocal
例 clear cell(明細胞), clear-cut(明快な)

clearance ★ 名 (薬物動態などの)クリアランス，清掃率，浄化率，(体内異物の)排除
例 clearance rate(クリアランス速度)

cleavable 形 切断可能な

cleavage ★★ 名 ❶切断，裂け目 ❷《化学》開裂，分割 ❸《発生》卵割
例 cleavage furrow(分裂溝), cleavage site(切断部位)

cleave ★ 動 切断する，分割する，開裂する

cleft ★ 名 ❶間隙(かんげき) ❷《植物》中裂 動 (cleaveの過去・過去分詞)裂けた
例 cleft palate(口蓋裂), synaptic cleft(シナプス間隙)

click 名 クリック 動 クリックする

client 名 顧客，依頼者，クライアント

climate ★ 名 ❶気候 ❷風土 形 climatic(気候性の)

climax 名 極期，クライマックス

climb 動 登る
例 climbing fiber(登上線維)

clinic ★ 名《臨床》クリニック，診療所

C

clinical ★★ 形 臨床の 副 clinically(臨床的に)
例 clinical end point(臨床エンドポイント), clinical feature(臨床的特徴), clinical manifestation(臨床症状), clinical medicine(臨床医学), clinical outcome(臨床成績), clinical path(クリニカルパス＝診療管理法), clinical phenotype(臨床像), clinical picture(臨床像), clinical practice guideline(診療ガイドライン), clinical presentation(臨床症状), clinical sign(臨床徴候), clinical significance(臨床的意義), clinical study(臨床試験), clinical trial(臨床治験)

clinician ★ 名 臨床医, 臨床家

clinicopatho-logic 形 臨床病理学的な

CLL 略《疾患》慢性リンパ性白血病(chronic lymphocytic leukemia)

clockwise 形 時計回りの 副 時計回りに 反 counterclockwise(反時計回りの)

clonal ★ 形《細胞》クローンの,《遺伝子》クローン化した 副 clonally
例 clonal cell(クローン細胞), clonal expansion(クローン増殖)

clonality 名《遺伝子》クローン性, クロナリティー(単一クローン由来であること)
例 clonality analysis(クローン分析)

clone ★★ 名 ❶クローン ❷純系 動 クローン化する 派 cloning(クローニング)

clonic 形《症候》間代(かんたい)性の 反 tonic(強直性の)
例 clonic seizure(間代性てんかん発作)

clonogenic 形 クローン原性の

clonotype 名 クローン形質, クロノタイプ

close ★ 形 ❶ごく近い(+to) ❷閉じた 動 ❶閉じる ❷終了する 副 closely(密接に)
例 closed conformation(閉構造), closed system(閉鎖系), close-packed structure([結晶の]最密構造), opening and closing of the channel(チャネルの開閉)

Clostridium 学《生物》クロストリジウム(属)(食中毒原因菌を含む嫌気性有胞子グラム陽性菌の一属) 形 clostridial
例 *Clostridium botulinum*(ボツリヌス菌), *Clostridium difficile*(クロストリジウム・ディフィシル)

closure ★ 名 閉鎖

clot ★ 動《生理》凝固する，凝血する 名 凝血塊 派 clotting(凝固)
例 clotting factor(凝固因子)，clot retraction(血餅退縮)

cloth 名 布，布地

clothe 動 (衣服を)着る

clothing 名 衣類

cloud 名 ❶雲 ❷《物理》濁り

clue ★ 名 糸口，手がかり

cluster ★★ 名 クラスター，集団 動 クラスターを形成する 派 clustering(クラスター形成)
例 cluster analysis(クラスター解析)

cm 略《単位》センチメートル(centimeter)

CMC 略《化学》臨界ミセル濃度(critical micelle concentration)

CMI 略 細胞性免疫(cell-mediated immunity)

CML 略《疾患》慢性骨髄性白血病(chronic myeloid leukemia)

CMV 略《病原体》サイトメガロウイルス(cytomegalovirus)

CNS ★ 略《解剖》中枢神経系(central nervous system)

CNTF 略《生体物質》毛様体神経栄養因子(ciliary neurotrophic factor)

co- ★ 接頭「共通，共同，補助的」を表す

CoA 略《生体物質》コエンザイムA(coenzyme A)

coactivation 名 同時活性化

coactivator ★ 名 活性化補助因子，共役因子
例 transcriptional coactivator(転写共役因子)

coadministration 名 同時投与 動 coadminister(同時投与する)

coagulase 名《酵素》凝固酵素

coagulation ★ 名《生理》凝固，凝血
例 coagulation factor(凝固因子)，blood coagulation(血液凝固)，disseminated intravascular coagulation(播種性血管内血液凝固；DIC)

coagulopathy 名《疾患》凝固障害，凝血異常

coalescence 名《疾患》癒合，癒着 動 coalesce(癒合する) 形 coalescent(癒合した)

coarctation 名《症候》縮窄(きょうさく)

coarse 発 形 粗い
例 coarse-grained(粗い粒子の)

coast 名 海岸，沿岸 形 coastal(海岸の)

coat ★ 名《細胞》外被，被膜 動 コートする 派 coating (コーティング)
例 coated pit(被覆小窩)，coated vesicle(被覆小胞)

coauthor 名 共著者

coaxial 形 同軸の

cobalamin 名《化合物》コバラミン(コバルトを含有するビタミンB_{12}本体) 類 vitamin B_{12}

cobalt 名《元素》コバルト 化 Co

cocaine 名《化合物》コカイン(局所麻酔にも用いる麻薬)
例 cocaine addict(コカイン常習者)

coccidioidomycosis 名《疾患》コクシジオイデス症(真菌感染症の一種)

cochlea 発 名《解剖》蝸牛(かぎゅう＝内耳組織) 複 cochleae

cochlear 形 蝸牛の
例 cochlear nerve(蝸牛神経)

cockroach 名《生物》ゴキブリ

cocrystal 名 共結晶

coculture ★ 名 共培養 動 共培養する

COD 略《環境》化学的酸素要求量(chemical oxygen demand)

code ★ 名 ❶コード ❷規範 動 コードする
例 coding region(翻訳コドン領域)，coding sequence (コード配列)

codon ★ 名《遺伝子》コドン(アミノ酸配列を決定するmRNAの3塩基配列)
例 initiation codon(開始コドン)，stop codon(停止コドン)

coefficient ★ 名《数学》係数
例 coefficient of variation(変動係数)，Hill coefficient(ヒル係数＝用量依存曲線の傾き係数；nH)

coenzyme ★ 名《生化学》補酵素
例 coenzyme A(補酵素A)

coevolution 名《生物》共進化

coexistence 名 共存 動 coexist(共存する)

coexistent 形 共存下の

coexpress ★ 動 同時発現する，共発現する

coexpression ★ 名 同時発現，共発現

cofactor ★ 名 補助因子，コファクター

coffee 名《食品》コーヒー
例 decaffeinated coffee(カフェインレスコーヒー)

cognate ★ 形 同族の

cognition 名 認知，認識 類 recognition
例 cell cognition(細胞認識)

cognitive ★ 形《生理》認知性の，認知上の 副 cognitively(認識的に)
例 cognitive decline(認知機能低下)，cognitive deficit(認知障害)，cognitive impairment(認知障害)

coherence 名 ❶《物理》(可)干渉性，コヒーレンス ❷首尾一貫性
例 optical coherence tomography(光干渉断層法；OCT)，heteronuclear single quantum coherence(異核種単一量子コヒーレンス法；HSQC)

coherent 形 干渉性の
例 coherent scattering(干渉性散乱)

cohesion 名《物理》粘着，接着
例 sister chromatid cohesion(姉妹染色分体接着)

cohesive 形 粘着性の，付着性の
例 cohesive end(DNAの付着末端)

cohort ★ 発 名《臨床》コホート(ある特性をもつ人間の集合)
例 cohort study(コホート研究)，retrospective cohort study(遡及的コホート研究)

coiled-coil ★ 名《生化学》コイルドコイル(タンパク質の二重コイル構造)

coimmunoprecipitation 名《実験》免疫共沈降 動 coimmunoprecipitate(免疫共沈降する)

coincide ★ 動 一致する(+with)

coincidence 名 (偶然の)一致，同時発生，《疾患》併発 形 coincident
例 coincidence detector(一致検出器)

coincubation 名《実験》コインキュベーション，共保温

coinfection 名《疾患》同時感染，重感染

coinjection 名 同時注入，混注

colchicine 名《化合物》コルヒチン(痛風予防にも用いるチューブリン重合阻害薬)

cold ★ 形 ❶冷たい，寒冷な ❷《実験》非アイソトープの，非放射性の 反 hot
例 cold agglutinin(寒冷凝集素)，cold room(低温室)，cold run(非放射能実験)

colectomy 名《臨床》結腸切除(術)
coli ★★ ➡*Escherichia coli*(大腸菌)
colic 名《症候》疝痛(せんつう)，仙痛
colitis ★ 名《疾患》大腸炎，結腸炎
collaborate 動 共同研究する，協力する
collaboration 名 共同研究，協力 形 collaborative
collagen ★ 発 名《生体物質》コラーゲン(骨や軟骨などに多い細胞外線維状タンパク質) 形 collagenous(コラーゲン性の)
例 collagen fibril(コラーゲン原線維)，collagen-induced arthritis(コラーゲン関節炎)
collagenase 名《酵素》コラゲナーゼ，コラーゲン分解酵素
collapse ★ 名 崩壊 動 崩壊する
collateral 名《解剖》側枝
colleague 名 同僚
collect ★ 動 収集する，集める，捕集する
例 collecting duct([腎] 集合尿細管)
collection ★ 名 収集，捕集
例 collection of blood(採血)
collective 形 集団の，集団性の 副 collectively(まとめると)
college 名 単科大学
colliculus 名《解剖》丘(きゅう) 複 colliculi
例 inferior colliculus(下丘)，superior colliculus(上丘)
collide 動 衝突する
collision 名《物理》衝突 形 collisional(衝突の) 類 clash, conflict
例 collision-induced dissociation(衝突解離)
colloid 名《化学》コロイド，膠質 形 colloidal
colocalization 名 共存 動 colocalize(共存する)
colon ★ 名《解剖》結腸(盲腸と直腸の間で大腸の大部分)，大腸 形 colonic
例 colon cancer(結腸癌)
colonial 形 コロニーの，植民地の
colonic ★ 形《解剖》結腸の，大腸の
例 colonic mucosa(結腸粘膜)，colonic polyp(大腸ポリープ)
colonization ★ 名《生物》コロニー形成 動 colonize(コロニー形成する)
colonography 名《臨床》結腸造影法，コロノグラフィ(CT像などで大腸疾患を診断する技術)
colonoscopy 名《臨床》結腸鏡検査，大腸内視鏡検査

colony ★ 名《生物》コロニー，群体 形 colonial
例 colony-forming unit（コロニー形成単位；CFU），colony-stimulating factor（コロニー刺激因子；CSF）

colorectal ★ 形《解剖》結腸直腸の
例 colorectal cancer（直腸結腸癌）

colorimetry 名《元素》比色分析，比色定量 形 colorimetric（比色分析の）

column ★ 名 ❶《実験》カラム（ゲル濾過などに用いる） ❷《コンピュータ》列
例 column chromatography（カラムクロマトグラフィ）

coma 名《症候》昏睡（深い意識障害）

combat 名 戦闘，戦い 動 戦う

combination ★★ 名 ❶組み合わせ ❷《薬剤》併用，配合，複合 熟 in combination with（～と組み合わせて）
例 combination chemotherapy（多剤併用化学療法）

combinatorial ★ 形《化学》組み合わせの，コンビナトリアルな
例 combinatorial chemistry（コンビナトリアル・ケミストリー），combinatorial library（コンビナトリアルライブラリ）

combine ★★ 動 組み合わせる，複合する
例 combined immunodeficiency（複合免疫不全），combined therapy（併用療法）

combustion 名 燃焼 類 oxidation

comfort 名 安楽，楽しみ

comigration 名《細胞》共遊走 動 comigrate（共遊走する）

command 名 指令，命令，コマンド

commence 動 ❶開始する ❷学位を受ける

commencement 名 ❶開始 ❷学位授与式

commensal 形《生物》共生の，片利共生の 名 共生動物

commensurate 形 釣り合った

comment 名 コメント，所見，意見 動 論評する

commentary 名 注解（書）

commercial 形 市販の，商業的な 副 commercially

commission 名 ❶委任 ❷委員会 動 委任する

commissural 形《解剖》交連の
例 commissural fiber（交連線維）

commissure 発 名《解剖》交連
例 anterior commissure（前交連）

commit 動 ❶関係づける ❷委託する ❸犯す

commitment 名 関係づけ，委託

committee 名 委員会，委員

common ★★ 形 ❶共通の ❷普通の，通常の ❸《解剖》総 副 commonly
例 common antigen（共通抗原），common bile duct（総胆管），common carotid artery（総頸動脈），common disease（一般的な疾患＝生活習慣病），common name（一般名）

communicable 形《疾患》伝達性の，伝染性の

communicate 動 伝達する，連絡する

communication ★ 名 連絡，伝達
例 cell-to-cell communication（細胞間の情報交換）

community ★ 名 ❶地域社会 ❷《植物》群落
例 community-acquired pneumonia（市中肺炎），plant community（植物群落）

comorbidity 名《臨床》同時罹患（率） 形 comorbid（同時に罹患した）

compact ★ ア 形 密集した，緻密な

companion 名 仲間，伴侶

company 名 会社

comparable ★ 形 匹敵する，比較できる（+to） 副 comparably（比較的）

comparative ★ 形 ❶比較の ❷かなりの 副 comparatively
例 comparative analysis（比較分析），comparative genomics（比較ゲノム解析）

compare ★★ 動 比較する（+to/with），匹敵させる

comparison ★★ 名 比較 熟 in comparison [to/with]（〜と比較して）
例 multiple comparison（多重比較）

compartment ★ 名 区画，コンパートメント 形 compartmental

compartmentalization / compartmentation 名 区画化，区分け

compartmentalize 動 区画化する，区分する

compatibility 名 適合性，互換性

compatible ★ 形 適合する，互換性がある

compelling 形 ❶抗しがたい ❷説得力のある

compensate ★ 動 補償する，代償する

compensation 名 補償，代償
例 gene dosage compensation（遺伝子量補償）

compensatory ★ 形 代償的な
例 compensatory mechanism（代償機構）

compete ★ 動 競合する，競争する

competence 名《生物》応答能，適格性 反 incompetence

competency 名 適格性

competent ★ 形 ❶適格性のある ❷《生物》形質転換能力を有する
例 competent cell（コンピテント細胞＝形質転換用の大腸菌）

competition ★ 名 競合，競争

competitive ★ 形 競合的な 副 competitively
例 competitive antagonist（競合的遮断薬），competitive block（競合的阻害），competitive inhibition（競合阻害）

competitor 名 競争相手，競合者

compilation 名 編纂（へんさん），資料収集

compile 動 編纂する，《コンピュータ》コンパイルする

complain 動（苦情を）言う，（～の症状を）訴える（+of）

complaint 名 ❶訴え，苦情 ❷《症候》愁訴（しゅうそ）

complement ★ 名《免疫》補体 動 補完する
例 complement pathway（補体経路），complement system（補体系）

complementarity 名《免疫》相補性
例 complementarity-determining region（［抗体］相補性決定領域；CDR）

complementary ★ 形《遺伝子》相補的な
例 complementary DNA（相補DNA），complementary strand（相補鎖）

complementation ★ 名（機能上の）相補性，補完

complete ★★ 形 完全な，徹底的な 動 完了する，完成する，終了する 副 completely
例 complete blood count（全血球数），complete Freund's adjuvant（フロイント完全アジュバント），complete remission（完全寛解）

completeness 名 完全性，完成度

completion ★ 名 完了，完成

C

complex ★★ 発 名❶複合体 ❷《化学》錯体 形複雑な
例 complex formation(複合体形成), complex salt(錯塩), complex trait(複合形質), major histocompatibility complex(主要組織適合複合体；MHC)

complexation 名❶複合体形成 ❷《化学》錯体生成

complexity ★ 名複雑さ，複雑性

compliance ★ 名❶《物理》コンプライアンス(圧変化に対する容積変化の比)，伸展性 ❷《臨床》服薬遵守 ❸法令遵守
反 noncompliance(不履行)
例 drug compliance(服薬率), lung compliance(肺コンプライアンス)

compliant 形遵守した，協力的な
例 HIPAA-compliant study(HIPAAを遵守した臨床研究)

complicate ★ 動❶複雑にする，複雑化する ❷《疾患》合併する，併発する

complication ★ 名《疾患》合併症
例 postoperative complication(術後合併症)

component ★★ 名成分，構成成分，コンポーネント
例 blood component(血液成分), principal component analysis(主成分分析)

compose ★ 動構成する(+of)

composite ★ 形複合性の，複合体の

composition ★ 名❶構成 ❷《化学》組成 形 compositional 類 component, constitution, element, formation, ingredient, moiety
例 amino acid composition(アミノ酸組成), chemical composition(化学組成), subunit composition(サブユニット構成)

compound ★★ 発/発 名《化学》化合物 動配合する 形複合の
例 compound heterozygote(複合ヘテロ接合体), organic compounds(有機化合物)

comprehend 動理解する

comprehension 名理解(力)

comprehensive ★ 形❶理解力のある ❷包括的な 副 comprehensively

compress 動圧縮する，加圧する

compressibility 名《物理》圧縮率

compression ★ 名圧縮，加圧

compressive 形❶圧縮の ❷《疾患》圧迫性の

comprise ★ 動❶構成する ❷網羅する

compromise ★ 名 妥協，和解 動 損なう，妥協する

compulsive 形 ❶強制的な ❷《疾患》強迫性の，心因性の
例 obsessive-compulsive disorder(強迫性障害)

compulsory 形 強制的な，義務的な 副 compulsorily 類 mandatory, obligatory

computation 名《数学》計算法，算出

computational ★ 形 計算的な 副 computationally

compute ★ 動 (コンピュータで)算出する，コンピュータ処理する
例 computed tomography (コンピュータ断層撮影法；CT)

computer ★ 名 コンピュータ
例 computer-assisted(コンピュータ支援の)

computerize 動 コンピュータ処理する
例 computerized tomography(コンピュータ断層撮影)

concanavalin 名《化合物》コンカナバリン(赤血球凝集能をもつ植物レクチンの一種)
例 concanavalin A(コンカナバリンA)

concave 形 凹面の 反 convex(凸面の)

conceivable 形 考えうる

conceive 動 ❶想像する ❷《臨床》妊娠する

concentrate ★ 動 濃縮する 名《化学》濃縮物

concentration ★★ 名 ❶《化学》濃度 ❷濃縮 ❸集中
例 concentration-dependent (濃度依存的な), concentration gradient (濃度勾配), minimum inhibitory concentration(最小発育阻止濃度；MIC)

concentric 形 ❶同心円状の，同心性の ❷《生理》短縮性の，求心性の

concept ★ 名 概念
例 fundamental concept(基本概念)

conception 名 ❶構想 ❷《臨床》受胎

conceptual 形 概念的な 副 conceptually

concern ★ 動 ❶関わる ❷心配させる 名 ❶関心 ❷懸念 前 concerning(〜に関して)

concert ★ 名 一致，調和 熟 in concert with(〜と調和して)

concise 形 簡潔な 副 concisely

conclude ★ 動 結論する，終わる

conclusion ★★ 名 結論 熟 in conclusion(結論として)

conclusive 形 決定的な，確証的な，終局の 副 conclusively

concomitant ★ 形 ❶《疾患》随伴性の(+with) ❷同時の 名 付随物 副 concomitantly

concordance 名 一致

concordant 形 調和性の

concurrent ★ 形 同時発生的な，一致した 副 concurrently

concussion 名《症候》脳振盪

condensate 名 縮合物，濃縮物

condensation ★ 名 ❶濃縮 ❷《化学》縮合(反応)
例 condensation reaction(縮合反応)

condense 動 ❶濃縮する ❷縮合させる

condition ★★ 名 条件，状態，状況 動 条件づける 熟 under physiological conditions(生理的条件下において)
例 conditioned medium(条件培地＝培養上清)，conditioned stimulus(条件刺激)

conditional ★ 形 条件的な 副 conditionally

conditioning ★ 名 ❶《生理》条件づけ，順化 ❷前処置
例 conditioning regimen(移植前処置)，operant conditioning(オペラント条件づけ)

condom 名《臨床》コンドーム

conducive 形 貢献する，助けになる

conduct ★ 発/発 動 指導する，行う 名 行為

conductance ★ 名《物理》コンダクタンス(電流の通りやすさを表す単位)，伝導性

conduction ★ 名 伝導 形 conductive
例 conduction block(伝導ブロック)，conduction velocity(伝導速度)

conductivity 名《物理》伝導率

conduit 名《解剖》導管
例 conduit vessel(導血管)

cone ★ 名 ❶《解剖》錐体，円錐体 ❷《植物》球果 対 rod(桿体)
例 cone photoreceptor(錐体光受容器)

confer ★ 動 ❶協議する ❷授与する

conference 名 カンファレンス，会議 類 congress(大会議)

confidence ★ 名 信頼(度)，信用，確信 熟 in confidence(内緒で，秘密に)
例 confidence interval(信頼区間)

confident 形 確信的な

configuration ★ 名《化学》(立体)配置 形 configurational(立体配置上の)
例 absolute configuration(絶対配置), cis configuration(シス配置)

configure 動 形成する

confine ★ 動 限局する，制限する，拘束する

confinement 名 ❶限局，拘束，制限 ❷《物理》閉じ込め

confirm ★★ 動 確認する

confirmation 名 確証 形 confirmatory(確証的な)

conflict ★ 発/発 名 矛盾，葛藤(かっとう)，コンフリクト 動 矛盾する，葛藤する

confluent 形《細胞》集密的な，コンフルエントな(培養細胞が接着面いっぱいに広がる状態を指して) 副 confluently
例 confluent culture(培養皿いっぱいに増殖した培養細胞)

confocal ★ 形《物理》共焦点の
例 confocal laser microscope(共焦点レーザー顕微鏡), confocal microscopy(共焦点顕微鏡)

conform 動 同調させる，従う，一致する，適合する

conformation ★ 名 ❶《生化学》高次構造 ❷《化学》(立体)配座
例 boat conformation(舟形配座), chair conformation(いす形配座)

conformational ★ 形 高次構造上の 副 conformationally
例 conformational change(高次構造の変化), conformational stability(立体配座安定性)

conformer 名《化学》立体配座異性体

confound 動 ❶困惑させる，混同する ❷《統計》交絡させる
派 confounder(交絡要因)
例 confounding factor(交絡因子), confounding variable(交絡変数)

confront 動 直面する

confrontation 名 ❶直面 ❷対比

confuse 動 混乱する，混同させる

confusion 名 ❶混乱，混同 ❷《症候》錯乱

congener 名 ❶同類物 ❷《生物》同属種 ❸《解剖》協同筋

congenic 形 類遺伝子性の(特定の形質のみが遺伝的に異なる)

congenital ★ 形《疾患》先天性の 副 congenitally 反 acquired(後天性の)
例 congenital adrenal hyperplasia(先天性副腎過形成), congenital heart disease(先天性心疾患), congenital neutropenia(先天性好中球減少症)

C

congestion 名《症候》うっ血，うっ滞

congestive ★ 形 うっ血性の
例 congestive heart failure(うっ血性心不全)

congress 名 ❶(規模の大きな)会議，学術大会 ❷議会 類 conference

congruent 形 一致した，合同の

conical 形 円錐の，錐状体の

conidia 名《細胞》(複数扱い)分生子(不完全菌の無性胞子)
形 conidial 派 conidiation(分生子形成)

conjecture 名 推量，推測 動 推量する

conjugate ★ 発/発 動 抱合する 名《化学》抱合体
例 conjugate vaccine(結合型ワクチン)

conjugation 名 ❶抱合(ほうごう) ❷《生物》接合 ❸《化学》共役
例 glycine conjugation(グリシン抱合)

conjugative 形 ❶《生物》接合性の ❷《化学》抱合性の

conjunction ★ 名 協同，組み合わせ 熟 in conjunction with(〜と組み合わせて)

conjunctiva 名《解剖》結膜 形 conjunctival

conjunctivitis 名《疾患》結膜炎

connect ★ 動 ❶結合する ❷関連づける

connection ★ 名 ❶結合 ❷関連，関係

connective ★ 形 結合(性)の
例 connective tissue(結合組織)

connectivity 名 結合性

connexin 名《生体物質》コネキシン(ギャップ結合タンパク質ファミリー)

conscious 形 意識のある，意識的な 反 unconscious(意識不明の，無意識の)

consciousness 名《生理》意識

consecutive ★ 形 連続的な，継続的な 副 consecutively
例 consecutive patient(継続患者)，consecutive reaction(逐次反応)，for 5 consecutive days(5日間連続して)

consensus ★ 発 名 コンセンサス，一致，合意
例 consensus sequence(共通配列)

consent 名 同意 動 同意する
例 informed consent(インフォームドコンセント＝告知に基づく同意)

consequence ★ ア　名 結果，帰結　類 outcome, output, result, sequence　熟 as a consequence of(〜の結果として)

consequent　形 結果としての　名 結果　副 consequently(したがって，それ故に)

conservation ★　名 ❶(進化の過程などでの)保存，温存　❷《環境》保全
例 environmental conservation(環境保全), evolutionary conservation(進化的保存)

conservative　形 ❶保守的な　❷保存的な

conserve ★★　動 保存する，保全する
例 conserved amino acid(保存アミノ酸), conserved residue(保存残基)

consider ★★　動 考慮する，みなす

considerable ★　形 ❶考慮すべき　❷かなりの　副 considerably(相当に)

consider-ation ★　名 考慮　熟 take into consideration(〜を考慮に入れる)

consist ★　動 〜から成る(+of)

consistency　名 一貫性，整合性

consistent ★★　形 一貫した，(事実と仮説が)一致した(+with)　副 consistently

consolidate　動 強化する，(記憶を)固定する

consolidation　名 ❶《生理》強化，(記憶の)固定　❷《物理》硬化，圧密

consortium　名 コンソーシアム，共同企業体

conspecific　形《生物》同種の

conspicuous　形 目立つ，顕著な，著しい

constant ★　形 定常性の，一定の　名《数学》定数　副 constantly(一定に，常に)
例 constant region(定常部), constant temperature(恒温), binding constant(結合定数), Michaelis constant(ミカエリス定数)

constellation　名 布陣，配列　熟 a constellation of(一群の〜)

constipation　名《症候》便秘

constituent ★　名 構成物，成分

constitute ★　動 構成する，(受動態で)成る　熟 be constituted of(〜から成る)

constitution　名 ❶構成，組成　❷《臨床》体質，気質，体格

constitutional	形 ❶《臨床》体質性の ❷《化学》構造の 例 constitutional formula(構造式), constitutional isomerism(構造異性)
constitutive ★	形 ❶構成的な，構成要素の ❷恒常的な 副 constitutively 例 constitutive activity(恒常的活性), constitutive gene(構成遺伝子), constitutively-active mutant(常時活性型の変異体＝酵素など)
constrain ★	動 束縛する，強制する，制約する
constraint ★	名 束縛，強制
constrict	動 狭窄する，収縮する
constriction	名《症候》狭窄(きょうさく),《生理》収縮 類 stenosis, stricture 派 vasoconstriction(血管収縮)
constrictive	形《疾患》狭窄性の，収縮性の 例 constrictive pericarditis(収縮性心膜炎)
construct ★★ 発/発	名 作成物，コンストラクト(人工的な遺伝子など) 動 構築する 例 plasmid construct(完成プラスミド)
construction ★	名 ❶作成 ❷建設
consult	動 相談する
consultation	名 相談，《臨床》療法指導
consume ★	動 消費する
consumer	名 消費者
consumption ★	名 ❶消費，消費量 ❷《疾患》消耗(古くは肺結核を意味した) 例 oxygen consumption(酸素消費量)
contact ★★ 発	名 接触 動 接触する(+with) 例 contact angle(接触角), contact dermatitis(接触皮膚炎), contact inhibition(接触阻止，接触阻害), contact lens(コンタクトレンズ)
contagion	名 ❶《臨床》伝染，接触感染 ❷感染力
contain ★★ 発	動 含む，含有する
container	名 容器
containment	名 封じ込め，閉じ込め 例 biological containment(生物学的封じ込め)
contaminant	名 混入物，汚染物質
contaminate ★	動 混入を起こす，汚染する
contamination ★	名 汚染，混入，コンタミネーション 例 environmental contamination(環境汚染)
contemporary	形 現代の

content ★ 名 ❶内容(物) ❷量，含(有)量 類 amount, quantity, volume
例 moisture content(含水量)

contention 名 論点，主張

context ★ 名 前後関係，脈絡 形 contextual(前後関係の上での)
熟 in this context(これに関連して)
例 context-dependent(文脈依存的な)

contig 名《遺伝子》コンティグ(重複連続したクローン化DNAの集合体)

contiguous 形 近接する

continent 形《症候》禁制された 名 大陸 形 continental(大陸の)

contingency 名 ❶偶然性，偶発事故 ❷《統計》相関度
例 contingency table(《統計》分割表)

contingent 形 ❶偶然性の，偶発性の ❷《生理》随伴性の

continual 形 (頻繁に)繰り返す 副 continually(絶えず)
例 continual practice(繰り返しての練習)

continuation 名 連続，存続

continue ★ 動 続く，続ける

continuity 名 連続性

continuous ★ 形 連続的な，継続的な 副 continuously
例 continuous infusion(持続点滴), continuous stimulus(連続刺激)

continuum 名 連続体

contour 名 輪郭

contraception 名《臨床》避妊(法)

contraceptive 形 避妊の 名 避妊薬，避妊具
例 oral contraceptive(経口避妊薬)

contract 動 ❶《生理》収縮する ❷契約する 名 契約
例 contract research organization(医薬品開発受託機関；CRO)

contractile ★ 形 収縮性の
例 contractile dysfunction(収縮不全), contractile ring(収縮環)

contractility ★ 名 収縮性

contraction ★ 名《生理》収縮
例 muscle contraction(筋収縮), excitation-contraction coupling(興奮収縮連関)

contracture 名《症候》拘縮(こうしゅく)，痙縮(れんしゅく)

contradict 発 動 矛盾する

contradiction 名 矛盾，反対 形 contradictory(矛盾した)

contraindicate 動 (受動態で用いて)禁忌となる
contraindication 名 (薬の)禁忌(きんぴ/きんき)
contralateral ★ 形《解剖》反対側(はんたいそく)の 反 ipsilateral(同側の)
contrary 形 反対の 副 contrarily
contrast ★★ 発/発 名 対照，対比 動 対比させる 派 contrasting(対照的な) 熟 in contrast(対照的に)
例 contrast material-enhanced(造影剤強調の)，contrast medium(造影剤)，contrast sensitivity(対比感度)
contribute ★★ ア 動 寄与する，貢献する(+to)
contribution ★ 名 ❶寄与，貢献 ❷寄付
例 contribution to(〜への寄与)
contributor 名 貢献者
contributory 形 寄与する
control ★★ ア 名 ❶《実験》コントロール，対照 ❷制御，規制 動 制御する，規制する
例 control experiment(対照実験)，control group(対照群)，controlled clinical trial(対照臨床試験)，controlled-release(徐放性の)，positive control(正の制御)，pest control(害虫防除)
controllable 形 制御できる
controversial ★ 形 論争のある，議論の余地がある
controversy 名 論争 類 argument，debate，dispute
contusion 名《疾患》挫傷(ざしょう)
例 brain contusion(脳挫傷)
convalescence 名《臨床》回復期
例 convalescent(回復期の)
convection 名《物理》対流
convenience 名 利便性，便宜
convenient 形 簡便な，便利な，好都合な 副 conveniently 反 inconvenient(不便な，不都合な)
conventional ★ 形 ❶通常の，《実験》通常飼育の ❷慣習的な，従来の，ありふれた 副 conventionally(慣習的に)
例 conventional animal(通常飼育動物)，conventional therapy(従来の治療法)
converge 動 ❶《数学》収束する，収斂する ❷《物理》輻輳する

convergence 名 ❶《数学》収束，収斂(しゅうれん) ❷《物理》輻輳(ふくそう)

convergent 形 収束(性)の，収斂(性)の
例 convergent extension(収斂伸長)

converse 形 逆の 副 conversely

conversion ★ 名 転換，変換

convert ★ 動 転換する，変換する

convertase 名《酵素》コンバターゼ，転換酵素

convex 形 凸面の 反 concave(凹面の)

convey 動 ❶運ぶ，運搬する ❷伝える

convince 動 確信させる，納得させる 名 convincing(確かな)
副 convincingly(説得力をもって)

convolute 動《解剖》回旋する
例 convoluted tubule(曲尿細管)

convulsion 名《症候》痙攣(けいれん) 形 convulsive

cool 形 冷たい 動 冷却する，冷える

cooperate ★ 動 協力する，共同する

cooperation 名 協力，協同(作用) 熟 in cooperation with(〜と協同して)

cooperative ★ 形 協力的な，協同による 副 cooperatively(協同的に)
例 cooperative binding(協同的結合)

cooperativity ★ 名 共同性

coordinate ★ 発/発 動 協調する 形 協調的な 名《数学》座標 副 coordinately(協調的に)

coordination ★ 名 ❶協調 ❷《化学》配位
例 coordination chemistry(錯体化学，配位化学)，coordination sphere(配位圏)

COPD 略《疾患》慢性閉塞性肺疾患(chronic obstructive pulmonary disease)

cope 動 対処する(+with)

copolymer 名《化学》共重合体，コポリマー

copper ★ 名《元素》銅 化 Cu

coprecipitation 名 共沈殿 動 coprecipitate(共沈殿させる)

copurify 動 同時精製する

copy ★ 名 コピー，複製物 動 コピーする，複製する
例 copy number(コピー数)

copyright ★ 名 著作権

coral 名《生物》サンゴ，珊瑚
例 coral reef(珊瑚礁)

cord ★ 名 ❶コード，ひも ❷《解剖》索，腱
例 cord blood(臍帯血)，spinal cord(脊髄)

core ★★ 名 ❶核心，コア ❷《化学》殻(かく)
例 core configuration of electron(殻電子配置)，core domain(コア領域)，core protein(コアタンパク質)

coreceptor ★ 名《生理》補助受容体

coregulate 動 同時制御する

corepressor 名《遺伝子》コリプレッサー(非活性型リプレッサーを活性化してDNAに結合させる因子)

cornea ★ 名《解剖》(目の)角膜

corneal ★ 形《解剖》角膜の
例 corneal epithelium(角膜上皮)，corneal incision(角膜切開)，corneal opacity(角膜混濁)，corneal stroma(角膜実質)

corner 名 コーナー，隅，角 派 cornerstone(礎石)

corneum 名《解剖》角質
例 stratum corneum(角質層)

cornify 動 角質化する，角化する

corona 名《物理》コロナ(太陽の周りに見える自由電子の散乱光)
例 corona discharge(コロナ放電)

coronal 形《解剖》冠状の(体軸に垂直の断面)，冠状断の 対 sagittal(矢状断の)
例 coronal section(冠状切片)

coronary ★★ 形《生理》冠循環の
例 coronary angiography(冠動脈造影)，coronary artery(冠動脈)，coronary circulation(冠循環)，coronary heart disease(冠動脈心疾患；CHD)，coronary occlusion(冠動脈閉塞)，coronary revascularization(冠血行再建)，coronary stent implantation(冠動脈ステント留置術)

corporation 名 会社，法人

cor pulmonale 名《疾患》肺性心(肺機能障害による右心不全)

corpus 名 ❶《解剖》体 ❷《言語学》コーパス(言語資料)
複 corpora
例 corpus callosum(脳梁)，corpus striatum(線条体)

correct ★ 動 訂正する 形 正しい 副 correctly(正確に)

correction ★ 名 ❶訂正，補正 ❷《臨床》矯正

corrective 形 補正的な，補正の

correlate ★★ 動 ❶《数学》相関する ❷関連する

correlation ★ 名 ❶相関(関係) ❷関連
例 correlation coefficient(相関係数), correlation spectroscopy(相関分光法)

correlative 形 相関性の

correspond ★★ 動 一致する(+to), 相当する, 対応する

correspondence 名 一致, 対応

corresponding ★ 形 相当する(+to), 対応する 副 correspondingly(同様に, 相応して)

corroborate 動 実証する, 確証する

corrosion 名《化学》腐食, 腐蝕(ふしょく) 動 corrode(腐食する)

cortex ★ 名《解剖》皮質, 皮層 複 cortices, cortexes
例 motor cortex(運動皮質), visual cortex(視覚皮質)

cortical ★ 形 皮質の, 皮層の
例 cortical area(皮質領), cortical neuron(皮質ニューロン)

cortices 名《解剖》(複数形)皮質, 皮層 単 cortex

corticospinal 形《解剖》皮質脊髄の
例 corticospinal tract(皮質脊髄路)

corticosteroid ★ 名《生体物質》副腎皮質ステロイド, コルチコステロイド

corticosterone 名《生体物質》コルチコステロン(生理的な電解質コルチコイド)

corticotropin 名《生体物質》コルチコトロピン, 副腎皮質刺激ホルモン(下垂体前葉ホルモン)
例 corticotropin-releasing factor(副腎皮質刺激ホルモン放出因子)

cortisol ★ 名《生体物質》コルチゾール(生理的な糖質コルチコイド)

cosegregate 動 (遺伝的に)同時分離する

cosmetic 形 美容の 名 化粧品(通例複数形)

cosmid 名《遺伝子》コスミド(cos構造を含むλDNAを組み込んだプラスミド;長鎖DNAベクター)

cost ★ 名 コスト, 代価, 経費 動 費用がかかる
例 cost-effective(対費用効果の高い), cost-effectiveness(対費用効果), cost saving(経費節約)

costimulation 名 同時刺激, 共刺激 動 costimulate(同時刺激する)

costimulatory ★ 形 同時刺激の

costly 形 高価な

cotransfection 名《実験》同時形質移入 動 cotransfect（同時に形質移入する）

cotransport 名《生理》共輸送 動 共輸送する 類 symport

cotransporter 名《生体物質》共輸送体 類 symporter

cotton 名《植物》ワタ，綿

cotyledon 発 名《植物》子葉 形 cotyledonary

cough ★ 発 名《症候》咳 動 咳をする

coulometric 形《物理》電量測定の

coumarin 名《化合物》クマリン（香料や抗凝固剤の原料となる植物成分）

council 名 評議会，会議

counsel 動 助言する 名 counseling（カウンセリング）

count ★ 名 数，数値 動 数える，カウントする
例 cell count（細胞数）

counter 名 計数管，計数器，カウンター 形 反対の
例 counter current distribution（向流分配），counter ion（対イオン）

counter- ★ 接頭「反，対抗」を表す
例 countercurrent distribution（向流分配），counter-action（反作用）

counteract 動 ❶対抗する，相殺する ❷《物理》反作用する

counterbal-ance 動 均衡する

counterclock-wise 形 反時計回りの 副 反時計回りに 反 clockwise（時計回りの）

counterion 名《化学》対イオン

counterpart ★ 名 対応物（一対をなすもの）

counterregula-tory 形 対抗制御的な

county 名《行政》郡

couple ★★ 動 共役する，連関する，結合する 名 一対

coupling ★ 名 ❶共役（きょうやく），連関 ❷《化学》結合，カップリング 反 uncoupling（脱共役）
例 coupling constant（NMRの結合定数）

course ★ 名 コース，過程 熟 in the course of（～の過程において）

court 名 法廷，裁判所

courtship 名 求愛

covalent ★ 形《化学》共有結合（性）の 副 covalently
例 covalent bond（共有結合）

covariance 名《統計》共分散
例 analysis of covariance(共分散分析)

covariate 名《統計》共変数

covariation 名《統計》共変動

cover ★ 名カバー 動覆う，網羅する，包含する

coverage ★ 名❶被覆 ❷被覆度，適用範囲

COX 略《酵素》シクロオキシゲナーゼ(cyclooxygenase)
例 COX-2 inhibitor(シクロオキシゲナーゼ-2阻害薬)

coxsackievirus 名《病原体》コクサッキーウイルス(消化管で増殖するピコルナウイルスの一属)

CpG island 名《遺伝子》CGアイランド(DNAでシトシンとグアニン塩基比が高い非メチル化領域)

crack 名クラック，亀裂，ひび 動分解する

cramp 名❶《症候》筋痙攣，痙直，こむら返り ❷腹痛(通常は複数形で)

cranial ★ 形《解剖》頭蓋の，頭側の
例 cranial bone(頭蓋)，cranial nerve(脳神経)

craniofacial 形《解剖》頭蓋顔面の

crater 名《地学》クレーター，噴火口

CRE 略《遺伝子》サイクリックAMP応答配列(cyclic AMP response element)

cream 名クリーム

create ★ 動創造する，作成する

creatine 名《生体物質》クレアチン(筋肉に多くリン酸化されてエネルギー源になるアミノ酸)
例 creatine kinase(クレアチンキナーゼ)

creatinine ★ 名《生体物質》クレアチニン(筋肉に多くエネルギー代謝に関与する)
例 creatinine clearance(クレアチニンクリアランス)

creation 名創造

CREB 略《生体物質》サイクリックAMP応答配列結合タンパク質(cyclic AMP response element-binding protein)

crescent 名❶三日月 ❷《解剖》半月体

Creutzfeldt-Jakob disease 名《疾患》クロイツフェルト・ヤコブ病(プリオン病である亜急性の認知症) 略 CJD

crevice 名凹部，間隙，クレバス 類 cleft, crevicular, gap, interstice

CRF 略《生体物質》コルチコトロピン放出因子(corticotropin releasing factor)

C

crisis 名 ❶危機 ❷《臨床》クリーゼ，急性発症 複 crises
例 blast crisis（[慢性白血病の] 急性転化）

criteria ★ 名 （複数扱い）判断基準（+for），《臨床》診断基準 単 criterion
例 morphological criteria（形態学的な判断基準）

critical ★★ 形 ❶重大な意味をもつ，決定的な ❷《物理》臨界の ❸批評の 副 critically
例 critical care（救命医療），critical concentration（臨界濃度），critical meaning（決定的な意味），critical micelle concentration（臨界ミセル濃度；CMC），critical rate（危険率），critical state（臨界状態），critically ill（危篤状態）

criticism 名 評論，批判

criticize 動 批判する，批評する

Crohn's disease 名《疾患》クローン病（原因不明の回腸終末部での慢性炎症性疾患）

crop 名《農学》作物，収穫物

cross ★★ 動 横断する，交差する，通過する
例 crossing over（染色体の乗換え交差），cross section（横断面，断面積），cross tolerance（交差耐性）

cross-sectional ★ 形 横断面の
例 cross-sectional study（断面調査）

cross-validation 名《統計》交差検定

crossbridge 名 架橋 類 crosslinking
例 myosin crossbridge（ミオシンの架橋）

crosslink 動 架橋結合させる 名 crosslinking（架橋）

crossmatch 名《免疫》クロスマッチ，交差適合

crossover ★ 名 乗換え，クロスオーバー
例 crossover study（クロスオーバー研究）

crossreact 動《生理》交差反応する

crosstalk 名 クロストーク，掛け合い応答

CRP 略《生体物質》C反応性タンパク質（C-reactive protein）

crucial ★ 形 重大な（+for/to），決定的な 副 crucially

cruciform 形 十字型の 名 十字部

crude 形 粗製の，《生化学》未精製の 反 pure

crust 名 ❶《解剖》外被 ❷《疾患》痂皮（かひ） 形 crustal（痂皮の）

crustacean 名《生物》甲殻類

cryo- 接頭「寒冷，低温」を表す

cryo-electron microscopy 名 低温電子顕微鏡

cryoglobulinemia 名《疾患》クリオグロブリン血症(寒冷下で血清グロブリンのゲル化が認められる疾患)

cryopreservation 名 凍結保存，冷凍保存 動 cryopreserve(凍結保存する)

crypt 名《解剖》陰窩(いんか)，腺窩(＝管状陥凹)

cryptic 形 潜在性の，隠された

cryptococcosis 名《疾患》クリプトコッカス症

Cryptococcus 学《生物》クリプトコッカス(属)(酵母型真菌の一属)
例 *Cryptococcus neoformans*(クリプトコッカス・ネオフォルマンス)

cryptogenic 形《疾患》原因不明の，特発性の

cryptosporidiosis 名《疾患》クリプトスポリジウム症

crystal ★ 名《化学》結晶
例 crystal structure(結晶構造)

crystallin ★ 名《生体物質》クリスタリン(眼の水晶体タンパク質)

crystalline 形 ❶結晶(性)の ❷水晶の
例 crystalline lens(《解剖》水晶体)

crystallization 名《化学》結晶化
例 water of crystallization(結晶水)

crystallize 動 結晶化する

crystallographic ★ 形 結晶解析の 副 crystallographically
例 crystallographic analysis(結晶解析)

crystallography 名 結晶解析

Cs 化《元素》セシウム(cesium)

CSF 略 ❶《生理》脳脊髄液(cerebrospinal fluid) ❷《生化学》コロニー刺激因子(colony-stimulating factor)
例 GM-CSF(顆粒球マクロファージコロニー刺激因子)

CT 略《臨床》コンピュータ断層撮影法(computed tomography)

CTCL 略《疾患》皮膚T細胞リンパ腫(cutaneous T-cell lymphoma)

CTL 略《免疫》細胞傷害性Tリンパ球(cytotoxic T-lymphocyte)

Cu 化《元素》銅(copper)

cubic 形 立方の

cucumber 名《植物》キュウリ

cue ★ 名 ❶手がかり ❷合図

culminate	動 最高に達する，絶頂になる，結果的に〜になる (+in)
culprit	名 犯人
cultivar	名《植物》品種，栽培品種
cultivate	動 栽培する
cultivation	名 栽培，培養
cultural	形 ❶培養の ❷文化的な
culture ★★	名 ❶培養 ❷《植物》栽培 ❸文化 動 培養する，栽培する 類 cultivation 例 culture dish(培養皿)，culture medium(培地)，cultured neuron(培養神経細胞)，culture supernatant(培養上清)，cell culture(細胞培養)
cumulative ★	形《数学》累積的な 副 cumulatively 例 cumulative incidence(累積発生率)
cuprous	形《化学》銅の，(一価)銅の
curable	形 治療できる，根治的な
curative	形 治療(上)の
cure ★	名 治癒，治療(法) 動 治療する
current ★★	名 ❶《物理》電流 ❷流れ 形 現代の，現在の 副 currently(現在のところ) 例 current amplitude(電流振幅)，current method(現在の方法)，current topics(最近のトピックス)，inward current(内向き電流)
curriculum ア	名 カリキュラム
curtail	動 切り詰める，短縮する，削減する
curvature	名 ❶《解剖》彎曲(わんきょく) ❷《物理》屈曲(率)
curve ★	名 カーブ，曲線 例 curve fitting(カーブフィッティング)
Cushing's syndrome	名《疾患》クッシング症候群(コルチゾールの過剰分泌に起因する病態)
cushion	名 クッション
custom	名 習慣，慣習
customize	動 注文に応じて作る
cutaneous ★ 発	形《解剖》皮膚の 例 cutaneous melanoma(皮膚黒色腫)，cutaneous T-cell lymphoma(皮膚T細胞リンパ腫)
cuticle	名 ❶《解剖》角質，角皮 ❷《植物》クチクラ
cutoff	名 カットオフ(除外・切り放し・締切の意味)
cyanide	名《化学》シアン化物 形 青酸の

cyanobacteria [名]《生物》(複数扱い)藍藻(類)(らんそう)，シアノバクテリア [単] cyanobacterium [形] cyanobacterial

cyanogen [名]《化合物》シアン [化] CN

cyanosis [発] [名]《症候》チアノーゼ(酸素非結合ヘモグロビンの増加による皮膚粘膜の青色変化) [形] cyanotic

cyclase ★ [名]《酵素》シクラーゼ，環化酵素
[例] adenylyl cyclase(アデニリルシクラーゼ)，guanylyl cyclase(グアニリルシクラーゼ)

cycle ★★ [名] ❶サイクル，周期 ❷回路 [動] 循環する(させる)
[派] cycling(サイクリング)
[例] cell cycle(細胞周期)，tricarboxylic acid cycle(トリカルボン酸回路)

cyclic ★ [形] ❶環状の ❷周期性の
[例] cyclic ADP-ribose(サイクリックADPリボース；cADPR)，cyclic AMP(サイクリックAMP；cAMP)，cyclic GMP(サイクリックGMP；cGMP)，cyclic nucleotide(環状ヌクレオチド)，cyclic voltammetry(サイクリックボルタンメトリー)

cyclical [形] 周期性の [副] cyclically

cyclin ★ [名]《生体物質》サイクリン(細胞周期の調節因子)
[例] cyclin-dependent kinase(サイクリン依存性キナーゼ；CDK)

cyclization [名]《化学》環化，閉環 [接頭] cyclo-

cyclize [動] 環化させる

cyclo- ★ [接頭]「環，環状」を表す

cycloaddition [名]《化学》環付加

cyclodextrin [名]《化合物》シクロデキストリン(包接性環状オリゴ糖類)

cycloheximide [名]《化合物》シクロヘキシミド(タンパク合成阻害薬)

cyclooxygenase ★ [名]《酵素》シクロオキシゲナーゼ，酸素添加酵素

cyclophilin [名]《生体物質》シクロフィリン(シクロスポリン結合タンパク質)

cyclophosphamide ★ [名]《化合物》シクロホスファミド(抗悪性腫瘍ナイトロジェンマスタード系アルキル化薬)

cyclosporine ★ [名]《化合物》シクロスポリン(免疫抑制薬)

cyclotron [名]《物理》サイクロトロン(＝イオン加速器)

cylinder [名] 円柱，シリンダー，《実験》ボンベ [形] cylindrical

cynomolgus monkey [名]《生物》カニクイザル(真猿類) [学] *Macaca fascicularis*

CYP [略]《酵素》チトクロムP450(cytochrome P450)

Cys [略]《アミノ酸》システイン(cysteine)

cyst ★ [名]《疾患》嚢胞(のうほう)，嚢腫，シスト

cystectomy [名]《臨床》嚢胞切除(術)

cysteine ★ [発] [名]《アミノ酸》システイン(含硫アミノ酸) [略] Cys，C
[形] cysteinyl(システイニル)
[例] cysteine protease(システインプロテアーゼ)，cysteine residue(システイン残基)，cysteine-rich(システインに富む)

cystic ★ [形]《疾患》嚢胞性の
[例] cystic fibrosis(嚢胞性線維症)，cystic fibrosis transmembrane conductance regulator(嚢胞性線維症膜コンダクタンス制御因子；CFTR)

cystine [発] [名]《アミノ酸》シスチン [略] Cys-Cys(＝システイン2分子架橋)

cystitis [名]《疾患》膀胱炎

cyt C [略]《酵素》チトクロムC(cytochrome C)

-cyte ★★ [接尾]「細胞」を表す
[例] astrocyte(アストロサイト，星状膠細胞)，granulocyte(顆粒球)，melanocyte(メラニン産生細胞)，monocyte(単球)

cytidine [発] [名]《ヌクレオシド》シチジン
[例] cytidine deaminase(シチジンデアミナーゼ)

cyto- ★ [接頭]「細胞」を表す

cytochemistry [名]細胞化学

cytochrome ★ [発] [名]《酵素》シトクロム，チトクロム(電子伝達を行うヘム鉄含有タンパク質)
[例] cytochrome c(チトクロムc)，cytochrome P450(チトクロムP450)

cytogenetic ★ [形]細胞遺伝学の [名] cytogenetics(細胞遺伝学)
[例] cytogenetic abnormality(染色体異常)

cytokine ★★ [名]《免疫》サイトカイン(免疫系細胞間の情報伝達物質)
[例] cytokine production(サイトカイン産生)，cytokine storm(急激な高サイトカイン血症)

cytokinesis ★ [名]《生理》細胞質分裂

cytokinin [名]《植物》サイトカイニン(植物の細胞分裂促進因子の総称)

cytology [名]細胞学 [形] cytologic，cytological

cytolysis [名]細胞溶解 [形] cytolytic

cytomegalovirus ★ [名]《病原体》サイトメガロウイルス

cytometry ★ [名]細胞数測定 [形] cytometric

cytopathic 形 細胞変性の
例 cytopathic effect(細胞変性効果)

cytopenia 名《疾患》血球減少(症)

cytoplasm ★ 名 細胞質，原形質

cytoplasmic ★★ 形 細胞質の，原形質の
例 cytoplasmic domain(細胞内ドメイン)，cytoplasmic tail(細胞内末端)

cytoprotection 名 細胞保護(作用) 形 cytoprotective

cytosine ★ 発 名《核酸塩基》シトシン 略 C
例 cytosine arabinoside(シトシンアラビノシド＝ヌクレオシド系DNA合成阻害薬)，cytosine methylation(シトシンメチル化)

cytoskeletal ★ 形 細胞骨格の
例 cytoskeletal organization(細胞骨格)

cytoskeleton ★ 名 細胞骨格
例 actin cytoskeleton(アクチン細胞骨格)

cytosol ★ 名 細胞可溶質，サイトゾル

cytosolic ★ 形 細胞内可溶質の，サイトゾルの
例 cytosolic fraction(サイトゾル画分)

cytostatic 形 細胞増殖抑制性の 名 細胞増殖阻害薬

cytotoxic ★ 形 細胞毒性のある，細胞傷害性の
例 cytotoxic T-lymphocyte(細胞傷害性Tリンパ球)

cytotoxicity ★ 名 細胞毒性，細胞傷害性
例 NK cell-mediated cytotoxicity(NK細胞媒介性細胞傷害)

cytotoxin 名 細胞毒

cytotropho-blast 名《発生》細胞栄養芽層

D

D ★ 略《アミノ酸》アスパラギン酸(aspartic acid)

Da 略《単位》ダルトン(dalton)

DAG 略《生体物質》ジアシルグリセロール(diacylglycerol)

daily ★ 形 1日の，日々の
例 daily dose(一日量)

dairy 名 酪農，乳業
例 dairy product(乳製品)

dalton 名《単位》ダルトン(分子や原子の質量) 略 Da

damage ★★ 名 ダメージ，破損，損傷 動 破損する，損傷する

dampen	動 湿らせる，勢いを弱める
danger	名 危険
dangerous	形 危ない，危険な
Danio rerio	学《魚類》ゼブラフィッシュ（遺伝子改変モデル動物） 類 zebrafish
dark ★	形（比較級 darker - 最上級 darkest）❶暗い ❷（色が）濃い 名 darkness（暗黒） 例 dark-field microscope（暗視野顕微鏡）
data ★★	名（複数扱い）データ，資料 単 datum 例 data mining（データマイニング）
database ★	名《コンピュータ》データベース 例 database search（データベース検索）
dataset	名《コンピュータ》データセット（データの集合）
dauer	名《生物》耐性幼虫（線虫が悪条件での発生時に形成する口の閉じた幼虫形態）
day care	名《臨床》デイケア（昼間の介護）
daytime	名 昼間 例 daytime sleepiness（日中の眠気）
DC	略 ❶《解剖》樹状細胞（dendritic cell） ❷《物理》直流（direct current）
DDS	略《医薬》薬物送達システム（drug delivery system）
de- ★	接頭「非，脱」を表す
deacetylase ★	名《酵素》デアセチラーゼ，脱アセチル酵素
deacetylate	動 脱アセチル化する
deacetylation	名《生化学》脱アセチル反応
deactivate	動 非活性化する，不活性化する
deactivation	名《生理》非活性化 類 inactivation（不活性化）
dead	形 死の，死んだ
deafferentation	名《生理》求心路遮断
deafness	名《症候》聴覚障害
deaminase	名《酵素》デアミナーゼ，脱アミノ化酵素 例 adenosine deaminase（アデノシンデアミナーゼ；ADA）
deamination	名《化学》脱アミノ化 動 deaminate
death ★★	名 死 例 death domain（デスドメイン），death rate（死亡率），death receptor（デスレセプター），cell death（細胞死）
debate	名 討論，ディベート 動 討論する
debilitate	動 衰弱させる

debridement 発　名《臨床》デブリードマン(創傷部位の異物を除去して清浄にすること)，創傷郭清(そうしょうかくせい)

debris 発　名 壊死組織片
例 cell debris(細胞破片)

decade ★　名 十年(間)
例 for more than a decade(十年以上にわたって)

decant　動《実験》デカントする，容器を傾けて上清を移す　名 decantation

decarboxylase　名《酵素》デカルボキシラーゼ，脱炭酸酵素
例 ornithine decarboxylase(オルニチン脱炭酸酵素)

decarboxylation　名《化学》脱炭酸

decay ★　名 減衰，(原子核)崩壊　動 壊変する
例 beta decay(β崩壊)，decay constant(減衰定数)，decay rate(減衰率)

decease　動 死亡する

decide　動 決定する，判定する

deciduous　形 ❶《症候》脱落性の　❷《植物》落葉性の
例 deciduous molars(乳歯の臼歯)

deciliter　名《単位》デシリットル(液体容積の単位)　略 dL

decipher　動 解読する

decision ★　名 ❶決定　❷判定
例 decision making(意志決定)

declarative　形 ❶断定的な　❷陳述的な

decline ★　名 ❶減退(+in)，衰え　❷低下　動 減退する，低下する
例 age-related decline in(老化に伴う～の衰え)

decode　動《遺伝子》解読する，デコードする　名 decoding(解読)

decompensated　形 非代償性の，非代償期の

decompensation　名《症候》代償不全

decompose　動 ❶分解する　❷腐敗する

decomposition　名 分解　類 breakdown, decay, degradation, disintegration

decompress　動 除圧する

decompression　名《物理》除圧

decontamination　名 汚染除去，除染

D

deconvolution	名《数学》逆重畳積分，逆重畳
decorate	動 装飾する
decoy 発	名 デコイ，おとり 例 decoy peptide（デコイペプチド＝活性部位に似せた合成ペプチド）
decrease ★★ 発/発	名 減少（+in） 動 減少する，減少させる 反 increase 例 decreased activity（活動性低下）
decrement	名 減衰
dedicate	動 献身する，捧げる
deduce ★	動 推論する，《数学》演繹する 反 induce（帰納する）
deduction	名《数学》演繹法 形 deductive 反 induction（帰納法）
deem	動 見なす
deep ★	形 深い，深部の，《疾患》深在性の 副 deeply 反 shallow 例 deep venous thrombosis（深部静脈血栓症）
default	形《コンピュータ》初期状態の，デフォルトの 名 棄権，欠席
defect ★★	名 ❶欠陥 ❷《疾患》欠損（症） 例 genetic defect（遺伝的欠損症），lattice defect（格子欠陥）
defective ★	形 欠陥のある，欠損のある
defend	動 防御する，防衛する
defense ★ / defence	名 防御，防衛，防御力 反 offense 例 defense mechanism（防御機構）
defensin	名《生体物質》デフェンシン（好中球の抗菌ペプチド）
defensive	形 防御的な，防衛的な
defer	動 延期する
defibrillation	名《臨床》除細動
defibrillator	名《臨床》除細動器 例 automated external defibrillator（自動体外式除細動器；AED）
deficiency ★★	名《疾患》欠乏症，欠損症
deficient ★★	形 欠乏した，欠損した
deficit ★	名 欠損，欠乏，不足
define ★★	動 定義する，限定する 例 well-defined（詳細に明らかにされた）
definite	形 ❶限定された ❷一定の 副 definitely 例 definite integral（定積分）

definition ★ 名 ❶定義 ❷決定，限定，明確さ ❸《光学》解像力，解像度

definitive ★ 形 決定的な，最終的な 副 definitively
例 definitive diagnosis(確定診断)

deflection 名 ❶偏向，偏り ❷動揺，(測定値の)ふれ

deform 動 変形させる

deformation 名 変形

deformity 名 変形，《疾患》奇形

degeneracy 名 ❶《遺伝子》縮重(1アミノ酸に複数のコドンがあること)，縮退 ❷縮重度，縮退度 ❸退歩 類 redundancy

degenerate 動 変性させる

degeneration ★ 名 ❶変性(症)，逆行変性 ❷縮退 ❸退化

degenerative 形 《疾患》退行性の，変性の
例 degenerative disease(変性疾患)

degradation ★★ 名 ❶分解 ❷《原子核》壊変 ❸《化学》解重合
例 degradation per minute(壊変毎分；dpm)，degradation per second(壊変毎秒；dps)，degradation product(分解生成物)

degradative 形 分解性の

degrade ★ 動 分解する

degranulation 名 《生理》脱顆粒(白血球などでの)

degree ★★ ア 名 ❶度，程度 ❷学位
例 degree Centigrade(摂氏度)，degree Fahrenheit(華氏度)，degree of freedom(自由度)，doctor's degree(博士号)

dehalogenase 名 《酵素》デハロゲナーゼ，脱ハロゲン化酵素

dehydratase 名 《酵素》デヒドラターゼ，脱水酵素

dehydrate 動 脱水する

dehydration 名 ❶脱水(症) ❷《化学》脱水

dehydrogenase ★ 名 《酵素》デヒドロゲナーゼ，脱水素酵素

dehydrogenation 名 《化学》脱水素

deionized 形 脱イオンした
例 deionized water(脱イオン水)

deja vu 名 既視感(きしかん)，デジャブ

delay ★ 名 遅延 動 遅らせる

D

delayed ★	形 遅延性の，遅延型の，遅発性の 反 immediate(即時型の) 例 delayed effect(遅発効果)，delayed-type hypersensitivity(遅延型過敏)
delete ★	動 欠失させる，削除する，除去する
deleterious ★	形 有害な
deletion ★★	名 ❶《遺伝子》欠失，欠損，欠落 ❷削除，除去 例 deletion mutant(欠失変異体)
deletional	形 欠失性の
deliberate	動 審議する 形 慎重な，計画的な
delicate	形 繊細な，デリケートな
delimit	動 ❶限界を定める ❷区切る
delineate ★	動 描写する
delineation	名 描写
delirium	名《症候》譫妄(せんもう)，精神錯乱
deliver ★	動 ❶配達する，運搬する ❷《臨床》出産する
delivery ★	名 ❶送達，配達，運搬，到達 ❷《臨床》分娩，出産 例 drug delivery system(薬物送達システム；DDS)，painless delivery(無痛分娩)
delocalization	名 非局在化
delocalize	動 非局在化する
delusion	名 妄想，錯覚
demand ★	名 需要，要求(量) 動 要求する 例 biological oxygen demand(生物学的酸素要求量；BOD)，chemical oxygen demand(化学的酸素要求量；COD)
demarcate	動 境界を画定する
dement	動 認知症になる
dementia ★ 発	名《疾患》認知症，痴呆 例 senile dementia(老年性認知症)
demethylate	動 脱メチル化する
demethylation	名《化学》脱メチル化
demineralize	動 ミネラル除去する，脱灰する 例 demineralized freeze-dried bone(脱灰凍結乾燥骨)
demise	名 ❶崩御，死亡 ❷消滅
demographics	名 人口統計学 形 demographic
demonstrable	形 実証できる，実証可能な
demonstrate ★★ ア	動 実証する，示す

demonstration ★	名 実証，表示
demyelinating	形《疾患》脱髄性の 例 demyelinating disease(脱髄疾患)，demyelinating polyneuropathy(脱髄性多発ニューロパチー)
demyelination	名《疾患》脱髄
denaturant	名 変性剤
denaturation	名《生化学》変性
denature ★	動 変性させる 例 denatured protein(変性タンパク質)
dendrimer	名《化学》デンドリマー(規則的な樹状分岐をもつ球形分子)
dendrite ★	名《解剖》(神経細胞の)樹状突起
dendritic ★	形《解剖》樹状の，樹状突起の 例 dendritic cell(樹状細胞)，dendritic shaft(樹状突起軸)，dendritic spine(樹状突起棘)
denervate	動 除神経する
denervation	名《臨床》除神経 例 denervation supersensitivity(除神経性過感受性)
dengue	名《疾患》デング熱(蚊が媒介するウイルス感染症) 例 dengue virus(デングウイルス)
denote	動 ❶表示する ❷意味する
de novo ★	ラ 新規の 例 *de novo* synthesis(新規生合成)
dense ★	形 高密度な，密な 副 densely 反 sparse(粗な) 例 dense-core vesicle(有芯小胞)，dense forest(密林)
densitometry	名 濃度測定(法)，デンシトメトリー
density ★★	名 密度 例 density functional theory(密度汎関数理論)，density gradient(密度勾配)，low-density lipoprotein (低密度リポタンパク質；LDL)
dental ★	形 歯の，歯科用の 例 dental caries(齲歯[うし]＝虫歯)，dental pulp(歯髄)
dentate ★	形《解剖》鋸歯状の 例 dentate gyrus(歯状回)
dentin	名《解剖》象牙質
dentist	名 歯科医
dentistry	名 歯学，歯科
deny	動 否定する，拒否する

deoxy 名《化学》デオキシ
例 deoxyglucose(デオキシグルコース), deoxynucleotide(デオキシヌクレオチド)

deoxyribonuclease 名《酵素》DNA分解酵素 略 DNase

deoxyribonucleic acid 名《遺伝子》デオキシリボ核酸 略 DNA

deoxyribonucleotide 名《生体物質》デオキシリボヌクレオチド(核酸塩基+デオキシリボース+リン酸)

department ★ 名 部門，研究部門 類 branch，division，section

departure 名 ❶出発 ❷逸脱

depend ★★ 動 依存する，〜次第である(+on，upon)

dependence ★ 名《疾患》依存，依存症
例 physical dependence(身体依存)

dependency 名 依存性，依存度

dependent ★★ 形 依存的な，依存(性)の(+on，upon) 副 dependently 反 independent
例 dependent variable(従属変数)，insulin-dependent diabetes mellitus(インシュリン依存性糖尿病；IDDM)

dephosphorylate 動 脱リン酸化する

dephosphorylation ★ 名《生化学》脱リン酸(化)

depict 動 描写する，示す

depiction 名 描写

deplete ★ 動 枯渇させる，欠乏させる

depletion ★ 名 枯渇(こかつ)，欠乏

deploy 動 配置する，配備する

deployment 名 配置，展開

depolarization ★ 名 ❶《生理》脱分極 ❷《化学》減極 ❸《光学》偏光解消 反 hyperpolarization(過分極)

depolarize ★ 動 脱分極する 形 depolarizing(脱分極性の)

depolymerization 名《化学》脱重合(反応)

depolymerize 動 脱重合する

deposit ★ 動 沈着する 名 沈着物

deposition ★ 名 析出，堆積，沈着

depot 名 ❶貯蔵所，貯蔵物 ❷(製剤)デポー，徐放性製剤

depress ★ 動 抑圧する，抑制する

depressant 名《医薬》抑制薬(神経や心臓の)

depression ★ 名 ❶抑制，抑圧 ❷《疾患》うつ病，抑鬱(よくうつ) 類 melancholia, suppression

depressive ★ 形《症候》抑鬱性の
例 depressive episode(うつ病エピソード), depressive symptom(うつ症状)

deprivation ★ 名 欠乏，剥脱(はくだつ) 類 deficiency, deficit, depletion, lack

deprive 動 ❶欠乏させる ❷奪う，取り除く

deprotection 名《化学》脱保護

deprotonation 名《化学》脱プロトン化 動 deprotonate(脱プロトン化する)

depth ★ 名 ❶深さ，深度 ❷奥行き

derangement 名 撹乱，混乱，乱れ

deregulate 動 調節解除する，規制緩和する

deregulation 名 規制緩和

derepression 名 抑制解除 動 derepress(抑制解除する)

derivation 名 誘導

derivative ★ 名 ❶《化学》誘導体 ❷《数学》導関数 形 派生的な
例 phenothiazine derivatives(フェノチアジン誘導体)

derivatization 名 誘導体化

derive ★★ 動 派生する(+from)

dermal ★ 形《解剖》皮膚の
例 dermal fibroblast(皮膚線維芽細胞)

dermatitis 名《疾患》皮膚炎

dermatology 名 皮膚科学，皮膚科 形 dermatologic / dermatological

dermatomyositis 名《疾患》皮膚筋炎(膠原病の一種)

dermis 名《解剖》真皮 形 dermal

desaturase 名《酵素》デサチュラーゼ，(脂肪酸)不飽和化酵素

desaturation 名《化学》不飽和化

descend ★ 動 ❶下降する ❷由来する

descendant 名 子孫 類 offspring 反 ancestor(祖先)

descending ★ 形《解剖》下行性の，下向きの 動 descend 反 ascending(上行性の)

descent 名 ❶家系，血統 ❷下降

describe ★★ 動 記述する，描写する

description ★ 名 記述，描写

descriptive 形 記述的な，説明的な

D

descriptor	名 記述語，記述子
desensitization ★	名 ❶脱感作(だつかんさ) ❷《臨床》除感作，減感作
desensitize	動 脱感作させる
desert	名 砂漠 動 見捨てる
deserve	動 値する
desiccation	名 乾燥，脱水 動 desiccate
design ★★	名 デザイン，設計 動 デザインする 例 structure-based drug design (構造に基づいた薬の設計；SBDD)
designate ★ 発	動 ❶命名する，名付ける ❷指摘する，任命する
designation	名 命令，任命，指摘
desirable	形 望ましい，妥当な
desire ★	名 願望 動 願望する，望む
desmosome	名 デスモソーム(隣接する細胞間の中間径フィラメントを結合する細胞膜肥厚構造)，接着斑
desolvation	名《化学》脱溶媒和
desorb	動 脱着させる
desorption	名 脱着(吸着物質を吸着剤から取り除く) 反 absorption
despite ★★	前 〜であるにもかかわらず 類 in spite of
destabilization	名 不安定化 反 stabilization
destabilize ★	動 不安定化させる
destination	名 目的地
destine	動 運命づける，予定する 熟 be destined for (〜を運命づけられた)
destroy ★	動 破壊する
destruction ★	名 破壊
destructive	形 破壊的な
detach	動 剥離させる
detachment	名 脱離，剥離(はくり) 反 attachment
detail ★	名 詳細 形 detailed (詳細な) 熟 in detail (詳細に)
detect ★★	動 検出する
detectable ★	形 検出可能な，検出できる 副 detectably (検出可能な程度に) 例 detectable level (検出可能レベル)
detection ★★	名 ❶検出 ❷《物理》検波 例 detection limit (検出限界)

detector	名 検出器
detergent ★	名 洗浄剤，洗剤，清浄剤 例 detergent solubilization(界面活性剤による［タンパク質］可溶化)
deteriorate	動 悪化させる，増悪させる
deterioration	名 ❶悪化，劣化 ❷《疾患》増悪(ぞうあく)，荒廃 例 mental deterioration(精神荒廃＝痴呆)
determinant ★	名 ❶決定要因 ❷《数学》行列式
determination ★	名 ❶決定，判定 ❷《分析化学》定量(=quantitative determination) 例 self-determination(自己決定)，sex determination(性決定)
determine ★★	動 決定する，定量する
deterministic	形 決定的な，確定的な
detoxification	名 解毒(げどく)
detoxify	動 解毒する
detrimental	形 有害な(+to)
detrusor	名《解剖》排尿筋
deuterium	名《元素》重水素，ジュウテリウム 化 D
devastate	動 荒廃させる 形 devastating(荒廃的な，壊滅的な)
develop ★★	動 ❶発達する ❷開発する，展開する 例 developing country(途上国)
development ★★	名 ❶《生物》発生，発達 ❷開発 ❸《クロマトグラム》展開 ❹《写真》現像 例 early development(初期発生)
developmental ★	形 発生上の，発達上の 副 developmentally 例 developmental biology(発生生物学)，developmental disorder(発達障害)，developmental process(発生過程)
deviate	動 偏向する
deviation ★	名 ❶《統計》偏差 ❷逸脱，偏向 例 standard deviation(標準偏差；SD)
device ★ 発	名 装置 類 apparatus
devise 発	動 発明する，考案する，工夫する
devoid	形 欠く(+of)
devote	動 捧げる，充てる
dexamethasone ★	名《化合物》デキサメタゾン(中程度の抗炎症作用をもつ糖質コルチコイド)
dextran	名《化合物》デキストラン(多糖)
dextrorotatory	形《化学》右旋性の 反 levorotatory(左旋性の)

DHA ㊙《化合物》ドコサヘキサエン酸（docosahexaenoic acid）

diabetes insipidus 名《疾患》尿崩症（にょうほうしょう＝バソプレシン欠乏や受容体異常による多尿性疾患）
例 nephrogenic diabetes insipidus（腎性尿崩症）

diabetes mellitus ★ 名《疾患》糖尿病（インスリン分泌あるいは作用の不足による持続的高血糖），真性糖尿病
例 type 2 diabetes mellitus（2型糖尿病 ＝ NIDDM《旧》）

diabetic ★ 形 糖尿病性の
例 diabetic ketoacidosis（糖尿病性ケトアシドーシス），diabetic nephropathy（糖尿病性腎症），diabetic neuropathy（糖尿病性神経障害），diabetic retinopathy（糖尿病性網膜症）

diabetogenic 形 糖尿病誘発性の

diacylglycerol 名《生体物質》ジアシルグリセロール（細胞内シグナル伝達物質）

diagnose ★ 動 診断する

diagnosis ★★ 発 名《臨床》診断 複 diagnoses
例 final diagnosis（最終診断）

diagnostic ★ 形 診断上の 副 diagnostically
例 diagnostic criteria（診断基準），diagnostic workup（鑑別診断）

diagnostics 名 診断学

diagonal 形《数学》対角の

diagram 名 線図，図表，ダイヤグラム 動 図示する

dialysate 名 透析液

dialysis ★ 名 透析（法） 複 dialyses
例 equilibrium dialysis（平衡透析法）

dialyze 動 透析する

dialyzer 名《臨床》透析機器

diameter ★ ア 名 直径 対 radius（半径）

diamond 名《化学》ダイアモンド

diaphorase 名《酵素》ジアホラーゼ（リポアミドを還元してNADHからNAD$^+$を生成する酵素）
例 NADPH diaphorase（NADPHジアホラーゼ）

diaphragm 名 ❶《解剖》横隔膜 ❷（カメラの）絞り ❸《臨床》（避妊用）ペッサリー（＝ pessary） 形 diaphragmatic（横隔膜の）

diarrhea ★ / diarrhoea 発 名《症候》下痢 形 diarrheal / diarrhoeal

diastereomer 名《化学》ジアステレオマー(鏡像異性体以外の立体異性体)

diastereoselectivity 名《化学》ジアステレオ選択性 形 diastereoselective

diastole 名(心臓の)拡張期，弛緩期 対 systole(収縮期)

diastolic ★ 形(心臓)拡張期の
例 diastolic dysfunction(拡張機能障害)，diastolic pressure(拡張期圧＝最低血圧)

diathesis 名 素因

DIC 略《疾患》播種性血管内血液凝固(disseminated intravascular coagulation)

dichotomy 名(対立するものへの)二分(法)，《植物》対生 形 dichotomous

dichroism ★ 名《物理》二色性

dicot 名《植物》双子葉植物 類 dicotyledon(双子葉類)

dictate 動 ❶口述する ❷(権威で)指示する

Dictyostelium 学《生物》タマホコリカビ(属)(細胞性粘菌の一属)
例 *Dictyostelium discoideum*(キイロタマホコリカビ)

dielectric 形《物理》誘電性の 名 誘電体
例 dielectric constant(比誘電率)

diencephalon 名《解剖》間脳 形 diencephalic

diene 名《化合物》ジエン(二重結合を2つもつ炭化水素)

diet ★ 名 ❶食事，飲食物 ❷食事制限 動 ダイエットする
例 diet therapy(食事療法)，low-fat diet(低脂肪食)

dietary ★ 形 食事(性)の，食物の
例 dietary fat(食事性脂肪)，dietary fiber(食物繊維)，dietary supplement(栄養補助食品)

differ ★ 動(〜と)異なる，違う(+from)

difference ★★ 名 差，相違
例 difference spectra(差スペクトル)，statistically significant difference(統計的に有意な差)

different ★★ 形 異なった(+from) 副 differently

differential ★ 形 ❶差動的な ❷《数学》微分の ❸《物理》示差の 副 differentially
例 differential coefficient(微分係数)，differential diagnosis(鑑別診断)，differential display(ディファレンシャルディスプレー)，differential equation(微分方程式)，differential scanning calorimetry(示差走査熱量測定；DSC)

differentiate ★ 動 ❶《生物》分化する ❷区別する

D

differentiation ★★ ア
名《生物》分化
例 differentiation marker（分化マーカー），differentiation program（分化プログラム），T-cell differentiation（T細胞の分化）

differently
副 別々に，異なって

difficult ★
形 困難な，難しい

difficulty ★
名 困難 類 trouble，hardship，suffering

diffraction
名《物理》回折（かいせつ）
例 diffraction ray（回折光），X-ray diffraction（X線回折）

diffuse ★
形《疾患》散在性の，びまん性の 動 拡散する 形 diffusible（拡散性の） 副 diffusely（散在性に）
例 diffuse large B-cell lymphoma（びまん性大細胞リンパ腫）

diffusion ★
名《物理》拡散 形 diffusional（拡散の），diffusive（拡散性の）
例 diffusion coefficient（拡散係数）

digest ★
動 消化する

digestion ★
名 ❶《生理》消化 ❷《化学》温浸

digestive
形 消化性の

digit
名 ❶《数学》数字，桁（けた） ❷《解剖》指

digital
形 デジタルの，計数的な 副 digitally 対 analog
例 digital subtraction angiography（デジタルサブトラクション血管造影）

digitize
動 デジタル化する

dihedral
形《物理》二面の
例 dihedral angle（二面角）

dihydropyridine
名《化合物》ジヒドロピリジン（ニフェジピンなどの降圧薬に共通な化学構造）
例 dihydropyridine receptor（ジヒドロピリジン受容体）

dilate ★
動 拡張する，散大する
例 dilated cardiomyopathy（拡張型心筋症），dilated pupil（散大瞳孔）

dilation ★ / **dilatation**
名 ❶《生理》拡張，拡大 ❷（瞳孔の）散大
例 pial artery dilation（軟膜血管拡張）

dilator
名 拡張薬，拡張物質

dilemma
名《精神》ジレンマ，板挟み

diluent
名《化学》希釈剤

dilute
動 希釈する 形 希薄な

dilution ★ 名《化学》希釈
例 dilution curve(希釈曲線), limiting dilution method(限界希釈法)

dimension ★ 名《数学》次元

dimensional ★ 形 次元の
例 three-dimensional structure(三次元構造)

dimer ★ 名《生化学》二量体, ダイマー 形 dimeric
例 dimer formation(二量体形成)

dimerization ★ 名 二量体化 動 dimerize

dimethylsulfoxide 名《化合物》ジメチルスルホキシド(脂溶性薬物の溶媒)

diminish ★ 動 減少させる

diminution 名 減少 類 decline, decrease, fall, loss, reduction

dimorphism 名《生物》二形性 形 dimorphic(二形性の)
例 sexual dimorphism(性差, 雌雄差)

dinucleotide ★ 名《化学》ジヌクレオチド, (核酸鎖の)2塩基, 二塩基

diode 名《電気》ダイオード, 二極管

dioxide 名《化合物》ジオキシド, 二酸化物

dioxin 名《化合物》ダイオキシン(枯葉剤に含まれる催奇毒成分)

dioxygenase 名《酵素》ジオキシゲナーゼ, 二原子酸素添加酵素

dip 動 浸漬(しんし)する, 漬ける

dipeptide 名《化合物》ジペプチド(2アミノ酸から成るペプチド)
形 dipeptidyl(ジペプチジル)
例 dipeptidyl peptidase(ジペプチジルペプチダーゼ)

diphtheria 名《疾患》ジフテリア
例 diphtheria toxin(ジフテリア毒素)

diploid 名《遺伝》二倍体, 複相体 対 haploid(一倍体, 半数体)
例 diploid cell(二倍体細胞)

diplopia 名《症候》複視, 二重視(物が二重に見える症状)

dipolar 形 双極子の
例 dipolar coupling(双極子カップリング)

dipole 名《物理》双極子
例 dipole moment(双極子モーメント)

direct ★★ 発/発 形 直接の, 直接的な 動 指示する, 方向づける 副 directly(直接) 反 indirect(間接的な)
例 direct action(直接作用), direct current(直流), directed mutagenesis(定方向突然変異誘発), direct proportion(正比例), direct repeat(直列反復配列)

direction ★ 名 方向, 指導

directional	形 方向性の 名 directionality(方向性) 副 directionally
directive	形 指示的な，指導的な 名 指令
director	名 指導者，理事，ディレクター
dis- ★★	接頭「不，無，脱」を表す
disability ★	名 能力障害，身体障害
disable	動 無能にする
disaccharide	名《化合物》二糖(類)
disadvantage	名 不利益，欠点 反 advantage
disagreement	名 不一致 反 agreement
disappear ★	動 消滅する，消失する 反 appear(出現する)
disappearance	名 消失 反 appearance
disappoint	動 失望させる
disassemble	動 解体する，分解する
disassembly	名 解体，分解
disaster	名 災害
disc / disk	名 ディスク，《解剖》円板，乳頭，《植物》花盤 例 intervertebral disc(椎間板)，optic disc(視神経乳頭)
discard	動 捨てる，処分する，廃棄する
discern	動 識別する，見分ける
discernible	形 識別可能な
discharge ★ 発/発	名 ❶《物理》放電，発射 ❷《生理》分泌，漏出，排泄物 ❸《臨床》退院 動 放電する，分泌する，退院させる 派 afterdischarge(後発射＝こうはっしゃ) 例 aural discharge(耳漏[じろう])，corona discharge(コロナ放電)
discipline	名 ❶学問分野，学科 ❷規律 ❸訓練 動 訓練する
disclose	動 公開する，開示する
disclosure	名 公開，開示
discomfort	名 不快感，違和感 例 chest discomfort(胸部不快感)
discontinuation	名 中断，中止
discontinue	動 中断する，中止する
discontinuity	名 不連続，中断，断絶
discontinuous	形 非連続的な，不連続な
discordance	名 不一致
discordant	形 不調和な
discount	名 割引 動 値引きする，割引する

discourage 動❶落胆させる ❷防止する 反 encourage(励ます)

discover ★ 動 発見する，見出す

discovery ★ 名 発見

discrepancy 名 矛盾，不一致 類 inconsistency, contradiction

discrepant 形 相違した，矛盾した

discrete ★ 形 別々の，分離した，分散した

discriminant 形 弁別の，判別の

discriminate ★ 動 識別する，判別する

discrimination ★ 名❶識別，判別，差別 ❷《生理》弁別 類 distinction
例 discrimination task(弁別課題)

discriminative 形 判別可能な，弁別の

discriminatory 形 特徴的な，差別的な

discuss ★★ 動 議論する，考察する

discussion ★ 名❶考察 ❷討論，議論

disease ★★ 名❶病，疾病(しっぺい) ❷《植物》病害 類 illness, sickness, ailment(持病)
例 disease-free survival(無病生存期間), disease onset(疾患発症), disease progression(病状悪化), disease severity(疾患重症度), disease susceptibility(疾患感受性)

disequilibrium 名 不平衡，不均衡

disfavor 動 嫌う

dishevelled 形 ほつれた

disinfectant 名 消毒剤

disinfection 名《臨床》消毒 動 disinfect(消毒する)

disinhibition 名《生理》脱抑制 反 inhibition

disintegration 名《原子核》壊変 名 分解 名 (統合された物の)崩壊

dislocate 動 転位する，位置を変える

dislocation 名❶《疾患》脱臼(だっきゅう) ❷《化学》転位

dismutase 名《酵素》ジスムターゼ，不均化酵素
例 superoxide dismutase(スーパーオキシドジスムターゼ；SOD)

disorder ★★ 名《臨床》障害，疾患 動 障害を起こす
例 mental disorder(精神障害), inherited disorder(遺伝病)

disorganization 名 組織崩壊

disparity 名 不等，不同性 形 disparate

dispensable	形 (～に)不必要な(+for)　反 indispensable(不可欠な)
dispersal	名 分散(作用)
disperse	動 分散させる，散布する
dispersion	名 分散，散布
displace ★	動 置換する，代わる
displacement ★	名 置換，転移　類 replacement，substitution 例 intramolecular displacement(分子内置換)
display ★★	動 示す，展示する　名 ディスプレイ
disposal	名 処分，廃棄
dispose	動 処分する(+of)
disposition	名 ❶性質　❷配置　❸(薬物等の体内での)処分，廃棄 例 disposition of bile pigment(胆汁色素の廃棄)，intramembraneous disposition(膜内での配置)
dispropor-tionate	形 不相応な，不釣合な　副 disproportionately
dispute 発/発	名 論争，争議　動 論争する，議論する
disrupt ★	動 破壊する，破損する
disruption ★	名 分裂，破壊，破損
disruptive	形 破壊的な
dissect ★	動 解剖する
dissection ★	名《臨床》解剖，切開　類 vivisection
disseminate ★	動 汎発する，散在させる 例 disseminated intravascular coagulation(播種性血管内血液凝固；DIC)
dissemination	名 播種(はしゅ)
dissimilar	形 異なる，似てない
dissipate	動 消散する，散逸する，消失させる
dissipation	名 散逸，放散
dissociable	形 解離できる，分離できる
dissociate ★	動 解離する，分離する
dissociation ★	名 解離，分離　反 association(会合) 例 dissociation constant(解離定数；Kd)
dissociative	形 解離性の 例 dissociative disorder(解離性障害)
dissolution	名 溶解
dissolve	動 溶解させる，溶かす

distal ★ 形《解剖》遠位の 副 distally 反 proximal(近位の)
例 distal portion(遠位部), distal renal tubule(腎遠位尿細管), distal tubule(遠位尿細管)

distance ★ 名 距離

distant ★ 形 遠い，距離がある 副 distantly

distend 動 膨張する，拡張する

distension 名《生理》膨満感

distention 名《物理》膨張

distill 動 蒸留する
例 distilled water(蒸留水)

distillate 名 蒸留物，留出物

distillation 名 蒸留

distinct ★★ 形 (明確に)異なる 副 distinctly

distinction 名 区別，特徴

distinctive ★ 形 特徴のある

distinguish ★ 動 区別する，識別する，目立たせる

distinguishable 形 識別できる，区別可能な

distort 動 歪める

distortion 名 ❶《物理》歪み ❷《疾患》捻挫(ねんざ)

distraction 名 注意散漫

distress ★ 名 悩み，困難，窮迫 動 悩ます 類 suffering, anxiety, hardship, worry

distribute ★ 動 ❶分布する ❷分配する，配給する

distribution ★★ 名 ❶分布 ❷分配，配給
例 binomial distribution(二項分布), counter current distribution(向流分配), Gaussian distribution(ガウス分布＝正規分布)

district 名 地域，地区

disturb 動 妨害する，邪魔する，妨げる

disturbance ★ 名 妨害，不安，攪乱

disulfide ★ 名《化学》ジスルフィド，二硫化物
例 disulfide bond(ジスルフィド結合), disulfide isomerase(ジスルフィド異性化酵素)

dithiothreitol 名《化合物》ジチオスレイトール(SH基保護試薬)

diuresis 発 名《生理》利尿，多尿

diuretic ★ 形 利尿作用のある 名 利尿薬

diurnal 形 ❶昼行性の，❶日周の

D

divalent ★ 形《化学》(イオンが)二価の 対 bivalent ([結合が]二価の)
例 divalent cation(二価カチオン)

diverge 動 ❶分岐する，逸脱する ❷《数学》発散する

divergence ★ 名 ❶多様性，分岐 ❷《数学》発散 ❸《生理》開散(目の)

divergent ★ 形 多岐にわたる 副 divergently

diverse ★ 発 形 多種多様な

diversification 名 多様化

diversify 動 多様化する

diversion 名 転換，迂回路

diversity ★ 名 多様性

divert 動 転用する

diverticula 名《疾患》(複数扱い)憩室 形 diverticular

diverticulitis 名《疾患》憩室炎

divide ★ 動 ❶分ける，分割する ❷(細胞が)分裂する
例 dividing cell(分裂細胞)

division ★ 名 ❶分裂 ❷区画 ❸(団体組織の)部門 ❹《分類》(植物の)門
例 cell division(細胞分裂)

dizygotic 形《発生》二卵性の

dizziness 名《疾患》眩暈(げんうん)，浮動性めまい，(動揺性の)めまい

DM 略《疾患》糖尿病(diabetes mellitus)

DMARD 略《薬理》疾患修飾性抗リウマチ薬(disease-modifying antirheumatic drug)

DNA ★★ 略《遺伝子》デオキシリボ核酸(deoxyribonucleic acid)
例 DNA-binding protein(DNA結合タンパク質)，DNA gyrase(DNAジャイレース)，DNA methylation(DNAメチル化)，DNA repair-proficient cell(DNA修復能がある細胞)，DNA replication(DNA複製)，DNA polymerase(DNAポリメラーゼ[複製酵素])，complementary DNA(相補DNA；cDNA)，double-stranded DNA(二本鎖DNA；dsDNA)，single-stranded DNA(一本鎖DNA；ssDNA)

DNase 略《酵素》DNA分解酵素(deoxyribonuclease)

dNTP 略《化合物》デオキシヌクレオチド三リン酸(deoxynucleotide triphosphate)

dock ★ 動 ドッキングする，結合する 名 docking(ドッキング，結合)

docosa-hexaenoic acid [名]《化合物》ドコサヘキサエン酸(炭素数22の六価不飽和脂肪酸) [略] DHA

doctor [名] ❶博士 ❷医師 [形] doctoral
[例] Doctor of Philosophy(法学・医学・神学以外の博士；Ph.D.)

document ★ [名] 文書 [動] ❶記述する ❷考証する

documentation [名] ❶文書化，記述 ❷証拠文献 ❸考証

domain ★★ [名] ドメイン，領域，部位
[例] catalytic domain of enzyme(酵素の触媒部位)

domestic [形] ❶国内の ❷家庭内の
[例] domestic violence(家庭内暴力)

domestication [名]《生物》順化，《植物》栽培化

dominance [名] ❶優位，優勢 ❷《遺伝》優性

dominant ★ [形] ❶優位な ❷《遺伝》優性の [副] dominantly
[例] dominant-negative(ドミナントネガティブな＝本来の遺伝子産物の機能を失わせるような変異の)，autosomal dominant inheritance(常染色体優性遺伝)

dominate ★ [動] 支配する

donate [発] [動] 寄付する，供与する

donation [名] 寄付，提供，供与
[例] blood donation(献血)，body donation(献体)

donor ★★ [名] ❶《臨床》(移植)ドナー，供与者 ❷《化学》供与体
[対] recipient(レシピエント)
[例] donor cell(ドナー細胞)，donor site(供与部位)

dopamine ★ [ア] [名]《生体アミン》ドパミン(情動などを司る神経伝達物質)
[例] dopamine transporter(ドパミン輸送体)，dopamine uptake inhibitor(ドパミン取り込み阻害薬)

dopamin-ergic ★ [形]《解剖》ドパミン作動性の
[例] dopaminergic neuron(ドパミン作動性ニューロン)

doping [名]《臨床》ドーピング(不正に薬物を使用すること)

Doppler ultra-sonography [名]《臨床》ドプラ超音波検査，超音波ドプラー(法)
[類] Doppler echocardiography, Doppler sonography

dormancy [名] 休止状態，休眠 [形] dormant

dorsal ★ [形]《解剖》背側(はいそく)の [副] dorsally [反] ventral(腹側の)
[例] dorsal horn(後角)，dorsal root ganglion(後根神経節；DRG)，dorsal spine(脊柱)

dorsolateral [形] 背外側の

D

dorsomedial 形 背内側の

dorsoventral 形 背腹側の

dosage ★ 発 名 ❶適用量，投与量，用量 ❷投薬
例 dosage interval（投与間隔），gene dosage compensation（遺伝子量補正），initial dosage（初回投与量）

dose ★★ 発 名（一回分の）用量，投与量，服用量，《放射線》線量
例 dose-dependent（用量依存性の），dose equivalent（線量当量），dose-limiting toxicity（用量規制毒性），dose-response curve（用量反応曲線），daily dose（一日量），lethal dose（致死量），maximum tolerated dose（最大耐量），50％ lethal dose（半致死量，半致死線量；LD_{50}）

dosimetry 名《放射線》線量測定

dosing 名《臨床》投薬

double ★★ 形 二重の 動 倍加する 副 doubly（二重に）
例 double bond（二重結合），double helix model（二重らせんモデル），double mutant（二重変異体），double-stranded DNA（二本鎖DNA；dsDNA），doubling time（倍加時間）

double-blind ★ 形《統計》二重盲検の（治験などで医師および患者が薬物を特定できないようにした）
例 double-blind study（二重盲検試験）

double-strand ★ 形《遺伝子》二重鎖の，二本鎖の（過去分詞形のほうが多く用いられる）
例 double-strand break（二重鎖切断），double-stranded DNA（二本鎖DNA），double-stranded RNA（二本鎖RNA）

doublet 名 ❶二重，一対 ❷《物理》二重項，二重線

doubt 発 名 疑い 動 疑う

Down's syndrome 名《疾患》ダウン症候群（21番染色体トリソミー）

downfield 名《物理》低磁場 反 upfield（高磁場）

downregulate ★ 動《遺伝子》ダウンレギュレートする，下方制御する，減少させる

downregulation ★ **/ down-regulation** 名《遺伝子》ダウンレギュレーション（発現量を減らす制御）

downstream ★ 名《遺伝子》下流 反 upstream
例 downstream signaling（下流シグナル制御）

downward 形 下向きの 副 下向きに

doxorubicin [名]《化合物》ドキソルビシン(アントラサイクリン系抗悪性腫瘍薬)

dpc (略)《単位》性交後日数(days post-coitum)

DPC (略)《臨床》診断群分類(Diagnosis Procedure Combination)

dpm (略)《放射線》壊変毎分(degradation per minute)

DPP (略)《酵素》ジペプチジルペプチダーゼ(dipeptidylpeptidase)

dps (略)《放射線》壊変毎秒(degradation per second)

draft [名]❶草案，下書き ❷図案 [動]立案する

drain [名]排水管，ドレイン [動]排出する，流す
[例]draining lymph node(流入領域リンパ節)

drainage [発] [名]《臨床》ドレナージ(体腔内に貯留した液体や気体を排出する処置)，排液法，排膿法
[例]biliary drainage(胆道ドレナージ)

dramatic ★ [形]劇的な，著しい [副]dramatically

drastic [形]強烈な，徹底的な [副]drastically

drawback [名]弱点，欠点，欠陥

dressing [名]❶仕上げ ❷《臨床》包帯法，包帯材 ❸更衣動作 ❹《食物》ドレッシング
[例]occlusive dressing(密封包帯)

DRG (略)《解剖》後根神経節(dorsal root ganglion)

drift [名]ドリフト，漂流 [動]漂う，押し流す

drink ★ [動]＜drink - drank - drunk＞飲水する，飲酒する
[名]drinking(飲酒) (派)drinker(飲酒者)
[例]drinking water(飲料水)

drive ★ [動]＜drive - drove - driven＞❶操縦する ❷駆動する，駆り立てる [名]ドライブ (派)driver(ドライバー，運転手)
[例]driving force(駆動力)

droplet [名]液滴

Drosophila (学)《生物》ショウジョウバエ(属)(モデル生物) (類)fruit fly
[例]*Drosophila melanogaster*(キイロショウジョウバエ)

drought [名]❶乾燥 ❷《農学》干ばつ，渇水

drowning [名]溺死，水死

drowsiness [名]《症候》眠気，傾眠(けいみん)，嗜眠(しみん)

drug ★★ 名 薬，薬物，薬剤
例 drug abuse(薬物乱用)，drug addiction(薬物嗜癖)，drug allergy(薬物アレルギー)，drug compliance(服薬遵守)，drug delivery system(薬物送達システム；DDS)，drug-eluting stent(薬剤溶出ステント)，drug eruption(薬疹)，drug hypersensitivity(薬物過敏症)，drug information(医薬品情報)，drug metabolism(薬物代謝)，drug resistance(薬剤抵抗性)，drug sensitivity(薬物感受性)，drug treatment(薬物処置)

drusen 名 ❶《疾患》(複数扱い)ドルーゼン(眼底に見られる黄白色斑)，硫黄顆粒 ❷《鉱物》集晶，晶洞

dry ★ 形 乾いた，乾性の 動 乾燥させる 反 wet(湿った)
例 dry eye(ドライアイ)，dry mouth(口渇)，dry weight(乾燥重量)

DSB 略《遺伝子》二本鎖切断(double-strand break)

dsDNA 略《遺伝子》二本鎖DNA(double-stranded DNA)

DSM-IV 略《臨床》精神障害の診断と統計マニュアル第4版(Diagnostic and Statistical Manual of Mental Disorder 4th Edition)

dsRNA 略《遺伝子》二本鎖RNA(double-stranded RNA)

dual ★ 形 二重の
例 dual-energy X-ray absorptiometry(二重エネルギーX線吸収測定)，dual-specificity phosphatase(二重特異性ホスファターゼ)

Duchenne muscular dystrophy 名《疾患》デュシェンヌ型筋ジストロフィー(ジストロフィン欠損による重症の進行性筋変性疾患)

duct ★ 名 ❶《解剖》管 ❷《植物》導管
例 bile duct(胆管)，collecting duct([腎] 集合尿細管)

ductal 形《解剖》管の
例 ductal carcinoma in situ(腺管上皮内癌)

ductus 名《解剖》管
例 ductus arteriosus(動脈管)

due to 前 (～に)起因する，原因がある 類 owing to, because of

duodenal 形《解剖》十二指腸の
例 duodenal ulcer(十二指腸潰瘍)

duodenum 発 名《解剖》十二指腸

duplex ★ 形 二重の 名 二重鎖

duplicate ★ 発/発 動 複製する 名 二つ組 熟 in duplicate(複製して，二通りに，繰り返して)
例 duplicate gene(複製遺伝子)

duplication ★ 名 複製，重複

dura 名《解剖》硬膜
例 dura mater(硬膜)

durability 名 耐久性

durable 形 耐久性のある

dural 形《解剖》硬膜の

duration ★ 名 持続時間，期間
例 action potential duration(活動電位持続時間；APD)

dust 名 粉塵，ダスト，ちり

duty 名 義務

dwarf 名 ❶萎縮 ❷《疾患》低身長症 動 矮化する 形《植物》矮性の

dwarfism 名《疾患》低身長症，小人症，萎縮症

dwell 動 ある状態に留まる

dyad 発 名 二分子

dye ★ 名 色素，染料 動 染める
例 azo dye(アゾ染料)

dynamic ★★ **/ dynamical** 形 動的な，力学的な 副 dynamically 反 static(静的な)
例 dynamic instability(動的不安定性)

dynamics ★ 発 名 動力学，ダイナミクス

dynamin 名《生体物質》ダイナミン(膜小胞輸送に関連するGTP結合タンパク質)

dynein ★ 名《生体物質》ダイニン(繊毛や鞭毛のATPase; モータータンパク質)

dysarthria 名《症候》構音障害(言語が正しく発音されない状態)，構語障害(吃音など)

dysentery 名《疾患》赤痢

dysfunction ★ 名 機能障害，機能不全(症) 形 dysfunctional 類 disorder, disturbance, hypofunction, impairment, impediment, incompetence, insufficiency, lesion, malfunction
例 multiple organ dysfunction syndrome(多臓器機能障害症候群；MODS)

dysgenesis 名《疾患》異形成，形成異常(症)，形成不全(症)

dyskinesia 名《症候》ジスキネジア(異常な不随意運動)

dyslipidemia 名《疾患》脂質代謝異常，脂質異常血症

dyspepsia 名《症候》胃腸障害(胃痛や胸やけなどの上腹部症状)，胃腸症，消化不良

dysphagia	名《疾患》嚥下障害
dysplasia ★	名《疾患》異形成(症)，形成異常 形 dysplastic
dyspnea	名《症候》呼吸困難
dysregulation	名 調節不全 動 dysregulate(調節不全にする)
dystonia	名 ジストニア(不随意持続性の筋収縮により生じる反復運動や姿勢異常)，筋緊張症
dystrophic	形 ジストロフィーの，異栄養症の
dystrophin	名《生体物質》ジストロフィン(筋ジストロフィー責任遺伝子である骨格筋タンパク質)
dystrophy ★	名《疾患》ジストロフィー，異栄養症 例 muscular dystrophy(筋ジストロフィー)
dysuria	名《症候》排尿障害

E

E ★	略 ❶《物理》電位 ❷《アミノ酸》グルタミン酸(glutamic acid)
EAE	略《疾患》実験的自己免疫性脳脊髄炎(experimental autoimmune encephalomyelitis)
early ★★	形 (比較級 earlier- 最上級 earliest)早期の，初期の 副 早く 例 early development(初期発生)，early diagnosis(早期診断)，early endosome(初期エンドソーム)，early promoter(初期プロモーター)，early-onset(《疾患》早期発症の)，early stage(《疾患》初期段階の)
earthquake	名《地学》地震
ease	名 安楽，安静 動 和らげる，緩和する
easy	形 容易な，簡単な 副 easily
eat ★	動 ＜eat - ate - eaten＞食べる 例 eating disorder(摂食障害)
Ebola virus	名《病原体》エボラウイルス(熱帯アフリカでヒトにエボラ出血熱を起こす致死率の高いウイルス)
EBV	略《病原体》エプスタイン・バーウイルス(Epstein-Barr virus)
eccentric	形 偏心性の
eccentricity	名 (木材の)偏心
ecdysone	名《生体物質》エクジソン(昆虫脱皮変態ホルモン)
ECG	略《臨床》心電図(electrocardiogram)
echocardiography ★	名《臨床》心エコー図法 形 echocardiographic(心エコーの) 派 echocardiogram(心エコー図)

echovirus 名《病原体》エコーウイルス

eclampsia 名《疾患》子癇(しかん＝妊娠中毒症による痙攣発作)

ECM 略《生化学》 細胞外マトリックス(extracellular matrix)

ecological 形 生態学上の，生態系の

ecology 名 生態学，環境学

economic / economical 形 ❶経済の ❷経済的な 副 economically
例 economical solution(経済的解決策)

economics 名 経済学

economy 名 経済，エコノミー

ecosystem 名 生態系

ecotropic 形《生物》エコトロピックな，同種志向性の

ecotype 名《生物》生態型

ectoderm 名《発生》外胚葉 形 ectodermal 対 endoderm(内胚葉)，mesoderm(中胚葉)

ectodomain 名 外部ドメイン

-ectomy ★ 接尾「切除術」を表す
例 hepatectomy(肝切除[術])，prostatectomy(前立腺切除[術])

ectopic ★ 形 異所性の 副 ectopically
例 ectopic beat(異所性拍動)，ectopic expression(異所性発現)

ectopy 名《症候》(心臓の)異所性興奮
例 ventricular ectopy(異所性心室興奮)

eczema 名《症候》湿疹(表皮の点状炎症)

ED_{50} 略 50％有効量(50％ effective dose)

edema ★ ア 名《症候》浮腫(ふしゅ)，水腫 形 edematous

edge ★ 名 エッジ，縁，輪郭

edit ★ 動 編集する 名 editing(編集)

edition 名(書籍などの)版

editorial 形 編集の 名 論説
例 editorial board(編集委員会)

educate 動 教育する

education ★ 名 教育

educational 形 教育的な，教育上の

EEG 略《臨床》脳波(electroencephalogram)

effect ★★	名 効果，作用 熟 effect of A on B(AのBに対する効果) 例 ceiling effect(天井効果)，first pass effect(初回通過効果)，side effect(副作用)，synergistic effect(相乗効果)
effective ★★	形 有効な，効果的な，効率的な 副 effectively 反 ineffective 例 50% effective dose(50%有効量；ED_{50})
effectiveness ★	名 有効性
effector ★	名 エフェクター，奏功器 例 effector T-cell(エフェクターT細胞)
efferent	形《解剖》遠心性の 対 afferent(求心性の)
efficacious	形 効果的な，有効性の高い
efficacy ★ ア	名 効力，有効性 類 availability, effectiveness, potency, validity
efficiency ★	名 効率
efficient ★	形 効率的な 副 efficiently
effluent	名 流出物，流出液，溶出物
efflux ★	名 流出，流出物 動 流出する 反 influx
effort ★	名 努力，労力，試み
effusion ★	名 ❶《症候》浸出 ❷浸出液
EFS	略《臨床》無病生存率(event-free survival)
e.g.	略 例えば 類 for example
EGF	略《生体物質》上皮成長因子(epidermal growth factor)
egg ★	名 卵，《発生》卵子 例 egg laying(産卵)，egg white(卵白)，egg yolk(卵黄)
egress	名 放出
ehrlichiosis	名《疾患》エーリキア症(人畜共通の新興感染症の一種)
EIA	略《実験》酵素免疫測定法(enzyme immunoassay) 類 ELISA
eicosanoid	名《生体物質》エイコサノイド(生理活性を有する炭素数20の不飽和脂肪酸関連物質の総称)
eIF	名《遺伝子》真核生物翻訳開始因子(eukaryotic initiation factor)
ejaculation	名《生理》射精 動 ejaculate(射精する)
eject	動 拍出する，駆出する

ejection ★	名 ❶放出 ❷(心臓の)駆出(くしゅつ), 拍出 例 ejection fraction([心臓の] 駆出率)
elaborate 発/発	動 ❶産生する, 同化する ❷詳述する(+on) 形 精巧な, 入念な
elaboration	名 同化作用, 生成, 合成
elapse	動 (時間が)経過する
elastase	名《酵素》エラスターゼ(ペプチド分解酵素)
elastic	形 弾力のある, 弾性の 例 elastic fiber(弾性線維)
elasticity	名 弾性, 弾力(性)
elastin	名《生体物質》エラスチン(弾性タンパク質)
elderly ★	名 高齢者 形 初老の 類 presenile(初老期の) 例 elderly patient(高齢患者)
elective	形 ❶選択の, 随意の ❷選挙の ❸《臨床》待期的な(根治的ではなく症状を緩和させるような)
electric ★ / **electrical**	形《物理》電気の, 電気的な 副 electrically 例 electric charge(電荷), electric conductivity(電気伝導度), electric field(電場), electric potential gradient(電位勾配), electrical resistance(電気抵抗), electrical stimulation(電気刺激)
electricity	名《物理》電気
electro- ★	接頭「電気」を表す
electrocardiogram	名《臨床》心電図 略 ECG
electrocardiography	名《臨床》心電図検査 形 electrocardiographic(心電図の)
electrochemical	形 電気化学的な
electrode ★	名《実験》電極
electroencephalogram	名《臨床》脳波 略 EEG
electroencephalography	名《臨床》脳波記録(法) 形 electroencephalographic(脳波の)
electrogenic	形 起電性の
electrogram	名《臨床》電位図
electrolyte ★	名《化学》電解質 例 electrolyte imbalance(電解質平衡異常)
electrolytic	形 電解質の 例 electrolytic solution(電解液)
electromagnetic	形 電磁の, 電磁気の 例 electromagnetic induction(電磁誘導)

electromotive 形 起電性の
例 electromotive force(起電力)

electron ★★ ア 名《物理》電子
例 electron capture(電子捕獲), electron density(電子密度), electron donor(電子供与体), electron impact spectroscopy(電子衝撃分光法), electron microscope(電子顕微鏡), electron-microscopy(電子顕微鏡法), electron spin resonance(電子スピン共鳴;ESR), electron transfer(電子移動), electron transition(電子遷移), electron transport(電子伝達), electron-withdrawing(電子吸引性), Auger electron(オージェ電子), lone electron pair(孤立電子対)

electronic ★ 形 電子の 副 electronically
例 electronic structure(電子構造)

electronics 名 電子工学,エレクトロニクス

electrophile 名《化学》求電子試薬,求電子剤 形 electrophilic(求電子性の) 対 nucleophile(求核剤)

electrophoresis ★ 名《実験》電気泳動(法)
例 paper electrophoresis(濾[ろ]紙電気泳動), polyacrylamide gel electrophoresis(ポリアクリルアミドゲル電気泳動;PAGE)

electrophoretic ★ 形 電気泳動の
例 electrophoretic mobility shift assay(電気泳動移動度シフト解析)

electrophysiological ★ **/ electrophysiologic** 形 電気生理学の,電気生理学的な 副 electrophysiologically

electrophysiology 名 電気生理学

electroporation 名《実験》電気穿孔(法),エレクトロポレーション(遺伝子導入法)

electroretinogram 名《臨床》網膜電図

electrospray 名《物理》エレクトロスプレー
例 electrospray ionization mass spectrometry(エレクトロスプレーイオン化質量分析)

electrostatic ★ 形 静電の,静電気的な
例 electrostatic capacitor(静電コンデンサ), electrostatic potential(静電ポテンシャル)

elegans ➡ *Caenorhabditis elegans*(線虫)

element ★★ 名 ❶元素 ❷要素，成分 ❸基本，要素
例 element-binding protein(配列結合タンパク質)

elemental 形《化学》元素の
例 elemental analysis(元素分析)

elementary 形 基本の，要素の
例 elementary reaction(素反応)

elevate ★★ 動 上昇させる

elevation ★ 名 ❶上昇 ❷高度

elicit ★ 動 誘発する 類 induce, evoke

elicitation 名 誘発

elicitor 名 誘発物，エリシター

eligibility 名 適格性 形 eligible(適格な)

eliminate ★ 動 除去する，排除する

elimination ★ 名 ❶除去，排除 ❷消失 ❸《化学》脱離(反応)

ELISA 略《実験》酵素結合免疫測定法(enzyme-linked immunosorbent assay)

elongate ★ 動 伸長する，延長させる

elongation ★ 名《細胞》(突起の)伸長，延長
例 elongation factor(伸長因子)

eluate 名《化学》溶出液(出てきた液体)

elucidate ★ 動 解明する

elucidation 名 解明 類 explanation, clarification

eluent 名《化学》溶離剤(溶出のために流す液体)

elusive 形 わかりにくい，とらえどころのない

elute 動 溶出させる

elution 名 溶出，溶離

emanate 動 発する，発散する，発出する

embed ★ 動 包埋(ほうまい)する，埋め込む 名 embedding(包埋)

embolic 形《疾患》塞栓性の
例 embolic stroke(塞栓性脳卒中)

embolism 名 塞栓症(そくせんしょう)
例 pulmonary embolism(肺塞栓症)

embolization 名 ❶塞栓形成 ❷《臨床》塞栓術(腫瘍治療法)

embolize 動 塞栓形成する

embolus 名《疾患》塞栓，栓子 複 emboli

embryo ★ 名 胚，胎芽，《動物》胎仔，《人類》胎児
例 embryo development(胚発生)，embryo sac(胚嚢)，embryo transfer(胚移植)

E

embryogenesis ★ 名 胚形成

embryoid 名《発生》胚様体
例 embryoid body(胚様体)

embryology 名 発生学

embryonal 形《発生》胚性(期)の，胎生期の
例 embryonal carcinoma(胚性癌)

embryonic ★ 形《発生》胚性の，胎児の
例 embryonic cell(胚細胞)，embryonic lethality(胚性致死)，embryonic stem cell(胚性幹細胞)

emerge ★ 動 出現する

emergence ★ 動 ❶出現 ❷《臨床》(麻酔からの)覚醒 ❸《植物》出芽

emergency ★ 名 緊急事態，非常時
例 emergency department(救急部)

emergent 形 緊急の，非常の

emesis 発 名《症候》嘔吐(おうと) 複 emeses 類 vomiting

emetic 形 嘔吐の

-emia ★ 接尾「血症」を表す
例 hypercholesterolemia(高コレステロール血症)，hypoglycemia(低血糖症)

emigration 名《細胞》遊出

eminence 名《解剖》隆起
例 median eminence(正中隆起)

emission ★ 名 放出，放射，排出
例 emission-computed tomography(放射型コンピュータ断層撮影法)

emit 動 放射する，放出する

emitter 名《物理》放射体，エミッター(粒子や電波を放出するもの)

emotion 名《生理》情動，感情

emotional ★ 形 情動の，感情の 副 emotionally

emphasis 名 強調，重点，力説
例 with an emphasis on(〜に重点を置いて)

emphasize ★ 動 強調する

emphysema 名《疾患》肺気腫(肺胞膜の破壊により空気が貯留した病態) 形 emphysematous

empirical ★ **/ empiric** 形 経験的な，実験的な 副 empirically
例 empirical formula(実験式)

employ ★ 動 ❶雇用する ❷利用する

employee ア	名 従業員，従事者　対 employer
employer	名 雇用主　対 employee
employment	名 ❶雇用　❷使用　反 unemployment(失業)
empty ★	形 空の　動 空にする
empyema	名《疾患》膿胸，蓄膿(特に胸腔での)
emulsify	動 乳化させる
emulsion	名《物理》乳濁液，エマルジョン
enable ★ 発	動 可能にする
ENaC	略《生体物質》上皮性ナトリウムチャネル(epithelial sodium channel)
enamel	名 エナメル，《解剖》エナメル質　形 エナメル質の
enantiomer	名《化学》鏡像(異性)体，対掌体，エナンチオマー 形 enantiomeric(鏡像異性の)
enantioselective	形 エナンチオ選択的な　名 enantioselectivity(エナンチオ選択性) 例 enantioselective synthesis(エナンチオ選択的合成)
encapsidation	名《ウイルス》カプシド形成　動 encapsidate(カプシド形成する)
encapsulate	動 カプセルに包む，被包する 例 encapsulated formulation(カプセル剤)
encapsulation	名 ❶《解剖》被包　❷封入，カプセル封入
encephal(o)- ★	接頭「脳」を表す
encephalitis ★	名《疾患》脳炎　派 encephalitogenic(脳炎惹起性の) 例 encephalitis virus(脳炎ウイルス)
encephalomyelitis	名《疾患》脳脊髄炎
encephalopathy ★	名《症候》脳症，脳障害　形 encephalopathic
encircle	動 取り囲む
enclose	動 ❶封入する，同封する　❷囲い込む
encode ★★	動 (遺伝情報として)コード化する，暗号化する　反 decode(解読する)　名 encoding(コード化)
encompass ★	動 包囲する
encounter ★	名 遭遇(そうぐう)　動 遭遇する
encourage	動 奨励する，励ます，勇気づける　反 discourage(落胆させる)
end ★★	名 ❶終わり　❷末端　❸目標　動 終了する，終わる 例 end plate(終板)，end product(最終産物)

E

end point / endpoint 名《臨床》終点，エンドポイント
例 clinical end point(臨床エンドポイント)，surrogate end point(代替エンドポイント)

end-diastolic 形《生理》(心臓)拡張終期の
例 end-diastolic pressure(拡張末期圧)，end-diastolic volume(拡張末期容量)

end-stage 形《臨床》末期の
例 end-stage liver disease(末期肝疾患)，end-stage renal disease(末期腎疾患)

end-systolic 形《生理》(心臓)収縮末期の
例 end-systolic volume(収縮末期容量)

end-tidal 形《生理》終末呼気の
例 end-tidal carbon dioxide pressure(終末呼気の二酸化炭素分圧)

endarterectomy 名《臨床》動脈内膜切除(術)(動脈アテロームを除去する手術)

endemic ★ 形 固有の，地方の，風土性の
例 endemic disease(風土病)

endo- ★★ 接頭「内，体内」を表す 反 exo-

endobronchial 形《解剖》気管支内の

endocannabinoid 名《生体物質》内在性カンナビノイド(体内にあるカンナビノイド受容体刺激物質)

endocardial 形《解剖》心内膜(性)の 名 endocardium
例 endocardial cushion(心内膜床)

endocarditis ★ 名《疾患》心内膜炎

endocardium 名《解剖》心内膜 形 endocardial

endocervical 形《解剖》子宮頸管内の

endocrine ★ 形《生理》内分泌の(ホルモンなど血液への分泌) 反 exocrine(外分泌の)
例 endocrine system(内分泌系)

endocrinology 名 内分泌学

endocytosis ★ 名《細胞》エンドサイトーシス，飲食運動 形 endocytic

endoderm 名《発生》内胚葉 形 endodermal 対 mesoderm(中胚葉)，ectoderm(外胚葉)

endogenous ★★ ア 形 内在性の 副 endogenously
例 endogenous opioid(内因性オピオイド)，endogenous retrovirus(内在性レトロウイルス)

endoglycosidase 名《酵素》エンドグリコシダーゼ(糖鎖を内部で切断する酵素)

endometrial 形《解剖》子宮内膜の
例 endometrial cancer(子宮内膜癌)

endometriosis 名《疾患》子宮内膜症

endometrium 名《解剖》子宮内膜

endomyocardial 形《解剖》心内膜心筋の
例 endomyocardial biopsy(心筋生検)

endonuclease ★ 名《酵素》エンドヌクレアーゼ(ポリヌクレオチド内部加水分解酵素)

endonucleolytic 形 ヌクレオチド鎖切断の

endopeptidase 名《酵素》エンドペプチダーゼ(ペプチド鎖のペプチド結合を加水分解する酵素の総称)

endophthalmitis 名《疾患》眼内炎

endoplasmic 形《細胞》内質の，小胞体の
例 endoplasmic reticulum(小胞体；ER)

ENDOR 略《物理》電子核二重共鳴(electron nuclear double resonance)

endoribonuclease 名《酵素》エンドリボヌクレアーゼ(RNAを内部で切断する酵素)

endorphin 名《生体物質》エンドルフィン(POMC由来長鎖オピオイドペプチド)
例 β-endorphine(βエンドルフィン)

endoscope 名《臨床》内視鏡

endoscopy 名《臨床》内視鏡検査 形 endoscopic

endosome ★ 名《細胞》エンドソーム(エンドサイトーシスで形成されるリソソームへの運搬小胞) 形 endosomal

endosperm 名《植物》胚乳，内胚乳

endothelial ★★ 形《解剖》(血管)内皮の
例 endothelial cell(血管内皮細胞)，endothelial growth factor(内皮増殖因子)，endothelial nitric oxide synthase(内皮型一酸化窒素合成酵素；eNOS)

endothelin 名《生体物質》エンドセリン(内皮由来血管収縮ペプチド)

endothelium ★ 名《解剖》内皮 複 endothelia
例 vascular endothelium(血管内皮)

endotoxemia 名《疾患》内毒血症

endotoxin ★ 名《生体物質》エンドトキシン(細菌が産生する内毒素)
形 endotoxic

E

endotracheal 形《臨床》気管内の
例 endotracheal intubation(気管内挿管), endotracheal tube(気管内チューブ)

endovascular 形《臨床》血管内の
例 endovascular repair(血管内治療=ステントによる修復)

endow 動 ❶賦与する ❷寄付する 名 endowment

endplate 名《解剖》終板(= lamina terminalis)
例 endplate potential(終板電位)

endurance 名 耐久性, 持久力

endure 動 耐える

enema 発 名《臨床》浣腸(かんちょう)

energetic ★ 形 エネルギー(性)の, エネルギー的な 副 energetically
例 energetic barrier(エネルギー障壁)

energy ★★ 発 名《物理》エネルギー
例 energy balance(エネルギー収支[平衡]), energy expenditure(エネルギー支出), energy homeostasis(エネルギー恒常性), energy level(エネルギー準位), energy metabolism(エネルギー代謝), energy transfer(エネルギー移動), energy transduction(エネルギー変換), high-energy(高エネルギーの)

enforce 動 ❶強制する, 執行する ❷実行する

engage ★ 動 ❶従事する, 関与する ❷会合する, 結合する

engagement ★ 名 ❶関与, 約束 ❷《生化学》会合(高分子タンパク質同士の)

engender 動 生ずる, 生み出す, 発生させる

engine 名《機械》エンジン
例 search engine(《コンピュータ》検索エンジン)

engineer ★ 名 技師, エンジニア 動 ❶《遺伝子》操作する ❷設計する
例 genetically engineered(遺伝子改変の)

engineering ★ 名 工学

engraft 動 移植する, 生着する

engraftment ★ 名《臨床》移植

engulf 動《細胞》貪食する, 飲み込む

engulfment 名《細胞》貪食

enhance ★★ 動 増強する, 亢進する

enhancement ★ 名 増強, 亢進(こうしん) 類 acceleration, augmentation, potentiation

enhancer ★ 名《遺伝子》エンハンサー，転写促進因子
例 enhancer element(エンハンサーエレメント)

enigmatic 形 謎の

enkephalin 名《生体物質》エンケファリン(オピオイドペンタペプチド)
例 Leu-enkephalin(ロイシンエンケファリン), Met-enkephalin(メチオニンエンケファリン)

enlarge ★ 動 拡大する，拡張する

enlargement ★ 名 拡大，拡張

enolase 名《酵素》エノラーゼ(解糖系酵素)

enormous 形 莫大な 副 enormously

eNOS 略《酵素》内皮型一酸化窒素合成酵素(endothelial nitric oxide synthase)

enrich ★ 動 成分を濃縮する

enrichment ★ 名 濃縮

enroll ★ 動 登録する，記載する

enrollment 名 登録，登録数

ensemble ★ 発 名 アンサンブル，調和，集合

ensue 動 後に続く，結果として起こる

ensure ★ 動 保証する，確実にする

entail 動 必要とする，(必然的に)伴う

enter ★ 動 入る，進入する

enter(o)- ★ 接頭「腸」を表す

enteral 形《臨床》経腸の，経腸的な
例 enteral feeding(経腸栄養)

enteric ★ 形《解剖》腸内の，腸管の
例 enteric bacteria(腸内細菌)

enteritis 名《疾患》腸炎，小腸炎 派 gastroenteritis(胃腸炎)

Enterococcus 名《生物》腸球菌(グラム陽性連鎖球菌の一属) 複 enterococci 形 enterococcal
例 *Enterococcus faecalis*(フェカリス菌=腸内常在性乳酸菌の一種)

enterocolitis 名《疾患》腸炎，小腸結腸炎，全腸炎
例 necrotizing enterocolitis(壊死性腸炎)

enterocyte 名《解剖》腸細胞

enterohemorrhagic 形《疾患》腸管出血性の
例 enterohemorrhagic *Escherichia coli* O157(腸管出血性大腸菌O157)

enterohepatic 形《解剖》腸と肝臓の間での
例 enterohepatic circulation(腸肝循環)

enteropathogenic 形 腸管病原性の，腸病原性の
例 enteropathogenic *Escherichia coli*（腸管病原性大腸菌；EPEC）

enteropathy 名《疾患》腸疾患

enterotoxin 名《生体物質》エンテロトキシン（食中毒を起こす細菌毒素） 形 enterotoxigenic（腸内毒素原性の）

enterovirus 名《病原体》エンテロウイルス（消化管で増殖するピコルナウイルスの一属） 形 enteroviral

enthalpy 名《物理》エンタルピー（熱関数）

entire ★ 形 全体の，全面的な 副 entirely

entity ★ 名 実体

entorhinal 形《解剖》嗅内（きゅうない）の
例 entorhinal cortex（嗅内皮質）

entrain 動 同調させる，同期させる

entrainment 名《生理》同調化，同期

entrance 名 ❶入口 ❷入場 類 entry 反 exit

entrap 動 捕捉する，包括する，封入する

entrapment 名 捕捉，封入，包括，包括法

entropy 名《物理》エントロピー（熱力学的状態量）

entry ★ 名 ❶流入，侵入 ❷入口 ❸参加，登録

enucleation 名 ❶核摘出，除核，脱核 ❷《臨床》眼球除去 形 enucleated（除核された）

enumerate 動 列挙する，数え上げる

envelop 動 包む，覆う

envelope ★ 名 ❶外被（ウイルスの膜構造），包膜，エンベロープ ❷封筒
例 envelope glycoprotein（外被糖タンパク質），nuclear envelope（核膜）

envenomation 名《生物》毒物注入

environment ★ 名 環境

environmental ★ 形 環境の 副 environmentally（環境的に）
例 environmental conservation（環境保全），environmental contamination（環境汚染），environmental engineering（環境工学），environmental impact assessment（環境影響評価），environmental standard（環境基準）

envision 動 心に描く，直面する

enzymatic ★ 形 酵素の，酵素的な
例 enzymatic reaction（酵素反応）

enzyme ★★ 名《生化学》酵素
例 enzyme immunoassay(酵素免疫測定), enzyme immunosorbent assay(酵素免疫測定法), enzyme induction(酵素誘導), enzyme inhibitor(酵素阻害薬), enzyme-linked immunosorbent assay(酵素結合免疫吸着測定；ELISA), enzyme substrate(酵素基質), rate-limiting enzyme(律速酵素)

enzymology 名 酵素学

eosinophil ★ ア 名《細胞》好酸球 形 eosinophilic(好酸球性)

eosinophilia 名《疾患》好酸球増多(症)

epiblast 名《発生》胚盤葉上層，エピブラスト

epicardium 名《解剖》心外膜 形 epicardial

epidemic ★ 形 流行性の，伝染性の 名 伝染病 類 infectious, contagious
例 epidemic hemorrhagic fever(流行性出血熱), epidemic parotitis(流行性耳下腺炎), epidemic typhus(発疹チフス)

epidemiological / epidemiologic 形 疫学的な，疫学上の 副 epidemiologically
例 epidemiological study(疫学調査)

epidemiology ★ 名《臨床》疫学(えきがく)

epidermal ★ 形《解剖》上皮性の
例 epidermal growth factor(上皮成長因子；EGF), epidermal keratinocyte(表皮角化細胞)

epidermis ★ 名《解剖》表皮，上皮

epidermolysis 名《疾患》表皮溶解，表皮融解
例 epidermolysis bullosa(表皮水疱症)

epididymis 名《解剖》精巣上体，副睾丸 形 epididymal

epidural 形《解剖》硬膜外の
例 epidural anesthesia(硬膜外麻酔), epidural blood patch(硬膜外血液パッチ)

epigenetic ★ 形《遺伝子》後成的な，エピジェネティックな(DNAメチル化修飾などによる発生上での遺伝子機能変化を指す)

epilepsy ★ ア 名《疾患》癲癇(てんかん) 形 epileptic
例 absence epilepsy(欠神てんかん), generalized epilepsy(全般てんかん), myoclonic epilepsy(ミオクローヌス性てんかん)

epileptogenesis 名《症候》てんかん発作 形 epileptogenic(てんかん発作性の)

epimerase 名《酵素》エピメラーゼ，エピマー変換酵素

E

epinephrine 名《生体物質》エピネフリン(昇圧薬として用いるアドレナリンの別名) 類 adrenaline(アドレナリン)

episode ★ 名《疾患》エピソード(慢性疾患の経過中に起こる一過性の増悪現象), 発作
例 depressive episode(うつ病エピソード)

episome 名《遺伝子》エピソーム(宿主の染色体に入り込むプラスミド), 遺伝子副体 形 episomal

epistasis 名《遺伝》エピスタシス(異なった座にある遺伝子間の非相加的交互作用のこと) 形 epistatic(エピスタシスの)
例 genetic epistasis(遺伝的エピスタシス)

epithelia 名《解剖》(複数扱い)上皮 単 epithelium

epithelial ★★ 形 上皮(性)の
例 epithelial cell(上皮細胞), epithelial ovarian cancer(卵巣上皮癌)

epithelialization 名 上皮化

epithelium ★ 名《解剖》上皮 複 epithelia

epitope ★ 名《免疫》エピトープ(TまたはB細胞受容体と結合する抗原の部位), 抗原決定基 形 epitopic 類 antigenic determinant(抗原決定基)
例 epitope-tagged(エピトープで標識した)

epizootic 形《疾患》家畜流行性の

EPO 略《生体物質》エリスロポエチン(erythropoietin)

epoxidation 名《化学》エポキシ化

epoxide 名《化合物》エポキシド(三員環に酸素原子を含むエーテル)

EPR 略《物理》電子常磁性共鳴(electron paramagnetic resonance)

EPSP 略《生理》興奮性シナプス後電位(excitatory postsynaptic potential) 対 IPSP(抑制性シナプス後電位)

Epstein-Barr virus 名《病原体》エプスタイン・バーウイルス, EBウイルス(DNA腫瘍ウイルス)

equal ★ 形 等しい(+to), 相当する, 匹敵する, 同等の 副 equally

equation ★ 名《数学》式, 方程式,《化学》反応式 類 formula
例 differential equation(微分方程式), thermochemical equation(熱力学式)

equatorial 形 ❶赤道の ❷《化学》エクアトリアルな(水平に延びた立体配座) 対 axial(《化学》アキシャルな)
例 equatorial bond(エクアトリアル結合)

equilibrate 動 平衡化する，平衡にする

equilibration 名 平衡化

equilibrium ★ 発 名 平衡(へいこう) 複 equilibria
例 equilibrium constant(平衡定数)，equilibrium dialysis(平衡透析)

equimolar 形《化学》等モルの

equine 形《動物》ウマの 名 horse
例 equine encephalitis(馬脳炎)

equip 動 備える，装備する

equipment 名 (複数形にならない不可算名詞)設備 類 facilities

equipotent 形 等効力の，等力の

equivalence 名 同等性

equivalent ★ 形 等価な(+to)，対応する 名 相当するもの，《化学》当量 副 equivalently
例 dose equivalent(線量当量)，equivalent circuit(等価回路)

equivocal 形 多義的な，疑わしい，不確かな

ER ★ 略《細胞》小胞体(endoplasmic reticulum)
例 ER stress(小胞体ストレス)

era ★ 名 年代，時代 類 age，time，period，generation

eradicate 動 根絶する

eradication 名 根絶

erectile 形《生理》勃起の
例 erectile dysfunction(勃起不全)

erection 名《生理》勃起(ぼっき)

-ergic 接尾「作動性」を表す
例 adrenergic(アドレナリン作動性の)，cholinergic(コリン作動性の)，dopaminergic(ドーパミン作動性の)，peptidergic(ペプチド作動性の)，serotonergic(セロトニン作動性の)

ergot 名《生物》麦角(ばっかく＝植物の穂に寄生する子嚢菌の一種)
例 ergot alkaloid(麦角アルカロイド)

ERK 略《酵素》細胞外シグナル制御キナーゼ(extracellular signal-regulated kinase)

erode 動 侵食する，腐食する

erosion 名 ❶侵食，腐食 ❷《疾患》糜爛(びらん) 形 erosive
例 gastric erosion(胃粘膜びらん)

erroneous 形 誤った，間違った

error ★ 名 ❶《統計》エラー，誤差 ❷誤り，間違い
例 error-prone PCR(誤りがちなPCR反応)，experimental error(実験誤差)，standard error of the mean(平均値の標準誤差；SEM)

eruption 名 ❶噴出，噴出物 ❷《疾患》皮疹，発疹 ❸《歯科》萌出 ❹《植物》萌生 ❺《地学》噴火
例 drug eruption(薬疹)，vesicular eruption(小水疱性皮疹)，volcanic eruption(火山噴火)

erythema 名《症候》紅斑，紅斑症
例 erythema nodosum(結節性紅斑)

erythematosus ★ 発 名《疾患》エリテマトーデス(膠原病を代表する慢性の全身炎症性疾患)
例 lupus erythematosus(ループス，紅斑性狼瘡)

erythematous 形 紅斑性の

erythroblast 名《細胞》赤芽球(せきがきゅう)

erythrocyte ★ 名《細胞》赤血球 形 erythrocytic 類 red blood cell(赤血球；RBC)
例 erythrocyte sedimentation rate(赤血球沈降速度)

erythrocytosis 名《疾患》赤血球増多(症)

erythroid ★ 形 赤血球(系)の
例 erythroid progenitor(赤血球前駆細胞)

erythroleukemia 名《疾患》赤白血病(赤芽球の腫瘍化を伴う急性骨髄性白血病)

erythromycin 名《化合物》エリスロマイシン(マクロライド系抗生物質)

erythropoiesis 名《生理》赤血球形成 形 erythropoietic(赤血球新生の)

erythropoietin 名《生体物質》エリスロポエチン(腎臓由来の赤血球産生促進ホルモン) 略 EPO

ES cell 略《発生》胚性幹細胞(embryonic stem cell)

escalate 動(段階的に)増大する，エスカレートする

escalation 名(段階的な)増大

escape ★ 名 ❶逃避，回避 ❷エスケープ(ある生理作用や薬効が適応によって消失する現象を指す) 動 逸脱する，免れる 類 avoid
例 tumor escape(腫瘍エスケープ)

Escherichia coli ★ 学《生物》大腸菌 略 *E. coli*

esophageal ★ 形《解剖》食道の
例 esophageal adenocarcinoma(食道腺癌)，esophageal stricture(食道狭窄)，esophageal varices(食道静脈瘤)

esophagitis 名《疾患》食道炎

esophagus ★ 名《解剖》食道 形 esophageal

especially ★ 副 特に

ESR 略《物理》電子スピン共鳴(electron spin resonance)

ESRD 略《疾患》末期腎不全(end-stage kidney disease)

essential ★★ 形 ❶必須な(+for), 重要な ❷基本的な, 本質的な ❸《疾患》本態性の 副 essentially(本質的に) 類 indispensable, prerequisite
例 essential amino acid(必須アミノ酸), essential fatty acid(必須脂肪酸), essential hypertension(本態性高血圧症), essential thrombocythemia(原発性血小板血症)

EST 略《遺伝子》 発現遺伝子配列断片(expressed sequence tag)

establish ★★ 動 樹立する, 確立する

establishment ★ 名 ❶確立, 設立 ❷施設 ❸体制
例 the Establishment(支配層)

ester ★ 名《化学》エステル(アルコールと酸の縮合物)

esterase 名《酵素》エステラーゼ, エステル加水分解酵素

esterification 名《化学》エステル化

estimate ★★ 発/発 名 見積額, 推定, 見込み 動 見積もる, 推定する, 評価する

estimation 名 見積もり, 推計

estimator 名 ❶評価者 ❷《数学》推定量

estradiol 名《化合物》エストラジオール(天然エストロゲンの代表活性物)

estrogen ★ **/ oestrogen** 名 エストロゲン(女性ホルモン様作用をもつ物質の総称), 女性ホルモン, 卵胞ホルモン 形 estrogenic(エストロゲンの)
例 estrogen preparation(エストロゲン製剤), estrogen receptor(エストロゲン受容体), estrogen replacement therapy(エストロゲン補充療法)

estrous 形 発情(期)の

et al. 略 (人間に用いて)～他(= and others)

etc 略 ～など 類 and so on

ethanol ★ 発 名《化合物》エタノール(炭素数2のアルコール)

E

ether 発　名《化合物》エーテル(酸素原子が2つのアルキル基を結合した化合物群)
例 diethyl ether(ジエチルエーテル), human ether-a-go-go-related gene(ヒト遅延整流性カリウムイオンチャネル遺伝子；HERG)

ethical　形 倫理上の

ethics 発　名 倫理学, 倫理　派 bioethics(生命倫理)

ethnic　形 民族的な, 民族(性)の　副 ethnically
例 ethnic group(人種)

ethnicity　名 民族性

ethyl　名《化学》エチル
例 ethyl group(エチル基)

ethylene 発　名《化合物》エチレン(炭素数2で二重結合をもつ不飽和炭化水素)
例 ethylene glycol(エチレングリコール)

etiologic / etiological　形 ❶病因論の　❷病原性の
例 etiologic agent(病原体)

etiology ★ **/ aetiology**　名 ❶病因学　❷病原

etoposide　名《化合物》エトポシド(抗悪性腫瘍作用のあるトポイソメラーゼII阻害薬)

eubacteria　名《生物》(複数扱い)真正細菌　形 eubacterial(真正細菌の)

eucaryote　➡ eukaryote(真核生物)

eucaryotic　➡ eukaryotic(真核生物の)

euchromatin　名《細胞》真性染色質, ユークロマチン(細胞分裂時にのみ凝集する部分の染色体)　形 euchromatic

euglycemia　名《症候》正常血糖　形 euglycemic(正常血糖性の)

eukaryote ★ **/ 英 eucaryote** 発　名《生物》真核生物　対 prokaryote(原核生物)

eukaryotic ★ **/ 英 eucaryotic**　形 真核生物の
例 eukaryotic cell(真核細胞), eukaryotic organism(真核生物), eukaryotic translation initiation factor(真核細胞翻訳開始因子)

euthanasia 発　名《臨床》安楽死　動 euthanize(安楽死させる)

evade　動 逃れる

evaluable　形 評価可能な

evaluate ★★　動 評価する

evaluation ★　名 評価　類 assessment, valuation

evanescent 形《物理》エバネッセント(反射面の近傍に電磁波が浸透する現象を指して), 消衰していく
例 evanescent field(エバネッセント場), evanescent wave(エバネッセント光)

evaporate 動 蒸発する

evaporation 名《化学》蒸発 派 evaporator(蒸発乾固装置)

evasion 名 回避, 逃避

even 形 ❶平らな ❷《数学》偶数の 副 〜でさえ 副 evenly(均等に) 熟 even if(たとえ〜であるにしても), even though(〜であるにもかかわらず)

event ★★ 名 ❶事象, 出来事, イベント ❷《臨床》発症
例 event-free survival(無発症生存率)

eventual 形 最終的な, 究極の 副 eventually

evidence ★★ 名(複数形にならない不可算名詞)証拠, 根拠 動 証明する
例 provide direct evidence for the significance of (〜の意義に関する直接の証拠を提供する)

evident ★ 形 明らかな, 明白な 副 evidently 類 apparent, clear, obvious, pronounced, unequivocal

evoke ★ 動 誘起する, 惹起(じゃっき)する
例 evoked potential(誘発電位)

evolution ★ 名《生物》進化

evolutionary ★ 形 進化における, 進化上の 副 evolutionarily
例 evolutionary conservation(進化的保存), evolutionary divergence(進化上の分岐), evolutionary history(進化史), evolutionary process(進化過程)

evolve ★ 動 進化する

Ewing's sarcoma 名《疾患》ユーイング肉腫(原発性悪性骨腫瘍)

exacerbate ★ 動 増悪する, 悪化させる

exacerbation 名《症候》増悪(ぞうあく), 悪化

exact ★ 形 正確な, 的確な 副 exactly
例 exact test(直接確率法)

exaggerate 動 誇張する, (病気を)悪化させる

examination ★ 名 検査, 試験 類 inspection, test
例 histological examination(組織学的検査), oral examination(口頭試問), physical examination(理学的検査)

examine ★★ 動 検査する, 試験する, 調べる

examiner 名 試験者

example ★ 名 例，見本 熟 for example（例えば；e.g.）
例 relevant examples（関連する実例）

exanthem 名《症候》発疹（ほっしん） 形 exanthematous（発疹性の）

exceed ★ 動 超える，上回る

exceeding 形 異例の，非常な 副 exceedingly

excellent ★ 形 優秀な，優れた

except ★ 前（～を）除いて 熟 except for（～以外は），except that（～であること以外は）

exception ★ 名 例外

exceptional 形 例外の，例外的な 副 exceptionally

excess ★ 名 過剰，超過 熟 in excess of（～を上回って）
例 excess mortality（超過死亡）

excessive ★ 形 過剰な 副 excessively

exchange ★ 名 交換 動 交換する
例 exchange reaction（交換反応）

exchangeable 形 交換可能な，交換できる

exchanger 名 交換体（物質交換を媒介するもの）
例 cation exchanger（陽イオン交換体），sodium-calcium exchanger（ナトリウム・カルシウム交換輸送体；NCX）

excimer 名《物理》エキシマ（励起二量体）
例 excimer laser（エキシマレーザー）

excise 動 摘出する，切除する

excision ★ 名 ❶除去 ❷《臨床》切除（術），摘出 形 excisional
例 nucleotide excision repair（ヌクレオチド除去修復），tumor excision（腫瘍切除術）

excitability ★ 名《生理》興奮性

excitable 形 易興奮性の

excitation ★ 名 ❶《生理》興奮 ❷《物理》励起（れいき）
例 excitation-contraction coupling（興奮収縮連関），excitation wavelength（励起波長）

excitatory ★ 形 興奮性の 反 inhibitory（抑制性の）
例 excitatory amino acid（興奮性アミノ酸），excitatory neuron（興奮性ニューロン），excitatory postsynaptic potential（興奮性シナプス後電位；EPSP）

excite ★ 動 ❶《生理》興奮させる ❷《物理》励起させる
例 excited state（励起状態）

excitement 名《生理》興奮（状態）

exciton 名《物理》励起子

excitotoxicity 名《生理》興奮毒性 形 excitotoxic（興奮毒性の）

exclude ★	動 排除する，除外する
exclusion ★	名 排除，除外 反 inclusion(包括) 例 exclusion chromatography(排除クロマトグラフィ), exclusion principle(排他律)
exclusive	形 排他的な 副 exclusively(排他的に，もっぱら)
excrete	動 排泄する，排出する
excretion ★	名《生理》排泄，排出 類 secretion(分泌) 例 urinary excretion(尿中排泄)
excretory	形 排泄性の
excursion	名 ❶《物理》可動域 ❷観光旅行
execute	動 実行する，遂行する，行う
execution	名 実行
executive	形 ❶実行上の ❷行政の 名 管理職，経営者 例 executive function(実行機能)
exemplify	動 例証する
exercise ★	名 運動，演習 動 運動する 例 exercise-induced asthma(運動誘発喘息), exercise tolerance(運動耐容能)
exert ★	動 発揮する，及ぼす
exertion	名 ❶発揮 ❷《生理》労作(ろうさ)
exertional	形 労作性の 類 exercise-induced 例 exertional dyspnea(労作時呼吸困難)
exhalation	名《生理》呼息(こそく) 対 inhalation(吸息)
exhale	動 ❶発散させる，吐き出す ❷呼息する
exhaust	動 消耗させる，疲労困憊させる
exhaustion 発	名 消耗，疲労困憊(ひろうこんぱい) 類 fatigue, consumption
exhaustive	形 ❶消耗性の ❷徹底的な
exhibit ★★	動 ❶(徴候を)示す ❷展示する 名 展示会
exist ★	動 存在する，実在する，ある 形 existing(現存する)
existence ★	名 存在
exit ★	名 出口 動 出る 反 entrance(入口)
exo- ★★	接頭「外，体外」を表す 反 endo-
exocrine	形《生理》外分泌の(消化管や皮膚など体外への分泌) 対 endocrine(内分泌の)
exocyclic	形《化学》環外の 例 exocyclic amino group(環外アミノ基)
exocytic	形 細胞外への 反 endocytic(細胞内への)

exocytosis ★ 名《細胞》エキソサイトーシス，開口分泌 形 exocytotic 対 endocytosis(エンドサイトーシス)

exoenzyme 名 細胞外酵素

exogenous ★ 形 外来性の 副 exogenously 反 endogenous(内在性の)

exon ★ 名《遺伝子》エキソン(mRNAの塩基配列をコードするDNAの構造配列) 形 exonic 対 intron(イントロン)

exonuclease 名《酵素》エキソヌクレアーゼ，ポリヌクレオチド末端加水分解酵素 対 endonuclease

exopolysaccharide 名《生体物質》エキソポリサッカライド，菌体外多糖

exosite 名 エキソサイト(薬物作用に関係しない受容体・リガンド結合部位) 対 active site(活性部位)

exosome 名《細胞》エキソソーム(mRNA分解に関係する細胞質の分泌性小胞)

exothermic 形《化学》発熱性の
例 exothermic reaction(発熱反応)

exotic 形 ❶《生物》外来性の ❷新奇な，エキゾチックな

exotoxin 名《生体物質》菌体外毒素

expand ★ 動 拡大する，膨張する，伸長する

expansion ★ 名 ❶拡大，伸長 ❷《物理》膨張 ❸《細胞》増殖 ❹《数学》展開(式)
例 clonal expansion(クローン増殖)，linear expansion(線膨張)

expect ★ 動 期待する，見込む，予想する

expectancy 名 予期，期待

expectation 名 見込み，予想 類 prospect

expedite 動 促進する

expel 動 排出する

expenditure 名 (expenseより正式)支出，消費 類 expense
例 energy expenditure(エネルギー支出)

expense 名 ❶出費，費用 ❷犠牲 類 expenditure
例 research expense(研究費)

expensive 形 高価な 反 inexpensive(安価な)

experience ★ 名 経験，体験 動 経験する

experiment ★★ 名 実験 動 実験する
例 number of experiment(例数)

experimental ★★ 形 実験上の，実験的な 副 experimentally
例 experimental animal(実験動物)，experimental condition(実験条件)，experimental error(実験誤差)，experimental result(実験結果)

experimentation 名 実験方法，実験法

expert 名 専門家，エキスパート

expertise 発 名 専門的意見，専門知識

expiration 名 ❶《生理》呼気 ❷(期間などの)満了，失効 類 exhalation(呼息) 反 inspiration(吸気)

expiratory 形《生理》呼気(性)の

expire 動 ❶《生理》息を吐く ❷有効期限が切れる

explain ★ 動 説明する

explanation ★ 名 説明(+for)

explant ★ 名 体外移植組織，外植片(培養液で維持されている移植片)

explicit 形 明示的な，明確な 副 explicitly

exploit ★ 動 ❶開拓する ❷活用する

exploitation 名 ❶開拓，開発 ❷活用，利用

exploration 名 探索，審査

exploratory 形 探索(性)の
例 exploratory behavior(探索行動)

explore ★ 動 探索する，調査する，探究する

explosion 名 爆発，破裂

explosive 形 爆発性の，爆発的な 名 爆発物

exponent 名《数学》指数(部)

exponential ★ 形《数学》指数関数的な 名 指数関数 副 exponentially
例 exponential function(指数関数)，exponential phase(対数期)

export ★ 発/発 名 輸出，搬出 動 輸出する 反 import(輸入)

expose ★ 動 さらす，曝露する(+to)

exposure ★★ 名 ❶曝露(+to) ❷《写真》露出，露光 ❸《放射線》被曝
例 chronic exposure to(～への慢性曝露)，occupational exposure(職業被曝)

express ★★ 動 発現する，表現する，表す
例 expressing cell(発現細胞)，express foreign genes(外来性遺伝子を発現する)，expressed sequence tag(発現遺伝子配列断片；EST)

expression ★★ 名 ❶《遺伝子》発現 ❷表現
例 expression pattern(発現パターン), expression profile(発現プロファイル), expression vector(発現ベクター)

expulsion 名 駆除, 追放, 駆逐
例 parasite expulsion(寄生虫駆除)

exquisite 形 精巧な, 絶妙な 副 exquisitely

extant 形 現存の, 実存の

extend ★ 動 伸展する, 拡大する

extension ★ 名 伸展, 拡大
例 extension reflex(伸展反射)

extensive ★ 形 ❶広範な, 大規模な ❷《化学》示量性の 副 extensively 反 intensive(集中的な)
例 extensive metabolizer(高代謝群)

extensor 名《解剖》伸筋
例 extensor plantar response(伸展性足底反応)

extent ★ 名 限度, 程度 類 degree
例 to a similar extent(似たような程度まで), to some extent(ある程度)

exterior 形 外面の, 外部の 反 interior(内面の)

external ★ 形 外部の 副 externally 反 internal
例 external surface(外表面)

extinct 動 ❶《生物》絶滅した ❷消衰した

extinction 名 ❶消去, 消衰 ❷吸光, 消光 ❸《生物》絶滅
例 molar extinction coefficient(モル吸光係数)

extinguish 動 ❶消す, 消光する ❷失わせる ❸《生物》絶滅させる

extra- ★★ 接頭「外部, 外」を表す 反 intra-

extracellular ★★ 形 細胞外の 副 extracellularly 反 intracellular(細胞内の)
例 extracellular domain(細胞外領域), extracellular matrix(細胞外基質), extracellular signal-regulated kinase(細胞外シグナル制御キナーゼ；ERK), extracellular space(細胞外間隙)

extrachromosomal 形《遺伝》染色体外の

extracorporeal 形 体外の

extract ★ 発/発 動 抽出する(+from) 名 抽出液(エキス)

extractable 形 抽出可能な

extraction ★ 名 ❶《化学》抽出(法) ❷《臨床》摘出(術)
例 solid-phase extraction(固相抽出法), cataract extraction(白内障摘出術)

extrahepatic 形《解剖》肝臓外の
例 extrahepatic biliary obstruction(肝外胆管閉塞)

extraocular 形《解剖》外眼性の
例 extraocular muscle(外眼筋)

extraordinary 発 形 異常な, 極端な 副 extraordinarily

extrapolate 動《数学》外挿する 反 interpolate(内挿する)

extrapolation 名 ❶《数学》外挿(がいそう), 補外 ❷推定 反 interpolation(内挿)

extrapyramidal 形《解剖》錐体外路性の
例 extrapyramidal symptom(錐体外路症状)

extrasynaptic 形《解剖》シナプス外の
例 extrasynaptic receptor(シナプス外受容体)

extravasation 名《生理》血管外遊走, 血管外漏出
例 leukocyte extravasation(白血球血管外遊走), plasma extravasation(血漿漏出)

extravascular 形 血管外の

extreme ★ 形 極度の, 極端な 副 extremely

extremities 名《解剖》(複数扱い)四肢

extrinsic 形 外因性の 反 intrinsic(内因性の)

extrude 動 突出する, 押し出す, 追放する, 追い出す

extrusion 名 ❶追放, 放出 ❷突出 ❸《歯科》挺出歯(ていしゅつし)

extubation 名《臨床》抜管(ばっかん)

exudate 名 浸出液, 浸出物

exudative 発 形 浸出性の

ex vivo ★ ラ《臨床》生体外の[で], エキソビボの[で]
例 *ex vivo* gene therapy(生体外遺伝子治療)

eye ★ 名《解剖》眼
例 eye disease(眼疾患), eye movement(眼球運動)

eyeblink 名《生理》瞬目(しゅんもく)
例 eyeblink conditioning(瞬目反射)

eyelid 名《解剖》眼瞼(がんけん), 目蓋(まぶた)

E

F

F ★ [略] ❶《元素》フッ素(fluorine) ❷《アミノ酸》フェニルアラニン(phenylalanine) ❸《物理》(電気容量単位)ファラッド(farad)

Fab fragment [名]《免疫》抗原結合性フラグメント(免疫グロブリン断片)

fabricate [動] 製作する，作る

fabrication [名] ❶製作 ❷(精神医学)作話

face ★ [名] ❶顔 ❷表面，面 [動] 直面する

facet [名] ❶小面，面 ❷《生物》個眼(昆虫の複眼のうちの一つの眼)

facial ★ [形] 顔面の

facile [発] [形] 容易な

facilitate ★ [動] 促進する，亢進する

facilitation [名] ❶促進，亢進 ❷《生理》促通(そくつう) [類] acceleration

facility [名] ❶施設，設備 ❷能力

FACS [略]《実験》蛍光標示式細胞分取器(fluorescence-activated cell sorter)

fact ★ [名] 事実，実態 [熟] in fact(実際は)

factor ★★ [名] ❶因子 ❷要素 ❸《数学》因数
[例] factor analysis(因子分析)，factor V([血液凝固]第V因子)，factor Va(活性化第V因子)，nerve growth factor(神経成長因子；NGF)，risk factor(危険因子)

factorial [形] 要因の

factory [名] 工場

facultative [形] ❶《生物》通性の(複数の環境で生育できるような交代経路をもつ)，任意の ❷偶発性の [対] obligate(偏性の)
[例] facultative anaerobe(通性嫌気性菌)，facultative heterochromatin(任意異質染色質)

faculty [名] ❶学部 ❷教授陣
[例] faculty meeting(教授会)，faculty of science(理学部)

FAD [略] ❶《生体物質》フラビンアデニンジヌクレオチド(flavin-adenine dinucleotide) ❷《疾患》家族性アルツハイマー病(familial Alzheimer's disease)

fade 動 (徐々に)見えなくなる，消える

fail ★★ 動 失敗する(+to do)，し損なう

failure ★★ 名 ❶失敗 ❷《疾患》不全(症)
例 congestive heart failure(うっ血性心不全)，renal failure(腎不全)

faint 形 かすかな 動 失神する 名《症候》失神

fairly 副 かなり

faithful 形 忠実な，誠実な 副 faithfully

FAK 略《酵素》接着斑キナーゼ(focal adhesion kinase)

fallopian tube 名《解剖》ファロピウス管，卵管，輸卵管

false ★ 発 形 偽の 副 falsely(偽って)
例 false-negative(偽陰性の)，false-positive(偽陽性の)

familial ★ 形《疾患》家族性の
例 familial adenomatous polyposis(家族性大腸腺腫症)，familial Alzheimer's disease(家族性アルツハイマー病)

familiar 形 見慣れた，精通した，知られた，親密な

familiarity 名 精通，親密さ

family ★★ 名 ❶家族 ❷《遺伝子》(系統)群，ファミリー ❸《分類学》科
例 family history(家族歴)，gene family(遺伝子群)

famous 形 有名な，高名な

Fanconi anemia 名《疾患》ファンコニー貧血(先天奇形を伴う再生不良性貧血)

far-red 形《物理》近赤外の，遠赤色の
例 far-red light(近赤外光)

farmer 名 農業家，農夫

farnesylation 名《生化学》ファルネシル化(タンパク質の脂質修飾)

farnesyltransferase 名《酵素》ファルネシルトランスフェラーゼ，ファルネシル基転移酵素

fascia 名《解剖》筋膜 形 fascial

fasciculation 名 ❶束状化，線維束形成 ❷《症候》線維束性収縮

fasciitis 名《疾患》筋膜炎

fascinate 動 魅惑する 形 fascinating(魅惑的な)

fashion ★ 名 ❶様式，方法 ❷流行
例 in a dose-dependent fashion(用量依存的様式で)

fast ★ 形 速い，高速の 動 絶食する 名 fasting(絶食)
例 fast-onset(早発性)，fasting glucose(空腹時血糖)

fat ★ 名《生体物質》脂肪 形太った 類lipid(脂質) 派fatness(肥満)
例fat-free mass(除脂肪体重), fat mass(体脂肪量), fat tissue(脂肪組織)

fatal ★ 発 形致命的な，致死的な 類deadly, mortal, lethal

fatality 名《臨床》致死率

fate ★ 名運命
例fate map(《発生》予定運命図)

fatigue ★ ア 名《症候》疲労 類exhaustion

fatty ★ 形❶脂肪に富んだ，脂肪質の ❷《生化学》脂肪酸の
例fatty acyl-CoA(脂肪酸アシルCoA), fatty liver(脂肪肝)

fatty acid ★ 名《化合物》脂肪酸
例fatty acid oxidation(脂肪酸酸化), essential fatty acid(必須脂肪酸), free fatty acid(遊離脂肪酸), unsaturated fatty acid(不飽和脂肪酸)

fault 発 名過失，欠陥，《地学》断層

favor / 英 favour 名好意，親切 動支持する，好む 熟in favor of(〜を支持して，味方して)

favorable ★ 形都合良い，好ましい 副favorably

Fc receptor 名《免疫》Fc受容体，免疫グロブリン受容体 類immunoglobulin receptor

FDA 略アメリカ食品医薬品庁(Food and Drug Administration)

FDG 略《化合物》フルオロデオキシグルコース(fluorodeoxyglucose)

Fe 化《元素》鉄(iron)

fear ★ 名恐怖，不安 動心配する，恐れる
例fear conditioning(恐怖条件づけ)

feasibility ★ 名可能性，成否 類possibility, likelihood, capability, probability

feasible ★ 形ありうる，もっともらしい，可能な 類plausible

feather 名《生物》羽毛

feature ★★ 名特徴 動注目する，特集する 類character, property, hallmark, trait

febrile 形《症候》熱性の
例febrile seizure(熱性痙攣)

fecal ★ 形糞便の
例fecal occult blood(便潜血)

feces 名(複数扱い)糞便，大便，排泄物

fecundity 名《生物》繁殖力

feed ★ 動 ❶餌を与える，摂食する ❷与える ❸繰り送る
名 feeding(摂食)

feedback ★ 名 フィードバック，帰還(きかん)
例 feedback inhibition(フィードバック抑制)，negative feedback(負のフィードバック)

feedforward 形 フィードフォワードの(出力の変動要因を察知して事前に打ち消すような自動制御方式)

feline 形《動物》ネコの 名 cat

female ★ 形 ❶雌性(しせい)の，メスの ❷女性の 名 女性
反 male
例 female patient(女性患者)

femoral 形《解剖》大腿部の
例 femoral artery(大腿動脈)，femoral neck(大腿骨頸部)

femur 発 名《解剖》大腿，大腿骨(= os femoris) 類 thigh, thighbone

fermentation 名 発酵 動 ferment(発酵させる) 形 fermentative(発酵性の)

ferret 名《動物》ケナガイタチ，フェレット

ferric 形《化学》三価鉄の，第二鉄の 化 Fe^{3+} 対 ferrous(二価鉄の)

ferritin ★ 名《生体物質》フェリチン(組織の鉄結合タンパク質)

ferrous 形《化学》二価鉄の，第一鉄の 化 Fe^{2+} 対 ferric(三価鉄の)
例 ferrous sulfate(硫酸第一鉄)

fertile 形 繁殖性の，稔性の

fertility 名 ❶《生物》稔性，繁殖性 ❷受精能 ❸《農学》肥料分

fertilization ★ 名 ❶受精 ❷《農学》施肥(せひ)

fertilize 動 受精させる

fetal ★ 発 形《人類》胎児の，《動物》胎仔の
例 fetal calf serum(ウシ胎仔血清)，fetal tissue(胎児組織)

fetoprotein 名《生体物質》フェトプロテイン(腫瘍マーカータンパク質)

fetus ★ 発 名《人類》胎児，《動物》胎仔 類 embryo(妊娠8週までの胎児)

fever ★ 名《症候》発熱 形 feverish(熱っぽい)

FGF 略《生体物質》線維芽細胞成長因子(fibroblast growth factor)

fiber ★ / ㊎ **fibre** 名 ❶《解剖》線維 ❷《化学》繊維，ファイバー 形 fibrous 派 fiberoptic(光ファイバー［の］)
例 carbon fiber(炭素繊維，カーボンファイバー)，myelinated fiber(有髄線維)

fibril ★ 名 ❶《生理》原線維 ❷《植物》根毛 派 fibrillogenesis(原線維形成)
例 amyloid fibril formation(アミロイド原線維形成)

fibrillar / fibrillary 形 原線維(性)の
例 fibrillar collagen(線維性コラーゲン)，glial fibrillary acidic protein(グリア線維酸性タンパク質；GFAP)

fibrillation ★ 名《症候》(心臓の)細動 対 flutter(粗動)
例 atrial fibrillation(心房細動)

fibrin ★ 名《生体物質》フィブリン(血液凝固系の生成物)，線維素

fibrinogen ★ 名《生体物質》フィブリノーゲン(血液凝固第Ⅰ因子)，線維素原

fibrinolysis 名《生理》線維素溶解，線溶 形 fibrinolytic

fibroblast ★★ 名《解剖》線維芽細胞 形 fibroblastic
例 fibroblast growth factor(線維芽細胞増殖因子；FGF)

fibrogenesis 名《生理》線維形成 形 fibrogenic(線維形成性の)

fibromyalgia 名《疾患》線維筋痛症(特徴的な圧痛点を有し精神症状を伴う多発性疼痛疾患)

fibronectin ★ 名《生体物質》フィブロネクチン(細胞表面や結合組織にある糖タンパク質)

fibrosarcoma 名《疾患》線維肉腫

fibrosis ★ 名《疾患》線維症
例 cystic fibrosis(嚢胞性線維症)

fibrotic 形《疾患》線維症の 対 fibrous(線維性の)

fidelity ★ 名 忠実性，忠実度

field ★ 名 ❶分野 ❷《生理》野 ❸《物理》場，電場
例 field effect(電界効果)，field potential(電場電位)，dark-field microscope(暗視野顕微鏡)，magnetic field(磁場)，receptive field(受容野)

figure ★ 名 ❶図，図式 ❷形 ❸数字
例 figure of merit(性能指数)

filament ★ 名 フィラメント，微細線維
例 filament protein(線維タンパク質)

filamentation 名 線維化，フィラメント形成

filamentous 形 繊維状の，フィラメント状の

filariasis 名《疾患》フィラリア症，糸状虫症

fill 動 充填する，満たす 派 filler(充填剤，賦形剤)

film 名 ❶フィルム，薄膜 ❷映画
例 thin film(薄膜)

filopodium 名《生物》糸状仮足(しじょうかそく=アメーバの偽足)
複 filopodia 形 filopodial

filter ★ 名 フィルター 動 濾過する，選別する 派 filtering(ふるい分け)
例 paper filter(濾紙)

filtrate 名 濾液

filtration ★ 名《化学》濾過
例 gel filtration(ゲル濾過)

fimbria 名 ❶《解剖》海馬采 ❷《生物》線毛 複 fimbriae
形 fimbrial
例 fimbria-fornix(海馬采脳弓)

final ★ 形 最終的な 副 finally
例 final concentration(終濃度)，final diagnosis(最終診断)

finance 名 財政 形 financial

finch 名《動物》フィンチ(小型鳥類の一種)

finding ★★ 名 知見，発見 類 discovery

fine ★ 形 微細な，細密な 副 finely
例 fine-needle aspiration(穿刺吸引)，fine structure(微細構造)

finger ★ 名《解剖》指，手指

fingerprint 名 指紋，フィンガープリント 動 (指紋で)鑑別する
類 DNA fingerprinting(DNA鑑定)

finish 動 完了する

finite 形《数学》有限の 反 infinite(無限の)

firearm 名 銃砲

firefly 名《生物》ホタル
例 firefly luciferase(ホタルルシフェラーゼ)

firing ★ 名《生理》発火 類 discharge
例 firing rate(発火頻度)

firm 形 堅い 副 firmly

first ★★ 形 第一の，最初の 熟 for the first time(初めて)
例 first aid(応急処置)，first choice(第一選択)，first step(第一段階)，first trimester(妊娠第一期)

first-order 形 一次の
例 first-order rate constant(一次反応定数)，first-order reaction(一次反応)

first-pass 形《臨床》初回通過の
例 first-pass metabolism(初回通過代謝)

FISH ㊣《実験》蛍光標識インサイツハイブリッド形成法 (fluorescence *in situ* hybridization)

fission 名 分裂 反 fusion(融合)
例 fission yeast(分裂酵母), nuclear fission(核分裂)

fissure 名 亀裂,《解剖》裂溝, 裂

fistula 名《疾患》瘻孔(ろうこう), フィステル(病的な組織連絡)
例 tracheoesophageal fistula(気管食道瘻)

fit 動 適合する(+to), 一致する 形 適当な, フィットする
例 best-fit(最適合の), curve fitting(カーブフィッティング)

fitness ★ 名 ❶《臨床》フィットネス, 健康状態 ❷適応度, 適合性

fix ★ 動 ❶固定する ❷修復する

fixation ★ 名 ❶固定化, 固定(法) ❷修復
例 carbon dioxide fixation(炭酸固定)

FK506 ➡ tacrolimus(タクロリムス)

flaccid 形《生理》弛緩性の

flagellar 形《生物》鞭毛の

flagellin 名《生体物質》フラゲリン(鞭毛の構成タンパク質)

flagellum 名《生物》鞭毛(べんもう) 複 flagella

flanking ★ 形《遺伝子》隣接する
例 flanking region(隣接領域)

flare 名 ❶《症候》紅斑, 発赤 ❷再燃, フレア

flash 名 ❶閃光, 引火 ❷《症候》フラッシュ(上半身に発現する熱感), のぼせ 動 光を放つ, 光を当てる
例 hot flash(のぼせ, 顔面紅潮)

flatten 動 平らにする, 平板化する

flavin ★ 名《化合物》フラビン(補酵素の基本骨格に見られる黄色蛍光物質)
例 flavin-adenine dinucleotide(フラビンアデニンジヌクレオチド ; FAD)

flavonoid 名《化合物》フラボノイド(植物が産生するフラバン誘導体色素の一群)

flexibility ★ 名 可動性, 柔軟性, 屈曲性 類 mobility, movability

flexible ★ 形 柔軟な, 可変性のある

flexion 名 屈曲

flexor 名《解剖》屈筋 形 屈側の

flicker 名 フリッカー, ちらつき

flight ★ 名 飛行

flip-flop 形 フリップフロップの(二者切り替え式機構の模式)

float 動 浮遊する，浮く

flood 発 名《地学》洪水

floor 名 ❶床，フロア ❷《解剖》底

flora 名 ❶《微生物》フローラ，細菌叢 ❷植物相 類 microflora, microbiota

floral 形《植物》花の 名 flower
例 floral organ(花器)

flow ★★ 名 流れ，流動 動 流れる 派 flowchart(流れ図)
例 flow cytometry(流動細胞計測法＝フローサイトメトリー)，flow rate(流速)，stopped-flow method(ストップフロー法)

flower ★ 名《植物》花 動 開花する 形 floral 派 flowering (開花)
例 flowering plant(顕花植物)

F

flu 略《疾患》インフルエンザ(influenza)

fluctuate 動 ゆらぐ，(周期的に)変動する 名 fluctuating(振動性)

fluctuation ★ 名 ゆらぎ，周期的変動 類 oscillation

fluence 名《単位》フルエンス(単位面積を通過する放射束の時間的積分の単位で J/m^2)

fluid ★ 名 ❶液体，流体 ❷《臨床》体液 形 流動性の 類 liquid
例 fluid retention(体液貯留)，amniotic fluid(羊水)，ideal fluid(理想液体)

fluidity 名《物理》流動度，流動性

fluke 名《生物》吸虫(きゅうちゅう) 類 trematode
例 liver fluke(肝吸虫)

fluorescein 名《化合物》フルオレセイン(蛍光色素)

fluorescence ★ 発 名《物理》蛍光
例 fluorescence-activated cell sorter(蛍光励起セルソーター；FACS)，fluorescence *in situ* hybridization(蛍光インサイツハイブリダイゼーション法；FISH)，fluorescence microscopy(蛍光顕微鏡)，fluorescence polarization(蛍光偏光)，fluorescence recovery after photobleaching(蛍光退色後回復測定；FRAP)，fluorescence resonance energy transfer(蛍光共鳴エネルギー転移；FRET)，fluorescence spectroscopy(蛍光分光法)

fluorescent ★ 形 蛍光の 副 fluorescently
例 fluorescent antibody method(蛍光抗体法), fluorescent *in situ* hybridization(蛍光インサイツハイブリダイゼーション法), fluorescent probe(蛍光プローブ), fluorescent protein(蛍光タンパク質)

fluoride 名《元素》フッ化物

fluorinated 形《化学》フッ化, フッ素化した
例 fluorinated derivative(フッ化誘導体)

fluorine 名《元素》フッ素 化 F

fluoro 名《化学》フルオロ, フッ化
例 fluorodeoxyglucose(フルオロデオキシグルコース), fluorouracil(フルオロウラシル)

fluorochrome 名 蛍光色素

fluorogenic 形 蛍光発生の
例 fluorogenic substrate(蛍光発生基質)

fluorometry 名 蛍光定量(法), 蛍光光度分析 形 fluorometric

fluorophore 名《化合物》フルオロフォア(脂質膜と相互作用する蛍光標識試薬)

fluoroscopy 名《臨床》蛍光透視(法) 形 fluoroscopic

flush 名《症候》(頬の)紅潮 動(液体や気体を)流す
例 hot flush(のぼせ)

flutter 名《症候》(心臓の)粗動(そどう) 動(早く不規則に)鼓動する 対 fibrillation(細動)
例 ventricular flutter(心室粗動)

flux ★ 名 ❶《物理》流動, 流束 ❷《化学》溶剤, 融剤

fly 名《生物》ハエ 動 飛ぶ

fMLP 略《化合物》ホルミルメチオニルロイシルフェニルアラニン(*N*-formyl-methionyl-leucyl-phenylalanine)

fMRI 略《臨床》機能的磁気共鳴画像法(functional magnetic resonance imaging)

foam 名 気泡, 泡 形 foamy(泡沫状の)
例 foam cell(泡沫細胞)

focal ★ 形 ❶限局性の, 局所の ❷《疾患》病巣の ❸《物理》焦点の 副 focally
例 focal adhesion kinase(接着斑キナーゼ), focal cerebral ischemia(局所脳虚血), focal contact(接着点)

focus ★ 名 ❶《物理》焦点 ❷《疾患》病巣, 増殖巣 動 焦点を合わせる, 集中する 熟 be focused on(〜に焦点を合わせる)
例 isoelectric focusing(等電点電気泳動法)

folate ★ 名《化合物》葉酸(塩またはエステル) 形 葉酸の 類 folic acid 派 dihydrofolate(ジヒドロ葉酸)
例 folate deficiency(葉酸欠乏症)

fold 動 折り畳む 接尾 〜倍の 派 twofold / two-fold(2倍の)
例 folded structure(折り畳み構造)

folding ★ 名《生化学》フォールディング(タンパク質が正しい折り畳み構造を形成すること) 反 unfolding(タンパク質の変性)
例 folding intermediate(折りたたみ中間体)

follicle ★ 名《解剖》濾(ろ)胞，卵胞
例 follicle-stimulating hormone(濾胞刺激ホルモン；FSH)

follicular ★ 形 濾胞性の
例 follicular dendritic cell(濾胞樹状細胞)

follow ★★ 動 従う，続く 熟 as follows(以下のように)

follow-up / followup ★ 名《臨床》経過観察，追跡調査
例 follow-up period(追跡調査期間)

following ★★ 形 次の，後の，下記の

food ★ 名 食物，食品
例 food allergy(食物性アレルギー)，Food and Drug Administration([アメリカ]食品医薬品局；FDA)，food intake(食物摂取)，food poisoning(食中毒)，food security(食の安全)

footpad 名《解剖》足蹠(そくせき)

footprint ★ 名 足跡 派 footprinting(フットプリント法＝DNAとタンパク質の相互作用を調べる方法)

footshock 名《実験》フットショック(床の金属グリッドに電気を通電する侵害刺激)

forage 名 飼料

foramen 名《解剖》孔 複 foramina

force ★ 名《物理》力 動 強制する
例 force field(力場)，forced expression(強制発現)，forced expiratory volume(強制呼気容量)，driving force(駆動力)，van der Waals force(ファンデルワールス力)

forceps 名(複数扱い)鉗子(かんし)，ピンセット

fore- 接頭「前」を表す

forearm 名《解剖》前腕(ぜんわん)

forebrain ★ 名《解剖》前脳

forecast 名 予報 動 予測する，予報する

F

foregut 名《発生》前腸
例 foregut endoderm(前腸内胚葉)

foregn ★ 形 ❶外来性の ❷外国の 類 alien
例 foreign body(異物), foreign DNA integration into the host genome(宿主ゲノムへの外来DNAの組込み), express foreign genes(外来性遺伝子を発現する)

forelimb 名《生物》前肢(ぜんし) 対 hindlimb(後肢)

forensic 形 法医学的な，科学捜査の
例 forensic medicine(法医学)

foreskin 名《解剖》包皮(ほうひ)

forest 名 森林

forkhead 名《遺伝子》フォークヘッド(先端が二股に分かれた棒状の形態)
例 forkhead transcription factor(フォークヘッド転写因子)

form ★★ 名 ❶形，型，形態 ❷《分類学》品種 動 編成する，形成する
例 reduced form(還元型), plaque-forming unit(プラーク形成単位)

formal 形 公式の，正式の 副 formally

formaldehyde 名《化合物》ホルムアルデヒド(組織固定剤) 類 formalin(ホルマリン)

formalism 名 形式論，形式主義

format 名 型式，書式，《コンピュータ》フォーマット 動 フォーマットする

formate 名《化合物》ギ酸(塩またはエステル) 形 ギ酸の 類 formic acid

formation ★★ 名 ❶形成 ❷構造(体) ❸《化学》生成
例 heat of formation(生成熱), reticular formation(網様体)

former ★ 形 以前の 名 前者(the～) 副 formerly(以前は) 反 latter(後者)

formidable 形 恐るべき

formula 名 ❶《数学》式，公式 ❷(薬物の)処方 ❸《化学》構造式 複 formulae
例 formula weight(式量), Fischer projection formula(フィッシャー投影式), molecular formula(分子式)

formulate 動 ❶(薬剤を)処方する，組み立てる ❷《数学》公式化する

formulation 名 製剤，処方，剤形 類 prescription, recipe
例 encapsulated formulation(カプセル剤)

forskolin 名《化合物》フォルスコリン(アデニル酸シクラーゼ活性化薬)

fortification 名❶(栄養の)強化，添加 ❷防備
例 folic acid fortification(葉酸添加)

fortify 動(栄養を)強化する，添加して栄養価を高める

fortunate 形 幸運な 副 fortunately(幸運にも)

forward ★ 形 前方の 副 前方に

fossil 発 名《地学》化石

foster 動 育成する

foundation 名❶基礎 ❷設立 ❸基金 ❹《植物》原種
例 methodological foundation of the future studies(将来の研究に向けての方法論的基礎)

founder 名 設立者，創始者

Fourier transform 名《数学》フーリエ変換

foveal 形《解剖》(網膜)中心窩の

fractal 名《数学》フラクタル

fractalkine 名《生体物質》フラクタルカイン(CXXXCシステインモチーフを有するケモカインの一種)

fraction ★ 名❶画分，分画 ❷《数学》分数，分率
例 a large fraction of(大部分の)

fractional 形 部分の，分画の

fractionate 動 分画する

fractionation ★ 名《実験》分取，細分画化

fracture ★ 名《疾患》骨折
例 vertebral fracture(脊椎骨折)

fragile 発 形 脆弱(ぜいじゃく)な
例 fragile site(脆弱部)，fragile X syndrome(脆弱X染色体症候群)

fragility 名 脆弱性

fragment ★★ 発 名 断片，フラグメント 動 断片化する
例 fragment length(断片長)

fragmentation ★ 名 断片化

frame ★ 名 骨組み，枠，フレーム 熟 in-frame(《遺伝子》翻訳領域内の)

frameshift ★ **/ frame shift** 名《遺伝子》フレームシフト(DNAコドンの読み枠がずれること)
例 frameshift mutation(フレームシフト変異)

framework ★ 名 枠組み，(抗体分子の)フレームワーク

frank 形 率直な，素直な

F

FRAP 略《実験》 蛍光退色後回復測定(fluorescence recovery after photobleaching)

free ★★ 形 ❶自由な ❷無料の ❸《化学》遊離の ❹～のない(+of) 接尾 (～を)含まない 副 freely(自由に)
例 free energy(自由エネルギー), free form(遊離型), free fatty acid(遊離脂肪酸), free radical(フリーラジカル), calcium-free(カルシウムを含まない), cell-free system(無細胞系)

freedom 名 自由
例 degree of freedom(自由度)

freeze ★ 動 ＜freeze - froze - frozen＞凍結する, 凍る
例 freeze-drying(凍結乾燥), frozen stocks of DNA (DNAの凍結保存品)

frequency ★★ 名 ❶頻度, 回数 ❷《物理》振動数
例 frequency distribution(度数分布), high frequency(高周波)

frequent ★ 形 頻繁な, 高頻度の 副 frequently

fresh 形 新鮮な 副 freshly

freshwater 名 淡水 形 淡水性の, 淡水産の

FRET 略《物理》蛍光共鳴エネルギー転移(fluorescence resonance energy transfer)

friction 名《物理》摩擦(まさつ) 形 frictional

frog 名《動物》カエル 類 toad(ヒキガエル)

front 名 ❶前部 ❷《気象》前線
例 frontotemporal dementia(前頭側頭型認知症)

frontal ★ 形 ❶《解剖》前頭部の, 前額の ❷前面の
例 frontal cortex(前頭皮質), frontal lobe(前頭葉)

frontotemporal 形《解剖》前頭側頭の
例 frontotemporal dementia(前頭側頭型認知症)

fructose 名《化合物》フルクトース, 果糖

fruit ★ 名《植物》果実 動 結実する
例 fruit body(子実体＝キノコ), fruit ripening(果実成熟)

FSGS 略《疾患》巣状分節性糸球体硬化症(focal segmental glomerulosclerosis)

FSH 略《生体物質》濾胞刺激ホルモン(follicle-stimulating hormone)

fucose 名《化合物》フコース(六炭糖の一種)

fuel 名 燃料
例 fuel cell(燃料電池)

fulfill 動 ❶履行する ❷満たす 類 fill, satisfy

full ★★ 形 ❶完全な ❷満ちた，十分な 副 fully
例 full agonist(完全アゴニスト)

full-length ★ 形 全長の
例 full-length cDNA(全長cDNA)

fullerene 名《化合物》フラーレン(炭素のサッカーボール) 化 C_{60}

fulminant 形《疾患》劇症(性)の
例 fulminant hepatic failure(劇症肝不全)

fumarate 名《化合物》フマル酸(塩やエステルとして) 形 フマル酸の 類 fumaric acid(フマル酸)

function ★★ 名 ❶機能 ❷《数学》関数 ❸《化学》官能基(= functional group) 動 機能する
例 cell function(細胞機能)，wave function(波動関数)

functional ★★ 形 機能の，機能的な 副 functionally(機能的に，機能性に)
例 functional annotation(機能予測)，functional genomics(ゲノム機能解析)，functional group(官能基)，functional loss(機能損失)，functional magnetic resonance imaging(機能的磁気共鳴画像法；fMRI)，functional redundancy(機能的冗長性)

functionality 名 機能性

functionalization 名 機能分化，機能付与

functionalize 動 機能させる，《化学》官能性をもたせる

fundamental ★ 形 基礎的な，基本的な 副 fundamentally 類 basic
例 fundamental concept(基本概念)，fundamental question(根本的疑問)，fundamental role(基本的役割)

fundus 名 ❶《解剖》底，胃底，眼底 ❷基底
例 gastric fundus(胃底部)

fungal ★ 形《生物》菌類の，真菌の
例 fungal pathogen(病原真菌)

fungi ★ 発 名《生物》(複数扱い)菌類，真菌類 単 fungus

funnel 名 漏斗(ろうと)

Fura-2 名《化合物》Fura-2蛍光色素(カルシウム蛍光指示薬)

furnish 動 備える，装備する

furrow 名《解剖》溝

further ★★ 副 さらに，それ以上に

furthermore ★★ 副 さらに，そのうえ

fuse ★ 動 融合する，溶融する

fusiform 発 形 紡錘状の，紡錘形の

F

fusion ★★ 　名 ❶融合，融解　❷《疾患》癒合(ゆごう)　❸《化学》縮合(しゅくごう)　反 fission(分裂)
例 fusion protein(融合タンパク質), nuclear fusion(核融合), ring-fusion carbon(環縮合炭素)

fusogenic 　形《細胞》膜融合の，融合性の

G

G ★ 　略 ❶《単位》ギガ(giga)　❷《アミノ酸》グリシン(glycine)　❸《ヌクレオチド》グアニン(guanine)　❹《物理》重力加速度(gravity)

G-CSF 　略《生体物質》顆粒球コロニー刺激因子(granulocyte colony-stimulating factor)

G-protein 　略《生体物質》GTP結合タンパク質(GTP-binding protein)
例 G-protein-coupled receptor(Gタンパク質共役型受容体；GPCR)

G1 phase 　名《細胞》G1期(細胞分裂後の間期)

G2 phase 　名《細胞》G2期(有糸分裂前の間期)

GABA 　略《化合物》γアミノ酪酸(gamma-aminobutyric acid)

GABAergic ★ 　形《生理》GABA作動性の
例 GABAergic neuron(GABA作動性ニューロン)

gadolinium 　名《元素》ガドリニウム　化 Gd

gain ★ 　名 ❶増加　❷獲得　❸利益　動 得る　反 loss(損失)
熟 gain access to(到達する，接近する), gain insight into(〜に対する洞察を得る)
例 weight gain(体重増加)

gain-of-function 　形《遺伝子》機能獲得型の(遺伝子操作が何らかの機能を増強ないし付加する場合を指して)
例 gain-of-function mutation(機能獲得型変異)

gait 　名 歩調，歩行運動

galactorrhea 　名《疾患》乳汁漏出(症)，溢乳(いつにゅう)

galactose ★ 　名《化合物》ガラクトース(糖タンパク質や乳汁オリゴ糖成分)　派 galactosemia(ガラクトース血症), galactosuria(ガラクトース尿症)

galactosidase ★ 　名《酵素》ガラクトシダーゼ
例 β-galactosidase(βガラクトシダーゼ＝大腸菌でレポータに頻用される遺伝子)

galectin 　名《生体物質》ガレクチン(βガラクトシド特異的に結合する動物レクチン)

gallbladder 名《解剖》胆嚢(たんのう)

gallstone 名《疾患》胆石(症)(たんせき)

gamete 発 名《細胞》配偶子(有性生殖における生殖細胞) 形 gametic

gametogenesis 名《遺伝》配偶子形成

gametophyte 名《細胞》配偶体(配偶子を形成する細胞)，生殖母体

gamma(γ)-aminobutyric acid 名《生体物質》γアミノ酪酸(抑制性神経伝達物質) 略 GABA

gamma(γ)-globulin 名《生体物質》γグロブリン(血漿タンパク質の一画分である免疫グロブリン)

gammopathy 名《疾患》高ガンマグロブリン血症

ganglion ★ 名 ❶《解剖》神経節，節 ❷《疾患》ガングリオン(関節や腱鞘に生じる嚢腫様病変)，結節腫 複 ganglia
形 ganglionic
例 ganglion cell(神経節細胞)，sympathetic ganglion(交感神経節)

ganglioside 名《生体物質》ガングリオシド(シアル酸を含むスフィンゴ糖脂質)

gangrene 発 名《疾患》壊疽(えそ)，脱疽(だっそ)

gap ★ 名 間隙，ギャップ
例 gap junction(ギャップジャンクション＝細胞質同士の連絡)

GAP 略《酵素》GTP加水分解酵素活性化タンパク質(GTPase-activating protein)

GAPDH 略《酵素》グリセルアルデヒド三リン酸脱水素酵素(glyceraldehyde-3-phosphate dehydrogenase)

gas ★ 名 気体，ガス 対 liquid(液体)，solid(固体)
例 gas chromatography(ガスクロマトグラフ法；GC)，gas phase(気相)，noble gas(不活性ガス，希ガス)

gaseous 形 ガス状の，気体の

gastr(o)- ★ 接頭「胃」を表す

gastrectomy 名《臨床》胃切除(術)

gastric ★ 形《解剖》胃の
例 gastric acid(胃酸)，gastric acid secretion(胃酸分泌)，gastric cancer(胃癌)，gastric emptying time(胃内容排出時間)，gastric erosion(胃粘膜びらん)，gastric fundus(胃底部)，gastric lavage(胃洗浄)，gastric mucosa(胃粘膜)，gastric secretion(胃液分泌)，gastric ulcer(胃潰瘍)

G

gastrin 名《生体物質》ガストリン(胃酸分泌を促進する胃粘膜ホルモン) 派 gastrinoma(ガストリン産生腫瘍)

gastritis 名《疾患》胃炎

gastrocnemius 名《解剖》腓腹筋(ひふくきん)

gastroenteritis 名《疾患》胃腸炎

gastroenterology 名 胃腸病学,胃腸科

gastroesophageal 形《解剖》胃食道の
例 gastroesophageal reflux disease(胃食道逆流症;GERD)

gastrointestinal ★ 形《解剖》胃腸の
例 gastrointestinal bleeding(胃腸出血),gastrointestinal motility(胃腸運動),gastrointestinal tract(消化管)

gastrula 名《発生》原腸胚,嚢胚

gastrulation 名《発生》原腸形成,嚢胚形成

gate 名 ゲート,門 動《生理》ゲート開閉する 類 gating(チャネルなどのゲート開閉)

gauge 発 名 ❶規格,ゲージ ❷計量器 動 計測する
例 22-gauge needle(22ゲージの注射針)

Gaussian distribution 名《統計》正規分布,ガウス分布

gavage 発 名《臨床》胃管栄養(法),経管栄養

gaze 名 凝視 動 注視する

GC 略 ❶《化学》ガスクロマトグラフ法(gas chromatography) ❷《酵素》グアニル酸シクラーゼ(guanylyl cyclase)

Gd 化《元素》ガドリニウム(gadolinium)

GDNF 略《生体物質》グリア細胞由来神経栄養因子(glial cell line-derived neurotrophic factor)

GDP 略《生体物質》グアノシン二リン酸(guanosine diphosphate)

gel ★ 発 名《物理》ゲル
例 gel electrophoresis(ゲル電気泳動),gel filtration(ゲル濾過),gel mobility shift assay(電気泳動移動度シフト解析),silica gel(シリカゲル)

gelatin 名《化合物》ゼラチン(変性コラーゲン)

gelatinase 名《酵素》ゼラチナーゼ(ゼラチンタンパク質加水分解酵素)

gender ★ 名(社会上および自己表現での)性別,性 対 sex, sexuality([生物学的な]性)

gene ★★ 名 遺伝子
例 gene amplification(遺伝子増幅), gene cluster(遺伝子集団), gene deletion(遺伝子欠失), gene dosage compensation(遺伝子量補正), gene expression(遺伝子発現), gene family(遺伝子ファミリー), gene locus(遺伝子座位), gene mapping(遺伝子マッピング), gene product(遺伝子産物), gene promoter(遺伝子プロモーター), gene therapy(遺伝子治療), gene transfer(遺伝子導入), tumor suppressor gene(癌抑制遺伝子)

genealogy 名 系統学, 家系図, 家系

general ★★ 形 ❶一般の, 通常の ❷《臨床》全身性の(麻酔で)
副 generally 熟 in general(一般に)
例 general anesthesia(全身麻酔), general behavior(一般行動), general population(《統計》母集団), general practitioner(一般開業医), general rule(通則), general transcription factor(基本転写因子)

generalist 名 一般医, 家庭医

generality 名 普遍性, 一般性

generalization 名 一般化, 汎化

generalize ★ 動 ❶一般化する, 普遍化する ❷《症候》全身化する
例 generalized anxiety disorder(全般性不安障害), generalized epilepsy(全般てんかん), generalized seizure(全般発作)

generally ★ 副 一般に
例 generally speaking(一般的に言って)

generate ★★ 動 産生する, 作成する

generation ★ 名 ❶産生 ❷世代
例 pain generation(発痛), second generation(第二世代)

generator 名 発生装置

generic 形《医薬》ジェネリックの(特許による保護のない)
例 generic drug(ジェネリック医薬品)

genesis 名 起源 類 origin

G

genetic ★★ 形 ❶遺伝的な ❷遺伝子の 副 genetically (遺伝[子]的に)
例 genetic code (遺伝暗号), genetic defect (遺伝的欠損症), genetic disease (遺伝病), genetic engineering (遺伝子工学), genetically engineered (遺伝子改変の), genetic epistasis (遺伝的エピスタシス), genetic information (遺伝情報), genetic liability for schizophrenia (統合失調症の遺伝的かかりやすさ), genetically modified food (遺伝子組換え食品), genetic recombination (遺伝的組換え)

genetics ★ 名 遺伝学

geniculate 形《解剖》膝状体(しつじょうたい)の
例 geniculate body (膝状体)

genistein 名《化合物》ゲニステイン(チロシンキナーゼ阻害薬)

genital ★ 形《解剖》生殖の, 性器の, 外陰部の 名 genitalia (生殖器) 類 reproductive, sexual
例 genital organ (生殖器官), genital ridge (生殖隆起), genital ulcer (外陰部潰瘍)

genitalia 名《解剖》(複数扱い)生殖器, 性器 単 genitalium 形 genital

genome ★★ 発 名《遺伝子》ゲノム(1セットの染色体)
例 genome sequence (ゲノム配列), genome stability (ゲノム安定性)

genomewide / genome-wide 形 ゲノムワイドな, ゲノム全域にわたる
例 genome-wide association study (ゲノムワイド関連研究 ; GWAS)

genomic ★★ 形 ゲノムの
例 genomic DNA (ゲノムDNA), genomic instability (ゲノム不安定性)

genomics 名 ゲノム科学, ゲノミクス

genotoxic 形 遺伝毒性の
例 genotoxic stress (遺伝毒性ストレス)

genotype ★ 名 遺伝形質, 遺伝(子)型 形 genotypic 派 genotyping (遺伝子型同定) 対 phenotype (表現形質)

gentle 形 穏やかな, 優しい

genus 発 名《分類学》属 複 genera

geographic / geographical 形 地理学の, 地理的な 副 geographically

geological 形 地質学の, 地質の

geometric / geometrical 形 幾何学上の, 幾何的な

geometry ★ 名 幾何学

gerbil 名《動物》スナネズミ(げっ歯類)

GERD 略《疾患》胃食道逆流症(gastroesophageal reflux disease)

geriatric 発 形 老人性の，老齢期の 類 senile
例 geriatric medicine(老年医学)

germ ★ 名 ❶《生物》胚，胚芽 ❷《臨床》微生物，病原菌
例 germ cell(生殖細胞)，germ layer(胚葉)，germ line(生殖系列)，wheat germ(小麦胚芽)

germinal 形 胚の
例 germinal center(胚中心)

germinate 動 出芽する，発芽する

germination 名《植物》発芽 形 germinative

germline ★ 名《細胞》生殖系列
例 germline stem cell(生殖幹細胞)

gestation ★ 名《臨床》妊娠(期間) 形 gestational 類 pregnancy
例 gestational age(在胎期間)

GFP ★ 略《実験》緑色蛍光タンパク質(green fluorescent protein)
例 GFP fusion protein(GFP融合タンパク質)，GFP-tagged(GFP融合の)

GFR 略《臨床》糸球体濾過速度(glomerular filtration rate)

GH 略《生体物質》成長ホルモン(growth hormone)

giant ★ 形 巨大な
例 giant axon(巨大軸索)，giant cell arteritis(巨細胞性動脈炎)

gingiva 発 名《解剖》歯肉 形 gingival

gingivitis 名《疾患》歯肉炎

girdle 名《臨床》腰帯，ガードル
例 limb-girdle muscular dystrophy(肢帯型筋ジストロフィー)

GIST 略《疾患》消化管間質腫瘍(gastrointestinal stromal tumor)

give ★ 動 ❶与える ❷提供する 熟 give rise to(引き起こす，生じる)，given that(〜であることを考慮すれば)

glacier 名《地理》氷河 形 glacial(氷河の)

G

gland ★ 名《解剖》腺
例 mammary gland(乳腺), parotid gland(耳下腺), prostate gland(前立腺), salivary gland(唾液腺), submaxillary gland(顎下腺)

glandular 形《疾患》腺(性)の

glass ★ 名 ガラス 派 glassware(ガラス容器)
例 glass fiber(ガラス繊維)

glaucoma ★ 名《疾患》緑内障 形 glaucomatous

GlcNAc 略《生体物質》*N*-アセチルグルコサミン(*N*-acetylglucosamine)

glia ★ 名《解剖》(複数扱い)グリア, 膠細胞(こうさいぼう)

glial ★ 形 グリアの
例 glial cell(グリア細胞), glial cell line-derived neurotrophic factor(グリア細胞由来神経栄養因子; GDNF), glial fibrillary acidic protein(グリア線維酸性タンパク質; GFAP)

glioblastoma 名《疾患》グリア芽細胞腫, 神経膠芽腫
例 glioblastoma multiforme(多形神経膠芽腫)

glioma ★ 名《疾患》グリア細胞腫, 神経膠腫

gliosis 名《疾患》グリオーシス, 神経膠症

Gln 略《アミノ酸》グルタミン(glutamine)

global ★ 形 ❶全体的な, 網羅的な ❷世界的な 副 globally
例 global analysis(網羅的解析), global ischemia(全虚血)

globe 名 ❶球,《解剖》眼球 ❷(theを伴って)地球

globin ★ 名《生体物質》グロビン(ヘモグロビンを構成するタンパク質)

globular 形 球状の
例 globular protein(球状タンパク質)

globule 名《解剖》小球

globulin 名《生体物質》グロブリン(血漿・卵白・ダイズなどに含まれる難水溶性タンパク質の総称) 派 immunoglobulin(免疫グロブリン)

globus 名《解剖》球
例 globus pallidus(淡蒼球)

glomerular ★ 形《解剖》糸球体の
例 glomerular basement membrane(糸球体基底膜), glomerular filtration rate(糸球体濾過率)

glomerulonephritis 名《疾患》糸球体腎炎(腎糸球体の増殖性変化と機能障害を伴う疾患群)

glomerulopathy 名《疾患》糸球体症

glomerulosclerosis 名《疾患》糸球体硬化症

glomerulus 名《解剖》(腎臓の)糸球体 複 glomeruli 形 glomerular

GLP 略《生体物質》グルカゴン様ペプチド(glucagon-like peptide)
例 GLP-1

Glu 略《アミノ酸》グルタミン酸(glutamic acid)

glucagon 名《生体物質》グルカゴン(血糖を上昇させる膵臓ホルモン)

glucan 名《化合物》グルカン(多糖類)

glucocorticoid ★ 名《化合物》糖質コルチコイド，グルココルチコイド 類 glucocorticosteroid
例 glucocorticoid receptor(グルココルチコイド受容体)

gluconeogenesis 名《生理》糖新生 形 gluconeogenic

glucose ★★ 名《化合物》グルコース，(俗に)ブドウ糖
例 glucose-6-phosphate(グルコース-6-リン酸)，glucose intolerance(耐糖能障害)，glucose tolerance test(グルコース負荷試験)

glucosidase 名《酵素》グルコシダーゼ，グルコース分解酵素

glucoside 名《化合物》グルコシド，グルコース配糖体

glucuronic acid 名《化合物》グルクロン酸(動物体内で解毒に使われるウロン酸) 形 glucuronate

glucuronide 名《生体物質》グルクロニド(グルクロン酸を有する化合物)

glue 名 接着剤

GLUT 略《生体物質》グルコース輸送体(glucose transporter)

glutamate ★ 発 名《アミノ酸》グルタミン酸(塩やエステルとして) 形 グルタミン酸の 類 glutamic acid
例 glutamate receptor(グルタミン酸受容体)，glutamate release(グルタミン酸放出)

glutamatergic 形《生理》グルタミン酸作動性の

glutamic acid 発 名《アミノ酸》グルタミン酸(酸性アミノ酸) 略 Glu, E 類 glutamate
例 glutamic oxaloacetic transaminase(グルタミン酸オキサロ酢酸トランスアミナーゼ；GOT)，glutamic pyruvic transaminase(グルタミン酸ピルビン酸トランスアミナーゼ；GPT)

glutamine ★ 発 名《アミノ酸》グルタミン 略 Gln, Q
例 glutamine synthetase(グルタミン合成酵素)

glutaraldehyde 名《化合物》グルタルアルデヒド(消毒薬, 固定液)

glutathione ★ 名《生体物質》グルタチオン(チオール含有ペプチド)
例 glutathione peroxidase(グルタチオンペルオキシダーゼ), glutathione S-transferase(グルタチオンS-トランスフェラーゼ；GST)

Gly 略《アミノ酸》グリシン(glycine)

glycan ★ 名(多糖を示す)グリカン

glycation 名《生化学》グリケーション, (非酵素的な)糖付加

glycemic 形《症候》血糖の
例 glycemic control(血糖管理)

glyceraldehyde 名《化合物》グリセルアルデヒド
例 glyceraldehyde-3-phosphate dehydrogenase(グリセルアルデヒド3リン酸脱水素酵素；GAPDH)

glycerol ★ 名《化合物》グリセリン

glycine ★ 発 名《アミノ酸》グリシン 略 Gly, G
例 glycine conjugation(グリシン抱合)

Glycine max 学《植物》ダイズ 類 soy, soybean

glycinergic 形《生理》グリシン作動性の

glyco- ★ 接頭「糖」を表す

glycoconjugate 名 複合糖質, 複合多糖

glycogen ★ 発 名《生体物質》グリコーゲン(肝臓に多い貯蔵型のグルコース重合体)
例 glycogen phosphorylase(グリコーゲンホスホリラーゼ), glycogen storage disease(糖原病), glycogen synthase kinase(グリコーゲン合成酵素キナーゼ)

glycogenolysis 名《生理》グリコーゲン分解

glycol 名《化合物》グリコール(複数の水酸基を有する化合物)
例 polyethylene glycol(ポリエチレングリコール)

glycolipid 名 糖脂質

glycolysis 名《生理》解糖 形 glycolytic 類 glycolytic pathway(解糖系)

glycopeptide 名 糖ペプチド

glycoprotein ★ 名 糖タンパク質
例 glycoprotein IIb(糖タンパク質IIb；GPIIb)

glycosaminoglycan 名《化合物》グリコサミノグリカン(硫酸基をもつ酸性ムコ多糖)

glycoside 名《化合物》配糖体, グリコシド 形 glycosidic

glycosphingolipid 名《生化学》スフィンゴ糖脂質

glycosylase 名《酵素》グリコシラーゼ(DNAのグリコシド結合を加水分解する酵素)
例 uracil-DNA glycosylase(ウラシルDNAグリコシラーゼ)

glycosylate 動 グリコシル化する

glycosylation ★ 名 グリコシル化(糖鎖形成)

glycosyltransferase 名《酵素》グリコシルトランスフェラーゼ，糖転移酵素

GM-CSF 略《生体物質》顆粒球マクロファージコロニー刺激因子(granulocyte-macrophage colony-stimulating factor)

GMP 略 ❶《化合物》グアノシン一リン酸(guanosine monophosphate) ❷《法律》優良医薬品製造基準(good manufacturing practice)

GnRH 略《生体物質》生殖腺刺激ホルモン放出ホルモン(gonadotropin-releasing hormone)

goal ★ 名 ゴール，目標

goat 発 名《動物》ヤギ 形 caprine

goiter 名《疾患》甲状腺腫

gold ★ 名《元素》金 化 Au 形 golden

goldfish 名《魚類》キンギョ

Golgi apparatus 名《細胞》ゴルジ装置，ゴルジ体 類 Golgi stack(ゴルジ層板)

gonad 名《解剖》生殖腺，性腺

gonadal 形 生殖腺の，性腺の

gonadotropin ★ 名《生体物質》ゴナドトロピン，性腺刺激ホルモン 類 gonadotropic hormone
例 gonadotropin-releasing hormone(性腺刺激ホルモン放出ホルモン)

gonococcal 形《疾患》淋菌(性)の
例 gonococcal infection(淋菌感染症)

gonococci 名《生物》(複数扱い)淋菌(りんきん) 単 gonococcus 学 *Neisseria gonorrhoeae*

gonorrhea 名《疾患》淋病，淋疾

good ★ 形 優れた，良い 派 goodwill(親善)
例 good manufacturing practice(優良医薬品製造基準)

GOT 略《臨床》(旧名称)グルタミン酸オキサロ酢酸トランスアミナーゼ(glutamic oxaloacetic transaminase)＝現在はASTに名称変更

G

gout 発 名《疾患》痛風 形 gouty(痛風性の)

govern ★ 動 支配する，管理する

government 名 ❶支配 ❷政府

GPCR 略《生体物質》G タンパク質共役受容体(G-protein-coupled receptor)

GPI 略《生体物質》グリコシルホスファチジルイノシトール(glycosylphosphatidylinositol)

GPT 略《臨床》(旧名称)グルタミン酸ピルビン酸トランスアミナーゼ(glutamic pyruvic transaminase)＝現在はALTに名称変更

grade ★ 名 ❶階級，程度 ❷学年 動 類別する

graded 形 段階的な，計量的な
例 graded response(段階的反応)

gradient ★ 名 勾配
例 electric potential gradient(電位勾配)，sucrose-density gradient(ショ糖密度勾配)

gradual 形 徐々の，漸進的な 副 gradually

graduate 動 (大学を)卒業する，学位を受ける 名 (大学の)卒業生 形 学位を受けた 類 postgraduate(大学院の)
例 graduate school(大学院)，graduate student(大学院生)

graft ★ 名 移植片，グラフト 動 ❶移植する ❷《植物》接木する 派 grafting(移植術)
例 graft rejection(移植片拒絶)，graft survival(移植片生着)，graft-versus-host disease(移植片対宿主病；GVHD)

grain 名 ❶粒子 ❷《植物》子実(しじつ)，穀物 動 粒にする
例 pollen grain(花粉粒)，coarse-grained(粗い粒子の)

Gram stain 名《臨床》グラム染色(法)
例 Gram-negative bacteria(グラム陰性菌)，Gram-positive bacteria(グラム陽性菌)

grant 名 助成金，補助金，奨学金 動 認める，承諾する 熟 take for granted

granular 形《解剖》顆粒(状)の
例 granular layer(顆粒層)

granulation 名 ❶《疾患》肉芽形成 ❷顆粒化，造粒
例 granulation tissue(肉芽組織)

granule ★ 名 顆粒，《薬剤》(顆)粒剤
例 granule cell(顆粒細胞)

granulocyte ★ 名《細胞》顆粒球 形 granulocytic(顆粒球性の)
例 granulocyte colony-stimulating factor(顆粒球コロニー刺激因子；G-CSF), granulocyte-macrophage colony-stimulating factor(顆粒球マクロファージコロニー刺激因子；GM-CSF)

granulocytopenia 名《疾患》顆粒球減少(症)

granuloma ★ 名《疾患》肉芽腫(慢性炎症による肉芽様腫瘤)

granulomatosis 名《疾患》肉芽腫症

granulomatous 形《疾患》肉芽腫(性)の
例 granulomatous disease(肉芽腫症)

granulosa 名《解剖》顆粒膜(排卵後に黄体となる卵胞内壁)
例 granulosa cell tumor(顆粒膜細胞腫)

granzyme 名《酵素》グランザイム(細胞傷害性T細胞に含まれるセリンプロテアーゼ)

graph 名 ❶グラフ ❷記録計 接尾 写真，像 派 radiograph(X線写真像), polygraph(多用途記録計)

graphic / graphical 形 図解の，図表の 名 graphics(画像，グラフィックス)

graphite 名《鉱物》グラファイト，黒鉛，石墨

-graphy ★ 接尾《臨床》「造影法，撮影法」を表す
例 angiography(血管造影［法］), tomography(断層撮影［法］)

grasp 名 理解 動 把握する，捉える，掴む

grassland 名 草地 類 sward

grave 形 重篤な

Graves' disease 名《疾患》グレーブス病，バセドウ病(TSH受容体自己抗体の刺激による甲状腺機能亢進症)

gravitational 形 重力の
例 gravitational acceleration(重力加速度)

gravitropism 名《生物》重力屈性

gravity 名《物理》重力，引力

gray ★ 名 ❶グレー，灰色 ❷《単位》グレイ(放射線の吸収線量単位)
例 gray area(中間領域；gray zone とはいわない), gray matter(灰白質)

great ★ 形 (比較級greater-最上級greatest)大きい，多数の，大いなる 副 greatly

G

green ★ 形 緑色の，グリーン 派 greenhouse(温室)
例 green alga(緑藻類)，green fluorescent protein(緑色蛍光タンパク質；GFP)

grind ★ 動 粉砕する，研磨する

GRK 略《酵素》Gタンパク質共役受容体キナーゼ(G-protein-coupled receptor kinase)

groin 名《解剖》鼠径(部)(そけいぶ)

groove ★ 名(細長い)溝

gross 形 ❶全体の，総量の ❷肉眼的な ❸著しい，ひどい
副 grossly
例 gross area(総面積)，gross lesion(著しい病変)

ground ★ 名 ❶土壌，地表，基底 ❷根拠 動 アース(接地)する
派 groundwater(地下水)
例 ground state(基底状態)

group ★★ 名 ❶集団，グループ ❷《動物》群れ ❸《分類学》群 ❹《化学》官能基 動 分類する 派 grouping(グループ分け)
例 amino group(アミノ基)，control group(対照群)，leaving group(脱離基)，treated group(処置群)

grow ★ 動 ＜grow - grew - grown＞成長する，伸びる
例 growing point(成長点)

growth ★★ 名 成長，発育，《細胞》増殖 類 development, expansion, proliferation, increase
例 growth arrest(増殖停止)，growth cone(成長円錐)，growth factor(成長因子，増殖因子)，growth hormone(成長ホルモン；GH)，growth hormone secretagogue(成長ホルモン分泌促進因子)，growth plate(《発生》成長板)，growth rate(成長速度)，growth retardation(発育遅延)

GSH 略《生体物質》グルタチオン(glutathione)

GST 略《酵素》グルタチオンSトランスフェラーゼ(glutathione S-transferase)

GTP 略《生体物質》グアノシン三リン酸(guanosine triphosphate)

GTP-binding protein 名《生体物質》GTP結合タンパク質 類 G-protein

GTPase 略《酵素》GTP加水分解酵素(guanosine triphosphatase) 類 GTPase-activating protein(GTPase活性化タンパク質)

guanidine 名《化合物》グアニジン
例 guanidine hydrochloride(塩酸グアニジン)

guanine ★ 発 — 名《核酸塩基》グアニン 略 G
例 guanine nucleotide exchange factor(グアニンヌクレオチド交換因子；GEF)

guanosine — 名《ヌクレオシド》グアノシン
例 guanosine monophosphate(グアノシン一リン酸；GMP), guanosine triphosphate(グアノシン三リン酸；GTP)

guanylyl cyclase — 名《酵素》グアニリルシクラーゼ
例 guanylate cyclase(グアニル酸シクラーゼ)

guarantee — 名 保証 動 保証する

guard — 名 監視，ガード
例 guard cell(《植物》孔辺細胞)

guidance ★ — 名 ガイダンス，指導

guide ★ — 名 ガイド，先導 動 案内する，導く
例 guide cannula(ガイドカニューレ)

guideline ★ — 名《臨床》ガイドライン，治療指針
例 practice guideline(治療ガイドライン)

Guillain-Barre syndrome — 名《疾患》ギラン・バレー症候群(急性炎症性脱髄性多発根神経炎)

guinea pig ★ — 名《動物》モルモット

gustatory — 形 味覚の，呈味の

gut ★ — 名《解剖》腸

GVHD — 略《疾患》移植片対宿主病(graft-versus-host disease)

Gy — 略《単位》グレイ(放射線吸収量)

gynecologic / gynecological — 形 婦人科学の，婦人科の

gynecology 発 — 名 婦人科学，婦人科 対 obstetrics(産科学)

gynecomastia — 名《症候》女性化乳房(症)(男性乳房の肥大)

gyrase — 名《酵素》ジャイレース(閉環状DNAの超らせん化酵素)
例 DNA gyrase(DNAジャイレース)

gyrus ★ — 名《解剖》回 複 gyri
例 cingulate gyrus([大脳辺縁系]帯状回), dentate gyrus([海馬]歯状回)

H

H ★ — 略 ❶《アミノ酸》ヒスチジン(histidine) ❷《元素》水素(hydrogen)

HA	㊕《生体物質》赤血球凝集素(hemagglutinin)
HAART	㊕《臨床》高活性抗レトロウイルス剤療法(highly active antiretroviral therapy)
habitat	名 生息地，自生地
habitual	形 習慣性の，常習性の 副 habitually
habituate	動 慣らす，習慣になる
habituation	名《生理》慣れ，習慣(性) 類 habit, habitude
haemo- / haemato-	接頭「血液」を表す
Haemophilus	学《生物》ヘモフィルス(属)(グラム陰性小桿菌の一属) 例 *Haemophilus influenzae*(インフルエンザ菌＝しかしインフルエンザとは無関係)
hair ★	名 毛，毛髪 派 hairless(無毛の) 例 hair cell(有毛細胞)，hair growth(発毛)，hair loss(脱毛)
hairpin ★	形《遺伝子》ヘアピン状の 例 hairpin ribozyme(ヘアピンリボザイム)
hairy	形《解剖》毛状の，有毛の 例 hairy cell(ヘアリー細胞＝リンパ腫)
half life ★	名 半減期 ㊕ $T_{1/2}$ 例 biological half life(生物学的半減期)
half-maximal	形 最大半量の
halide	名《化合物》ハロゲン化物，ハライド
hallmark ★	名 特徴，(品質などの)証明
hallucination	名《症候》幻覚
halogen	名《元素族》ハロゲン
halothane	名《化合物》ハロタン(揮発性全身麻酔薬)
halve	動 半減させる
hamartoma	名《疾患》過誤腫(腫瘍ではない組織の過剰増殖)
hammerhead	形 ハンマーヘッド型の 例 hammerhead ribozyme(ハンマーヘッド型リボザイム)
hamper	動 妨害する
hamster ★	名《動物》ハムスター
handedness	名《臨床》利き手
handle	名 柄，ハンドル 動 取り扱う，処理する 派 handling(取り扱い)
haploid	名《遺伝》一倍体(減数分裂によって生成する)，半数体，ハプロイド 形 単相(性)の 対 diploid(二倍体)

haploinsufficiency 名《遺伝》ハプロ不全(一対の相同染色体の一方の遺伝子の不活性化で起こる表現型の変異)

haplotype ★ 名《遺伝》ハプロタイプ(一倍体の遺伝子のセット)

hapten 名《免疫》ハプテン(不完全抗原である低分子化合物)

harbor ★ / 英 **harbour** 名 港，港湾 動 抱える，宿す

hardware 名《コンピュータ》ハードウェア，機器

harmful 形 有害な

harmonic 形 調和した

harness 名 ハーネス，装備 動 (動力源として)利用する

harvest ★ 動 (細胞を)収集する，(農産物を)収穫する 名 収穫

hasten 動 促進する，急ぐ

hatch 動 孵化(ふか)する 名 hatching(孵化)

hazard ★ 名 危険，害 類 danger, peril, risk 派 biohazard (バイオハザード＝生物学的危険)
例 hazard ratio(ハザード比)

hazardous 形 危険な，有害な 副 hazardously

Hb 略《生体物質》ヘモグロビン(hemoglobin)

HBV 略《病原体》B型肝炎ウイルス(hepatitis B virus)
例 HBV infection(B型肝炎ウイルス感染)

HCC 略《疾患》肝細胞癌(hepatocellular carcinoma)

hCG 名《医薬》ヒト絨毛性ゴナドトロピン(human chorionic gonadotropin)

HCM 略《疾患》肥大型心筋症(hypertrophic cardiomyopathy)

HCMV 略《病原体》ヒトサイトメガロウイルス(human cytomegalovirus)

HCV 略《病原体》C型肝炎ウイルス(hepatitis C virus)
例 HCV infection(C型肝炎ウイルス感染)

HDAC ★ 略《酵素》ヒストンデアセチラーゼ(histone deacetylase)

HDL 略《生体物質》高密度リポタンパク質(high-density lipoprotein)

head ★ 名《解剖》頭，頭部
例 head and neck cancer(頭頸部癌)，head trauma (頭部外傷)

headache ★ 名《症候》頭痛

headgroup 名《解剖》頭部

heading 名 ❶表題，見出し ❷《植物》出穂

heal ★ 動 治癒する 名 healing(治癒，ヒーリング)

health ★★ 名 ❶健康 ❷保健 ❸衛生
例 health care provider(医療提供者), health insurance(健康保険), health survey(健康調査), public health(公衆衛生)

healthcare 名 保健医療, ヘルスケア

healthy ★ 形 健康的な, 健康な
例 healthy comparison subject(健常対照群), healthy volunteer(健常人)

hearing ★ 名 ❶《生理》聴覚 ❷聴聞会, ヒアリング
例 hearing loss(聴覚損失), public hearing(公聴会)

heart ★★ 名《解剖》心臓 形 cardiac
例 heart attack(心発作), heart disease(心疾患), heart failure(心不全), heart rate(心拍数)

heartburn 名《症候》胸やけ

heat ★ 名 ❶《物理》熱 ❷《生物》発情(期) 動 加熱する, 加温する
例 heat attack(熱中症), heat of formation(生成熱), heat wave(熱波), heat-inactivated(熱失活した), heat-labile compound(熱不安定性化合物), heat-shock protein(熱ショックタンパク質;HSP), heat-stable(熱安定性の)

heavy ★ 形 (比較級heavier-最上級heaviest)重い 副 heavily(重度に)
例 heavy chain(重鎖), heavy metal(重金属)

hedgehog ★ 名 ❶《動物》ハリネズミ(食虫類の動物) ❷《遺伝子》ヘッジホッグ(形態形成遺伝子)

height ★ 名 ❶高さ, 身長 ❷絶頂, 高地

HEK cell 略《実験》ヒト胎児由来腎臓細胞(human embryonic kidney cell)

HeLa cell ★ 名《実験》HeLa細胞(子宮頸癌由来の細胞株;患者名のHenrietta Lacksから名付けられた)

helical ★ 形 らせん状の
例 helical CT(ヘリカル断層撮影)

helicase ★ 名《酵素》ヘリカーゼ, DNA巻き戻し酵素

helicity 名《分子構造》らせん度, ヘリシティー

Helicobacter 学《生物》ヘリコバクター(属)(らせん状細菌の一属)
例 *Helicobacter pylori*(ピロリ菌)

helix ★ 名 らせん(体) 複 helices
例 double helix model(二重らせんモデル), helix-loop-helix([タンパク質立体構造]ヘリックス・ループ・ヘリックス), helix-turn-helix([タンパク質立体構造]ヘリックス・ターン・ヘリックス)

helminth 名《生物》蠕虫(類)(ぜんちゅう)

helper ★ 名 ヘルパー，助っ人
例 helper T-cell(ヘルパーT細胞)，helper virus(ヘルパーウイルス)

helpful ★ 形 役立つ，助けになる，有益な

hemagglutinin 名《生体物質》赤血球凝集素

hemangioma 名《疾患》血管腫

hematocrit 名《臨床》ヘマトクリット，血球容量

hematogenous 形 血行性の

hematologic ★ **/ hematological** 形 血液学的な，血液系の
例 hematologic malignancy(血液系腫瘍)

hematology 名 血液学

hematoma 名《疾患》血腫(血管外に漏出した血液が貯留した病態)

hematopoiesis 名《生理》造血

hematopoietic ★ 形 造血(性)の
例 hematopoietic growth factor(造血因子)，hematopoietic progenitor cell(造血前駆細胞)，hematopoietic stem cell(造血幹細胞)

hematuria 名《疾患》血尿(症)

heme ★ 発 名《化合物》ヘム(プロトポルフィリンの鉄キレート体)
例 heme oxygenase(ヘムオキシゲナーゼ)，heme protein(ヘムタンパク質)

hemidesmosome 名《細胞》ヘミデスモソーム，半接着斑(基底膜と上皮細胞をつなぐ構造)

hemiparesis 名《疾患》不全片麻痺，半身麻痺

hemisphere ★ 名 半球 形 hemispheric(半球状の)
例 cerebral hemisphere(大脳半球)

hemizygous 形《遺伝》半接合性の，ヘミ接合性の(二倍体中に対をなさない染色体がある状態)

hemo- ★ **/ hemato-** 接頭「血液」を表す

hemochromatosis 名《疾患》血色素症，ヘモクロマトーシス(鉄代謝異常による全身性ヘモジデリン沈着)

hemocyte 名《細胞》血球

hemodialysis 名《臨床》血液透析

hemodynamic ★ 形 血行動態の，血行力学の 副 hemodynamically

H

hemodynamics 名 血行動態，血行力学

hemoglobin ★ **/ haemoglobin** 名《生体物質》ヘモグロビン（赤血球にあって酸素を運搬する成分） 略 Hb

hemoglobinopathy 名《疾患》異常ヘモグロビン症，異常血色素症

hemoglobinuria 名《疾患》血色素尿（症），ヘモグロビン尿（症）

hemolysin 名《生体物質》溶血素

hemolysis 名《症候》溶血

hemolytic ★ 形 溶血性の
例 hemolytic anemia（溶血性貧血），hemolytic-uremic syndrome（溶血性尿毒症症候群）

hemophilia 名《疾患》血友病 形 hemophiliac / hemophilic（出血病性の）

hemopoietic 形《生理》造血性の

hemoptysis 名《症候》喀血（かっけつ）

hemorrhage ★ 名《症候》出血

hemorrhagic ★ 形 易出血性の
例 hemorrhagic fever（出血熱），hemorrhagic shock（出血性ショック）

hemostasis 名 ❶止血 ❷うっ血 形 hemostatic（止血性の）

hence ★ 副 したがって，それ故に

Henle's loop 名《解剖》（腎臓）ヘンレ係蹄
例 thick ascending limb of Henle's loop（ヘンレ係蹄上行脚）

heparan 名《化合物》ヘパラン
例 heparan sulfate（ヘパラン硫酸），heparan sulfate proteoglycan（ヘパラン硫酸プロテオグリカン）

heparin ★ ア 名《化合物》ヘパリン（抗凝固薬；酸性ムコ多糖；アンチトロンビンIII促進）

hepatectomy 名《臨床》肝切除（術）

hepatic ★ 形《解剖》肝臓の 名 liver
例 hepatic encephalopathy（肝性脳症），hepatic failure（肝不全），hepatic insufficiency（肝機能不全），hepatic lobule（肝小葉），hepatic steatosis（脂肪肝）

hepatitis ★ 発 名《疾患》肝炎
例 hepatitis C virus（C型肝炎ウイルス）

hepato- ★ 接頭「肝臓」を表す

hepatobiliary 形《解剖》肝胆道の，肝胆嚢の

hepatocellular ★ 形 肝細胞(性)の
例 hepatocellular carcinoma(肝細胞癌)

hepatocyte ★ 名《解剖》肝細胞，肝実質細胞
例 hepatocyte growth factor(肝細胞増殖因子)

hepatology 名 肝臓学

hepatoma 名《疾患》肝細胞腫

hepatomegaly 名《疾患》肝腫大，肝腫

hepatosplenomegaly 名《疾患》肝脾腫大，肝脾腫

hepatotoxicity 名 肝毒性

heptad 形 七つ組の
例 heptad repeat(7アミノ酸の繰り返し配列)

HER-2 略《遺伝子》ヒト上皮成長因子受容体2(human epidermal growth factor receptor 2)＝癌原遺伝子の一種

herald 動 告知する，予知する

herbal 名《植物》草本
例 herbal medicine(生薬)

herbicide 名《化合物》除草剤 形 herbicidal(除草性の，除草剤の)

herbivore 名《生物》草食動物 形 herbivorous(草食の) 反 carnivore(肉食動物)

hereditary ★ 形《疾患》遺伝性の
例 hereditary disease(遺伝病)，hereditary hemochromatosis(遺伝性ヘモクロマトーシス)

heredity 名 遺伝 類 inheritance

heretofore 副 今までに

HERG 略《生体物質》ヒト遅延整流性カリウムイオンチャネル遺伝子(human ether-a-go-go-related gene)

heritability 名 遺伝力，遺伝率

heritable 形 遺伝性の

hermaphrodite 名 雌雄同体，雌雄同株

hernia 名《疾患》ヘルニア，脱出症

herniation 名《症候》ヘルニア形成

herpes ★ 発 名《疾患》ヘルペス，疱疹(ほうしん) 形 herpetic(疱疹性) 派 herpesvirus(ヘルペスウイルス)
例 herpes simplex(単純疱疹)，herpes zoster(帯状疱疹)

hesitate 動 躊躇(ちゅうちょ)する，ためらう 名 hesitation(躊躇)

H

HETE 略《生体物質》ヒドロキシエイコサテトラエン酸(hydroxyeicosatetraenoic acid)

hetero- ★★ 接頭「異質」を表す 反 homo-

heterochromatin 名《細胞》ヘテロクロマチン(分裂間期においても凝集構造をとる染色体の一部分), 異質染色質 形 heterochromatic(異質染色質の)

heterocycle 名《化学》複素環, ヘテロ環 形 heterocyclic

heterodimer ★ 名 ヘテロ二量体, ヘテロダイマー 形 heterodimeric

heterodimerization 名 ヘテロ二量体化 動 heterodimerize(ヘテロ二量体を形成する)

heteroduplex 名《遺伝子》ヘテロ二本鎖, ヘテロ二重鎖

heterogeneity ★ 名 不均一性, 異質性

heterogeneous ★ / heterogenous 形 不均一な, 異種起源の 副 heterogeneously
例 heterogeneous-nuclear ribonucleoprotein(ヘテロ核リボタンパク質), heterogeneous nuclear RNA(ヘテロ核タンパク質 ; hnRNA)

heterologous ★ 形 異種性の 副 heterologously

heteromeric 名 ヘテロマー(異なるサブユニットの集合体)

heteronuclear 形 ヘテロ核の, 異核の
例 heteronuclear single quantum coherence(異核種単一量子コヒーレンス法 ; HSQC)

heterooligomer 名 ヘテロオリゴマー(異なる要素からなる複合体)

heterotrimer 名 ヘテロ三量体 形 heterotrimeric(ヘテロ三量体の)
例 heterotrimeric G-protein(ヘテロ三量体Gタンパク質)

heterozygosity 名《遺伝》ヘテロ接合性, 異型接合性 反 homozygosity
例 loss of heterozygosity(ヘテロ接合性欠失)

heterozygote ★ 名《生物》ヘテロ接合体, 異型接合体(異なる対立遺伝子をもつ二倍体)

heterozygous ★ 形《遺伝》ヘテロ接合(性)の, 異型接合性の
例 heterozygous mice(ヘテロ接合体マウス)

heuristic 形 発見的な

hexa- 接頭「6」を表す
例 hexagon(六角形), hexagonal(六角形の), hexamer(六量体), hexane(ヘキサン=炭素数6の飽和炭化水素)

hexose 名 六炭糖, ヘキソース

Hg 化《元素》水銀(mercury)

HGE ㊕《疾患》ヒト顆粒球エーリキア症(human granulocytic ehrlichiosis)

HGF ㊕《生体物質》肝細胞増殖因子(hepatocyte growth factor)

hGH ㊕《医薬》ヒト成長ホルモン(human growth hormone)

HHV ㊕《病原体》ヒトヘルペスウイルス(human herpes virus)

hibernate 動 冬眠する

hibernation 名《生物》冬眠

hidden 形 隠れた
例 hidden Markov model(隠れマルコフモデル；HMM)

hierarchical 形 階層的な

hierarchy 発 名 階層，階層制

high ★★ 形 (比較級higher - 最上級highest)高い，高度な
反 low
例 high-affinity binding(高親和性結合)，high-density lipoprotein(高密度リポタンパク質)，high-dose chemotherapy(大量化学療法)，high endothelial venule(高内皮小静脈)，high-fat diet(高脂肪食)，high-frequency stimulation(高頻度刺激)，high-grade dysplasia(高度異形成)，high latitudes(高緯度地帯)，high molecular weight(高分子量)，high-performance liquid chromatography(高速液体クロマトグラフィー)，high-power field(強拡大視野)，high-resolution structure(高分解能構造)，high-risk patient(高リスク患者)，high-throughput screening(高処理スクリーニング)

higher 形 高等な，高級な 派 higher-order(高次の)
例 higher eukaryote(高等真核生物)，higher plant(高等植物)

highlight ★ 動 脚光を当てる，強調する 名 ハイライト 形 highlighted(ハイライトされた)

highly ★★ 副 高度に
例 highly-active antiretroviral therapy(高活性抗レトロウイルス剤療法)，highly-metastatic cell(高転移細胞)，highly-sensitive(高感度な)

Hill coefficient 名 ヒル係数(用量依存曲線の傾き係数)

hilus 名《解剖》門部，肺門 形 hilar(門部の)

hindbrain 発 名《解剖》後脳

hindgut 名《発生》後腸

hindlimb 名《生物》後肢 対 forelimb(前肢)

H

hindrance 名 妨害，障害
例 steric hindrance(《化学》立体障害)

hinge 名 ヒンジ，ちょうつがい

hip ★ 名《解剖》臀部，尻，ヒップ
例 hip fracture(股関節骨折)，waist-to-hip ratio(ウエスト・ヒップ比)

HIPAA 略《法律》医療保険の相互運用性と説明責任に関する法律(Health Insurance Portability and Accountability Act)
例 HIPAA-compliant study(HIPAAを遵守した臨床研究)

hippocampal ★ 形《解剖》海馬の
例 hippocampal formation(海馬体)，hippocampal slice(海馬切片)

hippocampus ★ 名《解剖》海馬(かいば) 複 hippocampi

hirsutism 名《症候》多毛(症)，男性型多毛症

His 略《アミノ酸》ヒスチジン(histidine)

hispanic 形《人種》ラテンアメリカ系の

histamine ★ ア 名《生体アミン》ヒスタミン
例 histamine release(ヒスタミン遊離)

histaminergic 形《生理》ヒスタミン作動性の

histidine ★ ア 名《アミノ酸》ヒスチジン 略 His，H
例 histidine kinase(ヒスチジンキナーゼ)

histo- ★ 接頭「組織」を表す

histochemical 形 組織化学的な 副 histochemically
例 histochemical analysis(組織化学的解析)

histochemistry 名 組織化学

histocompatibility ★ 名《免疫》組織適合性
例 histocompatibility antigen(組織適合性抗原)，histocompatibility complex(組織適合性複合体)

histogram 名 ヒストグラム，柱状図

histological ★ **/ histologic** 形 組織学的な，組織の 副 histologically
例 histological classification(組織分類)，histological examination(組織学的検討)

histology ★ 名 ❶組織学 ❷組織像

histone ★ 名《生体物質》ヒストン(核タンパク質)
例 histone acetylation(ヒストンアセチル化)，histone deacetylase(ヒストン脱アセチル化酵素；HDAC)，histone deacetylation(ヒストン脱アセチル化)

histopathological / histopathologic 形 病理組織学的な，病理組織の 副 histopathologically

histopathology 名 組織病理学

histoplasmosis 名《疾患》ヒストプラズマ症(真菌感染症の一種)

historical / historic 形 歴史的な 副 historically

history ★ 名 ❶歴史 ❷《医学》履歴，病歴
例 family history(家族歴＝家族内発病の有無)， natural history(自然史＝治療の介入なく病気が推移する経過)

hitherto 副 これまでに，今までに

HIV ★★ 略《病原体》ヒト免疫不全症ウイルス(human immunodeficiency virus)
例 HIV-infected subjects(HIV感染した被験者)

HLA 略《免疫》ヒト白血球抗原(human leukocyte antigen)
例 HLA matching(HLA適合)

HMG-CoA reductase 名《酵素》ヒドロキシメチルグルタリルCoA還元酵素(コレステロール生合成の律速酵素)

HNF 略《生体物質》肝細胞核因子(hepatocyte nuclear factor)

hnRNP 略《生体物質》ヘテロ核内リボタンパク質(heterogeneous-nuclear ribonucleoprotein)

hoarseness 名《症候》しわがれ声，嗄声

Hodgkin's disease 名《疾患》ホジキン病(単核性の悪性リンパ腫)

hold ★ 動 <hold - held - held>持つ，維持する，保つ，保持する
例 holding potential(保持電位)

holoenzyme ★ 名《生化学》ホロ酵素(補酵素を結合して機能状態にある酵素) 対 apoenzyme(アポ酵素)

home ★ 名 ホーム，家 形 在宅の 派 homeless(ホームレス)
例 home care(在宅医療)

homeo- 接頭「同質，類似，恒常性」を表す

homeobox 名《遺伝子》ホメオボックス(相同的な塩基配列構造)
例 homeobox gene(ホメオボックス遺伝子)

homeodomain ★ 名《遺伝子》ホメオドメイン(転写調節タンパク質のDNA結合ドメイン)
例 homeodomain protein(ホメオドメインタンパク質)， homeodomain transcription factor(ホメオドメイン転写因子)

homeostasis ★ 名《生理》恒常性，ホメオスタシス

homeostatic 形 ホメオスタシスの
例 homeostatic mechanism（恒常性維持機構）

homeotherm 名《生物》恒温動物 対 poikilotherm（変温動物）

homeotic 形《発生》ホメオティックな，相同異質形成の
例 homeotic gene（ホメオ遺伝子）

homicide 名 ❶殺人 ❷殺人者

Homo sapiens 学《動物》ヒト 類 human, human being

homo- ★★ 接頭「相同，同種」を表す 反 hetero-

homocysteine ★ 名《アミノ酸》ホモシステイン（メチオニン生合成中間体）

homodimer ★ 名 ホモダイマー，ホモ二量体 形 homodimeric（ホモ二量体の）

homodimerization 名 ホモ二量体形成，ホモ二量体化

homogenate ア 名《生化学》ホモジネート（＝細胞を細かく破壊した懸濁液）

homogeneity 名 均一性

homogeneous ★ ア 形 均質な 副 homogeneously

homogenization ア 名 均質化

homogenize ア 動《実験》ホモジナイズする，均質化する

homolog ★ **/ homologue** 名《遺伝子》相同体，同族体，ホモログ

homologous ★ 形 相同的な，相同な
例 homologous chromosome（相同染色体），homologous recombination（相同組換え）

homology ★ 名 相同性，ホモロジー
例 homology domain（相同領域），homology search（相同性検索），sequence homology（配列相同性）

homophilic 形《生物》同種親和性の

homopolymer 名《化合物》ホモポリマー，同種重合体

homosexual 形 同性愛の，ホモセクシャルな 名 同性愛者

homotypic 形 ホモタイプの

homozygosity 名《遺伝》ホモ接合性，同型接合性 反 heterozygosity

homozygote 名《生物》ホモ接合体，同型接合体

homozygous ★ 形 ホモ接合性の
例 homozygous deletion（ホモ接合型欠失）

hookworm 名《生物》鉤虫

horizon 名 水平，水平線

horizontal ★ 形 水平方向の，水平な 副 horizontally 反 vertical（垂直の）
例 horizontal axis（横軸），horizontal gene transfer（遺伝子水平伝播），horizontal plane（水平面）

hormonal ★ 形 ホルモン性の 副 hormonally

hormone ★★ 名《生体物質》ホルモン（血流で標的器官に運ばれる内因性生理活性物質の総称）
例 hormone replacement therapy（ホルモン補充療法），hormone secretion（ホルモン分泌），antidiuretic hormone（抗利尿ホルモン＝バソプレッシン；ADH），luteinizing hormone（黄体形成ホルモン；LH）

horn 名 ❶《解剖》角 ❷（昆虫の）触角
例 dorsal horn（後角［こうかく］）

horseradish 名《植物》西洋わさび，ワサビダイコン
例 horseradish peroxidase（西洋わさびペルオキシダーゼ；HRP）

horticulture 名 園芸，園芸学

hospice 名 ホスピス，末期医療施設

hospital ★ 名 病院
例 hospital admission（入院），hospital discharge（退院），hospital mortality（院内死亡率），hospital ward（病棟），in-hospital mortality（院内死亡率）

hospitalization ★ 名 入院

hospitalize ★ 動 入院させる

host ★★ 名《生物》宿主，ホスト
例 host defense（宿主防御），host-pathogen interaction（宿主病原体相互作用），host range（宿主範囲）

hot ★ 形 ❶熱い ❷放射性の
例 hot spot（ホットスポット＝突然変異を起こしやすい遺伝子の部位），hot flash / hot flush（のぼせ）

hourly 形 1時間ごとの

household 名 家族，家庭

housekeeping 形 ハウスキーピング（恒常的に発現ないし機能しているの意）
例 housekeeping gene（ハウスキーピング遺伝子）

however ★★ 副 しかしながら

HPLC 略《実験》高速液体クロマトグラフィー（high performance liquid chromatography）

H

HPV 略《病原体》ヒトパピローマウイルス(human papillomavirus)

HRP 略《酵素》西洋わさびペルオキシダーゼ(horseradish peroxidase)

HSC 略《解剖》造血幹細胞(hematopoietic stem cell)

HSF 略《生体物質》熱ショック転写因子(heat shock transcription factor)

HSP 略《生体物質》熱ショックタンパク質(heat-shock protein)

HSV 略《病原体》単純ヘルペスウイルス(herpes simplex virus)

hTERT 略《酵素》ヒトテロメラーゼ逆転写酵素(human telomerase reverse transcriptase)

HTLV 略《病原体》ヒトT細胞白血病ウイルス(human T-cell leukemia virus)

human ★★ 形《生物》ヒト(型)の 名 ヒト 学 *Homo sapiens*
類 human being
例 human chorionic gonadotropin(ヒト絨毛性ゴナドトロピン; hCG), human embryonic kidney cell(ヒト胎児由来腎臓細胞；HEK cell), human ether-a-go-go-related gene(ヒト遅延整流性カリウムイオンチャネル遺伝子; HERG), human immunodeficiency virus(ヒト免疫不全症ウイルス；HIV), human leukocyte antigen(ヒト白血球抗原; HLA), human right(人権), human telomerase reverse transcriptase(ヒトテロメラーゼ逆転写酵素；hTERT), human umbilical vein endothelial cell(ヒト臍帯静脈内皮細胞; HUVEC)

humanity 名 人間性

humanized 形 ヒト化の(抗体)
例 humanized monoclonal antibody(ヒト化モノクローン抗体)

humid 形 湿気のある

humidity 名 湿度，湿気 類 damp, moisture

humor 発 名 ❶ユーモア，気質 ❷《臨床》体液

humoral ★ 形《生理》体液性の
例 humoral immunity(液性免疫)

hunger 名 空腹，飢餓，空腹感 形 飢餓性の

Huntington's disease 名《疾患》ハンチントン病(遺伝性ポリグルタミン病の一種である進行性の神経変性疾患)

HUVEC 略《細胞》ヒト臍帯静脈内皮細胞(human umbilical vein endothelial cell)

hyaline 名《解剖》硝子質，ヒアリン
例 hyaline cartilage(硝子軟骨)

hyaluronan 名《化合物》ヒアルロナン(ムコ多糖の一種) 類 hyaluronic acid, hyaluronate(ヒアルロン酸)

hybrid ★ 名 ❶《生物》雑種 ❷混成(体)，ハイブリッド 形 混成の
例 hybrid cell(雑種細胞)，hybrid orbital(混成軌道)，hybrid sterility(雑種不稔性)

hybridization ★ 名 ❶《実験》ハイブリッド形成(法) ❷《生物》交雑，雑種形成

hybridize 動 ハイブリッドを形成させる

hybridoma 名 雑種細胞，融合細胞，ハイブリドーマ(2種類の異なる細胞を融合させた人工細胞株)

hydr(o)- ★ 接頭「水，水素」を表す

hydrate 名《化学》水和物 動 ❶水和させる ❷《臨床》水分補給する 反 dehydrate(脱水する)
例 methane hydrate(メタンハイドレート＝新しい燃料資源)

hydration 名《化学》水和

hydraulic 形《物理》水力の
例 hydraulic pressure(水圧)

hydride 名《化合物》水素化物

hydrocarbon ★ 名《化合物》炭化水素

hydrocephalus 名《疾患》水頭症

hydrochloride 名《化合物》塩酸塩 化 HCl 類 hydrochloric acid (塩酸，塩化水素)

hydrodynamic 形 水力学的な

hydrogel 名《化合物》ハイドロゲル(多量の水を含む親水性高分子)

hydrogen ★ 名《元素》水素 化 H
例 hydrogen bond(水素結合)，hydrogen ion(水素イオン)，hydrogen peroxide(過酸化水素)

hydrogenation 名 水素付加，水素化

hydrolase ★ 名《酵素》ヒドロラーゼ，加水分解酵素

hydrolysate 名 加水分解産物

hydrolysis ★ 名《化学》加水分解

hydrolytic 形 加水分解性の

hydrolyze ★ / 英 **hydrolyse** 動 加水分解する

hydronephrosis 名《疾患》水腎症

H

hydrophilic 形《化学》親水性の 反 hydrophobic, lipophilic (疎水性の, 親油性の)

hydrophobic ★ 形《化学》疎水性の 類 lipophilic (親油性の) 反 hydrophilic (親水性の)
例 hydrophobic interaction (疎水性相互作用), hydrophobic region (疎水性領域)

hydrophobicity 名《化学》疎水性

hydrostatic 形 静水(学)的な
例 hydrostatic pressure (静水圧)

hydroxide 名《化合物》水酸化物

hydroxy 名《化学》ヒドロキシ, 水酸化
例 hydroxy group (水酸基)

hydroxyapatite 名《化合物》ヒドロキシアパタイト (リン酸カルシウム吸着剤)

hydroxyeicosatetraenoic acid 名《生体物質》ヒドロキシエイコサテトラエン酸 (アラキドン酸代謝物) 略 HETE

hydroxyl ★ 名《化学》ヒドロキシル, 水酸化
例 hydroxyl radical (ヒドロキシラジカル)

hydroxylase ★ 名《酵素》ヒドロキシラーゼ, 水酸化酵素

hydroxylate 動 ヒドロキシル化する

hydroxylation 名《化学》ヒドロキシル化

hygiene 名 衛生

hyper- ★★ 接頭「高, 過剰」を表す 反 hypo-

hyperactivation 名 過剰活性化 形 hyperactivated (活性化過剰の)

hyperactive 形 活動亢進の, 機能亢進(性)の

hyperactivity 名 ❶活動亢進 ❷《症候》多動
例 attention deficit hyperactivity disorder (注意欠陥多動性障害 ; ADHD)

hyperacute 形 超急性の
例 hyperacute rejection (超急性拒絶反応)

hyperalgesia 名《症候》痛覚過敏

hyperbaric 形 高圧の, 《臨床》高圧酸素療法の
例 hyperbaric oxygen therapy (高圧酸素療法)

hyperbilirubinemia 名《症候》高ビリルビン血症

hypercalcemia 名《症候》高カルシウム血症

hypercalciuria 名《症候》高カルシウム尿(症)

hypercapnia 名《症候》高炭酸ガス血症 (肺換気低下による血中炭酸ガスの貯留)

hypercholes-terolemia 名《症候》高コレステロール血症 形 hypercholesterolemic(高コレステロール血症の)

hyperconjuga-tion 名《物理》超共役

hyperemia 名《症候》充血 形 hyperemic(充血性の)

hyperexcit-ability 名《症候》興奮性亢進，過剰興奮性

hyperglycemia ★ **/ hypergly-caemia** 発 名《症候》高血糖(症) 形 hyperglycemic(高血糖性の)

hyperhomo-cysteinemia 名《症候》高ホモシステイン血症

hyperinsu-linemia 名《症候》高インスリン血症 形 hyperinsulinemic(高インスリン血型の)

hyperkalemia 名《症候》高カリウム血症

hyperlipidemia 名《症候》高脂血症

hypermethyla-tion 名《遺伝子》過剰メチル化 形 hypermethylated(過剰メチル化した)

hypermutation 名《遺伝子》過剰変異，超変異

hypernatremia 名《症候》高ナトリウム血症

hyperosmolar 形 高浸透圧の 名 hyperosmolarity(高浸透圧)

hyperosmotic 形 高浸透圧による
例 hyperosmotic stress(高浸透圧ストレス)

hyperoxia 名《症候》過酸素症 形 hyperoxic(過酸素症の)

hyperparathy-roidism 名《症候》副甲状腺機能亢進(症)

hyperphagia 名《症候》過食症，多食症，食欲過剰

hyperphos-phatemia 名《症候》高リン酸塩血症

hyperphos-phorylation 名《生化学》リン酸化過剰 形 hyperphosphorylated(リン酸化過剰の)

hyperpigmen-tation 名《症候》色素沈着過剰

hyperplasia ★ 名《疾患》過形成，肥大症
例 benign prostatic hyperplasia(良性前立腺肥大症)

hyperplastic 形 過形成の，肥厚性の

hyperpolariza-tion 名《生理》過分極 反 depolarization(脱分極)

hyperpolarize 動 過分極する 反 depolarize

hyperprolactinemia 名《症候》高プロラクチン血症

hyperproliferation 名 過剰増殖 形 hyperproliferative(過剰増殖の)

hyperreactivity 名 反応性亢進,《臨床》過敏性

hyperresponsiveness 名 応答性亢進，反応性亢進

hypersecretion 名 分泌過多，過分泌

hypersensitive 形 過感受性の，高感受性の
例 hypersensitive site(高感受性領域)

hypersensitivity ★ 名《疾患》過敏症
例 drug hypersensitivity(薬剤過敏症)

hypertension ★ 名《症候》高血圧(症)，圧力上昇
例 essential hypertension(本態性高血圧)，ocular hypertension(眼圧上昇)

hypertensive ★ 形 高血圧性の

hyperthermia 名 ❶高体温 ❷《臨床》温熱療法
例 malignant hyperthermia(悪性高熱症)

hyperthermophilic 形《生物》超好熱性の
例 hyperthermophilic archaea(超好熱性古細菌)

hyperthyroidism 名《疾患》甲状腺機能亢進症

hypertonic 形《物理》高張の，高浸透圧の 名 hypertonicity(高浸透圧性)

hypertriglyceridemia 名《症候》高トリグリセリド血症

hypertrophic ★ 形《疾患》肥大性の，肥大型の
例 hypertrophic cardiomyopathy(肥大型心筋症)，hypertrophic scar(肥厚性瘢痕)

hypertrophy ★ 名《疾患》肥大症
例 left ventricular hypertrophy(左心室肥大)

hyperuricemia 名《疾患》高尿酸血症

hypervariable 形《遺伝子》高頻度可変性の
例 hypervariable region(高頻度可変領域)

hyperventilation 名《症候》過換気(症)，過剰換気

hyphae 名《生物》(複数扱い)菌糸 単 hypha 形 hyphal
例 aerial hyphae(気菌糸)

hypnotic 形 催眠(性)の 名 催眠薬

hypo- ★★ 接頭「低，不足」を表す 反 hyper-

hypoalbuminemia 名《症候》低アルブミン血症

hypocalcemia 名《症候》低カルシウム血症

hypocotyl 名《発生》胚軸
例 hypocotyl elongation(胚軸伸長)

hypofunction 名 機能低下(症)，機能不全

hypogammaglobulinemia 名《症候》低ガンマグロブリン血症

hypoglycemia ★ 名《症候》低血糖(症) 形 hypoglycemic(低血糖性の)

hypogonadism 名《疾患》性腺機能低下(症)

hypokalemia 名《症候》低カリウム血症

hypomagnesemia 名《症候》低マグネシウム血症

hypomethylation 名《遺伝子》低メチル化

hypomorphic 形《遺伝》低形質の

hyponatremia 名《症候》低ナトリウム血症

hypoparathyroidism 名《疾患》副甲状腺機能低下(症)

hypoperfusion 名《症候》低灌流

hypophosphatemia 名《症候》低リン酸血症

hypopituitarism 名《疾患》下垂体機能低下(症)

hypoplasia 名《症候》発育不全，形成不全

hypoplastic 形《疾患》低形成の
例 hypoplastic left heart syndrome(左心低形成症候群)

hypopnea 名《症候》低呼吸，呼吸量低下

hyporesponsiveness 名《症候》反応性低下，低応答(性)

hypotension ★ 名《症候》低血圧，圧力低下
例 orthostatic hypotension(起立性低血圧)

hypotensive 形 ❶降圧性の ❷低血圧の

hypothalamic ★ 形 視床下部の

hypothalamus ★ 名《解剖》視床下部 複 hypothalami

hypothermia 名《症候》低体温 形 hypothermic(体温下降の)

hypothesis ★★ 名 仮説 複 hypotheses
例 working hypothesis(作業仮説)

H

hypothesize ★	動 仮説を設ける，仮定する
hypothetical	形 推測に基づく，仮説の 副 hypothetically
hypothyroidism	名《疾患》甲状腺機能低下症 形 hypothyroid
hypotonic	形《物理》低浸透圧の，低張の 例 hypotonic swelling(低浸透圧性膨潤)
hypoventilation	名《症候》換気低下，低換気
hypovolemia	名《症候》血液量減少(症) 形 hypovolemic(血液量減少の)
hypoxemia	名《症候》低酸素血症
hypoxia ★	名《疾患》低酸素症 例 hypoxia-inducible factor(低酸素誘導因子)
hypoxic ★	形 低酸素の 例 under hypoxic conditions(低酸素環境下で)
hysterectomy	名《臨床》子宮摘出(術)
hysteresis 発	名《物理》履歴現象，ヒステリシス
Hz	略《単位》ヘルツ(hertz)

I

I ★	略 ❶《元素》ヨウ素(iodine) ❷《アミノ酸》イソロイシン(isoleucine)
iatrogenic 発	形《疾患》医原性の
IBD	略《疾患》炎症性腸疾患(inflammatory bowel disease)
ibid.	略(引用文献リストで)同書に(*ibidem*)
ICAM	略《生体物質》細胞間接着分子(intercellular adhesion molecule)
ICD	略 ❶《臨床》植え込み型除細動器(implantable cardioverter defibrillator) ❷《統計》国際疾病分類(international classification of disease)
icosahedral	形 正二十面体の 名 icosahedron(正二十面体) 例 icosahedral symmetry(正二十面体対称)
ictal	形《症候》てんかん発作(性)の
ICU	略《臨床》集中強化治療室(intensive care unit)
IDDM	略《疾患》(旧分類)インシュリン依存性糖尿病(insulin-dependent diabetes mellitus) 類 type 1 diabetes mellitus(1型糖尿病)

idea ★ 名 アイデア，考え

ideal ★ 形 理想的な 副 ideally
例 ideal fluid(理想流体)，ideal gas(理想気体)

ideation 名 観念化

identical ★ 形 同一の，まったく同じ(+to, with) 副 identically
熟 be identical to(〜と同一である)

identifiable 形 同定可能な

identification ★ 名 同定，識別

identify ★★ 動 同定する，確認する

identity ★ 名 ❶同一性 ❷個性，アイデンティティ
例 amino acid sequence identity(アミノ酸配列の同一性)

idiopathic ★ 形《疾患》特発(とくはつ)性の
例 idiopathic cardiomyopathy(特発性心筋症)

idiosyncratic 形 特異体質の，イディオシンクラティックな(個人に特有であること)
例 idiosyncratic drug reaction(薬物特異体質反応)

idiotype 名《免疫》イディオタイプ(免疫グロブリンの個特異的抗原性) 形 idiotypic(イディオタイプの)

i.e. 略 すなわち(id est) 類 that is to say, namely, viz.

IEF 略《実験》等電点電気泳動(isoelectric focusing)

if any 熟 もしあったとしても，もしあれば

if so 熟 もしそうなら

IFN ★ 略《生体物質》インターフェロン(interferon)

Ig 略《生体物質》免疫グロブリン(immunoglobulin)

IgA 略《生体物質》免疫グロブリンA(immunoglobulin A)

IgE 略《生体物質》免疫グロブリンE(immunoglobulin E)

IGF 略《生体物質》インスリン様増殖因子(insulin-like growth factor)

IGFBP 略《生体物質》インスリン様増殖因子結合タンパク質(insulin-like growth factor binding protein)

IgG 略《生体物質》免疫グロブリンG(immunoglobulin G)

IgM 略《生体物質》免疫グロブリンM(immunoglobulin M)

ignore 動 無視する

IL ★ 略《生体物質》インターロイキン(interleukin)

Ile 略《アミノ酸》イソロイシン(isoleucine)

ileal	形 回腸の
ileum	名《解剖》回腸 複 ilea
ileus	名《疾患》腸閉塞，イレウス(重篤な腸内容物の通過障害の総称)
iliac	形《解剖》腸骨の 例 iliac artery(腸骨動脈)
ill ★	形 病気の 類 sick
illegal	形 違法な，不法な 副 illegally
illegitimate	形 非正統的な，非嫡出の
illicit	形 違法な 例 illicit drug(違法薬物)
illness ★	名 疾病，病気 類 disease，ailment
illuminate	動 照射する
illumination	名 イルミネーション，照明
illusion	名 ❶《生理》錯覚，錯視 ❷幻影
illustrate ★	動 図解する，模式化する
illustration	名 図解，模式化，イラスト
i.m. / im	略《臨床》筋肉内注射(intramuscular injection)
image ★★ ア	名 イメージ，画像，像 例 image quality(画質)，image processing(画像処理)
imaginal	形《生物》成虫の 例 imaginal disc(成虫原基)
imagination	名 想像，仮想 形 imaginary
imagine	動 想像する
imaging ★★	名《臨床》イメージング，画像処理，画像法 例 functional magnetic resonance imaging(機能的磁気共鳴画像法；fMRI)
imbalance	名《症候》不均衡，平衡異常，アンバランス(和製英語) 類 unbalance([動詞として] 不均衡にする) 例 electrolyte imbalance(電解質平衡異常)
imidazole	名《化合物》イミダゾール(C原子3つとN原子2つに二重結合2つをもつ五員環化合物)
immature ★	形 未成熟な，未熟な 反 mature 例 immature B-cell(未熟B細胞)
immediate ★	形 即時(型)の 副 immediately(直ちに) 反 delayed(遅延型の) 例 immediate-early gene(最初期遺伝子)
immerse	動 浸漬する，浸す，沈める
immersion	名 浸漬(しんし) 類 dipping，soaking

immigrant 名 移民

immobile 形 不動の，運動不能の

immobility 名《症候》不動

immobilization 名 固定化，不動化，拘束 反 mobilization

immobilize ★ 動 固定化する，不動化する
例 immobilized enzyme(固定化酵素)

immortal 形 不死の 反 mortal(致死の)

immortalization 名《細胞》不死化

immortalize 動 不死化する
例 immortalized cell(不死化細胞)

immun(o)- ★★ 接頭「免疫」を表す

immune ★★ 形 免疫の 接頭 immuno-
例 immune complex(免疫複合体)，immune response(免疫応答)，immune precipitate(免疫沈降物)，immune privilege(免疫特権)，immune system(免疫系)，immune tolerance(免疫寛容)

immunity ★ 名 免疫(現象)
例 active immunity(能動免疫)，cellular immunity(細胞性免疫)，humoral immunity(体液性免疫)

immunization ★ 名 免疫化，免疫(行為)，予防接種

immunize ★ 動 免疫化する，免疫する

immunoaffinity 名 免疫親和性

immunoassay 名《実験》イムノアッセイ，免疫学的測定法

immunoblotting ★ 名《実験》イムノブロット法，免疫ブロット 派 immunoblot(免疫ブロット[データ])

immunochemical 形 免疫化学の，免疫化学的な

immunocompetent 形 免疫担当性の

immunocompromised 形 免疫無防備状態の，易感染性の
例 immunocompromised host(易感染性宿主)，immunocompromised patient(免疫低下患者)

immunocytochemical 形 免疫細胞化学の 副 immunocytochemically

immunocytochemistry 名 免疫細胞化学

immunodeficiency ★ 名《症候》免疫不全症，免疫不全状態
例 human immunodeficiency virus(ヒト免疫不全症ウイルス)

immunodeficient 形 免疫不全の

immunodepletion 名 免疫除去(抗体を用いてタンパク質を除去する方法)

immunodominant 形 免疫優性な

immunofluorescence ★ 名《実験》蛍光抗体(法)
例 immunofluorescence intensity(免疫蛍光強度), immunofluorescence microscopy(免疫蛍光顕微鏡)

immunofluorescent 形 免疫蛍光の
例 immunofluorescent staining(免疫蛍光染色)

immunogen 名 免疫原

immunogenic 形 免疫原性の

immunogenicity 名 免疫原性

immunoglobulin ★ 名《生体物質》免疫グロブリン
例 immunoglobulin G(免疫グロブリンG), immunoglobulin heavy chain(免疫グロブリン重鎖)

immunohistochemical ★ 形 免疫組織化学的な 副 immunohistochemically
例 immunohistochemical staining(免疫組織化学染色)

immunohistochemistry ★ 名 免疫組織化学

immunolabel 動 免疫標識する

immunologic ★ **/ immunological** 形 免疫学的な, 免疫性の 副 immunologically
例 immunologic disease(免疫病), immunological synapse(免疫シナプス)

immunology 名 免疫学

immunomodulatory 形 免疫調節性の

immunopathogenesis 名 免疫病原性

immunopathology 名 免疫病理学

immunoperoxidase 名《酵素》免疫ペルオキシダーゼ

immunopositive 形 免疫陽性の

immunoprecipitate ★ 動 免疫沈降する 名 免疫沈降物

immunoprecipitation ★ 名 免疫沈降

immunoreactive ★ 形 免疫反応性の

immunoreactivity ★ 名 免疫反応性

immunoregulatory 形 免疫調節性の

immunosorbent ★ 形 免疫吸着の

immunostaining ★ 名 免疫染色(法)

immunostimulatory 形 免疫賦活性の

immunosuppressant 名 免疫抑制薬

immunosuppression ★ 名 免疫抑制

immunosuppressive ★ 形 免疫抑制の 名 免疫抑制薬
例 immunosuppressive drug(免疫抑制薬)

immunotherapeutic 形 免疫療法の

immunotherapy ★ 名《臨床》免疫療法
例 immunotherapy protocol for patients with melanoma(メラノーマ患者への免疫療法プロトコル)

immunotoxin 名 イムノトキシン，免疫毒素(毒素を結合させた抗体あるいはリガンドによる分子標的薬)

impact ★ 名 ❶衝撃 ❷影響 動 影響する 類 influence, effect
例 electron impact spectroscopy(電子衝撃分光法), social impact(社会的影響)

impair ★★ 発 動 損なう，害する
例 impaired glucose tolerance(耐糖能障害)

impairment ★ 名《症候》(機能)障害 類 damage, disorder, dysfunction
例 memory impairment(記憶障害)

impart 動 分け与える

impedance 名《電気》インピーダンス

impede 動 邪魔する，妨害する

impediment 名 妨害，障害

imperative 形 命令的な，強制的な，不可避な 類 compulsory, mandatory, obligatory

imperfect 形 不完全な

impermeable 形 不透過性の，不浸透性の

impermeant 形 不透過の(半透膜を通過できないこと)

impinge 動 衝突する，侵害する，影響する

implant ★ 発/発 動 移植する 名 ❶移植片 ❷《歯科》インプラント

I

implantable	形《臨床》埋め込み式の，植え込み型の 例 implantable cardioverter defibrillator（植え込み型除細動器）
implantation ★	名 植え込み，留置（術） 例 coronary stent implantation（冠動脈ステント留置術）
implement ★ 発	動 実行する，履行する
implementation	名 実行
implicate ★★	動 関係する，結びつける，意味づける
implication ★	名 意味，関連，暗示
implicit	形 暗黙の
imply ★	動 意味する，暗示する
import ★ 発/発	名 ❶輸入 ❷移入 動 移入する，輸入する 反 export
importance ★	名 重要性
important ★★	形 重要な 副 importantly 例 important issue（重要課題）
impose ★	動 課す，強いる，強要する
impossible	形 不可能な，無理な
impotence	名《症候》不能，（男性の）性交不能
impotent	形 不能の，性交不能の
impregnated	形 含浸させた（+with），浸透させた
impression	名 ❶印象，感銘 ❷《歯学》圧痕，印象
impressive	形 印象的な
imprint ★	動《動物》刷り込みする 名 imprinting（刷り込み，インプリンティング）
improper	形 不適当な，不向きな
improve ★★	動 改善する，好転する，進歩する
improvement ★	名 改善，好転，向上
impulse	名 ❶《物理》衝撃 ❷《生理》活動電位（= nerve impulse），（神経）インパルス
impurity	名 不純物
inability ★	名 無能，無力，できないこと
inaccessible	形 隔絶された，近づきづらい
inaccurate	形 不正確な
inactivate ★	動 不活性化する，失活させる
inactivation ★	名 不活性化，（血清の）非働化，（酵素の）失活
inactivator	名 失活剤

inactive ★ 形 不活性の
例 inactive state(不活性状態)

inactivity 名 不活性

inadequate ★ 形 不適切な，不適当な 反 adequate 副 inadequately

inappropriate ★ 形 不適当な，不適性の 副 inappropriately 反 appropriate

inborn 形 先天的な 類 congenital
例 inborn error of metabolism(先天性代謝異常)

inbred 形《動物》近交系の，同系交配の
例 inbred mouse(近交系マウス)

inbreeding 名《生物》近親交配

incapable 形 できない，能力がない

incentive 形 意欲を刺激するような 名 誘因，意欲

incidence ★★ ア 名《臨床》発生(率)，発病(率)
例 annual incidence rate(年間発病率)

incident ★ 名 出来事，インシデント(重大事故の未遂事例) 形 偶発的な

incidental 形 偶発的な，偶然の 副 incidentally

incipient 形 ❶《疾患》初発性の ❷発端の

incise 動 切開する，切り込みを入れる

incision 名 ❶《臨床》切開(術) ❷切り込み
例 corneal incision(角膜切開)

incisor 名《解剖》切歯，《動物》門歯

include ★★ 動 含む 前 including(〜を含めて)

inclusion ★ 名 ❶包含 ❷封入 ❸算入 反 exclusion
例 inclusion body(封入体＝ウイルス感染やタンパク質不溶化で生じる細胞内顆粒)，inclusion body myositis(封入体筋炎)，inclusion criteria(組み入れ基準)

income 名 収入，所得 反 expense(支出)

incompatibility 名 ❶《生物》不適合性，不和合性 ❷《医薬》配合禁忌(きんひ/きんき) 反 compatibility
例 self-incompativility(《植物》自家不和合性)

incompatible 形 非両立の，適合しない

incompetent 形 無能力の，無能な，能力がない
例 replication-incompetent adenoviral vector(複製不全アデノウイルスベクター)

incomplete ★ 形 不完全な，不完全型の 副 incompletely

inconclusive 形 決定的でない，不確定の

inconsistency 名 不一致，矛盾

I

inconsistent 形 不定の，不一致の(+with) 副 inconsistently(不調和に，無節操に)

incontinence 名《疾患》失禁(しっきん)
例 urinary incontinence(尿失禁)

inconvenient 形 不便な，都合悪い

incorporate ★ 動 取り込む，組み入れる

incorporation ★ 名 取り込み，組み入れ
例 [^{14}C] glucose incorporation(C-14グルコースの取り込み)

incorrect 形 不正確な，間違った 副 incorrectly

increase ★★ 発/発 名 増加(+in) 動 増加する[させる] 反 decrease
例 increased activity(活動亢進)，increased expression(発現増加)，increased intracranial pressure(頭蓋内圧亢進)

increasing ★★ 形 増加性の 副 increasingly(ますます)

increment 名 増加，増大，増殖期

incremental 形 増加性の，成長性の 副 incrementally

incubate ★ 動 インキュベートする，恒温に維持する

incubation ★ 名 ❶《実験》インキュベーション，恒温放置 ❷《生物》孵化
例 incubation time(インキュベーション時間)

incur 動 陥る

incurable 形《疾患》治らない，不治の

indeed ★ 副 実際に

indefinite 形 不確定の，《数学》不定の 副 indefinitely

indel 名《遺伝子》挿入欠失，インデル(DNA配列における挿入や欠失) 類 insertion-deletion

independence 名 独立，非依存 反 dependence(依存)

independent ★★ 形 非依存性の，独立の，無関係の(+of) 副 independently 反 dependent
例 independent manner(非依存的様式)

indeterminate 形 未定の

index ★ 名 ❶指標 ❷《数学》指数 複 indices

indicate ★★ 動 指し示す，指摘する

indication ★ 名 ❶《疾患》徴候，しるし ❷《医薬》適応症

indicative ★ 形 指し示している(+of)

indicator ★ 名 ❶指標 ❷《化学》指示薬

indigenous 形 常在(性)の，土着の
例 indigenous microflora(常在性細菌叢)

indirect ★ 形 間接的な 副 indirectly 反 direct
例 indirect evidence(間接的証拠)

indispensable 形 不可欠な 副 indispensably 反 dispensable(不必要な)

indistinguishable ★ 形 識別不能な，判別できない

individual ★★ 名 個体，個人 形 個々の 副 individually
例 individual difference(個体差)

individuality 名 個性，個人差

individualize 動 (その人に合うように)個別化する
例 individualized therapy(個別化治療)

indole 名《化合物》インドール(ベンゼン環とピロール環が縮合した形態の複素環)

indolent 形《疾患》無痛性の，緩徐進行型の

indomethacin 名《化合物》インドメタシン(酸性非ステロイド性抗炎症薬)

induce ★★ 動 誘発する，引き起こす
例 induced mutation(誘導突然変異)，induced pluripotent stem cell(人工多能性幹細胞；iPS細胞)

inducer ★ 名 インデューサー，誘発物質

inducibility 名 誘導能

inducible ★ 形 誘導性の，誘発性の 副 inducibly
例 inducible nitric oxide synthase(誘導型一酸化窒素合成酵素；iNOS)

induction ★★ 名 ❶誘導，誘発 ❷《数学》帰納法 反 deduction(演繹法)
例 induction chemotherapy(術前化学療法)，electromagnetic induction(電磁誘導)，enzyme induction(酵素誘導)

inductive 形 ❶誘導の ❷《数学》帰納的な
例 inductive signal(誘導シグナル)，inductive statistics(推計学)

industrial 形 産業の，工業の

industrialized 形 工業化した

industry 名 産業，工業

indwell 動 (体内に)留置する 名 indwelling(留置)

ineffective ★ 形 無効な，無効性の 反 effective

inefficient 形 非効率的な，非能率的な 副 inefficiently

inert 形 不活性な
例 inert atmosphere(不活性雰囲気)

inevitable 形 回避不能な，不可避な，必然的な

inexpensive 形 安価な，安い

infancy 名《臨床》乳児期

infant ★ ア 名 乳児，幼児 形 幼児期の
例 sudden infant death syndrome (乳児突然死症候群；SIDS)

infantile 形 乳児性の，小児性の

infarct ★ **/ infarction** 名《疾患》梗塞(こうそく)
例 infarct size (梗塞サイズ)，myocardial infarction (心筋梗塞)

infarcted 形《症候》梗塞を受けた
例 infarcted myocardium (梗塞心筋)

infect ★★ 動 伝染する，感染させる，うつす
例 infected individual (感染者)

infection ★★ 名《疾患》感染(症) 類 contagion
例 infection control (感染予防)，nosocomial infection (院内感染)

infectious ★ 形 感染性の，伝染性の
例 infectious agent (感染病原体)，infectious disease (感染症)，infectious mononucleosis (伝染性単核球症)

infective 形 感染症の，感染による
例 infective endocarditis (感染性心内膜炎)

infectivity ★ 名 感染力

infer ★ 動 推測する，推論する

inference 名 推論，推測

inferior ★ 形《解剖》下位の 反 superior (上位の)
例 inferior colliculus ([中脳]下丘)，inferior vena cava (下大静脈)

infertile 形 不妊の，不毛の

infertility 名《疾患》不妊(症)

infest 動 外寄生する

infestation 名 ❶外寄生，(体の外部への)寄生 ❷侵襲，感染
例 flea infestation (ノミ寄生)

infiltrate ★ 動 浸潤する

infiltration ★ 名《臨床》浸潤(しんじゅん)
例 infiltration anesthesia (湿潤麻酔)

infiltrative 形 浸潤性の

infinite 形《数学》無限の

infinity 名《数学》無限大

inflammation ★ 名《疾患》炎症 接尾 -itis
例 allergic inflammation(アレルギー性炎症)

inflammatory ★★ ア 形 炎症性の，炎症の
例 inflammatory bowel disease(炎症性腸疾患), inflammatory cytokine(炎症性サイトカイン), inflammatory response(炎症反応), non-steroidal anti-inflammatory drug(非ステロイド性抗炎症薬；NSAID)

inflate 動 膨張させる

inflation 名 ❶膨張 ❷《経済》インフレ

inflict 動(傷・打撃・苦痛などを)与える

influence ★★ ア 名 影響 動 影響する 類 affect, impact

influential 形 影響力のある

influenza ★ 名《疾患》インフルエンザ
例 influenza virus(インフルエンザウイルス)

influx ★ 名 流入 類 inflow 反 efflux
例 calcium influx(カルシウム流入)

inform 動 知らせる
例 informed consent(インフォームドコンセント＝説明と同意)

informatics 名 インフォマティクス，情報科学

information ★★ 名(複数形にならない不可算名詞)❶情報 ❷案内
例 drug information(医薬品情報；DI), genetic information(遺伝情報), information processing(情報処理)

informational 形 情報の

informative 形 情報価値のある，(情報として)有益な

in-frame 形《遺伝子》インフレームの(翻訳領域内部にあること)

infrared ★ 形《物理》赤外(線)の 対 ultraviolet(紫外線の)
例 infrared spectroscopy(赤外分光法)

infrastructure 名 社会基盤，インフラ

infrequent 形 まれな 副 infrequently

infuse ★ 動(輸液や点滴を)注入する

infusion ★ 名 ❶《臨床》注入，点滴 ❷注入液，輸液
例 infusion rate(注入速度)

ingest 動 経口摂取する，摂取する

ingestion ★ 名《生理》摂取，経口摂取

ingredient 名 成分 類 component, composition, constituent

I

inguinal 形《解剖》鼠径(そけい)部の
例 inguinal hernia(鼠径ヘルニア)

inhabit 動 居住する

inhalant 名 吸入薬，吸入剤

inhalation 名 吸入，《生理》吸息(きゅうそく) 反 exhalation(呼息)
例 inhalation anesthesia(吸入麻酔)

inhalational 形 吸入(性)の

inhale ★ 動 吸入する
例 inhaled corticosteroid(吸入ステロイド薬)

inherent 形 固有の，本来の 副 inherently 類 characteristic, inherited, intrinsic

inherit ★ 動 遺伝する，(形質を)受け継ぐ 形 inherited(遺伝性の)
例 inherited disorder(遺伝病)

inheritance ★ 名 ❶遺伝(形質) ❷遺産 類 heredity

inhibit ★★ 動 抑制する，阻害する

inhibitable 形 抑制されうる

inhibition ★★ ア 名 抑制，阻害
例 inhibition constant(阻害定数)，competitive inhibition(競合的抑制)

inhibitor ★★ 名 抑制薬，阻害薬

inhibitory ★★ 形 抑制性の
例 inhibitory effect(抑制効果)，inhibitory potency(抑制活性)，inhibitory synapse(抑制性シナプス)

in-hospital ★ 形《臨床》院内の
例 in-hospital mortality(院内死亡率)

initial ★★ 形 初期の，最初の 副 initially
例 initial dosage(初回投与量)，initial infection(初感染)，initial rate(初速度)，initial state(初期状態)

initiate ★ 動 開始する，惹起する

initiation ★ 名 ❶開始 ❷惹起，イニシエーション
例 initiation codon(開始コドン)

initiative 名 ❶発議，イニシアチブ ❷主導

initiator 名 イニシエータ，発動因子

inject ★ 動 注射する，注入する

injection ★★ 名《臨床》注射
例 intramuscular injection(筋肉内注射)，intravenous injection(静脈内注射)，subcutaneous injection(皮下注射)

injector 名 注射器
injure ★ 動 損傷する，傷害する
injurious 形 傷害性の，有害な
injury ★★ 名《疾患》傷害，損傷
例 brain injury(脳損傷)
iNKT cell 略《免疫》インバリアントNKT細胞(invariant natural killer T cell)
inlet 名 入口 反 outlet(出口)
innate ★ 形《生理》生得的な
例 innate immune response(自然免疫反応)
inner ★ 形 内側の 反 outer
例 inner ear(内耳)，inner mitochondrial membrane(ミトコンドリア内膜)，inner retina(網膜内層)
innervate ★ 動 神経支配する
innervation ★ 名《生理》神経支配
例 sympathetic innervation(交感神経支配)
innocuous 形《生理》非侵害性の，無害な 反 noxious(侵害性の)
innovation 名 技術革新，新機軸
innovative 形 革新的な，画期的な
inoculate ★ 動 接種する
inoculation ★ 名《臨床》接種
例 oral inoculation(経口接種)
inorganic 形《化学》無機の 反 organic(有機の)
例 inorganic chemistry(無機化学)，inorganic phosphate(無機リン酸)
iNOS 略《酵素》誘導型一酸化窒素合成酵素(inducible nitric oxide synthase)
inosine 名《生体物質》イノシン(ヒポキサンチン塩基をもつリボヌクレオシド)
inositol ★ 名《生体物質》イノシトール
例 inositol-1,4,5-trisphosphate(イノシトール1,4,5-三リン酸；IP_3)
inotropic 形《生理》変力(性)の 対 chronotropic(変時性の)
inpatient 名《臨床》入院患者 反 outpatient(外来患者)
input ★ ア 名 ❶入力，インプット ❷(薬物の)投与量
例 input resistance(入力抵抗)
inquiry 名 照会，質問，問い合わせ，《臨床》問診
insect ★ 名《生物》昆虫

insecticide 名《医薬》殺虫剤 類 pesticide

insensitive ★ 形 非感受性の(+to)

insensitivity 名 非感受性

insert ★ 発/発 動 挿入する 名 挿入物,《遺伝子》インサート(DNA導入断片)

insertion ★ 名 挿入
例 insertion sequence(挿入配列)

insertional 形 挿入の
例 insertional mutagenesis(挿入変異)

inside ★ 形 内側の 反 outside
例 inside-out(インサイドアウトの[パッチクランプ法で細胞内が外液に面した])

insidious 形《疾患》潜行性の

insight ★ 名 ❶洞察(+into), 見識 ❷《精神医学》病識 熟 gain insight into(〜に対する洞察を得る), provide insight into(〜を解明する)

insignificant 形 ❶わずかな, 取るに足りない ❷《臨床》治療不要な

in silico ラ コンピュータ内での(*in vivo*や*in vitro*に対する概念として)

in situ ★★ 発 ラ《実験》生体内原位置での, 切片上での
例 *in situ* hybridization(切片上ハイブリッド形成法)

insolubility 名 不溶性, 難溶性

insoluble 形 不溶(性)の, 難溶性の 反 soluble

insomnia ア 名《疾患》不眠症

inspection 名 ❶点検, 検査 ❷《臨床》視診, 診察 ❸視察, 監査

inspiration 名 ❶《生理》吸気 ❷霊感 反 expiration(呼気)

inspiratory 形 吸気(性)の

inspire 動 ❶呼び起こす, 鼓舞する ❷《生理》吸気する

in spite of 熟 〜であるにもかかわらず 類 despite

instability ★ 名 不安定(性) 反 stability

instance ★ 名 場合, 実例
例 for instance(例えば), in most instances(ほとんどの場合では)

instantaneous 形 ❶即時的な, 瞬時の ❷即効性の 副 instantaneously

instead ★ 副 代わりに(+of)

in-stent 形《症候》ステント内の
例 in-stent restenosis(ステント内再狭窄)

instill 動 滴下注入する，点滴する

instillation 名 滴下注入，点滴注入

institute ★ 名 研究所 動 設立する
例 Institute of Public Health(公衆衛生研究所)

institution ★ 名 施設，機関

institutional 形 施設の，機関の
例 institutional review board(機関審査委員会；IRB)

instruct 動 指導する，指示する，教える

instruction 名 ❶教育，指導 ❷指示，説明(書) 類 direction, education, indication, training, guidance

instructive 形 指導的な，指令的な

instrument ★ 名 機器，器具 動 装着する 類 apparatus, implement, machine, tool

instrumental 形 ❶機器の，器具の ❷手段になる，役立つ
例 instrumental analysis(機器分析)

instrumentation 名 計測手段，器具使用

insufficiency ★ 名 ❶《疾患》機能不全(症) ❷不十分 類 failure, dysfunction
例 hepatic insufficiency(肝機能不全)，renal insufficiency(腎機能不全)

insufficient ★ 形 不十分な 副 insufficiently

insulate 動 絶縁する，遮蔽する

insulator 名 ❶断熱材，吸音材 ❷インスレーター(染色体上にある遺伝子の境界エレメント)

insulin ★★ ア 名《生体物質》インスリン(グルコース利用促進による血糖降下作用を有する膵臓ホルモン)
例 insulin-dependent diabetes mellitus(インスリン依存性糖尿病；IDDM)，insulin-like growth factor(インスリン様増殖因子；IGF)，insulin receptor(インスリン受容体)，insulin resistance(インスリン抵抗性)，insulin secretion(インスリン分泌)

insulinoma 名《疾患》インスリノーマ(腫瘍化膵 β 細胞)

insulitis 名《疾患》膵島炎

insult 名 発作，侵襲，傷害 動 侵襲する
例 ischemic insult(虚血発作)

insurance 名 保険
例 health insurance(健康保険)

insure 動 保証する

intact ★ 形 無傷の，無処置の，未変化の
例 intact cell(無傷細胞)

intake ★ ア 名 摂取(量)
例 food intake(食物摂取量)

integral ★ 形 ❶複合的な ❷不可欠の 名《数学》積分
例 integral membrane protein(複合膜タンパク質)

integrase 名《酵素》インテグラーゼ(宿主DNAの切断と再結合に関与するウイルスの酵素)，組込み酵素

integrate ★ 動 ❶統合する，組み込む ❷《数学》積分する

integration ★ 名 ❶統合 ❷組込み ❸《数学》積分(法)
例 foreign DNA integration into the host genome (宿主ゲノムへの外来DNAの組込み)

integrative 形 組込みの

integrin ★ 名《生体物質》インテグリン(ヘテロ二量体で細胞接着に関与する膜貫通受容体ファミリー)

integrity ★ ア 名 完全性，整合性，統合性

intein 名《生化学》インテイン(翻訳後スプライシングで除去されるポリペプチド配列)

intellectual 形 知性のある，知的な

intelligence 名 知能，知性 形 intelligent
例 intelligence quotient(知能指数 ; IQ)

intend 動 意図する，企図する，目的とする

intense ★ 形 強烈な，激しい，著しい 副 intensely

intensification 名 増感，強化

intensify 動 増感させる，強化する，増強する

intensity ★ 名 (光などの)強度，輝度
例 immunofluorescence intensity(免疫蛍光強度)

intensive ★ 形 ❶集中的な ❷《物理》示強性の 副 intensively (強力に，集中して)
例 intensive care unit(集中治療部 ; ICU)，intensive variable(示強変数)

intent 名 意図，目的

intention 名 意図，意志，企図(きと)
例 intention-to-treat analysis(治療企図解析)，intention tremor(企図振戦)

intentional 形 意図的な 副 intentionally

inter- ★ 接頭「間，相互」を表す

interact ★★ 動 相互作用する(+with)

interaction ★★ 名 相互作用(+with)
例 cell-to-cell interaction(細胞間相互作用), physical interaction(物理的相互作用)

interactive 形 相互作用的な，双方向性の

intercalate 動 インターカレートする，間に介入する，(隙間に)挿入する

intercalation 名 挿入，インターカレーション

intercalator 名 干渉物質，介入物

intercellular ★ 形 細胞間の
例 intercellular adhesion molecule(細胞接着分子), intercellular junction(細胞間結合)

intercept 動 妨害する 名《数学》切片

interchain 形《遺伝子》鎖間の

interchange 動 交換する 名 交換

interchange-able 形 相互転換可能な，可換性の，互換的な

interconnect 動 相互接続する

interconver-sion 名 相互転換

interconvert 動 相互変換する

intercostal 形《解剖》肋間(ろっかん)の
例 intercostal space(肋間腔)

intercourse 名 性交 類 sexual intercourse

intercross 名 交雑受精 動 交雑する

interdepen-dence 名 相互依存 形 interdependent(相互依存的な)

interdigitate 動 (指を組むように)互いに組み合わせる

interdomain 形 ドメイン間の，領域間の

interest ★ 名 ❶興味，関心 ❷利益 動 興味をもたせる 類 concern 熟 be interested in(〜に興味がある), of interest(興味ある)
例 sexual interest(性的関心)

interesting ★ 形 興味ある，興味を起こさせる 副 interestingly(興味深いことに)

interface ★ ア 名 ❶《物理》界面 ❷《コンピュータ》インターフェース

interfacial 形 界面の
例 interfacial tension(界面張力)

interfere ★ 動 干渉する，妨害する

interference ★ 名《物理》干渉
例 interference filter(干渉フィルタ)

interferon ★ 名《生体物質》インターフェロン(抗ウイルス耐性誘導タンパク質) 略 IFN
例 interferon-gamma(インターフェロンγ)

intergenic 名 遺伝子間の
例 intergenic region(遺伝子間領域)

interictal 形《症候》発作中の，発作間の

interim 形 暫定の，臨時の

interior 形 内部の，内側の 反 exterior

interleukin ★ 発 名《生体物質》インターロイキン(造血系や免疫系を制御する生理活性タンパク質の一群)
例 interleukin-1β(インターロイキン1β；IL-1β)

intermediary 形 中間の，中途の
例 intermediary metabolism(中間代謝)

intermediate ★★ 形 中間の，中程度の 名 中間体
例 intermediate filament(中間径フィラメント)， metabolic intermediate(代謝中間体)

intermembrane 形 膜間の
例 intermembrane space(膜間腔)

intermittent ★ 形 間欠性の，断続的な 副 intermittently
例 intermittent movement(間欠運動)

intermolecular ★ 形 分子間の

intern 名 インターン，医学研修生

internal ★ 形 内(部)の 副 internally 反 external(外部の)
例 internal carotid artery(内頸動脈)， internal medicine(内科学)， internal ribosome entry site(配列内リボソーム進入部位；IRES)， internal standard(内部標準)

internalization ★ 名《生理》内部移行，インターナリゼーション
例 internalization of receptors(受容体の内部移行)

internalize ★ 動 内部移行する，取り入れる

international ★ 形 国際的な，世界レベルでの 副 internationally
例 international unit(国際単位；IU)

internet 名《コンピュータ》インターネット

interneuron ★ / 英 **interneurone** 名《解剖》介在ニューロン 形 interneuronal(介在ニューロンの)

internist 名 内科医

interobserver 形 観察者間の 名 interobserver variability(観察者間変動)

interpersonal 形 対人性の
例 interpersonal relation(対人関係), interpersonal psychotherapy(対人関係心理療法)

interphase 名《細胞》間期, 静止期

interplay 名 相互作用, 関係 類 interaction

interpolate 動《数学》内挿する, 補間する 反 extrapolate(外挿する)

interpolation 名《数学》内挿, 補間

interpret ★ 動 解釈する

interpretation ★ 名 解釈, 解説

interquartile 形《統計》四分位間の
例 interquartile range(四分位範囲 ; IQR)

interrelationship 名 相互関係

interrogate 動 尋問する, 調べる

interrupt 動 妨害する, 中断させる

interruption 名 中断, 妨害 類 break, disturbance, obstruction, interference

intersect 動 交わる, 交差する

intersection 名 交差, 交わり

interspecific 形《生物》種間の
例 interspecific competition(種間競争)

interspersed 形 分散型の, 散在性の
例 interspersed element(散在性反復配列)

interstitial ★ 形《解剖》間質性の
例 interstitial cell(間質細胞), interstitial fluid(間質液), interstitial hepatitis(間質性肝炎), interstitial pneumonia(間質性肺炎)

interstitium 名《解剖》間質

interstrand 形《遺伝子》ストランド間の, 鎖間の

interval ★★ ア 名 間隔, 間欠期
例 at an interval of 10 min(10分間隔で)

intervene 動 介入する, 介在する 名 intervening(介在性の)

intervention ★ 名《臨床》介入, インターベンション 形 interventional(介入性)
例 therapeutic intervention(治療介入)

interview ★ 名 ❶面接 ❷《臨床》問診 動 インタビューする

I

intestinal ★ 形《解剖》腸の
例 intestinal absorption(腸管吸収), intestinal epithelial cell(腸上皮細胞), intestinal lumen(腸管腔), intestinal mucosa(腸管粘膜), intestinal obstruction(腸閉塞), intestinal polyposis(腸ポリープ症), intestinal tract(腸管)

intestine ★ 名《解剖》腸管，腸
例 small intestine(小腸)

intima 名《解剖》内膜

intimal 形 内膜の
例 intimal thickening(内膜肥厚)

intimate 形 密接な，本質的な，親密な 副 intimately

intolerance 名 不耐性

intolerant 形 不耐性の
例 caffeine-intolerant individual(カフェイン不耐性の人)

in toto ラ 全体として

intoxication 名 (大量摂取や乱用による)中毒 対 poisoning([毒劇物による]中毒)
例 acute alcohol intoxication(急性アルコール中毒)

intra- ★ 接頭《解剖》「内部，内」を表す 反 extra-

intraabdominal 形 腹腔内の
例 intraabdominal pressure(腹圧)

intraaortic 形 大動脈内の
例 intraaortic balloon(大動脈内バルーン)

intracardiac 形 心臓内の
例 intracardiac echocardiography(心臓内超音波検査)

intracellular ★★ 形 細胞内の 副 intracellularly
例 intracellular distribution(細胞内分布), intracellular localization(細胞内局在), intracellular recording(細胞内記録法), intracellular signaling(細胞内シグナル伝達)

intracerebral 形 脳内の
例 intracerebral hemorrhage(脳内出血)

intracerebroventricular 形 脳室内の 副 intracerebroventricularly

intracranial ★ 形 頭蓋内の
例 intracranial hemorrhage(頭蓋内出血), intracranial hypertension(頭蓋内圧亢進)

intractable 形《疾患》難治(性)の
例 intractable disease(難病)

intracyto-plasmic 形 細胞質内の
例 intracytoplasmic sperm injection（卵細胞質内精子注入法；ICSI）

intradermal 形 皮内の
例 intradermal injection（皮内注射）

intraepithelial 形 上皮内の
例 intraepithelial neoplasia（上皮内腫瘍）

intragenic 形 遺伝子内の
例 intragenic recombination（遺伝子内組換え）

intrahepatic 形 肝臓内の
例 intrahepatic cholestasis（肝内胆汁うっ滞）

intraluminal 形 腔内の
例 intraluminal pressure（腔内圧）

intramedullary 形 髄内の

intramolecular ★ 形 分子内の
例 intramolecular cyclization（分子内環化），intramolecular displacement（分子内置換）

intramuscular 形 筋肉内の 副 intramuscularly
例 intramuscular injection（筋肉内注射）

intranasal 形 鼻腔内の 副 intranasally

intranuclear 形 核内の
例 intranuclear inclusion（核内封入体）

intraocular 形 眼内の，眼球内の
例 intraocular lens（眼内レンズ），intraocular pressure（眼圧）

intraoperative 形《臨床》術中の
例 intraoperative complication（術中合併症）

intraperitoneal 形 腹腔内への 副 intraperitoneally
例 intraperitoneal injection（腹腔内注射）

intrathecal 形 くも膜下腔内の，髄腔内の
例 intrathecal injection（くも膜下腔内注射）

intrathoracic 形 胸腔内の
例 intrathoracic pressure（胸内圧）

intratracheal 形 気管内の

intratumoral 形 腫瘍（組織）内の
例 intratumoral injection（腫瘍内局所投与）

intrauterine 形 子宮内の

intravascular ★ 形 血管内の
例 intravascular coagulation（血管内凝固），intravascular ultrasound（血管内超音波検査）

intravenous ★ 形 静脈内の 副 intravenously
例 intravenous anesthesia(静脈麻酔), intravenous injection(静脈内注射)

intraventricular 形 脳室内の, 心室内の
例 intraventricular pressure(脳室内圧), intraventricular conduction delay(心室内伝導障害)

intravitreal 形 (目の)硝子体内の
例 intravitreal injection(硝子体内注射)

intricate 形 複雑な, 入り組んだ

intriguing 形 興味をそそる, 興味深い 副 intriguingly(興味深いことに)

intrinsic ★ 形 ❶内因性の ❷固有の 副 intrinsically 類 endogenous(内在性の) 反 extrinsic(外的な)
例 intrinsic activity(固有活性), intrinsic fluorescence(自家蛍光), intrinsic sympathomimetic action(内因性交感神経刺激作用 ; ISA)

introduce ★ 動 導入する, 紹介する

introduction ★ 名 ❶導入, 序文 ❷紹介

intron ★ 名《遺伝子》イントロン(遺伝子の中でmRNAにならない領域), 介在配列 形 intronic 対 exon(エキソン) 派 intronless(イントロン無しの)

intubate 動 挿管する

intubation 名《臨床》挿管
例 endotracheal intubation(気管内挿管)

intuitive 形 直感的な

intussusception 名《疾患》腸重積(症)

in utero ラ《解剖》子宮内での

invade ★ 動 侵入する, 侵襲する

invagination 名 陥入, 重積, 陥入部

invaluable 形 貴重な

invariant ★ 形 不変の, 変化しない
例 invariant chain(インバリアント鎖)

invasion ★ 発 名 浸潤, 侵入

invasive ★ 形 ❶浸潤性の ❷《臨床》侵襲性の, 観血的な 副 invasively
例 invasive cancer(浸潤癌), invasive procedure(侵襲的手技)

invasiveness 名 侵襲性, 感染力

inventory 名 目録, 一覧表

inverse ★ 形 反転した，逆の 副 inversely
例 inverse agonist(逆作動薬＝基礎活性を抑制するリガンド)，inverse correlation(逆相関)，inverse proportion(逆比例)

inversion 発 名 ❶反転，逆転 ❷(糖の)転化

invert ★ 動 ❶反転させる ❷転化する
例 inverted repeat(逆方向反復)，inverted sugar(転化糖)

invertebrate 名《生物》無脊椎動物 反 vertebrate(脊椎動物)

invest 動 ❶投資する ❷包囲する

investigate ★★ 動 研究する，調査する，検討する，調べる

investigation ★ 名 研究，調査 類 study，research，examination

investigational 形 研究の，調査の，治験の
例 investigational new drug(治験薬)

investigator ★ 名 研究者

investment 名 ❶投資 ❷包囲，外被

invisible 形 不可視の

in vitro ★★ ラ《実験》試験管内での，生体外での
例 *in vitro* assay(インビトロ試験法)

in vivo ★★ ラ《臨床》生体内での，体内での
例 *in vivo* antitumor activity(体内での抗癌活性)

invoke 動 (法律に)訴える，呼び起こす

involuntary 形《生理》不随意(性)の 副 involuntarily 反 voluntary(随意の)
例 involuntary movement(不随意運動)

involution 名 退行，退化，萎縮 動 involute(退行する)

involve ★★ 動 含む，関与する，巻き込む(+in) 熟 be involved in(〜に関与する)

involvement ★ 名 関与 類 participation，connection

inward ★ 形 内向きの 副 inwardly 反 outward
例 inward current(内向き電流)

iodide 形 ヨウ素の 名 ヨウ化物

iodinate 動 ヨウ素化する

iodination 名《化学》ヨウ素化

iodine 発 名《元素》ヨウ素，ヨード 化 I

ion ★★ 発 名《化学》イオン 派 zwitterion(双性イオン)
例 ion channel(イオンチャネル)，ion exchange(イオン交換)，ion exchange resin(イオン交換樹脂)，ion selectivity(イオン選択性)

I

ionic ★ 形 イオンの，イオン性の
例 ionic strength(イオン強度)

ionizable 形 イオン化できる

ionization ★ 名《化学》イオン化，電離
例 ionization mass spectrometry(イオン化質量分析)

ionize ★ 動 イオン化する，電離する
例 ionizing radiation(電離放射線)

ionomycin 名《化合物》イオノマイシン(Ca^{2+} 透過イオノフォア)

ionophore 名 イオノフォア，イオン透過孔(疎水性小分子が脂質二重層で形成する孔)

ionotropic 形 イオンチャネル型の 対 metabotropic(代謝型の)
例 ionotropic glutamate receptor(イオンチャネル型グルタミン酸受容体)

i.p. / ip 略 腹腔内注射(intraperitoneal injection)

IP_3 略《生体物質》イノシトール三リン酸(inositol 1,4,5-trisphosphate)

ipsilateral ★ 形《解剖》同側(どうそく)性の 副 ipsilaterally 反 contralateral(反対側[はんたいそく]の)

IPSP 略《生理》抑制性シナプス後電位(inhibitory postsynaptic potential) 対 EPSP(興奮性シナプス後電位)

IRES 略《遺伝子》配列内リボソーム進入部位(internal ribosome entry site)

IRF 略《生体物質》インターフェロン調節因子(interferon regulatory factor)

iris 名《解剖》虹彩

iron ★★ 発 名《元素》鉄，鉄分 化 Fe
例 iron-deficiency anemia(鉄欠乏性貧血)，iron overload(鉄過剰)，iron-sulfur protein(鉄硫黄タンパク質)

irradiate ★ 動 照射する

irradiation ★ 名 照射(法)
例 ultraviolet irradiation(紫外線照射)

irrational 形 不合理な 反 rational(合理的な)

irregular 形 不規則な 副 irregularly

irregularity 名 不規則さ，変則性

irrelevant 形 不適切な

irrespective 形 無関係の(+of) 副 irrespectively

irreversible ★ 形 不可逆的な，非可逆的な 副 irreversibly 反 reversible
例 irreversible antagonist(非可逆的拮抗薬)

irrigation 名 (傷などの)洗浄，灌注(かんちゅう)，《農学》灌漑

irritability 名 易刺激性

irritable 形 過敏な，易刺激的な
例 irritable bowel syndrome(過敏性腸症候群；IBS)

irritant 形 刺激的な 名 刺激物質

irritation 名 刺激作用

IRS 略《生体物質》インスリン受容体基質(insulin receptor substrate)

ISA 略《医薬》内因性交感神経刺激作用(intrinsic sympathomimetic action)

ischemia ★ **/ ischaemia** 発 名《症候》虚血
例 ischemia-reperfusion injury(虚血再灌流障害)

ischemic ★ 形《疾患》虚血(性)の
例 ischemic heart disease(虚血性心疾患)，ischemic insult(虚血発作)，ischemic preconditioning(虚血プレコンディショニング)，ischemic stroke(虚血性脳血管障害)

island ★ 名 島，《遺伝子》アイランド
例 pathogenicity island(病原性アイランド)

islet ★ 発 名《解剖》島，島状の
例 islet cell tumor(膵島腫瘍)，islet transplantation(膵島移植)，pancreatic islet cell(膵島細胞)

isoelectric 形 等電点の
例 isoelectric focusing(等電点電気泳動；IEF)，isoelectric point(等電点)

isoenzyme 名《酵素》アイソザイム，イソ酵素 類 isoform, isozyme

isoflavone 名《化合物》イソフラボン(マメ科植物に多く含まれる植物エストロゲン)
例 soy isoflavone(大豆イソフラボン)

isoform ★★ 名 アイソフォーム(同一機能だがアミノ酸配列の異なるタンパク質)，イソ型

isogenic 形《生物》アイソジェニックな，同質遺伝子的な

isograft 名 同系移植(片)

isolate ★★ 動 ❶単離する ❷隔離する

isolation ★ 名 ❶単離，分離 ❷隔離
例 isolation of a new protein(新しいタンパク質の単離)

isoleucine 発 名《アミノ酸》イソロイシン 略 Ile, I

isomer ★ 名《化学》アイソマー，異性体 形 isomeric(異性体の)

isomerase 名《酵素》イソメラーゼ，異性化酵素
例 disulfide isomerase(ジスルフィド異性化酵素)

isomerization 名《化学》異性化

isomerize 動 異性体に変える

isometric 形《生理》等尺性の
例 isometric contraction(等尺性収縮)

isoosmotic 形《生理》等張の

isoproterenol 名《化合物》イソプロテレノール(βアドレナリン刺激薬)

isopycnic 形 等密度の
例 isopycnic centrifugation(等密度遠心法)

isoquinoline 名《化合物》イソキノリン(ベンゼン環とピリジン環が縮合した構造の複素環式化合物)

isothermal 形 等温の
例 isothermal titration calorimetry(等温滴定熱量測定)

isothiocyanate 名《化合物》イソチオシアン酸(イオンや塩として)

isotonic 形 等張(性)の(= isoosmotic)
例 isotonic solution(等張液)

isotonicity 名 等張(性)，等張力

isotope ★ 名 同位元素，同位体，アイソトープ 派 radioisotope(放射性同位元素；RI)
例 isotope ratio(同位体比)，stable isotope(安定同位体)

isotopic 形 同位体の 副 isotopically

isotopomer 名 アイソトポマー(同位体組成の異なる異性体)，同位体異性体

isotropic 形《物理》等方性の 反 anisotropic(異方性の)

isotype 名 アイソタイプ(同一構造タンパク質の一群)
例 isotype switching([免疫グロブリン]アイソタイプスイッチ)

isozyme ★ 名《酵素》アイソザイム(同一反応を触媒する異なる酵素タンパク質)，イソ酵素 類 isoenzyme，isoform
形 isozymic(アイソザイムの)

issue ★ 名 ❶争点，問題点 ❷発行物 ❸(血・うみなどの)流出 動 出版する 類 question，problem，matter
例 an important issue(重要な問題)，to address this issue(この問題に立ち向かうために)

isthmus 名《解剖》峡部，卵管峡部

itching 名《症候》掻痒(そうよう)(症)，かゆみ

item 名 ❶項目，品目 ❷物品，アイテム

iterative 形 反復性の

-itis ★ ［接尾］「炎症」を表す
［例］nephritis（腎炎），pancreatitis（膵炎）

i.v. / iv ㊕《臨床》静脈内注射（intravenous injection）

J

JAK ㊕《酵素》ヤヌスキナーゼ＝サイトカイン受容体と共役するチロシンキナーゼの一群（Janus kinase）

jaundice ［発］ ［名］《症候》黄疸（おうだん） ［動］黄疸（おうだん）にかからせる

jaw ［名］《解剖》下顎（かがく），顎

jejunum ［名］《解剖》空腸 ㊥jejuni ［形］jejunal

JNK ㊕《酵素》c-Jun N 末キナーゼ（c-Jun N-terminal kinase）

joint ★ ［名］❶《解剖》関節 ❷継手，ジョイント ［動］繋ぐ
［例］joint disease（関節疾患），joint pain（関節痛），joint swelling（関節腫脹），shoulder joint（肩関節），wrist joint（手関節）

jointly ［副］一緒に，共同して

journal ［名］学術誌，雑誌

judge ［動］判断する

judgment / ㊍judgement ［名］❶判断，評価，意見 ❷審査，裁判

judicious ［ア］ ［形］賢明な ［副］judiciously

jugular ［形］《解剖》頸静脈の
［例］jugular vein（頸静脈）

junction ★ ［名］連結部，《解剖》接合部 ［形］junctional
［例］neuromuscular junction（神経筋接合部；NMJ）

justify ［動］正当化する，正しいとする

juvenile ★ ［発］ ［形］《生物》若年（性）の，幼若（型）の ［名］少年，少女
［例］juvenile diabetes（若年型糖尿病），juvenile hormone（幼若ホルモン）

juxtamembrane ［形］《細胞》膜近傍の
［例］juxtamembrane region（膜近傍領域）

juxtapose ［動］並置する，並べる

juxtaposition ［名］❶近位 ❷並立

K

K ★ 略 ❶《元素》カリウム(potassium) ❷《アミノ酸》リジン(lysine) ❸《物理》絶対温度(kelvin)

kainate 名《化合物》カイニン酸(グルタミン酸受容体を刺激する神経毒) 類 kainic acid
例 kainate receptor(カイニン酸受容体)

Kaposi's sarcoma 名《疾患》カポジ肉腫(後天性免疫不全患者に特徴的な特発性多発性出血性肉腫)
例 Kaposi's sarcoma-associated herpesvirus(カポジ肉腫関連ヘルペスウイルス)

karyotype 名《遺伝》核型

kb 略《単位》キロベース(kilobase)

Kd 略《生化学》結合解離定数(binding dissociation constant)

kDa ★ 略《単位》キロダルトン(kilodalton)

keratin 名《生体物質》ケラチン(皮膚上皮細胞が産生する角皮タンパク質)

keratinize 動 角質化する，角化する

keratinocyte ★ 名《細胞》ケラチノサイト，ケラチン産生細胞(角化上皮を形成する細胞)

keratitis 名《疾患》角膜炎

keratocyte 名 角膜実質細胞

kernel 名 ❶核仁 ❷《植物》穀粒

ketoacidosis 名《症候》ケトアシドーシス(血中ケトン体の増加による低pH血症)

ketone 名《化学》ケトン(カルボニル基の両側に炭化水素のある有機化合物)
例 ketone body(ケトン体)

key ★★ 名 鍵，キー 形 重要な 派 keyhole(鍵穴)
例 key component(主要成分)

kidney ★★ 名《解剖》腎臓 形 renal
例 kidney stone(腎結石)，kidney transplantation(腎移植)

killer 名 キラー，殺し屋
例 killer cell(キラー細胞)，killer inhibitory receptor(キラー細胞抑制受容体；KIR)

kilobase 名《単位》キロベース(核酸鎖長さの単位) 略 kb

kilodalton 名《単位》キロダルトン(タンパク質分子量の単位) 略 kDa

kinase ★★ 発 — 名《酵素》キナーゼ，リン酸化酵素 対 phosphatase（脱リン酸酵素）
例 kinase inhibitor（キナーゼ阻害剤），protein kinase（タンパク質リン酸化酵素，プロテインキナーゼ）

kindling — 名《生理》キンドリング，燃え上がり現象

kindred — 名 家系 形 家系性の

kinematic — 形 運動力学の

kinematics — 名 運動（力）学

kinesin ★ — 名 キネシン（ATPを消費し微小管に沿って走るモータータンパク質）

kinetic ★★ — 形 動力学的な，動態学的な，速度論の 副 kinetically
例 kinetic analysis（動態解析），kinetic isotope effect（動的同位体効果）

kinetics ★ 発 — 名 動力学，動態，速度論
例 reaction kinetics（反応速度論）

kinetochore ★ — 名《細胞》動原体（分裂期の染色体構造物）

kingdom — 名《分類学》界
例 animal kingdom（動物界）

kink — 名 捻れ 動 よじる

kiss — 名 キス，接吻
例 kiss-and-run（キス・アンド・ラン＝細胞内小胞が融合孔のみで開口放出を行うという仮説様式）

kJ — 略《単位》キロジュール＝エネルギー単位（kilojoule）

Klebsiella — 学《生物》クレブシエラ（属）（通性嫌気性グラム陰性桿菌の一属）
例 *Klebsiella pneumoniae*（肺炎桿菌）

knee ★ 発 — 名《解剖》膝
例 knee joint（膝関節＝しつかんせつ），knee pain（膝関節痛）

knock-in — 形《実験》ノックイン（特定の場所に外来遺伝子を挿入した）
例 knock-in mouse（ノックインマウス）

knockdown ★ — 名《実験》ノックダウン（特定遺伝子の発現をRNAi等で後天的に抑制すること）

knockout ★ — 形《実験》ノックアウト（特定の遺伝子を破壊した），遺伝子欠損の 略 KO
例 knockout mouse（ノックアウトマウス）

knot — 名 ❶結び目，ノット ❷《植物》節

K

knowledge ★ 名（複数形にならない不可算名詞）知識
例 knowledge base（知識ベース），to our knowledge（我々が知る限り）

KO 略《実験》ノックアウト（knockout）

Krebs-Ringer solution 名《実験》クレブス・リンゲル液（組織栄養液）

KSHV 略《病原体》カポジ肉腫関連ヘルペスウイルス（Kaposi's sarcoma-associated herpesvirus）

Kupffer cell 名《解剖》クッパー細胞（抗原をT細胞に提示する肝臓マクロファージ）

L

L ★ 略《アミノ酸》ロイシン（leucine）

L chain 略 免疫グロブリン軽鎖（light chain），L鎖

label ★★ 発 名 標識，ラベル 動 ❶標識する ❷表示する 派 labeling（標識化）

labial 形《解剖》口唇の

labile 形 不安定な 類 unstable 派 photolabile（感光性の），thermolabile（熱不安定性の）
例 heat-labile compound（熱不安定性化合物）

lability 名 不安定性

labor 名 ❶《医療》分娩 ❷重労働
例 labor pain（陣痛）

laboratory ★ 名 研究室，実験室 略 lab
例 laboratory animal（実験動物），laboratory test（臨床検査）

lack ★★ 名 欠乏，不足 動 欠乏する，欠く 類 shortage, scarcity, deficiency, insufficiency

lacrimal 形《解剖》涙の，涙腺の
例 lacrimal gland（涙腺）

lactam 名《化学》ラクタム（ペニシリンの構造に含まれる環状アミド）

lactamase 名《酵素》ラクタマーゼ，ラクタム分解酵素（ペニシリン系抗生物質分解酵素）
例 β-lactamase inhibitor（βラクタマーゼ阻害薬）

lactase 名《酵素》ラクターゼ，乳糖分解酵素
例 lactase deficiency（乳糖不耐症）

lactate ★ 名《化合物》乳酸(塩やエステルとして) 形 乳酸の
類 lactic acid
例 lactate dehydrogenase(乳酸脱水素酵素；LDH)

lactation 名 授乳，乳汁分泌，泌乳

lactic 形《化合物》乳酸の
例 lactic acid(乳酸)，lactic acidosis(乳酸アシドーシス)

lactone 名《化合物》ラクトン(分子内エステル)

lactose 名《化合物》ラクトース，乳糖(二糖類の一種)
例 lactose permease(ラクトース透過酵素)

lag ★ 名 遅れ，ずれ 動 遅れる 動 delay
例 lag phase(遅滞期)，lagging strand(ラギング鎖)

lamb 名《動物》子ヒツジ 類 sheep(ヒツジ)

lamellar 形 層状の

lamellipodia 名《細胞》(複数扱い)葉状仮足，ラメリポディア(平板状の細胞突起)

lamin 名《生体物質》ラミン(核膜の中間径フィラメントタンパク質)

lamina ★ 名 ❶《解剖》薄膜，層 ❷《植物》葉片 複 laminae
例 lamina terminalis(終板)

laminar 形 層状の
例 laminar flow(層流)

laminin ★ 名《生体物質》ラミニン(細胞接着分子)

lamprey 名《魚類》ヤツメウナギ

LANA 略《生体物質》潜伏期関連核抗原(latency-associated nuclear antigen)

landmark 名 目印，標識

landscape 名 景観，景色

Langerhans' cell 名《解剖》(膵臓)ランゲルハンス細胞

language ★ 名 言語

laparoscopy 名《臨床》腹腔鏡検査 形 laparoscopic

laparotomy 名《臨床》開腹(術)

lapse 名 (時間)経過
例 time-lapse(微速度[撮影]の)

large ★★ 形 (比較級 larger - 最上級 largest)大きい，大型の 副 largely(大部分は)
例 large-cell lymphoma(大細胞型リンパ腫)，large-scale trial(大規模治験)，large T antigen(ラージT抗原)

large-scale ★ 形 大規模な

L

larva 名《発生》幼生，幼虫 複 larvae

larval ★ 形 幼生の
例 larval organ(幼生器官)

laryngeal 形 喉頭の

larynx 名《解剖》喉頭(こうとう) 対 pharynx(咽頭［いんとう］)

laser ★ 名《物理》レーザー，レーザー光
例 laser-capture microdissection(レーザーキャプチャー法)，laser optical tweezers(レーザー光ピンセット)，laser scanning confocal microscopy(レーザー走査型共焦点顕微鏡)

late ★ 形 ❶(比較級 later- 最上級 latest)遅い ❷後期の ❸《疾患》遅発(型)の，晩発(性)の 類 late-onset(遅発型の)，late-stage(後期の)
例 late endosome(後期エンドソーム)，late phase(遅延相)

latency ★ 発 名 ❶潜時(せんじ)，潜伏(期) ❷潜在性

latent ★ 形《疾患》潜伏性の，不顕性の 副 latently
例 latent heat(潜熱)，latent infection(潜伏感染)，latent syphilis(潜伏梅毒)

lateral ★ 形《解剖》外側(がいそく)の，側方の 副 laterally
反 medial(内側の)
例 lateral chain(側鎖)，lateral geniculate nucleus(外側膝状核)，lateral plate mesoderm(側板中胚葉)，lateral sclerosis(側索硬化症)，lateral ventricle(側脳室)

laterality 名 ❶《発生》偏側性(左右どちらかに偏ること) ❷左右差

lateralization 名 側方化，(大脳半球機能の)左右分化

latex 発 名《化合物》ラテックス，天然ゴム

latitude 名《地理》緯度 対 longitude(経度)
例 high latitudes(高緯度地帯)

latter ★ 形 後者の，後半の 名 後者 対 former(前者の)

lattice 発 名《物理》格子
例 lattice defect(格子欠陥)，lattice plane(格子面)，body-centered cubic lattice(体心立方格子)

launch 動 始める，着手する

lavage ★ 発 名《臨床》洗浄，灌流
例 gastric lavage(胃洗浄)

law 名 法律，法

laxative 名 緩下薬，下剤

lay	動 <lay - laid - laid>❶横たえる ❷《生物》産卵する 対 lie([自動詞] 横たわる)
layer ★	名 層 動 層にする 形 layered(層状の) 例 ozone layer(オゾン層)
LD_{50}	略《医薬》50 %致死量(50 % lethal dose)
LDH	略《酵素》乳酸脱水素酵素(lactate dehydrogenase)
LDL	略《生体物質》低密度リポタンパク質(low-density lipoprotein)
lead [1] ★ [liːd] 発	動 導く，通じる(+to) 例 leading cause of(〜の主な原因)
lead [2] [léd] 発	名《元素》鉛 化 Pb
leader ★	名 リーダー，先導者
leaf ★	名 葉 動 (植物が)葉を出す 複 leaves 例 leaf abscission(落葉)
leaflet	名 ❶パンフレット，チラシ ❷《植物》小葉
leak	名 漏れ，漏出 動 漏れる，漏らす
leakage	名 漏出，漏洩(ろうえい)
leaky	形 漏出性の，リーキーな，漏れやすい
lean	動 もたれる，傾く 形 痩せた 例 lean body mass(除脂肪体重)
learn ★	動 ❶学ぶ，学習する ❷知る 類 study, know
learning ★	名《生理》学習 例 learning behavior(学習行動)
least ★★	形 (littleの最上級)最小の 熟 at least(少なくとも) 例 least-squares method(最小二乗法)
leave ★★	動 <leave - left - left>❶放置する，残す ❷離れる，去る 例 leaving group(脱離基)
lectin ★	名《生体物質》レクチン(動植物に含まれ糖鎖結合能により凝集反応を起こすタンパク質の総称)
lecture	名 講義 動 講義する
leech	名《生物》ヒル
left ★★	形 左の 形 左方の 名 左 動 <leaveの過去・過去分詞>去る 例 left atrium(左心房)，left ventricle(左心室)，left ventricular ejection fraction(左室駆出分画；LVEF)，left ventricular hypertrophy(左室肥大；LVH)
leg ★	名《解剖》脚，下肢(かし) 類 lower extremity, peduncle
legal	形 合法的な 反 illegal

L

Legionella [学]《生物》レジオネラ(属)(ヒト呼吸器感染症原因菌となる水中の好気性グラム陰性桿菌の一属)
[例] *Legionella pneumophila*(在郷軍人病菌)

Legionnaires' disease [名]《疾患》在郷軍人病，レジオネラ症

leiomyoma [名]《疾患》平滑筋腫
[例] uterine leiomyoma(子宮筋腫)

Leishmania [学]《生物》リーシュマニア(属)(鞭毛虫の一属)
[例] *Leishmania major*(森林型熱帯リーシュマニア)，*Leishmania donovani*(ドノバンリーシュマニア＝内臓リーシュマニア症カラアザールの病原虫)

leishmaniasis [名]《疾患》リーシュマニア症
[例] visceral leishmaniasis(内臓リーシュマニア症)

length ★★ [名]長さ
[例] full-length(全長の)

lengthen [動]延ばす，長くする，(長さを)延長する

lengthy [形]長い，冗長な

lentivirus [名]《病原体》レンチウイルス(数個の余分なアクセサリー遺伝子をもつ遺伝子構造が複雑なレトロウイルスの一属) [形] lentiviral

lepromatous [形]《疾患》らい腫型の
[例] lepromatous leprosy(らい腫型ハンセン病)

leprosy [名]《疾患》ハンセン病，らい [類] Hansen's disease

leptin ★ [名]《生体物質》レプチン(食欲抑制ホルモン)

leptospirosis [名]《疾患》レプトスピラ症(スピロヘータであるレストスピラ感染症)

lesion ★★ [発] [名]❶破壊 ❷《疾患》病変 [動]破壊する，障害を起こさせる [形] lesional
[例] lesion site(病変部)，skin lesion(皮膚病変)

lessen [動]和らげる，減らす

lesson [名]❶レッスン，授業 ❷教訓

lethal ★ [発] [形]致死的な，致命的な [副] lethally [類] fatal
[例] lethal dose(致死量)，lethal mutation(致死変異)，50％ lethal dose(半致死量)

lethality ★ [名]❶致死(性) ❷死亡率
[例] embryonic lethality(胚性致死)

lethargy [名]《症候》傾眠，嗜眠(しみん) [類] drowsiness

Leu [略]《アミノ酸》ロイシン(leucine)

leucine ★ 発 名《アミノ酸》ロイシン 略 Leu, L
例 leucine-rich repeat(ロイシンに富む反復配列), leucine zipper(ロイシンジッパー＝DNA結合タンパク質の基本構造の一種)

leukemia ★★ **/ leukaemia** 発 名《疾患》白血病
例 leukemia inhibitory factor(白血病抑制因子；LIF), acute myeloid leukemia(急性骨髄性白血病；AML)

leukemic / leukaemic 形 白血病の

leukemogenesis 名 白血病誘発

leukocyte ★ 名《細胞》白血球 類 white blood cell(白血球；WBC)
例 leukocyte count(白血球数), leukocyte extravasation(白血球血管外遊走), leukocyte transmigration(白血球遊走)

leukocytic 形 白血球の

leukocytosis 名《疾患》白血球増多(症)

leukoencephalopathy 名《疾患》白質脳症(髄鞘と神経線維に富む大脳白質の変性疾患)

leukopenia 名《疾患》白血球減少(症)

leukosis 名《疾患》白血症(白血球産生組織の異常増殖を指す古い概念)

leukotriene 発 名《生体物質》ロイコトリエン(炎症に関与する不飽和脂質メディエーターの一群)
例 leukotriene B_4(ロイコトリエンB_4)

level ★★ 名 レベル，水準，準位 動 平らにする
例 blood level(血中濃度), energy level(エネルギー準位), high-level(高レベルの)

levorotatory 形《化学》左旋性の 反 dextrorotatory(右旋性の)

Lewis acid 名《化学》ルイス酸

LH 略《生体物質》黄体形成ホルモン(luteinizing hormone)

LH-RH / LHRH 略《生体物質》黄体形成ホルモン放出ホルモン(luteinizing hormone-releasing hormone)

Li 化《元素》リチウム(lithium)

liability 名 ❶義務，責任 ❷《疾患》傾向 類 debt, responsibility, duty, obligation
例 genetic liability for schizophrenia(統合失調症の遺伝的かかりやすさ)

liberate 動 遊離する，自由にする

liberation 名 遊離

libido 名《生理》性欲

library ★ 名 ❶《遺伝子》ライブラリー(遺伝子や化合物の網羅的コレクション) ❷図書館
例 cDNA library(cDNA ライブラリー)

license 名 ライセンス，免許，認可

lichen 発 名 ❶《疾患》苔癬(たいせん) ❷《生物》地衣(類)(ちいるい) 形 苔癬状の

lidocaine 名《化合物》リドカイン(アミド型局所麻酔薬)

lie ★ 動 <lie - lay - lain>❶横になる ❷位置する 名 嘘(うそ) 対 lay([他動詞] 横たえる)

LIF 略《生体物質》白血病抑制因子(leukemia inhibitory factor)

life ★★ 名 ❶生命 ❷生涯 ❸生活
例 life expectancy(平均余命), life science(生命科学), life support(救命処置，生命維持), life-threatening (生命を危うくする)

lifelong 形 生涯の

lifespan / life span 名 寿命 類 lifetime

lifestyle / life-style 名 生活様式，生活習慣
例 lifestyle disease(生活習慣病＝日本的概念の英訳)

lifetime ★ 名 生涯，寿命 類 lifespan

ligament 発 名《解剖》靭帯(じんたい)，間膜 形 ligamentous
例 periodontal ligament(歯根膜)

ligand ★★ 発 名 ❶リガンド(受容体などに特異的に結合する物質) ❷《物理》配位子
例 ligand-binding site(リガンド結合部位), ligand-gated channel(リガンド開口型チャネル), high-affinity ligand(高親和性リガンド), specific ligand (特異的リガンド)

ligase ★ 名《酵素》リガーゼ，連結酵素
例 ubiquitin ligase(ユビキチンリガーゼ)

ligate 動 ❶連結する，結合する ❷《臨床》結紮する(けっさつ)

ligation ★ 発 名 ❶(特に核酸の)連結，ライゲーション ❷《臨床》結紮(けっさつ)法

light ★★ 名 ❶《物理》光，光線 ❷見地 形 ❶明るい ❷軽い 熟 in light of(～の観点から)，shed light on(～に光を当てる)
例 light adaptation(明順応)，light chain(軽鎖)，light-harvesting(集光性)，light microscopy(光学顕微鏡)，light scattering(光散乱)

likelihood ★ 名《数学》可能性，尤度(ゆうど) 類 capability，feasibility，possibility，probability
例 likelihood ratio(尤度比)，maximum likelihood method(最尤法)

likely ★★ 形 ありそうな，しそうな(+to do) 熟 it is likely that(～という可能性がある)

likewise ★ 副 同様に 類 also，similarly，equally

limb ★ 発 名《動物》肢 派 forelimb(前肢)，hindlimb(後肢)
例 limb bud(肢芽)，limb-girdle muscular dystrophy(肢帯型筋ジストロフィー)

limbal 形《解剖》角膜縁の
例 limbal epithelial cell(角膜縁上皮細胞)

limbic 形《解剖》辺縁系の
例 limbic system(辺縁系)

limit ★★ 名 限界(点) 動 制限する(+to)，限定する 類 limitation
例 limiting dilution(限界希釈)，limiting factor(限定要因)，limited proteolysis(タンパク質限定加水分解)，upper limit(上限)

limitation ★ 名 制限，限定

line ★★ 名 ❶線 ❷系統，一連 動 裏打ちする

lineage ★ 発 名《遺伝》血統，系譜，《細胞》分化系列
例 lineage commitment(分化系列決定)

linear ★ 形 ❶直線的な，線状の ❷《数学》線形の，比例の 副 linearly
例 linear expansion(線膨張)，linear function(一次関数)，linear regression(直線回帰)

linearity 名 直線性

linearize 動 直線化する

lingual 形《解剖》舌の

linguistic 形 言語学の

lining 名 裏打ち，内張り

link ★★ 名 連結，リンク 動 連結する(+to)，結びつける

linkage ★ 名 ❶《遺伝》連鎖，連関 ❷結合
例 linkage analysis(連鎖解析)，linkage disequilibrium(連鎖不平衡)

linker ★ 名 リンカー，つなぎ役
例 linker region（リンカー領域）

linoleic acid 名《化合物》リノール酸（炭素数18のcis-9-cis-12-二価不飽和脂肪酸） 類 linoleate

linolenic acid 名《化合物》リノレン酸（炭素数18の三価不飽和脂肪酸） 類 linolenate

lipase 名《酵素》リパーゼ，脂肪分解酵素

lipid ★★ 名 脂質 類 fat（脂肪）
例 lipid bilayer（脂質二重層），lipid-lowering agent（抗高脂血症薬），lipid mediator（脂質メディエーター），lipid peroxidation（脂質過酸化），lipid raft（脂質ラフト），lipid-soluble（脂溶性）

lipo- ★ 接頭「脂質，脂肪」を表す

lipodystrophy 名《疾患》リポジストロフィー（脂肪組織が顕著な退縮を呈する疾患），脂肪異栄養症

lipogenesis 名 脂質生合成

lipogenic 形 脂質生成の

lipolysis 名 脂肪分解

lipoma 名《疾患》脂肪腫

lipophilic 形《化学》親油性の 名 lipophilicity（親油性） 反 hydrophilic（親水性の）

lipopolysaccharide ★ 名《生体物質》リポ多糖 略 LPS

lipoprotein ★ 発 名《生体物質》リポタンパク質
例 lipoprotein lipase（リポタンパク質リパーゼ），lipoprotein remnant（リポタンパク質レムナント）

liposome ★ 名《実験》リポソーム，人工リン脂質小胞 形 liposomal

lipoxygenase 名《酵素》リポキシゲナーゼ，不飽和脂肪酸酸化酵素

liquid ★ 名《物理》液体 形 液状の 類 fluid 対 gas（気体），solid（固体）
例 liquid chromatography（液体クロマトグラフィー），liquid crystal（液晶）

Listeria 学《生物》リステリア（属）（グラム陽性桿菌の一属）
例 *Listeria monocytogenes*（リステリア・モノサイトゲネス＝髄膜炎菌）

listeriosis 名《疾患》リステリア症

literature ★ 名 ❶文献，印刷物 ❷文字

lithium ★ 名《元素》リチウム 化 Li

littermate ★ 名《動物》同腹仔(どうふくし) 類 litter
例 transgenic mice and wild-type littermates(遺伝子組換えマウスと野生型の同腹仔)

live 動 生きる，生存する
例 living cell(生細胞)，living donor(生体臓器提供者)

liver ★★ 名《解剖》肝臓 形 hepatic
例 liver biopsy(肝生検)，liver cirrhosis(肝硬変)，liver fluke(肝吸虫)，liver function(肝機能)，liver microsome(肝ミクロソーム)，liver regeneration(肝再生)，liver transplant recipient(肝移植患者)，liver transplantation(肝移植)，liver X receptor(肝臓X受容体；LXR)，fatty liver(脂肪肝)

livestock 名《動物》家畜

lizard 名《生物》トカゲ

LLC 略《実験》ルイス肺癌細胞(Lewis lung carcinoma)

LMWH 略《化合物》低分子量ヘパリン(low-molecular-weight heparin)

load ★ 名 ❶負荷，荷重 ❷《物理》荷電 動 負荷をかける
例 loading dose(負荷投与量)，static load(静荷電)

lobe ★ 名《解剖》(大脳の)葉(よう)
例 occipital lobe(後頭葉)，parietal lobe(頭頂葉)

lobule 名《解剖》小葉 形 lobular
例 hepatic lobule(肝小葉)

local ★ 形 ❶《臨床》局所(性)の ❷地方の 副 locally 対 systemic(全身性の)
例 local administration(局所投与)，local anesthesia(局所麻酔)，local hormone(局所ホルモン)

localization ★★ / 英 **localisation** 名 ❶局在，所在 ❷限局化
例 subcellular localization(細胞内局在)

localize ★★ / 英 **localise** 動 局在させる(+to)，限局させる 形 localized(局在型の)

locate ★★ 動 位置する，位置づける

location ★ 名 位置，場所

locomote 動 動き回る，運動する

locomotion 名《生理》自発運動，歩行運動

locomotive 形 運動性の，移動性の

locomotor 形 自発運動の，歩行運動の
例 locomotor activity(自発運動活性)

locoregional 形 局所領域の，局所の

L

locus ★ 名 ❶《遺伝子》座位，座(= gene locus) ❷《解剖》部位 複 loci
例 locus coeruleus(青斑核), locus control region(遺伝子座調節領域)

log 名 記録, ログ 形《数学》対数の(= logarithmic)
例 log phase(対数期)

logarithm 名《数学》対数

logarithmic 形 対数の 副 logarithmically
例 logarithmic function(対数関数)

logic 名 論理

logical 形 論理的な, (論理上)当然の

logistic ★ 形《統計》ロジスティック曲線の(用量反応関係などでみられるS字状)
例 logistic curve(ロジスティック曲線), logistic regression(ロジスティック回帰分析)

LOH 略《疾患》ヘテロ接合性欠失(loss of heterozygosity)

lone 形 孤立した
例 lone electron pair(孤立電子対)

long ★★ 形 (比較級 longer- 最上級 longest)長い 動 望む 反 short(短い) 熟 as long as(～である限りは)
例 long-chain fatty acid(長鎖脂肪酸), long QT syndrome(QT延長症候群；LQTS), long-standing controversy(長年の論争), long-term potentiation(長期増強現象；LTP), long terminal repeat(末端反復配列；LTR)

longevity 発 名 長寿 形 long-lived(長寿の)

longitudinal ★ 形 ❶長軸方向の, 縦方向の ❷長期的な 副 longitudinally 類 long-term(長期的な)
例 longitudinal axis(縦軸), longitudinal study(長期試験)

loop ★★ 名 ❶ループ, 輪 ❷《解剖》係蹄(けいてい)
例 loop diuretic(ループ利尿薬), Henle's loop([腎臓]ヘンレの係蹄)

loose 形 緩い,《解剖》疎性の 副 loosely(緩く)

lordosis 名 ❶《動物》ロードシス(動物の雌における交尾受入行動) ❷《疾患》脊柱前弯症

lose ★ 動 < lose - lost - lost >失う

loss ★★ 名 ❶損失 ❷減少
例 loss of consciousness(意識消失), loss of heterozygosity(ヘテロ接合性欠失), functional loss(機能損失), weight loss(体重減少)

loss-of-function ★ 形《遺伝子》機能喪失型の(遺伝子操作が何らかの機能を減弱ないし喪失させる場合を指して)
例 loss-of-function mutation(機能喪失型変異)

low ★★ 形 ❶(比較級lower-最上級lowest)低い ❷不十分な
反 high
例 low-affinity(低親和性の), low back pain(腰痛), low birth weight infant(低出生体重児), low-density lipoprotein(低密度リポタンパク質；LDL), low-dose oral contraceptive(低用量経口避妊薬), low-fat diet(低脂肪食), low-grade lymphoma(低悪性度リンパ腫), low level(低レベル), low molecular weight material(低分子物質), low-salt diet(低塩分食), lowest unoccupied molecular orbital(最低空分子軌道)

lower ★★ 形 ❶下位の ❷下等な 動 低下させる，低減させる
名 lowering(低下)
例 lower extremity(下肢), lower respiratory tract(下気道), lower urinary tract(下部尿路)

LOX 略《酵素》リポキシゲナーゼ(lipoxygenase)

LPA 略《生体物質》リゾホスファチジン酸(lysophosphatidic acid)

LPS 略《生体物質》リポ多糖(lipopolysaccharide)

LQTS 略《疾患》QT延長症候群(long QT syndrome)

LRP 略《生体物質》低密度リポタンパク質受容体関連タンパク質(low-density lipoprotein receptor-related protein)

LT 略《生体物質》ロイコトリエン(leukotriene)

LTD 略《生理》長期抑制現象(long-term depression)

LTP 略《生理》長期増強現象(long-term potentiation)

LTR 略《遺伝子》末端反復配列(long terminal repeat)

luciferase ★ 名《酵素》ルシフェラーゼ，発光酵素
例 firefly luciferase(ホタルルシフェラーゼ), luciferase reporter gene(ルシフェラーゼ・レポーター遺伝子)

lumbar ★ 形《解剖》腰の，腰椎(ようつい)の
例 lumbar cord(腰髄), lumbar puncture(腰椎穿刺), lumbar spine(腰椎)

lumen ★ 名 ❶《解剖》管腔，内腔 ❷《物理》ルーメン(光束の単位) 形 luminal, lumenal

luminal ★ 形 管腔の
例 luminal epithelial cell(管腔内皮細胞)

luminance 名《物理》輝度(きど)

L

luminescence 名《化学》冷光，ルミネッセンス(化学反応による発光)

luminescent 形ルミネッセンスの
例 luminescent chromophore(冷光発色団)

lumpectomy 名《臨床》乳腺腫瘍摘出(術)

lung ★★ 名《解剖》肺 形 pulmonary
例 lung adenocarcinoma(肺腺癌)，lung cancer(肺癌)，lung compliance(肺コンプライアンス)，lung epithelial cell(肺上皮細胞)，lung injury(肺損傷)

lupus ★ 名《疾患》ループス，狼蒼(ろうそう)
例 lupus erythematosus(紅斑性狼蒼)，lupus nephritis(ループス腎炎)

luteal 形《解剖》黄体の
例 luteal phase(黄体期)

luteinize 動《生理》黄体化する，黄体形成する
例 luteinizing hormone(黄体化ホルモン；LH)，luteinizing hormone-releasing hormone(黄体ホルモン放出ホルモン；LHRH)

LVAD 略《臨床》左室補助循環装置(left ventricular assist device)

LVEF 略《生理》左室駆出分画(left ventricular ejection fraction)

LVH 略《症候》左室肥大(left ventricular hypertrophy)

LXR 略《生体物質》肝臓X受容体(liver X receptor)

lyase 名《酵素》リアーゼ，脱離酵素(逆反応で合成酵素とも呼ばれる)

Lyme disease 名《疾患》ライム病(マダニ媒介ボレリア感染による炎症性疾患) 類 Lyme borreliosis

lymph ★ 発 名《解剖》リンパ(液)
例 lymph node(リンパ節)，lymph node dissection(リンパ節郭清)

lymphadenopathy 名《疾患》リンパ節症，リンパ節腫脹

lymphatic ★ 形《解剖》リンパ性の
例 lymphatic vessel(リンパ管)

lymphedema 名《疾患》リンパ浮腫，リンパ水腫

lymphoblast 名《細胞》リンパ芽球

lymphoblastic 形《疾患》リンパ芽球性の，リンパ性の
例 lymphoblastic leukemia(リンパ性白血病)

lymphoblastoid 形リンパ芽球様の

lymphocyte ★★ 名《細胞》リンパ球
例 lymphocyte count(リンパ球数)

lymphocytic ★ 形《疾患》リンパ球性の，リンパ性の
例 lymphocytic choriomeningitis (リンパ性脈絡髄膜炎)，lymphocytic leukemia (リンパ性白血病)

lymphocytosis 名《疾患》リンパ球増多(症)

lymphoid ★ 形 リンパ系の
例 lymphoid tissue (リンパ組織)

lymphokine 名《生体物質》リンホカイン(抗体以外のリンパ球産生生理活性物質)

lymphoma ★ 名《疾患》リンパ腫(リンパ組織より発生する腫瘍の総称)

lymphopenia 名《疾患》リンパ球減少(症)

lymphoproliferative 形 リンパ球増殖性の
例 lymphoproliferative disorder (リンパ球増殖性疾患)

lymphotoxin 名《生体物質》リンホトキシン(リンパ球が産生する細胞傷害性サイトカイン)

lymphotropic 形 リンパ球向性の
例 human T-lymphotropic virus type 1 (ヒトT細胞白血病ウイルス1型；HTLV-1)

Lys 略《アミノ酸》リジン(lysine)

lysate ★ 名《実験》溶菌液，可溶化液

lyse 動 可溶化する，溶解させる

lysine ★ 発 名《アミノ酸》リジン(塩基性アミノ酸) 略 Lys，K

lysis ★ 名 (細胞や菌の)溶解(現象) 派 bacteriolysis (溶菌)

lysogeny 名《遺伝》溶原性(バクテリオファージ感染によってDNAが宿主細菌の染色体に組み込まれること)

lysosomal ★ 形 リソソームの
例 lysosomal enzyme (リソソーム酵素)

lysosome ★ 発 名《細胞》リソソーム(加水分解酵素を含み消化に関わる細胞内小器官)

lysozyme 名《酵素》リゾチーム(卵白等に含まれる溶菌酵素)

lytic ★ 形 溶菌性の，溶解性の

M

M ★ 略 ❶《単位》モル濃度(molar) ❷《アミノ酸》メチオニン(methionine)

M phase 名《細胞》M期(有糸分裂から細胞質分裂に至る細胞周期)

m- 略《化学》メタ位の(meta-) 対 o-，p-

M-CSF 略《生体物質》マクロファージコロニー刺激因子(macrophage colony-stimulating factor)

macaque ★ 名《動物》マカク
例 macaque monkey（マカクザル）

machine 名 機械

machinery ★ 名 ❶機械類 ❷機構

macro- ★★ 接頭「大，巨大」を表す 類 mega- 反 micro-

macrocyclic 形《化学》大環状の

macroglobulin 名《生体物質》マクログロブリン（IgMなどの巨大な免疫関連タンパク質）

macroglobulinemia 名《疾患》マクログロブリン血症

macrolide 名《化学》マクロライド，大環状化合物

macromolecular 形 巨大分子の
例 macromolecular complex（巨大分子複合体）

macromolecule 名 巨大分子

macrophage ★★ 発 名《免疫》マクロファージ，大食細胞
例 macrophage colony-stimulating factor（マクロファージコロニー刺激因子；M-CSF）

macroscopic 形 巨視的な，肉眼での
例 macroscopic current（巨視的電流＝細胞全体を流れる電流）

macular 形《疾患》黄斑（性）の
例 macular degeneration（黄斑変性症）

macule 名《解剖》斑

maculopapular 形《疾患》斑点状丘疹の
例 maculopapular rash（斑状丘疹状皮疹）

Madin-Darby canine kidney cell 名《実験》メイディン・ダービー・イヌ腎臓細胞 略 MDCK cell

magnesium ★ 発 名《元素》マグネシウム 化 Mg

magnet 名 磁石

magnetic ★ 形 ❶《物理》磁気の，磁性の ❷磁石の
例 magnetic beads（磁気ビーズ），magnetic field（磁場），magnetic resonance imaging（磁気共鳴画像法；MRI）

magnetization 名《物理》磁化

magnification 名 拡大率

magnify 動 拡大する

magnitude ★ 名 大きさ，規模 類 amplitude，scale，size

magnocellular 形《解剖》巨大細胞の

main ★ 形 主たる，主な 副 mainly
例 main action（主作用）

mainstay 名 (比喩)頼みの綱，大黒柱

maintain ★★ 動 維持する

maintenance ★ 名 維持
例 maintenance therapy(維持療法)

maize ★ 名《植物》トウモロコシ 学 *Zea mays*

major ★★ 形 主要な，主な 動 (学問分野を)専攻する 反 minor
例 major depressive disorder(大うつ病性障害)，major groove(DNAの主溝)，major histocompatibility complex(主要組織適合抗原；MHC)

majority ★ 名 大多数 反 minority

make 動 <make - made - made>❶作る，製造する ❷(実験などを)行う 熟 make up(作り上げる)，make use of(利用する)

mal- ★ 接頭「異常，不良，失調，悪」を表す

malabsorption 名《症候》吸収障害，吸収不良

maladaptive 形《生理》不適応の

malaise 発 名《症候》倦怠感

malaria ★ 名《疾患》マラリア 形 malarial(マラリアの)

malate 名《化合物》リンゴ酸(塩やエステルとして) 形 リンゴ酸の 類 malic acid
例 malate dehydrogenase(リンゴ酸脱水素酵素)

MALDI 略《実験》マトリックス支援レーザー脱離イオン化法(matrix-assisted laser desorption ionization)

male ★★ 形 ❶雄性(ゆうせい)の，オスの ❷男性の 名 男性 反 female
例 male infertility(男性不妊)，male sterility(男性不妊)

maleate 名《化合物》マレイン酸(塩やエステルとして) 形 マレイン酸の 類 maleic acid

malformation ★ 名《症候》形成異常，奇形

malfunction 名 機能不全，機能障害

malignancy ★ 名 ❶悪性度 ❷《疾患》悪性病変

malignant ★ 形《疾患》悪性の 反 benign(良性の)
例 malignant hyperthermia(悪性高熱症)，malignant neoplasm(悪性新生物)，malignant phenotype(悪性形質)，malignant progression(悪性化)，malignant transformation(癌化)，malignant tumor(悪性腫瘍)

malnourished 形 栄養不良の

malnutrition 名《疾患》栄養不良，栄養失調

malpractice 名《臨床》医療過誤，不正な治療

malt 名《植物》麦芽

MALT 略《解剖》粘膜関連リンパ組織(mucosa-associated lymphoid tissue)
例 MALT lymphoma(粘膜関連リンパ組織リンパ腫)

maltose 名《化合物》マルトース(天然二糖類の一種)
例 maltose-binding protein(マルトース結合タンパク質)

mammal ★ 名《生物》哺乳類，哺乳動物

mammalian ★★ 形《動物》哺乳類の
例 mammalian homolog(哺乳類ホモログ)，mammalian target of rapamycin(哺乳類ラパマイシン標的タンパク質；mTOR)

mammary ★ 形《解剖》乳房の，乳腺の
例 mammary carcinoma(乳癌)，mammary epithelial cell(乳腺上皮細胞)，mammary gland(乳腺)

mammogram 名《臨床》乳房X線像，マンモグラム

mammography 名《臨床》乳房X線撮影，マンモグラフィー 形 mammographic(乳房X線撮影の)

mammoplasty 名《臨床》乳房形成(術)

manage ★ 動 ❶管理する，経営する ❷扱う
例 managed care(マネージドケア)

management ★ 名 ❶管理，取扱い ❷経営

mandate 名(権限による)命令，権限 動 命令する

mandatory 形 義務の，必須の 類 compulsory, obligatory

mandibular 形《解剖》下顎(かがく)の，下顎骨の 名 mandibule
例 mandibular joint(顎関節)

maneuver 発 名 手技，策略 動 巧みに誘導する，策動する 類 tactics, strategy, operation, manipulation

manganese 名《元素》マンガン 化 Mn
例 manganese superoxide dismutase(マンガンスーパーオキシドジスムターゼ)

mania 名 ❶《疾患》躁病(そうびょう) ❷熱狂

manic 形 躁病の
例 manic state(躁状態)

manifest ★ 形 著名な 動 明らかにする，現す

manifestation ★ 名 ❶《臨床》徴候，症状 ❷出現，表明
例 clinical manifestation(臨床症状，臨床像)

manipulate ★ 動 巧みに操作する，操縦する

manipulation ★ 名 操作，巧妙な取扱い，マニピュレーション

manner ★★ 名 ❶様式 ❷方法 ❸態度，マナー
例 in a dose-dependent manner(用量依存的に)

mannose 名《化合物》マンノース(糖タンパク質構成糖の一種)

mantle 名《解剖》外套，マントル
例 mantle-cell lymphoma(マントル細胞リンパ腫)

manual 名 マニュアル，手引き書 形 手動の 副 manually(手作業で)

manufacture 名 製造，生産 動 製作する，造る

manufacturer 名 製造者，生産者

manuscript 名 原稿

MAO 略《酵素》モノアミン酸化酵素(monoamine oxidase)

MAP kinase ★ 名《酵素》マイトジェン活性化プロテインキナーゼ(細胞内シグナル伝達を担うリン酸化酵素) 略 MAPK (MAP キナーゼ)

mapping ★ 名 マッピング，地図作成
例 gene mapping(遺伝子マッピング)

MARCKS 略《生体物質》ミリストイル化アラニンリッチCキナーゼ基質(myristoylated alanine-rich C kinase substrate)

Marfan syndrome 名《疾患》マルファン症候群(フィブリリン代謝異常による先天性の結合織疾患)

margin ★ 名 ❶縁，周縁部 ❷余白，余裕，マージン
例 safety margin(安全域)

marginal 形《解剖》周辺の，周縁の 副 marginally
例 marginal zone(周辺帯)

marijuana 名《化合物》マリファナ(大麻成分カンナビノイド)

marine 形 海の 名 海軍

marital 形 婚姻の，夫婦間の

mark ★ 名 マーク 動 標識する，特徴づける

marked ★ 形 顕著な，著しい 副 markedly 類 notable, noteworthy, outstanding, prominent, remarkable, striking

marker ★★ 名 マーカー，標識，目印
例 marker gene(マーカー遺伝子)

market 名 市場 動 市販する，販売する

marmoset 名《動物》マーモセット(広鼻猿の一種)

marrow ★★ 名《解剖》髄，骨髄

masking 名 マスキング，遮蔽(しゃへい)

mass ★★ 名 ❶《物理》質量 ❷集団 ❸《疾患》腫瘤(しゅりゅう)
例 mass screening(集団検診)，mass spectrum(質量スペクトル)，mass spectrometry(質量分析法；MS)，molecular mass(分子量)，renal mass(腎腫瘤)

massive ★　形 ❶大量の，広範囲の　❷塊(状)の　❸強力な　副 massively
例 massive necrosis with severe hemorrhage(重篤な出血を伴う広範囲の壊死), massive proliferation of T-cells(T細胞の大量増殖)

mast cell ★　名《免疫》肥満細胞，マスト細胞　類 mastocyte

mastectomy　名《臨床》乳房切除(術)

mastocytosis　名《疾患》肥満細胞症，マスト細胞症

matching ★　名 適合，整合，照合，組み合わせ
例 HLA matching(HLA適合)

mate ★　名 仲間，連れ合い　動《動物》交配する

material ★　名 物質，材料(= raw material)　類 substance
例 low molecular weight material(低分子物質), starting material([合成の]出発材料)

maternal ★　形 ❶母性の，《遺伝》母系性の　❷出産の　副 maternally　反 paternal(父[系]性の)
例 maternal age(出産年齢)

maternity　名 母性　形 妊婦の
例 maternity nurse(助産婦)

mathematical / mathematic　形 数学の　副 mathematically

mathematics　名 数学

mating ★ 発　名《生物》交配，交尾
例 mating type(接合型)

matrix ★★　名 ❶《細胞》基質，マトリックス　❷《数学》行列　複 matrices
例 matrix-assisted laser desorption ionization(マトリックス支援レーザー脱離イオン化法；MALDI), matrix metalloproteinase(マトリックスメタロプロテアーゼ), extracellular matrix(細胞外基質)

matter ★　名 ❶問題　❷事項　❸物質　動 問題になる　熟 a matter of(およそ～)
例 gray matter(灰白質), white matter(白質)

maturation ★　名 成熟　形 maturational
例 sexual maturation(性成熟)

mature ★　形 成熟した　動 成熟する
例 mature B-cell(成熟B細胞), mature protein(成熟タンパク質)

maturity　名 成熟度

maxillary　形《解剖》上顎(じょうがく)の，上顎骨の　名 maxilla
例 maxillary sinus(上顎洞)

M

maximal ★ 形 最大の，極大の 副 maximally
例 maximal absorption（吸収極大），maximal effect（最大効果）

maximize 動 最大にする 反 minimize（最小化する）

maximum ★ 名 最大，極大，最大限 反 minimum（最小）
例 maximum binding（最大結合量；Bmax），maximum dose（極量），maximum likelihood method（最尤法），maximum rate（最大速度），maximum tolerated dose（最大耐量），maximum value（最大値），maximum velocity（最大速度）

maze 名 迷路

MBP 略《生体物質》ミエリン塩基性タンパク質（myelin basic protein）

MCF 略《生体物質》マクロファージ走化因子（macrophage chemotactic factor）

MCP 略《生体物質》単球走化性因子（monocyte chemoattractant protein）

MDCK cell 略《実験》メイディン・ダービー・イヌ腎臓細胞（Madin-Darby canine kidney cell）

MDR 略《医薬》多剤耐性（multidrug resistance）

MDS 略《疾患》骨髄異形成症候群（myelodysplastic syndrome）

ME 略《臨床》医用電子工学（medical electronics）

mean ★★ 名《数学》平均値 形 平均の 動 意味する 類 average（平均の）
例 mean age（平均年齢），mean blood pressure（平均血圧），mean value（平均値）

meaning 名 意味，意義 類 significance

meaningful 形 意味ある 副 meaningfully

means ★ 名（単数扱い）手段 熟 by means of（～によって），as a means [of/to do]（～[の/する] 手段として）

measles ★ 発 名《疾患》（単数扱い）麻疹，はしか 類 morbilli, rubeola
例 measles virus（麻疹ウイルス）

measurable 形 測定可能な，測定できる

measure ★★ 動 測定する 名 ❶手段 ❷基準

measurement ★★ 名 測定，計測

mechanical ★ 形 機械的な，力学的な 副 mechanically
例 mechanical stimulation（機械刺激），mechanical ventilation（人工呼吸）

mechanics 名 力学
例 molecular mechanics(分子力学)

mechanism ★★ 名 機構，機序，仕組み
例 molecular mechanism(分子メカニズム)

mechanistic ★ 形 機構的な，機構の 副 mechanistically

mechanosensitive 形《生理》機械感受性の
例 mechanosensitive channel(機械感受性チャネル)

mechanosensor 名《生理》機械受容器，機械センサー 形 mechanosensory

medial ★ 形《解剖》正中(せいちゅう)の，内側(ないそく)の 対 lateral(外側［がいそく］の)
例 medial lobe of the pituitary(下垂体中葉)，medial temporal lobe(内側側頭葉)

median ★ 名 ❶《統計》中央値，メジアン ❷《解剖》正中の
例 median eminence(正中隆起)，median survival time(生存期間中央値)

mediastinum 名《解剖》縦隔(胸膜に挟まれた胸腔の中央部) 形 mediastinal(縦隔の)

mediate ★★ 動 媒介する，介在する

mediation 名 媒介，仲介

mediator ★ 名 メディエーター，媒介物

Medicaid 名 メディケイド(米国での低所得者向け医療費補助制度)

medical ★ 形 医学(上)の，医療の 副 medically
例 medical electronics(医用電子工学)，medical expense(医療費)，medical history(病歴)，medical practice(医療行為)，medical record(診療記録)，medical school(医学部，医学校)

Medicare 名《臨床》メディケア(米国での高齢者向け医療保険制度)

medicate 動 薬物治療する，投薬する

medication ★ 名 薬物適用，投薬，薬物治療
例 medication adherence(服薬アドヒアランス)，pre-anesthetic medication(麻酔前投薬)

medicinal 形 薬用の，医薬品の
例 medicinal chemistry(医薬品化学)

medicine ★ 名 ❶医学 ❷薬物
例 forensic medicine(法医学)，herbal medicine(生薬)，internal medicine(内科学)

Mediterranean 形 地中海の
例 Mediterranean fever(《疾患》地中海熱)

medium ★ 名 培地，培養液 複 media 類 culture medium(培養液)
例 conditioned medium(条件培地＝ある処置をした細胞培養上清)

medulla ★ 名《解剖》髄質
例 medulla oblongata(延髄)

medullary ★ 形 髄質の,《疾患》髄様の
例 medullary carcinoma(髄様癌)

medulloblastoma 名《疾患》髄芽腫(小児の小脳に発生する悪性腫瘍)

meeting 名 会議，打合せ，ミーティング

MEF 略《実験》マウス胎仔由来線維芽細胞(mouse embryonic fibroblast)

megakaryocyte 名《細胞》巨核球 形 megakaryocytic(巨核球性)

megaloblastic 形《疾患》巨赤芽球性の
例 megaloblastic anemia(巨赤芽球性貧血)

meiosis ★ 名《遺伝》減数分裂 対 mitosis(有糸分裂)

meiotic ★ 形 減数分裂の
例 meiotic division(減数分裂)，meiotic recombination(減数分裂期組換え)，meiotic prophase(減数分裂前期)

MEK 略《酵素》MAPK-ERK キナーゼ(MAPK-ERK kinase), MAP キナーゼキナーゼ(MAP kinase kinase)

melanin 名《生体物質》メラニン(チロシンから生合成される褐色素)

melanocyte ★ 名《細胞》メラノサイト，メラニン産生細胞 形 melanocytic(メラニン細胞の)
例 melanocyte-stimulating hormone(メラニン細胞刺激ホルモン；MSH)

melanogaster ➡ *Drosophila*(ショウジョウバエ)

melanoma ★ 名《疾患》メラノーマ，黒色腫(色素細胞が癌化した腫瘍)
例 melanoma cell line(メラノーマ細胞株)

melanophore 名 メラニン保有細胞

melanosome 名《細胞》メラノソーム(黒色素胞)

melatonin 名《生体物質》メラトニン(松果体ホルモン)

melt ★ 動 <melt - melted - molten>融解する，溶融する
名 melting(融解)
例 melting point(融点)，melting temperature(融解温度)

member ★★ 名 メンバー，一員

membrane ★★ 名《細胞》膜
例 membrane-associated(膜結合型の)，membrane attack complex(膜侵襲複合体)，membrane-bound (膜結合型の)，membrane charge(膜電荷)，membrane permeability(膜透過性)，membrane-permeant(膜浸透性の)，membrane potential(膜電位)，membrane preparation(膜標本)，membrane protein(膜タンパク質)，membrane-spanning domain(膜貫通ドメイン)，cell membrane(細胞膜)，nictitating membrane([動物の]瞬膜)

membranous 形 膜状の，膜性の

memorize 動 記憶する

memory ★ 名《生理》記憶
例 memory consolidation(記憶固定)，memory impairment(記憶障害)，memory retrieval(記憶想起)，associative memory(連想記憶)

MEN 略《疾患》多発性内分泌腺腫症(multiple endocrine neoplasia)

menace 名 威嚇，脅迫 動 威嚇する

Mendelian 形《遺伝》メンデル則に従った
例 Mendelian inheritance(メンデル性遺伝)

meningeal 形《解剖》髄膜の

meninges 名《解剖》髄膜

meningioma 名《疾患》髄膜腫

meningitis ★ 発 名《疾患》髄膜炎

meningococcal 形 髄膜炎菌性の

meningococcemia 名《疾患》髄膜炎菌血症

meningoencephalitis 名《疾患》髄膜脳炎

menopause 名《臨床》閉経期 形 menopausal(閉経期の)

menstrual 形《生理》月経(性)の
例 menstrual cycle(月経周期)

mental ★ 形 精神的な，精神の 副 mentally
例 mental aberration(精神異常)，mental age(精神年齢)，mental deterioration(精神機能低下)，mental disorder(精神疾患)，mental retardation(精神遅滞)

mention 動 言及する，述べる 名 言及，記載
例 above-mentioned(上記の)

mEq 略《単位》ミリ当量(milliequivalent)

mercury 名《元素》水銀 化 Hg 形 mercuric

merely 副 単に

merge 動 混合する，合併する

meristem 名《植物》分裂組織 類 growing point(成長点)
例 apical meristem(頂端分裂組織)

merit 名 利点，メリット 動 値する

merozoite 名《生物》メロゾイト(原虫が増殖した娘細胞) 対 sporozoite(スポロゾイト＝感染体)

mesangial 形《解剖》糸球体間質の 名 mesangium
例 mesangial cell(メサンギウム細胞)

mesencephalic 形《解剖》中脳の

mesencephalon 名《解剖》中脳 類 midbrain

mesenchymal ★ 形 間充織の，間葉の
例 mesenchymal stem cell(間葉幹細胞)

mesenchyme 発 名《解剖》間充織(かんじゅうしき)，間葉

mesenteric 形 腸間膜の
例 mesenteric artery(腸間膜動脈)，mesenteric lymph node(腸間膜リンパ節)

mesentery 名《解剖》腸間膜

meshwork 名 網目構造
例 trabecular meshwork(《解剖》線維柱帯網)

mesial 形《解剖》近心側の

mesoderm ★ 名《発生》中胚葉 形 mesodermal 対 endoderm(内胚葉)，ectoderm(外胚葉)

mesolimbic 形《解剖》中脳辺縁系の

mesothelial 形《解剖》中皮の

mesothelioma 名《疾患》中皮腫(胸膜などの中皮細胞から発生する腫瘍)

message ★ 名 メッセージ

messenger ★ 名 メッセンジャー，伝令者
例 messenger RNA(メッセンジャーRNA)，second messenger(二次メッセンジャー)

mesylate 名《化合物》メシル酸塩，メタンスルホン酸塩 類 methanesulfonate

Met 略《アミノ酸》メチオニン(methionine)

meta- ★ 接頭「異形，異」を表す

meta-analysis 名《統計》メタアナリシス(独立した複数の研究データを統合的に再解析する手法) 複 meta-analyses

metabolic ★ 形 代謝(性)の 副 metabolically
例 metabolic acidosis(代謝性アシドーシス), metabolic intermediate(代謝中間体), metabolic pathway(代謝経路), metabolic syndrome(内臓脂肪症候群)

metabolism ★ 名《生化学》代謝
例 drug metabolism(薬物代謝)

metabolite ★ 名 代謝産物, 代謝物

metabolize ★ 動 代謝する

metabotropic 形 代謝型の 対 ionotropic(イオンチャネル型の)
例 metabotropic glutamate receptor(代謝型グルタミン酸受容体)

metal ★ 名 金属 接頭 metallo-
例 metal center(金属中心)

metallic 形 金属(性)の

metallo- 接頭「金属」を表す

metalloenzyme 名《酵素》金属酵素

metalloproteinase ★ **/ metalloprotease** 名《酵素》メタロプロテイナーゼ, メタロプロテアーゼ(細胞外マトリックスを切断する金属含有酵素の一群)

metamorphosis 名《生物》変態

metanephric 形《発生》後腎の
例 metanephric mesenchyme(後腎間充織)

metaphase 名《細胞》分裂中期 対 prophase(分裂前期), anaphase(分裂後期)

metaplasia 名《疾患》異形成, 化生(かせい)
例 myeloid metaplasia(骨髄化生)

metastable 形 準安定な

metastasis ★ 名(腫瘍の)転移 複 metastases
例 tumor metastasis(腫瘍転移)

metastasize 動 転移する

metastatic ★ 形 転移性の
例 metastatic cancer(転移性癌), metastatic melanoma(転移性黒色腫), metastatic prostate cancer(転移性前立腺癌)

metathesis 名《化学》メタセシス(二種類のオレフィン間で二重結合の組換えが起こる反応)

metazoan 形《生物》後生動物の

meteorite 名《天文》隕石

M

methane 名《化合物》メタン(炭素数1の飽和炭化水素)
例 methane hydrate(メタンハイドレート)

methanesulfonate 名《化合物》メタンスルホン酸塩 類 mesylate

methanol 発 名《化合物》メタノール(炭素数1のアルコール) 類 methyl alcohol

methicillin 名《化合物》メチシリン(ペニシリン系抗生物質)
例 methicillin-resistant *Staphylococcus aureus*(メチシリン耐性黄色ブドウ球菌)

methionine ★ 発 名《アミノ酸》メチオニン(含硫アミノ酸) 略 Met, M
例 methionine synthase(メチオニン合成酵素)

method ★★ 名 方法，(測定)法 接尾 -metry
例 Monte Carlo method(モンテカルロ法)，noninvasive method(非観血法)，screening method(スクリーニング法)

methodological / methodologic 形 方法論的な
例 methodological foundation of the future studies(将来の研究に向けての方法論的基礎)

methodology ★ 名 方法論

methotrexate 名《化合物》メトトレキサート(免疫抑制性の葉酸代謝拮抗薬)

methyl ★ 名《官能基》メチル
例 methyl group(メチル基)

methylate 動 メチル化する

methylation ★ 名《遺伝子》メチル化
例 methylation status(メチル化状態)，DNA methylation(DNAメチル化)

methylene 名《化合物》メチレン

methyltransferase ★ 名《酵素》メチルトランスフェラーゼ，メチル基転移酵素

meticulous 形 注意深い，細心の

metropolitan 形 首都の，大都会の

-metry ★ 接尾「測定法，定量法」を表す
例 cytometry(細胞数測定［法］)，spectrometry(分光測定［法］)

mevalonate 名《化合物》メバロン酸(イオンや官能基として) 形 メバロン酸の 類 mevalonic acid
例 mevalonate pathway(メバロン酸経路)

Mg ★ 化《元素》マグネシウム(magnesium)

mGluR 略《生体物質》代謝型グルタミン酸受容体(metabotropic glutamate receptor)

MHC [略]《生体物質》主要組織適合複合体(major histocompatibility complex) [類] HLA
[例] MHC class(MHCクラス)

MHV [略]《病原体》マウス肝炎ウイルス(mouse hepatitis virus)

MIC [略]《実験》最小発育阻止濃度(minimum inhibitory concentration)

mica [名]《鉱物》雲母(うんも)

mice ★★ [名]《動物》(複数扱い)マウス [単] mouse

micellar [形] ミセル性の

micelle [発] [名]《物理化学》ミセル
[例] critical micelle concentration(臨界ミセル濃度；CMC)

Michaelis constant [名]《生化学》ミカエリス定数(酵素反応速度論)

micro- ★ [接頭]「微小，微量」を表す [反] macro-

microalbuminuria [名]《疾患》微量アルブミン尿(症)，ミクロアルブミン尿(症)(腎症予測の指標となる微量のアルブミン排泄量増加)

microangiopathy [名]《疾患》微小血管障害，微小血管症

microarray ★ [名]《実験》マイクロアレイ(DNAなどを微小スポットで高密度に配置した基板)
[例] microarray analysis(マイクロアレイ解析)

microbe [名] 微生物

microbial ★ [形] 微生物の，菌の
[例] microbial pathogen(病原性微生物)

microbicidal [形] 殺菌的な

microbiological / microbiologic [形] 微生物学的な，細菌学的な

microbiology [名] 微生物学，細菌学

microbiota [名]《生物》微生物叢，細菌叢 [類] flora

microchannel [名]《実験》マイクロチャネル(微小な液体の流路)

microchimerism [名]《遺伝》微小キメラ化

microcirculation [名](血液の)微小循環

microdeletion [名] 微小欠失

microdialysis [名]《実験》微小透析，マイクロダイアリシス

microdilution [名] 微量希釈

microdissection 名 顕微解剖，マイクロダイセクション

microdomain 名《細胞》マイクロドメイン，微小領域 類 lipid raft

microelectrode 名《実験》微小電極

microenvironment ★ 名 微小環境

microfibril 名《解剖》ミクロフィブリル(線維状の細胞外基質)，細毛線維

microfilament 名《細胞》ミクロフィラメント，微小線維

microfluidic 形 微少溶液の，マイクロ流体の
例 microfluidic device(マイクロ流体デバイス)

microglia ★ 発 名《細胞》(複数扱い)ミクログリア，小膠細胞

microglial 形 ミクログリアの

micrograph 名 顕微鏡写真，顕微鏡像

microgravity 名 (宇宙空間の)微小重力

microinject 動 微量注入する，マイクロインジェクトする

microinjection 名《実験》微量注入，マイクロインジェクション

microliter 名《単位》マイクロリットル(溶液体積) 略 μL

micrometer 名《単位》マイクロメートル 類 micron(ミクロン)
略 μm

micromolar 名《単位》マイクロモル濃度 略 μM

micronutrient 名 微量栄養素

microorganism ★ 名 微生物

microparticle 名 微小粒子，微粒子

microphthalmia 名《疾患》小眼球症

micropipette 名《実験》マイクロピペット

microplate 名《実験》マイクロプレート

microRNA 名《遺伝子》マイクロRNA(発現調節に関与する非コード領域の小分子一本鎖RNA) 略 miRNA

microsatellite ★ 名《遺伝子》マイクロサテライト(DNAの繰り返し配列部位)
例 microsatellite instability(マイクロサテライト不安定性)，microsatellite marker(マイクロサテライトマーカー)

microscope 名《実験》顕微鏡

microscopic ★ 形 ❶微視的な ❷顕微鏡の 副 microscopically
例 microscopic examination(鏡検)

microscopy ★ ア 名 顕微鏡観察(法)

microsequence 名 小配列

microsomal 形 ミクロソームの

microsome 名《細胞》ミクロソーム(細胞破砕で生ずる小胞体由来の小胞)

microsphere 名 小球体，微粒子，マイクロスフェア

microstructure 名 微細構造，ミクロ構造

microsurgery 名《臨床》顕微手術(顕微鏡を用いる外科手術)

microtubule ★ 名《細胞》微小管
例 microtubule-associated protein(微小管関連タンパク質)，microtubule cytoskeleton(微小管細胞骨格)

microvascular ★ 形《解剖》微小血管の，毛細血管の 類 capillary
例 microvascular endothelial cell(毛細血管内皮細胞)

microvasculature 名 微小血管系

microvessel 名《解剖》微小血管，毛細血管

microvilli 名《細胞》(複数扱い)微絨毛

microwave 名《物理》マイクロ波

micturition 名《生理》排尿 類 urination，voiding

midbrain ★ 名《解剖》中脳

middle ★ 形 中央の，中間の 名 中央
例 middle age(中年)，middle cerebral artery occlusion(中大脳動脈閉塞)

midgut 名《生物》中腸

midline ★ 形《解剖》正中の，正中線の

midpoint 名 中間点，中点

MIF 略《生体物質》遊走阻止因子(migration-inhibitory factor)

migraine 名《疾患》片［偏］頭痛

migrate ★ 動 遊走する，移住する

migration ★★ 発 名 ❶(細胞の)遊走 ❷(動物の)移住，(鳥の)渡り ❸移動，回遊
例 migration-inhibitory factor(遊走阻止因子)，branch migration(DNAの分岐点移動)，neuronal migration(神経細胞移動)

migratory 形 遊走性の，転位性の

mild ★ 形 ❶穏やかな ❷《疾患》軽度の 副 mildly
例 mild cognitive impairment(軽度認知機能障害)

milieu 発 名 環境 類 circumstance，environment
例 milieu therapy(環境療法)

military 形 軍事の 名 軍隊

mimetic 形 (～を)模倣した，擬態の

mimic ★ 動 模倣する 名 模倣物

mimicry 名 模倣，擬態

mind 名 心，精神 動 留意する 熟 with this in mind(これを踏まえて)，keep in mind(心に留める)

mineral ★ 名 ❶無機物，ミネラル ❷鉱物 形 無機質の，ミネラルの
例 bone mineral density(骨塩量)

mineralization 名 ミネラル化，鉱質形成，石灰化

mineralize 動 ミネラル化する，石灰化する，無機化する

mineralocorticoid 名《生体物質》ミネラルコルチコイド(ナトリウム再吸収を調節する副腎皮質ステロイド)，鉱質コルチコイド

miniature 形 縮小型の，ミニチュアの
例 miniature endplate potential(微小終板電位)

miniaturize 動 小型化する

minicircle 名 小円，ミニサークル 形 小環状の

minimal ★ 形 最小の，極小の 副 minimally 反 maximal(最大の)
例 minimal effect(最小の効果)，minimal medium(最少培地)，minimal residual disease(微小残存病変)，minimal protein requirement(最小タンパク必要量)

minimization 名 極小化

minimize ★ 動 極小化する 反 maximize(最大化する)

minimum ★ 名 ❶最小，極小 ❷最小限 反 maximum
例 minimum inhibitory concentration(最小発育阻止濃度；MIC)，minimum value(最小値)

mining 名 ❶マイニング(知識を発掘すること)，発掘 ❷鉱業
例 data mining(データマイニング)

minisatellite 名《遺伝子》ミニサテライト(短い反復配列の長さの多型)

minor ★ 形 ❶微量な ❷小さい ❸軽症の ❹マイナーな，主要でない 反 major
例 minor groove([DNA]副溝)，minor histocompatibility(非主要組織適合性)

minority 名 少数派，少数民族 反 majority

minute[1] ★ [mínit] 名《単位》分(ふん)
例 minute ventilation(分時換気量)

minute[2] [mainú:t] 形 微小な

MIP 略《生体物質》マクロファージ炎症性タンパク質(macrophage inflammatory protein) 類 MIP-1 α, MIP-1 β

miRNA / miR 略《遺伝子》マイクロRNA(microRNA)

mirror 名 鏡 動 写す
例 mirror image(鏡映像)

misalignment 名 誤整列

miscellaneous 形 種々の

misexpression 名《遺伝子》異所性発現 類 ectopic expression

misfolding 名 (タンパク質の)ミスフォールディング，誤った折り畳み

misincorporation 名 誤取り込み

mislocalization 名 誤った局在化

mismatch ★ 名《遺伝子》ミスマッチ，不適正塩基対
例 mismatch repair gene(ミスマッチ修復遺伝子), base pair mismatch(塩基対ミスマッチ)

mispair 名《遺伝子》ミスペア，不対合 動 不対合を形成する

miss ★ 動 失う，欠損する 名 ミス

missense ★ 形《遺伝子》ミスセンスの(アミノ酸の置換を伴うような)
例 missense mutation(ミスセンス変異)

mission 名 使命，任務

mistake 名 過失，誤り，間違い 動 ＜mistake - mistook - mistaken＞誤解する

misuse 名 誤用 動 誤用する 類 abuse

MITF 略《生体物質》小眼球症関連転写因子(microphthalmia-associated transcription factor)

mitigate 動 緩和する，軽減する

mitochondria ★ 発 名 (複数扱い)ミトコンドリア，糸粒体 単 mitochondrion

mitochondrial ★★ 形 ミトコンドリアの
例 mitochondrial DNA(ミトコンドリアDNA), mitochondrial inner membrane(ミトコンドリア内膜), mitochondrial uncoupling protein(ミトコンドリア脱共役タンパク質)

mitogen ★ 名《生体物質》マイトジェン，分裂促進因子
例 mitogen-activated protein kinase(MAPキナーゼ)

mitogenesis 名 有糸分裂誘発

mitogenic ★ 形 分裂促進的な

mitosis ★ 名《細胞》有糸分裂(ゆうしぶんれつ) 対 meiosis(減数分裂)

mitotic ★ 形 有糸分裂の 副 mitotically
例 mitotic arrest(有糸分裂停止), mitotic exit(有糸分裂終了), mitotic spindle(紡錘体)

mitral ★ 形《解剖》僧帽弁の
例 mitral annulus(僧帽弁輪), mitral regurgitation(僧帽弁逆流), mitral stenosis(僧帽弁狭窄), mitral valve(僧帽弁), mitral valve prolapse(僧帽弁逸脱)

mix ★ 動 混合する, 混ぜる 名 混合物
例 mixed lymphocyte reaction(混合リンパ球培養反応)

mixture ★ 名 混合(物), 配合

MKP 略《酵素》MAPキナーゼホスファターゼ(mitogen-activated protein kinase phosphatase)

MLCK 略《酵素》ミオシン軽鎖キナーゼ(myosin light chain kinase)

MLST 略《臨床》多座配列タイピング(multilocus sequence typing)

MLV 略《病原体》マウス白血病ウイルス(murine leukemia virus)

mmHg 略《単位》ミリメートル水銀柱(血圧などに用いられる)

MMP 略《酵素》マトリックスメタロプロテイナーゼ(matrix metalloproteinase)

Mn 化《元素》マンガン(manganese)

mobile ★ 形 移動できる, 流動性の, 可搬性の
例 mobile phase(移動相)

mobility ★ 名 移動度, 可動性
例 mobility shift assay(移動度シフトアッセイ)

mobilization ★ 名 動員, 起動
例 calcium mobilization(カルシウム動員)

mobilize 動 動員する, 動かす, 起動する

mock 形 偽の
例 mock-treated(偽処置の)

modality ★ 名《生理》様式, モダリティー(視覚や痛覚などの感覚形式)

mode ★ 名 モード, 様式, 方法 類 fashion, manner, means, style, method, pattern, process, type, way
例 mode of action(作用様式)

model ★★ 名 モデル, 模型 動 モデルを作る
例 modeling /英 modelling(モデリング, 成形)

moderate ★ 形 中程度の 動 和らげる，緩和する 副 moderately
modern ★ 形 現代の
modest ★ 形 適度な，中程度の 副 modestly 熟 only modest (わずかな)
modifiable 形 変更可能な，修飾可能な
modification ★ 名 修飾，改変，変更
modifier 名 修飾因子，《遺伝子》モディファイヤー(表現型に影響する因子)
modify ★★ 動 改変する，変更する，修飾する
MODS 略《疾患》多臓器機能障害症候群(multiple organ dysfunction syndrome)
modulate ★★ 動 調節する，変調させる
modulation ★ 名 調節，変調
modulator ★ 名 修飾物質，モジュレーター，《物理》変調器
modulatory 形 修飾的な，調節性の
module ★ ア 名 モジュール，集合部品 形 modular
MODY 略《疾患》若年発症成人型糖尿病(maturity-onset diabetes of the young)
moiety ★ 名 (分子や錯体の)部分，成分
moisture 名 水分，湿気 動 湿る
例 moisture content(含水量)
mol 略《単位》分子モル(mole)
molar 名 ❶《単位》モル濃度 ❷《歯学》臼歯(きゅうし) 形 モルの
例 molar extinction coefficient(モル吸光係数)，deciduous molars(乳歯の臼歯)，molar concentration of(～のモル濃度)，molar pulp(臼歯髄)
mold 名 ❶《生物》カビ ❷(鋳)型 動 ❶カビさせる ❷形成する
例 slime mold(変形菌，粘菌)
mole 名 ❶《単位》モル ❷《動物》モグラ(食虫類の動物) ❸《症候》奇胎
例 hydatidiform mole(胞状奇胎)

M

molecular ★★ 形 分子の 副 molecularly（分子的に）
例 molecular basis（分子基盤），molecular biology（分子生物学），molecular chaperone（分子シャペロン），molecular cloning（分子クローニング），molecular formula（分子式），molecular mass（分子量），molecular mechanics（分子力学），molecular mechanism（分子機構），molecular recognition（分子認識），molecular sieve（分子ふるい），molecular structure（分子構造），molecular weight（分子量）

molecule ★★ 名《化学》分子
例 polar molecule（極性分子）

mollusc 名《生物》軟体動物 形 molluscan

molt 動《生物》脱皮する

moment 名 ❶瞬間，時間 ❷《物理》モーメント 類 time, instant, hour

momentum 名《物理》運動量

monitor ★ 名 モニター，監視装置 動 監視する 派 monitoring（監視）

monkey ★ 名《動物》サル 形 simian
例 rhesus monkey（アカゲザル）

mono- ★ 接頭「単，1つの」を表す 反 poly-, multi-

monoallelic 形《遺伝》単一アレルの，単一対立遺伝子の
例 monoallelic expression（単一対立遺伝子発現）

monoamine 名《化合物》モノアミン（生体アミンの総称）
例 monoamine oxidase（モノアミン酸化酵素；MAO）

monoclonal ★ 形《遺伝子》単クローン性の，モノクローナル
例 monoclonal antibody（単クローン抗体）

monocot 名《植物》単子葉 対 dicot（双子葉）

monocular 形《疾患》単眼の
例 monocular blindness（単眼盲）

monocyte ★ 名《細胞》単球
例 monocyte chemoattractant protein（単球走化性タンパク質）

monocytic 形 単球の
例 monocytic cell（単核球細胞）

monokine 名《生体物質》モノカイン（単球が産生する生理活性ペプチド）

monolayer ★ 名 単層，単分子膜

monomer ★ 名 単量体，モノマー

monomeric ★ 形 単量体の

mononuclear ★ 形 単核性の
例 mononuclear cell(単核細胞)

mononucleosis 名《疾患》単核球症

monophasic 形 一相性の，単相性の

monophos-phate 名《化学》一リン酸塩

monophyletic 形《遺伝》単系統性の

monosaccha-ride 名《化合物》単糖

monosynaptic 形《生理》単シナプス性の
例 monosynaptic reflex(単シナプス反射)

monotherapy 名《臨床》単独療法，単剤治療

monounsatu-rated 形《化学》一不飽和の
例 monounsaturated fatty acid(一不飽和脂肪酸)

monovalent 形《化学》一価の
例 monovalent cation(一価カチオン)

monoxide 名《化合物》一酸化物
例 carbon monoxide(一酸化炭素)

monthly 形 毎月の，月々の

mood 名 気分，ムード
例 mood disorder(気分障害)

moral 形 倫理的な，道徳的な 名 モラル

morbid 形 病的な

morbidity ★ 発 名 ❶病的状態 ❷罹患率(りかんりつ) 類 prevalence(有病率)
例 cardiovascular morbidity(心血管罹患率)，morbidity rate(罹患率)

moreover ★ 副 さらに，そのうえ

morphine 名《化合物》モルヒネ(麻薬性鎮痛薬)
例 morphine-induced analgesia(モルヒネ誘発鎮痛)

morphogen 名《発生》モルフォゲン(濃度勾配が形態形成を決める因子の総称)

morphogen-esis ★ 名《発生》形態形成

morphogenetic 形 形態形成の

morpholino 名《化学》モルフォリノ(アンチセンスオリゴの化学修飾)

morphological / morpho-logic ★ 形 形態学的な，形態上の 副 morphologically
例 morphological change(形態変化)，morphological criteria(形態学的な判断基準)

morphology ★ 名 形態学，形態

morphometry 名 形態計測，《臨床》体型計測　形 morphometric（形態計測の）

mortal 形 致死の

mortality ★★ 名 ❶《臨床》死亡率（= mortality rate），死亡数　❷大量死
例 all-cause mortality（総死亡率）

mortem ➡ post mortem（死後の）

mosaic ★ 名 モザイク，寄せ集め
例 mosaic virus（モザイクウイルス）

mosaicism 名 モザイク現象

mosquito 名《生物》蚊

mossy 形《解剖》苔状の
例 mossy fiber（苔状線維）

most 副（many や much の最大級）最も　熟 at most（最大で，多くても）

mostly ★ 副 主に，大部分は

motif ★★ 名 モチーフ（アミノ酸や核酸配列上の特定パターン）

motile 形 運動性の，自動能のある

motility ★ 名 運動性，自動能
例 gastrointestinal motility（胃腸運動）

motion ★ 名 挙動，運動
例 motion sickness（動揺病［乗り物酔い］）

motivate 動 動機づける，動機を与える

motivation ★ 名 動機づけ　形 motivational

motive 形 輸送の　名 動機
例 motive force（輸送力）

motoneuron ★ / 英 **motoneurone** 名《解剖》運動ニューロン　類 motor neuron

motor ★★ 形 運動の　名 モーター
例 motor cortex（運動皮質），motor protein（モータータンパク質），motor skill（運動技能）

mount ★ 動（標本を）乗せる，マウントする，（免疫応答を）開始する，（数量が）高まる

mountain 名 山
例 mountain sickness（高山病）

mouse ★★ 名《動物》マウス 複 mice 学 *Mus musculus*
例 mouse embryonic fibroblast(マウス胚性線維芽細胞), knockout mouse(ノックアウトマウス=特定遺伝子欠損マウス), nude mouse(ヌードマウス=免疫欠損マウス)

move ★ 動 移動する, 運動する

movement ★ 名 運動, 動作
例 movement disorder(運動障害), respiratory movement(呼吸運動)

MR 略 ❶《物理》磁気共鳴(magnetic resonance) ❷《臨床》医薬情報担当者(medical representative)

MRI 略《臨床》磁気共鳴画像法(magnetic resonance imaging)

mRNA ★★ 略《遺伝子》メッセンジャーRNA, 伝令RNA(messenger RNA)

mRNP 略《生体物質》メッセンジャーリボ核タンパク質(messenger ribonucleoprotein)

MRP 略《生体物質》多剤耐性関連タンパク質(multidrug resistance-associated protein)

MRSA 略《生物》メチシリン耐性黄色ブドウ球菌(methicillin-resistant *Staphylococcus aureus*)

MS 略《実験》質量分析法(mass spectrometry)

MSH 略《生体物質》メラニン細胞刺激ホルモン(melanocyte-stimulating hormone)

mtDNA 略《遺伝子》ミトコンドリアDNA(mitochondrial DNA)

MTHFR 略《酵素》メチレンテトラヒドロ葉酸還元酵素(methylenetetrahydrofolate reductase)

MTOC 略《細胞》微小管形成中心(microtubule-organizing center)

mTOR 略《生体物質》哺乳類ラパマイシン標的タンパク質(mammalian target of rapamycin)

MTP 略《生体物質》ミクロソームトリグリセリド輸送タンパク質(microsomal triglyceride transfer protein)

mucin 名《生体物質》ムチン(糖とタンパク質からなる粘液成分)

mucocutaneous 形《解剖》皮膚粘膜の
例 mucocutaneous candidiasis(粘膜皮膚カンジダ症)

mucoid 形 粘液様の 名 類粘液質

mucosa ★ 発 名《解剖》粘膜(=mucous membrane)
形 mucosal
例 buccal mucosa(頬側［きょうそく］粘膜)

mucositis 名《疾患》粘膜炎

mucous 形《解剖》粘膜の，粘液性の
例 mucous membrane(粘膜)

mucus 名 粘液

Muller cell 名《解剖》ミューラー細胞(網膜にある双極性のアストロサイトの一種)

multi- ★ 接頭「多，多くの」を表す

multicellular 形 多細胞の
例 multicellular organism(多細胞生物)

multicenter ★ 形 多中心の，《臨床》多施設の
例 multicenter study(多施設研究)，multicenter trial(多施設治験)

multicomponent 形 多成分の
例 multicomponent enzyme complex(多成分酵素複合体)

multicopy 形《遺伝子》マルチコピーの(DNAから多数のmRNAが作られる)
例 multicopy plasmid(マルチコピープラスミド)

multidimensional 形 多次元的な

multidisciplinary 形 学際的な，集学的な

multidomain 形 多ドメインの(機能ドメインを複数もつような)
例 multidomain protein(多ドメインタンパク質)

multidrug ★ 形《臨床》多剤の
例 multidrug resistance(多剤耐性)

multienzyme 形 多酵素の
例 multienzyme complex(多酵素複合体)

multifactorial 形《疾患》多因子の
例 multifactorial disease(多因子疾患)

multifocal 形《疾患》多巣性の，多源性の
例 multifocal motor neuropathy(多巣性運動ニューロパチー)

multifunctional 形 多機能の
例 multifunctional enzyme(多機能酵素)

multigene 名 多重遺伝子
例 multigene family(多重遺伝子族)

multilayer 名 多層

multilineage 形《遺伝》多系列の

multimer 名 多量体　形 multimeric

multimerization 名《生化学》多量体化

multiorgan 形 多臓器の
例 multiorgan failure(多臓器不全)

multiple ★★ 形 ❶複数の，多重の ❷《疾患》多発性の
例 multiple alignment(マルチプルアライメント＝多重配列解析)，multiple comparison(多重比較)，multiple drug resistance(多剤耐性；MDR)，multiple endocrine neoplasia(多発性内分泌腫瘍症；MEN)，multiple infection(多重感染)，multiple logistic regression(多重ロジスティック回帰)，multiple myeloma(多発性骨髄腫)，multiple organ dysfunction syndrome(多臓器障害；MODS)，multiple regression(重回帰)，multiple sclerosis(多発性硬化症)

multiplex 形 多重の
例 multiplex PCR(マルチプレックスPCR＝複数の遺伝子を同時に増幅する方法)

multiplication 名 ❶(分裂による)増殖 ❷《数学》掛け算

multiplicity 名 多重度
例 multiplicity of infection(感染効率)

multiply 動 ❶増殖する，増加する ❷(数字を)掛ける

multipoint 形 複数点での，多点の

multipotent 形 多分化能の，多能性の 類 pluripotent, multipotential
例 multipotent stem cell(多能性幹細胞)

multiprotein 形 多タンパク質の
例 multiprotein complex(多タンパク質複合体)

multisite 形 多部位

multistage 形 多段階の

multistep 形 多段の

multisubunit 形 多サブユニットの

multitude 名 ❶多数 ❷大衆

multivalent 形《化学》多価の 類 polyvalent
例 multivalent ligand(多価リガンド)

multivariate ★ **/ multivariable** 形《統計》多変量の
例 multivariate analysis(多変量解析)，multivariate logistic regression(多変量ロジスティック回帰)

multivesicular 形 多胞体の
例 multivesicular body(多小胞体)

multivitamin 名《医薬》マルチビタミン剤，複合ビタミン剤

mumps 名《疾患》おたふく風邪，ムンプス 類 epidemic parotitis

mural 形《解剖》壁在性の

murine ★★ 形《動物》マウスの
例 murine leukemia virus(マウス白血病ウイルス)

murmur 名《臨床》雑音(聴診による)
例 systolic murmur(収縮期心雑音)

Mus musculus 学《動物》マウス(mouse)

muscarinic ★ 形《生理》ムスカリン性の
例 muscarinic receptor(ムスカリン受容体)

muscle ★★ 発 名《解剖》筋，筋肉 接頭 myo-
例 muscle contraction(筋収縮)，muscle fiber(筋線維)，papillary muscle(乳頭筋)，muscle relaxation(筋弛緩)，muscle rigidity(筋固縮)，muscle tone(筋緊張)，muscle wasting(筋消耗)

muscular ★ 形 筋の，筋肉の
例 muscular atrophy(筋萎縮症)，muscular dystrophy(筋ジストロフィー)

musculature 名《解剖》筋系

musculoskeletal 形 筋骨格の
例 musculoskeletal system(筋骨格系)

mustard 名《植物》カラシナ，マスタード

mutagen 名 変異誘発物質

mutagenesis ★ 名《遺伝》突然変異誘発
例 mutagenesis study(変異原性試験)

mutagenic 形 変異原性の

mutagenicity 名《遺伝》変異原性

mutagenize 動 突然変異を誘発する

mutant ★★ 名《生物》変異体，ミュータント
例 mutant allele(突然変異遺伝子)，mutant heterozygote(変異ヘテロ接合体)，mutant mice(変異マウス)，mutant strain(変異系統)

mutarotation 名《物理》変旋光

mutase 名《酵素》ムターゼ(低エネルギーのリン酸を転移する酵素群)

mutate ★ 動 変異させる

mutation ★★ 名《遺伝子》変異，突然変異
例 point mutation(点変異)

mutational ★ 形 変異の，変異性の

mutator 名 変異誘発物

mutual 形 相互の，交互の 副 mutually

Mw ㊅《単位》分子量(molecular weight)

myalgia 名《症候》筋肉痛，筋痛(症)

myasthenia gravis 名《疾患》重症筋無力症(骨格筋ニコチン受容体に対する自己免疫疾患)

myasthenic 形《症候》筋無力症の
例 myasthenic syndrome(筋無力症候群)

Mycobacterium ★ 学《生物》マイコバクテリウム(属)(抗酸菌の一属)
複 mycobacteria(マイコバクテリア) 形 mycobacterial(マイコバクテリアの)
例 *Mycobacterium tuberculosis*(結核菌)

mycoplasma 名《生物》マイコプラズマ(最小の自己増殖性微生物)

mycosis 名《疾患》真菌症
例 mycosis fungoides(菌状息肉症)

myelin ★ 発 名《生体物質》ミエリン(神経線維鞘を形成する脂質複合体)
例 myelin basic protein(ミエリン塩基性タンパク質；MBP), myelin sheath(髄鞘，ミエリン鞘)

myelinated 形《解剖》ミエリン化された，有髄の
例 myelinated fiber(有髄線維)

myelination 名《生理》ミエリン形成，髄鞘形成

myelitis 名《疾患》脊髄炎
例 transverse myelitis(横断性脊髄炎)

myeloablative 形《疾患》骨髄破壊的な

myelodysplasia 名《疾患》骨髄形成異常 形 myelodysplastic
例 myelodysplastic syndrome(骨髄異形成症候群)

myelofibrosis 名《疾患》骨髄線維症

myelogenous 形《細胞》骨髄性の
例 myelogenous leukemia(骨髄性白血病)

myelography 名《臨床》脊髄造影，ミエログラフィー

myeloid ★ 形《細胞》骨髄球性の
例 myeloid cell(骨髄系細胞), myeloid leukemia(骨髄性白血病), myeloid metaplasia(骨髄化生), myeloid progenitor(骨髄系前駆細胞)

myeloma ★ 名《疾患》骨髄腫，ミエローマ

myelomonocytic 形《細胞》骨髄単球性の

myelopathy 名《疾患》脊髄症，ミエロパチー(脊髄の圧迫等による脊髄機能障害)

myeloperoxidase 名《酵素》ミエロペルオキシダーゼ(好中球の過酸化酵素)

M

myeloproliferative 形《疾患》骨髄増殖性の
例 myeloproliferative disorder(骨髄増殖性疾患)

myelosuppression 名 骨髄抑制，骨髄機能抑制

myenteric 形《解剖》腸筋層間の
例 myenteric plexus(腸筋層間神経叢)

myoblast 名《解剖》筋芽細胞

myocardial ★ 形《解剖》心筋の
例 myocardial blood flow(心筋血流), myocardial infarction(心筋梗塞), myocardial ischemia(心筋虚血), myocardial perfusion(心筋灌流＝血流), myocardial stunning(心筋収縮不全)

myocarditis 名《疾患》心筋炎(炎症細胞の浸潤を伴う心筋の壊死性疾患)

myocardium ★ 名《解剖》心筋

myoclonic 形 ミオクローヌス性の
例 myoclonic epilepsy(ミオクローヌスてんかん)

myoclonus 名《症候》ミオクローヌス(不随意に発生する骨格筋収縮)

myocyte ★ 名《解剖》筋細胞

myofiber 名《解剖》筋線維 類 muscle fiber

myofibril 名《解剖》筋原線維 形 myofibrillar(筋原線維の)

myofibroblast 名《解剖》筋線維芽細胞

myofilament 名《解剖》筋フィラメント

myogenesis 名《発生》筋形成

myogenic 形《生理》筋原性の，筋性の
例 myogenic tone(筋原性緊張)

myoglobin 名《生体物質》ミオグロビン(筋肉の酸素結合タンパク)

myoglobinuria 名《疾患》ミオグロビン尿(症)

myopathy 名《疾患》筋症，ミオパチー(筋力低下を伴う筋原性疾患の総称) 形 myopathic

myopia 名《症候》近視

myosin ★ 発 名《生体物質》ミオシン(アクチンと結合する筋収縮タンパク質)
例 myosin crossbridge(ミオシンの架橋), myosin heavy chain(ミオシン重鎖), myosin light chain(ミオシン軽鎖), myosin light chain kinase(ミオシン軽鎖キナーゼ；MLCK)

myositis 名《疾患》筋炎，筋肉炎
例 inclusion body myositis(封入体筋炎)

myotome 名《解剖》筋節，筋板，筋分節

myotonia 名《症候》筋強直(症)（きんきょうちょく），筋緊張(症)，ミオトニー 形 myotonic(筋緊張性の)
例 myotonic dystrophy(筋緊張性ジストロフィー)

myotube 名《解剖》筋管

myriad 形 無数の，種々の

myristate 名《化合物》ミリスチン酸(エステルや官能基として)
類 myristic acid

myristoylation 名 ミリストイル化(タンパク質の脂質修飾の一種) 形 myristoylated(ミリストイル化された)

myxedema 名《疾患》粘液水腫(甲状腺機能低下症)

myxoma 名《疾患》粘液腫

N

n ★ 略 ❶《化学》ノルマル(normal)，直鎖状の ❷《単位》ナノ(nano) ❸《実験》例数(number of experiments；大文字Nの場合もあり)

N ★ 略 ❶《元素》窒素(nitrogen) ❷《アミノ酸》アスパラギン(asparagine)

***N*-methyl-D-aspartic acid / -aspartate** 名《化合物》*N*-メチル-D-アスパラギン酸(NMDA型グルタミン酸受容体刺激薬)
例 *N*-methyl-D-aspartate receptor(*N*-メチル-D-アスパラギン酸受容体)

N-terminal 略《生化学》アミノ末端の(amino-terminal)

Na 化《元素》ナトリウム(sodium)

NAADP 略《生体物質》ニコチン酸アデニンジヌクオチドリン酸(nicotinic acid adenine dinucleotide phosphate)

NAD 略《生体物質》ニコチン酸アミドアデニンジヌクレオチド(nicotinamide adenine dinucleotide) 類 NADH(NADの還元型)

nadir 名 最下点

NADP 略《生体物質》ニコチン酸アミドアデニンジヌクレオチドリン酸(nicotinamide adenine dinucleotide phosphate) 類 NADPH(NADPの還元型)

NAFLD 略《疾患》非アルコール性脂肪性肝疾患(nonalcoholic fatty liver disease)

nail 名《解剖》爪
例 nail bed(爪床［そうしょう］)

naive ★ 発 形《実験》未処置の，無処理の 類 nontreated, unchallenged, untreated

naked 形 裸の

namely ★ 副 すなわち

nano- 接頭「10億分の1」を表す

nanocrystal 名 ナノ結晶

nanomolar 形 ナノモル濃度での

nanoparticle ★ 名 ナノ粒子(原子の小さな集合体)

nanoscale 名 ナノスケール(分子構造の大きさレベル)

nanostructure 名 ナノ構造

nanotechnology 名 ナノテクノロジー(ミクロ装置を開発するためのナノメートル単位を制御する技術)

nanotube 名 ナノチューブ(炭素環で形成された中空円筒構造物) 類 carbon nanotube

nanowire 名 ナノワイヤー

narcolepsy 名《疾患》ナルコレプシー，睡眠発作 形 narcoleptic

narcotic 名 麻薬，麻酔薬，鎮静剤 形 麻薬の，麻酔性の 類 narcotic drug, opioid

narrowing 名 狭小化

nasal ★ 発 形《解剖》鼻の，経鼻の 名 nose
例 nasal cavity(鼻腔), nasal continuous positive airway pressure(経鼻持続陽圧呼吸法), nasal mucosa(鼻粘膜), nasal spray(点鼻薬)

nascent ★ 形 発生期の，新生の

NASH 略《疾患》非アルコール性脂肪性肝炎(non-alcoholic steatohepatitis)

nasogastric 形《解剖》鼻腔胃の(鼻から胃に管を通した状態の)
例 nasogastric tube(経鼻胃管)

nasopharyngeal 形《解剖》上咽頭の，鼻咽頭の
例 nasopharyngeal carcinoma(上咽頭癌)

nasopharynx 名《解剖》上咽頭，鼻咽腔

national ★ 形 ❶国立の ❷国民の 副 nationally
例 National Institute of Health(国立保健研究所)

nationwide 形 全国的な 副 全国的に

native ★ 形 ❶自然の，天然の，土着の ❷《生化学》未変性の
例 native protein(未変性タンパク質), native structure(天然構造)

natriuretic 形《生理》ナトリウム排泄増加性の
例 natriuretic peptide(ナトリウム利尿ペプチド)

N

natural ★ — 形 ❶自然な，天然の ❷当然の，もっともな 副 naturally
例 natural history(自然経過，博物学)，natural killer cell(ナチュラルキラー細胞；NK cell)，natural product(天然物)，natural resources(天然資源)，natural selection(自然選択)

nature ★ — 名 ❶性質，本質 ❷自然 熟 in nature(本来)

nausea ★ 発 — 名《症候》悪心(おしん)，吐き気 類 vomiturition

navigate — 動 航路決定する

navigation — 名 航路決定，ナビゲーション

NCAM — 略《生体物質》神経細胞接着因子(neural cell adhesion molecule)

NCX — 略《生体物質》Na^{+}/Ca^{2+}交換輸送体(sodium-calcium exchanger)

near — 副 近くに，付近に
例 nearest-neighbor(最近接の)

near-infrared — 形《物理》近赤外(線)の
例 near-infrared spectroscopy(近赤外線分光法)

nearby — 形 近くの

nearly ★ — 副 ほとんど

nebulize — 動 噴霧する

nebulizer — 名《医薬》噴霧吸入器

necessary ★★ — 形 必要な，必然的な 副 necessarily

necessitate — 動 必要とする

necessity — 名 必然性

neck ★ — 名 首，《解剖》頸部 形 cervical

necropsy — 名 剖検，死体解剖，検死 類 autopsy

necrosis ★ — 名《症候》壊死(えし)，ネクローシス

necrotic — 形 壊死性の

necrotize — 動 壊死させる
例 necrotizing enterocolitis(壊死性腸炎)

need ★★ — 名 必要，要求 動 必要とする

needle ★ — 名 針，ニードル
例 needle biopsy(針生検)，needle-leaved tree(針葉樹；conifer)

negate — 動 否定する

negative ★★ 形 ❶陰性の ❷《数学》負の 副 negatively 反 positive(正の)
例 negative charge(負電荷), negative control(負の対照実験群), negative feedback(負のフィードバック), negative predictive value(陰性適中率), negative symptom(陰性症状)

negativity 名 陰性 反 positivity(陽性)

neglect 動 無視する, 軽視する 動 ignore, disregard

negligible 形 無視できる

neighbor ★ / 英 **neighbour** 名 近隣者 形 隣の 動 隣接する 形 neighboring(隣接している) 類 neighborhood(近隣)
例 nearest-neighbor model(最短距離法)

Neisseria 学《生物》ナイセリア(属)(グラム陰性桿菌の一属)
例 *Neisseria gonorrhoeae*(淋菌), *Neisseria meningitidis*(髄膜炎菌)

nematode ★ 名《生物》線形動物, 線虫

neo- ★ 接頭「新しい」を表す

neoadjuvant 名 ネオアジュバント, 腫瘍免疫賦活薬

neocortex 名《解剖》新皮質 形 neocortical

neoformans ➡ *Cryptococcus*(クリプトコッカス)

neointima 名《解剖》新生内膜 形 neointimal(新生内膜の)

neonatal ★ 形 新生児の
例 neonatal period(新生児期)

neonate 名 ❶《人類》新生児 ❷《動物》新生仔 形 neonatal, newborn

neoplasia ★ 名 異常増殖,《疾患》腫瘍症
例 multiple endocrine neoplasia(多発性内分泌腫瘍症 ; MEN)

neoplasm ★ 名《疾患》新生物, 腫瘍 類 tumor, neoplasia

neoplastic ★ 形 新生物の, 腫瘍性の
例 neoplastic transformation(腫瘍化)

neovascular 形 新生血管の

neovascularization 名《生理》血管新生

nephr(o)- ★ 接頭「腎臓」を表す

nephrectomy 名《臨床》腎摘除(術)

nephritis 名《疾患》腎炎 形 nephritic(腎炎性の)

nephrogenic 形 ❶《疾患》腎性の ❷《発生》腎形成の
例 nephrogenic diabetes insipidus(腎性尿崩症)

nephrolithiasis 名《疾患》腎結石(症), 腎石症

nephrology 名 腎臓病学，腎臓学

nephron 名《解剖》ネフロン(腎臓の尿生成に関わる管状構造物)

nephropathy ★ 名《疾患》腎症
例 diabetic nephropathy(糖尿病性腎症)

nephrosis 名《疾患》ネフローゼ(蛋白尿と低蛋白血症が主体の症状)

nephrotic 形 ネフローゼの
例 nephrotic syndrome(ネフローゼ症候群)

nephrotoxicity 名 腎毒性 形 nephrotoxic(腎毒性の)

nerve ★★ 名《解剖》神経 形 nervous, neural
例 nerve conduction(神経伝導), nerve growth factor(神経成長因子；NGF), nerve impulse(神経インパルス), nerve terminal(神経終末), sciatic nerve(坐骨神経), trigeminal nerve(三叉神経), vagus nerve(迷走神経)

nervous ★ 形 ❶神経の ❷心配な，神経質な
例 nervous system(神経系)

nest 名 巣 動 ❶巣ごもる ❷入れ子にする 形 nested(入れ子状態の)
例 nested case-control study(コホート内症例対照研究), nested PCR(ネステッドPCR)

net ★ 名 網，ネット 形 正味の
例 net amount(正味の量)

network ★ 名 ネットワーク，回路網

neur(o)- ★ 接頭「神経」を表す

neural ★ 形 神経の
例 neural cell adhesion molecule(神経接着分子), neural crest cell(神経堤細胞), neural circuit(神経回路), neural network(神経回路網), neural progenitor cell(神経前駆細胞), neural tube(神経管)

neuralgia 名《疾患》神経痛 形 neuralgic
例 trigeminal neuralgia(三叉神経痛)

neurite ★ 名《解剖》神経突起
例 neurite outgrowth(神経突起伸長)

neuritic 形 神経突起の

neuritis 名《疾患》神経炎

neuroanatomical 形 神経解剖学的な

neurobehavioral 形 神経行動学的な

neurobiological 形 神経生物学的な

neurobiology 名 神経生物学

neuroblast 名《解剖》神経芽細胞

neuroblastoma ★ 名《疾患》ニューロブラストーマ，神経芽細胞腫

neurochemical 形 神経化学の 名 neurochemistry

neurocognitive 形 認知神経科学的な

neurodegeneration 名《症候》神経変性

neurodegenerative ★ 形 神経変性の
例 neurodegenerative disease(神経変性疾患)

neuroectoderm 名《発生》神経外胚葉 形 neuroectodermal

neuroendocrine 名《生理》神経内分泌

neuroepithelial 形《解剖》神経上皮の

neuroepithelium 名《解剖》神経上皮，感覚上皮

neurofibrillary 形《解剖》神経原線維の
例 neurofibrillary tangle(神経原線維変化)

neurofibroma 名《疾患》神経線維腫

neurofibromatosis 名《疾患》神経線維腫症

neurofilament 名《解剖》ニューロフィラメント，神経細線維

neurogenesis 名 神経発生

neurogenic 形 神経原性の，神経因性の
例 neurogenic inflammation(神経原性炎症)

neuroimaging 名 神経画像処理

neuroleptic 形 神経遮断性の 名《医薬》神経遮断薬

neurologic ★ **/ neurological** 形 神経学的な，神経性の 副 neurologically
例 neurologic complication(神経学的合併症)，neurological deficit(神経障害)，neurologic examination(神経学的検査)，neurologic sign(神経学的徴候)，neurologic symptom(神経症状)

neurology 名 神経学，神経内科

neuromuscular ★ 形《解剖》神経筋の
例 neuromuscular junction(神経筋接合部)

neuron ★★ **/ 英 neurone** 名《解剖》ニューロン，神経細胞
例 pyramidal neuron(錐体ニューロン)，sympathetic neuron(交感神経細胞)

neuronal ★★ 形 ニューロンの，神経細胞の
例 neuronal cell death（神経細胞死），neuronal migration（神経細胞移動），neuronal nitric oxide synthase（神経型一酸化窒素合成酵素；nNOS）

neuropathic 形《疾患》神経障害性の，神経因性の
例 neuropathic pain（神経因性疼痛）

neuropathological / neuropathologic 形 神経病理学的な，神経病理の 副 neuropathologically

neuropathology 名 神経病理学，神経病理

neuropathy ★ 名《疾患》神経障害，ニューロパチー

neuropeptide ★ 名 神経ペプチド
例 neuropeptide Y（ニューロペプチドY）

neurophysiology 名 神経生理学 形 neurophysiological

neuropil / neuropile 名《解剖》ニューロパイル，神経線維網

neuroprotection 名 神経保護 形 neuroprotective

neuropsychological 形 神経心理学の
例 neuropsychological test（神経心理学的検査）

neuroscience 名 神経科学

neurosecretory 形《解剖》神経分泌の（神経から血液に直接分泌される特殊形態）
例 neurosecretory cell（神経分泌細胞）

neurosis 名《疾患》神経症

neurosteroid 名 神経ステロイド，ニューロステロイド

neurosurgery 名 脳神経外科 形 neurosurgical
例 neurosurgical procedure（脳神経外科手術）

neurosyphilis 名《疾患》神経梅毒

neurotic 形 神経症の

neurotoxic 形 神経毒性のある

neurotoxicity 名 神経毒性

neurotoxin 名 神経毒

neurotransmission 名《生理》神経伝達

neurotransmitter ★ ア 名 神経伝達物質，ニューロトランスミッター
例 neurotransmitter release（神経伝達物質放出）

neurotrophic ★ 形 神経栄養性の
例 neurotrophic factor(神経栄養因子)

neurotrophin ★ 名《生体物質》ニューロトロフィン(神経栄養作用を有するタンパク質の一群)

neurovirulence 名 神経毒性

neutral ★ 形《化学》中性の 熟 at neutral pH(中性pHで)
例 neutral amino acid(中性アミノ酸), neutral theory(中立説)

neutrality 名 中立性

neutralization ★ 名《化学》中和

neutralize ★ 動 中和する
例 neutralizing antibody(中和抗体)

neutron 名《物理》中性子

neutropenia ★ 名《疾患》好中球減少(症)

neutrophil ★ 名《細胞》好中球(白血球の一種)
例 neutrophil elastase(好中球エラスターゼ), neutrophil recruitment(好中球動員)

neutrophilia 名《疾患》好中球増多(症)

neutrophilic 形《細胞》好中球の

nevertheless ★ 副 〜であるにもかかわらず

nevus 名《症候》母斑(ぼはん) 複 nevi

new 形 新しい 副 newly(新しく) 類 novel
例 new finding(新知見), new insight(新展開)

newborn ★ 名 ❶《人類》新生児 ❷《動物》新生仔 形 ❶新生児の ❷新生仔の
例 newborn rat(新生仔ラット)

NF-kappaB 略《生体物質》核内因子 κB (nuclear factor-kappa B)

NFAT 略《生体物質》活性化T細胞核内因子(nuclear factor of activated T-cells)

NGF 略《生体物質》神経成長因子(nerve growth factor)

NHEJ 略《遺伝子》非相同末端結合(nonhomologous end-joining)

Ni 化《元素》ニッケル(nickel)

niacin 名《化合物》ナイアシン(ニコチン酸およびニコチン酸アミドの総称) 類 nicotinate, nicotinic acid(ニコチン酸)

niche 名《生態》ニッチ, 生態学的地位, 微小環境

nick ★ 名《遺伝子》切れ目(二本鎖DNAのうちの片方の), ニック 動 切れ目を入れる
例 nick-end labeling(ニック末端標識法)

nickel 名《元素》ニッケル 化 Ni

nicotinamide 名《化合物》ニコチンアミド(ビタミンB群の一種)
例 nicotinamide adenine dinucleotide(ニコチンアミドアデニンジヌクレオチド；NAD)

nicotine ★ ア 名《化合物》ニコチン(タバコアルカロイド)
例 nicotine replacement therapy(ニコチン置換療法)

nicotinic ★ 形 ニコチンの，《生理》ニコチン性の 名 nicotinic acid(ニコチン酸)
例 nicotinic acetylcholine receptor(ニコチン性アセチルコリン受容体)

nictitating 形《動物》瞬膜の
例 nictitating membrane(瞬膜)

NIDDM 略《疾患》(旧分類)インシュリン非依存性糖尿病(non-insulin-dependent diabetes mellitus) 類 type 2 diabetes mellitus(2型糖尿病)

nigra 名《解剖》黒質(= substantia nigra) 形 nigral 派 nigrostriatal(黒質線条体の)

NIH 略 アメリカ国立衛生研究所(National Institute of Health)

nipple 名《解剖》乳頭，ニップル

nitrate ★ 形 硝酸の 名《化合物》硝酸塩
例 nitrate reductase(硝酸還元酵素)

nitration 名《化学》ニトロ化

nitric ★ 形《化学》窒素の
例 nitric oxide(一酸化窒素)，nitric oxide synthase(NO合成酵素)

nitrite ★ 形 亜硝酸の 名《化合物》亜硝酸(塩またはエステル)

nitro 名《化学》ニトロ
例 nitro group(ニトロ基)

nitrogen ★ 発 名《元素》窒素 化 N
例 nitrogen fixation(窒素固定)

nitroglycerin 名《化合物》ニトログリセリン(狭心症発作治療薬)

nitrosylation 名《化学》ニトロシル化
例 protein S-nitrosylation(タンパク質S-ニトロシル化)

nitrotyrosine 名《化合物》ニトロチロシン(ニトロ化されたチロシン)

nitrous 形《化学》亜硝酸の
例 nitrous oxide(亜酸化窒素)

nitroxide 名《化合物》窒素酸化物 略 NOx

NK cell 略《免疫》ナチュラルキラー細胞(natural killer cell)＝T細胞の一種

NMDA ㊙《化合物》*N*-メチル-D-アスパラギン酸(*N*-methyl-D-aspartic acid)
例 NMDA receptor(NMDA受容体)

NMJ ㊙《解剖》神経筋接合部(neuromuscular junction)

NMR ★ ㊙《物理》核磁気共鳴(nuclear magnetic resonance)

nNOS ㊙《酵素》神経型一酸化窒素合成酵素(neuronal nitric oxide synthase)

NNRTI ㊙《化合物》非ヌクレオシド系逆転写酵素阻害薬(non-nucleoside reverse transcriptase inhibitor)

NO ★★ ㊋《化合物》一酸化窒素(nitric oxide)

Nobel prize 名 ノーベル賞

noble 形 不活性な
例 noble gas(貴ガス)

nociception 名《生理》侵害受容，痛覚

nociceptive 形 侵害受容性の

nociceptor 名 侵害受容器

nocturnal 形 夜間の，夜行性の
例 paroxysmal nocturnal hemoglobinuria(発作性夜間血色素尿症)

NOD mouse ㊙《実験》非肥満性糖尿病マウス(nonobese diabetic mouse)＝1型糖尿病モデル

nodal ★ 形《解剖》結節(性)の，節の

node ★ 名《解剖》結節，節
例 AV node(房室結節)，sinus node(洞結節)

nodose 発 形《解剖》結節の
例 nodose ganglion(下神経節)

nodular 形《疾患》結節状の
例 nodular goiter(結節性甲状腺腫)

nodulation 名 ❶結節形成 ❷《植物》根粒形成

nodule ★ 名 ❶《解剖》小結節 ❷《植物》根粒

noise ★ 名《物理》雑音，ノイズ

noisy 形 騒々しい

nomenclature ア 名 命名法

nominal 形 名目上の

nomogram 名《統計》ノモグラム，計算図表

non- ★★ 接頭「非，無，不」を表す
例 non-Hodgkin's lymphoma(非ホジキンリンパ腫)，non-small-cell lung cancer(非小細胞肺癌)

nonalcoholic 形《疾患》非アルコール性の
例 nonalcoholic steatohepatitis (非アルコール性脂肪性肝炎；NASH)

noncanonical 形 非標準の

noncatalytic 形 非触媒性の

nonclassical 形 非古典的な

noncoding 形《遺伝子》非翻訳の
例 noncoding region (非翻訳領域), noncoding RNA (非翻訳RNA)

noncompetitive 形 非競合的な，非競合性の 副 noncompetitively
例 noncompetitive antagonist (非競合的遮断薬)

noncompliance 名《臨床》不服従 (特に薬物服用を守らないこと)，非遵守，ノンコンプライアンス

noncovalent 形《化学》非共有結合の 副 noncovalently
例 noncovalent bond (非共有結合)

nondiabetic 形《疾患》非糖尿病性の

nondividing 形《細胞》非分裂の
例 nondividing cell (非分裂細胞)

nonequilibrium 形《化学》非平衡の

nonessential 形 非必須の

nonetheless 副 ～にもかかわらず

nonfatal 形 非致死性の

nonfunctional 形 非機能性の

nonhomologous 形《遺伝子》非相同の
例 nonhomologous end-joining (非相同末端結合)

nonhuman 形《生物》非ヒトの
例 nonhuman primates (ヒト以外の霊長類)

nonhydrolyzable 形《生化学》加水分解抵抗性の，非水解性の
例 nonhydrolyzable ATP analog (加水分解抵抗性ATP類縁体)

noninfectious 形《疾患》非伝染性の

noninflammatory 形《疾患》非炎症性の

noninvasive ★ 形《臨床》非侵襲性の，非観血式の 副 noninvasively
例 noninvasive method (非観血法)

nonionic 形《化学》非イオン性の
例 nonionic detergent (非イオン性界面活性剤)

nonlethal 形 非致死性の

nonlinear 形《数学》非線形の 副 nonlinearly
例 nonlinear model (非線形モデル)

nonmalignant 形《疾患》非悪性の

nonmotile 形 非運動性の

nonmuscle 形 非筋肉の

nonmyeloablative 形《臨床》骨髄非破壊的な
例 nonmyeloablative conditioning（骨髄非破壊的前処置）

nonnative 形 非天然の

nonneuronal 形 非神経性の

nonobese 形 非肥満性の
例 nonobese diabetic mouse（非肥満糖尿病マウス）

nonparametric 形《統計》ノンパラメトリックな（母集団の分布に特別な推定を必要としない）
例 nonparametric linkage analysis（ノンパラメトリック連鎖解析）

nonpathogenic 形《生物》非病原性の

nonpeptide 形 非ペプチド性の
例 nonpeptide antagonist（非ペプチド性遮断薬）

nonpermissive 形《生物》非許容の
例 nonpermissive temperature（非許容温度）

nonpolar 形《化学》非極性の
例 nonpolar solvent（非極性溶媒）

nonproductive 形 非生産的な

nonradioactive 形《元素》非放射性の

nonrandom 形 非ランダムな

nonreceptor 形 非受容体の
例 nonreceptor tyrosine kinase（非受容体型チロシンキナーゼ）

nonresponder 名《臨床》ノンレスポンダー（薬物などが奏功しない患者），非応答者

nonselective 形 非選択的な 副 nonselectively

nonsense 形 ❶無意味な ❷《遺伝子》ナンセンスの（終止コドンが出現することを指して）
例 nonsense codon（終止コドン），nonsense mutation（ナンセンス変異）

nonsignificant 形《統計》有意でない

nonsmoker 名《臨床》非喫煙者

nonspecific ★ 形 非特異的な 副 nonspecifically

nonsteroidal 形《医薬》非ステロイド性の
例 nonsteroidal antiinflammatory agent（非ステロイド性抗炎症薬；NSAID）

nonstructural 形 構造に関係しない，非構造的な
例 nonstructural protein(非構造タンパク質)

nonsynonymous 形《遺伝子》非同義の(アミノ酸が置換する遺伝子変異を指して)
例 nonsynonymous substitution(非同義置換)

nontoxic 形 無毒な，無毒性の

nontransgenic 形《生物》非遺伝子組換えの

nontumorigenic 形《細胞》非腫瘍形成性の

nonviable 形 生育不能な

noradrenaline 名《生体アミン》ノルアドレナリン(神経伝達物質)
類 norepinephrine(ノルエピネフリン)

noradrenergic 形《生理》ノルアドレナリン作動性の

norm 名 ❶規範 ❷ノルマ

normal ★★ 形 ❶正常な，普通の，通常の ❷《化学》直鎖状の，ノルマル ❸《統計》正規の 名 規定濃度 略 n-(直鎖状の)，N(規定濃度) 副 normally(正常に) 反 abnormal(異常な)
例 normal control(正常対照)，normal distribution(正規分布)，normal value(正常値)

normalization 名 ❶規準化，規格化 ❷正常化 ❸《社会》ノーマリゼーション(障害者の人権を考慮した社会環境づくり)
類 standardization

normalize ★ 動 基準化する，正規化する

normocytic 形《血液》正球性の
例 normocytic anemia(正球性貧血)

normotensive 形《臨床》正常圧の(一般に血圧が正常な患者を指して)

normoxic 形《臨床》正常酸素圧の 名 normoxia

norovirus 名《病原体》ノロウイルス(小型球形で消化器症状を起こす食中毒ウイルス)

Northern blotting ★ 名《実験》ノーザンブロット法(電気泳動を用いたRNAの発現解析法)

norvegicus ➡ *Rattus norvegicus*(ラット)

NOS ★ 略《酵素》一酸化窒素合成酵素(nitric oxide synthase)

nose 名《解剖》鼻，鼻部

nosocomial 形《臨床》院内の
例 nosocomial infection(院内感染)

notable 形 注目すべき 副 notably

note 動 ❶記述する ❷注目する

noteworthy 形 注目すべき，顕著な

notice 動 気づく，認める 名 ❶通知 ❷注意

noticeable 形 注目すべき

notion ★ 名 ❶概念 ❷意見

notochord 名《発生》脊索 形 notochordal

novel ★★ 形 新規の，新しい
例 novel approach to（～に対する新規のアプローチ），novel finding（新しい発見），novel protein（新規タンパク質）

novelty 名 新規性

NOx 略《化合物》窒素酸化物（nitroxide）

noxious 発 形《生理》侵害性の 類 nociceptive 反 innocuous（非侵害性の）
例 noxious heat stimulus（侵害性熱刺激），noxious stimuli（侵害刺激）

NPC 略《細胞》核膜孔複合体（nuclear pore complex）

NPH 略《疾患》正常圧水頭症（normal pressure hydrocephalus）

NPY 略《生体物質》ニューロペプチドY（neuropeptide Y）

NSAID 略《医薬》非ステロイド性抗炎症薬（non-steroidal antiinflammatory drug）

NSCLC 略《疾患》非小細胞肺癌（non-small-cell lung cancer）

nuclear ★★ 形 ❶《細胞》核の，細胞核の ❷《物理》原子核の
例 nuclear antigen（核内抗原），nuclear export（核外輸送），nuclear factor-kappa B（核内因子κB；NFκB），nuclear fission（核分裂），nuclear fusion（核融合），nuclear localization（核局在化），nuclear magnetic resonance（核磁気共鳴；NMR），nuclear medicine（核医学），nuclear membrane（核膜），nuclear pore complex（核膜孔複合体；NPC），nuclear reprogramming（核の初期化＝多能性獲得），nuclear staining（核染色），nuclear translocation（核移行）

nuclease ★ 名《酵素》ヌクレアーゼ，核酸分解酵素
例 S1 nuclease（S1ヌクレアーゼ＝1本鎖DNA分解酵素）

nucleation 名 核形成

nucleic acid ★★ 名《化合物》核酸
例 nucleic acid sequence（核酸配列）

nucleocapsid 名《生体物質》ヌクレオカプシド（ウイルス核酸とそれを包むタンパク質の総称）
例 nucleocapsid protein（ヌクレオカプシドタンパク質）

nucleocyto-plasmic 形《細胞》核原形質の
例 nucleocytoplasmic transport(核細胞質間輸送)

nucleolar 形 核小体の

nucleolus 名《細胞》核小体 複 nucleoli

nucleophile 名《化学》求核剤，求核試薬 対 electrophile(求電子剤)

nucleophilic 形 求核性の
例 nucleophilic attack(求核攻撃)，nucleophilic reaction(求核反応)，nucleophilic substitution(求核置換)

nucleophilicity 名《化学》求核性

nucleoplasm 名《細胞》核質，核細胞質

nucleoprotein 名《生体物質》核タンパク質(核酸とタンパク質の複合体)

nucleoside ★ 名《化合物》ヌクレオシド(塩基とデオキシリボース)
対 nucleotide(ヌクレオチド)

nucleosome ★ 名《細胞》ヌクレオソーム(染色質でのDNAとタンパク質の複合構造単位) 形 nucleosomal

nucleotide ★★ 名《化合物》ヌクレオチド(塩基とデオキシリボースとリン酸) 対 nucleoside(ヌクレオシド)
例 nucleotide excision repair(ヌクレオチド除去修復)，nucleotide sequence(核酸配列)，nucleotide translocase(ヌクレオチドトランスロカーゼ[交換輸送体])

nucleus ★★ 名《解剖》核(細胞や組織の) 複 nuclei
例 nucleus accumbens(側坐核)，caudate nucleus(尾状核)，raphe nucleus(縫線核)，suprachiasmatic nucleus(視交差上核)

nude ★ 形 裸の 名 ヌード
例 nude mouse(ヌードマウス＝胸腺無形成による免疫不全モデル)

null ★ 形《数学》ヌル，《遺伝》無の，ゼロの
例 null hypothesis(帰無仮説)，null mice(ノックアウトマウス)，null mutation(無発現変異)

numb 発 形《症候》無感覚の，麻痺した 名 numbness(しびれ)

number ★★ 名 数 動 番号を付ける 熟 a number of(いくつかの)，a [large/small] number of([多数/少数]の)
例 number of experiment(例数)，Avogadro's number(アボガドロ数＝1モル中の分子数)

numerical 発 形 数的な 副 numerically(数値的に)

numerous ★ 形 多数の 副 numerously

nurse ★ 名《臨床》看護師 動 授乳する，育てる
例 nurse cell(保育細胞)

nursing 名 看護，看護学 類 nursing care
例 nursing staff(看護職員)

nutrient ★ 名 栄養素，栄養分
例 nutrient intake(栄養摂取)

nutrition ★ 名《臨床》栄養法
例 total parenteral nutrition(完全非経口栄養法；TPN)

nutritional ★ 形 栄養的な，栄養上の
例 nutritional deficiency(栄養障害)，nutritional status(栄養状態)

NYHA 略 ニューヨーク心臓病学会(New York Heart Association)

nylon 名《化合物》ナイロン(合成繊維)

nystagmus 名《症候》眼振(律動的な眼球運動)

O

o- 略《化学》オルト位の(ortho-) 対 m-，p-

O_3 化《化合物》オゾン(ozone)

OA 略《疾患》骨関節炎(osteoarthritis)

obese ★ 発 形 肥満の，肥満性の

obesity ★ 発 名《症候》肥満(症) 類 overweight

obey 動 従う，服従する

object ★ 発/発 名 ❶目標，対象 ❷物体 動 反対する

objection 名 反対，異論

objective ★★ 名 目標(物) 形 ❶客観的な ❷(顕微鏡)対物の 副 objectively 反 subjective(主観的な)，ocular(接眼の)
例 objective lens(対物レンズ)，objective response(他覚症状)

obligate 形《生物》偏性の(生物がある特定の環境でなければ生育できないこと)，絶対の 動 義務を課す 対 facultative(通性の)

obligatory 形 義務的な，不可避な 類 compulsory, mandatory, imperative

oblique 形 斜めの，傾斜した，《解剖》斜位の

obliterate 動 (跡形もなく)消す，抹消する

obliteration 名 ❶《疾患》閉塞 ❷喪失，除去

obscure	形 不明瞭な，あいまいな　動 不明瞭にする
observable	形 観察可能な
observation ★★	名 知見，観察　類 finding
observational	形 観察的な 例 observational study（観察研究）
observe ★★	動 観察する，認める
observer	名 観察者，オブザーバー
obsessive	形《疾患》強迫性の，妄想の 例 obsessive-compulsive disorder（強迫性障害）
obstacle	名 障壁，妨げ
obstetric / obstetrical	形 産科の
obstetrics	名 産科学，産科
obstruct	動 妨害する，妨げる
obstruction ★	名 ❶妨害（物）　❷《疾患》閉塞（へいそく） 例 airway obstruction（気道閉塞），biliary obstruction（胆管閉塞）
obstructive ★	形 閉塞性の 例 obstructive sleep apnea（閉塞型睡眠時無呼吸）
obtain ★★	動 得る，獲得する，取得する
obtuse	形《数学》鈍角の　反 acute（鋭角の） 例 obtuse angle（鈍角）
obviate	動 取り除く，除去する　熟 obviate the need for（〜を不必要にする）
obvious ★	形 明らかな　副 obviously　類 apparent, manifest, marked, outstanding, evident, prominent
occasion	名 ❶機会　❷場合
occasional	形 時々の，偶然の　副 occasionally（たまに）
occipital	形《解剖》後頭（部）の 例 occipital lobe（後頭葉）
occlude	動 閉鎖する，妨げる
occlusion ★	名 ❶《疾患》閉塞（へいそく），閉鎖　❷《歯学》咬合（こうごう） 例 coronary occlusion（冠動脈閉塞）
occlusive	形 ❶《疾患》閉塞性の　❷密封の 例 occlusive disease（閉塞性疾患），occlusive dressing（密封包帯）
occult	形《症候》潜在性の，神秘的な 例 occult blood（潜血）
occupancy	名 占有（率）

occupation 名 職業，従事
occupational 形 職業性の，業務の
例 occupational disease（職業病），occupational exposure（職業被曝）
occupy ★ 動 占有する，占める
occur ★★ 動 起こる，発生する
occurrence ★ 名 ❶（事件の）発生 ❷発生率
ocean 名《地理》海洋 形 oceanic
octa- 接頭「8」を表す
例 octahedral（八面体の），octamer（八量体）
ocular ★ 形 ❶《解剖》眼球の ❷《実験》接眼の
例 ocular dominance（眼球優位性），ocular hypertension（眼圧上昇），ocular lens（接眼レンズ）
oculomotor 形《生理》眼球運動の，動眼の
OD 略《単位》光学濃度（optical density）
odds 名《統計》（複数扱い）見込み，可能性
例 odds ratio（オッズ比）
ODN 略《化合物》オリゴデオキシヌクレオチド（oligodeoxynucleotide）
例 antisense ODN（アンチセンスオリゴデオキシヌクレオチド）
odor ★ / 英 odour 名 匂い，臭気 類 fragrance，scent
odorant 名 匂い物質
例 odorant receptor（嗅覚受容体）
offense 名 ❶違反 ❷攻撃 ❸無礼 反 defense（防御）
offensive 形 攻撃的な，不快な
offer ★ 動 提供する，勧める 名 申し出，提案
office 名 職場，オフィス
official 形 公式の
offset 名 ❶停止，オフにすること ❷オフセット，片寄り 動 相殺する 反 onset
offspring ★ 名《生物》子孫 類 descendent，posterity 対 ancestor（祖先）
often ★★ 副 しばしば，時々
ointment 発 名《医薬》軟膏（剤）
oleate 名《化合物》オレイン酸（エステルや官能基として） 類 oleic acid
olfaction 名《生理》嗅覚（きゅうかく）

olfactory ★ 形 嗅覚の
例 olfactory bulb（嗅球），olfactory receptor neuron（嗅覚受容神経），olfactory tubercle（嗅結節）

oligo- ★ 接頭「少数の，いくつかの」を表す

oligodendrocyte ★ 名《細胞》オリゴデンドロサイト，乏突起膠細胞

oligodendroglioma 名《疾患》乏突起神経膠腫，乏突起膠腫

oligodeoxynucleotide 名《化合物》オリゴデオキシヌクレオチド（アンチセンスDNAなどのように短い核酸） 略 ODN

oligomer ★ 名 オリゴマー（いくつかの分子が重合した高分子） 形 oligomeric

oligomerization ★ 名 オリゴマー形成 動 oligomerize（オリゴマーを形成する）

oligonucleotide ★ 名 オリゴヌクレオチド（短鎖DNA）

oligopeptide 名 オリゴペプチド（短鎖ペプチド）

oligoribonucleotide 名 オリゴリボヌクレオチド，オリゴRNA

oligosaccharide ★ 名 オリゴ糖（糖が数個連なった物質）

oligotrophic 形 栄養不良の 類 undernourished

oliguria 名《疾患》乏尿（症）

-ology 接尾「学，論」を表す
例 physiology（生理学），sociology（社会学）

-oma ★ 接尾「腫」を表す
例 hepatoma（肝細胞腫），melanoma（黒色腫）

omission 名 ❶省略，脱落 ❷怠慢

omit 動 省略する，取り除く

onchocerciasis 名《疾患》回旋糸状虫症，オンコセルカ症（ブユ媒介のフィラリア感染症で失明に至ることがある）

oncogene ★ 名《生体物質》オンコジーン，発癌遺伝子

oncogenesis 名《疾患》発癌，腫瘍形成

oncogenic ★ 形 発癌性の
例 oncogenic transformation（癌化）

oncological 形 腫瘍学の

oncologist 名 腫瘍学者

oncology 名 腫瘍学

oncolytic 形 腫瘍退縮性の

oncoprotein 名 腫瘍タンパク質

oncotic 形 ❶《物理》膨張の ❷《症候》腫脹の
例 oncotic pressure(膠質浸透圧)

ongoing ★ 形 進行中の 類 in progress

online 名《コンピュータ》オンライン

onset ★★ 名 ❶開始，発生 ❷《臨床》発症，発病
例 late-onset(遅発性の)

ontogenesis 名 個体発生 形 ontogenetic 類 ontogeny

ontogeny 発 名 個体発生過程 類 ontogenesis

ontology 名 オントロジー，概念体系

onward 副 (時間的に)以降に
例 from 1998 onward(1998年以降に)

oocyst 名《生物》オーシスト，接合子嚢，胞嚢体

oocyte ★ 名《解剖》卵母細胞
例 *Xenopus* oocyte(アフリカツメガエル卵母細胞)

oogenesis 名《発生》卵形成，卵子発生

oophorectomy 名《臨床》卵巣摘除(術)

opacification 名 不透明化

opacity 名 ❶乳白度 ❷不透明，《症候》混濁(眼の)
例 corneal opacity(角膜混濁)

opaque 形 不透明な

open ★★ 動 開く 形 開いた，開放された
例 open-angle glaucoma(開放隅角緑内障)，open-label(非盲検の)，open reading frame(オープンリーディングフレーム=DNAの読み枠；ORF)，open probability(開確率)，channel opening(チャネル開口)

opener 名《医薬》開口薬
例 potassium channel opener(カリウムチャネル開口薬)

operant 名《心理》オペラント 形 操作的な
例 operant conditioning(オペラント条件づけ)

operate ★ 動 ❶操作する ❷手術する
例 operating room(手術室)

operation ★ 名 ❶操作 ❷《臨床》手術 ❸《数学》演算
例 sham operation(偽手術)

operational 形 操作上の，《数学》演算子の

operative ★ 形 操作的な

operator ★ 名 オペレータ，操作者

operon ★ 名《遺伝子》オペロン(遺伝子の転写単位)

ophthalmic 形 眼の，眼科の，(薬物が)点眼用の
例 ophthalmic solution(点眼液)

ophthalmology 名 眼科学，眼科 形 ophthalmologic(眼科的な)

ophthal-moplegia 名《疾患》眼筋麻痺

opiate 形アヘンの 名アヘン剤，オピエート

opinion 名意見，見解，考え

opioid ★ 名《化合物》オピオイド(モルヒネ関連物質)
例 opioid peptide(オピオイドペプチド)，opioid receptor(オピオイド受容体)

opportunistic 形《疾患》日和見(ひよりみ)性の
例 opportunistic infection(日和見感染)

opportunity ★ 名機会，契機

oppose ★ 動反対する，対抗する(+to)

opposite ★ 形逆の，反対の 副 oppositely
例 opposite direction(逆方向)

opsonization 名オプソニン作用(オプソニンの結合で細菌が貪食されやすくなる過程) 形 opsonized(オプソニン化された)

optic ★ 形《生理》視覚の
例 optic chiasm(視交叉)，optic disc(視神経乳頭)，optic nerve(視神経)，optic tectum(視蓋)

optical ★ 形《物理》光学的な，光学の 副 optically
例 optical coherence tomography(光干渉断層法；OCT)，optical density(光学密度；OD)，optical imaging(光学イメージング)，optical path(光路)，optical rotatory dispersion(旋光分散；ORD)

optics 名光学，オプティクス

optimal ★ 形最適な，至適な 副 optimally
例 optimal condition(最適条件)

optimization 名最適化

optimize ★ 動最適化する

optimum 名最適(状態)，至適
例 optimum pH(至適pH)，optimum temperature(至適温度)

option ★ 名オプション，選択肢

oral ★ 形❶《解剖》口腔の ❷経口的な ❸口頭での 副 orally
例 oral administration(経口投与)，oral cavity(口腔)，oral contraceptive pill(経口避妊薬)，oral examination(口内検査)，oral inoculation(経口接種)，oral presentation(口頭発表)

orbit 名❶《物理》軌道 ❷《解剖》眼窩(がんか)
例 vacant orbital(空軌道)

orbital ★ 名《化学》電子軌道，軌道関数 形 軌道の

orbitofrontal 形《解剖》眼窩前頭の
例 orbitofrontal cortex(眼窩前頭皮質)

orchestrate 動 編成する，組織化する

ORD 略《物理》旋光分散(optical rotatory dispersion)

order ★★ 名 ❶指令 ❷順序 ❸《分類学》目(もく) ❹《数学》次数，桁 動 要求する 熟 in order to(～するために)
例 be an order of magnitude larger than(～よりも一桁大きい)，first-order rate constant(一次反応定数)，the rank order of potency(効力順)

orderly 形 整然とした

ordinary 形 通常の，普通の 副 ordinarily 反 extraordinary(異常な)

ordinate 名《数学》縦軸，縦座標 反 abscissa(横軸)

orexin 名《生体物質》オレキシン(睡眠や摂食と関連する神経ペプチド)

ORF 略《遺伝子》(DNAの)読み枠(open reading frame)
類 CDS(コード領域)

organ ★★ 名《解剖》器官，臓器
例 organ donation(臓器提供)，organ failure(臓器不全)，organ procurement([移植]臓器調達)，organ transplantation(臓器移植)，reproductive organ(生殖器官)

organelle ★ 発 名《細胞》小器官，細胞内小器官，オルガネラ 形 organellar

organic ★ ア 形 ❶《化学》有機(物)の ❷《疾患》器質性の 反 inorganic(無機の)
例 organic acid(有機酸)，organic chemistry(有機化学)，organic compounds(有機化合物)，organic psychosis(器質性精神病)

organism ★★ 名 生物，生命体
例 multicellular organism(多細胞生物)

organismal 形 生命体の

organization ★ / 英 **organisation** 名 ❶組織化 ❷機構 ❸組成
例 World Health Organization(世界保健機関；WHO)

organizational 形 組織化した，構造化した，組織過程の

organize ★ 動 組織する，構築する
例 organizing center(形成中心)

O

organizer 名 ❶まとめ役 ❷《発生》形成体，オーガナイザー
例 Spemann's organizer(《発生》シュペーマンオーガナイザー)

organo- 接頭「有機，器官」を表す

organochlorine 名《化学》有機塩素

organogenesis 名《発生》器官形成

organophosphate 名《化合物》有機リン酸塩

organotypic 形 器官(型)の
例 organotypic culture(器官培養)

orient ★ 動 方向づける，向かわせる

orientation ★ 名 ❶配向(性)，整列 ❷定位，方向づけ 形 orientational

orifice 名《解剖》開口部 類 aperture

origin ★ 名 ❶起源，起点 ❷原因
例 origin recognition complex(複製開始点認識複合体)

original ★ 形 ❶最初の ❷独創的な，独自の 副 originally
例 original article(原著論文)

originate ★ 動 始まる，起こる

ornithine 名《生体物質》オルニチン(尿素回路に属する塩基性アミノ酸)
例 ornithine decarboxylase(オルニチン脱炭酸酵素)

oropharynx 名《解剖》中咽頭 形 oropharyngeal(中咽頭の)

orphan 名 孤児，オーファン
例 orphan receptor(オーファン受容体＝リガンドが見つからない受容体)

ortho- 接頭「正，直」を表す

orthogonal ア 形 直交(性)の 副 orthogonally
例 orthogonal coordinate(直交座標)

ortholog ★ **/ orthologue** 名《遺伝子》オルソログ，相同分子種(共通な祖先から分化した遺伝子) 形 orthologous

orthopedic 形《臨床》整形外科の
例 orthopedic surgery(整形外科)

orthostatic 形《疾患》起立性の，体位性の 類 postural
例 orthostatic hypotension(起立性低血圧)

orthotopic 形《臨床》同所性の
例 orthotopic liver transplantation(同所性肝移植)

Oryza sativa 学《植物》イネ(rice)

os ★ ラ《解剖》骨(bone)
例 os femoris(大腿骨)

oscillate 動 ❶(周期的に)変動する ❷《物理》発振する

oscillation ★ 発 名 ❶周期的振動 ❷《物理》発振

oscillator 名 発振器

oscillatory 形 振動性の，発振の

osmolality 名 浸透圧，《単位》重量モル浸透圧濃度

osmolar 形 浸透圧の，モル浸透圧の

osmolarity 名《単位》モル浸透圧濃度

osmosis 発 名 浸透(現象)

osmotic ★ 形 浸透圧性の 副 osmotically
例 osmotic pressure(浸透圧)

osseous 形《解剖》骨の
例 osseous defect(骨欠損)

ossification 名《症候》骨化(症)，《生理》骨形成
例 endochondral ossification(内軟骨性骨化)

osteo- 接頭「骨」を表す

osteoarthritis 名《疾患》骨関節炎

osteoblast ★ 名《解剖》骨芽細胞，造骨細胞
例 osteoblast differentiation(骨芽細胞分化)

osteoblastic 形 造骨性の，造骨細胞の

osteocalcin 名《生体物質》オステオカルシン(骨芽細胞が分泌するタンパク質)

osteoclast ★ 名《解剖》破骨細胞
例 osteoclast differentiation(破骨細胞分化)

osteoclastogenesis 名《生理》破骨細胞形成

osteocyte 名《解剖》骨細胞

osteodystrophy 名《疾患》骨異栄養症，骨形成異常

osteogenesis 名《生理》骨形成

osteogenic 形 骨形成の

osteoid 形 類骨の，骨様の

osteolytic 形 溶骨性の

osteomalacia 名《疾患》骨軟化症

osteomyelitis 名《疾患》骨髄炎

osteopenia 名《疾患》骨減少症

osteopetrosis 名《疾患》大理石骨病(破骨細胞機能低下による全身性の骨硬化)

osteophyte 名 骨棘，骨増殖体

osteoporosis ★ 名《疾患》骨粗鬆症(こつそしょうしょう) 形 osteoporotic(骨粗鬆症の)
例 postmenopausal osteoporosis(閉経後骨粗鬆症)

osteosarcoma 名《疾患》骨肉腫(類骨を形成する悪性骨腫瘍)

other 形 他の 熟 each other([二者で]互いに), in other words(換言すれば), on the other hand(他方では)

otherwise ★ 副 その他の点では, さもないと 形 他の, 別の

otitis 名《疾患》耳炎
例 otitis media(中耳炎)

outbreak ★ 名 激増, (感染症の)大流行

outbred 形《動物》非近交系の 名 outbreeding(異系交配)

outcome ★★ 名 結果,《臨床》予後 類 output, result, consequence
例 outcome measure(評価項目), clinical outcome(臨床成績)

outer ★ 形 外側の 反 inner
例 outer hair cell(外有毛細胞), outer membrane(外膜), outer mitochondrial membrane(ミトコンドリア外膜), outer segment(外節)

outermost 形 最外側の

outflow ★ 名 流出, 拍出, 流出量
例 outflow tract(流出路)

outgrow 動 成長する

outgrowth ★ 名 ❶結果, 派生物 ❷生長

outlet 名 出口 反 inlet(入口)

outlier 名《統計》異常値

outline 名 ❶概略 ❷輪郭 動 ❶概要を述べる ❷輪郭を描く

outpatient ★ 名《臨床》外来患者 反 inpatient(入院患者)

outperform 動 (性能や能力が)優れる

output ★ 名 ❶出力, 拍出量, 産出量, 排出量 ❷結果
例 cardiac output(心拍出量), synaptic output(シナプス出力)

outside ★ 形 外側の, 外部の 反 inside
例 outside-out(アウトサイドアウト＝パッチクランプ法で細胞外が外液に触れる形態の)

outstanding 形 顕著な, 目立つ

outward 形 外向きの 副 outwardly 反 inward

outweigh 動 よりまさる, (価値が)凌ぐ(しのぐ)

oval 形 卵形の 名 卵円(形)

ovalbumin 名《生体物質》卵白アルブミン(卵白中の糖タンパク質)，オボアルブミン

ovarian ★ 形《解剖》卵巣の
例 ovarian cancer(卵巣癌)，ovarian failure(卵巣機能不全)，ovarian follicle(卵胞)，ovarian teratoma(卵巣奇形腫)

ovariectomy 名《臨床》卵巣摘除(術) 動 ovariectomize(卵巣を切除する)

ovary ★ 名 ❶《動物》卵巣 ❷《植物》子房
例 Chinese hamster ovary cell(CHO 細胞)

over- ★★ 接頭「過，過剰の」を表す

over-the-counter 形(薬の販売が)店頭での 略 OTC

overactivity 名 活動過剰 類 hyperactivity

overall ★★ 形 全体の 副 全体的に見て
例 overall yield(全収率)

overcome ★ 動 克服する

overdose 名 過剰投与

overestimate 動 過大評価する

overexpress ★ 動 過剰発現させる

overexpression ★★ 名《実験》過剰発現

overflow 名 溢流(いつりゅう)，オーバーフロー 動 溢流する

overgrowth 名 過成長，異常増殖

overhang 名《遺伝子》オーバーハング(二本鎖DNA末端での突出)

overlap ★ 発 名 重複(部分)，オーバーラップ 動 重複する
例 overlapping gene(重複遺伝子)

overlay 名 上敷き，オーバーレイ 動 ＜overlay - overlaid - overlaid＞(表面を)覆う

overlie 動 ＜overlie - overlay - overlain＞上に横たわる，覆う

overload 名 過負荷 動 過負荷をかける

overlook 動 見過ごす

overly 副 過度に

overnight 形 一晩の 副 夜通しで
例 after overnight culture(夜通しの培養後に)

overproduce 動 過剰産生する

overproduction 名 過剰産生

overrepresent 動 大きな比率を占める
override 動 <override - overrode - overridden> ❶乗り上げる ❷踏みにじる
overt 形《疾患》顕性の
overview 名 概観，全体像 動 概観する 類 outline, summary, review
overweight 名《症候》過体重，体重過剰 類 obesity
overwhelm 動 圧倒する 形 overwhelming(圧倒的な)
oviduct 名《解剖》輸卵管，卵管
ovine 形《動物》ヒツジの 名 sheep
ovulate 動 排卵する
ovulation 名《生理》排卵
ovulatory 形 排卵性の
ox 名 雄ウシ 複 oxen
oxalate 名《化合物》シュウ酸(塩やエステルとして) 形 シュウ酸の 類 oxalic acid
oxidant ★ 名《環境》オキシダント，酸化体
oxidase ★ 名《酵素》オキシダーゼ，酸化酵素
oxidation ★ 名《化学》酸化 反 reduction(還元)
例 oxidation state(酸化状態), beta oxidation(β酸化)
oxidative ★ 形 酸化的な 副 oxidatively
例 oxidative phosphorylation(酸化的リン酸化), oxidative stress(酸化ストレス)
oxide ★ 名《化合物》酸化物
例 nitric oxide(一酸化窒素；NO)
oxidize ★ 動 酸化する
例 oxidized LDL(酸化低密度リポタンパク質)
oxidoreductase 名《酵素》オキシドレダクターゼ，酸化還元酵素(酸化還元反応を触媒する酵素の総称)
oximetry 名《実験》酸素測定
oxLDL 略 酸化低密度リポタンパク質(oxidized low-density lipoprotein)
oxygen ★★ ア 名《元素》酸素 化 O
例 oxygen consumption(酸素消費), oxygen radical(酸素ラジカル，活性酸素), oxygen saturation(酸素飽和度), oxygen tension(酸素分圧), hyperbaric oxygen therapy(高圧酸素療法), reactive oxygen species(活性酸素種；ROS)
oxygenase 名《酵素》オキシゲナーゼ，酸素添加酵素
例 heme oxygenase(ヘムオキシゲナーゼ)

oxygenate 動 酸素添加する，酸素負荷する

oxygenation 名 酸素添加，酸素負荷

oxytocin 名《生体物質》オキシトシン(子宮収縮作用のある下垂体後葉ホルモン)

ozone 名《化合物》オゾン 化 O_3
例 ozone layer(オゾン層)

P

P ★ 略 ❶《元素》リン(phosphorus) ❷《アミノ酸》プロリン(proline) ❸《統計》危険率

p- 略《化学》パラ位の(para-) 対 m-, o-

P-glycoprotein 名《生体物質》P糖タンパク質(抗癌薬の多剤耐性に関連する薬物輸送体)

P450 ★ 略《酵素》チトクロムP450(酸化的代謝に関与するヘム含有酵素の一群)

pA 略《単位》ピコアンペア(10^{-12} アンペア)

PACAP 略《生体物質》脳下垂体アデニル酸シクラーゼ活性化ポリペプチド(pituitary adenylate cyclase-activating polypeptide)

pace 名 歩調，ペース

pacemaker ★ 名 ペースメーカー，歩調取り
例 pacemaker cell(ペースメーカー細胞)

pachytene 名《細胞》パキテン期，太糸期(減数分裂前期)

pacing ★ 名《臨床》ペーシング(電気刺激で心臓を人工的に拍動させる技術)

package ★ 名 パッケージ

paclitaxel ★ 名《化合物》パクリタキセル(微小管過形成に基づく抗悪性腫瘍薬)

PAF 略《生体物質》血小板活性化因子(platelet-activating factor)

PAGE 略《実験》ポリアクリルアミドゲル電気泳動(polyacrylamide gel electrophoresis)

pain ★★ 名《生理》疼痛(とうつう)，痛み 類 ache
例 pain generation(発痛)，pain relief(疼痛緩和)，pain threshold(疼痛閾値)，chest pain(胸痛)

painful 形 有痛性の

painless 形 無痛性の
例 painless delivery(無痛分娩)

paint 動 塗る，彩色する
例 chromosome painting（染色体彩色）

pair ★★ 名 対，組み合わせ 動 対にする 派 pairing（対形成）

paired 形 ❶対の ❷《統計》対応のある 反 unpaired（不対の，独立の）
例 paired electron（対電子），paired-pulse（二連発刺激の），paired t-test（対応t検定）

pairwise 形 対での

palatal / palatine 形《解剖》口蓋の

palate 名《解剖》口蓋（こうがい）
例 soft palate（軟口蓋）

pale 形 蒼白（そうはく）な

palindrome 名 回文（構造），パリンドローム 形 palindromic（回文構造の）

palliate 動 緩和する，軽減する，和らげる

palliation 名《臨床》緩和，寛解
例 palliation of bone pain（骨の痛みの緩和）

palliative 形《臨床》緩和的な，対症的な
例 palliative care（緩和ケア），palliative treatment（対症療法）

pallidotomy 名 淡蒼球破壊術（パーキンソン病などの不随意運動の治療に用いられる手術法）

pallidum 名《解剖》淡蒼球（たんそうきゅう） 類 globus pallidus（淡蒼球） 形 pallidal（淡蒼球の）

palm 名《解剖》手掌（しゅしょう），手のひら

palmar 形 手掌の，掌側の

palmitate 名《化合物》パルミチン酸（エステルや官能基として）
形 パルミチン酸の 類 palmitic acid（パルミチン酸）

palmitoylation 名《生化学》パルミトイル化（タンパク質の脂質修飾）
形 palmitoylated（パルミトイル化された）

palmitoyltransferase 名《酵素》パルミトイルトランスフェラーゼ，パルミチン酸転移酵素

palpable 形《臨床》触知できる

palpation 名《臨床》触診

palpitation 名《疾患》動悸，心悸亢進

palsy 名《症候》麻痺（まひ），運動麻痺 類 paralysis
例 cerebral palsy（脳性麻痺）

pancreas ★ 発 名《解剖》膵臓 複 pancreata 形 pancreatic

pancreatectomy 名《臨床》膵切除（術）

pancreatic ★ 発 形《解剖》膵臓の
例 pancreatic acinar cell(膵腺房細胞), pancreatic cancer(膵癌), pancreatic duct(膵管), pancreatic islet cell(膵島細胞), pancreatic juice(膵液), pancreatic pseudocyst(膵仮性嚢胞)

pancreaticoduodenectomy 名《臨床》膵頭十二指腸切除(術)

pancreatitis ★ 名《疾患》膵炎

pancytopenia 名《疾患》汎血球減少(症)

pandemic 名《臨床》大流行，パンデミック(世界的流行病)

panel ★ 名 パネル

panic 名《症候》パニック
例 panic attack(パニック発作), panic disorder(パニック障害)

panniculitis 名《疾患》脂肪織炎，脂肪組織炎

paper ★ 名 ❶紙 ❷論文
例 paper chromatography(ペーパークロマトグラフィー), paper electrophoresis(濾[ろ]紙電気泳動), paper filter(濾[ろ]紙)

papilla 名《解剖》乳頭 複 papillae
例 taste papillae(味覚乳頭)

papillary 形《解剖》乳頭の
例 papillary muscle(乳頭筋)

papilledema 名《疾患》うっ血乳頭，乳頭浮腫(脳圧亢進による視神経乳頭の腫脹)

papilloma 名《疾患》乳頭腫，パピローマ(乳頭状に増殖する良性の上皮性腫瘍) 派 papillomavirus(パピローマウイルス)

papule 名《症候》丘疹(きゅうしん) 形 papular

PAR 略《生体物質》プロテアーゼ活性化受容体(protease-activated receptor)

para- 接頭「近，傍，副」を表す

parabrachial 形《解剖》傍小脳脚の
例 parabrachial nucleus(傍小脳脚核)

paracellular 形 傍細胞(ぼうさいぼう)の
例 paracellular permeability(傍細胞透過性)

paracrine 名《生理》パラ分泌，傍分泌(分泌されたホルモンなどが近傍の細胞に作用する様式)

paradigm ★ 発 名 パラダイム(ある領域の科学に対する支配的な考え方)，範例

paradox 名 パラドックス，逆説

paradoxical 形 逆説的な 副 paradoxically
例 paradoxical sleep(逆説睡眠)

paraffin 名《化合物》パラフィン

parainfluenza 名《疾患》パラインフルエンザ
例 parainfluenza virus(パラインフルエンザウイルス)

parallel ★ 発 形 平行の，並列の 熟 in parallel with (〜に平行して)
例 parallel fiber(平行線維)

paralog / paralogue 名《遺伝子》パラログ(ゲノム内の複製で生じて新機能を獲得した遺伝子) 形 paralogous

paralogous 形《遺伝子》パラロガスな(種分化でなく重複によって生じた類縁関係の)

paralysis 名《症候》麻痺(まひ) 類 palsy 形 paralytic (麻痺性の)
例 periodic paralysis(周期性四肢麻痺)

paralyze 動 麻痺させる

paramagnetic 形《物理》常磁性の 名 paramagnetism(常磁性)
例 paramagnetic resonance(常磁性共鳴)

parameter ★ 発 名 ❶パラメータ，《数学》助変数 ❷要因，限定要素

parametric 形《数学》パラメトリックな(母集団の分布を仮定した統計手法)
例 statistical parametric mapping(統計的パラメトリックマッピング)

paraneoplastic 形《疾患》腫瘍随伴の，傍腫瘍性の
例 paraneoplastic syndrome(腫瘍随伴症候群)

paraplegia 名《疾患》対麻痺(ついまひ) 類 paraparesis
例 spastic paraplegia(痙性対麻痺)

parasite ★ 名《生物》寄生虫，寄生体
例 parasite expulsion (寄生虫駆除)，protozoan parasite(寄生原虫)

parasitemia 名《疾患》寄生虫血症

parasitic 形 寄生性の
例 parasitic infection(寄生虫感染症)

parasitism 名《生物》寄生

parasitize 動 寄生する

parasympathetic 形《生理》副交感(神経)の 対 sympathetic (交感［神経］の)
例 parasympathetic nervous system (副交感神経系；PNS)

parathyroid ★ 形《解剖》副甲状腺の，上皮小体の
例 parathyroid gland (副甲状腺，上皮小体)，parathyroid hormone(副甲状腺ホルモン；PTH)

paraventricular 形《解剖》脳室周囲の
例 paraventricular nucleus(室傍核)

paraxial 形《解剖》沿軸の
例 paraxial mesoderm(沿軸中胚葉)

parenchyma 名 ❶《動物》実質 ❷《植物》柔組織

parenchymal / parenchymatous 形 実質の，実質性の
例 parenchymal cell(実質細胞)

parent ★ 名 親 動 生み出す
例 parent compound(親化合物)

parental ★ 形 親の
例 parental cell(親細胞)

parenteral ★ 発 形 非経口的な 副 parenterally
例 parenteral nutrition(非経口栄養法)

parenthesis 名 括弧(かっこ) 複 parentheses

paresis 名《疾患》運動麻痺，不全麻痺(部分的あるいは不完全な筋肉の麻痺や脱力)

paresthesia 名《疾患》錯感覚，感覚異常

parietal ★ 形 ❶《解剖》頭頂部の ❷壁側の
例 parietal cell(壁［へき］細胞＝胃酸分泌細胞)，parietal lobe(頭頂葉)

parity 名 ❶《数学》パリティ，偶奇性 ❷《臨床》出産児数

Parkinson's disease ★ 名《疾患》パーキンソン病(運動失調を伴う神経変性疾患)

parkinsonism 名《症候》パーキンソニズム(パーキンソン病様の運動系障害を指す) 形 parkinsonian(パーキンソン病様の)

parotid 形《解剖》耳下腺の
例 parotid gland(耳下腺)

paroxysmal 形《症候》発作性の
例 paroxysmal nocturnal hemoglobinuria(発作性夜間血色素尿症；PNH)

PARP 略《酵素》ポリ ADP リボースポリメラーゼ(poly ADP-ribose polymerase)

pars compacta 名《解剖》緻密部(黒質の)

parsimony 名 節減

part ★★ 名 部分，一部，役割，パート 動 分割する 副 partly
熟 in part(部分的に，一部は)，take part in(〜に参加する，加担する)
例 parts per million(百万分率；ppm)

P

partial ★ 形 部分的な，部分の 副 partially
例 partial agonist(部分アゴニスト)，partial hepatectomy(肝部分切除術)，partial pressure(分圧)，partial thromboplastin time(部分トロンボプラスチン時間)

participant ★ 名 関係者，参加者

participate ★ 動 (〜に)関係する，参加する(+in)

participation ★ 名 関与，参加

particle ★ 名《物理》粒子 派 nanoparticle(ナノ粒子)
例 particle size(粒径)

particular ★ 形 特定の，特別な 副 particularly(特に，とりわけ)
熟 in particular(特に)

particulate 形 粒子性の，粒状の 名《物理》微粒子
例 particulate matter(微粒子状物質)

partition ★ 名 分配，分割 動 分割する
例 partition coefficient(分配係数)

partner ★ 名 パートナー，協力者 派 partnership(協力)

parturition 発 名 ❶出産，分娩 ❷(比喩的に)創製 類 partum

parvovirus 名《病原体》パルボウイルス(外皮を持たない小型球形一本鎖DNAウイルス)

pass ★ 名 通過，流路 動 ❶通過する，通す ❷経過する
熟 pass through(通り抜ける，経験する)

passage ★ 名 ❶《細胞》継代(けいだい) ❷通過(= pass)
例 passage culture(継代培養)

passive ★ 形 ❶受動的な ❷消極的な 副 passively 反 active(能動的な)
例 passive cutaneous anaphylaxis(受動皮膚アナフィラキシー；PCA)，passive immunity(受動免疫)，passive smoking(受動喫煙)

paste 名 ペースト，糊状剤(こじょうざい) 動 貼る，塗る

patch ★ 名 パッチ 形 patchy(パッチ状の)
例 patch-clamp recording(パッチクランプ記録)，patch test(パッチテスト)

patency 名《解剖》開存性

patent 名 特許 動 特許を取得する 形《疾患》開放性の
派 patenting(特許取得)
例 patent foramen ovale(卵円孔開存)，patent pending(特許出願中)

paternal 形 父性の，《遺伝》父系性の 副 paternally 反 maternal(母[系]性の)
例 paternal allele(父方アレル)

paternity 名 父性，《遺伝》父系性

path ★ 名 ❶通り道，パス　❷進路，方針
例 clinical path（クリニカルパス＝診療管理法），optical path（光路），perforant path（《解剖》貫通線維）

pathfinding 名 経路探索，先導
例 axon pathfinding（軸索誘導）

pathobiology 名 病理生物学

pathogen ★ 名 《生物》病原体，病原菌

pathogenesis ★ 名 ❶病原性　❷病変形成　形 pathogenetic（病原性の）

pathogenic ★ 形 病原体の，病原性のある
例 pathogenic bacteria（病原菌）

pathogenicity 名 病原性
例 pathogenicity island（病原性アイランド）

pathognomonic 形 特徴的な　類 characteristic，distinctive

pathologic ★ **/ pathological** 形 ❶病理学的な　❷病理の，病態の　副 pathologically
例 pathological change（病変），pathological process（病的過程）

pathologist 名 病理学者

pathology ★ 名 ❶病理学　❷病理，病態

pathophysiological / pathophysiologic 形 病態生理学的な，病態生理の

pathophysiology ★ 名 病態生理学

pathway ★★ 名 経路　類 path
例 metabolic pathway（代謝経路）

-pathy ★ 接尾「症，障害」を表す
例 neuropathy（神経障害，ニューロパチー），nephropathy（腎症）

patient ★★ 発 名 患者　形 忍耐強い
例 patient satisfaction（患者満足度），patient with Alzheimer's disease（アルツハイマー病の患者）

pattern ★★ 名 パターン，様式　動 《発生》パターン形成する　派 patterning（パターン形成）
例 pattern recognition（パターン認識），expression pattern（発現パターン）

P

paucity	㊔名 不足，少量 ㊔類 deficiency, depletion, deprivation, insufficiency, shortage ㊔熟 a paucity of(～の不足)
pause	㊔名 休止期，ポーズ，中止
pave	㊔動 敷く ㊔熟 pave the way for(～に道を開く)
paw	㊔名 《動物》(かぎ爪のある)足
pay	㊔動 <pay - paid - paid>払う，支払う ㊔派 pay attention to(注意を払う) ㊔例 pay for performance(医療の質に応じた診療報酬体系)
payment	㊔名 支払い
Pb	㊔化 《元素》鉛(lead)
PBC	㊔略 《疾患》原発性胆汁性肝硬変(primary biliary cirrhosis)
PBMC	㊔略 《細胞》末梢血単核球(peripheral blood mononuclear cell)
PBSC	㊔略 《細胞》末梢血幹細胞(peripheral blood stem cell)
PCA	㊔略 ❶《症候》受動皮膚アナフィラキシー(passive cutaneous anaphylaxis) ❷《統計》主成分分析(principal component analysis)
PCI	㊔略 《臨床》経皮的冠動脈形成術(percutaneous coronary intervention)
PCNA	㊔略 《生体物質》増殖性細胞核抗原(proliferating cell nuclear antigen)
pCO_2	㊔略 《臨床》二酸化炭素分圧(carbon dioxide partial pressure)
PCR ★★	㊔略 《実験》ポリメラーゼ連鎖反応法(polymerase chain reaction)
PDE	㊔略 《酵素》ホスホジエステラーゼ(phosphodiesterase)
PDGF	㊔略 《生体物質》血小板由来成長因子(platelet-derived growth factor)
PDZ domain	㊔略 《生化学》PDZドメイン＝タンパク質相互作用モチーフの一種(postsynaptic density/disc-large/ZO1 domain)
peak ★	㊔名 ピーク，頂点 ㊔例 peak flow(最大流量)，peak-to-peak(ピーク間の)
peanut	㊔名 《植物》ピーナッツ ㊔例 peanut allergy(ピーナッツアレルギー)
peculiar	㊔形 特有の，独特の

PEDF [略]《生体物質》色素上皮由来因子(pigment epithelium-derived factor)

pediatric ★ [形] 小児科の，小児科学の
[例] pediatric intensive care unit(小児集中治療室)

pediatrician [名] 小児科医

pediatrics [名] 小児科学，小児科

pedigree [名]《遺伝》系図，血統

PEEP [略]《臨床》呼気終末陽圧換気(positive end-expiratory pressure)

peer [名] (同じ領域の専門家)同等者，同僚
[例] peer review(査読，ピアレビュー)

PEG [略]《化合物》ポリエチレングリコール(polyethylene glycol)

pegylated [形]《医薬》ペグ化された(ポリエチレングリコール分子を結合させた)
[例] pegylated interferon(ペグ化インターフェロン)

pellet [名] ❶ペレット，《細胞》沈渣 ❷《医薬》植込錠 ❸(実験動物の)固形飼料

pelvic ★ [形] 骨盤の
[例] pelvic inflammatory disease(骨盤内炎症性疾患)

pelvis [名]《解剖》骨盤 [複] pelves

pemphigoid [名]《疾患》類天疱瘡(るいてんぽうそう)

pemphigus [名]《疾患》天疱瘡(てんぽうそう)

penalty [ア] [名] 罰則，罰

penetrance [名] ❶《物理》浸透度 ❷《遺伝》浸透率(特定の遺伝子型における表現型形質の割合)

penetrant [形] 浸透性の

penetrate ★ [動] ❶透過する，浸透する ❷貫通する

penetration [名] ❶浸透，透過 ❷貫通，穿通

-penia [接尾]「減少症」を表す
[例] neutropenia(好中球減少[症])，thrombocytopenia(血小板減少[症])

penicillin [名]《化合物》ペニシリン(抗生物質)
[例] penicillin G(ペニシリンG)，penicillin-binding protein(ペニシリン結合タンパク質)

penile [形] 陰茎の

penis [名]《解剖》陰茎，ペニス [複] penes

pent- [接頭]「5」を表す
[例] pentamer(五量体)，pentose(ペントース，五炭糖)

penultimate [形] 最後から2番目の

P

PEPCK 略《酵素》ホスホエノールピルビン酸カルボキシキナーゼ(phosphoenolpyruvate carboxykinase)

peptic 形《疾患》消化性の
例 peptic ulcer(消化性潰瘍)

peptidase 名《酵素》ペプチダーゼ，ペプチド加水分解酵素

peptide ★★ 発 名《化合物》ペプチド 形 peptidyl
例 peptide bond(ペプチド結合)，peptide chain assembly(ペプチド鎖集合体)，peptide library(ペプチドライブラリー＝ランダムにアミノ酸を連結したペプチドの集合)，peptide mapping(ペプチドマッピング)

peptidergic 形《生理》ペプチド作動性の
例 peptidergic neuron(ペプチド作動性神経)

peptidoglycan 名《生体物質》ペプチドグリカン(細菌壁成分)

peptidomimetic 形《医薬》ペプチド模倣の
例 peptidomimetic inhibitor(ペプチド模倣の［低分子］阻害薬)

per 前 〜毎に
例 per capita(1人あたり)，per day(1日あたり)，parts per million(百万分率；ppm)

perceive ★ 動《生理》認知する，気づく

percent ★★ 名《単位》パーセント(%)

percentage ★ ア 名 百分率，割合
例 percentage point(百分率点)

percentile 名《統計》百分位数(集団の何パーセントに位置しているかを示す値)，パーセンタイル

perception ★ 名《生理》知覚，認知 類 cognition, consciousness

perceptual 形 知覚的な

perchlorate 名《化合物》過塩素酸(塩やイオンとして) 形 過塩素酸の 類 perchloric acid

percussion 名《臨床》打診，衝撃

percutaneous ★ 形《臨床》経皮的な 副 percutaneously
例 percutaneous absorption(経皮吸収)，percutaneous coronary intervention(経皮的冠動脈形成術；PCI)，percutaneous transluminal coronary angioplasty(経皮的冠動脈形成術；PTCA)

perfect 形 完全な，徹底的な 副 perfectly 類 thorough, complete

perforate 動《細胞》穿孔処理をする
例 perforated patch clamp recording(穿孔パッチクランプ記録＝抗生物質で細胞膜に穴を開けて行う膜電流測定)

perforation 名《実験》穿孔(処理)

perform ★★ 動 遂行する，実施する

performance ★ 名 ❶実行 ❷能力
例 performance status(活動指標)，task performance (作業能力)

perfusate 名《臨床》灌流液

perfuse ★ 動 灌流(かんりゅう)する

perfusion ★ 名 灌流(適用)
例 perfusion chamber(灌流容器)，perfusion imaging (灌流画像法)，myocardial perfusion (心筋灌流＝血流)

perhaps ★ 副 おそらく，もしかすると，多分

peri- ★ 接頭《解剖》「周囲」を表す

perianal 形《解剖》肛門周囲の

periaqueductal 形《解剖》中脳水道周囲の
例 periaqueductal gray(中脳水道周囲灰白質)

periarticular 形《解剖》関節周囲の

peribronchial 形《解剖》気管支周囲の

pericardial 形《解剖》心臓周囲の，心嚢の
例 pericardial effusion(心嚢液貯留)

pericarditis 名《疾患》心膜炎(心臓を包む漿膜の炎症性疾患)

pericardium 名《解剖》心膜，心嚢

pericellular 形 細胞周囲の

pericentromeric 形《細胞》動原体周囲の

pericyte 名《細胞》ペリサイト，周皮細胞(毛細血管内皮を取り巻く間葉系細胞)

perikarya 名《細胞》(複数扱い)核周部，神経細胞体 ㊛ perikaryon 形 perikaryal

perimetry 名《臨床》視野測定

perinatal 形《生理》周産期の 副 perinatally
例 perinatal period(周産期)

perinuclear 形《細胞》核周囲の

period ★★ 名 期間，時期 類 duration，stage，term，time
例 refractory period(不応期)，window period(ウイルス感染から抗体陽性になるまで空白時間)

periodic ★ 形 ❶周期的な，周期性の ❷定期的な 副 periodically
例 periodic paralysis(周期性四肢麻痺)，periodic table(周期律表)

periodicity 名 周期性，周期現象

periodontal ★ 形《解剖》歯周部の
例 periodontal disease(歯周病), periodontal ligament(歯根膜)

periodontitis 名《疾患》歯周炎, 歯周病

perioperative 形《臨床》周術期の, 手術前後の

peripheral ★★ 形 ❶《解剖》末梢性の, 末梢の ❷周辺性の 副 peripherally 反 central(中枢の)
例 peripheral blood mononuclear cell(末梢血単核球；PBMC), peripheral circulation(末梢循環), peripheral nervous system(末梢神経系；PNS), peripheral vascular disease(末梢血管疾患)

periphery ★ 名《解剖》末梢

periplasm 名《細胞》ペリプラズム(細菌の原形質膜と細胞壁の間隙), 周辺質, 周縁質 形 periplasmic(周辺質の)

peristalsis 名《生理》蠕動(ぜんどう) 形 peristaltic(蠕動の)

peritoneal ★ 形 腹膜の, 腹腔の
例 peritoneal cavity(腹腔), peritoneal dialysis(腹膜透析), peritoneal macrophage(腹腔マクロファージ), intraperitoneal injection(腹腔内注射)

peritoneum 名《解剖》腹膜

peritonitis 名《疾患》腹膜炎

perivascular 形《解剖》血管周囲の

periventricular 形《解剖》脳室周囲の
例 periventricular leukomalacia(脳室周囲白質軟化症)

permanent ★ 形 永久的な, 耐久性のある 副 permanently 類 perpetual, eternal

permeability ★ 名《生理》透過性, 浸透性
例 membrane permeability(膜透過性), vascular permeability(血管透過性)

permeabilization 名《実験》透過処理

permeabilize 動 透過性にする, 透過処理する

permeable 形 透過性のある, 浸透性の

permeant 形 浸透性の
例 cell-permeant(細胞浸透性の), membrane-permeant(膜浸透性の)

permease 名《酵素》パーミアーゼ, 透過酵素(細菌トランスポーター)

permeate 動 透過させる, 浸透する

permeation 名《物理》浸透

permissible 形 許容できる, 容認できる

permission 名 許可，容認
permissive 形 許容的な
例 permissive temperature(許容温度)
permit ★ 動 許可する，容認する 名 認可
permutation 名《数学》順列，並べ替え
pernicious 形《臨床》悪性の(貧血の場合のみに用いる)
例 pernicious anemia(悪性貧血)
per os ★ ラ《臨床》経口的に 略 p.o.
peroxidase ★ 名《酵素》ペルオキシダーゼ，過酸化酵素(過酸化反応を触媒する酵素群)
例 horseradish peroxidase(西洋わさびペルオキシダーゼ；HRP)
peroxidation 名《化学》過酸化
例 lipid peroxidation(脂質過酸化)
peroxide ★ 名《化合物》過酸化物
例 hydrogen peroxide(過酸化水素)
peroxisome ★ 名《細胞》ペルオキシソーム(酸化反応を司る細胞内小器官) 形 peroxisomal
例 peroxisome proliferator-activated receptor(ペルオキシソーム増殖剤活性化受容体；PPAR)
peroxynitrite 名《化合物》ペルオキシ亜硝酸，亜硝酸過酸化物(強力な酸化力をもつイオンラジカル) 化 $ONOO^-$
perpendicular 発 形 垂直の 類 vertical
perpetuate 動 永続化させる，不滅にする
per se ★ ラ それ自体で，本質的に 類 by itself
persist ★ 動 持続する 形 persisting(持続している)
persistence ★ 名 持続(性)，残留性
persistent ★ 形 ❶《疾患》持続性の，遷延性の ❷《環境》残留性の 副 persistently
例 persistent infection(持続感染)，persistent pain(持続痛)
personal 形 個人的な 副 personally
personality 名 性格，人格 類 character
例 personality disorder(人格障害)
personnel 名 職員，人員 類 staff
perspective ★ 名 展望，見込み 形 ❶展望の ❷遠近(法)の
pertain 動 属する(+to)，関係する
pertinent 形 ❶関連の，関係している ❷適切な，妥当な
例 pertinent literature(関連文献)
perturb ★ 動 撹乱させる，動揺させる

P

perturbation ★ 名 ❶撹乱，動揺 ❷《物理》摂動(せつどう) 類 disturbance, derangement

pertussis ★ 名《疾患》百日咳
例 pertussis toxin(百日咳毒素), *Bordetella pertussis*(百日咳菌)

pervasive 形 ❶普及している，浸透している ❷《疾患》広汎性の
例 pervasive developmental disorder(広汎性発達障害)

pessary 名《医薬》ペッサリー，膣坐薬

pest 名《生物》有害生物，害虫
例 pest control(防除)

pesticide 名《医薬》殺虫剤，農薬 類 insecticide

PET ★ 略 ❶《臨床》ポジトロン放出断層撮影(positron emission tomography) ❷《化合物》ポリエチレンテレフタラート(polyethylene terephthalate)

petechial 形《症候》点状出血の
例 petechial hemorrhage(点状出血)

petrolatum 名《化合物》ワセリン 類 Vaseline([商標名] ワセリン)

petroleum 発 名 石油

PFC 略《解剖》前頭前野(prefrontal cortex)

PFGE 略《実験》パルスフィールドゲル電気泳動(pulsed-field gel electrophoresis)

PG ★ 略《生体物質》プロスタグランジン(prostaglandin)

PGHS 略《酵素》プロスタグランジンH合成酵素(prostaglandin H synthase)

PGRP 略《生体物質》ペプチドグリカン認識タンパク質(peptidoglycan recognition protein)

pH ★★ 略《化学》水素イオン濃度指数

phage ★ 名《病原体》ファージ(= bacteriophage)
例 phage display(ファージディスプレイ), λ phage vector(ラムダファージベクター＝遺伝子クローニング用ベクター)

phagocyte 名《細胞》ファゴサイト，貪食細胞 形 phagocytic

phagocytosis ★ 名《生理》食作用，貪食(性) 形 phagocytotic 動 phagocytose(貪食する)

phagosome 名《細胞》ファゴソーム，食胞(貪食で生じる細胞内の液胞) 形 phagosomal

phantom 名 幻影

pharmac(o)- ★ 接頭「薬」を表す

pharmaceutical 名 医薬品 形 製薬の
例 pharmaceutical sciences(薬科学)

pharmacist 名 薬剤師，調剤者

pharmacodynamic 形 薬力学的な
例 pharmacodynamic effect(薬力学的作用)

pharmacodynamics 名 薬動力学，薬力学

pharmacogenetic 形 遺伝薬理学の

pharmacokinetic ★ 形 薬物動態の
例 pharmacokinetic parameter(薬物動態パラメータ)

pharmacokinetics 名 薬物動態学，薬物速度論

pharmacologic ★ **/ pharmacological** 形 ❶薬理学の ❷薬理作用の 副 pharmacologically

pharmacology 名 ❶薬理学 ❷薬理作用(論)

pharmacophore 名《医薬》ファルマコフォア(薬物が結合するポケット)
例 pharmacophore model(ファルマコフォアモデル)

pharmacotherapy 名 薬物療法

pharmacy 名 ❶薬局 ❷薬学

pharyngeal 発 形《解剖》咽頭の 名 pharynx
例 pharyngeal arch(《発生》鰓弓＝さいきゅう)，pharyngeal muscle(咽頭筋)，pharyngeal pouch(咽頭嚢)

pharyngitis 名《疾患》咽頭炎

pharynx 名《解剖》咽頭(いんとう) 形 pharyngeal 対 larynx(喉頭＝こうとう)

phase ★★ 名 ❶相，位相 ❷局面
例 phase III trial(第III相試験)，phase contrast microscope(位相差顕微鏡)，phase rule(相律)，phase transition(相転移)

phasic 形 ❶位相性の ❷《生理》相動性の 対 tonic(緊張性の)
例 phasic contraction(相動性収縮)

Ph.D. / PhD 略 (欧米での)博士(学位) (doctor of philosophy)

Phe 略《アミノ酸》フェニルアラニン(phenylalanine)

phenol 名《化合物》フェノール，石炭酸(タンパク質変性作用があり消毒薬としても用いる有機化合物) 形 phenolic

phenomenon ★ 名 現象 複 phenomena

phenothiazine 名《化合物》フェノチアジン(精神病治療薬の基本骨格の一種)
例 phenothiazine derivative(フェノチアジン誘導体)

phenotype ★★ 名《遺伝》表現型，形質 対 genotype(遺伝型)
例 clinical phenotype(臨床像)，malignant phenotype(悪性形質)

phenotypic ★ **/ phenotypical** 形 表現型の 副 phenotypically
例 phenotypic variation(表現型多様性)

phenyl ★ 名《官能基》フェニル
例 phenyl group(フェニル基)

phenylalanine ★ 発 名《アミノ酸》フェニルアラニン(芳香環アミノ酸) 略 Phe，F

phenylketonuria 名《疾患》フェニルケトン尿(症)

pheochromocytoma 名《疾患》クロム親和性細胞腫，褐色細胞腫

pheromone ★ 名《生物》フェロモン，誘引物質

-philic ★ 接尾「親和性」を表す
例 hydrophilic(親水性の)，lipophilic(親油性の)

phlebotomy 名《臨床》静脈切開(術)，(昔の治療法)瀉血

phloem 名《植物》師部(しぶ) 対 xylem(木部)

phobia 名《疾患》恐怖症
例 social phobia(社会恐怖症)

phorbol ★ 名《化合物》フォルボール
例 phorbol ester(フォルボールエステル＝protein kinase C活性化剤)，phorbol 12-myristate 13-acetate(ホルボールミリステートアセテート)

phosphatase ★ 名《酵素》ホスファターゼ，脱リン酸化酵素
例 tyrosine phosphatase(チロシンホスファターゼ)

phosphate ★ 名《化合物》リン酸(塩やエステルとして) 形 リン酸の 類 phosphoric acid
例 phosphate-buffered saline(リン酸緩衝食塩水；PBS)，phosphate dehydrogenase(リン酸脱水素酵素)，phosphate group(リン酸基)

phosphatidic acid 名《生体物質》ホスファチジン酸(グリセロリン脂質生合成の中間体)

phosphatidyl 名《官能基》ホスファチジル

phosphatidylcholine 名《生体物質》ホスファチジルコリン(細胞膜で最も多いリン脂質)

phosphatidylethanolamine 名《生体物質》ホスファチジルエタノールアミン(膜リン脂質の一種)

phosphatidylinositol ★ 名《生体物質》ホスファチジルイノシトール(細胞膜にある細胞内シグナル伝達物質前駆体) 略 PI

phosphatidylserine 名《生体物質》ホスファチジルセリン(膜リン脂質の一種)

phosphine 名《化合物》ホスフィン，水素化リン 化 PH_3

phospho- ★ 接頭「リン」を表す

phosphocreatine 名 ホスホクレアチン，クレアチンリン酸(筋細胞の高エネルギー化合物)

phosphodiesterase 名《酵素》ホスホジエステラーゼ(リン酸ジエステル加水分解酵素)

phosphoenolpyruvate 名《生体物質》ホスホエノールピルビン酸(解糖系中間代謝物)
例 phosphoenolpyruvate carboxykinase(ホスホエノールピルビン酸カルボキシキナーゼ；PEPCK)

phosphoinositide ★ 発 名《生体物質》ホスホイノシチド(イノシトールのリン酸化誘導体を含む脂質)

phospholipase ★ 名《酵素》ホスホリパーゼ，リン脂質加水分解酵素
例 phospholipase A_2(ホスホリパーゼA_2)，phospholipase C(ホスホリパーゼC)

phospholipid ★ 名《生体物質》リン脂質
例 phospholipid bilayer(リン脂質二重層)，phospholipid vesicle(リン脂質小胞)

phosphoprotein 名《生体物質》リン酸化タンパク質

phosphorescence 名《化学》リン光

phosphorothioate 名《化合物》ホスホロチオエート(リン酸基の-P-O-P-結合を-P-S-P-に置き換えた誘導体)

phosphorus 名《元素》リン 化 P

phosphorylase 名《酵素》ホスホリラーゼ，過リン酸分解酵素
例 glycogen phosphorylase(グリコーゲンホスホリラーゼ)

phosphorylate ★ 動 リン酸化する
例 phosphorylated protein(リン酸化タンパク質)

phosphorylation ★★ 名《生化学》リン酸化
例 phosphorylation site(リン酸化部位)，oxidative phosphorylation(酸化的リン酸化)

phosphotransferase 名《酵素》ホスホトランスフェラーゼ，リン酸基転移酵素

phosphotyrosine 名《化学》ホスホチロシン，リン酸化チロシン

photo- ★ 接頭「光」を表す

photoactivation 名 光活性化

photoaffinity 名 光親和性
例 photoaffinity label(光親和性標識)

photobleaching 名《実験》光退色(強力なレーザー光によって蛍光を退色させる手法)

photochemical 形 光化学の
例 photochemical crosslinking(光化学架橋反応)

photocycle 名(光受容反応の)光サイクル，光周期

photodynamic 形《臨床》光線力学的な
例 photodynamic therapy(光線力学的治療)

photoelectron 名《物理》光電子

photograph 名 写真　動 撮影する

photolabel 動《実験》光標識する　名 photolabeling(光標識)

photolabile 形《化学》感光性の
例 photolabile pigment(感光色素)

photolyase 名《酵素》フォトリアーゼ，光回復酵素(ピリミジン二量体を開裂して単量体に戻す酵素)

photolysis 名《化学》光分解(反応)

photometry 名《実験》測光法

photon ★ 名《物理》光子，フォトン　形 photonic

photoperiod 名《生理》明期，光周期

photophobia 名《症候》羞明(しゅうめい＝目がまぶしい状態)

photoproduct 名 光産物

photoreceptor ★ 名 ❶《解剖》光受容器　❷視細胞
例 photoreceptor outer segment(視細胞外節)

photosensitivity 名 ❶感光性　❷《疾患》光線過敏症　形 photosensitive

photosensitizer 名《化合物》光増感剤

photosynthesis 名《植物》光合成

photosynthetic 形 光合成の
例 photosynthetic bacteria(光合成細菌)，photosynthetic reaction center(光合成反応中心)

photosystem 名 光化学系

phototrans-duction 名《生理》光伝達(目の情報処理)

phrenic 形《解剖》横隔の
例 phrenic nerve(横隔神経)

phylogenetic ★ 形 系統発生の，系統発生学的な 副 phylogenetically

phylogeny 発 名 系統発生(学)

physical ★ 形 ❶物理的な ❷《生理》身体的な，肉体的な 副 physically
例 physical activity(身体活動性)，physical chemistry(物理化学)，physical dependence(身体依存)，physical examination(身体検査)，physical interaction(物理的相互作用)，physical restraint(身体拘束)，physical therapy(理学療法)

physician ★ 名 医師，内科医 対 surgeon(外科医)

physicist 名 物理学者

physicochem-ical 形 物理化学的な

physics 名 ❶物理学 ❷物理的現象

physiological ★ **/ physiologic** 形 ❶生理学的な ❷生理的な 副 physiologically
例 physiological condition(生理的条件)，physiological saline(生理食塩水)

physiologist 名 生理学者

physiology ★ 名 ❶生理学 ❷生理機能

phyto- 接頭「植物」を表す

phytochrome 名《生体物質》フィトクロム(植物の赤色光受容タンパク質)

phytohemag-glutinin 名《生体物質》植物性血球凝集素，フィトヘマグルチニン

phytohormone 名 植物ホルモン

PI 略《生体物質》ホスファチジルイノシトール(phosphatidylinositol)

PI3K 略《酵素》ホスファチジルイノシトール3キナーゼ(phosphatidylinositol 3-kinase)

pia 名《解剖》軟膜 形 pial
例 pia mater(脳軟膜)

picosiemens 名《単位》ピコシーメンス(イオンチャネル導電度) 略 pS

P

picture ★ 名 ❶描写,《臨床》像 ❷絵 ❸写真 ❹映画
例 clinical picture(臨床像), a detailed picture of(〜の詳細な描写)

piece 名 ❶断片, 小片 ❷部分 類 fragment, moiety, part, portion, region

piezoelectric 形《物理》圧電(気)の 名 piezoelectricity
例 piezoelectric effect(圧電効果, ピエゾ効果), piezoelectric modulus(圧電率)

pig ★ 名《動物》ブタ 類 swine, hog 形 porcine 派 piglet(子ブタ)

pigeon 発 名《鳥類》ハト

pigment ★ 名 色素, ピグメント
例 pigment epithelium(色素上皮)

pigmentary 形 色素性の

pigmentation 名《症候》色素沈着

pIgR 略《生体物質》多量体免疫グロブリン受容体(polymeric immunoglobulin receptor)

pill 名 ピル, 丸薬
例 oral contraceptive pill(経口避妊薬)

pilus 名《解剖》線毛 複 pili

pineal 発 形《解剖》松果体(しょうかたい)の
例 pineal gland(松果体)

pioneer 名 パイオニア, 開拓者 動 開拓する

PIP$_2$ 略《生体物質》ホスファチジルイノシトール二リン酸(phosphatidylinositol 4,5-bisphosphate)

pipette 名《実験器具》ピペット

piriform 形《解剖》梨状の
例 piriform cortex(嗅皮質, 梨状葉皮質)

pit 名 ❶くぼみ,《解剖》窩 ❷《植物》壁孔

pitch 名 (樹脂)ピッチ, (音の)高さ 動 投げる

pitfall 名 落とし穴

pituitary ★ 形《解剖》脳下垂体の, 下垂体の
例 pituitary adenoma(下垂体腺腫), pituitary adenylate cyclase-activating polypeptide(脳下垂体アデニル酸シクラーゼ活性化ポリペプチド ; PACAP), pituitary gland(脳下垂体), pituitary hormone(脳下垂体ホルモン), pituitary stalk(下垂体茎)

pivotal ★ 形 中心的な, 中枢の 副 pivotally
例 pivotal role(中心的役割)

pixel 名 画素, ピクセル

pKa 略《化学》酸解離指数

PKA ㊥《酵素》プロテインキナーゼA (protein kinase A)

PKC ㊥《酵素》プロテインキナーゼC (protein kinase C)

PKR ㊥《酵素》RNA活性化プロテインキナーゼ(RNA-activated protein kinase)

PL ★ ㊥《酵素》ホスホリパーゼ(phospholipase)

PLA$_2$ ㊥《酵素》ホスホリパーゼA_2(phospholipase A_2)

place ★ 名 場所 動 置く，配置する 熟 in place of(〜の代わりに)

placebo ★ ア 名《医薬》プラセボ，偽薬
例 placebo-controlled study (プラセボ対照試験)，placebo effect (プラセボ効果＝無薬効の物質投与による心理的治療効果)

placement ★ 名 配置，設置，留置

placenta 名《解剖》胎盤 複 placentae 形 placental

placode 名《発生》プラコード，肥厚板

plague 発 名《疾患》ペスト(Yersinia pestis感染症)
例 bubonic plague(腺ペスト)，pneumonic plague(肺ペスト)

plain 形 ❶単純な ❷簡素な，単味の 名 平地
例 plain aspirin (単味のアスピリン＝配合や製剤工夫のない)，plain drinking water(そのままの飲料水)，plain radiography(単純X線撮影)

plan ★ 名 計画，予定 動 計画する 派 planning(設計)

planar ★ 形 平面の
例 planar cell polarity(平面内細胞極性)

plane ★ 名 平面，面 形 平らな
例 plane of polarization (偏光面)，sagittal plane (矢状断面＝しじょうだんめん)

planet 名《天体》惑星 形 planetary

plant ★★ 名 ❶植物 ❷《工業》プラント，工場設備 動 植える 対 animal(動物)
例 plant community (植物群落)，flowering plant (顕花植物)，vascular plant(維管束植物)

plantar 形《解剖》足底の
例 extensor plantar response(伸展性足底反応)

plantation 名《農学》プランテーション，(大規模な)農園，《林学》造林地

plaque ★ 名 ❶プラーク，斑 ❷《生物》溶菌斑 ❸《疾患》粥腫 ❹《歯科》歯垢
例 plaque-forming unit（プラーク形成単位），plaque rupture（プラーク破綻），amyloid plaque（アミロイド斑），atherosclerotic plaque（動脈硬化プラーク），senile plaque（老人斑）

plasma ★★ 名 ❶《医療》血漿 ❷《細胞》形質 ❸《物理》プラズマ（電離気体）
例 plasma cell（形質細胞＝抗体産生B細胞），plasma concentration（血漿中濃度），plasma exchange（血漿交換），plasma extravasation（血漿漏出），plasma membrane（原形質膜）

plasmacytoid 形《解剖》形質細胞様の
例 plasmacytoid dendritic cell（形質細胞様樹状細胞）

plasmacytoma 名《疾患》形質細胞腫，プラズマ細胞腫

plasmapheresis 名《臨床》血漿交換，プラスマフェレーシス（血液から血漿を分離した後ろ過や吸着で有害物質を取り除く治療法）

plasmid ★ 発 名《遺伝子》プラスミド（染色体外遺伝子）
例 plasmid construct（完成プラスミド），plasmid DNA（プラスミドDNA），plasmid vector（プラスミドベクター）

plasmin 名《酵素》プラスミン（線維素溶解）

plasminogen ★ ア 名《生体物質》プラスミノーゲン（線溶系のプラスミン前駆体）
例 plasminogen activator inhibitor（プラスミノーゲン活性化因子インヒビター）

Plasmodium ★ 学《生物》マラリア原虫（原虫の一属），プラスモディウム（属）
例 *Plasmodium falciparum*（熱帯熱マラリア原虫），*Plasmodium vivax*（三日熱マラリア原虫）

plasmon 名 ❶《物理》プラスモン（プラズマ振動の量子描像） ❷《細胞》細胞質遺伝子
例 surface plasmon resonance（表面プラスモン共鳴）

plastic 形 可塑性の，造形の 名 プラスチック，可塑物 副 plastically
例 plastic surgery（形成外科），biodegradable plastic（生分解性プラスチック）

plasticity ★ 名《生理》可塑性

plastid 名《植物》色素体，プラスチド
例 plastid genome（色素体ゲノム）

-plasty ★ 接尾「形成術」を表す
例 angioplasty(血管形成［術］), mammoplasty(乳房形成［術］)

plate ★ 名 ❶プレート,《実験》シャーレ ❷《発生》板 動(細胞を培養皿に)蒔く
例 plating at low density(低密度で培養皿に蒔くこと), growth plate(《発生》成長板), lateral plate mesoderm(《発生》側板中胚葉)

plateau ア 名 ❶プラトー(あるところで一定になった状態), 一定値 ❷台地 形 定常の
例 reach a plateau in 5 min(5分で一定値に達する)

platelet ★★ 名《細胞》血小板 類 thrombocyte 形 thrombocytic
例 platelet aggregation(血小板凝集), platelet-activating factor(血小板活性化因子 ; PAF), platelet-derived growth factor(血小板由来増殖因子 ; PDGF)

platform ★ 名 プラットフォーム, 構築基盤

plating 名 ❶プレーティング(細胞を培養皿に蒔くこと) ❷《化学》メッキ

platinum 名《元素》白金, プラチナ 化 Pt

plausible 形 もっともらしい, 真実味のある 類 feasible

play 動 ❶(役割を)果たす, 演ずる ❷遊ぶ 熟 play a role in(〜において役割を果たす)

PLC 略《酵素》ホスホリパーゼC(phospholipase C)

pleckstrin 名《生体物質》プレクストリン(血小板タンパク質)
例 pleckstrin homology domain(プレクストリン相同領域)

pleiotropic 形 多面的な, 多面発現性の(複数の表現型や機能を有する意味)
例 pleiotropic effect(多面発現効果)

pleocytosis 名《疾患》髄液細胞増加(症), プレオサイトーシス

pleomorphic 形《解剖》多形(性)の

plethora 名《疾患》多血症

plethysmography 名《臨床》プレチスモグラフィ, 脈波検査(身体の一部の容積変化を測定記録する方法)

pleura 名《解剖》胸膜, 肋膜

pleural ★ 形 胸膜の
例 pleural effusion(胸水), pleural fluid(胸水)

pleuritic 形《疾患》胸膜炎の 名 pleuritis(胸膜炎)
例 pleuritic pain(胸膜痛)

plexiform 形《解剖》網状の，叢状の
例 plexiform layer(網状層)

plexus 名《解剖》神経叢(しんけいそう)
例 choroid plexus(脈絡叢)

PLGF 略《生体物質》胎盤増殖因子(placental growth factor)

ploidy 名《遺伝》倍数性(= polyploidy)

plot ★ 名 プロット，図 動 プロットする
例 Scatchard plot(スキャッチャードプロット)，Schild plot(シルドプロット)

pluripotent 形《発生》多能性の 名 pluripotency(多分化能)
類 multipotent
例 induced pluripotent stem cell(人工多能性幹細胞；iPS細胞)

PMA 略《化合物》フォルボール12-ミリスチン酸13-酢酸(phorbol-12-myristate-13-acetate) = protein kinase C活性化剤

PML 略 ❶《疾患》進行性多巣性白質脳症(progressive multifocal leukoencephalopathy) ❷《疾患》前骨髄球性白血病(promyelocytic leukemia)

PMN 略《細胞》多形核白血球(polymorphonuclear leukocyte)

pneumococcal ★ 形《疾患》肺炎球菌の
例 *pneumococcal pneumonia*(肺炎球菌性肺炎)

pneumococci 名《生物》(複数扱い)肺炎球菌 学 *Streptococcus pneumoniae*

Pneumocystis 学《生物》ニューモシスチス(属)(酵母様子嚢菌の一属)
例 *Pneumocystis jiroveci*(ヒトのニューモシスチス肺炎菌)

pneumonia ★ 発 名《疾患》肺炎(肺実質の炎症)
例 carinii pneumonia(カリニ肺炎)

pneumoniae ➡ *Streptococcus*(連鎖球菌)

pneumonic 形 肺炎の
例 pneumonic plague(肺ペスト)

pneumonitis 名《疾患》間質性肺炎，肺臓炎(間質である肺胞壁の炎症病変) 類 interstitial pneumonitis

pneumothorax 名《疾患》気胸(胸腔内の気体貯留による肺の拡張障害)

PNH 略《疾患》発作性夜間血色素尿症(paroxysmal nocturnal hemoglobinuria)

PNS 略《解剖》末梢神経系(peripheral nervous system)

p.o. / po [略]《臨床》経口の(*per os*)

pO2 [名]《臨床》酸素分圧

podocyte [名]《解剖》有足細胞(腎糸球体)，ポドサイト

poikilotherm [名]《生物》変温動物 [反] homeotherm(恒温動物)

point ★★ [名] ❶点 ❷要点 [動] 指す [熟] point out(指摘する)
[例] point mutation(点変異)，boiling point(沸点)，end point(《臨床》エンドポイント)

poise [動] ❶(主に受動態で用いて)用意をさせる ❷釣り合わせる

poison ★ [名] 毒(物) [動] 毒を入れる [形] poisonous(有毒な)

poisoning [名]《症候》中毒(毒劇物による) [対] intoxication([大量摂取や長期服用による]中毒)

Pol [略]《酵素》(分野によって使い分けられる)❶DNAポリメラーゼ(DNA polymerase) ❷RNAポリメラーゼ(RNA polymerase)

polar ★ [形] 極の，極性の
[例] polar molecule(極性分子)

polarimeter [名]《物理》偏光計

polarity ★ [名] 極性
[例] cell polarity(細胞極性)

polarization ★ [名] ❶《細胞》極性化 ❷《化学》分極 ❸《物理》偏光(現象)
[例] plane of polarization(偏光面)，fluorescence polarization(蛍光偏光)

polarize ★ [動] 極性化する，分極させる，偏光させる
[例] polarized light(偏光)

pole ★ [名]《細胞》極
[例] animal pole(動物極)，spindle pole body(紡錘極体)，vegetal pole(植物極)

policy [名] ポリシー，方針，政策

poliomyelitis [名]《疾患》灰白髄炎，ポリオ [類] polio

poliovirus [名]《病原体》ポリオウイルス(急性灰白髄炎の病原ウイルス)

polish [動] 磨く，研磨加工する

political [形] 政治的な
[例] political scientist(政治学者)

politics [名] 政治(学)

pollen ★ [名]《植物》花粉
[例] pollen grain(花粉粒)，pollen tube(花粉管)

pollination [名] ❶《植物》受粉 ❷《昆虫》授粉，花粉媒介

pollinosis 名《疾患》花粉症

pollutant 名 汚染物質，汚染源

pollute 動 汚染する

pollution 名 汚染
例 air pollution(大気汚染)

poly- ★★ 接頭「多」を表す 反 mono-
例 poly ADP-ribose polymerase(ポリADPリボースポリメラーゼ；PARP)

polyacrylamide ★ 名《化合物》ポリアクリルアミド
例 polyacrylamide gel electrophoresis(ポリアクリルアミドゲル電気泳動)

polyadenylation 名《遺伝子》ポリアデニル化(mRNA末端) 形 polyadenylated

polyamine 名《化合物》ポリアミン

polyarteritis 名《疾患》多発(性)動脈炎
例 polyarteritis nodosa(結節性多発動脈炎)

polyarthritis 名《疾患》多発(性)関節炎

polyclonal ★ 形《遺伝子》多クローン性の 反 monoclonal
例 polyclonal antibody(多クローン抗体)

polycyclic 形《化学》多環(式)の
例 polycyclic aromatic hydrocarbon(多環芳香族炭化水素)

polycystic 形《疾患》多嚢胞(性)の
例 polycystic kidney disease(多発性嚢胞腎), polycystic ovary syndrome(多嚢胞性卵巣症候群)

polycythemia 名《疾患》赤血球増加(症)，赤血球増多(症)，多血症
例 polycythemia vera(真性多血症)

polydipsia 名《症候》多飲(症)

polyethylene 名《プラスチック》ポリエチレン
例 polyethylene glycol(ポリエチレングリコール；PEG)

polyglutamine 名《化合物》ポリグルタミン(CAGリピートが形成する異常グルタミン重合体) 略 polyQ
例 polyglutamine disease(ポリグルタミン病)

polygraph 名《臨床》ポリグラフ，多用途記録計

polyketide 名《化合物》ポリケチド(ポリケトン鎖から生合成される物質の総称)
例 polyketide synthase(ポリケチド合成酵素)

polymer ★ 名 ❶《化学》ポリマー，重合体 ❷《生化学》多量体

polymerase ★★ 名《酵素》ポリメラーゼ，重合酵素 略 Pol
例 RNA polymerase(RNA重合酵素), polymerase chain reaction(重合酵素連鎖反応法；PCR)

polymeric 形 重合体の，多量体の
例 polymeric immunoglobulin(免疫グロブリン多量体)

polymerization ★ 名《化学》重合(反応)
例 actin polymerization(アクチン重合)

polymerize 動 重合させる

polymorphic ★ 形 多形性の，多型の
例 polymorphic ventricular tachycardia(多形性心室性頻拍)，random amplified polymorphic DNA(ランダム増幅多型DNA法；RAPD)

polymorphism ★ 名《遺伝子》多型，《物理》多形
例 restriction fragment length polymorphism(制限酵素断片長多型；RFLP)，single nucleotide polymorphism(一塩基多型；SNP)

polymorphonuclear 形《細胞》多形核の
例 polymorphonuclear leukocyte(多形核白血球)，polymorphonuclear neutrophil(多形核好中球)

polymyositis 名《疾患》多発性筋炎

polyneuropathy 名《疾患》多発ニューロパチー，多発神経障害(末梢神経障害による運動感覚および自律神経障害)
例 demyelinating polyneuropathy(脱髄性多発ニューロパチー)

polynucleotide 名《生体物質》ポリヌクレオチド(ヌクレオチド多量体=DNAやRNA)

polyol 名《化合物》ポリオール(多価のアルコール性水酸基を有する炭化水素)
例 polyol pathway(ポリオール経路)

polyp ★ 名《疾患》ポリープ(上皮組織の局所的な突出をみる増殖性病変)
例 colonic polyp(大腸ポリープ)

polypeptide ★ 名《生体物質》ポリペプチド(多くのアミノ酸が連なったペプチド)
例 polypeptide chain(ポリペプチド鎖)

polyphenol 名《化合物》ポリフェノール(多数のフェノール性水酸基を有する植物成分)

polyploid 名《生物》倍数体

polyploidy 名《遺伝》倍数性

polyposis 名《疾患》ポリープ症
例 adenomatous polyposis coli(大腸腺腫症；APC)，intestinal polyposis(腸ポリープ症)

polyprotein 名 ポリタンパク質(複合体からなるタンパク質)

polysaccharide ★ 名《化合物》多糖(類)，ポリサッカライド

polysome 名《細胞》ポリソーム（リボソームの鎖状構造体） 形 polysomal

polytene 形《遺伝子》多糸(性)の
例 polytene chromosome（多糸染色体）

polyunsaturated 形《化合物》多価不飽和の，高度不飽和の
例 polyunsaturated fatty acid（多価不飽和脂肪酸）

polyuria 名《症候》多尿(症)

pombe ➡ *Schizosaccharomyces*（シゾサッカロミセス）

POMC 略《生体物質》プロオピオメラノコルチン＝エンドルフィンやACTH等の共通前駆体（proopiomelanocortin）

pons 名《解剖》橋（きょう），脳橋

pontine 形《解剖》橋の，脳橋の
例 pontine tegmentum（橋被蓋）

pool ★ 名 プール，貯蔵(所) 動 貯蔵する

poor ★ 形 乏しい，貧弱な 副 poorly（不十分に）
例 poorly-differentiated（低分化の），poor prognosis（予後不良），poor responder（低反応者）

popular 形 一般的な，ポピュラーな，人気のある

popularity 名 人気

populate 動 居住する，《細胞》集合する

population ★★ 名 ❶集団，集合 ❷人口 ❸人種 ❹《統計》母集団，個体群
例 population-based study（集団ベース研究），population density（個体群密度），population genetics（集団遺伝学），population spike（集合スパイク）

porcelain 名 磁器，《歯科》ポーセレン（セラミック）

porcine ★ 形《動物》ブタの 名 pig

pore ★ 名 ❶孔，管孔，（イオンチャネルの）ポア ❷《植物》気孔
例 pore size（孔径），pore-forming subunit（ポア形成サブユニット），nuclear pore complex（核膜孔複合体）

porosity 名《物理》空隙率（くうげきりつ），多孔度

porous 形 多孔質の

porphyria 名《疾患》ポルフィリン症（ポルフィリン代謝異常症の総称）
例 porphyria cutanea tarda（晩発性皮膚ポルフィリン症）

porphyrin 名《化合物》ポルフィリン（ヘムやクロロフィルの前駆体基本骨格）

portable 形 携帯型の，ポータブル

portal ★ 形《解剖》門脈の 名《インターネット》ポータル
例 portal hypertension(門脈圧亢進症), portal vein (門脈)

portion ★ 名 部分 類 moiety, part, piece 熟 a large portion of(〜の大部分)

pose 動(問題を)提起する，提出する

posit 動(事実であると)仮定する

position ★★ 名 ❶位置，立場 ❷《臨床》体位 動 配置する 派 positioning(位置決め)
例 position effect(位置効果), position sense(位置覚), prone position(腹臥位), supine position(仰臥位)

positional ★ 形 位置の
例 positional cloning(ポジショナルクローニング＝疾患関連遺伝子を特定する方法)

positive ★★ 形 ❶陽性の ❷《数学》正の ❸積極的な 副 positively 反 negative
例 positive charge(正電荷), positive control(正の対照実験群), positive end-expiratory pressure(呼気終末陽圧換気；PEEP), positive inotropic action(陽性変力作用), positive predictive value(陽性的中率), positive pressure(陽圧)

positivity 名 陽性 反 negativity(陰性)

positron 名《物理》ポジトロン，陽電子
例 positron emission tomography(ポジトロン放出断層撮影；PET)

possess ★ 動 持つ，所有する

possibility ★ 名(あり得る程度の)可能性

possible ★★ 形 ありうる，可能な 副 possibly(おそらく，多分) 対 probable([高い可能性で]ありそうな) 熟 as possible(可能な限り), make it possible to do(〜することを可能にする)
例 possible case(可能性例)

post- ★★ 接頭「後」を表す 反 pre-

postembryonic 形《発生》後胚期の

posterior ★ 形《解剖》後側の，後方の 副 posteriorly 反 anterior(前側の)
例 posterior cerebral artery(後大脳動脈), posterior pituitary gland(脳下垂体後葉)

postgraduate 形 大学院の，(大学)卒後の 類 graduate
例 postgraduate course(大学院課程)

postinfection 形《臨床》感染後の
例 at early times postinfection(感染後早期に)

P

postinjection 副《臨床》注射後に

postinjury 形 傷害後の

postinoculation 形《臨床》接種後に

postmenopausal ★ 形《疾患》閉経後の
例 postmenopausal osteoporosis(閉経後骨粗鬆症), postmenopausal women(閉経後の女性)

postmitotic 形《細胞》有糸分裂後の

postmortem 形《臨床》死後の
例 postmortem tissue(死後組織)

postnatal ★ 形《臨床》出生後の 副 postnatally
例 postnatal day(出生後日数), postnatal development(生後発達)

postoperative ★ 形《臨床》手術後の，術後の 副 postoperatively
例 postoperative complication(術後合併症)

postpartum 形《臨床》分娩後の，産後の
例 postpartum period(産褥期)

postprandial 形《臨床》食後の
例 postprandial hypoglycemia(食後低血糖)

postsynaptic ★ 形《生理》シナプス後の 副 postsynaptically
例 postsynaptic density(シナプス後膜肥厚), postsynaptic potential(シナプス後電位)

posttranscriptional 形《生化学》転写後の 副 posttranscriptionally
例 posttranscriptional gene silencing(転写後遺伝子サイレンシング)

posttranslational 形《生化学》翻訳後の 副 posttranslationally(翻訳後に)
例 posttranslational modification(翻訳後修飾)

posttransplant / posttransplantation 形《臨床》移植後の
例 in the early posttransplant period(移植後の早期に), at least 3 months posttransplant(少なくとも移植後3ヶ月に)

posttransplantation 形《臨床》移植後の

posttraumatic 形《疾患》外傷後の
例 posttraumatic stress disorder(外傷後ストレス障害；PTSD)

postulate ★ 動 仮定する，想定する，みなす

postural 形 ❶姿勢の ❷《疾患》体位性の 類 orthostatic
例 postural hypotension(体位性低血圧)

posture 名 姿勢,《臨床》体位 類 position

potassium ★ 発 名《元素》カリウム 化 K
例 potassium channel(カリウムチャネル), potassium channel opener(カリウムチャネル開口薬)

potency ★ 名 ❶《医薬》効力 ❷能力, 潜在力
例 inhibitory potency(阻害力)

potent ★ 形 強力な 副 potently
例 potent inhibitor(強力阻害剤)

potential ★★ 名 ❶《物理》電位, ポテンシャル ❷位置 ❸可能性, 潜在能力 形 ❶潜在的な ❷強力な 副 potentially (潜在的に)
例 potential confounder(潜在的交絡因子), potential difference(電位差), potential energy(位置エネルギー), action potential(活動電位), chemical potential(化学ポテンシャル), membrane potential (膜電位), redox potential(酸化還元電位)

potentiate ★ 動 増強する

potentiation ★ 名《生理》増強
例 long-term potentiation(長期増強現象 ; LTP)

pouch 名《解剖》囊(のう)
例 pharyngeal pouch(咽頭囊)

poultry 名《動物》家禽(類)(食用の飼い鳥)

pour 動 注ぐ, 流す

poverty 名 貧困

powder 名 粉末, 散剤 動 粉末化する
例 powdered drug(粉末化した薬)

power ★ 名 ❶力, 能力 ❷《数学》冪乗(べきじょう) 動 力を与える
例 high-power field(強拡大視野), power law(冪[べき]法則), resolving power(解像力), statistical power(《統計》検出力), the third power of(～の3乗)

powerful ★ 形 強力な, 有力な 副 powerfully

poxvirus 名《病原体》ポックスウイルス

PPAR 略《生体物質》ペルオキシソーム増殖因子活性化受容体(peroxisome proliferator-activated receptor)
例 PPAR α (=脂肪酸 β 酸化酵素の転写調節因子), PPAR γ (=インスリン感受性に関与する核内受容体)

PPI 略《医薬》プロトンポンプ阻害薬(proton pump inhibitor)

practical ★ 形 実際的な，実用的な 副 practically
例 practical viewpoint（実際的観点）

practice ★ 名 ❶実行 ❷練習 ❸《臨床》診療 ❹習慣 動 ❶実行する，練習する ❷行う ❸開業する 熟 in practice（実際に）
例 clinical practice guideline（診療ガイドライン），good manufacturing practice（優良医薬品製造基準；GMP），medical practice（医療行為）

practitioner 名 開業医，実務家
例 general practitioner（一般開業医）

pre- ★★ 接頭「前」を表す 反 post-

pre-mRNA ★ 名《遺伝子》RNA 前駆体（修飾を受ける前の mRNA）
例 pre-mRNA splicing（mRNA 前駆体スプライシング）

preadipocyte 名《解剖》前駆脂肪細胞

preanesthetic 形《臨床》麻酔前の
例 preanesthetic medication（麻酔前投薬）

precaution 名 注意，用心

preceding ★ 形 ❶前述の ❷先行する 類 above-mentioned（上記の）

precipitate ★ 発/発 動 ❶沈殿させる ❷誘発する 名 沈殿物，沈降物
例 precipitating factor（[発作]誘発因子），immune precipitate（免疫沈降物）

precipitation 名 ❶沈殿，沈降 ❷《気象》降水（量）

precise ★ 形 正確な，的確な 副 precisely

precision ★ 名 精度，精密（度），正確さ 類 accuracy
例 high-precision（高精度の）

preclinical 形《臨床》前臨床の
例 preclinical study（前臨床研究＝基礎創薬研究）

preclude 動 防止する，妨げる

precocious 形《疾患》早熟性の，早発性の
例 precocious puberty（思春期早発症）

precondi-tioning 名《生理》プレコンディショニング，予備条件づけ
例 ischemic preconditioning（虚血プレコンディショニング＝先行する軽い虚血による虚血耐性の獲得）

precursor ★ 名《生化学》前駆体［物質］
例 amyloid precursor protein（アミロイド前駆タンパク質）

predate 動（時間的に）先立つ

predation 名《生物》捕食

predator 名《生物》捕食者，食肉動物 形 predatory（捕食性の） 類 carnivore（肉食動物）

predefined 形 予め定義された
predetermined 形 予定された
prediabetic 形《疾患》前糖尿病性の
predict ★★ 動 予測する，予想する
predictable 形 予想可能な，予測可能な 副 predictably（予想通りに）
prediction ★ 名 予測，予報
predictive ★ 形 予想の，予測の，予知の
例 predictive model（予測モデル），positive predictive value（陽性的中率）
predictor ★ 名 ❶《臨床》前兆 ❷予言者
predilection 名 偏向，偏好
predispose ★ 動 ❶病気に罹らせる ❷《遺伝》～の素因を作る
例 predisposing factor（病因），be genetically predisposed to（遺伝的に～の素因となる）
predisposition 名《疾患》素因 類 inclination，susceptibility
prednisone 名《化合物》プレドニゾン（抗炎症作用をもつ糖質コルチコイド）
predominance 名 優勢，支配
predominant ★ 形 優勢な，支配的な 副 predominantly
predominate 動 優勢である，勝る 副 predominately
preeclampsia 名《疾患》子癇前症（しかんぜんしょう），妊娠高血圧腎症
preemptive 形 予防的な，先制攻撃の
例 preemptive therapy（先行療法）
preexisting / pre-existing 形 既存の，先在する
例 preexisting disease（基礎疾患）
preexposure 名 前曝露
preface 発 名 序文 動 前置きをする 類 foreword，introduction
prefer ★ 発 動 好む，選ぶ
preferable 形 好ましい 副 preferably（好んで）
preference ★ 名 好み，優先（度）
preferential ★ 形 優先的な 副 preferentially
preform 動 前もって形作る
prefrontal ★ 形《解剖》前頭前部の
例 prefrontal area（前頭前野），prefrontal cortex（前頭前皮質）
pregnancy ★ 名《臨床》妊娠 類 gestation，conception
例 pregnancy outcome（妊娠成績）

P

pregnant ★ 形 妊娠した，妊娠中の
例 pregnant woman（妊婦）

preimplantation 名（子宮内での）着床前
例 preimplantation genetic diagnosis（着床前遺伝子診断）

preincubate 動《実験》プレインキュベートする，前保温する

preincubation 名《実験》プレインキュベーション，予備保温

prejudice 名 偏見

preliminary ★ 形 予備の，準備中の 副 preliminarily
例 preliminary experiment（予備実験）

preload 発 名《生理》前負荷（拡張末期に心臓にかかる圧力による仕事量） 動 前処置する 対 afterload（後負荷）

premalignant 形《疾患》前癌（性）の，前悪性の 類 precancerous
例 premalignant lesion（前悪性病変）

premature ★ 形 ❶《臨床》成熟前の，早発性の ❷《遺伝子》中途での 副 prematurely
例 premature infant（早産児），premature stop codon（フレームシフトで出現する中途での終止コドン）

prematurity 名 ❶未熟さ ❷《疾患》早産児，未熟児
例 retinopathy of prematurity（未熟児網膜症）

premedication 名 前投薬

premeno-pausal 形《臨床》閉経前の
例 premenopausal women（閉経前の女性）

premise 名 前提 動 前提とする，仮定する

prenatal 形《臨床》出生前の 副 prenatally
例 prenatal diagnosis（出生前診断）

prenylation 名《生化学》プレニル化（タンパク質の脂質修飾） 形 prenylated（プレニル化された）

preoperative ★ 形《臨床》手術前の，術前の 副 preoperatively

preoptic 形《解剖》視交叉前の
例 preoptic area（視索前野）

preparation ★ 名 ❶標本，プレパラート ❷《医薬》製剤 ❸調製（法） ❹準備，用意 熟 in preparation（準備中），in preparation for（〜に備えて）
例 estrogen preparation（エストロゲン製剤），membrane preparation（膜標本），sample preparation（試料調製）

preparative 形 調整用の

prepare ★ 動 準備する，用意する，調製する

preponderance 名 優勢

preprotein 名《生化学》タンパク質前駆体

prerequisite 形 必須の，必要な(+for) 名 必要条件 類 essential, necessary, required

prescribe 動 処方する

prescription 名《医薬》処方(箋)
例 prescription drug(処方薬)

presence ★★ 名 ❶存在 ❷面前 反 absence 熟 in the presence of(～の存在下で)

presenile 形《臨床》初老性の
例 presenile dementia(初老期認知症)

presenilin 名《生体物質》プレセニリン(家族性アルツハイマー病の原因遺伝子として同定された膜タンパク質)

present ★★ 形 ❶現在の ❷存在する，出席している 動 ❶示す，提示する ❷贈呈する 副 presently (現在は) 熟 at present(現在では)
例 be always present with(常に～と共存する)，antigen-presenting cell(抗原提示細胞)

presentation ★ 名 ❶提示，《疾患》症状 ❷発表，プレゼンテーション ❸《臨床》胎位(たいい)
例 antigen presentation(抗原提示)，cephalic presentation([胎児]頭位)，clinical presentation(臨床症状)，poster presentation(ポスター発表)

preservation ★ 名 ❶保存，貯蔵 ❷《環境》保全

preserve ★ 動 保存する，貯蔵する

press 名 出版 動 ❶押す ❷圧力をかける 熟 in press ([論文] 印刷中)

pressor 形《生理》昇圧性の 名《医薬》昇圧薬
例 pressor reflex(昇圧反射)

pressure ★★ 名 ❶《物理》圧力，圧 ❷強制
例 blood pressure(血圧)，intraocular pressure(眼圧)，partial pressure(分圧)

presumably ★ 副 おそらく，多分 類 perhaps, likely, possibly

presume ★ 動 推定する，仮定する

presumptive 形 推定的な

presymptomatic 形《臨床》前駆症状の

presynaptic ★ 形《生理》シナプス前(性)の 副 presynaptically
例 presynaptic inhibition(シナプス前抑制)

preterm 形 早期の，《臨床》早産の
例 preterm delivery(早期分娩)，preterm infant(未熟児)

pretest 名 予備試験

pretransplant 形《臨床》移植前の

pretreat 動 前処置する，前処理する

pretreatment ★ 名 前処置

prevail 動 ❶普及する，流行する ❷打ち勝つ 形 prevailing(流行の)

prevalence ★ 名《臨床》有病率，罹患率(りかんりつ)

prevalent ★ 形 蔓延している，流行の

prevent ★★ 動 予防する，防止する，阻止する

preventable 形 予防できる

prevention ★ 名 予防，防止，阻止

preventive 形 予防的な，予防の
例 preventive measure(予防措置)，preventive medicine(予防医学)

previous ★★ 発 形 以前の 副 previously

prey 名 ❶獲物 ❷《生化学》プレイ(two-hybrid 法のプローブ) 対 bait(餌，ベイト)

price 名 ❶価格 ❷代償 動 値を付ける

primary ★★ 形 ❶一次の，最初の ❷主要な ❸《化学》一級の ❹《疾患》原発性の 副 primarily
例 primary afferent fiber(一次求心性線維)，primary amine(一級アミン)，primary biliary cirrhosis(原発性胆汁性肝硬変)，primary care(プライマリケア)，primary culture(初代培養)，primary pulmonary hypertension(原発性肺高血圧)，primary sequence(一次配列)，primary structure(一次配列)，primary tumor(原発腫瘍)

primase 名《酵素》プライマーゼ(DNA 複製でラギング鎖に RNA プライマーを合成する酵素) 類 DNA primase

primate ★ 名《動物》霊長類

prime ★ 形 主要な 動《免疫》初回抗原刺激を与える 名 priming(初回抗原刺激，予備刺激) 対 boost(追加免疫する)

primer ★ 名《実験》プライマー(PCR 反応開始の鋳型)，開始剤
例 primer extension(プライマー伸長法)

primitive ★ 形 原始的な
例 primitive neuroectodermal tumor(原始神経外胚葉性腫瘍)，primitive streak(《発生》原条，原始線条)

primordial 形《発生》始原的な
例 primordial germ cell(始原生殖細胞)

primordium 名《発生》原基

principal ★ 形 主要な，主たる 副 principally 類 main, major
例 principal cell(主細胞), principal component analysis(主成分分析)

principle ★ 名 ❶原理，原則 ❷信条 熟 in principle(原則として)
例 Pauli exclusion principle(パウリの排他原理), proof-of-principle(原理証明の), uncertainty principle(不確定性原理)

prion ★ 名《生体物質》プリオン(伝染性タンパク質)
例 prion disease(プリオン病), prion protein(プリオンタンパク質)

prior ★ 形 前の，優先する 熟 prior to(〜より前の)
例 prior history(前病歴)

prioritize 動 優先順位をつける

priority 発 名 優先(権)

prism 名《物理》プリズム

private 形 個人の，非公式の 副 privately

privilege 名 特権 形 privileged(特権を与えられた)
例 immune privilege(免疫特権)

Pro 略《アミノ酸》プロリン(proline)

proapoptotic 形《生理》アポトーシス促進性の

probabilistic 形 確率的な

probability ★ 名《統計》確率，(確実性の高い)可能性 類 odds, possibility, capability, likelihood, feasibility, chance, prospect

probable 形 ありそうな，まず確実な 副 probably(おそらく，たぶん) 対 possible([可能性は低いが]ありうる)
例 probable case(高可能性例)

proband 名 発端者

probe ★★ 名《実験》プローブ，探索子，触針 動 探索する 派 probing(探索)
例 fluorescent probe(蛍光プローブ)

probiotics 名《臨床》プロバイオティクス(腸内細菌叢を改善する微生物とその促進物質)

problem ★ 名 問題，問題点 類 issue, matter

problematic 形 問題のある

procaspase 名《酵素》プロカスパーゼ(酵素カスパーゼの不活性前駆体)

procedural 形 ❶《臨床》処置上の ❷手続き上の
例 procedural complication(処置合併症), procedural learning(手続き学習)

P

procedure ★ 名 ❶手順，方法 ❷《臨床》術式，手技 ❸《法律》訴訟 類 process
例 invasive procedure(侵襲的手技)，neurosurgical procedure(脳神経外科手術)

proceed ★ 動 前進する，進行する 名 proceeding(［学会］予稿集)

process ★★ 名 ❶プロセス，過程 ❷《解剖》突起 動 加工する
派 processing(［RNA/タンパク質］プロセシング)
例 processed pseudogene(プロセス型偽遺伝子＝mRNAの逆転写に由来する偽遺伝子)，axonal process(軸索突起)，developmental process(発生過程)，image processing(画像処理)

processive 形 ❶《酵素》加工性の ❷(運動が)進行性の，前進的な

processivity 名《酵素》処理能力

proctitis 名《疾患》直腸炎
例 ulcerative proctitis(潰瘍性直腸炎)

procure 動 獲得する，調達する 類 acquire, gain, get, obtain, yield

procurement 名 獲得，調達 類 acquisition
例 organ procurement(［移植］臓器調達)

prodrug 名《医薬》プロドラッグ(体内で有効になる薬物)

produce ★★ 動 産生する，生成する

producer 名 生産者，《細胞》産生株

product ★★ 名 生成物，産物，製品，《化学》成績体
例 blood product(血液製剤)，end product(最終産物)，gene product(遺伝子産物)

production ★★ 名 産生，生成，生産
例 cytokine production(サイトカイン産生)

productive ★ 形 ❶生産的な ❷《細胞》増殖性の 副 productively
例 productive cough(［痰を伴う］湿性咳嗽)，productive infection(増殖性感染)

productivity 名 生産性，生産力

proenzyme 名 プロ酵素，酵素前駆体 類 enzyme precursor

profession 名 専門職 形 professional

professor 名 教授
例 assistant professor(助教)，associate professor(《米国》準教授，《日本》准教授)

proficient 形 熟達した，《細胞》能力のある 反 deficient(機能欠損の)
例 DNA repair-proficient cell(DNA修復能がある細胞)

profile ★ 発 名 ❶プロファイル，(網羅的に解析した結果から割り出した)特性 ❷輪郭，側面
例 gene expression profile(遺伝子発現プロファイル)

profiling ★ 名 プロファイリング(特徴から全体像を明らかにすること)
例 gene expression profiling(遺伝子発現解析)

profit 名 利益 動 利益になる

profound ★ 形 深刻な，重度の 副 profoundly

progenitor ★ 名 祖先，《細胞》前駆体
例 progenitor cell(前駆細胞)

progeny ★ 名《生物》子孫，後代
例 viral progeny(後代のウイルス)

progesterone ★ 名《生体物質》プロゲステロン(天然の黄体ホルモン)
例 progesterone receptor(プロゲステロン受容体)

progestin 名《医薬》プロゲスチン，黄体ホルモン作用物質

prognosis ★ 発 名 (病気などの)予後
例 poor prognosis(予後不良)

prognostic ★ 形 予後の
例 prognostic factor(予後因子)

program ★ 名 プログラム，計画 動 プログラムする，計画する
派 programming(プログラム作成)
例 programmed cell death(プログラム細胞死)，surveillance program(監視計画)

progress ★ 動 前進する，進行する 名 進歩，進行 熟 be in progress(進行中である)

progression ★★ 名 ❶《疾患》進行 ❷《数学》数列
例 progression-free survival(無進行生存)，disease progression(病状悪化)，malignant progression([腫瘍] 悪性化)

progressive ★ 形 進行性の 副 progressively
例 progressive disease(進行性疾患)

prohibit 動 禁止する

prohormone 名《生化学》プロホルモン，ホルモン前駆体

proinflammatory ★ / **pro-inflammatory** 形《生理》炎症促進性の
例 proinflammatory cytokine(炎症性サイトカイン)

proinsulin 名《生体物質》プロインスリン(インスリン前駆タンパク質)

project ★ 発/発 名 計画，プロジェクト 動 ❶投射する，投影する ❷突出する
例 Human Genome Project(ヒトゲノムプロジェクト)

projection ★ 名 ❶《神経》投射 ❷《細胞》突出 ❸投影
例 axonal projection(軸索投射), Fischer projection formula(フィッシャー投影式)

prokaryote / 英 procaryote 名《生物》原核生物 対 eukaryote(真核生物)

prokaryotic / 英 procaryotic 形 原核生物の
例 prokaryotic cell(原核細胞)

prolactin ★ 名《生体物質》プロラクチン, 乳腺刺激ホルモン(下垂体前葉ホルモンの一種)

prolapse 発 名《疾患》逸脱(症), 脱出(症) 動 逸脱する, 脱出する
例 mitral valve prolapse(僧帽弁逸脱)

proliferate ★ 動 増殖する
例 proliferating cell nuclear antigen(増殖細胞核抗原)

proliferation ★★ 名《細胞》増殖 類 expansion, growth, multiplication, outgrowth, propagation, replication
例 cell proliferation(細胞増殖)

proliferative ★ 形 増殖性の
例 proliferative phase(増殖期), proliferative vitreoretinopathy(増殖性硝子体網膜症)

proliferator 名 増殖因子, 増殖剤
例 peroxisome proliferator-activated receptor(ペルオキシソーム増殖因子活性化受容体 ; PPAR)

proline ★ 発 名《アミノ酸》プロリン 略 Pro, P

prolong ★ 動 延長する
例 prolonged bleeding time(出血時間延長)

prolongation 名 延長
例 QT prolongation([心電図] QT延長)

promastigote 名《生物》前鞭毛型(リーシュマニア原虫の一形態)
対 amastigote(無鞭毛型)

prometaphase 名《細胞》分裂前中期

prominent ★ 形 顕著な, 卓越した 副 prominently 類 remarkable, distinguished, outstanding, obvious

promiscuous 形 乱雑な,《遺伝》乱交雑の 副 promiscuously

promise ★ 名 ❶約束 ❷見込み 動 約束する, 見込みがある
形 promising(有望な)

promote ★★ 動 促進する 類 accelerate, facilitate

promoter ★★ 名《遺伝子》プロモータ, 転写促進配列
例 promoter methylation(プロモーターメチル化), promoter region(プロモータ領域)

promotion 名 ❶促進 ❷昇位，昇進 形 promotional(促進的な) 類 acceleration, facilitation

prompt ★ 動 促す 形 機敏な，迅速な 副 promptly(迅速に)

promyelocytic 形《疾患》前骨髄球性の
例 promyelocytic leukemia(前骨髄球性白血病；PML)

prone ★ 形 ❶傾向の(+to)，易発性(いはつせい)の ❷《臨床》腹臥(ふくが)の
例 error-prone PCR(誤りがちなPCR反応), prone position(腹臥位)

proneural 形《発生》前神経の

pronounced ★ 形 明白な，顕著な 類 apparent, evident, obvious, unequivocal

proof 名 ❶証明，証拠 ❷《論文》校正刷り
例 proof-of-concept(概念証明の), proof-of-principle (原理証明の)

proofread 動 校正する 名 proofreading(校正)

propagate ★ 動 伝搬する，繁殖する

propagation ★ 名 伝搬，繁殖

propel 動 推進する

propensity ★ 名 性向

propeptide 名《生化学》プロペプチド(分泌性タンパク質が活性体となる時に前駆体から切り出されるペプチド断片)

proper ★ 形 ❶適切な，妥当な ❷本来の，固有の 副 properly (適切に)
例 proper folding of the protein(そのタンパク質固有の折り畳まれ方), proper oscillation(固有振動)

property ★★ 名 性質，特質 類 attribute, character, feature, nature, trait

prophase 名《細胞》分裂前期 対 metaphase(分裂中期), anaphase(分裂後期)
例 meiotic prophase(減数分裂前期)

prophylactic ★ 形 予防的な 名 予防薬 副 prophylactically

prophylaxis ★ 名《臨床》予防法，予防

propionate 名《化合物》プロピオン酸(塩やエステルとして) 類 propionic acid

proportion ★ 名 ❶比率，割合 ❷釣り合い ❸《数学》比例 類 ratio, rate
例 direct proportion(正比例)

proportional ★ 形 比例的な，釣り合った 副 proportionally
例 proportional hazards model(比例ハザードモデル)

proposal 名 提案，提唱

P

propose ★★ 動 提案する，提唱する

proprioceptive 形《生理》固有受容性の
例 proprioceptive neuron(固有受容ニューロン)

prospect 名 見込み，見通し

prospective ★ 形 ❶将来の，予期される ❷《臨床》前向きの，プロスペクティブな(臨床研究のスタートがデータの発生以前である) 副 prospectively 反 retrospective(後向きの，遡及的な)
例 prospective cohort study(前向きコホート研究＝ある集団を経時的に追跡する疫学研究)

prostaglandin ★ 名《生体物質》プロスタグランジン(アラキドン酸から生合成される生理活性物質の一群)
例 prostaglandin E_2(プロスタグランジンE_2；PGE_2)，prostaglandin synthesis(プロスタグランジン合成)

prostanoid 名《生体物質》プロスタノイド(プロスタグランジンとトロンボキサンの総称)
例 prostanoid receptor(プロスタノイド受容体)

prostate ★ 名《解剖》前立腺(= prostate gland)
例 prostate cancer(前立腺癌)，prostate gland(前立腺)，prostate-specific antigen(前立腺特異抗原；PSA)

prostatectomy 名《臨床》前立腺摘除(術)

prostatic ★ 形《解剖》前立腺の
例 prostatic hyperplasia(前立腺肥大)

prostatitis 名《疾患》前立腺炎

prosthesis 名《臨床》装具，義肢，人工関節，プロステーシス，《歯科》補綴(ほてつ) 複 prostheses

prosthetic 形 補欠の，人工補充の
例 prosthetic group(補欠分子族)，prosthetic valve(人工弁)

prosurvival 形 生存促進性の

protease ★ 名《酵素》プロテアーゼ，タンパク質分解酵素
例 protease-activated receptor(プロテアーゼ活性化受容体；PAR)，protease inhibitor(プロテアーゼ阻害薬)

proteasomal 形 プロテアソームの
例 proteasomal degradation(プロテアソーム分解)

proteasome ★ 名《細胞》プロテアソーム(タンパク質分解酵素複合体)
例 proteasome inhibitor(プロテアソーム阻害薬)

protect ★ 動 保護する
例 protecting group(保護基)

protection ★ 名 保護(作用)，防御

protective ★ 形 保護的な，防御的な
例 protective antigen(感染防御抗原)，protective immune response(防御免疫応答)

protein ★★ ア 名《生体物質》タンパク質
例 protein binding(タンパク質結合)，protein engineering(タンパク質工学)，protein-rich(タンパク質に富んだ)，protein S-nitrosylation(タンパク質S-ニトロシル化)，protein synthesis(タンパク質合成)，acidic protein(酸性タンパク質)，binding protein(結合タンパク質)，membrane protein(膜タンパク質)

protein kinase ★★ ア 名《酵素》プロテインキナーゼ，タンパク質リン酸化酵素
例 protein kinase A(プロテインキナーゼA；PKA)，protein kinase C(プロテインキナーゼC；PKC)

proteinaceous 形 タンパク質性の

proteinase ★ 名《酵素》プロテイナーゼ(プロテアーゼのうちタンパク質に直接作用する加水分解酵素の総称) 類 protease(プロテアーゼ)
例 proteinase inhibitor(プロテイナーゼ阻害剤)

proteinuria ★ 名《疾患》蛋白尿(症) 形 proteinuric(蛋白尿の)

proteoglycan ★ 名《生体物質》プロテオグリカン(グリコサミノグリカンが結合したタンパク質の総称)

proteolipid 名《生体物質》プロテオリピド(脂質タンパク質複合体)

proteoliposome 名《実験》プロテオリポソーム(膜タンパク質を含む脂質小胞)

proteolysis ★ 名 タンパク質分解 動 proteolyze(タンパク分解する)

proteolytic ★ 形 タンパク質分解性の 副 proteolytically
例 proteolytic cleavage(タンパク質切断)，proteolytic enzyme(タンパク質分解酵素)

proteome 名《実験》プロテオーム(全タンパク質のセット)

proteomics 名 プロテオミクス(タンパク質の相互作用や機能解析を網羅的に行う学問領域) 形 proteomic

prothrombin 名《生体物質》プロトロンビン(トロンビン前駆体)
例 prothrombin time(プロトロンビン時間)

prothrombotic 形《疾患》血栓形成促進性の

proto- ★ 接頭「原，元」を表す

proto-oncogene / protooncogene 名《遺伝子》プロトオンコジーン，癌原遺伝子(変異や組換えで発癌遺伝子に変換可能な遺伝子)

protocol ★ 名 プロトコル，手順
例 immunotherapy protocol for patients with melanoma(メラノーマ患者への免疫療法プロトコル)

proton ★ 名《化学》水素イオン，プロトン 化 H^+
例 proton pump inhibitor(プロトンポンプ阻害薬)

protonated 形 プロトン化された(プロトンが付加してカチオンになった)

protonation 名《化学》プロトン付加

protoplast 名《実験》プロトプラスト(細菌や植物細胞の人工処理産物)

protoporphyrin 名《生体物質》プロトポルフィリン(ポルフィリン生合成系の最終産物)

prototype 名 プロトタイプ，原型 形 prototypical / prototypic

Protozoa 学《生物》原虫(類)，原生動物(門)

protozoan 形 原虫の
例 protozoan parasite(寄生原虫)

protrude 動 突出する，膨隆する，隆起する

protrusion 名 突出，膨隆，隆起

prove ★ 動 < prove - proved - proven > ❶判明する ❷立証する

provide ★★ 動 供給する，提供する，用意する 類 supply
例 provide direct evidence for the significance of (～の意義に関する直接の証拠を提供する), provide insight into(～を解明する)

provider 名 提供者，プロバイダー
例 health care provider(医療提供者)

province 名 地方，(カナダなどでの行政区分)州，(中国などでの行政区分)省

provirus 名《病原体》プロウイルス(ウイルスが宿主DNAに組み込まれた状態) 形 proviral

provision 名 供給，提供

provocative ア 形 刺激的な，誘発性の

provoke 動 挑発する，誘発する

proximal ★ 形《解剖》近位(きんい)の 副 proximally 反 distal(遠位の)
例 proximal tubule(近位尿細管)

proximate 形 直近の，近接している

proximity ★ 名 近く

proxy 名 代理，代理人

PrP ㊙《生体物質》プリオンタンパク質(prion protein)
例 PrPSc(スクレイピー異常プリオン), PrP-res(プロテアーゼ抵抗性プリオン)

prudent 形 慎重な

prune 動 剪定(せんてい)する

pruritus 名《症候》掻痒(そうよう)(症), 皮膚掻痒(症) 形 pruritic(そう痒性の)

pS 略《単位》ピコシーメンス＝イオンチャネル導電率(picosiemens)

PSA 略《生体物質》前立腺特異抗原(prostate-specific antigen)

PSC 略《疾患》原発性硬化性胆管炎(primary sclerosing cholangitis)

PSD 略《解剖》シナプス後膜肥厚(postsynaptic density)

pseudo- ★ 接頭「仮性, 偽性, ニセ」を表す

pseudocyst 名《症候》仮性嚢胞, 偽嚢胞
例 pancreatic pseudocyst(膵仮性嚢胞)

pseudogene 発 名《遺伝子》シュードジーン, 偽遺伝子(＝進化の過程でタンパク質をコードしなくなった遺伝子)
例 processed pseudogene(プロセス型偽遺伝子＝mRNAの逆転写に由来する偽遺伝子)

pseudoknot 名《遺伝子》シュードノット(RNAの特殊な二次構造)

Pseudomonas ★ 学《生物》シュードモナス(属)(極鞭毛をもつグラム陰性桿菌の一属)
例 *Pseudomonas aeruginosa*(緑膿菌)

pseudopod 名《細胞》偽足, 仮足

pseudorabies 名《疾患》オーエスキー病(狂犬病様の球麻痺を生じるウイルス性疾患) 類 Aujeszky's disease

pseudosubstrate 名《生化学》偽基質

pseudotuberculosis 名《疾患》偽結核症

psoralen 名《化合物》ソラレン(光化学療法剤)
例 psoralen-ultraviolet A therapy(ソラレン長波長紫外線治療；PUVA)

psoriasis 名《疾患》乾癬(かんせん＝自己免疫性の炎症性角化性疾患)

psoriatic 形 乾癬(性)の
例 psoriatic arthritis(乾癬性関節炎)

psychiatric ★ 形《症候》精神の, 精神医学の
例 psychiatric symptom(精神症状)

P

psychiatrist 名 精神科医
psychiatry 発 名 精神医学，精神科
psycho- 接頭「精神，心理」を表す
psychoactive 形 精神賦活性の
例 psychoactive drug(精神賦活薬)
psychological★ **/ psychologic** 形 心理的な，心理学の 副 psychologically
例 psychological stress(心理的ストレス)
psychologist 名 心理学者
psychology 名 心理学
psychomotor 形 精神運動性の
例 psychomotor retardation(精神運動発達遅滞)
psychopathology 名 精神病理，精神病理学
psychosis 名《疾患》精神病 複 psychoses
psychosocial 形 心理社会的な
例 psychosocial intervention(心理社会的介入)
psychostimulant 名《医薬》覚醒剤
psychotherapy 名 精神療法，心理療法
例 interpersonal psychotherapy(対人関係心理療法)
psychotic 形《疾患》精神病性の
例 psychotic disorder(精神病)
psychotropic 形《医薬》向精神(性)の 類 psychoactive
例 psychotropic drug(向精神薬)
Pt 略《元素》白金，プラチナ(platinum)
PTB domain 略《生化学》ホスホチロシン結合ドメイン(phosphotyrosine binding domain)
PTCA 略《臨床》経皮的冠動脈形成術(percutaneous transluminal coronary angioplasty)
PTEN 略《酵素》ホスファターゼ・テンシン・ホモログ(癌抑制タンパク質)
PTH 略《生体物質》副甲状腺ホルモン(parathyroid hormone)
PTHrP 略《生体物質》副甲状腺ホルモン関連ペプチド(parathyroid hormone-related peptide)
ptosis 発 名《症候》眼瞼下垂(がんけんかすい)
PTPase 略《酵素》チロシンホスファターゼ(tyrosine phosphatase)
PTSD 略《疾患》心的外傷後ストレス症候群(posttraumatic stress disorder)

pubertal / pubescent 形 思春期の

puberty 名《生理》思春期 対 adolescence(青年期)

pubic 形《解剖》恥骨の
例 pubic hair(陰毛)

public ★ 形 ❶公衆の ❷公共の 名 大衆 副 publicly(公的に)
例 public database(公共データベース), public health(公衆衛生), public hearing(公聴会)

publication 名 出版(物), 論文

publish ★ 動 出版する, (論文を)発表する

PUFA 略《化合物》多価不飽和脂肪酸(polyunsaturated fatty acid)

pull 動 引く 派 puller(プラー＝ガラス電極製作器)
例 pull-down assay(プルダウン法＝免疫沈降反応でタンパク質相互作用を検出する方法)

pulmonary ★★ 形《解剖》肺の 接頭 pneumo- 名 lung
例 pulmonary artery(肺動脈), pulmonary circulation(肺循環), pulmonary embolism(肺塞栓症), pulmonary hypertension(肺高血圧症), pulmonary insufficiency(肺不全), pulmonary surfactant(肺サーファクタント), pulmonary tuberculosis(肺結核)

pulp 名 ❶《解剖》髄,《歯学》歯髄 ❷《紙原料》パルプ ❸《植物》果肉
例 molar pulp(臼歯髄), splenic white pulp(白脾髄)

pulsatile 形《生理》脈動の, 拍動性の
例 pulsatile flow(脈動流)

pulse ★ 名 パルス,《臨床》脈拍
例 pulse-chase experiment(パルスチェイス実験), pulsed-field gel electrophoresis(パルスフィールドゲル電気泳動), pulse rate(脈拍数), pulse pressure(脈圧)

pump ★ 名 ポンプ 動 汲み出す

punctate 形 点状の

puncture 名《臨床》穿刺(せんし)
例 lumbar puncture(腰椎穿刺)

pup 名 (動物の)仔

pupal 形《生物》蛹(さなぎ)の 名 pupa

pupil 名《解剖》瞳孔

pupillary 形 瞳孔の
例 pupillary reflex(瞳孔反射), dilated pupil(散大瞳孔)

purchase 動 購入する
pure ★ 形 純粋な 副 purely
purge 名 一掃，浄化 動 一掃する，追放する 派 purging (浄化行動)
purification ★ 名《生化学》精製
purify ★★ 動 精製する
例 purifying selection(純化淘汰)
purine ★ 名《化合物》プリン(核酸塩基の基本骨格のひとつ)
例 purine biosynthesis(プリン生合成)，purine nucleotide(プリンヌクレオチド)
purinergic 形《生理》プリン作動性の
例 purinergic receptor(プリン受容体)
purity 名 純度
Purkinje 名《人名》プルキンエ
例 Purkinje cell(プルキンエ細胞＝小脳神経)，Purkinje fiber(プルキンエ線維＝心臓伝導路)
purpose ★★ 名 目的 類 aim, goal, intent, objective, end
purpura 名《疾患》紫斑病(皮下出血による出血斑を生じる疾患の総称)
例 thrombocytopenic purpura(血小板減少性紫斑病)
pursue 動 探求する，追跡する
pursuit 発 名 探究，追跡
purulent 形《疾患》化膿性の，膿性の
例 purulent sputum(膿性痰)
pus 名《症候》膿(うみ，のう)
pustule 名《症候》膿疱(のうほう)
putamen 名《解剖》被殻(ひかく)
putative ★ 形 推定上の 副 putatively
例 putative site of action(推定作用部位)
PUVA therapy 略《臨床》ソラレン長波長紫外線療法(psoralen-ultraviolet A therapy)
puzzle 名 謎，パズル 動 当惑させる 形 puzzling(不可解な)
PXR 略《生体物質》プレグナンX受容体(pregnane X receptor)
pyelonephritis 名《疾患》腎盂腎炎
pylori ➡ *Helicobacter*(ピロリ菌)
pyogenic 形《疾患》化膿性の
pyramid 名《解剖》錐体

pyramidal ★ 形《解剖》錐体(状)の
例 pyramidal cell(錐体細胞), pyramidal neuron(錐体ニューロン), pyramidal tract(錐体路)

pyrimidine ★ 名《化合物》ピリミジン(核酸塩基の基本骨格のひとつ)
例 pyrimidine dimer(ピリミジンダイマー)

pyrogen 名 発熱物質 形 pyrogenic(発熱性の)

pyrolysis 名 熱分解

pyrophosphate 名《化合物》ピロリン酸, 二リン酸

pyruvate ★ 名《化合物》ピルビン酸(塩やエステルとして) 形 ピルビン酸の 類 pyruvic acid
例 pyruvate dehydrogenase(ピルビン酸脱水素酵素)

pyuria 名《疾患》膿尿(のうにょう)(症)
例 sterile pyuria(無菌性膿尿)

Q

Q 略《アミノ酸》グルタミン(glutamine)

QOL 略《臨床》生活の質(quality of life)

QSAR 略《医薬》定量的構造活性相関(quantitative structure-activity relationship)

QT interval 名(心電図上の)QT間隔 派 long-QT syndrome(QT延長症候群)

QTL 略《遺伝》量的形質遺伝子座(quantitative trait locus)

quadrant 名《数学》四分円, 象限(しょうげん)

quadriceps 名《解剖》四頭筋

quadruple 形 四倍の

quadruplex 発 形 四重の 名《遺伝子》四重鎖
例 G-quadruplex(グアニン四重鎖)

quail 名《鳥類》ウズラ 形 ウズラの

qualify 動 ❶資格を与える, 認定する ❷限定する

qualitative ★ 形 定性的な, 質的な 副 qualitatively(質的に) 対 quantitative(量的な)
例 qualitative analysis(定性分析)

quality ★ 名 質, 品質 対 quantity(量)
例 quality-adjusted life year(質調整生存年), quality control(品質管理), quality of life(生活の質;QOL)

quantal 形 ❶《生理》素量の ❷《物理》量子的な, 計数的な
例 quantal size(《神経》素量サイズ)

quantification ★ 名 数量化，定量化
quantify ★ 動 数量化する，定量する
quantitate 動 定量する
quantitation 名 定量化
quantitative ★ 形 定量的な，量的な 副 quantitatively 対 qualitative(質的な)
例 quantitative analysis(定量分析)，quantitative determination(定量)，quantitative trait(量的形質)
quantity ★ 名 量 類 amount, content, mass, number, volume 対 quality(質)
quantum ★ 名 ❶《物理》量子 ❷《生理》素量(そりょう) 複 quanta
例 quantum mechanics(量子力学)，quantum yield(量子収量)
quartile 名《統計》四分位，四分位数
quartz 名《鉱物》石英，クオーツ
quasi- 接頭「準，擬似」を表す
quasispecies 名《生物》疑似種(遺伝子変異により異なる性質をもつ同一ウイルス種)
quaternary 形 ❶《化学》四級の ❷四次の
例 quaternary ammonium salt(四級アンモニウム塩)，quaternary structure(四次構造)
quench ★ 動 (蛍光が)消光する 名 quenching(消光，クエンチング) 派 self-quenching(自己消光)
quencher 名 消光剤
query 名 質問，クエリー(検索語)
question ★ 名 ❶疑問，問題 ❷質問 動 質問する，疑う
例 to address this question(この問題に取り組むため)
questionable 形 問題がある，疑わしい
questionnaire ★ 発 名 質問表，アンケート
quick 形 ❶急速な，速い ❷鋭い 副 quickly
quiescence 名 静止状態
quiescent ★ 形 静止状態の，無活動の
quiet 形 静かな
quinolone 名《化合物》キノロン(抗菌薬の基本構造)
quinone 名《化合物》キノン
例 quinone oxidoreductase(キノン還元酵素)
quit 動 やめる

quite ★ 副 全く，ほとんど，かなり

quorum 名 ❶定足数(会議が成立するために必要な最小限の構成員出席数) ❷《生物》クオラム(菌類の生育環境)
例 quorum-sensing(《微生物》クオラムセンシングの)

quotient 発 名《数学》商，指数
例 intelligence quotient(知能指数；IQ)，respiratory quotient(呼吸商)

R

R ★ 略 ❶《化学》アルキル基 ❷《アミノ酸》アルギニン(arginine) ❸《単位》(放射線)レントゲン

RA 略 ❶《疾患》関節リウマチ(rheumatoid arthritis) ❷《化合物》レチノイン酸(retinoic acid)

rabbit ★ 名《動物》ウサギ

rabies 名《疾患》狂犬病
例 rabies virus(狂犬病ウイルス)

race ★ 名 ❶民族，人種 ❷《植物》品種

RACE 略《実験》RACE法＝cDNA端の塩基配列を明らかにする方法(rapid amplification of cDNA ends)

racemic 形《化合物》ラセミ体の
例 racemic mixture(ラセミ混合物)

racemization 名《化学》ラセミ化 動 racemize(ラセミ化する)

racial 形 人種の，品種の

radial ★ 形 ❶放射状の ❷《解剖》橈骨(とうこつ)の
例 radial artery(橈骨動脈)

radiate 動 照射する，放射する

radiation ★ 名《放射線》照射，放射
例 radiation dose(放射線照射量)，radiation exposure(放射線被曝)，radiation sensitizer(放射線増感剤)，radiation therapy(放射線療法)

radiative 形 放射の，照射性の
例 radiative forcing(《環境》放射強制力)

radical ★ 名《化学》ラジカル，遊離基 形 ❶過激な，徹底的な ❷《臨床》根治的な 副 radically
例 free radical(フリーラジカル)，radical scavenger(ラジカル捕捉剤)，radical prostatectomy(前立腺全摘除術)

radio- ★ 接頭「放射性，放射線」を表す

radioactive 形 放射活性のある

R

radioactivity 名 放射活性，放射能
radiofrequency 名《物理》高周波
例 radiofrequency ablation(高周波アブレーション)
radiograph ★ 名 X線写真，X線像
radiographic ★ 形 X線撮影の 副 radiographically
radiography 名《臨床》X線撮影
例 chest radiography(胸部X線)
radioimmunoassay 名《実験》放射免疫アッセイ 略 RIA
radioimmunotherapy 名《臨床》放射免疫療法
radioisotope 名《元素》放射性同位体 略 RI
radiolabeling 名《実験》放射標識
radioligand 名《化合物》放射性リガンド
radiologic / radiological 形 放射線学的な
radiologist 名 放射線科医
radiology 名 放射線学，《臨床》放射線科
radionuclide 名《元素》放射性核種
radiopharmaceutical 名 放射性医薬品
radiosensitivity 名《生理》放射線感受性
radiosensitization 名 放射線増感
radiotherapy ★ 名《臨床》放射線治療，照射療法
radiotracer 名《化合物》放射性トレーサ
radius 名 ❶半径 ❷《解剖》橈骨(とうこつ) 複 radii 対 diameter(直径)
raft ★ 名《細胞》ラフト(細胞膜上の脂質マイクロドメイン)，いかだ
RAGE 略《生体物質》終末糖化産物受容体(receptor for advanced glycation end products)
raise ★ 動 上げる，起こす，(抗体を)産生させる
Raman scattering 名《物理》ラマン散乱 派 Raman spectroscopy(ラマン分光法)
ramification 名 ❶分岐 ❷派生効果
ramp 名 勾配

random ★ 形 ❶《統計》無作為の ❷無秩序の，ランダムな 副 randomly 熟 at random(無作為に)
例 random amplified polymorphic DNA(ランダム増幅多型DNA法；RAPD)，random mutagenesis(ランダム変異誘発)，random sample(確率標本)

randomization 名《統計》無作為化

randomize ★ **/ 英 randomise** 動 ランダム化する
例 randomized clinical trial(無作為化臨床試験)

range ★★ 名 範囲 動 変動する，及ぶ 熟 a range of(様々な)
例 wide range(広範囲な)

rank ★ 名 順位 動 位置する
例 rank order(順番)，rank sum test(順位和検定)

RANKL 略《生体物質》破骨細胞分化因子(receptor activator of NF-κB ligand)

RANTES 略《生体物質》ランテス(regulated on activation normal T-cell expressed and secreted)＝血小板やT細胞由来の好酸球走化性物質

rapamycin 名《化合物》ラパマイシン(免疫抑制薬)

RAPD 略《遺伝子》ランダム増幅多型DNA法(random amplified polymorphic DNA technique)

raphe 形《解剖》縫線核の
例 raphe nucleus(縫線核)

rapid ★★ 形 急速な，迅速な 副 rapidly
例 rapid amplification of cDNA ends(RACE法＝cDNA端の塩基配列決定)，rapid eye movement sleep(レム睡眠)

rapidity 名 迅速性

RAR 略《生体物質》レチノイン酸受容体(retinoic acid receptor)

rare ★ 形 ❶まれな，珍しい ❷(気体が)希薄な 副 rarely
例 rare metal(貴金属)

RARS 略《疾患》環状鉄芽球を伴う不応性貧血(refractory anemia with ringed sideroblasts)

rash ★ 名 ❶《症候》発疹，皮疹 ❷突発 形 気早い
例 skin rash(皮疹)

rat ★★ 名《動物》ラット 学 *Rattus norvegicus*

ratchet 名 ラチェット(逆回転しないよう爪のついた歯車)，歯止め

rate ★★ 名 ❶《数学》割合，比率 ❷《物理》速度 動 評価する 類 ratio, speed, velocity
例 rate constant(速度定数), heart rate(心拍数), glomerular filtration rate(糸球体濾過速度；GFR), maximum rate(最大速度)

rate-limiting ★ 形《生化学》律速の
例 rate-limiting enzyme(律速酵素), rate-limiting step(律速段階)

rating 名 評点
例 rating scale(評価尺度)

ratio ★★ 名《数学》比，割合

rational 発 形 ❶合理的な ❷《数学》有理の ❸《化学》示性の
副 rationally 反 irrational(非合理的な)
例 rational design([化合物の]合理的設計), rational formula(示性式), rational function(有理関数)

rationale 発 名 理論的根拠，原理

rationalize 動 合理化する

Rattus norvegicus 学《動物》ラット(rat)

ray ★ 名《物理》光線
例 X-ray(エックス線)

Raynaud's phenomenon 名《症候》レイノー現象(寒冷刺激や精神的緊張によって起こる手指の蒼白化)

Rb 略《元素》ルビジウム(rubidium)

RBC 略《細胞》赤血球(red blood cell)

rCBF 略《生理》局所脳血流量(regional cerebral blood flow)

RCC 略《疾患》腎細胞癌(renal cell carcinoma)

re- ★★ 接頭「再」を表す

reabsorb 動 再吸収する

reabsorption 名《生理》再吸収

reach ★ 動 達する，到達する，及ぶ 名 範囲

react ★ 動 反応する

reactant 名 反応物，反応体

reaction ★★ 名《化学》反応
例 reaction center(反応中心), reaction kinetics(反応速度論), adverse reaction(有害反応), chain reaction(連鎖反応), first-order reaction(一次反応)

reactivate 動 再活性化する

reactivation ★ 名 再活性化

reactive ★ 形《疾患》反応性の,《化学》活性な
例 reactive arthritis(反応性関節炎), reactive oxygen species(活性酸素種)

reactivity ★ 名 反応性

reactor 名 反応器

read 動 <read - read - read; 過去と過去分詞の発音は[red]>❶読む ❷解釈する, 判断する
例 reading frame(《遺伝子》読み枠)

readily ★ 副 容易に, 直ちに, すぐに
例 readily releasable pool(直ちに遊離可能な[シナプス小胞]プール)

readmission 名《臨床》再入院

readout 名《遺伝子》読み取り, 読み出し情報

readthrough 名《遺伝子》リードスルー, 読み過ごし(終止コドンが変異してペプチド鎖が長くなる変異)

ready 形 用意ができた

reagent ★ 発 名《実験》試薬
例 sulfhydryl reagent(スルフヒドリル試薬＝SH基保護剤)

real ★ 形 現実の, 本当の
例 real gas(実在気体)

real-time / realtime 形 リアルタイムでの, 実時間の
例 real-time PCR(リアルタイムPCR)

realistic 形 現実的な

reality 名 現実(性), 実在性 類 actuality

realization 名 ❶理解 ❷現実化, 実現

realize 動 ❶理解する ❷現実化する

reappear 動 再出現する

rear 名 後ろ, 背後 動 ❶飼育する, 育てる,《植物》栽培する ❷《動物》後足で立つ 派 rearing(《動物》立ち上がり行動)

rearrange 動 再配列させる, 再編成する

rearrangement ★ 名 ❶再配列 ❷《化学》転位(反応)
例 chromosomal rearrangement(染色体再配置)

reason ★ 名 理由, 根拠 動 判断する, 考える

reasonable 形 合理的な, リーズナブルな 副 reasonably

reassembly 名 再構築, 再集合

reassess 動 再評価する

reassessment 名 再評価

R

reassortant 形《遺伝子》リアソータントな(異なるウイルスが組換えを起こして新たな能力を獲得することを指して)
例 reassortant virus(合併結合変異ウイルス)

rebound 名《生理》リバウンド，反跳(現象)

recall ★ 名(記憶の)想起 動 思い起こす

recanalization 名 再開通，《臨床》血流再開

recapitulate 動(系統発生を)繰り返す，再現する

receipt 名 ❶受け取り，領収書 ❷《臨床》レセプト，診療報酬明細書

receive ★★ 動 ❶受け取る ❷受け入れる

receiver 名 レシーバ，受信機
例 receiver operating characteristic curve(受診者動作特性曲線)

recent ★★ 形 最近の 副 recently
例 recent advances in the basic sciences(基礎科学における最近の進歩)，recent work(最近の研究)，recent years(近年)

receptive 形《生理》受容性の
例 receptive field(受容野)

receptor ★★ 名《薬理》受容体，レセプター
例 receptor activator of NF-kappaB ligand(破骨細胞分化因子; RANKL)，receptor agonist(受容体刺激薬)，receptor antagonist(受容体遮断薬)，receptor tyrosine kinase(レセプター型チロシンキナーゼ)，muscarinic receptor(ムスカリン受容体)

recession 名(景気などの)後退

recessive ★ 形《遺伝》劣性の 反 dominant(優性の)
例 recessive disease(劣性遺伝病)，autosomal recessive inheritance(常染色体劣性遺伝)

rechallenge 名 再負荷，(アレルギーの)再誘発

recipient ★ 名《臨床》(移植)レシピエント，移植患者 反 donor(移植ドナー)

reciprocal ★ 形 ❶相互の，往復式の ❷《数学》逆数の 副 reciprocally
例 reciprocal plot(逆数プロット)，reciprocal recombination(相互組換え)

recognition ★★ 名 認識 類 cognition(認知)
例 molecular recognition(分子認識)

recognizable 形 認識できる

recognize ★★ / recognise 動 認識する，認知する

recombinant ★★ 形《遺伝子》組換え(型)の
例 recombinant DNA(組換えDNA)

recombinase 名《酵素》リコンビナーゼ，組換え酵素

recombination ★ 名《遺伝子》組換え
例 recombination event(組換え現象)

recombinational 形 組換え(性)の
例 recombinational repair(組換え修復)

recombine 動 組み換える

recommend ★ 動 推奨する，勧告する

recommendation ★ 名 推奨，勧告

reconcile 動 調停する，調和させる

reconstitute ★ 動 再構成する

reconstitution ★ 名 再構成

reconstruct 動 再構築する，復元する，再建する

reconstruction ★ 名 ❶再構築 ❷《臨床》再建(術)

record ★ 発/発 名 記録 動 記録する，記載する 派 recording(記録[法])
例 intracellular recording(細胞内記録法)，medical record(診療記録)

recover ★ 動 回復する，回収する

recovery ★ 名 ❶《臨床》回復 ❷《実験》回収(率) 類 amelioration, restoration, restore, reversal, revival
例 recovery period(回復期)，spontaneous recovery(自然回復)

recreational 形 娯楽の

recruit ★ 動 ❶補充する ❷漸加(ぜんか)する 名 recruiting(漸加)

recruitment ★ 発 名 ❶補充 ❷漸加(しだいに増えること) ❸《細胞》動員
例 neutrophil recruitment(好中球動員)

rectal ★ 形《解剖》直腸の
例 rectal examination(直腸診)，rectal temperature(直腸温)

rectification 名 ❶《電気》整流(電気が一方向に流れやすい性質) ❷《化学》精留 ❸改正

rectifier 名 整流器 形《生理》整流性の
例 rectifier potassium channel(整流性カリウムチャネル)

rectify 動 整流する 名 rectifying(整流性の)

rectum 名《解剖》直腸

R

rectus 名《解剖》直筋
例 rectus abdominis(腹直筋)

recur 動《疾患》再発する

recurrence ★ 名《臨床》再発
例 recurrence rate(再発率), tumor recurrence(腫瘍再発)

recurrent ★ 形 ❶《疾患》再発性の，反復性の ❷《生理》反回性の
例 recurrent infection(反復感染), recurrent inhibition(反回抑制)

recycle ★ 動 再利用する，再循環する 名 リサイクル

recycling ★ 名《細胞》リサイクリング，(細胞膜と細胞内での)再循環，再利用
例 synaptic vesicle recycling(シナプス小胞の再循環)

red ★ 形 赤色の，紅色の
例 red alga(紅藻), red blood cell(赤血球), red shift(赤色移動)

redesign 名 再設計 動 再設計する

redirect 動 向け直す，再指示する 名 redirection(再指示)

redistribute 動 再分布する

redistribution ★ 名 再分布

redox ★ 名《化学》レドックス，酸化還元(= reduction and oxidation)
例 redox potential(酸化還元電位)

reduce ★★ 動 ❶減少する ❷《化学》還元する
例 reducing agent(還元剤), reduced form(還元型)

reductant 名 還元剤

reductase ★ 名《酵素》レダクターゼ，還元酵素
例 dihydrofolate reductase(ジヒドロ葉酸還元酵素)

reduction ★★ 名 ❶減少，縮小 ❷《化学》還元
例 risk reduction(リスク軽減), catalytic reduction(接触還元), reduction potential(還元電位)

reductive 形 還元的な 副 reductively
例 reductive elimination(《化学》還元的脱離)

redundancy 名《情報》冗長性，多重度
例 functional redundancy(機能的冗長性)

redundant ★ 形 重複性の，冗長性の 副 redundantly

reentry 名 ❶《症候》リエントリー(心臓で不整脈の原因となる興奮の旋回現象) ❷再進入 形 reentrant(興奮回帰性の)

reestablish 動 ❶再建する，復旧する ❷再確認する 名 reestablishment(再建，復旧)

reevaluate 動 再評価する 名 reevaluation(再評価)

reexamine 動 再検査する，再点検する 名 reexamination(再検査)

refer ★ 動 言及する(+to)，参照する，照会する 熟 be referred to as(〜と呼ばれる)

reference ★ 名 ❶参考文献，リファレンス ❷照会，関連 ❸基準
例 reference sequence(参照配列)，reference standard(標準品)，reference value(基準値)

referral 名 照会

refine ★ 動 (分子構造を)精密にする，洗練させる 形 refined(精巧な)

refinement 名 ❶精密化，改良 ❷《化学》精練(せいれん)

reflect ★ 動 反映する

reflection 名 ❶《物理》反射 ❷反映
例 total internal reflection fluorescence(全反射照明蛍光；TIRF)

reflective 形 反射の，反映的な

reflex ★ ア 名《生理》反射
例 monosynaptic reflex(単シナプス反射)，tendon reflex(腱反射)

reflux 名 ❶《疾患》逆流(症) ❷《化学》還流 動 逆流する
例 reflux esophagitis(逆流性食道炎)，gastroesophageal reflux disease(胃食道逆流症；GERD)

refolding 名 (タンパク質の)リフォールディング，再折り畳み 反 unfolding(アンフォールディング＝変性)

reform 名 ❶再編成 ❷改革，リフォーム 動 ❶再編成する ❷改革する

refraction 名《物理》屈折
例 angle of refraction(屈折角)

refractive 形 屈折の
例 refractive error([目の] 屈折異常)，refractive index(屈折率)

refractoriness 名《生理》不応状態

refractory ★ 形《生理》不応性の(+to)，《疾患》難治性の
例 refractory anemia(不応性貧血)，refractory epilepsy(難治性てんかん)，refractory period(不応期)

refugee 発 名 難民

refusal 名 拒絶，拒否 類 rejection，denial

refuse 動 拒絶する，拒否する

R

regain 動 回復する

regard ★ 動 ❶みなす ❷考慮する ❸関する 名 敬意，関心
例 [in/with] regard to(～に関して)，in this regard(この点では)

regarding ★ 前 ～に関して

regardless ★ 副 ～にもかかわらず(+of) 類 in spite of

regenerate ★ 動 再生させる

regeneration ★ 名《臨床》再生
例 axonal regeneration(軸索再生)，liver regeneration(肝再生)

regenerative 形 再生の
例 regenerative medicine(再生医学)

regime 発 名 管理体制

regimen ★ 発 名《臨床》療法，治療計画
例 chemotherapy regimen(化学療法計画)，conditioning regimen(移植前処置)

region ★★ 名 ❶領域 ❷地域
例 flanking region(隣接領域)，noncoding region(非翻訳領域)，upstream region(上流領域)

regional ★ 形 ❶領域の ❷《解剖》局所の 副 regionally
例 regional cerebral blood flow(局所脳血流量)，regional perfusion(局所灌流)

regioselective 形 位置選択的な 副 regioselectively
例 regioselective oxidation(位置選択的な酸化反応)

regioselectivity 名《化学》位置選択性

register 動 登録する，記載する

registration 名 登録

registry 名 記載，登録簿

regress 動 退行させる，消失する

regression ★ 名 ❶《統計》回帰 ❷《生理》退縮
例 regression equation(回帰式)，regression line(回帰直線)，multiple logistic regression(多重ロジスティック回帰)，tumor regression(腫瘍退縮)

regrowth 名 再増殖，再成長

regular ★ 形 ❶規則的な，定期的な ❷通常の 副 regularly
反 irregular(不規則な)

regularity 名 規則性

regulate ★★ 動 ❶制御する，調節する ❷規制する

regulation ★★ 名 ❶制御，調節 ❷規制
例 regulation of gene expression（遺伝子発現制御），down-regulation（下方制御＝発現量などが減ること），up-regulation（上方制御＝発現量などが増えること），transcriptional regulation（転写調節）

regulator ★ 名 制御因子，レギュレータ
例 regulator of G-protein signaling（Gタンパク質調節因子；RGS）

regulatory ★★ 形 調節（性）の，制御性の
例 regulatory element（調節エレメント），regulatory T-cell（制御性T細胞）

regulon 名《遺伝子》レギュロン（同一の調節支配下にある離れた遺伝子群）

regurgitant 形《疾患》逆流の
例 regurgitant flow rate（逆流速度），regurgitant volume（逆流量）

regurgitation ★ 名《疾患》逆流（心臓弁の閉鎖不全による），弁閉鎖不全
例 aortic regurgitation（大動脈弁逆流），mitral regurgitation（僧帽弁逆流）

rehabilitation 名《臨床》リハビリテーション，社会復帰 動 rehabilitate（社会復帰させる）

rehydration 名《化学》再水和 動 rehydrate（再水和する）

reimbursement 名 償還，払い戻し 動 reimburse（償還する）

reinfection 名《症候》再感染 形 reinfect（再感染した）

reinforce 発 動 強化する，補強する

reinforcement 名 ❶《生理》強化（記憶などの） ❷補強 派 reinforcer（強化因子）

reinitiation 名 再開

reinstatement 名 復元

reintroduce 動 再導入する

reintroduction 名 再導入

reject 動 拒絶する，拒否する

rejection ★ 名 ❶《臨床》拒絶反応 ❷拒否
例 graft rejection（移植片拒絶）

rejoin 動 再結合する

relapse ★ 名《疾患》再発 動 再発する 類 recurrence
例 relapse-free（無再発の），relapsing fever（回帰熱）

R

relate ★★ 動 関連する，関係する
例 age-related（加齢性の），calcitonin gene-related peptide（カルシトニン遺伝子関連ペプチド；CGRP），related species（近縁種）

relatedness 名 関連性

relation ★ 名 関係，関連 熟 in relation to（～に関して）
例 interpersonal relation（対人関係）

relational 形 関連性のある
例 relational database（関連づけデータベース）

relationship ★★ 名 関連性，相関
例 relationship between A and B（AとBとの間の関連性），structure-activity relationship（構造活性相関）

relative ★★ 発 形 相対的な 名 親類，類縁体 副 relatively 反 absolute（絶対的な）
例 relative risk（相対リスク），relative value（相対値）

relax 動 弛緩させる，緩和する

relaxant 名 弛緩薬

relaxation ★ 名 ❶弛緩（しかん） ❷《物理》緩和
例 muscle relaxation（筋弛緩），relaxation rate（緩和率），relaxation time（緩和時間）

relay 発/発 名 中継，リレー 動 中継する

releasable 形 遊離可能な，放出しうる
例 readily releasable pool（直ちに遊離可能な［シナプス小胞］プール）

release ★★ 名《生理》遊離，放出 動 遊離する，放出する
例 neurotransmitter release（神経伝達物質遊離），releasing factor（放出因子），sustained-release（徐放性の）

relevance ★ 名 関連性 反 irrelevance（無関係）

relevant ★ 形 関連性のある 反 irrelevant（無関係の）
例 relevant examples（関連する実例）

reliability 名 信頼性

reliable ★ 形 信頼できる 副 reliably

reliance 名 信頼性，確実性

relief ★ 名 解放，救済，軽減
例 pain relief（疼痛緩和）

relieve ★ 動 解放する，救済する

religation 名《遺伝子》再連結

relocalization 名 再局在化

relocation 名 再配置 動 relocate(再配置)
rely ★ 動 信頼する(+on)，頼る
REM sleep 略《生理》逆説睡眠(rapid eye movement sleep)
remain ★★ 動 残る，～のままである
例 remain to be determined(まだ決定されないままである)，remain unclear(はっきりしないままである)
remainder 名 残り，残部
remarkable ★ 形 著しい，注目すべき 副 remarkably 類 striking, notable, marked, manifest, distinguished, outstanding
remedy 名《臨床》療法，治療薬 動 治療する
例 folk remedy(民間療法)
remember 動 記憶する
reminiscent 形 暗示的な(+of)
remission ★ 名《臨床》寛解(かんかい＝症状の回復)
例 complete remission(完全寛解)
remit 動 寛解する
remnant 名《生体物質》レムナント(リポタンパク質の加水分解産物)
例 lipoprotein remnant(リポタンパク質レムナント)
remodeling ★ **/ remodelling** 名 リモデリング，再構築 動 remodel(再構築する)
例 bone remodeling(骨リモデリング)，chromosomal remodeling(染色体再構築)
remote 形 遠隔(性)の
例 remote control(遠隔操作，リモートコントロール)
removal ★ 名 除去，移動 類 elimination
remove ★ 動 除去する，取り除く
renal ★★ 発 形《解剖》腎(性)の 名 kidney
例 renal blood flow(腎血流量)，renal failure(腎不全)，renal hypertension(腎性高血圧)，renal insufficiency(腎機能不全)，renal mass(腎腫瘤)，renal transplantation(腎移植)
rename 動 新たに命名する
renaturation 名《生化学》復元(変性タンパク質などの) 動 renature(復元させる)
render ★ 動 ❶～にさせる，変える ❷与える 名 rendering(レンダリング)
renew 動 更新する，再生する
renewal 名 ❶更新 ❷《細胞》再生
例 self-renewal(自己再生)

R

renin ★ 名《酵素》レニン
例 renin-angiotensin system(レニン・アンジオテンシン系)

renovascular 形《疾患》腎血管性の
例 renovascular hypertension(腎血管性高血圧)

reoperation 名 再手術

reorganization ★ 名 再編成，再構築

reorganize 動 再編成する

reorientation 名 再配向

reoxygenation 名《臨床》再酸素負荷

repair ★★ 名 修復 動 修復する
例 repair enzyme(修復酵素)，excision repair(除去修復)

repeat ★★ 名 反復，リピート 動 繰り返す
例 repeat length(反復長)，repeated sequence(反復配列)

repeatedly 副 繰り返し，反復して

repellent ア 名 忌避物質，忌避剤 反 attractant(誘引物質)

reperfuse 動 再灌流する

reperfusion ★ 名《臨床》再灌流，血流再開
例 ischemia-reperfusion injury(虚血再灌流傷害)

repertoire ★ 名《細胞》レパートリー(異なる機能をもつリンパ球集団を表す)
例 T-cell repertoire(T細胞レパートリー)

repetition 名 反復

repetitive ★ 形 反復性の
例 repetitive sequence(反復配列)

replace ★ 動 交換する

replacement ★ 名 ❶交換，置換 ❷《臨床》補充
例 hormone replacement therapy(ホルモン補充療法)，nicotine replacement therapy(ニコチン置換療法)

replenish 動 補充する

replenishment 名 補充

replete 形 豊富な
例 under nitrogen-replete conditions(窒素豊富な条件下で)

repletion 名 充足，過多

replica 名 レプリカ，複製物

replicase 名《酵素》レプリカーゼ，(ウイルス)複製酵素

replicate ★ 発 動 複製する

replication ★★ 名《遺伝子》複製
例 replication fork(複製点), replication-incompetent adenoviral vector(複製不全アデノウイルスベクター), replication origin(複製開始点), viral replication (ウイルス複製)

replicative 形 複製の
例 replicative senescence(複製老化)

replicon 名《遺伝子》レプリコン(DNAの複製単位)

replisome 名 レプリソーム(DNA複製の際に働くタンパク複合体)

reply 名 返事, 回答 動 返事をする, 返信する

repolarization 名《生理》再分極
例 cardiac repolarization(心再分極)

repopulate 動《細胞》再配置させる, 再生息させる

repopulation 名《細胞》再増殖

report ★★ ア 名 報告, レポート 動 報告する
例 case report(症例報告), Here we report that(われわれはここで〜であることを報告する)

reportedly 副 報告によれば

reporter ★ 名《遺伝子》レポーター, 報告者
例 reporter gene([発現]レポーター遺伝子)

repository 名 貯蔵所, リポジトリ(情報や知的財産の宝庫)

represent ★★ 動 代表する, 表す

representation ★ 名 ❶表現 ❷代表

representational 形 表現の, 代表の
例 representational difference analysis(代表差分解析=遺伝子変異解析法 ; RDA)

representative ★ 形 代表的な 名 代表者

repress ★ 動 抑圧する, 阻止する, 抑制する

repressible 形 抑圧可能な

repression ★ 名 抑圧, 阻止, 抑制 類 oppression, suppression
例 repression-sensitization(《心理》抑圧・鋭敏化), transcriptional repression(転写抑制)

repressive 形 抑圧的な, 抑制的な

repressor ★ 名《遺伝子》リプレッサー(転写を制御するタンパク質)
例 repressor protein(リプレッサータンパク質)

reproduce ★ 動 ❶再現する, 再生する ❷繁殖する, 複製する

R

reproducibility 名 再現性
reproducible ★ 形 再現性のある 副 reproducibly(再現性よく)
reproduction 名 ❶《生理》生殖，複製 ❷再生
例 asexual reproduction(無性生殖)
reproductive ★ 形 生殖の
例 reproductive organ(生殖器)
reprogramming 名《発生》再プログラム(体細胞の核がES細胞に初期化される現象)，初期化
例 nuclear reprogramming(核の初期化＝多能性獲得)
repulsion 名《物理》反発，相反
repulsive 形 反発的な
request 名 要求，請求 動 要求する
require ★★ 動 必要とする，要求する
requirement ★ 名 ❶要求 ❷必要(量)
例 minimal protein requirement(最小タンパク必要量)
requisite 形 必要な 類 necessary, essential
rescue ★ 名 救出 動 救出する
research ★ 名 研究，調査 動 研究する，調査する
例 basic research(基礎研究)，research expense(研究費)
researcher 名 研究者
resect 動 切除する，摘除する
resectable 形 切除可能な
resection ★ 名《臨床》切除(術)，摘除(術) 類 excision, extirpation, transection
resemblance 名 類似点
resemble ★ 動 似ている(toは伴わない)
reservation 名 ❶予約 ❷留保
reserve ★ 名 予備，蓄え 動 留保する，予約する
reservoir ★ ア 名 貯蔵所，リザーバー
reset 名 リセット 動 リセットする
reside ★ 動 ❶住む ❷属する，帰する
residence 名 住居，居住地
residency 名 研修期間
resident ★ 形 常在性の 名 ❶居住者 ❷《臨床》レジデント(研修医)
residential 形 住居の，居住の

residual ★ 形 残留している，残存の，《数学》剰余の
例 residual tumor(残存腫瘍)，minimal residual disease(微小残存病変)

residue ★★ 発 名 ❶《化学》残基 ❷残渣(ざんさ)，《数学》剰余
例 conserved residue(保存残基)，cysteine residue (システイン残基)

resin 名 樹脂
例 ion exchange resin(イオン交換樹脂)

resist 動 抵抗する

resistance ★★ 名 ❶抵抗 ❷耐性，抵抗力
例 drug resistance(薬剤抵抗性，薬剤耐性)，multidrug resistance(多剤耐性)，vascular resistance(血管抵抗)

resistant ★★ 形 抵抗性の(+to)，耐性の

resistive 形 抵抗の

resolution ★ 名 ❶《物理》分解能 ❷解決 ❸《化学》(ラセミ体の)分割
例 high-resolution(高分解能の)

resolvase 名《酵素》リゾルバーゼ(ホリデイジャンクションを解消するDNA解離酵素)

resolve ★ 動 ❶解決する ❷分離する，分解する
例 resolving power(解像力)

resonance ★ 名《物理》共鳴 動 resonate(共鳴する)
例 magnetic resonance imaging(磁気共鳴画像法；MRI)，nuclear magnetic resonance(核磁気共鳴；NMR)

resonant 形 共鳴性の

resorb 動 再吸収する

resorption 名《生理》再吸収
例 bone resorption(骨吸収)

resource ★ 名 資源
例 natural resources(天然資源)，resource utilization (資源活用)

respect ★ 名 ❶関心，観点 ❷敬意，尊敬 熟 in this respect (この点において)，with respect to(～に関して)

respective ★ 形 それぞれの

respectively ★★ ア 副 それぞれに

respiration ★ 名《生理》呼吸 類 breathing

R

respiratory ★ 形《生理》呼吸(性)の
例 respiratory acidosis(呼吸性アシドーシス), respiratory burst(呼吸性バースト), respiratory distress(呼吸困難), respiratory failure(呼吸不全), respiratory movement(呼吸運動), respiratory quotient(呼吸商), respiratory syncytial virus(RSウイルス), respiratory system(呼吸器系), respiratory tract(気道)

respond ★ 動 応答する，反応する

respondent 名 (アンケートの)回答者，応答者

responder 名《臨床》レスポンダー(薬物などが奏功する患者)，反応者 反 non-responder(処置が奏功しなかった者), poor responder(低反応者)

response ★★ ア 名 応答，反応 熟 in response to(〜に応答して)
例 dose-response curve(用量反応曲線), response element(応答配列)

responsibility 名 責任 類 accountability

responsible ★★ 形 (〜の)原因である，責任がある(+for)

responsive ★ 形 応答性の

responsiveness ★ 名 応答性，反応性

rest ★ 名 ❶残り ❷休息 動 静止する，休止させる 熟 at rest(安静時に)
例 bed rest(床上安静)

restart 動 再出発する

restenosis 名《症候》再狭窄

restimulation 名 再刺激

resting ★ 形 静止の，安静時の
例 resting membrane potential(静止膜電位), resting state(静止状態), resting tremor(静止時振戦)

restitution 名 回復
例 action potential duration restitution(活動電位持続時間回復)

restoration ★ 名 ❶回復 ❷修復

restore ★ 動 回復する，復旧する

restrain 動 拘束する，制限する

restraint 名 拘束(こうそく)，制限 類 restriction, limitation
例 physical restraint(身体拘束), restraint stress(拘束ストレス)

restrict ★ 動 制限する，限定する

restriction ★ 名 制限，限定
例 restriction enzyme(制限酵素)，restriction fragment length polymorphism(制限断片長多型；RFLP)，restriction map(制限酵素切断地図)

restrictive 形 拘束性の，制限の
例 restrictive cardiomyopathy(拘束型心筋症)，restrictive temperature(制限温度)

restructure 動 再構築する

result ★★ 名 結果，成果 動 帰着する(+ in) 形 resulting 類 consequence, outcome
例 experimental result(実験結果)，The loss of function results in a disease.(その機能喪失が病気をまねく)，These results indicate that(これらの結果は～であることを意味する)

resultant ★ 形 結果として生じる

resume 動 再開する 類 reinitiate

resumption 名 再開，続行 類 reinitiation

resurgence 名 再起，復活

resuscitate 動 蘇生する

resuscitation 名《臨床》蘇生(そせい)
例 cardiopulmonary resuscitation(心肺蘇生)

retain ★ 動 保持する

retard 動 遅延させる

retardation ★ 名 ❶遅延 ❷《症候》遅滞(ちたい)
例 growth retardation(発育遅延)，mental retardation(精神遅滞，知恵遅れ)

retention ★ 名 ❶保持，《症候》貯留 ❷保持力
例 fluid retention(体液貯留)，retention time(保持時間)，urinary retention(尿閉)

reticular 形《解剖》網状の
例 reticular formation(網様体)

reticulocyte 名《細胞》網(状)赤血球

reticulum ★ 名《解剖》細網 複 reticula
例 endoplasmic reticulum(小胞体)

retina ★ 名《解剖》(眼の)網膜 複 retinae

retinal ★ 形 網膜の 名《化合物》レチナール(βカロチン誘導体)
例 retinal detachment(網膜剥離)，retinal neovascularization(網膜血管新生)，retinal pigment epithelium(網膜色素上皮)

R

retinitis 名《疾患》網膜炎
例 retinitis pigmentosa(網膜色素変性症)

retinoblastoma ★ 名《疾患》網膜芽細胞腫
例 retinoblastoma tumor suppressor(網膜芽細胞腫抑制因子)

retinoic acid ★ 名《化学》レチノイン酸(ビタミンA誘導体)
例 all-trans-retinoic acid(オールトランスレチノイン酸；ATRA), retinoic acid receptor(レチノイン酸受容体；RAR)

retinoid ★ 名《化合物》レチノイド
例 retinoid X receptor(レチノイドX受容体；RXR)

retinol 名《化合物》レチノール(ビタミンA誘導アルコール体)

retinopathy 名《疾患》網膜症
例 retinopathy of prematurity(未熟児網膜症), diabetic retinopathy(糖尿病性網膜症)

retract 動 退縮する, 縮める

retraction 名 退縮
例 clot retraction(血餅退縮)

retransplantation 名《臨床》再移植

retrieval 名 ❶《コンピュータ》検索, 想起 ❷回復, 回収
例 memory retrieval(記憶想起)

retrieve 動 ❶回収する ❷検索する

retro- ★ 接頭「逆, 逆方向」を表す

retrograde ★ 形《生理》逆行性の 反 anterograde(順行性の) 副 retrogradely

retroperitoneal 形《解剖》後腹膜の
例 retroperitoneal fibrosis(後腹膜線維症)

retrospective ★ 形《臨床》遡及(そきゅう)的な, レトロスペクティブな 副 retrospectively 反 prospective(前向きの, 将来の)
例 retrospective cohort study(後向きコホート研究＝ある集団の過去の罹患歴等を調査する疫学研究), retrospective study(遡及研究)

retrotransposon 名《遺伝子》レトロトランスポゾン(転写されたRNAから逆転写でゲノムに組み込まれる自己増殖性の転移因子)

retrovirus ★ 名《病原体》レトロウイルス(逆転写酵素を有するRNAウイルス) 形 retroviral(レトロウイルス性の) 副 retrovirally(レトロウイルスによって)

return ★ 動 回復する, 帰還する, 戻す, 返す

reuptake 名《生理》再取り込み
例 selective serotonin reuptake inhibitor(選択的セロトニン再取り込み阻害薬；SSRI)

reuse 名 再利用 動 再利用する

revascularization ★ 名《臨床》血行再建(術)（血栓溶解や血管移植などによる）
例 coronary revascularization(冠血行再建)

reveal ★★ 動 明らかにする 類 elucidate, clarify, disclose

reversal ★ 名 逆転, 反転
例 reversal potential(逆転電位)

reverse ★★ 形 逆の 名 逆 副 reversely
例 reverse cholesterol transport(コレステロール逆転送), reverse phase(逆相), reverse transcriptase(逆転写酵素), reverse-transcribed(逆転写された), reverse transcription(逆転写；RT)

reversibility 名 可逆性

reversible ★ 形 可逆性の 副 reversibly
例 reversible inhibitor(可逆的阻害薬)

reversion 名 ❶復帰 ❷《遺伝》復帰(突然)変異 類 reverse mutation

revert 動 復帰する

revertant 名《遺伝》復帰変異体, リバータント

review ★★ 名 レビュー, 総説, 概説 動 概説する, 論評する

revise 動 改訂する

revision 名 改訂, 修正

revisit 動 再訪問する, 再考する

revolution 名 ❶大変革, 革命 ❷《物理》回転 形 revolutionary

revolutionize 動 改革する

revolve 動 回転する, 回る

reward ★ 名 報酬 動 報いる

Reye's syndrome 名《疾患》ライ症候群(ウイルス感染小児へのアスピリン投与による急性脳症)

RFLP 略《遺伝子》制限酵素断片長多型(restriction fragment length polymorphism)

RGS 略《生体物質》Gタンパク質調節因子(regulator of G-protein signaling)

rhabdomyolysis 名《疾患》横紋筋融解(症)（筋力低下や筋肉痛を伴う骨格筋細胞の壊死）

rhabdomyosarcoma 名《疾患》横紋筋肉腫
例 alveolar rhabdomyosarcoma(胞巣型横紋筋肉腫)

rheology　[名] 流体力学，レオロジー

rhesus ★　[形]《動物》アカゲザルの
[例] rhesus monkey(アカゲザル)

rheumatic　[形]《疾患》リウマチ性の　[名] rheumatism(リウマチ)
[例] rheumatic fever(リウマチ熱)

rheumatoid ★ [発]　[形]《疾患》リウマチ様の
[例] rheumatoid arthritis(関節リウマチ；RA), rheumatoid factor(リウマチ因子)

rheumatologist　[名] リウマチ学者

rheumatology　[名] リウマチ学

rhinitis [発]　[名]《疾患》鼻炎
[例] allergic rhinitis(アレルギー性鼻炎)

rhinovirus　[名]《病原体》ライノウイルス(上咽頭で増殖するピコルナウイルスの一属)

rhodopsin ★　[名]《生体物質》ロドプシン(七回膜貫通構造をもつ光受容タンパク質)

rhombomere　[名]《解剖》菱脳節

rhythm ★　[名]《生理》リズム，調律，律動
[例] circadian rhythm(日周性リズム)

rhythmic　[形] 律動的な，周期的な　[副] rhythmically

rhythmicity　[名] 律動性，周期性

RI　[略]《化学》放射性同位元素(radioisotope)

RIA　[略]《実験》放射免疫アッセイ(radioimmunoassay)

rib　[名]《解剖》肋骨(ろっこつ)　[類] costa
[例] rib fracture(肋骨骨折)

riboflavin　[名]《化合物》リボフラビン(ビタミンB_2)　[類] vitamin B_2

ribonuclease　[名]《酵素》リボヌクレアーゼ，RNA分解酵素　[略] RNase

ribonucleic acid　[名]《遺伝子》リボ核酸　[略] RNA

ribonucleoprotein　[名]《生体物質》リボヌクレオタンパク質(RNAとタンパク質の複合体)　[略] RNP
[例] heterogeneous nuclear ribonucleoprotein; hnRNP(ヘテロ核内リボタンパク質)

ribonucleoside　[名]《生体物質》リボヌクレオシド(核酸塩基とリボース)

ribonucleotide　[名]《生体物質》リボヌクレオチド(核酸塩基とリボースとリン酸)

ribose ★　[名]《化合物》リボース(核酸を構成する五炭糖)

ribosomal ★ 形 リボソームの
例 ribosomal RNA(リボソームRNA)

ribosome ★ 名《細胞》リボソーム(翻訳が行われるRNAタンパク質複合体)

ribosyltransferase 名《酵素》リボシルトランスフェラーゼ，リボシル基転移酵素

ribozyme ★ 名《酵素》リボザイム(触媒活性をもつRNA)

ribulose 名《化合物》リブロース
例 ribulose-bisphosphate carboxylase/oxygenase (リブロース二リン酸カルボキシラーゼ・オキシゲナーゼ；Rubisco)

rice ★ 名《植物》イネ，米 学 *Oryza sativa*

rich ★ 形 豊富な 接尾 (〜に)富んだ 類 abundant, replete
例 protein-rich(タンパク質に富んだ), cysteine-rich(システインに富む)

rickets 名《疾患》(単数扱い)くる病(ビタミンD欠乏による骨基質の石灰化不全)

rickettsia 名《生物》リケッチア(動物細胞中でのみ生息する小型細菌) 複 rickettsiae 形 rickettsial

ridge 名《解剖》隆線，堤(てい)
例 genital ridge(生殖隆起)

right ★ 名 ❶右 ❷権利 形 ❶正しい ❷右の ❸《数学》直角の
例 human right(人権), right angle(直角), right atrium(右心房), right upper quadrant(右上象現), right ventricle(右心室)

rigid 形 強固な

rigidity 名 ❶剛性(ごうせい) ❷《症候》硬直，固縮 類 stiffness
例 muscle rigidity(筋固縮)

rigor 名 ❶《臨床》悪寒 ❷《症候》硬直 ❸厳密さ

rigorous 形 厳格な，精密な 副 rigorously

ring ★ 名 ❶輪 ❷《化学》環 形 cyclic
例 ring current(環電流), ring-fusion carbon(環縮合炭素), ring-opening(開環の), aromatic ring(芳香環), contractile ring(《生理》収縮環)

ripening 名 ❶《生理》熟化 ❷《植物》成熟
例 cervical ripening(子宮頸部熟化), fruit ripening(果実成熟)

ripple 名《物理》波動 動 波打つ

rise ★ [名] 上昇，増加 [動] <rise - rose - risen>上昇する，増加する [熟] give rise to(生じる)
[例] rise time(《生理》[活動電位] 立上り時間)

risk ★★ [名] リスク，危険 [熟] be at risk for(〜のリスクがある)
[例] risk assessment(リスク評価)，risk factor(危険因子)，risk reduction(リスク軽減)，risk stratification (リスク層別化)

RNA ★★ [略]《遺伝子》リボ核酸(ribonucleic acid)
[例] RNA interference(RNA干渉)，RNA polymerase (RNAポリメラーゼ [重合酵素])，messenger RNA(伝令RNA ; mRNA)，ribosomal RNA(リボソームRNA ; rRNA)，transfer RNA(転移RNA ; tRNA)

RNAi [略]《遺伝子》RNA干渉(RNA interference)

RNAP [略]《酵素》RNAポリメラーゼ(RNA polymerase)

RNase [略]《酵素》リボヌクレアーゼ(ribonuclease)

RNP [略]《生体物質》リボヌクレオタンパク質(ribonucleo-protein)

RNS [略]《化合物》活性窒素種(reactive nitrogen species)

robust ★ [ア] [形] 頑強な，強い [副] robustly

ROC curve [名]《臨床》受信者動作特性曲線(健常人と患者の識別点を決定する方法)

ROCK [略]《酵素》Rho関連キナーゼ(Rho-associated kinase)

rod ★ [名]《解剖》桿体(かんたい)，ロッド [対] cone(錐体)
[例] rod outer segment(桿体外節)，rod photoreceptor (桿体視細胞)，rod-shaped(桿状の)

rodent ★ [形]《動物》齧歯類の(げっしるい＝ラットやウサギ類) [学] *Rodentia*

roentgenogram [名] X線写真，レントゲン写真
[例] chest roentgenogram(胸部X線写真)

role ★★ [名] 役割 [熟] play a role in(〜において役割を果たす)

room [名] ❶部屋 ❷余地
[例] room temperature(室温)

root ★ [名] ❶《植物》根 ❷《解剖》(歯)根
[例] root hair(根毛)，root tip(根端)，adventitious root(不定根)，dorsal root ganglion(後根神経節)

ROS [略]《化合物》活性酸素種(reactive oxygen species)

rosette [名]《細胞》ロゼット(細胞が花弁のように放射状に配列した状態を指す)

rostral ★ 形《解剖》吻側(ふんそく)の，頭側の 反 caudal(尾側の)
例 rostral ventrolateral medulla(吻側延髄腹外側野；RVLM)

rotary 形 回転式の，ロータリー

rotate 動 回転する

rotation ★ 名 ❶回転，旋光(度) ❷《農業》輪作
例 rotation axis(回転軸)

rotational 形 回転(型)の
例 rotational atherectomy(回転式粥腫切除術)

rotatory 形 回旋性の，《物理》旋光性の 派 dextrorotatory(右旋性の)，levorotatory(左旋性の)
例 optical rotatory dispersion(旋光分散)

rotavirus ★ 名《病原体》ロタウイルス(哺乳類に感染して下痢を起こすウイルス)
例 rotavirus infection(ロタウイルス感染症)

rough 形 粗い，粗面の 副 roughly
例 rough endoplasmic reticulum(粗面小胞体)

Rous sarcoma 名《疾患》ラウス肉腫
例 Rous sarcoma virus(ラウス肉腫ウイルス)

route ★ 名 経路，ルート 類 pathway

routine ★ 形 日常的な，ルーチン的な 名 ルーチン(日常決まりきった作業) 副 routinely
例 routine work(日常作業)

RPE 略《解剖》網膜色素上皮(retinal pigment epithelium)

RPTP 略《酵素》受容体型チロシンホスファターゼ(receptor-like protein tyrosine phosphatase)

rRNA 略《遺伝子》リボソームRNA(ribosomal RNA)

RSD 略《疾患》反射性交感神経性ジストロフィー(reflex sympathetic dystrophy)

RSV 略《病原体》❶ラウス肉腫ウイルス(Rous sarcoma virus) ❷RSウイルス(respiratory syncytial virus)

RT-PCR 略《実験》逆転写PCR(reverse transcriptase-polymerase chain reaction)

rubber 名《化合物》ゴム

rubella 名《疾患》風疹(ふうしん)
例 rubella vaccine(風疹ワクチン)

rubidium 名《元素》ルビジウム 化 Rb

Rubisco [略]《酵素》リブロース-1,5-二リン酸カルボキシラーゼ・オキシゲナーゼ(ribulose-1,5-bisphosphate carboxylase/oxygenase)

rudimentary [形]《生物》痕跡の，未発達の

ruffling [名]《細胞》ラフリング(細胞膜の波打ち) [類] membrane ruffling

rule ★ [名] ルール，法則 [動] 支配する，規定する [熟] rule out(除外する)
[例] general rule(通則)

ruminant [名]《生物》反芻(はんすう)動物(多くの偶蹄類)

run [動] ＜run - ran - run＞❶走る ❷(血液や体液が)流れる [名] 実行

rupture ★ [名] 破裂 [動] 破裂する
[例] ruptured aneurysm(動脈瘤破裂)

rural [形] 田舎の [反] urban(都会の)

RVLM [略]《解剖》吻側延髄腹外側野(rostral ventrolateral medulla)

RXR [略]《生体物質》レチノイドX受容体(retinoid X receptor)

ryanodine [名]《化合物》リアノジン(筋小胞体からのカルシウム遊離を引き起こすアルカロイド)
[例] ryanodine receptor(リアノジン受容体)

RyR [略]《生体物質》 リアノジン受容体(ryanodine receptor)

S

S ★ [略] ❶《元素》イオウ(sulfur) ❷《アミノ酸》セリン(serine)

S phase ★ [名]《細胞》S期(DNA複製が行われる細胞周期)

S1P [略]《生体物質》スフィンゴシン一リン酸(sphingosine-1-phosphate)

sac [名]《解剖》嚢(のう)
[例] embryo sac(胚嚢)

saccade [名]《生理》サッケード(視点の移動に伴う眼球の急速な運動) [形] saccadic(断続的な)

saccharide [名]《化合物》糖類，サッカライド

Saccharomyces ★ [学]《生物》酵母菌(属)(出芽酵母の一属)，サッカロミセス属
[例] *Saccharomyces cerevisiae*(パン酵母)

saccular 形《解剖》球形嚢の，嚢状の
例 saccular aneurysm(嚢状動脈瘤)

sacral 発 形《解剖》仙椎の，仙髄の
例 sacral cord(仙髄)

sacrifice 動 犠牲にする，(研究目的で)屠殺する 名 犠牲

safe ★ 形 安全な 副 safely

safety ★ 名 安全性
例 safety margin(安全域)

sagittal 形《解剖》矢状の(しじょう＝体軸方向の縦断面) 対 coronal(冠状の)
例 sagittal plane(矢状面)

salamander 名《動物》サンショウウオ

salicylate 名《化合物》サリチル酸(塩やエステルとして) 類 salicylic acid

salient 形 顕著な，目立つ，突出した 類 conspicuous, marked, noteworthy, outstanding, prominent, remarkable, striking

saline ★ 発 名《臨床》生理食塩水，塩類溶液 形 塩類の
例 phosphate-buffered saline(リン酸緩衝食塩水；PBS)

salinity 名 塩分

saliva 発 名《生理》唾液(だえき)

salivary ★ 形 唾液の
例 salivary gland(唾液腺)

salmon 名《魚類》サケ

Salmonella ★ 学《生物》サルモネラ(属)(病原性を示すものが多いグラム陰性桿菌の一属)
例 *Salmonella enterica*(サルモネラ菌)，*Salmonella infection*(サルモネラ感染症)

salpingitis 名《疾患》卵管炎

salt ★ 名 塩，塩分 動 塩分を加える
例 salt bridge(塩橋)，balanced salt solution(平衡塩類溶液)，low-salt diet(低塩分食)

salvage 名 サルベージ，救助
例 salvage pathway(《生化学》サルベージ経路)，salvage therapy(救援療法)

sample ★★ 名 ❶試料，検体 ❷標本，サンプル 動 試料を採取する 派 sampling(標本抽出)
例 sample preparation(試料調製)，sample size(《統計》標本サイズ)，serum sample(血清試料)

saphenous 形《解剖》伏在(ふくざい)の
例 saphenous vein(伏在静脈)

S

SAPK 略《酵素》ストレス活性化プロテインキナーゼ(stress-activated protein kinase)

saponin 名《化合物》サポニン(界面活性作用をもつ植物由来配糖体)

sarco- 接頭「筋肉，筋」を表す

sarcoidosis 名《疾患》類肉腫症，サルコイドーシス(肉芽腫の形成を伴う原因不明の全身性疾患)

sarcolemma 名《解剖》筋細胞膜，筋鞘 形 sarcolemmal

sarcoma ★ 名《疾患》肉腫(非上皮性の悪性腫瘍)
例 sarcoma virus(肉腫ウイルス)

sarcomere 名《解剖》筋節，サルコメア(骨格筋線維の収縮単位)
形 sarcomeric

sarcoplasmic 形《解剖》筋形質の
例 sarcoplasmic reticulum(筋小胞体；SR)

SARS 略《疾患》重症急性呼吸器症候群(severe acute respiratory syndrome)

satellite 名 サテライト，衛星
例 satellite cell(サテライト細胞)

satiety 名《生理》満腹

satisfaction 名 満足

satisfactory 形 満足な，順調な

satisfy 動 満足させる

saturable 形 飽和性の

saturate ★ 動 飽和させる
例 saturated fatty acid(飽和脂肪酸)，saturated solution(飽和溶液)

saturation ★ 名《化学》飽和

save 動 ❶保存する ❷救助する

s.c. / sc 略《臨床》皮下注射(subcutaneous injection)

SCA 略 ❶《疾患》鎌状赤血球性貧血(sickle cell anemia)
❷《疾患》脊髄小脳変性症(spinocerebellar ataxia)

scaffold ★ 名 足場，骨格 動 足場で支える 類 anchorage
例 scaffolding protein(足場タンパク質)

scale ★ 名 ❶スケール，秤 ❷尺度，縮尺 ❸規模 ❹《生物》鱗片(りんぺん) 動 計る
例 large-scale trial(大規模治験)，time scale(時間尺度)

scalp 名《解剖》頭皮

scan ★ 名 走査 動 走査する
例 scanning electron microscopy(走査型電子顕微鏡)，scanning mutagenesis(系統的変異導入法)

scanner 名《装置》スキャナー

scant 形 乏しい，わずかな

scar ★ 名《症候》瘢痕(はんこん)，傷跡
例 hypertrophic scar(肥厚性瘢痕)

scarce 形 ❶欠乏した，不足した ❷まれな

Scatchard plot 名《薬理》スキャッチャードプロット(結合実験の解析法)

scatter ★ 動《物理》散乱する 名 scattering(散乱)
例 Raman scattering(ラマン散乱)

scavenge 動 除去する，清掃する

scavenger 名 スカベンジャー，捕捉剤，消去剤
例 radical scavenger(ラジカル消去剤)，scavenger receptor(スカベンジャー受容体)

scenario 名 シナリオ，筋書き

SCF 略《生体物質》幹細胞因子(stem cell factor)

schedule ★ 名 スケジュール，予定 動 予定する

scheme ★ **/ schema** 発 名 模式図，図解，スキーム

Schiff base 名《化合物》シッフ塩基(N原子に炭化水素が結合したイミン)

Schild plot 名《薬理》シルドプロット(競合的拮抗薬の pA_2 を求める解析法)

Schistosoma 学《生物》住血吸虫(属)(寄生虫の一属)
例 *Schistosoma mansoni*(マンソン住血吸虫)

schistosomiasis 名《疾患》住血吸虫症

schizoaffective 形《疾患》統合失調感情性の
例 schizoaffective disorder(統合失調感情障害)

schizophrenia ★ 発 名《疾患》統合失調症，《旧》精神分裂病 形 schizophrenic
例 schizophrenia spectrum disorder(統合失調症圏障害)

Schizosaccharomyces 学《生物》シゾサッカロミセス(属)(分裂酵母の一属)
例 *Schizosaccharomyces pombe*(分裂酵母；fission yeast)

Schwann cell 名《解剖》シュワン細胞(ミエリン鞘形成細胞)

schwannoma 名《疾患》シュワン細胞腫

sciatic 形《解剖》坐骨の
例 sciatic nerve(坐骨神経)

SCID [略]《疾患》重症複合免疫不全(severe combined immunodeficiency)
[例] SCID mice(SCIDマウス＝免疫不全モデル動物)

science ★ [名]科学
[例] life science(生命科学), pharmaceutical sciences(薬科学)

scientific ★ [形]科学的な [副] scientifically

scientist [名]科学者

scintigraphy [名]《臨床》シンチグラフィー(核医学検査) [形] scintigraphic

scintillation [名]《物理》シンチレーション, 閃光放射(せんこうほうしゃ)
[例] scintillation proximity assay(シンチレーション近接アッセイ)

scissile [発] [形]《化学》切断しやすい

scission [名](ハサミなどでの)切断

SCLC [略]《疾患》小細胞肺癌(small cell lung cancer)

sclera [名]《解剖》強膜(眼の外側を覆う強固な膜組織) [形] scleral(強膜の)

scleroderma [名]《疾患》強皮症(膠原病の一種)

sclerosing [形]硬化性の
[例] sclerosing cholangitis(硬化性胆管炎)

sclerosis ★ [発] [名]《疾患》硬化症 [派] atherosclerosis(アテローム性動脈硬化症)
[例] lateral sclerosis(側索硬化症), systemic sclerosis(全身性硬化症)

SCN [略]《解剖》視交差上核(suprachiasmatic nucleus)

scope [名]❶《生理》視野, 範囲 ❷機会, 余地

score ★ [名]スコア [動]点数をつける [派] scoring(点数化)

scorpion [名]《生物》サソリ
[例] scorpion toxin(サソリ毒)

scramble [動](順番を入れ換えて)混ぜる, スクランブルする

scrapie [名]《疾患》スクレイピー(変異プリオンによるヒツジやヤギ類の神経変性疾患)

scratch [動]引っかく [類] scratching(引っかき行動)
[例] cat-scratch disease(ネコ引っかき病)

screen ★★ [名]スクリーン [動]❶ふるいにかける ❷《実験》スクリーニングする

screening ★ 名 スクリーニング(ふるい分け),《臨床》検診
例 screening method(スクリーニング法), screening test(スクリーニング検査), high-throughput screening([ロボット等による]高処理スクリーニング;HTS), mass screening(集団検診)

scrutiny 名 精査,吟味

S.D. / SD 略《統計》標準偏差(standard deviation)

SDS 略《化合物》ドデシル硫酸ナトリウム(sodium dodecyl sulfate)

Se 化《元素》セレン(selenium)

S.E. / SE 略《統計》標準誤差(standard error)

seal 名 シール 動 封着する,密封する,塞ぐ

search ★ 名 検索 動 検索する(+for)
例 search engine(《コンピュータ》検索エンジン), database search(データベース検索), homology search(相同性検索)

season 名 季節 動 味をつける 派 seasoning(調味)

seasonal 形 季節性の 副 seasonally
例 seasonal affective disorder(季節性感情障害), seasonal influenza(季節性インフルエンザ)

seat 名 座席 動(受動態で用いて)座る

seawater 名《地学》海水

sebaceous 形《解剖》皮脂腺の
例 sebaceous gland(皮脂腺)

second ★★ 形 第二の 名《単位》秒 副 secondly
例 second generation(第二世代), second messenger(二次メッセンジャー), second-order(二次の), second phase(第二相), second trimester(妊娠第二期)

secondary ★★ 形 ❶二次の,第二の ❷《化学》二級の ❸《疾患》続発性の 副 secondarily
例 secondary hyperparathyroidism(二次性副甲状腺機能亢進症), secondary structure(二次構造)

secret ★ 名 秘密 形 秘密の

secretagogue 名《生理》分泌促進物質
例 growth hormone secretagogue(成長ホルモン分泌促進因子)

secretase 名《酵素》セクレターゼ,(特にアミロイドの)分泌酵素
例 γ -secretase(γセクレターゼ)

S

secrete ★ 動 分泌する
例 secreting cell(分泌細胞)

secretion ★★ 発 名《生理》分泌
例 gastric acid secretion(胃酸分泌), insulin secretion(インスリン分泌)

secretory ★ 形 分泌(性)の
例 secretory granule(分泌顆粒), secretory IgA(分泌型免疫グロブリンA), secretory vesicle(分泌小胞)

section ★ 名 ❶切片 ❷《臨床》切開 ❸断面 ❹セクション，部門 動 切開する
例 cesarean section(帝王切開), cross section(横断面), tissue section(組織切片)

sector 名 セクター，部門

secure 形 安全な，確実な

security 名 安全，保安，セキュリティー，《社会》保障
例 food security(食の安全), social security(社会保障)

sedate 動 鎮静させる

sedation 発 名《生理》鎮静(作用)

sedative 形 鎮静作用のある 名《医薬》鎮静剤

sedentary 形《臨床》坐位の，坐業の

sediment 動 沈降する 名 沈降物，堆積物

sedimentation ★ 名 沈降，《地学》堆積
例 sedimentation coefficient(沈降係数), sedimentation velocity(沈降速度)

seed ★ 名《植物》種子，種 動《細胞》播種(はしゅ)する
派 seeding(播種)

seedling ★ 名《植物》実生(みしょう)

seek 動 ＜seek - sought - sought＞探究する，努力する

seemingly 副 外見的には，見た目には，表面上は

segment ★★ 名 ❶セグメント，区域 ❷《生物》分節，体節
例 photoreceptor outer segment(視細胞外節), ST segment elevation(［心電図］ST上昇), transmembrane segment(膜貫通領域)

segmental ★ 形 分節状の，区域の，《発生》体節の
例 segmental duplication(《遺伝子》セグメント重複), segmental plate(体節板)

segmentation 名《発生》分節化
例 segmentation gene(分節遺伝子)

segregate ★ 動 隔離する，《遺伝》分離する

segregation ★ 名 ❶分離，分配 ❷隔離 類 separation, isolation
例 chromosome segregation(染色体分配)

seizmic

seismic 形《地学》地震の 名 earthquake

seizure ★ 発 名《症候》てんかん発作，痙攣(けいれん)(発作)
例 absence seizure(欠神発作), febrile seizure(熱性痙攣), generalized seizure(全般発作)

select ★ 動 選択する

selectable 形 選べる

selectin 名《生体物質》セレクチン(レクチン様ドメインをもつ細胞接着タンパク質の総称)

selection ★ 名 ❶選択 ❷《生物》淘汰
例 natural selection(自然選択), selection pressure(淘汰圧)

selective ★★ 形 選択的な 副 selectively
例 selective antagonist(選択的遮断薬), selective pressure(選択圧), selective serotonin reuptake inhibitor(選択的セロトニン取り込み阻害薬；SSRI)

selectivity ★ 名 選択性
例 ion selectivity(イオン選択性)

selector 名 セレクター，選別機

selenium 名《元素》セレン 略 Se
例 selenium deficiency(セレン欠乏症)

selenoprotein 名《生体物質》セレン含有タンパク質

SELEX 略《実験》試験管内進化法(systematic evolution of ligands by exponential enrichment)

self- ★ 接頭「自己」を表す
例 self-administration(自己投与), self-antigen(《免疫》自己抗原), self-assembly(自己集合), self-association(自己会合), self-renewal(《細胞》自己再生，自己複製), self-reported(自己申告の), self-tolerance(《免疫》自己寛容)

S.E.M. / SEM 略《統計》平均値の標準誤差(standard error of the mean)

semantic 形 意味の

semen 発 名《生理》精液 形 seminal

semi- ★ 接頭「半，準」を表す

semiconductor 名《物理》半導体

seminal 形 精液の 名 semen
例 seminal vesicle(精嚢)

seminiferous 形《解剖》輸精の
例 seminiferous tubule(精細管)

seminoma 名《疾患》精上皮腫，セミノーマ(精上皮細胞の腫瘍化による精巣腫瘍)

semiquantitative 形 半定量的な

semisynthetic 形 半合成の

senescence ★ 発 名《生理》老化
例 cellular senescence(細胞老化)

senescent 形 老化した
例 senescent mice(老化マウス)

senile 発 形《疾患》老年性の，老人性の
例 senile dementia(老年認知症)，senile plaque(老人斑)

senior 形 ❶(階級が)上級の，上位の ❷年輩の

sensation 名《生理》感覚(機能)
例 somatic sensation(体性感覚)，tactile sensation(触覚)

sense ★ 名 ❶意味，センス ❷《生理》感覚 動 感じとる
例 position sense(位置覚)

sensing ★ 形 感覚性の，感受性の
例 acid-sensing ion channel(酸感受性イオンチャネル；ASIC)，quorum-sensing(《微生物》クオラムセンシングの)

sensitive ★★ 形 感受性の，敏感な(+to) 反 insensitive(非感受性の)
例 ATP-sensitive(ATP感受性の)，highly sensitive(高感度な)，temperature-sensitive(温度感受性の)

sensitivity ★★ 名 感受性(+to)，感度
例 contrast sensitivity(《光学》対比感度)，drug sensitivity(薬物感受性)

sensitization ★ 名《生理》感作(かんさ＝感受性の増加)，鋭敏化 反 desensitization(脱感作)
例 behavioral sensitization(行動感作)，repression-sensitization(《心理》抑圧・鋭敏化)

sensitize ★ 動 感作する(感受性を増加させる)

sensitizer 名 感作物質，《化学》増感剤
例 radiation sensitizer(放射線増感剤)

sensor ★ 名 センサー，感知器

sensorimotor 形《解剖》感覚運動の
例 sensorimotor neuropathy(感覚運動性ニューロパチー)

sensorineural 形《疾患》感音神経(性)の
例 sensorineural hearing loss(感音難聴)

sensory ★ 形《生理》感覚性の
例 sensory area(感覚野), sensory loss(感覚消失), sensory nerve(感覚神経), sensory neuropathy(感覚性ニューロパチー)

sentinel 名 番人, 歩哨(ほしょう)
例 sentinel lymph node(センチネルリンパ節)

separable 形 分離可能な

separate ★ 発 動 分離する 形 別々の 副 separately

separation ★ 名 分離
例 cell separation(細胞分離)

sepsis ★ 名《疾患》敗血症, セプシス(感染による全身性炎症反応症候群) 形 septic
例 severe sepsis(重症敗血症)

septal ★ 形《解剖》中隔の 名 septum
例 septal area(中隔野), ventricular septal defect(心室中隔欠損)

septation 名《発生》中隔形成

septic ★ 形《疾患》敗血症の 名 sepsis
例 septic arthritis(化膿性関節炎), septic shock(敗血症性ショック)

septicemia 名《疾患》敗血症

septum 名 ❶《解剖》中隔 ❷隔壁 形 septal
例 ventricular septum(心室中隔)

sequelae 名《疾患》(複数扱い)続発症, 後遺症 単 sequela

sequence ★★ 名 ❶《遺伝子》配列, シークエンス ❷結果 動(アミノ酸や核酸の)配列を決定する 派 sequencing(配列決定)
例 sequence homology(配列相同性), sequence similarity(配列類似性), sequence-tagged site(配列タグ部位), consensus sequence(コンセンサス配列), primary sequence(一次配列)

sequential ★ 形 ❶連続的な ❷逐次の 副 sequentially

sequester ★ 動 隔離する

sequestration 名 隔離, 隔絶

Ser 略《アミノ酸》セリン(serine)

SERCA 略《生体物質》筋小胞体カルシウムATPアーゼ(sarcoplasmic reticulum calcium ATPase)

serial ★ 形 連続的な, 系列の 副 serially
例 serial dilution(段階希釈), serial passage(《細胞》連続継代)

series ★	名 ❶系列，連続，シリーズ　❷《分類学》系　熟 a series of(一連の)
serine ★ 発	名《アミノ酸》セリン　略 Ser, S 例 serine protease inhibitor(セリンプロテアーゼ阻害薬), serine-threonine kinase(セリンスレオニンキナーゼ)
serious ★	形 重大な，《疾患》重篤な　副 seriously 例 serious adverse event(重篤有害事象), serious complications(重篤な合併症)
sero- ★	接頭「血清」を表す
seroconversion	名《臨床》抗体陽転(血清中に抗体が検出されるようになること)
serogroup	名《病原体》血清型
serologic ★ / **serological**	形 血清学的な，血清学の　副 serologically 例 serologic test(血清試験)
serology	名 血清学
seronegative	形《疾患》血清陰性の
seropositive	形《臨床》血清陽性の　名 seropositivity(血清陽性)
seroprevalence	名 血清有病率
serosal	形《解剖》漿膜の
serotonergic	形《生理》セロトニン作動性の
serotonin ★ ア	名《生体物質》セロトニン(5-hydroxytryptamine)　略 5-HT 例 serotonin transporter(セロトニン輸送体；SERT)
serotype ★	名《病原体》血清型　派 serotyping(血清型判定)
serovar	名《病原体》血清型亜型
SERT	略《生体物質》セロトニン輸送体(serotonin transporter)
serum ★★ 発	名《生理》血清(けっせい)　複 sera 例 serum cholesterol(血清コレステロール), serum response factor(血清応答因子), serum-free(無血清の), serum sample(血清試料), serum-starved(血清不足の)
serve ★	動 貢献する，役立つ
server	名《コンピュータ》サーバー
service ★	名 サービス，奉仕
session	名 セッション
set ★★	名 セット　動 セットする　派 setting(設定)　熟 a set of(1セットの～)
settle	動 ❶(問題を)解決する　❷定着する，定住する

sever 動 切断する

several-fold / severalfold 形 数倍の

severe ★★ 形《疾患》重症の，激しい 副 severely
例 severe acute respiratory syndrome（重症急性呼吸器症候群；SARS），severe combined immunodeficient mice（重症複合免疫不全マウス；SCID），severe pain（激痛），severe sepsis（重症敗血症）

severity ★ 名《疾患》重症度

sewage 名《環境》汚水，下水

sex ★ 名（染色体で規定される先天的な）性，性交 対 gender（[自己表現としての社会的な］性）
例 sex assignment（性決定），sex determination（性決定），sex difference（性差）

sexual ★ 形 性の，性的な 副 sexually
例 sexual abuse（性的虐待），sexual dimorphism（性差），sexual interest（性的関心），sexual maturation（性成熟），sexually transmitted disease（性行為感染症；STD）

sexuality 名 性別，性欲，セクシュアリティ（性の認識や行動）

shade 名 日陰 動 遮光する

shadow 名 陰影，影

shaft 名 シャフト，軸
例 dendritic shaft（樹状突起軸）

shake 動 ＜shake - shook - shaken＞振盪する，震える
派 shaker（振盪機）

shallow 形 浅い 反 deep

sham ★ 形《実験》見せかけの，偽の 類 mock
例 sham operation（[対照実験として行われる］偽手術），sham-operated（偽手術された）

shape ★ 名 形 動 形づくる 類 appearance，figure，form

share ★ 動 共有する 名 占有率

sharp 形 鋭い，シャープな 副 sharply

shear ★ 動 剪断（せんだん）する
例 shear stress（ずり応力）

sheath 発 名《解剖》鞘，《植物》葉鞘（ようしょう）
例 myelin sheath（ミエリン鞘，髄鞘）

shed ★ 動 ＜過去-過去分詞も同形＞与える，流す，脱落する
名 小屋 熟 shed light on（～に光を当てる）

shedding ★ 名 分断，脱落

S

sheep [名]《動物》(単複同形)ヒツジ (類)lamb(子ヒツジ)
[形]ovine

sheet ★ [名]シート

shell ★ [名]殻，シェル (派)shellfish(甲殻類)
[例]shell structure([電子の]殻構造)

shield [動]遮蔽(しゃへい)する [名]遮蔽物 (派)shielding(遮蔽処理)

shift ★★ [名]変化，シフト [動]変わる
[例]chemical shift([NMR]化学シフト)，electrophoretic mobility shift assay(電気泳動移動度シフト解析)，frame shift(《遺伝子》フレームシフト)

shigellosis [名]《疾患》細菌性赤痢

shock ★ [名]《症候》ショック
[例]cardiogenic shock(心原性ショック)，heat-shock protein(熱ショックタンパク質；HSP)

shoot [名]シュート，《植物》苗条 [動]＜shoot - shot - shot＞撃つ

short ★★ [形]❶短い ❷不足の，乏しい，省略された [副]shortly
[例]short-acting(短時間作用型の)，short hairpin RNA(低分子ヘアピン型RNA；shRNA)，short stature(低身長)，short tandem repeat(短いタンデム反復；STR)，short-term(短期の)

shortage [名]不足 (類)deficit, lack, shortness

shortcoming [名]欠点，弱点 (類)defect, drawback, fault, weakness

shorten ★ [動]短縮する

shortness [名]《症候》不足 (類)deficit, lack, shortage
[例]shortness of breath(息切れ)

shotgun [名]《実験》ショットガン
[例]shotgun cloning(ショットガンクローニング＝物理的に断片化したゲノムDNAの配列を手当たり次第に解読する方法)

shoulder [名]《解剖》肩，肩部
[例]shoulder joint(肩関節)，shoulder pain(肩関節痛)

show ★★ [動]＜show - showed - shown＞示す

SHR (略)《動物》自然発症高血圧ラット(spontaneously hypertensive rat)

shrink [動]＜shrink - shrank - shrunk＞縮む，収縮する

shrinkage [名]縮み

shRNA 略《遺伝子》低分子ヘアピンRNA(small hairpin RNA)

shuffle 動 シャッフルする，切り混ぜる，(順番を入れ換えて)混ぜる

shunt ★ 名 ❶《臨床》短絡(術) ❷《解剖》シャント 動 短絡する
例 arteriovenous shunt(動静脈シャント), portacaval shunt(門脈大静脈短絡術)

shuttle 名 シャトル
例 shuttle vector(シャトルベクター)

Si 化《元素》ケイ素(silicon)

SIADH 略《疾患》抗利尿ホルモン不適合分泌症候群(syndrome of inappropriate secretion of antidiuretic hormone)

sialic acid 名《生体物質》シアル酸(ノイラミン酸を基本構造とする化合物)

sialylation 名《生化学》シアル酸付加

sialyltransferase 名《酵素》シアリルトランスフェラーゼ，シアル酸転移酵素

sib / sibling 名《臨床》兄弟姉妹，同胞
例 sib-pair(同胞対), sib selection(同胞選択)

sick 形 病気の
例 sick day(シックデイ＝糖尿病患者が別の疾患にかかり食事が取れず血糖コントロールが不良な状態)

sickle ★ 形《疾患》鎌状の
例 sickle-cell anemia(鎌状赤血球貧血)

sickness 名 病気，病的状態 類 disease, illness, ailment
例 motion sickness(動揺病), mountain sickness(高山病)

side ★★ 名 サイド，側 形 側面の
例 side chain(側鎖), side effect(副作用)

siderophore 名《生体物質》シデロホア(鉄輸送担体)

SIDS 略《疾患》乳児突然死症候群(sudden infant death syndrome)

sieve 名 篩(ふるい) 動 ふるいにかける
例 molecular sieve(分子ふるい)

sigmoid / sigmoidal 形 ❶《統計》S字形の，シグモイドの ❷《解剖》S状結腸の
例 sigmoid curve(シグモイド曲線), sigmoid colon(S状結腸)

sigmoidoscopy 名《臨床》S状結腸鏡検査

sign ★	名 ❶《疾患》徴候(ちょうこう)，サイン ❷《数学》符号 動 (前兆として)示す 類 indication, manifestation 例 clinical sign(臨床徴候)，neurologic sign(神経学的徴候)
signal ★★	名《細胞》シグナル，合図，信号 動 信号を送る，合図する 例 signal peptide(シグナルペプチド)，signal to noise ratio(信号/ノイズ比；SN比)，signal transduction system(シグナル伝達系)
signaling ★★ / **signalling**	名《細胞》シグナル伝達 例 signaling cascade(シグナルカスケード)，signaling pathway(シグナル経路)
signature ★	名 サイン，署名
significance ★	名 ❶重要性，意義 ❷《統計》有意性 例 clinical significance(臨床的意義)，statistical significance(統計的有意性)
significant ★★	形《統計》有意な 副 significantly 例 significant difference(有意差)
signify	動 知らせる，示す
silence ★	名 静寂，無音 動 静める，《遺伝子》発現を停止させる 派 silencer(サイレンサー＝近傍の遺伝子の転写を抑制するシスエレメント)，silencing(サイレンシング＝遺伝子の発現を停止させること)
silent ★	形 ❶無音の，休止の ❷《医療》無症状の ❸《遺伝》(表現型として)無変化の 副 silently 例 silent myocardial infarction(無症状心筋梗塞)，silent mutation(サイレント変異＝塩基の置換が発現タンパク質や表現型に影響しないような変異)
silica	名《化合物》シリカ，無水ケイ酸 例 silica gel(シリカゲル)
silico	➡ *in silico*(コンピュータ内での)
silicon	名《元素》ケイ素，シリコン 化 Si
silicone	名 シリコーン(樹脂)
silver	名《元素》銀 化 Ag
simian ★	形《動物》サルの 例 simian virus 40(サルウイルス40；SV40)
similar ★★	形 同様の(+to)，類似の 副 similarly
similarity ★	名 類似性
simple ★	形 ❶単純な ❷単一の 副 simply 反 complicated(複雑な)，multiple(複数の) 例 simple model(単純モデル)

simplicity 名 単純さ

simplify 動 単純化する

simulate ★ 発 動 シミュレートする，模擬実験を行う

simulation ★ 名《実験》シミュレーション，模擬実験

simulator 名 シミュレーター，模擬訓練装置

simultaneous ★ 形 ❶同時の ❷《数学》連立の 副 simultaneously
例 simultaneous equations (連立方程式), simultaneous measurement (同時測定)

SINE 略《遺伝子》短い散在反復配列 (short interspersed nucleotide element)

single ★★ 形 ❶単一の ❷一回の 名 単一，個人 動 選抜する
副 singly
例 single chain (単鎖), single injection (一回投与), single nucleotide polymorphism (一塩基多型；SNP), single-photon emission computed tomography (単一光子放射型コンピュータ断層撮影法；SPECT), single-stranded DNA (一本鎖DNA；ssDNA)

S

singlet 名《物理》一重項
例 singlet oxygen (一重項酸素)

singleton 名 単生児，《遺伝子》シングルトン (ファミリーに属さない遺伝子)

singular 形 唯一の，《数学》特異な
例 singular value decomposition (特異値分解)

sinoatrial 形《解剖》洞房の
例 sinoatrial node (洞房結節)

sinus ★ 名《解剖》洞
例 sinus node (洞結節)

sinusitis 名《疾患》副鼻腔炎

sinusoidal 形 ❶《解剖》類洞 (るいどう) の ❷《数学》正弦波の
例 sinusoid (類洞，洞様毛細血管), sinusoidal endothelial cell (類洞内皮細胞)

siRNA 略《実験》低分子干渉RNA (small interfering RNA)

SIRS 略《疾患》全身性炎症反応症候群 (systemic inflammatory response syndrome)

-sis ★ 接尾「症」を表す

sister ★ 名 姉妹
例 sister chromatid cohesion (姉妹染色分体接着)

site ★★ 名 部位，サイト
例 active site (活性部位), site of action (作用点)

site-directed ★ 形《遺伝子》部位特異的な 類 site-specific
例 site-directed mutagenesis (部位特異的変異導入)

situ ➡ *in situ*(切片上での，生体内原位置での)

situation ★ 名 ❶状況 ❷位置

SIV 略《病原体》サル免疫不全ウイルス(simian immunodeficiency virus)

sizable 形(相当に)大きい

size ★★ 名 サイズ，大きさ
例 size exclusion chromatography(分子ふるいクロマトグラフィー)

Sjogren's syndrome 名《疾患》シェーグレン症候群(目と口腔乾燥を症状にもつ膠原病で自己免疫疾患の一種)

skeletal ★ 形《解剖》骨格の
例 skeletal muscle(骨格筋)，skeletal myoblast(骨格筋芽細胞)

skeleton 名《解剖》骨格

skew 名 歪み 動 歪める
例 skew deviation([目の]斜偏位)

skill 名 熟練，技能 派 skilled(熟練した) 類 experience, proficiency, technique
例 motor skill(運動技能)

skin ★★ 名《解剖》皮膚 形 dermal
例 skin graft(皮膚移植)，skin lesion(皮膚病変)，skin rash(発疹)

skinfold 名《臨床》皮下脂肪(皮膚を摘んで計る)
例 skinfold thickness(皮下脂肪厚)

skull 名《解剖》頭蓋(とうがい)骨 類 cranial bone
例 skull fracture(頭蓋骨折)

SLE 略《疾患》全身性エリテマトーデス(systemic lupus erythematosus)

sleep ★ 名《生理》睡眠 動 眠る
例 sleep apnea(睡眠時無呼吸)，sleep disturbance(睡眠障害)，slow-wave sleep(徐波睡眠)，rapid eye movement sleep(レム睡眠；REM睡眠)

sleepiness 名《症候》眠気
例 daytime sleepiness(日中の眠気)

slice ★ 名《実験》切片，スライス
例 hippocampal slice(海馬切片)

slide 名 スライド 動 ＜slide - slid - slid＞滑る

slight 形 わずかな，軽微な 副 slightly

slippage 名《生化学》スリッページ，翻訳スリップ(リボソームの遺伝子間移動現象)

slit 名 スリット

slope ★　名 勾配

slow ★　形 (比較級slower-最上級slowest)緩徐な，遅い，ゆっくりとした　動 遅くする　副 slowly　名 slowing(緩徐化)
例 slow-wave sleep(徐波睡眠)

SLPI　略《生体物質》分泌型白血球ペプチダーゼ阻害物質(secretory leukocyte peptidase inhibitor)

sludge　名 汚泥，スラッジ

small ★★　形 ❶小さい　❷《化学》低分子の
例 small cell lung cancer(小細胞肺癌)，small G-protein(低分子量Gタンパク質)，small hairpin RNA(低分子ヘアピン型RNA；shRNA)，small interfering RNA(低分子干渉RNA；siRNA)，small intestine(小腸)，small nuclear RNA(低分子核内RNA)，small ubiquitin-like modifier(低分子ユビキチン様修飾因子；SUMO)

smallpox　名《疾患》天然痘
例 smallpox vaccine(種痘)

SMC　略《解剖》平滑筋細胞(smooth muscle cell)

smear　名 塗沫，《臨床》スメア(検査)，(電気泳動で)なすりつけたようにバンドが尾を引くこと
例 smear band(スメアバンド＝電気泳動像で尾を引いたようなバンド)，Papanicolaou smear(パパニコロースメア＝子宮頸癌検査)

smoke ★　名 煙　動 喫煙する

smoker ★　名 喫煙者

smoking ★　名 喫煙
例 smoking cessation(禁煙)，smoking status(喫煙状況)

smooth ★　形《解剖》滑面の，平滑な
例 smooth endoplasmic reticulum(滑面小胞体)，smooth muscle(平滑筋)

smoothen　動 滑らかにする

snail　名《生物》カタツムリ

snake　名《動物》ヘビ

SNARE　略《生体物質》スネア(soluble N-ethylmaleimide-sensitive factor attachment protein receptor)＝開口放出関連タンパク質

snoRNA　略《遺伝子》核小体低分子RNA(small nucleolar RNA)

SNP　略《遺伝子》一塩基多型(single nucleotide polymorphism)

snRNA　略《遺伝子》核内低分子RNA(small nuclear RNA)

so as to 熟～するように 類 in order to

so far 熟これまでに，今までに

so-called 形いわゆる

SOC 略《生体物質》ストア感受性チャネル (store-operated channel)

social ★ 形社会の 副 socially (社会的に)
例 social impact (社会的影響)，social phobia (社会恐怖症)，social security (社会保障)，social support (社会支援)，social welfare (社会福祉)

societal 形社会的な
例 societal perspective (社会的観点)，societal cost (社会的コスト)

society ★ 名❶社会 ❷学会，協会

sociodemo-graphic 形《統計》社会人口統計学的な

socioeconomic 形社会経済的な
例 socioeconomic status (社会経済的状況)

SOD 略《酵素》スーパーオキシドジスムターゼ (superoxide dismutase)

sodium ★ 名《元素》ナトリウム 化 Na
例 sodium azide (アジ化ナトリウム＝防腐剤)，sodium bicarbonate (炭酸水素ナトリウム)，sodium-calcium exchanger (ナトリウム・カルシウム交換輸送体)，sodium channel (ナトリウムチャネル)，sodium chloride (塩化ナトリウム)，sodium dodecyl sulfate (ドデシル硫酸ナトリウム；SDS)

soft ★ 形 (比較級 softer-最上級 softest) 柔らかい，ソフトな
例 soft palate (軟口蓋)，soft tissue infection (軟部組織感染症)

software ★ 名《コンピュータ》ソフトウェア 対 hardware (ハードウェア＝機器)

soil 名土壌 動❶下肥を施す ❷汚す

sol 発 名《物理》ゾル

solar 形太陽の 名 sun
例 solar system (太陽光システム)，solar ultraviolet irradiation (太陽紫外線放射)

sole ★ 形ただひとつの 名《解剖》足底 副 solely

solid ★ 名《物理》固体 形固形の 対 gas (気体)，liquid (液体)
例 solid-phase extraction (固相抽出法)，solid phase synthesis (固相合成)，solid-state NMR (固体NMR)，solid tumor (固形癌)

solitary 形 孤立の，単発の
例 solitary kidney (単腎)，nucleus of the solitary tract (《解剖》孤束核)

solubility 名 溶解性
例 water solubility (水溶性)

solubilization 名《生化学》可溶化
例 detergent solubilization (界面活性剤による［タンパク質］可溶化)

solubilize 動 可溶化する

soluble ★ 形 可溶性の
例 soluble fraction (可溶性画分)，soluble N-ethylmaleimide-sensitive factor attachment protein receptor (スネア；SNARE)，soluble protein (可溶性タンパク質)

solute ★ 名《化学》溶質

solution ★★ 名 ❶《化学》溶液 ❷解決(法)
例 Krebs-Ringer solution (クレブス-リンガー液)，economical solution to the problem (その問題に対する経済的解決法)

solvate 動 溶媒和させる

solvation 名《化学》溶媒和

solve ★ 動 ❶解決する ❷解析する，(問題を)解く

solvent ★ 発 名《化学》溶媒，溶剤
例 solvent accessibility (溶媒露出度)

solvolysis 名《化学》加溶媒分解

soma 名《解剖》細胞体 複 somata 類 cell body

somatic ★ 名《解剖》体性の (骨格と骨格筋を一緒にした)，身体の 反 visceral (内臓の)
例 somatic cell (体細胞)，somatic hypermutation (体細胞突然変異)，somatic sensation (体性感覚)

somatodendritic 形《解剖》細胞体樹状突起の
例 somatodendritic region (細胞体樹状突起領域)

somatosensory 形《生理》体性感覚の
例 somatosensory cortex (体性感覚皮質)

somatostatin 名《生体物質》ソマトスタチン (成長ホルモン分泌抑制作用から見出された生理活性ペプチド)

somehow 副 何とか，どういうわけか

sometime ★ 副 いつか

sometimes ★ 副 時々

somewhat ★ 副 いくらか

somite 名《発生》体節 形 somitic (体節の)

S

somnolence 名《症候》傾眠

sonic 形 音波の，超音波の 類 ultrasonic

sonicate 動《実験》超音波処理する 名 超音波処理物

sonography 名《臨床》 超音波検査 類 ultrasonography 形 sonographic(超音波検査の)
例 Doppler sonography(ドプラ超音波検査)

sophisticated 形 洗練された

sore 形《症候》ひりひりする
例 sore throat(咽頭炎)

sort ★ 動 選別する，分別する，《細胞》局在化させる 名 種類 派 sorting(ソーティング＝並べ替え)，sorter(選別機)
例 sorting signal(局在化シグナル)，cell sorting(細胞選別)

SOS 略《遺伝子》セブンレスの息子＝グアニンヌクレオチド交換因子の一種(son of sevenless protein)

source ★ 名 源，出所，原因，ソース
例 source of infection(感染源)，carbon source(炭素源)

Southern blotting 名《実験》サザンブロット法(電気泳動を用いたDNA解析法)

soy 名《植物》ダイズ，大豆 学 *Glycine max* 派 soybean (ダイズ豆)
例 soy isoflavone(大豆イソフラボン)

space ★ 名 ❶スペース，空間，間隙 ❷《解剖》腔 ❸宇宙
動 間隔をおく
例 extracellular space(細胞外間隙)，intermembrane space(膜間腔)

spacer 名 スペーサ(間をあけるもの)

span ★ 名 スパン，全長 動 橋を架ける，またがる
例 membrane-spanning region(膜貫通領域)

spare ★ 形 予備の 動 残す
例 spare receptor(予備受容体)

spark 名《物理》閃光，スパーク 動 誘発する，火をつける

sparse 形 低密度の 副 sparsely 反 dense(高密度の)

spasm 名《症候》痙縮(けいしゅく)，スパズム

spastic 形 スパズム性の
例 spastic paraplegia(痙性対麻痺)

spasticity 名《症候》痙縮，拘縮

spatial ★ 形 空間的な 副 spatially 対 temporal(時間的な)
例 spatial memory(空間記憶), spatial resolution(空間分解能)

spatiotemporal / spatio-temporal 形 空間時間的な
例 spatiotemporal expression pattern(時空間的発現パターン)

special ★ 形 特殊な, 特別な 副 specially

specialist 名 専門家, 専門医 対 generalist(一般医)

specialization 名 ❶《細胞》特殊分化 ❷専門化

specialize ★ 動 特殊化する, 専門化する

specialty 名 専門, 専門領域

speciation 名《生物》種分化

species ★★ 名 (単複同形)種(しゅ), 種属
例 species specificity(種特異性), related species(近縁種)

specific ★★ 形 ❶特異的な ❷《物理》比の 副 specifically
例 specific activity(比活性), specific antibody(特異抗体), specific ligand(特異的リガンド), specific pathogen-free(特定病原体除去の; SPF), specific radioactivity(比放射能)

specification ★ 名 ❶特定 ❷規格

specificity ★★ 名 特異性
例 species specificity(種特異性), tissue specificity(組織特異性)

specify ★ 動 特定する

specimen ★ 発 名 標本, 試料 類 preparation, sample

SPECT 略《臨床》単一光子放射型コンピュータ断層撮影法(single-photon emission computed tomography)

spectral ★ 形《物理》分光の, スペクトルの
例 spectral analysis(分光分析)

spectrin 名《生体物質》スペクトリン(細胞膜裏打ちタンパク質ファミリー)

spectrometer 名《実験》分光計, 分光器

spectrometry ★ 名 分光測定(法) 形 spectrometric 類 spectrophotometry
例 mass spectrometry(質量分析; MS)

spectrophotometry 名 分光光度(法), 分光測定(法) 形 spectrophotometric 類 spectrometry
例 atomic absorption spectrophotometry(原子吸光分析)

spectroscopic ★ 形 分光法の 副 spectroscopically

spectroscopy ★ 名 分光法
例 fluorescence spectroscopy(蛍光分光法)

spectrum ★ 名 ❶《物理》スペクトル，分光 ❷範囲 複 spectra
例 spectrum disorder(スペクトル障害)，broad-spectrum antibiotics(広域性抗生物質)

speculate 動 推測する

speculation 名 推測 類 assumption, postulation, presumption, conjecture, inference

speed ★ 名 速度

spend 動 ＜spend - spent - spent＞❶費やす，消費する ❷(時間を)過ごす

sperm ★ 名《生理》精子，精液 類 spermatozoa 形 spermatic

spermatid 名《解剖》精細胞，精子細胞

spermatocyte 名《解剖》精母細胞

spermatogenesis 名《生理》精子形成 形 spermatogenic(精子形成の)

spermatozoa 名《細胞》(複数扱い)精子 類 sperm

SPF 略《実験》特定病原体除去の(specific pathogen-free)
例 SPF mice(SPFマウス)

sphere 名 ❶《解剖》球 ❷《化学》圏
例 coordination sphere(配位圏)

spherical 形 球状の

spherocytosis 名《疾患》球状赤血球症

spheroid 名《細胞》球状体，スフェロイド 形 spheroidal

sphincter 名《解剖》括約筋
例 sphincter of Oddi(オディ括約筋)，anal sphincter(肛門括約筋)

sphingolipid 名《生体物質》スフィンゴ脂質
例 sphingolipid storage disease(スフィンゴ脂質蓄積症)

sphingomyelin 名《生体物質》スフィンゴミエリン(マイクロドメインに局在するリン脂質)

sphingosine 名《生体物質》スフィンゴシン(塩基性不飽和アミノグリコール)
例 sphingosine-1-phosphate(スフィンゴシン-1-リン酸；S1P)

spike ★ 名 ❶《生理》スパイク，棘波(きょくは) ❷《植物》穂，穂状花序(すいじょうかじょ) 動 スパイクを打つ
例 spike firing(スパイク発火)，spike train(スパイク列)，population spike(集合スパイク)

spin ★ 名 回転，スピン 動 紡ぐ，回転する
例 spin label(スピン標識)

spinal ★ 形《解剖》脊髄の 副 spinally
例 spinal cord(脊髄)，spinal cord transection(脊髄離断)，spinal fluid(髄液)，spinal muscular atrophy(脊髄性筋萎縮症；SMA)，spinal nerve(脊髄神経)

spindle ★ 形 紡錘形の 名 紡錘体
例 spindle pole(紡錘極)，spindle pole body(紡錘極体)，mitotic spindle([有糸分裂]紡錘体)

spine ★ 名 ❶《解剖》脊椎，脊柱(＝dorsal spine) ❷《細胞》棘突起
例 cervical spine(頸椎)，dendritic spine(樹状突起棘)

spinocerebellar 形《解剖》脊髄小脳の
例 spinocerebellar ataxia(脊髄小脳失調症)

spiny 形《解剖》有棘の
例 spiny neuron(有棘ニューロン)

spiral 形 らせん形の
例 spiral CT(スパイラル断層撮影)，spiral ganglion(らせん神経節)

spirochete 発 名《生物》スピロヘータ 形 spirochetal

spirometry 名《臨床》肺活量測定，スパイロメトリー

spite ➡ in spite of(～であるにもかかわらず)

splanchnic 形《解剖》内臓の
例 splanchnic nerve(内臓神経)

spleen ★ 名《解剖》脾臓(ひぞう) 形 splenic

splenectomy 名《臨床》脾摘出(術)

splenic ★ 形《解剖》脾臓の
例 splenic white pulp(白脾髄)

splenocyte 名 脾細胞

splenomegaly 名《疾患》脾腫(ひしゅ)

splice ★ 動《遺伝子》スプライスする，切り貼りする
例 splice variant(スプライスバリアント)

spliceosome 名《生化学》スプライソソーム(RNA スプライシングに関与の細胞内複合体) 形 spliceosomal

splicing ★ 名《遺伝子》スプライシング(イントロンの除去過程)
例 alternative splicing of mRNA(RNA の選択的スプライシング)

S

split 動分割する 形分裂した

spondylitis 名《疾患》脊椎炎
例 ankylosing spondylitis(強直性脊椎炎)

spondyloarthropathy 名《疾患》脊椎関節症

spongiform 形《症候》海綿状の
例 spongiform encephalopathy(海綿状脳症)

spontaneous ★ 形《疾患》自発性の，突発性の 副 spontaneously
例 spontaneous abortion(自然流産)，spontaneous mutation(突然変異)，spontaneous recovery(自然回復)

sporadic ★ 形《疾患》孤発性の 副 sporadically 反 familial(家族性の)
例 sporadic case(孤発例)

spore ★ 名《細胞》胞子，芽胞
例 spore formation(胞子形成)

sporozoite 名《生物》スポロゾイト(原虫の胞子状感染体) 対 merozoite(メロゾイト＝娘細胞)

sporulate 動《生物》胞子形成する

sporulation 名《細胞》胞子形成

spot ★ 名❶点，斑点 ❷局所，スポット
例 spotted fever(紅斑熱)，hot spot(ホットスポット＝変異や組換えを起こしやすい染色体部位)

spouse 名配偶者

spray 名噴霧，スプレー 動噴霧する
例 nasal spray(点鼻薬)

spread ★ 動広げる，広がる 名《疾患》伝染，蔓延
例 spreading depression(《生理》拡延性抑制)

sprout 動発芽する，出芽する 名 sprouting(発芽，出芽)

sprue 名《症候》スプルー(小腸の吸収障害を伴う症候群)
例 celiac sprue(セリアックスプルー＝グルテン性腸症)

spurious 形偽の 副 spuriously

sputum ★ 発 名《症候》痰(たん)
例 purulent sputum(膿性痰)

squamous ★ 形《解剖》扁平上皮の，鱗片状の
例 squamous cell carcinoma(扁平上皮癌)

square ★ 形四角な 名《数学》二乗，平方
例 least-squares method(最小二乗法)，square root(平方根)

squid 名《生物》ヤリイカ 対 cuttlefish(コウイカ)
例 squid giant axon(ヤリイカ巨大軸索)

SR [略]《細胞》筋小胞体(sarcoplasmic reticulum)

SRF [略]《生体物質》血清応答因子(serum response factor)

SSCP [略]《遺伝子》一本鎖DNA高次構造多型(single strand conformation polymorphism)

ssDNA [略]《遺伝子》一本鎖DNA(single-stranded DNA)

SSRI [略]《医薬》選択的セロトニン再取り込み阻害薬(selective serotonin reuptake inhibitor)

ST segment [名]《臨床》ST部分(心電図)
[例] ST-segment elevation myocardial infarction(ST上昇型心筋梗塞；STEMI)

stability ★ [名]安定性

stabilization ★ [名]安定化 [反]destabilization

stabilize ★ [動]安定化する

stabilizer [名]安定器，安定剤

stable ★★ [形]安定な [副]stably [反]unstable(不安定な)
[例] stable angina(安定狭心症)，stable isotope(安定同位体)

stack [名]スタック [動]積み重なる
[例] Golgi stack(ゴルジ層板)

staff [名]スタッフ，職員

stage ★★ [名]段階
[例] early stage(早期，初期)，end stage(末期)

staggered [形]《化学》ねじれ形の
[例] staggered conformation(ねじれ形配座)

stain ★ [動]染める，染色する [名]汚れ

staining ★ [名]《実験》染色(法)
[例] Gram's staining(グラム染色)，nuclear staining(核染色)

stalk [名]《解剖》柄，茎
[例] pituitary stalk(下垂体茎)

stall [名]失速 [動]止める [派]stalling(停止) [類]arrest, stop

stand ★ [動]＜stand - stood - stood＞❶立つ ❷存在する ❸抵抗する [名]スタンド，台 [形]standing(定常の，現状の) [熟]stand for(～の略語である)
[例] stand-alone(独立型の)，long-standing controversy(長期にわたる論争)

standard ★ 名 標準，基準，規格
例 standard atmosphere(標準大気)，standard curve(検量線，標準曲線)，standard deviation(標準偏差；SD)，standard error(標準誤差；SE)，standard error of the mean(平均値の標準誤差；SEM)，standard method(標準法)，environmental standard(環境基準)

standardization 名 標準化，規格化

standardize ★ 動 標準化する，規格化する

standpoint 名 観点，立場

Staphylococcus ★ 学《生物》ブドウ球菌(属)(グラム陽性菌の一属) 複 staphylococci 形 staphylococcal(ブドウ球菌性)
例 *Staphylococcus aureus*(黄色ブドウ球菌)

starch 名《植物》デンプン

start ★ 名 開始，始動 動 開始する，始める，スタートする
例 start codon(開始コドン)，starting material([合成の]出発材料)

startle 名《生理》驚愕 動 驚かす

starvation ★ 名《症候》飢餓

starve 動 飢える

stasis 名《症候》うっ滞，停滞

STAT 略《生体物質》シグナル伝達性転写因子(signal transducer and activator of transcription)

state ★★ 名 状態 動 述べる 熟 state-of-the-art(最先端の)
例 steady state(定常状態)，transition state(遷移状態)

statement 名 ❶記載 ❷声明

static 形 静的な 副 statically 反 dynamic
例 static load(静荷電)

statin ★ 名《医薬》スタチン(HMG-CoA還元酵素阻害薬の一般的名称)
例 statin therapy(スタチン療法)

stationary ★ 形 定常の
例 stationary phase(定常期)

statistical ★ **/ statistic** 形 統計の，統計学的な 副 statistically
例 statistical analysis(統計分析)，statistical parametric mapping(統計的パラメトリックマッピング)，statistical power(検出力)，statistical significance(統計的有意性)，statistically significant difference(統計的に有意な差)

statistics ア 名 統計学

stature 名《臨床》身長
例 short stature(低身長)

status ★ 名《症候》状態
例 status epilepticus(てんかん重積状態), nutritional status(栄養状態)

staurosporine 名《化合物》スタウロスポリン(プロテインキナーゼ阻害薬)

STD 略《疾患》性行為感染症(sexually transmitted disease)

steady ★ 形 定常の 副 steadily
例 steady state(定常状態), steady-state kinetics(定常状態速度論)

steatohepatitis 名《疾患》脂肪性肝炎
例 nonalcoholic steatohepatitis(非アルコール性脂肪性肝炎;NASH)

steatorrhea 名《症候》脂肪便

steatosis 名《疾患》脂肪症
例 hepatic steatosis(脂肪肝)

steer 動 導く, 操縦する

stellate 形《解剖》星状の
例 stellate cell(星状細胞)

stem ★★ 名 ❶《解剖》幹, 基部 ❷《植物》茎 動 生じる, 由来する
例 stem cell(幹細胞), stem cell transplantation(幹細胞移植), brain stem / brainstem(脳幹)

STEMI 略《疾患》ST上昇型心筋梗塞(ST-segment elevation myocardial infarction)

stenosis ★ 名《疾患》狭窄(きょうさく)症 類 constriction, stricture
例 aortic stenosis(大動脈狭窄), mitral stenosis(僧帽弁狭窄)

stenotic 形 狭窄の

stent ★ 名《臨床》ステント(閉塞血管を拡張させるための外科材料) 派 stenting(ステント留置)
例 stent placement(ステント留置), drug-eluting stent(薬剤溶出ステント;DES), in-stent restenosis(ステント内再狭窄)

step ★★ 名 段階, ステップ
例 rate-limiting step(律速段階)

stepwise 形 段階的な 副 段階的に
例 stepwise selection(段階的選択)

stereo- ★ 接頭「立体」を表す

S

stereochemistry 名 立体化学 形 stereochemical

stereoisomer 名 立体異性体 形 stereoisomeric

stereoselective 形 立体選択的な 副 stereoselectively

stereoselectivity 名《化学》立体選択性

stereospecific 形 立体特異的な 副 stereospecifically

stereospecificity 名《化学》立体特異性

stereotactic 形《臨床》定位的な
例 stereotactic radiosurgery(定位放射線照射)

stereotype 名《生理》ステレオタイプ(紋切り型の行動パターン), 常同性
例 stereotyped behavior(常同行動)

steric 形《化学》立体上の 副 sterically
例 steric hindrance(立体障害)

sterile 形 ❶無菌の ❷《生物》繁殖不能の, 不稔の
例 sterile mutant(不稔変異体), sterile pyuria(無菌性膿尿), sterile water(滅菌水)

sterility 名 ❶《症候》不妊(症) ❷《植物》不稔性
例 male sterility(男性不妊症), hybrid sterility(雑種不稔性)

sterilization 名 ❶《実験》滅菌法, 殺菌 ❷《臨床》不妊化, 避妊手術

sterilize 動 滅菌する, 不妊化する

sternal 形《解剖》胸骨の

steroid ★ 発 名《化合物》ステロイド 形 steroidal
例 steroid hormone(ステロイドホルモン), steroid therapy(ステロイド療法)

steroidogenic 形《生化学》ステロイド産生の

sterol 名《化合物》ステロール
例 sterol regulatory element(ステロール調節エレメント; SRE), sterol regulatory element binding protein(ステロール調節エレメント結合タンパク質)

stethoscope 名 聴診器

stick 動 < stick - stuck - stuck >❶密着する ❷固執する

stiffness 名《症候》硬直, こわばり感
例 morning stiffness(朝の関節こわばり感=関節リウマチ症状)

stillbirth 名《臨床》死産

stimulant 名 刺激物質, 刺激薬

stimulate ★★ 動 刺激する
例 stimulating hormone(刺激ホルモン)

stimulation ★★ 名《生理》刺激
例 high-frequency stimulation(高頻度刺激)

stimulator 名 刺激装置

stimulatory ★ 形 刺激性の

stimulus ★ 名《生理》刺激(刺激に用いられるもの自体を示す)
複 stimuli
例 stimulus intensity(刺激強度)

stochastic 発 形《統計》確率論的な
例 stochastic fluctuation(確率的変動), stochastic model(確率論的モデル)

stock 名 ❶貯蔵物 ❷《分類学》系統 動 貯える, 種付けをする
例 stock solution(貯蔵液), frozen stocks of DNA (DNAの凍結保存品)

stoichiometric 形 化学量論の 副 stoichiometrically

stoichiometry ★ 名 化学量論(分子の反応モル比率などを明らかにする学問領域), ストイキオメトリ

stomach ★ 名《解剖》胃 形 gastric

stomatal 形《植物》気孔の

stomatitis 名《疾患》口内炎

stool ★ 名 糞, 大便

stop ★ 名 中止, 停止, ストップ 動 中止する, 止める
例 stop codon(終止コドン), stopped-flow method(ストップフロー法)

storage ★ 名 貯蔵

store ★ 動 貯蔵する 名 貯蔵部位
例 store-operated channel(ストア感受性チャネル ; SOC)

storm 名 嵐,《臨床》急性発症
例 cytokine storm(急激な高サイトカイン血症), thyroid storm(甲状腺クリーゼ=機能亢進症の急性増悪)

strabismus 名《疾患》斜視

straight 形 直線の, 直鎖状の

straightforward 形 単刀直入な, 率直な

strain ★★ 名 ❶系統, 菌株 ❷歪み(ひずみ)
例 strain gauge(歪みゲージ), mutant strain(変異系統), type strain(基準株)

strand ★★ 名《遺伝子》鎖, ストランド
例 double-stranded DNA(二本鎖DNA)

strategic 形 戦略的な 副 strategically

strategy ★★ 名 戦略(+for/to do)，ストラテジー

stratification 名《統計》層別化，階層化
例 risk stratification(リスク層別化)

stratify ★ 動 層別化する，階級化する，重層する

stratum 名《解剖》層 複 strata(層)
例 stratum corneum(角質層)

stream 名 流れ 動 流動する

strength ★ 名 力，強度 類 force，intensity，power

strengthen 動 強化する

streptococcal 形《疾患》連鎖球菌(性)の
例 streptococcal infection(連鎖球菌感染症)

Streptococcus ★ 学《生物》連鎖球菌(属)(連鎖状に増殖するグラム陽性球菌の一属) 複 streptococci
例 *Streptococcus pneumoniae*(肺炎連鎖球菌)

streptomycin 名《化合物》ストレプトマイシン(アミノグリコシド系抗生物質)

stress ★★ 名 ❶《生理》ストレス，緊張 ❷《物理》応力 動 強調する
例 stress-activated protein kinase(ストレス活性化プロテインキナーゼ；SAPK)，stress echocardiography(負荷心エコー)，stress fiber(張力線維)，stress protein(ストレスタンパク質)，genotoxic stress(遺伝毒性ストレス)，shear stress(ずり応力)

stressful 形 ストレス源の

stressor 名 ストレス要因，侵襲要因

stretch ★ 名《生理》伸展 動 伸びる
例 stretch reflex(伸展反射)

stria 名《解剖》線条 複 striae
例 stria terminalis(分界条)

striatal 形《解剖》線条体の 名 striatum

striate 動 筋をつける
例 striate cortex(有線野＝一次視覚野)，striated muscle(横紋筋)

striatum ★ 名《解剖》線条体(＝ corpus striatum) 形 striatal

strict 形 厳密な，忠実な 副 strictly

stricture 名《症候》(消化器系の)狭窄(きょうさく) 類 constriction，stenosis
例 esophageal stricture(食道狭窄)

striking ★ 形 著しい，目立つ 副 strikingly

stringency 名 厳密さ，《遺伝子》ストリンジェンシー(塩濃度や温度で調節できる遺伝子ハイブリッド形成の特異性)

stringent 形 厳密な，《遺伝子》ストリンジェントな(ハイブリッド形成において特異性をより高くする条件で) 副 stringently

strip 名《解剖》条片 動 取り除く，剥奪する

stroke ★ 名 ❶《疾患》脳卒中(出血や梗塞による意識障害や麻痺の発作) ❷《物理》行程，ストローク
例 stroke volume(心拍出量)，ischemic stroke(虚血性脳血管障害)

stroma ★ 名《解剖》間質 複 stromata

stromal ★ 形 間質の
例 stromal cell-derived factor(ストロマ細胞由来因子)，bone marrow stromal cell(骨髄間質細胞)

strong ★ 形 強い，強力な 副 strongly

structural ★★ 形 構造の 副 structurally
例 structural change(構造変化)，structural feature(構造的特徴)，structural genomics(構造ゲノム科学)，structural protein(構造タンパク質)

structure ★★ 名 構造 動 構築する
例 structure-activity relationship(構造活性相関)，structure-based drug design(構造に基づく医薬品設計)，close-packed structure(最密構造)

study ★★ 名 研究，調査 動 研究する，調査する
例 multicenter study(多施設治験)，retrospective study(遡及研究)

stunning 名《症候》スタンニング(心臓の機能不全状態)
例 myocardial stunning(心筋収縮不全)

stunt 動 発育を阻止する

stupor 名《症候》昏迷(こんめい)

styrene 名《化合物》スチレン(高分子材料となる芳香族炭化水素の一種)

sub- ★ 接頭「下，亜，下位」を表す 反 supra-

subacute 形《疾患》亜急性の

subarachnoid 形《解剖》くも膜下の
例 subarachnoid hemorrhage(くも膜下出血)

subcellular ★ 形 細胞内の
例 subcellular localization(細胞内局在)

subclass 名 サブクラス

subclinical 形《疾患》無症状の
例 subclinical infection(無症状感染)

S

subclone 名《遺伝子》サブクローン 動 サブクローニングする(ベクターを変えるか再度クローニングすること) 派 subcloning

subcomplex 名 部分複合体

subcortical 形《解剖》皮質下の
例 subcortical infarct(皮質下梗塞)

subculture 名《実験》継代培養，植え継ぎ 動《細胞》継代する

subcutaneous ★ ア 形《臨床》皮下の 副 subcutaneously
例 subcutaneous fat(皮下脂肪)，subcutaneous injection(皮下注射)

subdivide 動 細分する

subdivision 名 ❶細分化 ❷小部分

subdomain 名 サブドメイン，小領域

subdominant 形 ❶準優位な ❷《生態》亜優占種の

subdural 形《解剖》硬膜下の
例 subdural hematoma(硬膜下血腫)

subendocardial 形《解剖》心内膜下の
例 subendocardial ischemia(心内膜下虚血)

subendothelial 形《解剖》内皮下の
例 subendothelial matrix(内皮下基質)

subepithelial 形《解剖》上皮下の
例 subepithelial connective tissue(上皮下結合組織)

subfamily ★ 名《遺伝子》サブファミリー，亜(系統)群

subfraction 名《生化学》細画分，亜分画

subfragment 名《生化学》細断片

subgenomic 形 (感染細胞における)サブゲノムの

subgroup ★ 名 サブグループ，副集団

subiculum 名《解剖》海馬台

subject ★★ 発/発 名 ❶対象，主題 ❷被検者 形 受けやすい(+to) 動 服従させる(+to)
例 HIV-infected subjects(HIV感染した被験者)

subjective 形 ❶自覚的な ❷主観的な 副 subjectively 反 objective(客観的な)
例 subjective symptom(自覚症状)

sublethal 形 致死量以下の

sublimation 名《化学》昇華(しょうか) 動 sublimate

sublingual 形《解剖》舌下の
例 sublingual medicine(舌下錠)

submandibular 形《解剖》顎下(がっか)の 類 submaxillary
例 submandibular gland(顎下腺)

submaximal 形 最大下の，準最大な
submerge 動 浸す 形 水浸の
submicromolar 形 μM以下の
submission 名 提出，(論文の)投稿
submit 動 ❶提出する，投稿する ❷服従する，屈する
submucosa 名《解剖》粘膜下層 形 submucosal(粘膜下の)
subnormal 形 亜正常の
subnuclear 形 ❶《生物》核内の ❷《物理》素粒子の
subnucleus 名《解剖》亜核
suboptimal 形 最適以下の
subpopulation ★ 名《生物》亜集団，分集団
subregion 名 小領域
subretinal 形《解剖》網膜下の
例 subretinal fluid(網膜下液)
subsequent ★★ 形 引き続く(+to)，後の 副 subsequently(引き続いて) 類 following
例 subsequent development(《疾患》続発)
subserve 動 役立つ
subset ★ 名《細胞》サブセット(機能によって分類された細胞集団)
subside 動 鎮まる
subspecies 名《生物》(単複同形)亜種
substance ★ 名 物質
例 substance P(サブスタンスP＝神経ペプチドのひとつ)，substance use disorder(物質使用障害)
substantia 名《解剖》質
例 substantia gelatinosa(膠様質)，substantia nigra(黒質)
substantial ★ 形 ❶実質的な ❷かなりの 副 substantially
substantiate 動 実証する
substituent ★ 名《化学》置換基
substitute ★ 動 置換する，代わる 名 代理
substitution ★ 名《化学》置換 形 substitutional 類 replacement
例 amino acid substitution(アミノ酸置換)，nucleophilic substitution(求核置換)
substrate ★★ 名《酵素》基質
例 enzyme substrate(酵素基質)，substrate preference(基質選択性)，substrate recognition(基質認識)，substrate specificity(基質特異性)

substructure 名 下部構造，部分構造

subthalamic 形《解剖》視床下の
例 subthalamic nucleus（視床下核）

subthreshold 形 閾値以下の

subtilis ➡ *Bacillus*（バチルス）

subtle ★ 発 形 わずかな，微妙な

subtract 動《数学》減算する，引き算する

subtraction 名《数学》減算，引き算
例 digital subtraction angiography（デジタル減算血管造影法）

subtractive 形 減算による
例 subtractive hybridization（サブトラクティブハイブリダイゼーション＝組織特異的に発現する遺伝子を同定する方法）

subtype ★ 名 サブタイプ，亜型

subunit ★★ 名《生化学》サブユニット（複合体を構成している個々のタンパク質）
例 subunit composition（サブユニット構成）

subventricular 形《解剖》脳室下の
例 subventricular zone（脳室下帯）

subvert 動 破壊する，絶滅させる

succeed 動 ❶成功する（+in） ❷跡を継ぐ 形 succeeding（後に続く）

success ★ 名 成功 類 achievement

successful ★ 形 成功した 副 successfully（うまく）

succession 名 ❶継承 ❷遷移

successive 形 逐次の，連続的な 副 successively 類 consecutive, continual
例 successive reaction（逐次反応）

succinate 名《化合物》コハク酸（塩やエステルとして） 形 コハク酸の 類 succinic acid

succumb 動（病などに）屈する（+to）

suck 動 吸引する，吸乳する
例 blood-sucking（吸血性の）

suckling 名《生理》哺乳

sucrose ★ 発 名《化合物》スクロース，ショ糖 類 saccharose
例 sucrose-density gradient（ショ糖密度勾配）

suction 名 吸引

sudden ★ 形 急な，突然の 副 suddenly
例 sudden cardiac death（心臓性突然死），sudden infant death syndrome（乳児突然死症候群；SIDS）

suffer ★ 動 被る，苦しむ(+from) 名 suffering(苦痛)

suffice 発 動 十分である，足りる

sufficient ★ 形 十分な 副 sufficiently 反 insufficient(不十分な)

sugar ★ 名 糖(質) 接頭 glyco-

suggest ★★ 動 示唆する，示す
例 These results suggest that(これらの結果は～であることを示唆する)

suggestion 名 示唆，提案

suggestive ★ 形 示唆的な

suicidal 形 自殺の
例 suicidal behavior(自殺行動)

suicide ★ 発 名 自殺
例 suicide attempt(自殺企図)

suit 動 合う，適する

suitability 名 適合性

suitable ★ 形 適した(+for/to do)

suite 発 名 ひと揃い 熟 a suite of(～の一式)

sulcus 名《解剖》溝
例 intraparietal sulcus(頭頂間溝)，superior temporal sulcus(上側頭溝)

sulfate ★ / 英 **sulphate** 名《化合物》硫酸(塩やエステルとして) 動 硫酸化する 類 sulfuric acid

sulfation 名《化学》硫酸化

sulfhydryl 名《化学》スルフヒドリル 化 SH 類 thiol
例 sulfhydryl group(スルフヒドリル基)，sulfhydryl reagent(スルフヒドリル試薬＝SH基保護剤)

sulfide 名 硫化物，スルフィド

sulfite 名《化合物》亜硫酸塩 形 亜硫酸の
例 sulfite oxidase(亜硫酸酸化酵素)

sulfonate 名《化合物》スルホン酸(化合物やイオンとして) 動 スルホン化する
例 polystyrene sulfonate(ポリスチレンスルホン酸)

sulfonylurea 名《医薬》スルホニル尿素(ATP感受性K^+チャネル阻害によりインスリンを分泌させる抗糖尿病薬の一群)

sulfotrans-ferase 名《酵素》スルホトランスフェラーゼ，硫酸基転移酵素

sulfur ★ / 英 **sulphur** 名《元素》イオウ，硫黄 化 S

sum 名《数学》和 動 ❶合計する ❷要約する
例 rank sum test(順位和検定)

summarize ★ 動 要約する，概要を述べる
summary ★ 名 概要，要旨 熟 in summary(要約すると)
summation 名 ❶合計，総和 ❷加重
例 temporal summation(時間的加重)
SUMO 略《生体物質》ユビキチン様タンパク質(small ubiquitin-like modifier)
sumoylation 名《生化学》SUMO化(ユビキチン様タンパク質による修飾)
sunburn 名《症候》日光皮膚炎，サンバーン(紫外線曝露後の炎症性紅斑反応)
sunlight 名 太陽光
sunscreen 名 日焼け止め
super- ★ 接頭「超，過」を表す
superantigen 名《免疫》スーパー抗原，超抗原
supercoil 名《生化学》スーパーコイル，高次コイル
例 supercoiled DNA(スーパーコイルDNA)
superconductivity 名《物理》超伝導
superconductor 名 超伝導体
supercritical 形《物理》超臨界の
例 supercritical fluid extraction(超臨界抽出法)
superfamily ★ 名《遺伝子》スーパーファミリー(機能は異なるが構造や配列が似た遺伝子の大集団)
superficial ★ 形 ❶《疾患》表在性の ❷表面(上)の 副 superficially
例 superficial thrombophlebitis(表在性血栓性静脈炎)
superfuse 動 灌流する
superfusion 名《実験》灌流(かんりゅう)
superimpose 動 上書きする，重ねる
superinfection 名《臨床》重感染，重複感染
superior ★ 形 ❶優れた ❷《解剖》上位の 副 superiorly 反 inferior(下位の)
例 superior colliculus(［中脳］上丘)，superior temporal sulcus(上側頭溝)，superior vena cava(上大静脈)
superiority 名 優位性，上位性
supernatant ★ 名《生化学》上清(じょうせい) 形 上清の，表面に浮かぶ
例 culture supernatant(培養上清)

superoxide ★ 名《化合物》スーパーオキシド，超酸化物
例 superoxide dismutase(スーパーオキシドジスムターゼ；SOD)

superposition 名 重ね合わせ，重層

supersaturation 名《化学》過飽和

supersensitivity 名《症候》過感受性，過敏 類 hypersensitivity
例 denervation supersensitivity(除神経性過感受性)

supershift 名《実験》スーパーシフト(抗体がDNA結合タンパクに結合してDNA電気泳動の移動度がさらに増大すること)

supersonic 形《物理》超音波の
例 supersonic treatment(超音波処理)

supervene 動 併発する

supervise 動 監督する

supervision 名 監督

supine 形《臨床》仰臥位(ぎょうがい)の
例 supine position(仰臥位)

supplement ★ 名 補充，サプリメント(補助栄養食品) 動 補充する，補う
例 vitamin supplement(ビタミン補給剤)

supplemental 形 追加の

supplementary 形 補充性の

supplementation ★ 名 補充

supply ★ 名 供給 動 供給する

support ★★ 名 支持，担体，支持物 動 支持する，援助する

supportive 形 支持的な

suppose 動 思う，想像する 類 assume, feel, imagine, suspect

supposition 名 想像

suppress ★★ 動 抑圧する，抑制する 類 depress, inhibit, restrain

suppression ★ 名 抑圧，抑制

suppressive 形 抑制性の 副 suppressively

suppressor ★ 名《遺伝子》サプレッサ，抑制因子
例 suppressor of cytokine signaling(サイトカインシグナル抑制因子)，tumor suppressor gene(腫瘍抑制遺伝子)

suppurative 形《疾患》化膿性の，膿性の

supra- 接頭「上位」を表す 反 inferio-

S

suprabasal 形《解剖》基底層上の
例 suprabasal layer(基底上層)

suprachias-matic 形《解剖》視交叉上部の
例 suprachiasmatic nucleus(視交叉上核)

supraclavicular 形《解剖》鎖骨上の
例 supraclavicular lymph node(鎖骨上リンパ節)

supramolec-ular 形《免疫》超分子の
例 supramolecular activation cluster(超分子活性化クラスター)

supraoptic 形《解剖》視索上部の
例 supraoptic nucleus(視索上核)

supraventric-ular 形《症候》上室性の
例 supraventricular tachycardia(上室性頻拍)

surface ★★ 発 名 表面
例 surface area(表面積), surface plasmon resonance(表面プラズモン共鳴), surface tension(表面張力), body surface(体表面)

surfactant ★ 名《生体物質》表面活性物質，サーファクタント 類 surface activating agent
例 pulmonary surfactant(肺サーファクタント)

surge 名《臨床》サージ(急激な変動), 動揺

surgeon ★ 名 外科医

surgery ★ 名 ❶外科，外科学 ❷手術
例 orthopedic surgery(整形外科), plastic surgery(形成外科)

surgical ★ 形 外科的な，手術の 副 surgically
例 surgical intervention(外科的処置), surgical patient(手術患者), surgical resection(外科的切除)

surpass 動 勝る，凌ぐ

surprise 名 驚き 動 驚かす

surprising 形 驚くべき 副 surprisingly(驚いたことに)

surrogate 形 代替の 名 代理人
例 surrogate end point(代替エンドポイント), surrogate marker(代替マーカー)

surround ★ 動 囲む，包囲する 形 surrounding(周囲の)

surveillance ★ 名《臨床》調査監視，サーベイランス
例 surveillance program(監視計画), postmarketing surveillance([医薬品の]市販後調査)

survey ★ 発/発 名 調査 動 調査する

survival ★★ 名《臨床》生存
例 survival benefit(延命効果), survival curve(生存曲線), survival rate(生存率)

survive ★ 動 生存する，残存する

survivor ★ 名 生存者

susceptibility ★ 名 感受性，易罹患性(いりかんせい)
例 susceptibility locus(感受性部位)

susceptible ★ 形 感受性の，影響されやすい

suspect ★ 動 疑う，思う

suspend 動 ❶《実験》懸濁させる，浮遊させる ❷中止する，保留する ❸吊す

suspension 名 ❶《物理》懸濁液 ❷浮遊 ❸未決定
例 suspension culture(浮遊培養)，cell suspension(細胞懸濁液)

suspicion 名 疑い

suspicious 形 疑わしい

sustain ★ 動 持続する
例 sustained-release(徐放性の)

suture 発 名《臨床》縫合(ほうごう) 動 縫合する

swab 名《臨床》スワブ(綿棒などで粘膜や分泌物を採取した臨床検体あるいはその道具)，拭き取り検体 動 塗布する
例 cervical swab(子宮頸部スワブ)

swallow 名 飲み込む 派 swallowing(嚥下＝えんげ)

swarm 名 群れ 動 群がる，《細胞》遊走する 派 swarming(スウォーミング＝運動性細菌の寒天培地上での遊走)

sweat 発 名《生理》汗 動 発汗する 派 sweating(発汗)
例 sweat gland(汗腺)

sweep 名《物理》掃引(そういん)，スイープ 動 ＜sweep - swept - swept＞掃く

swelling ★ 動 ❶膨潤，隆起 ❷《症候》腫脹 動 swell(膨潤する，腫脹する)
例 hypotonic swelling(低浸透圧性膨潤)，joint swelling(関節腫脹)

swimming 名 水泳 動 swim(泳ぐ)

swine 名《動物》ブタ 類 pig

switch ★ 名 スイッチ 動 転換する，切り替える

symbiont 名《生物》共生者

symbiosis 名《生物》共生(２種類の生物が密接な関係を保って生存すること) 形 symbiotic 対 parasitism(寄生)

symmetric ★ **/ symmetrical** 形 対称な 副 symmetrically
例 symmetric axis(対称軸)

S

symmetry ★ 名 対称 反 asymmetry(非対称)
例 axis of symmetry(対称軸), icosahedral symmetry(正二十面体対称)

sympathetic ★ 形《解剖》交感(神経性)の 対 parasympathetic(副交感の)
例 sympathetic ganglion(交感神経節), sympathetic innervation(交感神経支配), sympathetic nervous system(交感神経系), sympathetic neuron(交感神経細胞)

sympathomimetic 形《医薬》交感神経刺激の 名 交感神経模倣薬

symport 名《生理》共輸送 類 cotransport

symporter 名《生体物質》共輸送体，シンポーター 類 cotransporter

symposium 名 シンポジウム 複 symposia

symptom ★★ 名《臨床》症状, 徴候, 症候
例 symptom onset(発症), withdrawal symptom(離脱症状)

symptomatic ★ 形 症候性の 反 asymptomatic(無症候性の)
例 symptomatic treatment(対症療法)

symptomatology 名 症候学, 総体症状

synapse ★ 名《解剖》シナプス(神経細胞間の情報伝達部)
例 synapse formation(シナプス形成)

synaptic ★ 形《解剖》シナプスの 副 synaptically
例 synaptic cleft(シナプス間隙), synaptic output(シナプス出力), synaptic plasticity(シナプス可塑性), synaptic transmission(シナプス伝達), synaptic vesicle(シナプス小胞), synaptic vesicle recycling(シナプス小胞の再循環)

synaptogenesis 名《発生》シナプス形成

synaptosome 名《生化学》シナプトソーム(神経終末標本)

synaptotagmin 名《生体物質》シナプトタグミン(開口分泌に関与するタンパク質)

synchronization 名 同期化, 同調

synchronize 動 同調させる

synchronous 形 同調的な 副 synchronously

synchrony 名 同調性

synchrotron 名《物理》シンクロトロン(円形加速器の一種)

syncope 発 名《症候》失神

syncytium 名 シンシチウム(病原体感染を受けた細胞塊), 合胞体 複 syncytia 形 syncytial(合胞体の)
例 respiratory syncytial virus(RSウイルス)

syndecan 名《生体物質》シンデカン(膜貫通型ヘパラン硫酸プロテオグリカン)

syndrome ★★ 名《臨床》症候群, シンドローム
例 Down's syndrome(ダウン症候群), metabolic syndrome(内臓脂肪症候群), Reye's syndrome(ライ症候群)

syndromic 形 症候性の

synergism 発 名《生理》相乗性

synergistic ★ 形 相乗的な 副 synergistically 対 additive(相加的な)
例 synergistic action(相乗作用), synergistic effect(相乗効果)

synergize 動 協同する, 協力する

synergy 名 協同作用

syngeneic 形《遺伝》同系内の, 同一遺伝子の

synonymous 形《遺伝子》同義の(アミノ酸が置換しない遺伝子変異を指して)

synovial ★ 名《解剖》滑膜の
例 synovial membrane(滑膜), synovial fluid(滑液, 関節液)

synoviocyte 名《解剖》滑膜細胞

synovitis 名《疾患》滑膜炎

synovium 名《解剖》滑膜

syntaxin 名《生体物質》シンタキシン(開口分泌に関与するタンパク質)

synteny 名《遺伝子》シンテニー(ゲノム間で遺伝子位置が相同であること)

synthase ★ 名《酵素》シンターゼ, 合成酵素(脱離酵素リアーゼの逆反応) 類 lyase(リアーゼ) 対 synthetase(シンテターゼ)

synthesis ★★ 名 合成 複 syntheses
例 asymmetric synthesis(不斉合成)

synthesize ★ 動 合成する

synthetase ★ 名《酵素》シンテターゼ, 連結酵素(ATPやNADを必要とする2分子連結酵素リガーゼの逆反応) 類 ligase 対 synthase(シンターゼ)
例 acyl-CoA synthetase(アシルCoAシンテターゼ)

S

synthetic ★ 形 ❶合成の ❷総合的な 副 synthetically（総合的に）
例 synthetic fiber（合成繊維）, synthetic peptide（合成ペプチド）

synuclein 名《生体物質》シヌクレイン（脳に豊富で神経変性に関係するタンパク質の一群）

syphilis ★ 名《疾患》梅毒（ばいどく） 形 syphilitic（梅毒性の）
例 latent syphilis（潜伏梅毒）

syringe ア 名《臨床》注射器, シリンジ 類 injector

system ★★ 名 系, システム
例 auditory system（聴覚系）, closed system（閉鎖系）, limbic system（辺縁系）, systems biology（システム生物学［必ず複数形］）

systematic ★ 形 系統的な 副 systematically
例 systematic error（系統誤差）

systemic ★★ ア 形 ❶《生理》全身（性）の ❷《植物》浸透移行性の
副 systemically 反 local（局所性の）
例 systemic administration（全身投与）, systemic circulation（体循環）, systemic effect（全身作用）, systemic lupus erythematosus（全身性エリテマトーデス ; SLE）, systemic sclerosis（全身性硬化症）

systole 発 名《生理》（心臓の）収縮期 対 diastole（拡張期）

systolic ★ 形《生理》収縮期の
例 systolic dysfunction（収縮不全）, systolic murmur（収縮期心雑音）, systolic pressure（収縮期圧＝最高血圧）

T

T ★ 略 ❶《物理》透過率（transmittance） ❷《ヌクレオチド》チミン（thymine） ❸《アミノ酸》スレオニン（threonine）

T-ALL 略《疾患》T細胞性急性リンパ性白血病（T-cell acute lymphoblastic leukemia）

T-cell ★★ 略《免疫》T細胞（thymus-derived cell）, Tリンパ球
類 T-lymphocyte 対 B-cell
例 T-cell differentiation（T細胞分化）, T-cell receptor（T細胞受容体）, T-cell repertoire（T細胞レパートリー）

$T_{1/2}$ 略《単位》半減期（half life）

tablet 名《医薬》錠剤

tachyarrhythmia 名《症候》頻脈性不整脈

tachycardia ★ 発 名《症候》頻拍(ひんぱく), 頻脈(ひんみゃく) 反 bradycardia(徐脈)
例 supraventricular tachycardia(上室性頻拍), ventricular tachycardia(心室頻拍)

tachypnea 名《症候》頻呼吸, 呼吸促迫

tachyzoite 名《生物》タキゾイト(原虫の中間宿主における増殖娘細胞)

tacrolimus 名《化合物》タクロリムス(免疫抑制薬)

tactile 形《生理》触覚の
例 tactile allodynia(触覚性異痛症), tactile sensation(触覚)

tag ★ 名 タグ, 目印, 標識 動(タンパク質などに)タグをつける 派 tagging(標識法) 形 tagged(タグをつけた)

tail ★ 名《解剖》尾, 尾部

tailor 動 仕立てる, 目的に合わせる
例 tailor-made(オーダーメイドの [和製英語])

take ★★ 動 <take - took - taken>取る, 摂取する, 服用する
熟 take advantage of(利用する), take into account(考慮に入れる), take place(起こる), taken together(まとめると)

tamoxifen ★ 名《化合物》タモキシフェン(エストロゲン受容体遮断に基づく乳癌治療薬)

tamponade 名 ❶《症候》タンポナーデ ❷《臨床》タンポン充填
例 balloon tamponade(バルーンタンポナーデ=止血法), cardiac tamponade(心タンポナーデ)

tandem ★ 形 直列(型)の, タンデム型の 副 tandemly
例 tandem mass spectrometry(タンデム質量分析), tandem repeat(《遺伝子》タンデムリピート)

tangential 形《数学》接線(方向)の 副 tangentially

tangle 名 もつれ,《解剖》濃縮体 動 もつれる
例 neurofibrillary tangle(神経原線維変化)

TAO 略《疾患》血栓性閉塞性血管炎(thromboangiitis obliterans)

taper 動 細くする, 減らす

tapeworm 名《生物》条虫(じょうちゅう)

tardive 形《疾患》遅発(ちはつ)性の
例 tardive dyskinesia(遅発性ジスキネジア)

target ★★ 名 標的，ターゲット 動 標的にする 派 targeting (ターゲティング)
例 target gene(標的遺伝子), targeted disruption(標的破壊)

tartrate 名《化合物》酒石酸(塩やエステルとして) 形 酒石酸の 類 tartaric acid

task ★ 名 作業課題，仕事
例 task performance(作業能力)

taste ★ 名 食味，味覚 動 味わう
例 taste bud(味蕾[みらい]), taste cell(味細胞), taste papillae(味覚乳頭)

Tat protein 名《生体物質》Tatタンパク質(HIVが産生する細胞膜透過性タンパク質)

TATA box 略《遺伝子》TATAボックス(転写開始点の上流にある共通配列)

tauopathy 名《疾患》タウオパチー(タウタンパク質の異常がみられる疾患の総称)

taurine 発 名《化合物》タウリン(動物細胞に豊富な含硫アミノ酸)

tautomer 名《化学》互変異性体(容易に変換する2つの異性体)

taxa 名《生物》(複数扱い)分類群

taxonomic 形 分類上の，分類学的な

taxonomy 名 分類学

TB 略《疾患》結核(tuberculosis)

TBP 略 ❶《生化学》TATA結合タンパク質(TATA-binding protein) ❷テロメア結合タンパク質(telomere-binding protein)

TCA cycle 略《生化学》トリカルボン酸回路(tricarboxylic acid cycle) 類 citric acid cycle(クエン酸回路)

TCR 略《生体物質》T細胞受容体(T-cell receptor)

teach 動 ＜teach - taught - taught＞教育する，教える

technical 形 技術の 副 technically

technique ★★ / **technic** ア 名 テクニック，技術

technological 形 科学技術の 副 technologically

technology ★ 名 科学技術

tectum 名《解剖》蓋(がい) 形 tectal(蓋の)
例 optic tectum(視蓋)

tegmental 形《解剖》被蓋の
例 tegmental area(被蓋野)

tegument 名《細胞》外被
例 tegument protein(ウイルス外被タンパク質)

telangiectasia 名《症候》毛細血管拡張
例 ataxia telangiectasia(毛細血管拡張性運動失調症)

telencephalic 形《解剖》終脳の

telencephalon 名《解剖》終脳

teleost 名《生物》硬骨魚(類)

telomerase ★ 名《酵素》テロメラーゼ，テロメア伸長酵素

telomere ★ 名《遺伝子》テロメア(真核細胞の染色体両端にある小粒)
例 telomere-binding protein(テロメア結合タンパク質), telomere shortening(テロメア短縮)

telomeric ★ 形 テロメアの

telophase 名《細胞》分裂終期

temperate 形 ❶《ウイルス》溶原性の ❷温和な，《気象》温帯性の
例 temperate phage(溶原ファージ), temperate zone(温帯)

temperature ★★ 名 温度 熟 at room temperatures(室温で)
例 temperature-sensitive(温度感受性の), ambient temperature(外界温度), rectal temperature(直腸温)

template ★ 名 鋳型,《遺伝子》テンプレート
例 template strand(鋳型鎖)

temporal ★ ア 形 ❶時間の ❷《解剖》側頭(部)の 副 temporally
例 temporal lobe(側頭葉), temporal resolution(時間分解能), temporal summation(時間的加重)

temporary 形 一時的な 副 temporarily

TEN 略《疾患》中毒性表皮壊死剥離症(toxic epidermal necrolysis)

tenascin 名《生体物質》テネイシン(細胞外マトリックス糖タンパクの一群)

tendency ★ 名 傾向 類 inclination, propensity

tender 形 (触ると痛い)圧痛のある
例 tender point(圧痛点)

tenderness 名《症候》圧痛(圧迫により痛みを感じる状態)
例 abdominal tenderness(腹部圧痛)

tendon 名《解剖》腱(けん) 類 chorda
例 tendon reflex(腱反射), Achilles tendon(アキレス腱)

T

tensile 発 — 形 張力の
例 tensile strength(引っ張り強さ)

tension ★ — 名《物理》張力，圧力
例 interfacial tension(界面張力), oxygen tension(酸素分圧)

tentative — 形 仮の，試みの 副 tentatively

teratocarcinoma — 名《疾患》奇形癌腫，テラトカルシノーマ

teratogenicity — 名 催奇形性 形 teratogenic

teratoma — 名《疾患》奇形腫，テラトーマ
例 ovarian teratoma(卵巣奇形腫)

term ★★ — 名 ❶期間 ❷用語 動 名付ける 熟 in terms of(～に関して)
例 long-term potentiation(シナプス応答の長期増強現象; LTP), short-term(短期の)

terminal ★★ — 形 終端の，《臨床》末期の 名 末端，ターミナル 副 terminally
例 terminal care(末期介護), terminal differentiation(最終分化), terminal region(末端領域), carboxy terminal(カルボキシ末端)

terminase — 名《酵素》ターミナーゼ(ラムダファージDNAがコードする酵素)

terminate ★ — 動 終結させる，終了する

termination ★ — 名 終結
例 termination codon(終結コドン)

terminator — 名 ❶《遺伝子》ターミネーター(転写終結コドン) ❷終結剤

terminology — 名 用語法

terminus ★ — 名 終端 複 termini 形 terminal
例 amino terminus(アミノ末端)

ternary ★ — 形 三元の
例 ternary complex(三元複合体)

terrestrial — 形《動物》陸生の

territory — 名《生物》縄張り，テリトリー 形 territorial

TERT — 略《酵素》テロメラーゼ逆転写酵素(telomerase reverse transcriptase)

tertiary ★ 発 — 形 ❶三次の ❷《化学》三級の ❸第三期の
例 tertiary amine(三級アミン), tertiary structure(三次構造), tertiary syphilis(第三期梅毒)

tertile — 名《統計》三分位値

test ★★ 名 ❶試験，検査 ❷《統計》検定 動 テストする
例 patch test(貼布［ちょうふ］試験，パッチテスト)，*t* test(《統計》*t*検定)，tuberculin test(ツベルクリン検査)

testable 形 検証できる
例 testable prediction(検証できる予想)

testicular 形《解剖》精巣の
例 testicular cancer(精巣癌)

testis ★ 名《解剖》精巣(せいそう)，睾丸(こうがん) 類 testicle 複 testes

testosterone ★ 名《生体物質》テストステロン(天然の男性ホルモン)

tetanic 形 ❶《症候》強縮性の ❷《実験》高頻度反復の
例 tetanic contraction(強縮)，tetanic stimulation(高頻度反復刺激)

tetanus 名 ❶《生理》テタヌス，強縮 ❷《疾患》破傷風 複 tenani
例 tetanus toxin(破傷風毒素)，tetanus toxoid(破傷風トキソイド)

tetany 名《症候》テタニー，筋強縮

tether ★ 動 繋ぎ止める

tetra- 接頭「4」を表す
例 tetrahedral(四面体の)，tetramer(四量体)

tetracycline 名《化合物》テトラサイクリン(四環構造をもつ抗生物質)

tetralogy 名《疾患》四徴症，四徴候
例 tetralogy of Fallot(ファロー四徴症)

tetramerization 名 四量体化

tetraploid 名 四倍体 形 四倍体の

tetrodotoxin 名《化合物》テトロドトキシン(Na^+チャネル阻害のフグ毒成分)

textbook 名 教科書

texture 名 ❶生地 ❷手触り

Tg 略《遺伝子》トランスジェニックの(transgenic)

TGF 略《生体物質》トランスフォーミング成長因子(transforming growth factor)
例 TGF-β

Th1 cell 略《免疫》Th1細胞(IL-2やIFN-γを産生して細胞性免疫を活性化するヘルパーT細胞)

Th2 cell 略《免疫》Th2細胞(IL-4，IL-5，IL-6などを産生してB細胞の抗体産生を活性化するヘルパーT細胞)

T

thalamic ★ 形《解剖》視床の
例 thalamic nuclei(視床核)

thalamocortical 形《解剖》視床皮質系の
例 thalamocortical afferent(視床皮質求心路)

thalamus ★ 名《解剖》視床 複 thalami

thalassemia 名《疾患》地中海貧血症，サラセミア

thaliana ➡ *Arabidopsis thaliana*(シロイヌナズナ)

thalidomide 名《化合物》サリドマイド(睡眠薬で催奇形作用をもたらしたがTNF α産生抑制により多発性骨髄腫治療薬で再発売)

thapsigargin 名《生体物質》タプシガルジン(小胞体 Ca^{2+} ポンプ阻害薬)

thaw 動 解凍する

theme 名 テーマ，主題

theorem 発 名《数学》定理
例 binomial theorem(二項定理)

theoretical ★ 形 理論上の 副 theoretically

theory ★ 名 理論，説
例 neutral theory(中立説)

therapeutic ★★ 形《臨床》治療の 副 therapeutically
例 therapeutic dose(治療用量)，therapeutic drug(治療薬)，therapeutic index(治療係数)，therapeutic intervention(治療介入)

therapeutics 名 (単数扱い)治療学，薬物療法学

therapist 名 治療専門家，セラピスト

therapy ★★ 名 治療，療法 類 treatment，cure
例 causal therapy(原因療法)，combined therapy(併用療法)，gene therapy(遺伝子治療)

thereafter 副 その後

thereby ★ 副 それによって

therefore ★★ 副 したがって，それ故に

thermal ★ 形 温熱性の 副 thermally
例 thermal stability(熱安定性)

thermo- ★ 接頭「熱」を表す

thermodynamic ★ 形 熱力学的な 副 thermodynamically

thermodynamics 名《物理》熱力学

thermogenesis 名《生理》熱産生

thermophile 名《生物》好熱菌

thermophilic 形 好熱性の

thermostability 名 熱安定性

thermostable 形 熱安定性の

thermotolerance 名 熱耐性

thiamine 名《化合物》チアミン(ビタミンB_1) 類 vitamin B_1

thiazide 名《化合物》チアジド，サイアザイド(穏和な利尿降圧薬として用いられる一群の化合物)
例 thiazide diuretic(チアジド系利尿薬)

thicken ★ 動 肥厚する 名 thickening(肥厚)

thickness ★ 名 厚さ

thigh 名《解剖》大腿部
例 thigh bone(大腿骨)

thin ★ 形 薄い
例 thin film(薄膜)，thin-layer chromatography(薄層クロマトグラフィー；TLC)

think ★ 動 ＜think - thought - thought＞考える

thiol ★ 名《化学》チオール 類 sulfhydryl, SH
例 thiol group(チオール基)

thioredoxin 名《生体物質》チオレドキシン(チオール含有タンパク質)

third 形 第三の
例 third party(第三者)，third trimester(妊娠第三期)，third ventricle(《解剖》第三脳室)

thirst 名《症候》口渇(こうかつ)

thoracic ★ 形《解剖》胸部の
例 thoracic aorta(胸部大動脈)

thoracotomy 名《臨床》開胸(術)

thorax 名《解剖》胸部，胸郭(きょうかく)

thorough 形 徹底的な 副 thoroughly

thought ★ 名 考え

Thr 略《アミノ酸》スレオニン，トレオニン(threonine)

threat 名 脅威，脅迫 類 menace

threaten ★ 動 脅かす，脅迫する

three-dimensional ★ 形 三次元の 略 3D
例 three-dimensional structure(三次元構造)

threonine ★ 発 名《アミノ酸》スレオニン，トレオニン 略 Thr, T

threshold ★ 名《生理》閾値(いきち)，しきい値
例 pain threshold(疼痛閾値)

thrive 動 ＜thrive - trove - thriven＞栄える

T

throat 名《解剖》咽喉(いんこう) 類 pharynx(咽頭［いんとう］), larynx(喉頭［こうとう］)

thrombin ★ 名《酵素》トロンビン(血液凝固因子のひとつ)
例 thrombin receptor(トロンビン受容体)

thrombocyte 名《細胞》血小板 形 thrombocytic 類 platelet

thrombo-cythemia 名《疾患》血小板血症(巨核球系細胞の腫瘍性増殖症)

thrombocy-topenia ★ 名《疾患》血小板減少(症) 形 thrombocytopenic
例 thrombocytopenic purpura(血小板減少性紫斑病)

thrombocy-tosis 名《疾患》血小板増多(症)

thromboembo-lism 名《疾患》血栓塞栓症 形 thromboembolic

thrombolysis 名《臨床》血栓溶解 形 thrombolytic(血栓溶解性の)

thrombophle-bitis 名《疾患》血栓性静脈炎

thrombosis ★ 名《疾患》血栓症
例 deep venous thrombosis(深部静脈血栓症＝エコノミークラス症候群)

thrombotic 形《疾患》血栓(性)の
例 thrombotic microangiopathy(血栓性微小血管症), thrombotic thrombocytopenic purpura(血栓性血小板減少性紫斑病；TTP)

thromboxane 名《生体物質》トロンボキサン(血小板で多く産生されオキサン環を有する生理活性物質の一群)
例 thromboxane A_2(トロンボキサン A_2)

thrombus 発 名《疾患》血栓 複 thrombi
例 thrombus formation(血栓形成)

throughout ★ 副 くまなく 前 ～間ずっと

throughput ★ 名 処理量, スループット
例 high-throughput screening(高処理スクリーニング系；HTS)

thumb 名《解剖》親指, 母指

thylakoid 名《植物》チラコイド(葉緑体内部構造)

thymectomy 名《臨床》胸腺摘除(術)

thymic ★ 形《解剖》胸腺の 名 thymus

thymidine ★ 名《ヌクレオシド》チミジン(DNAを構成するデオキシリボヌクレオシド)
例 thymidine kinase(チミジンキナーゼ)

thymidylate 名《化合物》チミジル酸(1つのリン酸とチミン塩基をもつデオキシリボヌクレオチド)
例 thymidylate synthase(チミジル酸合成酵素)

thymine 発 名《核酸塩基》チミン 略 T

thymocyte ★ 名《解剖》胸腺細胞

thymoma 名《疾患》胸腺腫

thymus ★ 発 名《解剖》胸腺(= thymus gland) 複 thymi 形 thymic
例 thymus gland(胸腺)

thyroid ★ 発 名《解剖》甲状腺(= thyroid gland)
例 thyroid cancer(甲状腺癌), thyroid gland(甲状腺), thyroid hormone(甲状腺ホルモン), thyroid-stimulating hormone(甲状腺刺激ホルモン；TSH), thyroid storm(甲状腺クリーゼ=機能亢進症の急性増悪)

thyroidal 形 甲状腺の

thyroidectomy 名《臨床》甲状腺摘除(術)

thyroiditis 名《疾患》甲状腺炎

thyrotoxicosis 名《疾患》甲状腺中毒症

thyrotropin 名《生体物質》甲状腺刺激ホルモン
例 thyrotropin-releasing hormone(甲状腺刺激ホルモン放出ホルモン；TRH)

thyroxine 名《生体物質》チロキシン，サイロキシン(甲状腺ホルモン)

tibia 名《解剖》脛骨(けいこつ) 形 tibial

tick ★ 名《生物》マダニ(類)，ダニ
例 tick bite(ダニ咬傷)

tidal 形 (呼吸を潮汐になぞらえて)換気の
例 tidal volume(一回換気量)

tight ★ 形 密接な，堅固な 副 tightly
例 tight junction(密着結合)

tilt 名 傾き 動 傾ける

time ★★ 名 時間 動 時間を計る 接尾 ～倍の 派 timing(タイミング)
例 time constant(時定数), time course(時間経過), time-dependent(時間依存的な), time-lapse(微速度[撮影]の), time-of-flight mass spectrometry(飛行時間型質量分析；TOF-MS), time scale(時間尺度), doubling time(倍加時間), real time(実時間の，リアルタイム)

timely 形 タイムリーな，時宜を得た

timescale 名 時間尺度，タイムスケール

T

TIMP [略]《生体物質》組織メタロプロテアーゼ阻害物質(tissue inhibitor of metalloproteinase)

tin [名]《元素》スズ [化] Sn

tinnitus [発] [名]《症候》耳鳴(じめい), 耳鳴り

tip ★ [名] 先端, チップ

TIPS [略]《臨床》経頸静脈性肝内門脈大循環短絡術(transjugular intrahepatic portosystemic shunt)

tissue ★★ [名]《解剖》組織
[例] tissue culture(組織培養), tissue inhibitor of metalloproteinase(組織メタロプロテアーゼ阻害物質; TIMP), tissue plasminogen activator(組織プラスミノーゲン活性化因子; tPA), tissue section(組織切片), tissue specificity(組織特異性), adipose tissue(脂肪組織)

titer ★ [名] 力価(りきか)

titrate [動] ❶《化学》滴定する ❷《臨床》量を決める

titration ★ [名] ❶《化学》滴定 ❷《臨床》用量設定
[例] titration curve(滴定曲線)

TLC [略]《実験》薄層クロマトグラフィー(thin-layer chromatography)

TLE [略]《疾患》側頭葉てんかん(temporal lobe epilepsy)

TLR [略]《生体物質》トール様受容体(toll-like receptor)

TM [略]《生化学》膜貫通(transmembrane)

TMEV [略]《病原体》タイラーマウス脳脊髄炎ウイルス(Theiler's murine encephalomyelitis virus)

TNF-alpha(α) ★ [略]《生体物質》腫瘍壊死因子 α (tumor necrosis factor α)

tobacco ★ [名]《植物》タバコ(ナス科植物)

tocopherol [名]《化合物》トコフェロール(ビタミンE誘導体の一族)

TOF-MS [略]《実験》飛行時間型質量分析(time-of-flight mass spectrometry)

tolerability [名]《医薬》耐容性

tolerable [形] 許容できる, 耐えられる

tolerance ★ [名] ❶耐性 ❷《免疫》寛容(性)
[例] tolerance test(負荷試験), cross tolerance(交差耐性), immune tolerance(免疫寛容)

tolerant [形] 耐性の, 耐容性の, 寛容性の

tolerate ★ [動] 許容する, 耐容性を示す, 我慢する

tolerize [動]《免疫》寛容化する

tolerogenic [形] 免疫寛容誘発の

Toll-like receptor 名《生体物質》トール様受容体(病原体成分を認識して自然免疫に関与する細胞膜受容体ファミリー)

tomographic 形 断層撮影の

tomography ★ 名《臨床》断層撮影(法)
例 computed tomography(コンピュータ断層撮影；CT)

tongue 発 名 ❶《解剖》舌 ❷ことば
例 one's mother tongue(母国語)

tonic 形 ❶《生理》緊張性の，持続性の ❷《疾患》強直性の
副 tonically 反 clonic(間代性の)
例 tonic convulsion(強直性痙攣)

tonoplast 名《植物》液胞膜

tonsil 名《解剖》扁桃(へんとう)(腺) 形 tonsillar

tooth 名《解剖》歯，歯牙(しげ) 複 teeth
例 tooth loss(歯牙欠損)，tooth wear(歯の摩耗)

toothache 名《症候》歯痛

topical ★ 形 局所的な，外用の 副 topically 類 local, focal
反 systemic(全身性の)
例 topical application(局所投与)

topographic / topographical 形 組織分布の 副 topographically

topography 名 ❶組織分布，局所解剖学 ❷地形学

topoisomerase ★ 名《酵素》トポイソメラーゼ(DNAのトポロジー＝超らせん構造を形成する酵素)

topological 形 形態上の 副 topologically

topology ★ 名 ❶形態，トポロジー ❷位相幾何学
例 transmembrane topology(膜貫通領域での形態)

torsade de pointes 名《症候》多形性心室頻拍，トルサード・ド・ポアン(フランス語；心電図でのQT延長を伴う重篤な不整脈)

torsion 名 ❶《物理》ねじれ ❷《医学》捻転(ねんてん) 形 torsional
例 torsion angle(ねじれ角)

total ★★ 形 すべての，総量の 名 合計，全体 動 総計する
副 totally 類 whole, entire 熟 a total of(総計〜)
例 total body clearance(全身クリアランス)，total cholesterol(総コレステロール)，total internal reflection fluorescence(全反射照明蛍光；TIRF)，total parenteral nutrition(完全非経口栄養法；TPN)，total synthesis(全合成)

totipotency 名《発生》全能性，分化全能性 形 totipotent

toto ➡ *in toto*(全体として)

T

touch 名 触覚，タッチ 動 触れる

toward ★ **/ towards** 前 (～に)向かって

toxic ★ 形 有毒な
例 toxic shock syndrome(毒素性ショック症候群)

toxicity ★ 名 毒性

toxicological 形 毒性学的な

toxicology 名 毒性学，中毒学

toxigenic 形 毒素産生性の

toxin ★ 名 毒素 類 poison, venom
例 pertussis toxin(百日咳毒素)

toxoid 名《臨床》トキソイド(変性させて無毒化した毒素)
例 tetanus toxoid(破傷風トキソイド)

Toxoplasma 学《生物》トキソプラズマ(属)(寄生虫の一属)
例 *Toxoplasma gondii*(トキソプラズマ・ゴンディ＝原虫)

toxoplasmosis 名《疾患》トキソプラズマ症

tPA / t-PA 略《生体物質》組織プラスミノゲンアクチベーター(tissue plasminogen activator)＝血栓溶解剤

TPMT 略《酵素》チオプリンメチル基転移酵素(thiopurine methyltransferase)

TPN 略《臨床》完全非経口栄養法，完全静脈栄養(total parenteral nutrition)

trabecular 形《解剖》柵状織(さくじょうしき)の，線維柱帯(せんいちゅうたい)の
例 trabecular bone(海綿骨)，trabecular meshwork(線維柱帯網)

trace ★ 名 ❶トレース，追跡 ❷微量，痕跡 動 追跡する
例 trace amount(痕跡量)，trace element(微量元素)

tracer ★ 名《放射線》トレーサー(追跡に用いる物質)

trachea 発 名《解剖》気管 複 tracheae 形 tracheal 対 bronchus(気管支)

tracheobronchial 形 気道内の

tracheostomy 名《臨床》気管切開(術)

trachoma 名《疾患》トラコーマ(クラミジア感染による角結膜炎)

trachomatis ★ ➡ *Chlamydia*(クラミジア)

track ★ 名 ❶通路 ❷《物理》飛跡 動 追跡する 派 tracking(トラッキング)
例 tracking eye movement(追跡眼運動)

tract ★ 名《解剖》路，管
例 urinary tract(尿路)

tractable 形 扱いやすい，細工しやすい

traction 名《物理》牽引(力) 形 tractional

tractus 名《解剖》路
例 tractus solitarius(孤束)

trade 名 ❶商業 ❷貿易 派 trade-off (トレードオフの，引き替えとしての)
例 trade name(商標名)

tradition 名 伝統

traditional ★ 形 伝統的な 副 traditionally 類 conventional (慣例的な)
例 traditional medicine(伝統医学)

TRAF 略《生体物質》TNF受容体関連因子 (tumor necrosis factor receptor-associated factor)

traffic 名 交通，輸送，取引 動 通行する 派 trafficking([特に細胞内の] 輸送)
例 vesicle trafficking(小胞輸送)

TRAIL 略《生体物質》腫瘍壊死因子関連アポトーシス誘発リガンド (tumor necrosis factor-related apoptosis-inducing ligand)

train 名 列，連 動 訓練する 派 training(トレーニング)
例 spike train(スパイク列)

trait ★ 名《遺伝》形質，体質
例 complex trait(複合形質)，quantitative trait(量的形質)

trajectory 名 軌跡，軌道

trans- ★ 接頭「離れて，横切って，越えて，転じて」を表す
例 trans-Golgi network(トランスゴルジ網)

trans-acting 形《遺伝子》トランス作用性の (転写制御因子が他の場所にある遺伝子の発現を調節する場合を指して) 反 cis-acting(シス作用性の)
例 trans-acting factor(トランス作用因子)

transactivation ★ 名《生化学》トランス活性化 (離れた遺伝子の転写調節や別経路の細胞内情報伝達系の活性化)

transactivator 名《遺伝子》トランス活性化因子 (自身以外の特定DNA配列を認識して転写を活性化する調節タンパク質) 類 trans-acting factor

transaminase 名《酵素》トランスアミナーゼ，アミノ基転移酵素

transcranial 形《臨床》経頭蓋の
例 transcranial magnetic stimulation (経頭蓋磁気刺激；TMS)

T

transcribe ★ 動《遺伝子》転写する
例 reverse-transcribed(逆転写された)

transcript ★★ 名《遺伝子》転写物

transcriptase ★ 名《酵素》トランスクリプターゼ，転写酵素
例 reverse transcriptase(逆転写酵素)

transcription ★★ 名《遺伝子》転写(DNAからRNAへの変換) 対 translation(翻訳)
例 transcription factor(転写因子)

transcriptional ★★ 形《遺伝子》転写の 副 transcriptionally(転写的に)
例 transcriptional activation(転写活性化), transcriptional coactivator(転写共役因子), transcriptional regulation(転写制御), transcriptional repression(転写抑制)

transcriptome 名 トランスクリプトーム(全mRNAの集合を表す造語)

transcytosis 名《生理》経細胞輸送，トランスサイトーシス(細胞内を横切る方向の物質輸送)

transdermal 形《臨床》経皮的な 副 transdermally
例 transdermal administration(経皮投与)

transdifferentiation 名《発生》分化転換(すでに分化した細胞が別の細胞種に転換する現象)

transduce ★ 動 ❶伝達する ❷形質導入する

transducer ★ 名《物理》トランスデューサ

transduction ★ 名 ❶伝達 ❷変換 ❸形質導入(バクテリオファージの仲介による細菌での形質移行)
例 energy transduction(エネルギー変換), signal transduction system(シグナル伝達系), visual transduction(視覚情報伝達)

transect 動 横切する，切除する

transection 名 ❶《臨床》切断，離断，横切 ❷横断面
例 spinal cord transection(脊髄離断)

transendothelial 形《細胞》経内皮の(リンパ球などの内皮下空間への浸潤を指して)
例 transendothelial migration(経内皮遊走)

transepithelial 形《細胞》経上皮の
例 transepithelial transport(経上皮輸送)

transesophageal 形《臨床》経食道の
例 transesophageal echocardiography(経食道心エコー)

transesterification 名《化学》エステル転移，エステル交換

transfect ★ 動 形質移入する，《遺伝子》導入する

transfectant 名《細胞》トランスフェクタント，形質移入体

transfection ★ 名《実験》形質移入，トランスフェクション(動物細胞への人為的な遺伝子の導入・感染による形質の発現)
例 transfection efficiency([遺伝子]導入効率)

transfer ★★ 発/発 名 ❶移動，転移 ❷伝達，輸送 ❸導入，移植 動 移す
例 electron transfer(電子伝達)，embryo transfer(胚移植)，energy transfer(エネルギー移動)，transfer RNA(転移RNA)，gene transfer(遺伝子導入)

transferase ★ 名《酵素》トランスフェラーゼ，転移酵素
例 glutathione S-transferase(グルタチオンS-トランスフェラーゼ；GST)

transferrin ★ 名《生体物質》トランスフェリン(鉄輸送を担うタンパク質)

transform ★ 動 ❶変換する ❷《細胞》形質転換させる 名《物理》変換(によって得られた数値を指す)
例 transforming growth factor(トランスフォーミング増殖因子)，Fourier transform(フーリエ変換)

transformant 名《細胞》形質転換体

transformation ★ 名 ❶《物理》変換(処理を指す) ❷《細胞》形質転換，トランスフォーメーション(細胞への遺伝子導入による形質の変化)
例 malignant transformation(癌化)

transfuse 動《臨床》輸血する，注入する

transfusion ★ 名 ❶《臨床》輸液，輸血 ❷注入 類 blood transfusion(輸血)
例 autologous transfusion(自己血輸血)

transgene ★ 名《実験》導入遺伝子

transgenic ★★ 形《実験》遺伝子組換えの，トランスジェニックの
例 transgenic mouse(遺伝子組換えマウス)，transgenic mice and wild-type littermates(遺伝子組換えマウスと野生型の同腹仔)，transgenic plant(形質転換植物)

transglutaminase 名《酵素》トランスグルタミナーゼ，グルタミン転移酵素

transient ★ 発 形 一過性の 名《生理》過渡応答 副 transiently
反 long-lasting(持続性の)
例 transient expression(一過性発現)，transient ischemic attack(一過性脳虚血発作；TIA)，transient transfection(一過性[遺伝子]導入)

transistor 名《電子》トランジスタ

transit 動 移行する，通行する 名 通過，移行
例 transit time(通過時間)

T

transition ★ 名 遷移，転移，移行，転換
例 transition state(遷移状態)，transition temperature(転移温度)，electron transition(電子遷移)，phase transition(相転移)

transitional 形 移行性の 副 transitionally
例 transitional cell carcinoma(移行上皮癌)

translate ★ 動《生化学》翻訳する(mRNAをタンパク質に)

translation ★ 名《生化学》翻訳(mRNAからタンパク質への変換)
対 transcription(転写［DNAからmRNAへの変換］)
例 translation initiation factor(翻訳開始因子)，translation termination(翻訳終結)

translational ★ 形 ❶《生化学》翻訳の ❷《研究》技術移転の 副 translationally
例 translational control(翻訳調節)，translational research(トランスレーショナルリサーチ＝臨床利用を目指す探索的な基礎研究)

translesion 形《遺伝子》損傷乗り越えの(DNA損傷部を無視して行われるDNA複製)
例 translesion synthesis(損傷乗り越え合成；TLS)

translocase 名《酵素》トランスロカーゼ，転位酵素(膜輸送を担う)
例 nucleotide translocase(ヌクレオチドトランスロカーゼ［交換輸送体］)

translocate ★ 動 転位置させる，位置を変えさせる

translocation ★ 名 転位置，移行，《遺伝子》転座
例 chromosomal translocation(染色体転座)

translocator 名《生体物質》トランスロケーター，輸送体

transluminal 形《臨床》経管的な
例 percutaneous transluminal coronary angioplasty(経皮経管冠動脈形成術；PTCA)，transluminal angioplasty(経管的血管形成術)

transmembrane ★ 形《細胞》膜貫通の
例 transmembrane conductance(膜コンダクタンス)，transmembrane potential(膜電位差)，transmembrane region(膜貫通部)，transmembrane segment(膜貫通領域)，transmembrane topology(膜貫通領域での形態)

transmigration 名《細胞》遊出，血管外移動
例 leukocyte transmigration(白血球遊走)

transmissible 形《疾患》伝達性の 類 epidemic, infectious, infective
例 transmissible spongiform encephalopathy(伝達性海綿状脳症)

transmission ★ 名 ❶《生理》伝達 ❷《物理》透過 ❸《臨床》感染
例 sexual transmission(性行為感染), synaptic transmission(シナプス伝達), transmission electron microscopy(透過型電子顕微鏡)

transmit ★ 動 ❶伝達する ❷透過する ❸伝染させる

transmitter ★ 発 名《生理》伝達物質 派 neurotransmitter(神経伝達物質)

transmural 形《解剖》貫壁(かんへき)性の 副 transmurally
例 transmural myocardial infarction(貫壁性心筋梗塞), transmural dispersion of repolarization(貫壁性再分極分散)

transparency 名 透明度

transparent 形 透明な 副 transparently

transpiration 名《生理》蒸散, 蒸泄(じょうせつ) 動 transpire(蒸散させる)

transplant ★ 発/発 名 ❶《臨床》移植 ❷移植片 動 移植する
例 transplant recipient(移植患者), transplant rejection(移植片拒絶)

transplantation ★★ 名《臨床》移植(術)
例 autologous transplantation(自家移植), liver transplantation(肝移植), organ transplantation(臓器移植), stem cell transplantation(幹細胞移植)

transport ★★ 発/発 名 輸送, 運搬 動 輸送する, 運搬する
例 transport capacity(輸送能), transport vesicle(輸送小胞), active transport(能動輸送), electron transport(電子伝達)

transporter ★ 名《生体物質》輸送体, トランスポータ

transposable 形《遺伝子》転位性の
例 transposable element([DNA] 転位因子)

transpose 動 転位する, 置き換える

transposition 名《遺伝子》転位

transposon ★ 名《遺伝子》トランスポゾン(転移性の遺伝要素)
例 transposon mutagenesis(トランスポゾン変異)

transverse 形 横断している, 横行の 副 transversely
例 transverse myelitis(横断性脊髄炎)

transversion 名《遺伝子》トランスバージョン(DNA中の核酸塩基が入れ替わる現象), 塩基転換

trap ★ 名 捕捉 動 捕捉する

trauma ★ 名 ❶外傷 ❷《精神》心的外傷, トラウマ
例 head trauma(頭部外傷)

traumatic 形《疾患》外傷性の
例 post-traumatic stress disorder(外傷後ストレス障害；PTSD), traumatic brain injury(外傷性脳障害)

travel 名 旅行 動 移動する，旅行する

traveler 名 旅行者，渡航者
例 traveler's diarrhea(渡航者下痢症)

traverse 動 横切る

treadmill 名《実験》トレッドミル(ベルト式強制歩行装置)

treat ★★ 動 処理する，処置する，治療する
例 treated group(処置群)

treatable 形 治療可能な

treatment ★★ 名 ❶処理，処置 ❷《臨床》治療(法)
例 treatment failure(治療不成功), treatment outcome(治療成績), drug treatment(薬物処置), palliative treatment(姑息療法), supersonic treatment(超音波処理)

tremor 発 名《症候》振戦(しんせん＝筋肉の不随意な収縮と弛緩の繰り返し)
例 intention tremor(企図振戦)

trend ★ 名 傾向，動向 類 tendency

Treponema 学《生物》トレポネーマ(属)(スピロヘータの一属)
例 *Treponema pallidum*(梅毒トレポネーマ)

TRH 略《生体物質》甲状腺刺激ホルモン放出ホルモン(thyrotropin-releasing hormone)

triad 発 名 ❶三つ組，三連構造 ❷《臨床》三徴候

triage 名《臨床》トリアージ(災害救急医療での傷病者分類)

trial ★★ 名 ❶試み ❷《臨床》治験
例 clinical trial(臨床治験), multicenter trial(多施設治験)

trichome 名《植物》毛状突起，トリコーム

tricuspid 形《解剖》三尖弁の，右房室弁の
例 tricuspid valve(三尖弁)

tricyclic 形《化学》三環系の
例 tricyclic antidepressant(三環系抗うつ薬)

trigeminal 形《解剖》三叉神経の
例 trigeminal nerve(三叉神経), trigeminal neuralgia(三叉神経痛)

trigger ★ 名 トリガー，引き金 動 引き金を引く
例 trigger point(発痛点)

triglyceride ★ 名《化合物》トリグリセリド，《臨床》中性脂肪

trim 動 ❶整える ❷刈り込む

trimer 名《生化学》三量体 形 trimeric
例 envelope glycoprotein trimer（外被糖タンパク質三量体）

trimerization 名《生化学》三量体形成

trimester 名《臨床》三半期（人間の妊娠期間の）
例 first trimester（妊娠第一期）

tripartite 形 三者（間）の
例 tripartite complex（三分子複合体）

triphosphate ★ 名《化合物》三リン酸（エステル）（リン酸が3つ直列） 対 trisphosphate（三リン酸三エステル＝リン酸エステルが3箇所）
例 adenosine triphosphate（アデノシン三リン酸；ATP）

triple ★ 形 三重の
例 triple helix（三重らせん体）

triplet ★ 名 ❶三つ組，《遺伝子》トリプレット（ヌクレオチドの） ❷《物理》三重線
例 triplet repeat（三塩基反復）

triplex 形 三重の
例 triplex DNA（三重鎖DNA）

trisomy 名《疾患》トリソミー（二倍体の染色体が三倍体になる異常）
例 trisomy 21（21番染色体トリソミー［ダウン症］）

trisphosphate 名《化合物》三リン酸（三エステル）（エステル結合が3箇所） 対 triphosphate（三リン酸＝3つのリン酸基が直列）
例 inositol-1,4,5-trisphosphate（イノシトール三リン酸；IP_3）

tritiated 形《化学》トリチウム標識した 化 $[^3H]$

Triticum aestivum 学《植物》コムギ（wheat），小麦

tritium 名《化学》トリチウム 化 ^3H

trivial 形 ❶平凡な ❷《数学》自明の ❸《生物》種の

tRNA 略《遺伝子》転移RNA，トランスファーRNA（transfer RNA）

trophoblast 名《発生》栄養膜，栄養芽細胞 形 trophoblastic（絨毛性の）

trophozoite 名《生物》（原虫の）栄養体，栄養型

-tropic 接尾「向性」を表す
例 psychotropic（向精神［性］の），pleiotropic（多面性の）

tropical 形《気象》熱帯の
例 tropical medicine（熱帯医学），tropical rain forest（熱帯雨林）

T

tropism 名《動物》向性，《植物》屈性 派 chemotropism(化学向性，走化性)，gravitropism(重力屈性)

tropomyosin 名《生体物質》トロポミオシン(筋収縮関連タンパク質)

troponin ★ 名《生体物質》トロポニン(骨格筋カルシウム結合タンパク質)

trough 発 名 ❶トラフ(波形の谷部) ❷《医薬》トラフ値(次回の薬物投与直前の最低血中濃度)

trout 名《魚類》マス
例 rainbow trout(ニジマス)

Trp 略《アミノ酸》トリプトファン(tryptophan)

true ★ 形 真の，本物の 副 truly

truncal 形《解剖》躯幹(くかん)の
例 truncal vagotomy(全迷走神経切断術)

truncate ★ 動 切り詰める
例 truncated form(切断型)

truncation ★ 名《生化学》トランケーション(遺伝子やタンパク質を切り詰めること)，短縮化

trunk 名《解剖》躯幹(くかん)，体躯(たいく) 類 truncus
例 truncus arteriosus(総動脈幹)

trust 名 信頼 動 信頼する

Trypanosoma 学《生物》トリパノソーマ(属)(動物に寄生する鞭毛虫の一属)
例 *Trypanosoma brucei*(ブルーストリパノソーマ＝馬ナガナ病の病原体)，*Trypanosoma cruzi*(クルーズトリパノソーマ＝シャーガス病の病原体)

trypanosome 名《生物》トリパノソーマ(原虫の一種)

trypanosomiasis 名《疾患》トリパノソーマ感染症

trypsin ★ 名《酵素》トリプシン(膵セリンプロテアーゼ) 形 tryptic
例 tryptic digest(トリプシン消化物)

tryptophan ★ 発 名《アミノ酸》トリプトファン 略 Trp，W

TSC 略《疾患》結節性硬化症(tuberous sclerosis)

TSH 略《生体物質》甲状腺刺激ホルモン(thyroid-stimulating hormone)

tubal 形《解剖》管の，卵管の
例 tubal ligation(卵管結紮)

tube ★ 名 管，チューブ

tuber 名《解剖》隆起,《植物》塊茎
例 tuber cinereum(灰白隆起)

tubercle 名《解剖》結節 形 tubercular
例 olfactory tubercle(嗅結節)

tuberculin 名《臨床》ツベルクリン
例 tuberculin test(ツベルクリン検査)

tuberculosis ★ 発 名《疾患》結核
例 *Mycobacterium tuberculosis*(結核菌)

tuberculous 形《疾患》結核性の
例 tuberculous meningitis(結核性髄膜炎)

tuberous 形《疾患》結節性の
例 tuberous sclerosis(結節性硬化症)

tubular ★ 形《解剖》尿細管の
例 tubular epithelial cell(尿細管上皮細胞)

tubule ★ 名《解剖》尿細管 類 renal tubule(腎尿細管)

tubulin 名《生体物質》チューブリン(微小管構成タンパク質)

tubulointerstitial 形《解剖》尿細管間質性の
例 tubulointerstitial nephritis(尿細管間質性腎炎)

tularemia 名《疾患》野兎病(やとびょう)

tumble 動 転がる

tumefaciens ➡ *Agrobacterium*(アグロバクテリウム)

tumor ★★ **/ 英 tumour** 名《疾患》腫瘍 形 tumoral
例 tumor cell(腫瘍細胞), tumor escape(腫瘍エスケープ), tumor excision(腫瘍切除術), tumor growth(腫瘍増殖), tumor metastasis(腫瘍転移), tumor necrosis factor-α(腫瘍壊死因子α;TNF-α), tumor promoter(腫瘍プロモーター), tumor recurrence(腫瘍再発), tumor regression(腫瘍退縮), tumor suppressor gene(腫瘍抑制遺伝子), brain tumor(脳腫瘍)

tumorigenesis ★ 名 腫瘍形成

tumorigenic 形 腫瘍原性の,腫瘍化の

tumorigenicity 名 腫瘍形成能,造腫瘍性

tune ★ 動 調律する,調整する 名 tuning(調律)

TUNEL staining 略《実験》TUNEL染色(TdT-mediated dUTP nick-end labeling)=アポトーシス細胞検出法

tunnel 名 トンネル 派 tunneling(《物理》トンネル効果)

turbulent 形 乱流の
例 turbulent flow(乱流)

turkey 名《鳥類》シチメンチョウ

turn ★ 名 ❶回転，ターン ❷順番 動 ❶回転する ❷なる(+to) 熟 in turn(次々順番に)，turn on(活性化する)，turn off(遮断する)，turn out(判明する)

turnover ★ 名《生化学》ターンオーバー，代謝回転
例 turnover rate(代謝回転速度)

tweezers 名(複数扱い)ピンセット
例 laser optical tweezers(レーザー光ピンセット)

twitch 発 名《生理》単収縮，攣縮(れんしゅく)

two-dimensional ★ 形 二次元の 略 2D
例 two-dimensional gel electrophoresis(二次元ゲル電気泳動)

two-hybrid ★ 形《実験》二重ハイブリッドの(タンパク質間相互作用の検出原理)
例 yeast two-hybrid system(酵母ツーハイブリッド法)

two-state 形 二状態の
例 two-state model(二状態モデル)

two-step 形 二段階の
例 two-step reaction(二段階反応)

TXA_2 略《生体物質》トロンボキサンA_2(thromboxane A_2)

type ★★ 名 ❶型 ❷《生物》タイプ標本 動 分類する 派 typing(分類)
例 type strain(基準株)，wild-type(野生型の)

typhoid 名《疾患》腸チフス
例 typhoid fever(腸チフス熱)

typhus 名《疾患》チフス
例 scrub typhus(草原熱，ツツガムシ病)

typical ★ 形 典型的な 副 typically
例 typical element(典型元素)

typify 動 典型的に表す

Tyr 略《アミノ酸》チロシン(tyrosine)

tyrosine ★★ 発 名《アミノ酸》チロシン 略 Tyr，Y
例 tyrosine hydroxylase(チロシン水酸化酵素；TH)，tyrosine kinase(チロシンキナーゼ)，tyrosine phosphatase(チロシンホスファターゼ)，tyrosine phosphorylation(チロシンリン酸化)

U

U ★ 略 ❶《酵素》単位(unit) ❷《ヌクレオチド》ウラシル(uracil)

ubiquitin ★ 名《生体物質》ユビキチン(タンパク質を分解するための標識となるタンパク質) 類 polyubiquitin(ポリユビキチン)
例 ubiquitin ligase(ユビキチンリガーゼ)

ubiquitinated 形 ユビキチン化された

ubiquitination ★ 名《生化学》ユビキチン化 類 polyubiquitination(ポリユビキチン鎖形成)

ubiquitous ★ 発 形 遍在(へんざい)性の，広範な 副 ubiquitously
例 ubiquitous expression(広範な発現)

UDP 略《生体物質》ウリジン二リン酸(uridine diphosphate)

ulcer ★ 発 名《疾患》潰瘍(かいよう)
例 duodenal ulcer(十二指腸潰瘍)，gastric ulcer(胃潰瘍)，peptic ulcer(消化性潰瘍)

ulcerate 動 潰瘍形成する 形 ulcerated(潰瘍化した)

ulceration 名《症候》潰瘍形成

ulcerative 形《疾患》潰瘍性の
例 ulcerative colitis(潰瘍性大腸炎)，ulcerative proctitis(潰瘍性直腸炎)

ulnar 形《解剖》尺側の(しゃくそく＝前腕の小指側)
例 ulnar nerve(尺骨神経)

ultimate 形 究極の 副 ultimately

ultra- ★ 接頭「超，範囲外」を表す

ultracentrifugation 名《実験》超遠心分離法 派 ultracentrifuge(超遠心機)

ultrafast 形 超高速の

ultrafiltration 名《化学》限外濾過(げんがいろか)

ultrasonic 形 超音波の
例 ultrasonic echo(超音波エコー)

ultrasonography 名《臨床》超音波検査 形 ultrasonographic(超音波検査の)
例 Doppler ultrasonography(ドップラー超音波検査)

ultrasound ★ 発 名《物理》超音波
例 ultrasound examination(超音波検査)

ultrastructural 形 超微細構造の 副 ultrastructurally

ultrastructure 名 超微細構造

ultraviolet ★ 形 紫外領域の 名《物理》紫外線 略 UV 派 ultraviolet A(長波長紫外線；UVA)，ultraviolet B(短波長紫外線；UVB)
例 ultraviolet irradiation(紫外線照射)，ultraviolet light(紫外線)

umbilical 形《解剖》臍の(さい＝ヘソの緒)
例 umbilical cord blood(臍帯血), umbilical vein(臍静脈＝母体から胎児への血管)

un- ★★ 接頭「未, 非, 脱, 不」を表す

unable ★ 形 できない(+to do)

unacceptable 形 容認できない

unactivated 形 活性化されていない

unadjusted 形 未調整の

unaffected ★ 形 無影響の

unaltered 形 不変の

unambiguous 形 明白な 類 apparent, clear, evident, obvious, pronounced, unequivocal 副 unambiguously

unanesthetized 形 無麻酔の

unanswered 形 未解決の

unanticipated 形 予期しない

unappreciated 形 価値を認められていない

unavailable 形 入手不可能な

unaware 形 無意識の, 気づかない

unbalance 動 不均衡にする(名詞としては用いないことに注意)

unbiased 形《統計》不偏(性)の
例 unbiased variance(不偏分散)

unbound 形 非結合の

uncertain ★ 形 不確定な 副 uncertainly

uncertainty 名 不確定性
例 uncertainty principle(不確定性原理)

unchanged ★ 形 不変の, 未変化の

uncharacterized 形 特徴づけられていない

uncharged 形《物理》無電荷の

unclear ★ 形 不確かな, 不明瞭な 副 unclearly

uncoated 形 コーティングされていない
例 uncoated stent(無コートステント)

uncoating 名 (ウイルスの)脱外被, 脱コート

uncommon ★ 形 珍しい 副 uncommonly

uncomplicated 形《疾患》無併発の

unconditioned 形《生理》無条件(刺激)の
例 unconditioned stimulus(無条件刺激)

unconjugated 形《化学》非抱合型の
例 unconjugated bilirubin(非抱合型ビリルビン)

unconscious 形《症候》無意識の 副 unconsciously

uncontrolled 形 制御されていない

unconventional 形 非慣習的な，非定型の

uncoupling ★ 名《生化学》脱共役(だつきょうやく) 動 uncouple(脱共役させる) 派 uncoupler(脱共役剤)
例 mitochondrial uncoupling protein(ミトコンドリア脱共役タンパク質)

uncover ★ 動 明らかにする 類 clarify, disclose, elucidate, manifest, reveal, unmask

undamaged 形 未損傷の

underestimate 動 過小評価する

undergo ★★ 動 ＜undergo - underwent - undergone＞経験する，起こす
例 undergo apoptosis(アポトーシスを起こす)

underlie ★★ 動 ＜underlie - underlay - underlain＞根底にある，基礎をなす 名 underlying(～の根底にある)

undermine 動 蝕(むしば)む，傷つける

underpin 動 支持する，補強する

underscore 動 強調する，下線を引く 類 emphasize, stress

understand ★★ 動 ＜understand - understood - understood＞理解する 名 understanding(理解)

undertake ★ 動 ＜undertake - undertook - undertaken＞企てる，試みる

underway 形 進行中の 類 in progress, ongoing

undescribed 形 未記述の

undesirable 形 望ましくない

undetectable ★ 形 検出不可能な

undetected 形 未検出の

undetermined 形 未決定の

undiagnosed 形《臨床》診断未確定の

undifferentiated 形《細胞》未分化の
例 undifferentiated carcinoma(未分化癌)

undoubtedly 副 疑いの余地なく

unequal 形 不均等な 副 unequally

unequivocal 形 明白な 類 apparent, clear, evident, obvious, overt, pronounced 副 unequivocally

unexpected ★ 形 予想外の 副 unexpectedly

unexplained 形 未解明の，不明な 類 obscure, uncertain, unclear, unidentified, unknown, unrevealing, unsolved

unexposed 形 曝露されていない
unfavorable 形 都合悪い 副 unfavorably
unfolding ★ 名《生化学》アンフォールディング(タンパク質の折りたたみ構造がほどけること＝変性)
unfortunate 形 不幸な 副 unfortunately
unfractionated 形《生化学》未分画の
uni- ★ 接頭「1，単」を表す 対 bi-，multi-
unicellular 形 単細胞の
unidentified 形 未知の，未同定の
unidirectional 形 一方向性の 副 unidirectionally
unified 形 統合された
uniform ★ 形 均一な，一様な 副 uniformly
uniformity 名 均一性
unify 動 統合する，統一する
unilamellar 形《物理》単層の
例 unilamellar vesicle(単層リポソーム)
unilateral ★ 形《解剖》一側性の(いっそくせい＝左右どちらかの)
副 unilaterally 対 bilateral(両側性の)
unimolecular 形 単分子の
unimpaired 形 未障害の
uninfected ★ 形 非感染性の
uninjured 形 未損傷の
uninsured 形 無保険の 名 無保険者
uninterrupted 形 中断されていない
uninvolved 形 未関与の
union 名 ❶結合 ❷連合，組合
uniparental 形《遺伝》片親性の 対 biparental(二親の)
例 uniparental disomy(片親性ダイソミー＝二本の染色体を片親から受け継ぐ異常)
unique ★★ 形 ❶独特の(+to) ❷珍しい 副 uniquely
unit ★ 名 ❶単位 ❷ユニット，部署 略 U
例 international unit(国際単位；IU)，intensive care unit(集中治療室；ICU)
unitary 形 単位の
例 unitary conductance(単位コンダクタンス)
unity 名 ❶統一性 ❷単一体
univariate 形《統計》単変量の
例 univariate analysis(単変量解析)
universal ★ 形 ❶普遍的な ❷全世界の 副 universally

universe 名 ❶宇宙 ❷(学問の)領域，分野
university ★ 名 (総合)大学 類 college(単科大学)
例 university hospital(大学病院)
unknown ★★ 形 未知の 類 obscure, uncertain, unclear, unexplained, unidentified
unlabeled 形 非標識の
unless ★ 接 〜でない限り(= if not)
unliganded 形 リガンド非結合の
unlike ★ 前 (〜と)異なって
unlikely ★ 形 ありそうにない，見込みのない
例 unlikely to do(おそらく〜しそうにない)
unlinked 形 非連鎖の，非連結の
unloading 名 負荷軽減
unmask 動 暴露する，明らかにする 類 disclose, expose, reveal, uncover
unmethylated 形 《遺伝子》メチル化されていない
例 unmethylated CpG motif(非メチル化CpGモチーフ)
unmodified 形 無修飾の
unmyelinated 形 《解剖》無髄の，ミエリン鞘のない
例 unmyelinated C-fiber(無髄C線維)
unnatural 形 不自然な，無理な
unnecessary 形 不必要な
unoccupied 形 《化学》非占有の
例 lowest unoccupied molecular orbital(最低空分子軌道)
unopposed 形 対立しない
unpaired 形 ❶《化学》不対の ❷《統計》独立の，対応のない
例 unpaired electron(不対電子)，unpaired t-test(独立 *t* 検定)
unpleasant 形 不快な
unprecedented 形 前例のない
unpredictable 形 予測不可能な
unprocessed 形 加工されていない，非プロセス型の
unprotected 形 無防備な
unproven 形 証明されてない
unpublished 形 未発表の
unravel 動 解決する
unrecognized 形 無認識の
unregulated 形 未制御の

U

unrelated ★ 形 無関係の，血縁でない
unreliable 形 信頼できない
unreported 形 未報告の
unresectable 形 切除不能な
unresolved 形 未解決の
unresponsive 形 非応答性の 名 unresponsiveness（無応答性）
unrestrained 形 無拘束の，無制限の
unrestricted 形 非制限的な
unsatisfactory 形 不満足な
unsaturated 形《化学》不飽和の
例 unsaturated fatty acid（不飽和脂肪酸）
unselected 形《統計》任意抽出の，選別されていない
unstable ★ 形 不安定な 副 unstably
例 unstable angina（不安定狭心症）
unstimulated 形 刺激されていない，非刺激の
unstructured 形 形が定まらない，不定形の
unsubstituted 形 未置換の
unsuccessful 形 不成功の，失敗の
unsuspected 形 疑われていない
until now 熟 現在までに，今までに
untranslated ★ 形《遺伝子》非翻訳の
例 untranslated region（非翻訳領域）
untreated ★ 形 ❶未処置の，無処置の ❷《臨床》未治療の
unusual ★ 形 異常な，珍しい 副 unusually
unvaccinated 形《臨床》ワクチン接種をしていない
unveil 動 秘密を明かす，ベールを取る
unwanted 形 望まれない
unwind 動 ＜unwind - unwound - unwound＞巻き戻す，ほどく 名 unwinding（［DNAの］巻き戻し）
up-to-date 形 最新の
update ★ 動 アップデートする（最新のものにする） 名 最新情報
形 updated（最新の）
upfield 名《物理》高磁場 反 downfield（低磁場）
upper ★ 形 上部の
例 upper airway（上気道），upper gastrointestinal tract（上部消化管），upper limit（上限）
upregulate ★ **/ up-regulate** 動 アップレギュレートする（発現量などを増加させる）

upregulation ★ / up-regulation 名《遺伝子》アップレギュレーション(発現を促進させること)，発現増加

upright 形 正立の，直立の

upstream ★ 名 上流 反 downstream(下流)
例 upstream region(上流領域)，upstream promoter(上流プロモーター)

uptake ★ 名 ❶《生理》取り込み ❷摂取 類 intake，input
例 dopamine uptake inhibitor(ドパミン取り込み阻害薬)

upward 形 上向きの 副 上向きに

uracil 発 名《核酸塩基》ウラシル 略 U
例 uracil-DNA glycosylase(ウラシルDNAグリコシラーゼ)

urate 名《化合物》尿酸(塩や官能基として) 形 尿酸の 類 uric acid
例 urate crystal(尿酸結晶)

urban 形 都会の，都市の 反 rural(田舎の)

urea ★ 発 名《化合物》尿素

urease 名《酵素》ウレアーゼ(尿素の加水分解)

uremia 名《疾患》尿毒症 類 uremic syndrome(尿毒症症候群)

ureter 名《解剖》尿管，輸尿管

ureteral 形《疾患》尿管の
例 ureteral obstruction(尿管閉塞)

ureteric 形《発生》尿管の
例 ureteric bud(尿管芽)

urethra 名《解剖》尿道

urethral 形 尿道の
例 urethral obstruction(尿道閉塞)

urethritis 名《疾患》尿道炎

urge 動 急がせる 名 衝動 形《疾患》切迫性(せっぱくせい)の
例 urge incontinence(切迫性尿失禁)

urgent 発 形 緊急の 副 urgently

-uria ★ 接尾「尿症」を表す
例 proteinuria(蛋白尿[症])，hemoglobinuria(ヘモグロビン尿[症])

uric acid 名《化学》尿酸(プリン塩基分解産物) 類 urate

uridine 名《ヌクレオシド》ウリジン(RNAを構成するリボヌクレオシド)

urinalysis 名《臨床》検尿，尿検査

U

urinary ★ 発 — 形《解剖》尿の，泌尿器の
例 urinary bladder (膀胱)，urinary excretion (尿中排泄)，urinary incontinence (尿失禁)，urinary retention (尿閉)，urinary tract (尿路)，urinary tract infection (尿路感染症)

urination — 名《生理》排尿　動 urinate (排尿する)

urine ★ 発 — 名 尿　接頭 uro-
例 urine osmolality (尿浸透圧)，urine volume (尿量)

urogenital — 形《解剖》泌尿生殖器の
例 urogenital system (泌尿生殖器系)

urography — 名《臨床》尿路造影(法)

urokinase — 名《酵素》ウロキナーゼ(血栓溶解薬)

urologic — 形 泌尿器科(学)の

uropathogenic — 形 尿路疾患(性)の

urothelial — 形《解剖》尿路上皮の
例 urothelial carcinoma (尿路上皮癌)

urticaria — 名《疾患》蕁麻疹(じんましん)　形 urticarial
例 urticaria pigmentosa (色素性蕁麻疹)

usage ★ — 名 ❶使用(法)　❷使用量
例 annual usage (年間使用量)

use ★★ — 動 使用する，使う　名 使用　熟 be in use (使用中である)，make use of (利用する)，no use (無駄な)，of use (有用な)
例 use-dependent (頻度依存性)，frequently used (頻用される)

useful ★★ — 形 有用な，役立つ　副 usefully　反 useless (役立たない)

usefulness — 名 有用性，役立つこと

useless — 形 役立たない

usual ★ — 形 通常の　副 usually

uterine — 形《解剖》子宮の
例 uterine bleeding (子宮出血)，uterine cervix (子宮頸部)，uterine leiomyoma (子宮筋腫)

utero — ➡ *in utero* (子宮内で)

uterus — 名《解剖》子宮　複 uteri　形 uterine

utility ★ — 名 有用性

utilization ★ — 名 利用，利用化

utilize ★ — 動 利用する，駆使する

UTR — 略《遺伝子》非翻訳領域 (untranslated region)
例 3'-UTR region (3'非翻訳領域)

UV — 略《物理》紫外線 (ultraviolet light)

uveal 形《解剖》ぶどう膜の
例 uveal melanoma(ぶどう膜黒色腫)

uveitis 名《疾患》ぶどう膜炎

V

V ★ 略 ❶《アミノ酸》バリン(valine) ❷《単位》ボルト(volt)

vaccination ★ 名《臨床》ワクチン接種，予防接種 動 vaccinate(ワクチンを接種する)

vaccine ★★ 発 名《免疫》ワクチン
例 vaccine development(ワクチン開発)，vaccine strain(ワクチン株)

vaccinia 名《臨床》ワクシニア
例 vaccinia virus(ワクシニアウイルス)

vacuole ★ 発 名《細胞》空胞，液胞 形 vacuolar

vacuum 名 ❶減圧，吸引 ❷《物理》真空 形 真空の
例 vacuum aspiration(真空吸引)

vagal 形《解剖》迷走神経の 名 vagus

vagina 発 名《解剖》膣(ちつ) 形 vaginal

vaginosis 名《疾患》膣疾患，膣症

vagotomy 名《臨床》迷走神経切断(迷走神経性の酸分泌抑制を目的とした消化性潰瘍治療法)

vagus 名《解剖》迷走神経 形 vagal
例 vagus nerve(迷走神経)

Val 略《アミノ酸》バリン(valine)

valence 名《化学》原子価 類 valency(結合価)
例 valence electron(価電子)，valence state(価電子状態)

valid 形(法的に)有効な，妥当な

validate ★ 動 確証する，確認する

validation ★ 名(法的な)確認，バリデーション

validity 名 有効性，妥当性，合法性

valine 発 名《アミノ酸》バリン 略 Val，V

valuable ★ 形 価値ある，役立つ，貴重な 副 valuably 類 helpful, invaluable, useful, valued, worth, worthwhile, worthy

value ★★ 名 ❶《数学》値 ❷価値 動 評価する
例 mean value(平均値)，normal value(正常値)

valve ★ 名 バルブ，《解剖》弁
例 valve replacement(弁置換)，mitral valve(僧帽弁)

valvular 形 弁の
例 valvular heart disease(心臓弁膜症)

van der Waals force 名《物理》ファンデルワールス力

vancomycin 名《化合物》バンコマイシン(グリコペプチド系抗生物質)

vapor / 英 vapour 名《物理》蒸気
例 vapor deposition(蒸着)

vaporization 名《物理》気化，蒸発

variability ★ 名 可変性

variable ★ 形 ❶可変性の，不定の，変量の ❷《数学》変数 副 variably
例 variable region(可変領域)，dependent variable(従属変数)

variance ★ 名《統計》分散
例 analysis of variance(分散分析；ANOVA)，unbiased variance(不偏分散)

variant ★★ 名《生物》変種，変異体

variation ★ 名 ❶変異，変動，変化 ❷《数学》変分 形 variational

variceal 形《疾患》静脈瘤の 名 varices

varicella 名《疾患》水痘(すいとう＝水疱瘡)
例 varicella-zoster virus(水痘帯状疱疹ウイルス；VZV)

varices 名《疾患》(複数扱い)静脈瘤 形 variceal

varicosity 名《細胞》バリコシティ(神経突起上にあるビーズ状の膨らみ)，結節状構造 形 varicose(結節状の)

variegation 名《生物》斑入り(ふいり)

variety ★★ 名 多様性
例 a variety of(種々の)

various ★★ 形 多様な 副 variously

vary ★ 動 変動する，ばらつく，異なる
例 varying degrees(高変動度)

vascular ★★ 形 ❶《解剖》血管(性)の，脈管の ❷《植物》維管束の
例 vascular bundle(維管束)，vascular endothelial growth factor(血管内皮増殖因子；VEGF)，vascular endothelium(血管内皮)，vascular permeability(血管透過性)，vascular plant(維管束植物)，vascular resistance(血管抵抗)，vascular smooth muscle(血管平滑筋)，vascular wall(血管壁)

vascularity 名 ❶血管分布 ❷《症候》血管増生

vascularization 名《生理》血管新生 動 vascularize

vasculature ★ 名《解剖》脈管構造

vasculitis ★ 名《疾患》血管炎 形 vasculitic(血管炎性の)

vasculogenesis 名《発生》血管形成(胎児期に多い無血管領域での血管構築)

vasculopathy 名《疾患》脈管障害，脈管症

vaso- ★ 接頭「血管」を表す

vasoactive 形《生理》血管作用性の
例 vasoactive intestinal peptide(血管作用性小腸ペプチド；VIP)

vasoconstriction 名《生理》血管収縮 反 vasodilation(血管拡張)

vasoconstrictor 名 血管収縮薬

vasodilation / vasodilatation 名《生理》血管拡張 形 vasodilatory(血管拡張性の)
反 vasoconstriction(血管収縮)

vasodilator 名 血管拡張薬

vasomotor 形《生理》血管運動(性)の

vasopressin ★ 発 名《生体物質》バソプレシン(下垂体後葉ホルモン)
類 antidiuretic hormone(抗利尿ホルモン；ADH)

vasopressor 形 昇圧性の，血管収縮性の 名 昇圧剤

vasospasm 名《症候》血管攣縮(れんしゅく)

vast 形 巨大な，莫大な 副 vastly
例 vast majority(大多数)

vault 名 (かまぼこ様の形状)円蓋 動 跳躍する

VCAM 略《生体物質》血管細胞接着分子(vascular cell adhesion molecule)

vector ★★ 名 ❶《遺伝子》ベクター ❷《数学》ベクトル 形 vectorial(ベクトルの)
例 expression vector(発現ベクター)

vegetable 名《植物》野菜

vegetal 形 植物性の
例 vegetal pole(植物極)

vegetation 名 植生(しょくせい) 動 vegetate(生い茂る)

vegetative 形《植物》栄養の，(ファージが)増殖型の
例 vegetative cell(栄養細胞)，vegetative organ(栄養器官)

VEGF	㊙《生体物質》血管内皮増殖因子(vascular endothelial growth factor) 例 VEGF receptor(血管内皮増殖因子受容体)
vehicle ★	名《実験》媒体，溶媒　類 medium, solvent
vein ★	名《解剖》静脈　対 artery(動脈) 例 vein thrombosis(静脈血栓症), jugular vein(頸静脈), portal vein(門脈)
velocity ★	名《物理》速度　類 rate, speed 例 maximum velocity(最大反応速度；Vmax)
vena	名《解剖》静脈 例 vena cava(大静脈)
venom	名 毒液
venous ★ 発	形 静脈(性)の 例 venous blood(静脈血), venous return(静脈還流量), venous thromboembolism(静脈血栓塞栓症)
ventilation ★	名 ❶《物理》換気　❷《臨床》人工呼吸　動 ventilate(換気する) 例 minute ventilation(分時換気量)
ventilator	名 換気装置，人工呼吸器
ventilatory	形 換気の
ventral ★	形《解剖》腹側(ふくそく)の，前側の　副 ventrally　反 dorsal(背側の) 例 ventral horn(前角), ventral tegmental area(腹側被蓋野；VTA)
ventricle ★	名《解剖》室，心室，脳室 例 right ventricle(右心室), left ventricle(左心室), third ventricle(第三脳室)
ventricular ★★	形《解剖》室の，心室の，脳室の 例 ventricular arrhythmia(心室性不整脈), ventricular ectopy(異所性心室興奮), ventricular flutter(心室粗動), ventricular septal defect(心室中隔欠損), ventricular septum(心室中隔), ventricular tachycardia(心室頻拍), ventricular zone(脳室帯)
ventrolateral	形《解剖》腹外側(ふくがいそく)の
ventromedial	形《解剖》腹内側(ふくないそく)の 例 ventromedial nucleus(腹内側核)
venule	名《解剖》細静脈　形 venular　対 arteriole(細動脈)
verbal	形 言語の
verification	名 検証，立証
verify ★	動 検証する，立証する
versatile	形 ❶可変性の　❷汎用性の　類 variable

versatility 名 多用途性，万能性

version ★ 名 バージョン，版

versus ★★ ラ ～対～ 略 vs.

vertebra 名《解剖》椎骨(ついこつ) 複 vertebrae

vertebral 形 椎骨の
例 vertebral column(脊柱)，vertebral fracture(椎体骨折)

vertebrate ★ 名《生物》脊椎動物 反 invertebrate(無脊椎動物)

vertex 名 頂点，《解剖》頭頂

vertical 形 垂直方向の，鉛直の 副 vertically 反 horizontal(水平な)
例 vertical axis(縦軸)

vertigo 名《症候》眩暈(症)(げんうん)，めまい 形 vertiginous 類 dizziness

very ★★ 副 大いに，非常に，超
例 very-low-density lipoprotein(超低密度リポタンパク質；VLDL)

vesicle ★ 名《細胞》小胞
例 vesicle trafficking(小胞輸送)，coated vesicle(被覆小胞)，synaptic vesicle(シナプス小胞)

vesicular ★ 形 ❶小胞(性)の ❷《疾患》水疱性の
例 vesicular eruption(小水疱性皮疹)，vesicular stomatitis virus(水疱性口内炎ウイルス)，vesicular transport(小胞輸送)

vessel ★ 名 ❶《解剖》管，血管 ❷《植物》導管，道管 類 blood vessel(血管)

vestibule 名《解剖》前庭，腟前庭 形 vestibular(前庭の)

veteran 名 退役軍人，ベテラン

veterinarian 名 獣医師

veterinary 名 獣医学 形 獣医学の

VHL 略《疾患》フォンヒッペル・リンダウ病(von Hippel-Lindau disease)

via ★★ 発 ラ (～を)経由して，介して
例 via G protein-coupled receptors(Gタンパク質共役型受容体を介して)

viability ★ 名 生存度

viable ★ 形 生存可能な
例 viable cell(生細胞)

vibration 名《物理》振動 動 vibrate(振動する) 形 vibrational(振動性の)

Vibrio	[学]《生物》ビブリオ(属)(病原菌の多い通性嫌気性グラム陰性桿菌の一属) [例] *Vibrio cholerae*(コレラ菌), *Vibrio parahaemolyticus*(腸炎ビブリオ菌)
vice versa	[ラ] 逆も真なり, 逆もまた同じ
vicinity	[名] 近く, 近傍
victim	[名] 犠牲, 犠牲者
vide infra	[ラ] 下記参照(= see below)
view ★	[名] 意見, 考え, 見解, 観点 [熟] in view of(～の点から考えて)
viewpoint	[名] 観点, 見地 [類] point of view, respect, standpoint, view [例] practical viewpoint(実際的観点)
vigilance	[名] 覚醒状態
vigorous	[形] 活発な [副] vigorously
villus	[名]《解剖》絨毛(じゅうもう) [複] villi [形] villous(絨毛性の)
violation	[名] 侵害, 違反
violence	[名] 暴力 [形] violent(暴力的な)
violet	[形] 青紫色の
VIP	[略]《生体物質》血管作用性小腸ペプチド(vasoactive intestinal peptide)
viral ★★	[形] ウイルス(性)の [名] virus [副] virally [例] viral infection(ウイルス感染[症]), viral load(ウイルス量), viral progeny(後代のウイルス), viral replication(ウイルス複製)
viremia	[名]《疾患》ウイルス血症 [形] viremic(ウイルス血症の)
virgin	[名] 処女 [形]《動物》未交尾の
virilization	[名]《症候》男性化
virion ★	[名] ウイルス粒子
virologic / virological	[形] ウイルス学の
virology	[名] ウイルス学
virtual	[形] ❶実質上の ❷仮想的な [副] virtually [類] substantial(実質上の), imaginary(仮想的な)
virtue	[名] ❶長所, 徳 ❷効力, 効能 [熟] by virtue of(～のおかげで, ～によって)
virulence ★	[名] (菌やウイルスの)病原性, 毒性 [例] virulence factor(病原性因子)

virulent ★ 形 病原性のある，毒性のある

virus ★★ 発 名《病原体》ウイルス
例 virus carrier(ウイルス感染者)，virus particle(ウイルス粒子)，Epstein-Barr virus(エプスタイン・バーウイルス；EBウイルス)

viscera 名《解剖》(複数扱い)内臓

visceral ★ 発 形 ❶内臓の ❷臓側の(壁側と対立する解剖部位を表して) 反 somatic(体性の)
例 visceral endoderm(臓側内胚葉)，visceral leishmaniasis(内臓リーシュマニア症)，visceral pain(内臓痛)

viscoelasticity 名《物理》粘弾性(ねんだんせい) 形 viscoelastic

viscosity 名《物理》粘性，粘度 形 viscous

visible ★ 形 可視の，目に見える
例 visible light(可視光線)

vision ★ 名 ❶《生理》視覚，視力 ❷先見性，展望，ビジョン
例 vision loss(視力喪失)

visit ★ 名 訪問 動 訪問する

visual ★ 形《生理》視覚の，視覚的な 副 visually
例 visual acuity(視力)，visual cortex(視覚野)，visual field(視野)，visual impairment(視力障害)，visual loss(失明)，visual pigment(視物質)，visual system(視覚系)，visual transduction(視覚情報伝達)

visualization 名 可視化，描出

visualize ★ 動 可視化する，描出する

vital ★ 形 ❶《臨床》生命の ❷致命的な，重要な 副 vitally
類 fatal, mortal 熟 be vital for(〜にとって重要である)
例 vital capacity(肺活量)，vital organs(生命の維持に必要な器官)，vital sign(生命徴候，バイタルサイン)

vitamin ★ 発 名《化合物》ビタミン
例 vitamin deficiency(ビタミン欠乏症)，vitamin supplement(ビタミン補給剤)

vitiligo 名《疾患》白斑(症)

vitrectomy 名《臨床》硝子体切除(術)

vitreous 形《解剖》硝子体の
例 vitreous body(眼球の硝子体)

vitro ➡ *in vitro*(試験管内で)

vivo ➡ *in vivo*(生体内で)

viz. ラ すなわち 類 i.e.

VLDL 略《生体物質》超低密度リポタンパク質(very-low-density lipoprotein)

V

Vmax 略《生化学》最大反応速度(maximum velocity)

vocal 形 発声の，音声の
例 vocal cord(《解剖》声帯)

vocalization 名 発声，《動物》啼鳴(ていめい)

void 名《物理》空隙 形 無効の 動《生理》(膀胱を)空にする 派 voiding(排尿)
例 void volume(空隙容量，ボイド容量)

volatile 発 形 揮発性の

volatility 名《物理》揮発性，揮発度

volatilization 名 揮発

volatilize 動 揮発させる

volcanic 形《地学》火山性の
例 volcanic eruption(火山噴火)

voltage ★ 名《物理》電位，電圧 類 electric potential, potential
例 voltage clamp method(電位固定法)

voltage-dependent ★ 形《生理》電位依存性の 類 voltage-sensitive
例 voltage-dependent channel(電位依存性チャネル)

voltage-gated ★ 形《生理》電位開口型の 類 voltage-activated

voltammetry 名《化学》ボルタ(ン)メトリー(電解分析法) 形 voltammetric

volume ★★ 名 ❶《物理》体積，容積 ❷(書籍の)巻

volumetric 形 容積測定の

voluntary 形 随意的な 副 voluntarily 反 involuntary(不随意の)
例 voluntary movement(随意運動)，voluntary muscle(随意筋)

volunteer ★ 名 ボランティア 動 志願する

vomeronasal 形《解剖》鋤鼻の(じょび＝鋤骨と鼻骨に近接する嗅覚系)
例 vomeronasal organ(鋤鼻器官)

vomit ★ 動《症候》嘔吐する 名 vomiting(嘔吐[おうと])

von Willebrand factor 名《生体物質》フォンウィルブランド因子(血小板粘着凝集に関与する複合タンパク質) 略 vWF

VSMC 略《解剖》血管平滑筋細胞(vascular smooth muscle cell)

VTE 略《疾患》静脈血栓塞栓症(venous thromboembolism)

vulnerability 名 脆弱(ぜいじゃく)性

vulnerable 形 脆弱な 副 vulnerably

vulva	名 ❶《解剖》外陰(部)　❷《生物》産卵口　形 vulval
vWF	略《生体物質》フォンウィルブランド因子(von Willebrand factor)

W

W	略 ❶《物理》ワット(熱量単位)　❷《アミノ酸》トリプトファン(tryptophan)
waist	名《解剖》ウエスト(胴のくびれた部分) 例 waist circumference(腹囲), waist-to-hip ratio(ウエスト・ヒップ比)
wakefulness	名 覚醒(状態)
walk ★	動 歩く, 歩行する　名 walking(歩行)
wall ★	名 壁 例 wall thickness(壁厚), cell wall(細胞壁)
wander	動 放浪する, 遊走する　名 wandering(遊走, 放浪)
wane	動 衰退する
ward	名 ❶病棟　❷《行政》区
warm ★	形 暖かい, 温かな
warn	動 警告する　名 warning(警告)
warrant ★	名 保証　動 保証する, 正当化する
wash	動 洗浄する　名 washing(洗浄)　派 washout(洗い流し)
waste	名 ❶廃棄物　❷消耗　動 消耗させる, 浪費する
water ★★	名 水 例 water holding capacity(保水力), water intake(水分摂取), water maze(水迷路＝動物の学習測定法), water of crystallization(結晶水), water pollution(水質汚染), water-soluble(水溶性の), water solubility(水溶性)
watery	形《疾患》水様の 例 watery diarrhea(水様下痢)
wave ★	名《物理》波 例 wave function(波動関数), wave number(波数)
waveform	名 波形
wavefront	名 波面
wavelength ★	名 波長
wavelet	名 小波
WBC	略 白血球(white blood cell)

weak ★ 形 弱い 副 weakly
例 weak alkaline(弱アルカリ性), weak base(弱塩基)

weaken 動 弱める, 衰弱させる

weakness ★ 名 ❶弱さ, 欠点 ❷《症候》脱力(感)

wealth 名 富, 財産

wean 動 離乳させる 名 weaning(離乳)

weanling 形 離乳した 名《生物》離乳児

weapon 名 兵器, 武器

wear 名 摩耗 動 ❶装着する ❷摩耗する
例 tooth wear(歯の摩耗)

weather 名 天候, 気象

website 名《コンピュータ》ウェブサイト(ウェッブページの場所)

wedge 名 楔(くさび)
例 wedge pressure(楔入圧 [せつにゅうあつ])

weed 名《植物》雑草
例 weed control(雑草防除)

weekly ★ 形 毎週の 副 毎週

Wegener's granulomatosis 名《疾患》ウェゲナー肉芽腫症(肉芽腫と血管炎に糸球体腎炎を併発する免疫異常疾患)

weigh 発 動 ❶秤量する ❷比較する 名 weighing(秤量)

weight ★★ 名 ❶重量 ❷《臨床》体重 動 重みをつける
例 weight loss(体重減少), weight gain(体重増加), weighted image(強調画像), dry weight(乾燥重量), wet weight(湿重量)

welfare 名 福祉 類 well-being
例 social welfare(社会福祉)

well-being 名 幸福, 福祉 類 welfare

well-characterized ★ 形 特徴がはっきりした

well-defined ★ 形 詳細に明らかにされた

well-established ★ 形 確立した

well-known 形 有名な, 知られた 類 famous 反 unknown

Werner syndrome 名《疾患》ウェルナー症候群(早期老化を特徴とする常染色体劣性遺伝性疾患)

Western blotting 名《実験》ウェスタンブロット法(電気泳動を用いたタンパク質の発現解析法)

wet 形 濡れた, 湿った 反 dry(乾いた)
例 wet weight(湿重量)

whale	名《動物》クジラ(海洋性哺乳類)
wheat	名《植物》コムギ，小麦 学 *Triticum aestivum* 例 wheat germ(小麦胚芽)，wheat germ agglutinin(コムギ胚芽凝集素)
wheeze	動《症候》喘鳴する 名 wheezing(喘鳴[ぜんめい])
whenever	接 いつでも
whereas ★★	接 他方では，ところが
whereby ★	副 (関係詞)それによって
wherein	副 (関係詞)その中に
wherever	副 (関係詞)どこでも
whether	接 〜かどうか
while ★★	接 〜する間に，一方では 類 whilst
whilst 発	接 〜する間に，一方では 類 while
whisker	名《動物》頬髭(ほおひげ)
white ★	形 白い 名 ❶白色 ❷《人類》白人 例 white blood cell count(白血球数)，white matter(白質)
WHO	略 世界保健機関(World Health Organization)
whole ★	形 全体の，全部の 例 whole blood(全血)，whole body(全身)，whole grain(全粒粉)
whole-cell	形《生理》細胞全体の 例 whole-cell current(パッチクランプ法でのホールセル電流)
whorl	名 ❶渦巻き ❷《植物》輪生
wide ★	形 広い，広範な 副 widely 例 wide range(広範囲)
widen	動 広くする
widespread ★	形 広汎な
width ★	名 幅
wild ★★	形《生物》野生の 例 wild animal(野生動物)，wild strain(野生株)
wild-type ★★ / **wildtype**	形《遺伝子》野生型の 略 WT 例 wild-type mice(野生型マウス)，wild-type yeast(野生型酵母)
wildlife	名《環境》野生生物
Wilms' tumor	名《疾患》ウィルムス腫瘍(小児腎の胚芽性腺肉腫)
window ★	名 窓，ウィンドウ 例 window period(空白時間＝ウイルス感染から抗体陽性になるまで)

W

wing ★ 名《鳥類》翼，《昆虫》羽 動 翼をつける
例 winged helix(翼状らせん)

wingless 形《生物》無羽の，無翅の

Wiskott-Aldrich syndrome 名《疾患》ウィスコット・オルドリッチ症候群(血小板減少と湿疹を伴う免疫不全症)

withdraw 動 ＜withdraw - withdrew - withdrawn＞取り除く，中止する，休薬する

withdrawal ★ 名 ❶《臨床》退薬，離脱 ❷撤回，(治療の)中止 類 abstinence(禁断)
例 withdrawal symptom(離脱症状)

withhold 動 ＜withhold - withheld - withheld＞控える，保留する

withstand 動 ＜withstand - withstood - withstood＞抵抗する，耐える

witness 動 証拠となる

WNV 略《病原体》ウエストナイルウイルス(West Nile virus)

wobble 名《物理》ゆらぎ
例 wobble base pair(ゆらぎ塩基対)

woodchuck 名《動物》マーモット(げっ歯類)

work ★★ 名 研究 動 働く 形 working(作業中の)
例 working hypothesis(作業仮説)，working memory(作業記憶)，recent work(最近の研究)

workload 名《生理》作業負荷，作業量

workplace 名 職場，仕事場

workshop 名 ワークショップ，研究集会

workup 名《臨床》精密検査
例 diagnostic workup(鑑別診断)

World Health Organization 名 世界保健機関 略 WHO

worldwide ★ 形 世界中の 副 世界的に

worm ★ 名《臨床》寄生虫 類 parasite

worsen ★ 動 悪化させる

worth 形 値する(+doing)，価値ある 名 価値

worthy 発 形 価値ある，値する

wound ★ 発 名《症候》創傷(そうしょう) 動 傷つける 類 injury
例 wound infection(創傷感染)

wrist 名《解剖》手首
例 wrist joint(手首関節)

WT 略 野生型(wild type)

X

X chromosome ★ 名《遺伝子》X染色体 派 X-linked(X連鎖の)

X-ray ★ 名《物理》X線，エックス線
例 X-ray crystallography(X線結晶構造解析)，X-ray diffraction(X線回折)

xanthine 発 名《化合物》キサンチン(プリン塩基代謝物の基本構造)

xenograft 名 異種移植片 動 異種移植する 対 allograft(同種移植)

Xenopus ★ 学《動物》アフリカツメガエル(＝*Xenopus laevis*)
例 *Xenopus* oocyte(アフリカツメガエル卵母細胞)

xenotransplantation 名 異種移植

xeroderma 名《疾患》乾皮症
例 xeroderma pigmentosum(色素性乾皮症；XP)

XP 略《疾患》色素性乾皮症(xeroderma pigmentosum)

xylem 名《植物》木部(もくぶ) 対 phloem(師部)

Y

Y 略《アミノ酸》チロシン(tyrosine)

Y chromosome 名《遺伝子》Y染色体

YAC 略《遺伝子》酵母人工染色体(yeast artificial chromosome)

yearly 形 毎年の，《植物》一年生の

yeast ★★ 名 酵母，イースト 学 *Saccharomyces cerevisiae*(出芽酵母＝budding yeast)
例 yeast artificial chromosome(酵母人工染色体；YAC)，yeast two-hybrid system(酵母ツーハイブリッド法)

yellow ★ 形 黄色の
例 yellow fever(黄熱)

Yersinia 学《生物》エルシニア(属)(腸内細菌科だが病原菌が多い)
例 *Yersinia pestis*(ペスト菌)，*Yersinia enterocolitica*(エンテロコリチカ菌＝食中毒原因菌の一種)

yield ★★ 名 収率，収量 動 ❶産生する ❷得る ❸屈する
例 overall yield(全収率)，quantum yield(量子収率)

yolk 名《発生》卵黄 類 egg yolk(卵黄)
例 yolk sac(卵黄嚢)

Z

zebrafish ★ 名《生物》ゼブラフィッシュ(遺伝子解析モデル動物)
例 zebrafish embryo(ゼブラフィッシュ胚)

zinc ★ 名《元素》亜鉛 化 Zn
例 zinc finger domain(Zn フィンガー領域)

Zn 略 亜鉛(zinc)

zone ★ 名 ゾーン，帯域 形 zonal
例 zone electrophoresis(ゾーン電気泳動)，chemoreceptor trigger zone(化学受容器引金帯)

zoonosis 名《疾患》人畜共通感染症 形 zoonotic

zoster 名《疾患》帯状疱疹(たいじょうほうしん) 類 herpes zoster

zwitterion 名《化学》双性イオン

zygote 発 名《遺伝》接合体 形 zygotic
例 mutant heterozygote(変異ヘテロ接合体)

zymography 名 ザイモグラフィ，酵素電気泳動(法)

zymosan 名《生体物質》ザイモサン(酵母の細胞壁粗画分)

和英索引
Japanese-English

凡　例

①英和に掲載されている見出し語の解説文中から訳語を抽出し，英語とその掲載ページ数とともに収録することで，和英辞典として活用できるようにしました.

②語の配列は原則として五十音順としました.

③音引きは直前の母音に置きかえた位置に配列しました.

例　アーカイブ（ああかいぶ），アクロソーム（あくろそおむ）

④同じ日本語が続く場合は「〃」で省略しました.

例　**悪性の**	**malignant**	245
〃	**pernicious**	311

⑤英語の略語は原則として慣用読みに従い配列しました.

例　Fura-2 蛍光色素（ふらつーけいこうしきそ）
RACE 法（れーすほう）

⑥アルファベットは次のように読み下し配列しました.

A（えー）	B（びー）	C（しー）	D（でぃー）
E（いー）	F（えふ）	G（じー）	H（えっち）
I（あい）	J（じぇい）	K（けー）	L（える）
M（えむ）	N（えぬ）	O（おー）	P（ぴー）
Q（きゅー）	R（あーる）	S（えす）	T（てぃー）
U（ゆー）	V（ぶい）	W（だぶりゅー）	X（えっくす）
Y（わい）	Z（じー）		

⑦ギリシャ語は次のように読み下し配列しました.

α（あるふぁ）　β（べーた）　γ（がんま）

数字

1 uni- ― 442
10億分の1 nano- ― 273
4 tetra- ― 421
5 pent- ― 307
6 hexa- ― 188
8 octa- ― 289
50%致死量 LD_{50} ― 233
50%有効量 ED_{50} ― 129
99m テクネチウム 99mTc ― 1

あ

亜 sub- ― 405
アーカイブ archive ― 30
アーク arc ― 30
アース(接地)する ground ― 180
アーチ arch ― 30
アーチ状の arcuate ― 30
アーチファクト artifact / artefact ― 32
RSウイルス RSV ― 373
RNA活性化プロテインキナーゼ PKR ― 319
RNA干渉 RNAi ― 372
RNA前駆体 pre-mRNA ― 330
RNA分解酵素 ribonuclease ― 370
RNAポリメラーゼ RNAP ― 372
RNAポリメラーゼ Pol ― 323
合図 signal ― 388
〃 cue ― 99
合図する signal ― 388
アイソザイム isozyme ― 226
〃 isoenzyme ― 225
アイソジェニックな isogenic ― 225
アイソタイプ isotype ― 226
アイソトープ isotope ― 226
アイソトポマー isotopomer ― 226
アイソフォーム isoform ― 225
アイソマー isomer ― 225
間 inter- ― 216
〜間ずっと throughout ― 424
間に介入する intercalate ― 217
アイデア idea ― 201
アイテム item ― 226
アイデンティティ identity ― 201
あいまい性 ambiguity ― 18
あいまいな ambiguous ― 18
〃 obscure ― 288
アイランド island ― 225
合う suit ― 409
亜鉛 zinc ― 460
〃 Zn ― 460
青 blue ― 50
青い blue ― 50
青色 blue ― 50
アカウンタビリティー accountability ― 4
亜核 subnucleus ― 407
アカゲザルの rhesus ― 370
アカラシア achalasia ― 5
上がる ascend ― 32
明るい light ― 237
〃 bright ― 53
アガロース agarose ― 12
アキシャルな axial ― 40
亜急性の subacute ― 405
明らかな clear ― 75
〃 apparent ― 28
〃 evident ― 147
〃 obvious ― 288
明らかにする clarify ― 74
〃 reveal ― 369
〃 uncover ― 441
〃 manifest ― 246
〃 unmask ― 443
アキレス腱 Achilles tendon ― 5
悪 mal- ― 245
アクアポリン aquaporin ― 29
悪液質 cachexia ― 56
アクシデント accident ― 3
悪性度 malignancy ― 245
悪性の malignant ― 245
〃 pernicious ― 311
悪性病変 malignancy ― 245
アクセサリー accessory ― 3
アクセス access ― 3
アクセプター acceptor ― 3
アクソン axon ― 41
アクチノマイシンD actinomycin D ― 6
アクチビン activin ― 6

アクチン actin — 6
アクトミオシン actomyosin — 7
欠神(発作) absence — 2
アクリルアミド acrylamide — 6
アグルチニン agglutinin — 12
アクロソーム acrosome — 6
アグロバクテリウム(属)
Agrobacterium — 13
亜型 subtype — 408
亜(系統)群 subfamily — 406
上げる raise — 350
顎 jaw — 227
アゴニスト agonist — 13
浅い shallow — 385
足 paw — 306
アジア人 Asian — 33
アジアの Asian — 33
アジ化物 azide — 41
足首 ankle — 23
アシスタント assistant — 34
アジド azide — 41
〃 azido — 41
アシドーシス acidosis — 5
足場 anchorage — 21
〃 scaffold — 376
足場で支える scaffold — 376
亜種 subspecies — 407
亜集団 subpopulation — 407
アジュバント adjuvant — 9
亜硝酸 nitrite — 280
亜硝酸過酸化物 peroxynitrite — 311
亜硝酸の nitrite — 280
〃 nitrous — 280
アシル acyl — 7
アシル化 acylation — 7
アシルCoAコレステロールアシルトランスフェラーゼ ACAT — 3
アシルトランスフェラーゼ
acyltransferase — 7
味わう taste — 418
味をつける season — 379
アスコルビン酸 ascorbic acid — 33
アストログリア細胞 astrocyte — 35
アストロサイト astrocyte — 35
アストロサイトーマ astrocytoma
— 35
アスパラギン asparagine — 33
〃 Asn — 33
〃 N — 272
アスパラギン酸 aspartate — 33
〃 aspartic acid — 33
〃 Asp — 33
〃 D — 103
アスパラギン酸アミノ基転移酵素
AST — 35
アスパラギン酸の aspartate — 33
アスピリン aspirin — 34
アスベスト asbestos — 32
アスペルギルス(属) *Aspergillus*
— 33
アスペルギルス症 aspergillosis — 33
汗 sweat — 413
亜正常の subnormal — 407
アセスメント assessment — 34
アセタール acetal — 4
アセチル acetyl — 4
アセチル化 acetylation — 5
アセチル化する acetylate — 4
アセチル基転移酵素
acetyltransferase — 5
アセチルコリン acetylcholine — 5
〃 ACh — 5
アセチルコリンエステラーゼ
acetylcholinesterase — 5
アセチルコリン分解酵素
acetylcholinesterase — 5
アセチルトランスフェラーゼ
acetyltransferase — 5
アセチレン acetylene — 5
アセトニトリル acetonitrile — 4
アセトン acetone — 4
アセンブリー assembly — 34
アゾ azo — 41
アゾール azole — 41
遊ぶ play — 321
値 value — 447
値する worth — 458
〃 deserve — 112
〃 merit — 253
〃 worthy — 458
与える feed — 157
〃 give — 173

〃 shed — 385
〃 render — 361
〃 inflict — 211
暖かい(温かな) warm — 455
アダプター adaptor / adapter — 7
頭 head — 183
新しい new — 279
〃 novel — 285
〃 neo- — 275
圧 pressure — 333
熱い hot — 193
悪化 deterioration — 113
〃 exacerbation — 147
〃 aggravation — 13
扱いやすい tractable — 429
扱う manage — 246
悪化させる exaggerate — 147
〃 deteriorate — 113
〃 exacerbate — 147
〃 worsen — 458
〃 aggravate — 12
圧痕 impression — 206
厚さ thickness — 423
圧縮 compression — 84
圧縮する compress — 84
圧縮の compressive — 84
圧縮率 compressibility — 84
圧受容器 baroreceptor — 43
アッセイ assay — 34
圧痛 tenderness — 419
圧痛のある tender — 419
圧電(気)の piezoelectric — 318
圧倒する overwhelm — 298
圧迫性の compressive — 84
圧反射 baroreflex — 43
アップデートする update — 444
アップレギュレーション
upregulation / up-regulation — 445
アップレギュレートする
upregulate / up-regulate — 444
圧密 consolidation — 89
集める collect — 80
圧力 tension — 420
〃 pressure — 333
圧力上昇 hypertension — 198
圧力低下 hypotension — 199
圧力をかける press — 333
アディポネクチン adiponectin — 9
アデニリルシクラーゼ(アデニル酸シクラーゼ) adenylyl cyclase — 8
アデニン adenine — 8
〃 A — 1
アデノウイルス adenovirus — 8
アデノーマ adenoma — 8
アデノシン adenosine — 8
アデノシン一リン酸 AMP — 19
アデノシン二リン酸 ADP — 10
アデノシン三リン酸 ATP — 36
アデノシン三リン酸分解酵素
ATPase — 36
アデノシンデアミナーゼ ADA — 7
アデノ随伴ウイルス AAV — 1
アデノパチー adenopathy — 8
充てる devote — 113
アテレクトミー atherectomy — 35
アテローム atheroma — 35
アテローム生成 atherogenesis — 35
アテローム性(動脈)硬化症
atherosclerosis — 35
アテローム動脈硬化の
atherosclerotic — 35
アトニー atonia — 36
後に続く ensue — 139
後の following — 163
〃 subsequent — 407
アドバイス advice — 11
アトピー atopy — 36
アトピー性の atopic — 36
アドヘシン adhesin — 9
アトラス atlas — 36
アドレス address — 8
アドレナリン adrenaline — 10
アドレナリン作動性の
adrenergic — 10
アドレナリン受容体
adrenoceptor — 10
アトロピン atropine — 37
アトロプ異性体 atropisomer — 37
跡を継ぐ succeed — 408
アナウンスする announce — 23
アナフィラキシー anaphylaxis — 20
アナログ analog / analogue — 20

アニーリング annealing — 23
アニオン anion — 23
アネキシン annexin — 23
アネルギー anergy — 21
アノイキス anoikis — 23
アノード anode — 23
アノテーション annotation — 23
アノマー anomer — 23
アパッチ重症度スコア APACHE - 27
アピール appeal — 28
アピコンプレックス(門)
Apicomplexa — 28
亜ヒ酸(塩) arsenite — 31
アビジン avidin — 40
アビディティー avidity — 40
アブイニシオ *ab initio* — 1
アフィニティー affinity — 12
アフェレーシス apheresis — 28
アブシジン酸 abscisic acid — 2
アプタマー aptamer — 29
危ない dangerous — 104
アフリカツメガエル *Xenopus* — 459
アブレーション ablation — 2
アプローチ approach — 29
亜分画 subfraction — 406
アヘン剤 opiate — 292
アヘンの opiate — 292
アボガドロ数
Avogadro's number — 40
アポ酵素 apoenzyme — 28
アポトーシス apoptosis — 28
アポトーシス促進性の
proapoptotic — 335
アポリポタンパク質
apolipoprotein — 28
〃 apo — 28
アマクリン細胞 amacrine cell — 17
網 net — 276
アミド amide — 18
アミノ(基) amino — 18
アミノ基転移酵素
aminotransferase — 18
〃 transaminase — 429
アミノグリコシド
aminoglycoside — 18
アミノ酸 amino acid — 18
アミノトランスフェラーゼ
aminotransferase — 18
アミノ配糖体 aminoglycoside — 18
アミノペプチダーゼ
aminopeptidase — 18
アミノ末端の amino-terminal — 18
〃 N-terminal — 272
網目構造 meshwork — 253
アミラーゼ amylase — 19
アミロイド amyloid — 19
アミロイドーシス amyloidosis — 19
アミロイド形成的 amyloidogenic
— 19
アミロイド前駆タンパク質 APP - 28
アミロイド(蓄積)症 amyloidosis
— 19
アミン amine — 18
アメーバ症 amebiasis — 18
アメフラシ *Aplysia* — 28
アメリカ国立衛生研究所 NIH — 280
アメリカ食品医薬品庁 FDA — 156
アモルファス amorphous — 19
誤った erroneous — 143
誤った折り畳み misfolding — 260
誤った局在化 mislocalization - 260
誤り error — 144
〃 mistake — 260
亜優占種の subdominant — 406
粗い rough — 373
〃 coarse — 77
アラインメント alignment — 15
予め定義された predefined — 331
アラキドン酸 arachidonic acid - 30
嵐 storm — 403
新たに命名する rename — 361
アラニン alanine — 14
〃 A — 1
〃 Ala — 14
アラニンアミノ基転移酵素 ALT - 17
アラビノース arabinose — 30
アラビノシド arabinoside — 30
表す represent — 363
〃 express — 151
現す manifest — 246
現れる appear — 28
アリール aryl — 32

アリール炭化水素受容体 AhR — 13
ありうる possible — 327
〃 feasible — 156
ありそうな probable — 335
〃 likely — 237
ありそうにない unlikely — 443
ありふれた conventional — 92
亜硫酸塩 sulfite — 409
亜硫酸の sulfite — 409
アリル allyl — 17
ある exist — 149
アルカリ alkali — 15
アルカリ化 alkalinization — 15
アルカリ性の alkaline — 15
アルカリ属の alkaline — 15
アルカロイド alkaloid — 15
アルカローシス alkalosis — 15
アルカン alkane — 15
アルギニン arginine — 30
〃 Arg — 30
〃 R — 349
アルキル alkyl — 15
アルキル化 alkylation — 15
アルキル化する alkylate — 15
アルキル基 R — 349
アルキン alkyne — 15
アルギン酸 alginate — 15
歩く walk — 455
アルケン alkene — 15
アルコール alcohol — 14
アルコール依存(症) alcoholism — 14
アルコール性の alcoholic — 14
アルコール脱水酵素 ADH — 8
アルコール中毒患者 alcoholic — 14
アルコール中毒の alcoholic — 14
アルゴリズム algorithm — 15
アルゴン argon — 30
ある状態に留まる dwell — 127
アルツハイマー病 Alzheimer's disease — 17
アルデヒド aldehyde — 14
アルドース aldose — 14
アルドール aldol — 14
アルドステロン aldosterone — 14
アルドラーゼ aldolase — 14
アルビノ albino — 14
αヘリックス alpha(α)-helix — 17
アルブミン albumin — 14
アルブミン尿(症) albuminuria — 14
アルマジロ armadillo — 31
アルミニウム aluminum / aluminium — 17
〃 Al — 14
アレイ array — 31
アレスチン arrestin — 31
アレル allele — 16
アレルギー allergy — 16
アレルギー抗原 allergen — 16
アレルギー(性)の allergic — 16
アレルギー誘発物質 allergen — 16
アレルの allelic — 16
アロイ alloy — 17
アロ抗原 alloantigen — 16
アロ抗体 alloantibody — 16
アロザイム allozyme — 17
アロステリックな allosteric — 16
アロタイプ allotype — 16
アロディニア allodynia — 16
アロマターゼ aromatase — 31
泡 foam — 162
泡立つ bubble — 55
アンカー anchor — 21
安価な inexpensive — 210
アンギオテンシン angiotensin — 22
アンギナ angina — 22
アンキリン ankyrin — 23
アンケート questionnaire — 348
暗号化する encode — 135
アンサンブル ensemble — 139
暗示 implication — 206
アンジオテンシン angiotensin — 22
アンジオテンシン変換酵素 ACE — 4
暗示する imply — 206
暗示的な reminiscent — 361
安静 ease — 128
安静時の resting — 366
安全 security — 380
安全性 safety — 375
安全な safe — 375
〃 secure — 380
安息香酸 benzoate — 45

安息香酸の　benzoate — 45
アンタゴニスト　antagonist — 24
アンチコドン　anticodon — 25
アンチセンス　antisense — 27
アンチトロンビン
antithrombin — 27
アンチポーター　antiporter — 26
安定化　stabilization — 399
安定化する　stabilize — 399
安定器　stabilizer — 399
安定剤　stabilizer — 399
安定性　stability — 399
安定な　stable — 399
アンテナ　antenna — 24
アントラサイクリン
nthracycline — 24
アンドロゲン　androgen — 21
アンドロゲンの
androgenic / androgenetic — 21
アンドロスタン受容体　CAR — 59
案内　information — 211
案内する　guide — 181
アンバランス　imbalance — 202
アンピシリン　ampicillin — 19
アンヒドラーゼ　anhydrase — 22
アンフェタミン　amphetamine — 19
アンフォールディング
unfolding — 442
アンプリコン　amplicon — 19
アンペア　A — 1
アンホテリシン　amphotericin — 19
暗黙の　implicit — 206
アンモニア　ammonia — 18
アンモニウム　ammonium — 18
安楽　comfort — 81
〃　ease — 128
安楽死　euthanasia — 146

い

胃　stomach — 403
〃　gastr(o)- — 169
異　meta- — 253
イースト　yeast — 459
EB ウイルス　Epstein-Barr virus
— 142
委員　committee — 82
委員会　committee — 82
〃　board — 51
〃　commission — 81
言う　complain — 83
家　home — 191
異栄養症　dystrophy — 128
異栄養症の　dystrophic — 128
胃炎　gastritis — 170
イオウ(硫黄)　sulfur / sulphur - 409
〃　S — 374
硫黄顆粒　drusen — 126
イオノフォア　ionophore — 224
イオノマイシン　ionomycin — 224
イオン　ion — 223
イオン化　ionization — 224
イオン化する　ionize — 224
イオン化できる　ionizable — 224
イオン性の　ionic — 224
イオンチャネル型の　ionotropic
— 224
イオン透過孔　ionophore — 224
イオンの　ionic — 224
威嚇　menace — 252
医学　medicine — 250
医学研修生　intern — 218
医学(上)の　medical — 250
威嚇する　menace — 252
医学生物学的な　biomedical — 48
異核の　heteronuclear — 188
異化(作用)　catabolism — 62
異化産物　catabolite — 62
異化する　catabolize — 62
いかだ　raft — 350
鋳型　mold — 262
〃　template — 419
怒り　anger — 22
胃管栄養(法)　gavage — 170
易感染性の
immunocompromised — 203
維管束の　vascular — 448
息　breath — 53
意義　meaning — 249
〃　significance — 388
勢いを弱める　dampen — 104
閾値　threshold — 423
閾値以下の　subthreshold — 408

生きている　alive — 15
生きる　live — 239
息を吐く　expire — 151
育種する　breed — 53
育成する　foster — 165
いくつかの　oligo- — 290
いくらか　somewhat — 393
いくらかの　certain — 66
異形　meta- — 253
異形成　dysgenesis — 127
〃　metaplasia — 254
異形成（症）　dysplasia — 128
異型接合性　heterozygosity — 188
異型接合性の　heterozygous — 188
異型接合体　heterozygote — 188
意見　judgment / judgement — 227
〃　comment — 81
〃　notion — 285
〃　view — 452
〃　opinion — 292
医原性の　iatrogenic — 200
移行　transition — 432
〃　translocation — 432
意向　attitude — 37
移行　transit — 431
移行する　transit — 431
移行性の　transitional — 432
以降に　onward — 291
易興奮性の　excitable — 148
異国の　alien — 15
遺産　inheritance — 212
医師　doctor — 123
〃　physician — 317
意志　intention — 216
維持　maintenance — 245
意識　consciousness — 88
意識的な　conscious — 88
意識のある　conscious — 88
易刺激性　irritability — 225
易刺激的な　irritable — 225
維持する　hold — 191
〃　maintain — 245
異質　hetero- — 188
異質性　heterogeneity — 188
異質染色質　heterochromatin — 188
異質な　alien — 15
異種移植　xenotransplantation — 459
異種移植する　xenograft — 459
異種移植片　xenograft — 459
移住　migration — 258
移住する　migrate — 258
異種起源の　heterogeneous / heterogenous — 188
萎縮　dwarf — 127
〃　involution — 223
萎縮症　atrophy — 37
〃　dwarfism — 127
異種性の　heterologous — 188
易出血性の　hemorrhagic — 186
異常　anomaly — 23
〃　mal- — 245
異常血色素症　hemoglobinopathy — 186
異常性　aberration — 1
〃　abnormality — 2
異常増殖　overgrowth — 297
〃　neoplasia — 275
異常値　outlier — 296
異常な　aberrant — 1
〃　unusual — 444
〃　anomalous — 23
〃　extraordinary — 153
〃　abnormal — 2
異常ヘモグロビン症　hemoglobinopathy — 186
移植　engraftment — 138
〃　transplant — 433
〃　transfer — 431
移植患者　recipient — 354
移植後の　posttransplant — 328
〃　posttransplantation — 328
移植（術）　transplantation — 433
移植する　graft — 178
〃　implant — 205
〃　transplant — 433
〃　engraft — 138
移植片　graft — 178
〃　implant — 205
〃　transplant — 433
移植前の　pretransplant — 334
胃食道逆流症　GERD — 173
胃食道の　gastroesophageal — 170

移植片対宿主病　GVHD — 181
異所性興奮　ectopy — 129
異所性の　ectopic — 129
異所性発現　misexpression — 260
石綿　asbestos — 32
椅子　chair — 67
異数性　aneuploidy — 22
異数体　aneuploid — 22
異性化　isomerization — 226
異性化酵素　isomerase — 226
異性体　isomer — 225
異性体に変える　isomerize — 226
胃切除(術)　gastrectomy — 169
以前の　previous — 334
〃　former — 164
位相　phase — 313
位相幾何学　topology — 427
位相性の　phasic — 313
急がせる　urge — 445
イソ型　isoform — 225
イソキノリン　isoquinoline — 226
急ぐ　hasten — 183
イソ酵素　isozyme — 226
〃　isoenzyme — 225
イソチオシアン酸　isothiocyanate — 226
イソフラボン　isoflavone — 225
イソプロテレノール　isoproterenol — 226
イソメラーゼ　isomerase — 226
イソロイシン　isoleucine — 225
〃　I — 200
〃　Ile — 201
依存　dependence — 110
依存症　dependence — 110
依存する　depend — 110
依存性　dependency — 110
依存(性)の　dependent — 110
依存的な　dependent — 110
依存度　dependency — 110
板　plate — 321
〃　board — 51
委託　commitment — 82
委託する　commit — 81
板挟み　dilemma — 116
痛み　pain — 299
〃　ache — 5
位置　position — 327
〃　situation — 390
〃　potential — 329
〃　location — 239
一員　member — 252
一塩基多型　SNP — 391
1時間ごとの　hourly — 193
一時的な　temporary — 419
一次の　primary — 334
〃　first-order — 159
一重項　singlet — 389
著しい　dramatic — 125
〃　gross — 180
〃　marked — 247
〃　remarkable — 361
〃　striking — 404
〃　conspicuous — 89
〃　intense — 216
位置する　rank — 351
〃　lie — 236
〃　locate — 239
位置選択性　regioselectivity — 358
位置選択的な　regioselective — 358
一相性の　monophasic — 264
位置づける　locate — 239
1日の　daily — 103
一年生の　annual — 23
〃　yearly — 459
位置の　positional — 327
一倍体　haploid — 182
一部　part — 303
一不飽和の　monounsaturated — 264
一方向性の　unidirectional — 442
胃腸炎　gastroenteritis — 170
胃腸科　gastroenterology — 170
胃腸症　dyspepsia — 127
胃腸障害　dyspepsia — 127
胃腸の　gastrointestinal — 170
胃腸病学　gastroenterology — 170
一様な　uniform — 442
一覧表　inventory — 222
一リン酸塩　monophosphate — 264
一連　line — 237
位置を変えさせる　translocate — 432
位置を変える　dislocate — 119

異痛症 allodynia — 16
いつか sometime — 393
一回の single — 389
１回分 batch — 44
一過性の transient — 431
一価の monovalent — 264
一貫した consistent — 89
一貫性 consistency — 89
一級の primary — 334
一酸化窒素 NO — 281
一酸化窒素合成酵素 NOS — 284
一酸化物 monoxide — 264
一緒に jointly — 227
一掃 purge — 346
一掃する purge — 346
一側性の unilateral — 442
一体型の built-in — 55
逸脱 departure — 110
〃 deviation — 113
逸脱(症) prolapse — 338
逸脱する prolapse — 338
〃 escape — 144
〃 diverge — 122
一致 coincidence — 79
〃 concordance — 86
〃 correspondence — 95
〃 accordance — 4
〃 consensus — 88
〃 agreement — 13
〃 concert — 85
〃 accord — 4
一致した consistent — 89
〃 congruent — 88
〃 concurrent — 86
一致する coincide — 79
〃 agree — 13
〃 correspond — 95
〃 fit — 160
〃 accord — 4
〃 conform — 87
一対 doublet — 124
〃 couple — 96
一定値 plateau — 321
一定の constant — 89
〃 definite — 106
一定分量 aliquot — 15
いつでも whenever — 457
溢乳 galactorrhea — 168
一般医 generalist — 171
一般化 generalization — 171
一般化する generalize — 171
一般性 generality — 171
一般的な popular — 326
一般に generally — 171
一般の general — 171
一方では while — 457
〃 whilst — 457
一本鎖DNA ssDNA — 399
一本鎖DNA高次構造多型 SSCP — 399
溢流 overflow — 297
溢流する overflow — 297
逸話に富んだ anecdotal — 21
胃底 fundus — 167
イディオシンクラティックな idiosyncratic — 201
イディオタイプ idiotype — 201
遺伝 heredity — 187
〃 inheritance — 212
遺伝学 genetics — 172
遺伝形質 genotype — 172
遺伝子 gene — 171
遺伝(子)型 genotype — 172
遺伝子間の intergenic — 218
遺伝子組換えの transgenic — 431
遺伝子欠損の knockout — 229
遺伝子内の intragenic — 221
遺伝子の genetic — 172
遺伝子副体 episome — 142
遺伝する inherit — 212
遺伝性の heritable — 187
〃 hereditary — 187
遺伝的な genetic — 172
遺伝毒性の genotoxic — 172
遺伝薬理学の pharmacogenetic — 313
遺伝率 heritability — 187
遺伝力 heritability — 187
意図 intent — 216
〃 intention — 216
緯度 latitude — 232
移動 migration — 258
〃 removal — 361
〃 transfer — 431

移動する travel ― 434
〃 move ― 266
移動性の locomotive ― 239
移動できる mobile ― 261
移動度 mobility ― 261
異等方性 anisotropy ― 23
糸口 clue ― 77
意図する intend ― 216
意図的な intentional ― 216
田舎の rural ― 374
イニシアチブ initiative ― 212
イニシエーション initiation ― 212
イニシエータ initiator ― 212
移入 import ― 206
移入する import ― 206
委任 commission ― 81
委任する commission ― 81
イヌの canine ― 58
イネ rice ― 371
〃 *Oryza sativa* ― 294
胃の gastric ― 169
イノシトール inositol ― 213
イノシトール三リン酸 IP_3 ― 224
イノシン inosine ― 213
易発性の prone ― 339
違反 offense ― 289
〃 violation ― 452
〃 breach ― 53
違反する breach ― 53
イベント event ― 147
異方性の anisotropic ― 23
違法な illegal ― 202
〃 illicit ― 202
今までに so far ― 392
〃 until now ― 444
〃 hitherto ― 191
〃 heretofore ― 187
意味 meaning ― 249
〃 sense ― 382
〃 implication ― 206
意味ある meaningful ― 249
意味する mean ― 249
〃 denote ― 109
〃 imply ― 206
イミダゾール imidazole ― 202
意味づける implicate ― 206
意味の semantic ― 381
移民 immigrant ― 203
イムノアッセイ immunoassay ― 203
イムノトキシン immunotoxin ― 205
イムノブロット法 immunoblotting ― 203
イメージ image ― 202
イメージング imaging ― 202
イモチ病 blast ― 49
医薬情報担当者 MR ― 266
医薬品 pharmaceutical ― 313
医薬品の medicinal ― 250
医用電子工学 ME ― 249
意欲 incentive ― 207
意欲を刺激するような incentive ― 207
依頼者 client ― 75
イラスト illustration ― 202
易罹患性 susceptibility ― 413
入口 entrance ― 140
〃 entry ― 140
〃 inlet ― 213
入り組んだ intricate ― 222
医療過誤 malpractice ― 245
医療の medical ― 250
医療保険の相互運用性と説明責任に関する法律 HIPAA ― 190
衣類 clothing ― 77
イルミネーション illumination ― 202
異例の exceeding ― 148
イレウス ileus ― 202
入れ子にする nest ― 276
異論 objection ― 287
違和感 discomfort ― 118
いわゆる so-called ― 392
陰イオン anion ― 23
陰影 shadow ― 385
陰窩 crypt ― 99
引火 flash ― 160
因果関係 causation ― 63
因果関係のある causal ― 63
インキュベーション incubation ― 208
インキュベートする incubate ― 208
陰極 cathode ― 63

陰茎　penis — 307
陰茎の　penile — 307
咽喉　throat — 424
インサート　insert — 214
印刷物　literature — 238
因子　factor — 154
インシデント　incident — 207
飲酒する　drink — 125
インシュリン依存性糖尿病　IDDM — 200
インシュリン非依存性糖尿病　NIDDM — 280
印象　impression — 206
印象的な　impressive — 206
飲食運動　endocytosis — 136
飲食物　diet — 115
飲水する　drink — 125
因数　factor — 154
インスリノーマ　insulinoma — 215
インスリン　insulin — 215
インスリン受容体基質　IRS — 225
インスリン様増殖因子　IGF — 201
インスリン様増殖因子結合タンパク質　IGFBP — 201
インスレーター　insulator — 215
陰性　negativity — 275
陰性の　negative — 275
隕石　meteorite — 254
インターカレーション　intercalation — 217
インターカレートする　intercalate — 217
インターナリゼーション　internalization — 218
インターネット　internet — 218
インターフェース　interface — 217
インターフェロン　interferon — 218
〃　IFN — 201
インターフェロン調節因子　IRF — 224
インターベンション　intervention — 219
インターロイキン　interleukin — 218
〃　IL — 201
インターン　intern — 218
インタビューする　interview — 219
インテイン　intein — 216
インテグラーゼ　integrase — 216
インテグリン　integrin — 216
インデューサー　inducer — 209
インデル　indel — 208
咽頭　pharynx — 313
咽頭炎　pharyngitis — 313
咽頭の　pharyngeal — 313
インドール　indole — 209
インドメタシン　indomethacin — 209
イントロン　intron — 222
院内の　in-hospital — 212
〃　nosocomial — 284
インバリアントNKT細胞　iNKT cell — 213
インパルス　impulse — 206
インピーダンス　impedance — 205
インフォマティクス　informatics — 211
インプット　input — 213
インフラ　infrastructure — 211
インプラント　implant — 205
インフルエンザ　influenza — 211
〃　flu — 161
インフレ　inflation — 211
インフレームの　in-frame — 211
引用　citation — 74
飲料　beverage — 46
引力　gravity — 179

う

ウィスコット・オルドリッチ症候群　Wiskott-Aldrich syndrome — 458
ウイルス　virus — 453
ウイルス学　virology — 452
ウイルス学の　virologic / virological — 452
ウイルス血症　viremia — 452
ウイルス(性)の　viral — 452
ウイルス粒子　virion — 452
ウィルムス腫瘍　Wilms' tumor — 457
ウィンドウ　window — 457
ウェゲナー肉芽腫症　Wegener's granulomatosis — 456
植え込み　implantation — 206

植え込み型除細動器　ICD ― 200
植え込み型の　implantable ― 206
植込錠　pellet ― 307
ウェスタンブロット法
Western blotting ― 456
ウエスト　waist ― 455
ウエストナイルウイルス　WNV ― 458
植え継ぎ　subculture ― 406
上に横たわる　overlie ― 297
ウェブサイト　website ― 456
上向きの　upward ― 445
植える　plant ― 319
飢える　starve ― 400
ウェルナー症候群
Werner syndrome ― 456
迂回　bypass ― 56
迂回する　bypass ― 56
迂回路　diversion ― 122
浮く　float ― 161
受け入れ　acceptance ― 3
受け入れられる　acceptable ― 3
〃　amenable ― 18
受け入れる　accept ― 3
〃　receive ― 354
受け継ぐ　inherit ― 212
受け取り　receipt ― 354
受け取る　receive ― 354
受けやすい　subject ― 406
動かす　mobilize ― 261
動き回る　locomote ― 239
ウサギ　rabbit ― 349
ウシ海綿状脳症　BSE ― 54
ウシ血清アルブミン　BSA ― 54
失う　lose ― 240
〃　miss ― 260
失わせる　extinguish ― 152
ウシの　bovine ― 52
齲蝕　caries ― 61
後ろ　rear ― 353
〃　post- ― 327
後足で立つ　rear ― 353
薄い　thin ― 423
うずく　ache ― 5
渦巻き　whorl ― 457
ウズラ　quail ― 347
ウズラの　quail ― 347
右旋性の　dextrorotatory ― 113
嘘　lie ― 236
疑い　suspicion ― 413
〃　doubt ― 124
疑いの余地なく　undoubtedly ― 441
疑う　suspect ― 413
〃　doubt ― 124
〃　question ― 348
疑わしい　suspicious ― 413
〃　questionable ― 348
〃　equivocal ― 143
疑われていない　unsuspected ― 444
打合せ　meeting ― 251
打ち勝つ　prevail ― 334
内張り　lining ― 237
打ち負かす　beat ― 45
内向きの　inward ― 223
宇宙　space ― 394
〃　universe ― 443
撃つ　shoot ― 386
うっ血　congestion ― 88
〃　hemostasis ― 186
うっ血性心不全　CHF ― 69
うっ血性の　congestive ― 88
うっ血乳頭　papilledema ― 301
写す　mirror ― 260
うつす　infect ― 210
移す　transfer ― 431
うっ滞　congestion ― 88
〃　stasis ― 400
訴え　complaint ― 83
〃　appeal ― 28
訴える　complain ― 83
〃　invoke ― 223
〃　appeal ― 28
うつ病　depression ― 111
促す　prompt ― 339
奪う　deprive ― 111
右房室弁の　tricuspid ― 434
ウマの　equine ― 143
生まれつきの　built-in ― 55
膿　pus ― 346
生み出す　parent ― 303
〃　engender ― 138
海の　marine ― 247
生む　bear ― 45

埋め込み式の implantable —— 206
埋め込む embed —— 133
埋める bury —— 56
羽毛 feather —— 156
裏打ち lining —— 237
裏打ちする line —— 237
ウラシル uracil —— 445
〃 U —— 438
ウリジン uridine —— 445
ウリジン二リン酸 UDP —— 439
ウレアーゼ urease —— 445
ウロキナーゼ urokinase —— 446
上書きする superimpose —— 410
上敷き overlay —— 297
上回る exceed —— 148
上向きに upward —— 445
運動 exercise —— 149
〃 movement —— 266
〃 motion —— 265
運動失調 ataxia —— 35
運動する exercise —— 149
〃 locomote —— 239
〃 move —— 266
運動性 motility —— 265
運動性の motile —— 265
〃 locomotive —— 239
運動選手 athlete —— 35
運動ニューロン
motoneuron / motoneurone —— 265
運動の motor —— 265
運動不能の immobile —— 203
運動麻痺 palsy —— 300
〃 paresis —— 303
運動(力)学 kinematics —— 229
運動力学の kinematic —— 229
運動量 momentum —— 263
運搬 delivery —— 108
〃 transport —— 433
運搬する transport —— 433
〃 convey —— 93
〃 deliver —— 108
運命 fate —— 156
運命づける destine —— 112
雲母 mica —— 256

え

柄 handle —— 182
〃 stalk —— 399
絵 picture —— 318
エアロゾル aerosol —— 11
エアロゾル化する aerosolize —— 11
映画 film —— 159
〃 picture —— 318
鋭角の acute —— 7
永久的な permanent —— 310
影響 influence —— 211
〃 impact —— 205
影響されやすい susceptible —— 413
影響する affect —— 11
〃 influence —— 211
〃 impinge —— 205
〃 impact —— 205
影響力のある influential —— 211
エイコサノイド eicosanoid —— 130
エイジング aging / ageing —— 13
エイズ AIDS —— 13
衛生 health —— 184
〃 hygiene —— 196
衛星 satellite —— 376
永続化させる perpetuate —— 311
鋭敏化 sensitization —— 382
栄養芽細胞 trophoblast —— 435
栄養型 trophozoite —— 435
栄養失調 malnutrition —— 245
栄養上の nutritional —— 287
栄養素 nutrient —— 287
栄養体 trophozoite —— 435
栄養的な nutritional —— 287
栄養の vegetative —— 449
栄養不良 malnutrition —— 245
栄養不良の malnourished —— 245
〃 oligotrophic —— 290
栄養分 nutrient —— 287
栄養法 nutrition —— 287
栄養補給の alimentary —— 15
栄養膜 trophoblast —— 435
栄養要求株(栄養要求体)
auxotroph —— 40
ADPリボシル化因子 ARF —— 30
エーテル ether —— 146

ABCトランスポータ
ABC transporter — 1
エーリキア症　ehrlichiosis — 130
腋窩　axilla — 41
疫学　epidemiology — 141
疫学上の　epidemiological / epidemiologic — 141
疫学的な　epidemiological / epidemiologic — 141
エキシマ　excimer — 148
液状の　liquid — 238
エキスパート　expert — 151
エキソサイト　exosite — 150
エキソサイトーシス　exocytosis — 150
エキソソーム　exosome — 150
エキゾチックな　exotic — 150
エキソヌクレアーゼ　exonuclease — 150
エキソビボの［で］　*ex vivo* — 153
エキソポリサッカライド
exopolysaccharide — 150
エキソン　exon — 150
液体　fluid — 161
〃　liquid — 238
液滴　droplet — 125
液胞　vacuole — 447
液胞膜　tonoplast — 427
エクアトリアルな　equatorial — 142
エクジソン　ecdysone — 128
エコーウイルス　echovirus — 129
エコトロピックな　ecotropic — 129
エコノミー　economy — 129
餌　bait — 42
餌を与える　feed — 157
壊死　necrosis — 274
壊死させる　necrotize — 274
壊死性の　necrotic — 274
壊死組織片　debris — 105
S-アデノシル-L-メチオニン
AdoMet — 10
エスカレートする　escalate — 144
S期　S phase — 374
エスケープ　escape — 144
S字形の
sigmoid / sigmoidal — 387
S状結腸鏡検査　sigmoidoscopy — 387
S状結腸の　sigmoid / sigmoidal — 387
ST上昇型心筋梗塞　STEMI — 401
ST部分　ST segment — 399
エステラーゼ　esterase — 145
エステル　ester — 145
エステル化　esterification — 145
エステル加水分解酵素　esterase — 145
エステル交換　transesterification — 430
エステル転移　transesterification — 430
エストラジオール　estradiol — 145
エストロゲン
estrogen / oestrogen — 145
壊疽　gangrene — 169
エタノール　ethanol — 145
枝分かれ　arborization — 30
〃　branch — 53
枝分かれする　branch — 53
エチル　ethyl — 146
エチレン　ethylene — 146
X線　X-ray — 459
X線撮影　radiography — 350
X線撮影の　radiographic — 350
X線写真　radiograph — 350
〃　roentgenogram — 372
X染色体　X chromosome — 459
X線像　radiograph — 350
エッジ　edge — 129
エトポシド　etoposide — 146
エナメル　enamel — 135
エナメル質　enamel — 135
エナメル質の　enamel — 135
エナンチオ選択的な
enantioselective — 135
エナンチオマー　enantiomer — 135
N-アセチルグルコサミン　GlcNAc — 174
N-メチル-D-アスパラギン酸
N-methyl-D-aspartic acid / -aspartate — 272
〃　NMDA — 281
エネルギー　energy — 138

エネルギー(性)の energetic — 138
エネルギー的な energetic — 138
エノラーゼ enolase — 139
エバネッセント evanescent — 147
エピジェネティックな epigenetic — 141
エピスタシス epistasis — 142
エピソード episode — 142
エピソーム episome — 142
エピトープ epitope — 142
エピネフリン epinephrine — 142
エピブラスト epiblast — 141
エピマー変換酵素 epimerase — 141
エピメラーゼ epimerase — 141
エフェクター effector — 130
Fc受容体 Fc receptor — 156
エプスタイン・バーウイルス Epstein-Barr virus — 142
〃 EBV — 128
エポキシ化 epoxidation — 142
エポキシド epoxide — 142
エボラウイルス Ebola virus — 128
エマルジョン emulsion — 135
エミッター emitter — 134
M期 M phase — 243
獲物 prey — 334
エラー error — 144
エラスターゼ elastase — 131
エラスチン elastin — 131
鰓の branchial — 53
選ぶ prefer — 331
〃 choose — 71
選べる selectable — 381
エリシター elicitor — 133
エリスロポエチン erythropoietin — 144
〃 EPO — 142
エリスロマイシン erythromycin — 144
エリテマトーデス erythematosus — 144
得る gain — 168
〃 obtain — 288
〃 yield — 459
L鎖 L chain — 230
エルシニア(属) *Yersinia* — 459
エレクトロスプレー electrospray — 132
エレクトロニクス electronics — 132
エレクトロポレーション electroporation — 132
塩 salt — 375
遠位の distal — 121
演繹する deduce — 106
演繹法 deduction — 106
円蓋 vault — 449
遠隔(性)の remote — 361
塩化物 chloride — 70
沿岸 coast — 78
塩基 base — 44
延期する defer — 106
塩基性線維芽細胞成長因子 bFGF — 46
塩基(性)の basic — 44
塩基対 bp — 52
塩基転換 transversion — 433
遠近調節 accommodation — 4
遠近(法)の perspective — 311
園芸 horticulture — 193
園芸学 horticulture — 193
円形の circular — 73
嚥下障害 dysphagia — 128
エンケファリン enkephalin — 139
演算 operation — 291
塩酸塩 hydrochloride — 195
演算子の operational — 291
沿軸の paraxial — 303
エンジニア engineer — 138
演習 exercise — 149
援助 aid — 13
〃 assistance — 34
炎症 inflammation — 211
〃 -itis — 227
炎症性腸疾患 IBD — 200
炎症性の inflammatory — 211
炎症促進性の proinflammatory / pro-inflammatory — 337
炎症の inflammatory — 211
援助する support — 411
〃 assist — 34
エンジン engine — 138
遠心機 centrifuge — 65

遠心性の efferent — 130
遠心沈降 centrifugation — 65
遠心分離する centrifuge — 65
遠心分離法 centrifugation — 65
円錐体 cone — 86
円錐の conical — 88
延髄の bulbar — 55
演ずる play — 321
遠赤色の far-red — 155
塩素 chlorine — 70
〃 Cl — 74
塩素イオン chloride — 70
塩素化する chlorinate — 70
塩素処理する chlorinate — 70
エンタルピー enthalpy — 140
円柱 cast — 62
〃 cylinder — 101
延長 elongation — 133
〃 prolongation — 338
延長させる elongate — 133
延長する lengthen — 234
〃 prolong — 338
鉛直の vertical — 451
エンテロウイルス enterovirus — 140
エンテロトキシン enterotoxin — 140
エンドグリコシダーゼ endoglycosidase — 136
エンドサイトーシス endocytosis — 136
エンドセリン endothelin — 137
エンドソーム endosome — 137
エンドトキシン endotoxin — 137
エンドヌクレアーゼ endonuclease — 137
エンドペプチダーゼ endopeptidase — 137
エンドポイント end point / endpoint — 136
エンドリボヌクレアーゼ endoribonuclease — 137
エンドルフィン endorphin — 137
エントロピー entropy — 140
円板 disc / disk — 118
エンハンサー enhancer — 139
塩分 salinity — 375
〃 salt — 375
塩分を加える salt — 375
エンベロープ envelope — 140
円偏光二色性 CD — 64
煙霧剤 aerosol — 11
塩類の saline — 375
塩類溶液 saline — 375

お

尾 tail — 417
追い出す extrude — 153
横隔の phrenic — 317
横隔膜 diaphragm — 114
横行の transverse — 433
雄ウシ ox — 298
黄色の yellow — 459
横切 transection — 430
横切する transect — 430
黄体化する luteinize — 242
黄体形成する luteinize — 242
黄体形成ホルモン LH — 235
黄体形成ホルモン放出ホルモン LH-RH / LHRH — 235
黄体の luteal — 242
黄体ホルモン作用物質 progestin — 337
黄疸 jaundice — 227
黄疸(おうだん)にかからせる jaundice — 227
横断している transverse — 433
横断する cross — 98
横断面 transection — 430
横断面の cross-sectional — 98
嘔吐 emesis — 134
応答 response — 366
応答者 respondent — 366
応答する respond — 366
応答性 responsiveness — 366
応答性亢進 hyperresponsiveness — 198
応答性の responsive — 366
応答能 competence — 83
嘔吐する vomit — 454
嘔吐の emetic — 134
黄斑(性)の macular — 244
凹部 crevice — 97
往復式の reciprocal — 354

凹面の concave — 85
横紋筋肉腫 rhabdomyosarcoma — 369
横紋筋融解(症) rhabdomyolysis — 369
応用 application — 29
応用する apply — 29
応用できる applicable — 29
応力 stress — 404
大いなる great — 179
大いに very — 451
覆う cover — 97
〃 envelop — 140
〃 overlie — 297
〃 overlay — 297
オーエスキー病 pseudorabies — 343
大型の large — 231
オーガナイザー organizer — 294
大きい large — 231
〃 great — 179
〃 sizable — 390
大きさ size — 390
〃 magnitude — 244
オーキシン auxin — 40
大きな進歩 breakthrough — 53
大きな比率を占める overrepresent — 298
多くの multi- — 267
オーシスト oocyst — 291
オータコイド autacoid — 38
オートクレーブ autoclave — 38
オートクレーブで処理する autoclave — 38
オートラジオグラフィー autoradiography — 39
オートレセプター autoreceptor — 39
オーバーハング overhang — 297
オーバーフロー overflow — 297
オーバーラップ overlap — 297
オーバーレイ overlay — 297
オーファン orphan — 294
オオムギ barley — 43
オールトランスレチノイン酸 ATRA — 36
オーロラ aurora — 38
冒す affect — 11
犯す commit — 81
悪寒 rigor — 371
〃 chill — 70
置き換える transpose — 433
オキシゲナーゼ oxygenase — 298
オキシダーゼ oxidase — 298
オキシダント oxidant — 298
オキシトシン oxytocin — 299
オキシドレダクターゼ oxidoreductase — 298
補う supplement — 411
置く place — 319
奥行き depth — 111
遅れ lag — 231
遅れる lag — 231
遅らせる delay — 107
起こす undergo — 441
〃 raise — 350
行う conduct — 86
〃 practice — 330
〃 execute — 149
〃 make — 245
起こる originate — 294
〃 occur — 289
教える teach — 418
〃 instruct — 215
押し出す extrude — 153
押し流す drift — 125
悪心 nausea — 274
押す press — 333
汚水 sewage — 385
オステオカルシン osteocalcin — 295
オスの male — 245
汚染 contamination — 90
〃 pollution — 324
汚染源 pollutant — 324
汚染除去 decontamination — 105
汚染する contaminate — 90
〃 pollute — 324
汚染物質 contaminant — 90
〃 pollutant — 324
遅い late — 232
〃 slow — 391
襲う attack — 37
遅くする slow — 391

お

おそらく presumably — 333
〃 perhaps — 309
恐るべき formidable — 164
恐れる fear — 156
オゾン ozone — 299
〃 O_3 — 287
おたふく風邪 mumps — 269
穏やかな gentle — 172
〃 mild — 258
陥る incur — 208
汚泥 sludge — 391
おでき boil — 51
落とし穴 pitfall — 318
おとり decoy — 106
衰え decline — 105
驚かす surprise — 412
〃 startle — 400
驚き surprise — 412
驚くべき surprising — 412
帯 band — 43
オピエート opiate — 292
オピオイド opioid — 292
脅かす threaten — 423
オフィス office — 289
オブザーバー observer — 288
オプション option — 292
オフセット offset — 289
オプソニン作用 opsonization — 292
オプティクス optics — 292
オフにすること offset — 289
オペラント operant — 291
オペレータ operator — 291
オペロン operon — 291
オボアルブミン ovalbumin — 297
重い heavy — 184
思い起こす recall — 354
思う suspect — 413
〃 suppose — 411
思える appear — 28
主な major — 245
〃 main — 244
主に mostly — 265
重荷 burden — 55
重みをつける weight — 456
親 parent — 303
親の parental — 303
親指 thumb — 424
およそ approximately — 29
〃 ca. — 56
及ぶ range — 351
〃 reach — 352
及ぼす exert — 149
オリゴRNA oligoribonucleotide — 290
オリゴデオキシヌクレオチド oligodeoxynucleotide — 290
〃 ODN — 289
オリゴデンドロサイト oligodendrocyte — 290
オリゴ糖 oligosaccharide — 290
オリゴヌクレオチド oligonucleotide — 290
オリゴペプチド oligopeptide — 290
オリゴマー oligomer — 290
オリゴマー形成 oligomerization — 290
オリゴリボヌクレオチド oligoribonucleotide — 290
折り畳む fold — 163
オルガネラ organelle — 293
オルソログ ortholog / orthologue — 294
オルト位の o- — 287
オルニチン ornithine — 294
オレイン酸 oleate — 289
オレキシン orexin — 293
終わり end — 135
終わる cease — 64
〃 end — 135
〃 conclude — 85
音響(学)の acoustic — 5
オングストローム angstrom — 22
〃 Å — 1
オンコジーン oncogene — 290
オンコセルカ症 onchocerciasis — 290
温浸 digestion — 116
音声の vocal — 454
温存 conservation — 89
温帯性の temperate — 419
温度 temperature — 419
オントロジー ontology — 291
温熱性の thermal — 422

温熱療法　hyperthermia — 198
音波の　sonic — 394
オンライン　online — 291
穏和な　benign — 45
温和な　temperate — 419

か

科　family — 155
蚊　mosquito — 265
過　over- — 297
〃　super- — 410
窩　pit — 318
カーゴ　cargo — 61
加圧　compression — 84
加圧する　compress — 84
ガード　guard — 181
カートリッジ　cartridge — 62
ガードル　girdle — 173
カーブ　curve — 100
回　gyrus — 181
界　kingdom — 229
下位　sub- — 405
害　hazard — 183
蓋　tectum — 418
外　exo- — 149
外因性の　extrinsic — 153
外陰(部)　vulva — 455
外陰部の　genital — 172
外界の　ambient — 18
改革　reform — 357
改革する　revolutionize — 369
〃　reform — 357
開花する　flower — 161
海岸　coast — 78
外観　aspect — 33
概観　overview — 298
概観する　overview — 298
外眼性の　extraocular — 153
回帰　regression — 358
会議　conference — 86
〃　council — 96
〃　meeting — 251
〃　congress — 88
外寄生　infestation — 210
外寄生する　infest — 210
階級　grade — 178
階級化する　stratify — 404
開業医　practitioner — 330
開胸(術)　thoracotomy — 423
開業する　practice — 330
海軍　marine — 247
塊茎　tuber — 437
解決　resolution — 365
解決する　unravel — 443
〃　settle — 384
〃　solve — 393
〃　resolve — 365
解決(法)　solution — 393
外見　appearance — 28
外見的には　seemingly — 380
介護　caregiving — 61
会合　association — 34
〃　engagement — 138
会合する　associate — 34
〃　engage — 138
開口部　aperture — 28
〃　orifice — 294
開口分泌　exocytosis — 150
開口薬　opener — 291
外国人　alien — 15
外国の　foreign — 164
介在する　mediate — 250
〃　intervene — 219
介在ニューロン
interneuron / interneurone — 218
介在配列　intron — 222
開散　divergence — 122
開始　commencement — 81
〃　initiation — 212
〃　onset — 291
〃　start — 400
開示　disclosure — 118
開始剤　primer — 334
開始する　mount — 265
〃　initiate — 212
〃　start — 400
〃　commence — 81
開示する　disclose — 118
概日性の　circadian — 73
介して　via — 451
会社　company — 82
〃　corporation — 94

か

解釈　interpretation ― 219
解釈する　interpret ― 219
〃　read ― 353
回収　retrieval ― 368
外周　circumference ― 74
解重合　degradation ― 107
回収する　recover ― 355
〃　retrieve ― 368
回収(率)　recovery ― 355
外傷　trauma ― 433
外傷後の　posttraumatic ― 328
外傷性の　traumatic ― 434
塊(状)の　massive ― 248
外植片　explant ― 151
海水　seawater ― 379
回数　frequency ― 166
害する　impair ― 205
改正　rectification ― 355
解析　analysis ― 20
解析する　solve ― 393
回折　diffraction ― 116
解説　interpretation ― 219
概説　review ― 369
概説する　review ― 369
外接する　circumscribe ― 74
改善　improvement ― 206
回旋枝　circumflex ― 74
回旋糸状虫症　onchocerciasis ― 290
回旋する　convolute ― 93
改善する　improve ― 206
回旋性の　circumflex ― 74
〃　rotatory ― 373
階層　hierarchy ― 189
外挿　extrapolation ― 153
階層化　stratification ― 404
外挿する　extrapolate ― 153
階層制　hierarchy ― 189
階層的な　hierarchical ― 189
解像度　definition ― 107
解像力　definition ― 107
外側　lateral ― 232
外側の　outside ― 296
〃　outer ― 296
開存性　patency ― 304
解体　disassembly ― 118
解体する　disassemble ― 118
開拓　exploitation ― 151
開拓者　pioneer ― 318
開拓する　pioneer ― 318
〃　exploit ― 151
ガイダンス　guidance ― 181
害虫　pest ― 312
回腸　ileum ― 202
回腸の　ileal ― 202
改訂　revision ― 369
改訂する　revise ― 369
回転　revolution ― 369
〃　spin ― 397
〃　rotation ― 373
〃　turn ― 438
回転(型)の　rotational ― 373
外転筋　abductor ― 1
回転式の　rotary ― 373
回転する　spin ― 397
〃　revolve ― 369
〃　turn ― 438
〃　rotate ― 373
ガイド　guide ― 181
解答　answer ― 24
回答　answer ― 24
〃　reply ― 363
解糖　glycolysis ― 176
外套　mantle ― 247
回答者　respondent ― 366
解凍する　thaw ― 422
解読する　decode ― 105
〃　decipher ― 105
ガイドライン　guideline ― 181
介入　intervention ― 219
介入する　intervene ― 219
介入物　intercalator ― 217
カイニン酸　kainate ― 228
概念　concept ― 85
〃　notion ― 285
概念体系　ontology ― 291
概念的な　conceptual ― 85
下位の　lower ― 241
〃　inferior ― 210
海馬　hippocampus ― 190
外胚葉　ectoderm ― 129
灰白髄炎　poliomyelitis ― 323
海馬采　fimbria ― 159

海馬台　subiculum ―― 406
開発　development ―― 113
〃　exploitation ―― 151
開発する　develop ―― 113
海馬の　hippocampal ―― 190
回避　avoidance ―― 40
〃　evasion ―― 147
〃　escape ―― 144
外被　coat ―― 78
〃　crust ―― 98
〃　envelope ―― 140
〃　investment ―― 223
〃　tegument ―― 419
回避する　avoid ―― 40
〃　circumvent ―― 74
回避不能な　inevitable ―― 210
回復　amelioration ―― 18
〃　recovery ―― 355
〃　restoration ―― 366
〃　restitution ―― 366
〃　retrieval ―― 368
回復期　convalescence ―― 92
回復させる　ameliorate ―― 18
開腹(術)　laparotomy ―― 231
回復する　return ―― 368
〃　regain ―― 358
〃　recover ―― 355
〃　restore ―― 366
外部　extra- ―― 152
外部ドメイン　ectodomain ―― 129
外部の　external ―― 152
〃　exterior ―― 152
〃　outside ―― 296
灰分　ash ―― 33
回文(構造)　palindrome ―― 300
外分泌の　exocrine ―― 149
壊変　degradation ―― 107
〃　disintegration ―― 119
改変　modification ―― 262
壊変する　decay ―― 105
改変する　modify ―― 262
壊変毎秒　dps ―― 125
壊変毎分　dpm ―― 125
解放　relief ―― 360
解剖　dissection ―― 120
解剖学　anatomy ―― 21
解剖学的　anatomical / anatomic ―― 21
開放された　open ―― 291
解放する　relieve ―― 360
解剖する　dissect ―― 120
開放性の　patent ―― 304
解剖の　anatomical / anatomic ―― 21
海盆　basin ―― 44
解明　elucidation ―― 133
解明する　elucidate ―― 133
界面　interface ―― 217
海綿状の　spongiform ―― 398
界面の　interfacial ―― 217
外面の　exterior ―― 152
回遊　migration ―― 258
海洋　ocean ―― 289
潰瘍　ulcer ―― 439
概要　summary ―― 410
潰瘍形成　ulceration ―― 439
潰瘍形成する　ulcerate ―― 439
潰瘍性の　ulcerative ―― 439
外用の　topical ―― 427
概要を述べる　outline ―― 296
〃　summarize ―― 410
外来患者　outpatient ―― 296
外来性の　exogenous ―― 150
〃　exotic ―― 150
〃　foreign ―― 164
〃　adventitious ―― 11
外来の　ambulatory ―― 18
回覧物　circular ―― 73
解離　dissociation ―― 120
解離する　dissociate ―― 120
解離性の　dissociative ―― 120
解離できる　dissociable ―― 120
概略　outline ―― 296
改良　refinement ―― 357
開裂　cleavage ―― 75
開裂する　cleave ―― 75
回路　circuit ―― 73
〃　cycle ―― 101
街路　avenue ―― 40
カイロミクロン　chylomicron ―― 73
回路網　network ―― 276
ガウス分布　Gaussian distribution ―― 170

カウンター　counter ―― 96
カウントする　count ―― 96
返す　return ―― 368
カエル　frog ―― 166
変える　alter ―― 17
〃　change ―― 67
〃　render ―― 361
過塩素酸　perchlorate ―― 308
過塩素酸の　perchlorate ―― 308
顔　face ―― 154
カオス　chaos ―― 67
香り　aroma ―― 31
加温する　heat ―― 184
抱える　harbor / harbour ―― 183
価格　price ―― 334
化学　chemistry ―― 69
〃　chemo- ―― 69
下顎　jaw ―― 227
科学　science ―― 378
科学技術　technology ―― 418
科学技術の　technological ―― 418
下顎骨の　mandibular ―― 246
化学者　chemist ―― 68
科学者　scientist ―― 378
化学受容器　chemoreceptor ―― 69
化学受容性　chemosensitivity ―― 69
科学捜査の　forensic ―― 164
化学的　chemo- ―― 69
化学的酸素要求量　COD ―― 78
科学的な　scientific ―― 378
化学的予防(法)　chemoprophylaxis ―― 69
化学の　chemical ―― 68
下顎の　mandibular ―― 246
化学発光　chemiluminescence ―― 68
化学防御　chemoprevention ―― 69
化学放射線療法　chemoradiotherapy ―― 69
化学薬品　chemical ―― 68
化学誘引物質　chemoattractant ―― 69
化学予防　chemoprevention ―― 69
化学療法　chemotherapy ―― 69
化学療法の　chemotherapeutic ―― 69
化学療法薬　chemotherapeutic ―― 69
化学量論　stoichiometry ―― 403
化学量論の　stoichiometric ―― 403
鏡　mirror ―― 260
輝く　bright ―― 53
関わる　concern ―― 85
過換気(症)　hyperventilation ―― 198
過感受性　supersensitivity ―― 411
過感受性の　hypersensitive ―― 198
可干渉性　coherence ―― 79
可換性の　interchangeable ―― 217
鍵　key ―― 228
下記参照　*vide infra* ―― 452
下記の　following ―― 163
かき混ぜ　agitation ―― 13
可逆性　reversibility ―― 369
可逆性の　reversible ―― 369
蝸牛　cochlea ―― 78
芽球　blast ―― 49
蝸牛の　cochlear ―― 78
架橋　crossbridge ―― 98
架橋結合させる　crosslink ―― 98
架橋する　bridge ―― 53
家禽(類)　poultry ―― 329
核　nucleus ―― 286
角　angle ―― 22
〃　horn ―― 193
殻　core ―― 94
〃　shell ―― 386
欠く　lack ―― 230
〃　devoid ―― 113
学　-ology ―― 290
学位　degree ―― 107
学位授与式　commencement ―― 81
学位を受けた　graduate ―― 178
学位を受ける　graduate ―― 178
〃　commence ―― 81
角化する　cornify ―― 94
〃　keratinize ―― 228
核型　karyotype ―― 228
核形成　nucleation ―― 285
核原形質の　nucleocytoplasmic ―― 286
学際的な　multidisciplinary ―― 267
核細胞質　nucleoplasm ―― 286
隠された　cryptic ―― 99
拡散　diffusion ―― 116
核酸　nucleic acid ―― 285
拡散する　diffuse ―― 116

核酸分解酵素 nuclease 285
核磁気共鳴 NMR 281
角質 corneum 94
〃 cuticle 100
核質 nucleoplasm 286
角質化する cornify 94
〃 keratinize 228
確実性 certainty 66
〃 reliance 360
確実な secure 380
〃 certain 66
確実にする ensure 139
学習 learning 233
核周囲の perinuclear 309
学習する learn 233
核周部 perikarya 309
学術誌 journal 227
学術大会 congress 88
学術的な academic 3
確証 confirmation 87
確証する validate 447
〃 corroborate 95
核小体 nucleolus 286
核小体低分子RNA snoRNA 391
核小体の nucleolar 286
確証的な conclusive 85
〃 authentic 38
核心 core 94
確信 certainty 66
〃 confidence 86
核仁 kernel 228
確信させる convince 93
確信して certain 66
確信的な confident 86
革新的な innovative 213
覚醒 emergence 134
覚醒剤 psychostimulant 344
覚醒している awake 40
覚醒(状態) arousal 31
〃 wakefulness 455
覚醒状態 vigilance 452
隔絶 sequestration 383
隔絶された inaccessible 206
拡大 dilation / dilatation 116
〃 expansion 150
〃 extension 152
〃 enlargement 139
拡大する extend 152
〃 expand 150
〃 enlarge 139
〃 magnify 244
拡大率 magnification 244
核タンパク質 nucleoprotein 286
拡張 dilation / dilatation 116
〃 enlargement 139
拡張期 diastole 115
拡張期の diastolic 115
拡張終期の end-diastolic 136
拡張する enlarge 139
〃 distend 121
〃 dilate 116
拡張物質 dilator 116
拡張薬 dilator 116
確定的な deterministic 113
核摘出 enucleation 140
角度 angle 22
獲得 acquisition 6
〃 gain 168
〃 procurement 336
獲得する obtain 288
〃 acquire 5
〃 procure 336
核内因子κB NF-kappaB 279
核内の intranuclear 221
〃 subnuclear 407
確認 ascertainment 33
〃 validation 447
確認箇所 checkpoint 68
確認する identify 201
〃 validate 447
〃 confirm 87
〃 ascertain 33
確認法 ascertainment 33
学年 grade 178
核の nuclear 285
角の angular 22
撹拌 agitation 13
核反対の antinuclear 26
角皮 cuticle 100
学部 faculty 154
画分 fraction 165
隔壁 septum 383

角膜 cornea — 94
角膜炎 keratitis — 228
角膜縁の limbal — 237
核膜孔複合体 NPC — 285
角膜実質細胞 keratocyte — 228
角膜の corneal — 94
革命 revolution — 369
学問的な academic — 3
学問分野 discipline — 118
撹乱 disturbance — 121
〃 perturbation — 312
〃 derangement — 111
撹乱させる perturb — 311
隔離 segregation — 380
〃 sequestration — 383
〃 isolation — 225
隔離する sequester — 383
〃 isolate — 225
〃 segregate — 380
確立 establishment — 145
確率 probability — 335
〃 chance — 67
確立した well-established — 456
確立する establish — 145
確率的な probabilistic — 335
確率論的な stochastic — 403
隠れた hidden — 189
影 shadow — 385
掛け合い応答 crosstalk — 98
家系 descent — 111
〃 genealogy — 171
〃 kindred — 229
家系図 genealogy — 171
過形成 hyperplasia — 197
過形成の hyperplastic — 197
家系性の kindred — 229
過激な radical — 349
掛け算 multiplication — 268
欠けている absent — 2
掛ける multiply — 268
かご cage — 57
囲い込む enclose — 135
下降 descent — 111
加工されていない unprocessed — 443
加工する process — 336
下降する descend — 111
下行性の descending — 111
加工性の processive — 336
化合物 compound — 84
過誤腫 hamartoma — 182
かごに入れる cage — 57
囲む surround — 412
芽細胞 -blast — 49
重ね合わせ superposition — 411
重ねる superimpose — 410
加算 addition — 7
過酸化 peroxidation — 311
過酸化酵素 peroxidase — 311
過酸化物 peroxide — 311
加算する add — 7
加算性の additive — 8
火山性の volcanic — 454
過酸素症 hyperoxia — 197
下肢 leg — 233
可視化 visualization — 453
可視化する visualize — 453
過失 fault — 156
〃 mistake — 260
果実 fruit — 166
可視の visible — 453
加重 summation — 410
荷重 load — 239
過剰 excess — 148
〃 hyper- — 196
過剰活性化 hyperactivation — 196
過剰換気 hyperventilation — 198
過剰興奮性 hyperexcitability — 197
過剰産生 overproduction — 297
過剰産生する overproduce — 297
過剰増殖 hyperproliferation — 198
過剰投与 overdose — 297
過剰な excessive — 148
過剰の over- — 297
過剰発現 overexpression — 297
過剰発現させる overexpress — 297
過小評価する underestimate — 441
過剰変異 hypermutation — 197
過剰メチル化 hypermethylation — 197
過食症 bulimia — 55
〃 hyperphagia — 197

課す impose —— 206
数 count —— 96
〃 number —— 286
ガス gas —— 169
下垂体機能低下(症)
hypopituitarism —— 199
下垂体の pituitary —— 318
加水分解 hydrolysis —— 195
加水分解酵素 hydrolase —— 195
加水分解産物 hydrolysate —— 195
加水分解する
hydrolyze / hydrolyse —— 195
加水分解性の hydrolytic —— 195
加水分解抵抗性の nonhydrolyz-
able / non-hydrolyzable —— 282
かすかな faint —— 155
ガスクロマトグラフ法 GC —— 170
カスケード cascade —— 62
ガス状の gaseous —— 169
数的な numerical —— 286
ガストリン gastrin —— 170
カスパーゼ caspase —— 62
化生 metaplasia —— 254
仮性 pseudo- —— 343
過成長 overgrowth —— 297
仮性嚢胞 pseudocyst —— 343
カゼイン casein —— 62
化石 fossil —— 165
仮説 hypothesis —— 199
カセット cassette —— 62
仮説の hypothetical —— 200
仮説を設ける hypothesize —— 200
下線を引く underscore —— 441
画素 pixel —— 318
仮想 imagination —— 202
画像 image —— 202
画像処理 imaging —— 202
仮想的な virtual —— 452
画像法 imaging —— 202
数え上げる enumerate —— 140
数える count —— 96
カソード cathode —— 63
仮足 pseudopod —— 343
加速 acceleration —— 3
家族 family —— 155
〃 household —— 193
加速器 accelerator —— 3
加速する accelerate —— 3
家族性アルツハイマー病 FAD —— 154
家族性の familial —— 155
加速度 acceleration —— 3
可塑性 plasticity —— 320
可塑性の plastic —— 320
可塑物 plastic —— 320
過多 repletion —— 362
肩 shoulder —— 386
型 type —— 438
〃 form —— 164
堅い firm —— 159
過体重 overweight —— 298
過大評価する overestimate —— 297
片親性の uniparental —— 442
型式 format —— 164
カタストロフ catastrophe —— 63
形 figure —— 158
〃 form —— 164
〃 shape —— 385
形が定まらない unstructured —— 444
形づくる shape —— 385
形をとる adopt —— 10
カタツムリ snail —— 391
塊 block —— 50
傾き tilt —— 425
傾く lean —— 233
傾ける tilt —— 425
片寄り offset —— 289
偏り deflection —— 107
偏る bias —— 46
カタラーゼ catalase —— 62
カタレプシー catalepsy —— 62
カタログ catalog —— 62
価値 worth —— 458
〃 value —— 447
〃 account —— 4
価値ある worth —— 458
〃 valuable —— 447
〃 worthy —— 458
カチオン cation —— 63
家畜 livestock —— 239
家畜流行性の epizootic —— 142
価値を認められていない
unappreciated —— 440

か

滑液包 bursa — 55
学科 discipline — 118
学会 society — 392
〃 academy — 3
顎下の submandibular — 406
画期的な innovative — 213
割球 blastomere — 49
脚気 beriberi — 45
喀血 hemoptysis — 186
括弧 parenthesis — 303
褐色細胞腫 pheochromocytoma — 314
褐色の brown — 54
渇水 drought — 125
活性 activity — 7
活性化 activation — 6
活性化されていない unactivated — 440
活性化する activate — 6
活性化T細胞核内因子 NFAT — 279
活性化転写因子 ATF — 35
活性化物質 activator — 6
活性化プロテインC APC — 27
活性化補助因子 coactivator — 77
活性剤 activator — 6
活性酸素種 ROS — 372
活性窒素種 RNS — 372
活性な reactive — 353
活性のある active — 6
勝手な arbitrary — 30
葛藤 conflict — 87
活動過剰 overactivity — 297
活動亢進 hyperactivity — 196
活動亢進の hyperactive — 196
葛藤する conflict — 87
活動性 activity — 7
活動的な active — 6
活動電位 impulse — 206
活動電位持続時間 APD — 27
カットオフ cutoff — 100
活発な brisk — 53
〃 vigorous — 452
カップリング coupling — 96
合併症 complication — 84
合併する complicate — 84
〃 merge — 253
滑膜 synovium — 415
滑膜炎 synovitis — 415
滑膜細胞 synoviocyte — 415
滑膜の synovial — 415
滑面の smooth — 391
括約筋 sphincter — 396
活用 exploitation — 151
活用する exploit — 151
活量 activity — 7
仮定 assumption — 34
過程 course — 96
〃 process — 336
家庭 household — 193
家庭医 generalist — 171
仮定する premise — 332
〃 posit — 327
〃 assume — 34
〃 postulate — 328
〃 hypothesize — 200
〃 presume — 333
家庭内の domestic — 123
カテーテル catheter — 63
カテーテル挿入 catheterization — 63
カテーテル法 catheterization — 63
カテコール catechol — 63
カテコラミン catecholamine — 63
カテゴリー category — 63
カテゴリー化 categorization — 63
カテゴリーの categorical — 63
カテニン catenin — 63
カテプシン cathepsin — 63
荷電 load — 239
荷電する charge — 68
過度 binge — 47
角 corner — 94
果糖 fructose — 166
窩洞 cavity — 64
可動域 excursion — 149
〜かどうか whether — 457
可動性 flexibility — 160
〃 mobility — 261
下等な lower — 241
過渡応答 transient — 431
過度に overly — 297
カドヘリン cadherin — 56

カドミウム cadmium — 56
〃 Cd — 64
ガドリニウム gadolinium — 168
〃 Gd — 170
かなり quite — 349
〃 fairly — 155
かなりの appreciable — 29
〃 comparative — 82
〃 considerable — 89
〃 substantial — 407
果肉 pulp — 345
カニクイザル
cynomolgus monkey — 101
カニューレ cannula — 58
カニューレ挿入(法) cannulation
— 58
加熱する heat — 184
可能性 feasibility — 156
〃 likelihood — 237
〃 probability — 335
〃 potential — 329
〃 possibility — 327
〃 odds — 289
化膿性の purulent — 346
〃 suppurative — 411
〃 pyogenic — 346
可能な capable — 58
〃 possible — 327
〃 feasible — 156
可能にする enable — 135
カバー cover — 97
花盤 disc / disk — 118
可搬性の mobile — 261
痂皮 crust — 98
カビ mold — 262
カビさせる mold — 262
下肥を施す soil — 392
過敏 supersensitivity — 411
過敏症 hypersensitivity — 198
〃 allergy — 16
過敏性 hyperreactivity — 198
過敏な irritable — 225
カフェイン caffeine — 56
過負荷 overload — 297
過負荷をかける overload — 297
下部構造 substructure — 408
カプサイシン capsaicin — 59
カプシド capsid — 59
カプシド形成 encapsidation — 135
カプセル(剤) capsule — 59
カプセルに包む encapsulate — 135
カプセルの capsular — 59
カプセル封入 encapsulation — 135
花粉 pollen — 323
過分極 hyperpolarization — 197
過分極する hyperpolarize — 197
花粉症 pollinosis — 324
花粉媒介 pollination — 323
過分泌 hypersecretion — 198
壁 wall — 455
カベオラ caveola — 64
カベオリン caveolin — 64
可変性 variability — 448
可変性の versatile — 450
〃 variable — 448
可変性のある flexible — 160
芽胞 spore — 398
下方制御する downregulate — 124
過飽和 supersaturation — 411
カポジ肉腫 Kaposi's sarcoma
— 228
カポジ肉腫関連ヘルペスウイルス
KSHV — 230
鎌状赤血球性貧血 SCA — 376
鎌状の sickle — 387
我慢する tolerate — 426
紙 paper — 301
かみつく bite — 49
噛む chew — 69
かゆみ itching — 226
可溶化 solubilization — 393
可溶化液 lysate — 243
可溶化する lyse — 243
〃 solubilize — 393
可用性 availability — 40
可溶性の soluble — 393
加溶媒分解 solvolysis — 393
ガラクトース galactose — 168
ガラクトシダーゼ galactosidase
— 168
カラシナ mustard — 269
ガラス glass — 174

か

～から成る　consist ― 89
空にする　empty ― 135
〃　void ― 454
空の　empty ― 135
〃　blank ― 49
カラム　column ― 81
カリウム　potassium ― 329
〃　K ― 228
カリエス　caries ― 61
カリキュラム　curriculum ― 100
刈り込む　trim ― 434
駆り立てる　drive ― 125
仮の　tentative ― 420
下流　downstream ― 124
顆粒　granule ― 178
顆粒化　granulation ― 178
顆粒球　granulocyte ― 179
顆粒球減少(症)　granulocytopenia ― 179
顆粒球コロニー刺激因子　G-CSF ― 168
顆粒球マクロファージコロニー刺激因子　GM-CSF ― 177
顆粒剤　granule ― 178
顆粒(状)の　granular ― 178
顆粒膜　granulosa ― 179
過リン酸分解酵素　phosphorylase ― 315
軽い　light ― 237
カルシウム　calcium ― 57
〃　Ca ― 56
カルシウム沈着　calcification ― 57
カルシトニン　calcitonin ― 57
カルシトニン遺伝子関連ペプチド　CGRP ― 67
カルシニューリン　calcineurin ― 57
カルス　callus ― 57
カルチノイド　carcinoid ― 60
カルテ　chart ― 68
カルパイン　calpain ― 57
カルベン　carbene ― 59
カルボキシ　carboxy / carboxyl ― 59
カルボキシ基転移酵素　carboxylase ― 59
カルボキシペプチダーゼ　carboxypeptidase ― 60
カルボキシ末端の　C-terminal ― 56
カルボキシラーゼ　carboxylase ― 59
カルボキシル　carboxy / carboxyl ― 59
カルボキシル化　carboxylation ― 60
カルボニル　carbonyl ― 59
カルボン酸　carboxylic acid ― 60
カルモジュリン　calmodulin ― 57
〃　CaM ― 58
カルモジュリンキナーゼII　CaMKII ― 58
加齢　aging / ageing ― 13
加齢する　age ― 12
ガレクチン　galectin ― 168
かろうじて　barely ― 43
カロチン　carotene ― 61
カロテノイド　carotenoid ― 61
カロテン　carotene ― 61
カロリー　calorie / calory ― 57
〃　cal ― 57
乾いた　dry ― 126
代わりに　instead ― 214
変わる　alter ― 17
〃　change ― 67
〃　shift ― 386
代わる　substitute ― 407
〃　displace ― 120
環　ring ― 371
〃　cyclo- ― 101
管　tract ― 429
〃　duct ― 126
〃　tube ― 436
〃　vessel ― 451
〃　canal ― 58
〃　ductus ― 126
巻　volume ― 454
癌　cancer ― 58
眼　eye ― 153
肝炎　hepatitis ― 186
感音神経(性)の　sensorineural ― 382
環化　cyclization ― 101
眼科　ophthalmology ― 291
眼窩　orbit ― 292
寛解　amelioration ― 18
〃　remission ― 361
〃　palliation ― 300

灌漑 irrigation — 225
寛解させる ameliorate — 18
寛解する remit — 361
環外の exocyclic — 149
考え thought — 423
〃 idea — 201
〃 view — 452
〃 opinion — 292
考えうる conceivable — 85
考える reason — 353
〃 think — 423
眼科学 ophthalmology — 291
間隔 interval — 219
感覚 sense — 382
感覚異常 paresthesia — 303
感覚運動の sensorimotor — 382
感覚(機能) sensation — 382
感覚消失 anesthesia — 21
感覚上皮 neuroepithelium — 277
感覚性の sensory — 383
〃 sensing — 382
間隔をおく space — 394
環化酵素 cyclase — 101
環化させる cyclize — 101
眼窩前頭の orbitofrontal — 293
眼科の ophthalmic — 291
換気 ventilation — 450
間期 interphase — 219
換気装置 ventilator — 450
換気低下 hypoventilation — 200
換気の ventilatory — 450
〃 tidal — 425
眼球 globe — 174
眼球運動の oculomotor — 289
眼球除去 enucleation — 140
眼球内の intraocular — 221
眼球の ocular — 289
環境 circumstance — 74
〃 environment — 140
〃 milieu — 258
環境学 ecology — 129
頑強な robust — 372
環境の environmental — 140
桿菌 *Bacillus* — 41
眼筋麻痺 ophthalmoplegia — 292
管腔 lumen — 241
管腔の luminal — 241
ガングリオシド ganglioside — 169
ガングリオン ganglion — 169
関係 relation — 360
〃 connection — 88
〃 interplay — 219
関係している pertinent — 311
関係者 participant — 304
関係する relate — 360
〃 implicate — 206
〃 pertain — 311
〃 participate — 304
関係づけ commitment — 82
関係づける commit — 81
間隙 cleft — 75
〃 gap — 169
〃 space — 394
〃 crevice — 97
間欠期 interval — 219
間欠性の intermittent — 218
観血的な bloody — 50
〃 invasive — 222
簡潔な concise — 85
緩下薬 laxative — 232
還元 reduction — 356
眼瞼 eyelid — 153
癌原遺伝子 proto-oncogene / pro-tooncogene — 341
眼瞼下垂 ptosis — 344
還元酵素 reductase — 356
還元剤 reductant — 356
還元する reduce — 356
還元的な reductive — 356
看護 attendance — 37
〃 nursing — 287
〃 care — 61
管孔 pore — 326
感光性 photosensitivity — 316
感光性の photolabile — 316
肝硬変 cirrhosis — 74
観光旅行 excursion — 149
看護学 nursing — 287
勧告 advice — 11
〃 recommendation — 355
勧告する recommend — 355

か

看護師 nurse — 287
看護する attend — 37
〃 care — 61
感作 sensitization — 382
監査 inspection — 214
肝細胞 hepatocyte — 187
幹細胞因子 SCF — 377
肝細胞核因子 HNF — 191
肝細胞癌 HCC — 183
肝細胞腫 hepatoma — 187
肝細胞(性)の hepatocellular — 187
肝細胞増殖因子 HGF — 189
感作する sensitize — 382
観察 observation — 288
観察可能な observable — 288
観察者 observer — 288
観察者間の interobserver — 219
観察する observe — 288
観察的な observational — 288
感作物質 sensitizer — 382
鉗子 forceps — 163
〃 clamp — 74
監視 guard — 181
監視する monitor — 263
監視装置 monitor — 263
カンジダ(属) *Candida* — 58
カンジダ血症 candidemia — 58
カンジダ症 candidiasis — 58
間質 interstitium — 219
〃 stroma — 405
肝実質細胞 hepatocyte — 187
間質性の interstitial — 219
間質性肺炎 pneumonitis — 322
間質の stromal — 405
感じとる sense — 382
感謝 appreciation — 29
患者 patient — 305
感謝する appreciate — 29
肝腫 hepatomegaly — 187
癌腫 carcinoma — 60
慣習 custom — 100
間充織 mesenchyme — 253
間充織の mesenchymal — 253
慣習的な conventional — 92
感受性 sensitivity — 382
〃 susceptibility — 413
感受性の sensitive — 382
〃 sensing — 382
〃 susceptible — 413
肝腫大 hepatomegaly — 187
冠循環の coronary — 94
干渉 interference — 218
環状 cyclo- — 101
感情 emotion — 134
感情の affective — 11
〃 emotional — 134
緩衝液(緩衝剤) buffer — 55
緩衝する buffer — 55
干渉する interfere — 217
緩衝(性) buffer — 55
干渉性の coherent — 79
冠状断の coronal — 94
環状鉄芽球を伴う不応性貧血 RARS — 351
環状の circular — 73
〃 annular — 23
〃 cyclic — 101
冠状の coronal — 94
管状の canalicular — 58
干渉物質 intercalator — 217
緩徐進行型の indolent — 209
緩徐な slow — 391
関心 respect — 365
〃 interest — 217
〃 regard — 358
〃 concern — 85
眼振 nystagmus — 287
含浸させた impregnated — 206
関数 function — 167
関する regard — 358
～に関しては as for — 32
完成 completion — 83
完成する complete — 83
完成度 completeness — 83
乾性の dry — 126
関節 articulation — 32
〃 joint — 227
関節炎 arthritis — 32
関節腔造影 arthrography — 32
関節周囲の periarticular — 309
関節症 arthropathy — 32

関節障害 arthropathy — 32
肝切除(術) hepatectomy — 186
関節造影(法) arthrography — 32
関節痛 arthralgia — 32
間接的な indirect — 209
関節の articular — 32
関節リウマチ RA — 349
乾癬 psoriasis — 343
感染 transmission — 433
〃 infestation — 210
感染後の postinfection — 327
感染させる infect — 210
感染(症) infection — 210
感染症の infective — 210
完全静脈栄養 TPN — 428
完全性 integrity — 216
〃 completeness — 83
乾癬(性)の psoriatic — 343
感染性の infectious — 210
完全な complete — 83
〃 full — 167
〃 perfect — 308
感染による infective — 210
完全非経口栄養法 TPN — 428
感染力 infectivity — 210
〃 invasiveness — 222
〃 contagion — 90
乾燥 desiccation — 112
〃 drought — 125
肝臓 liver — 239
〃 hepato- — 186
肝臓X受容体 LXR — 242
肝臓外の extrahepatic — 153
肝臓学 hepatology — 187
乾燥させる dry — 126
肝臓内の intrahepatic — 221
肝臓の hepatic — 186
簡素な plain — 319
桿体 rod — 372
癌胎児性の carcinoembryonic — 60
間代性の clonic — 76
肝胆道の hepatobiliary — 186
簡単な easy — 128
肝胆嚢の hepatobiliary — 186
感知器 sensor — 382
灌注 irrigation — 225
浣腸 enema — 138
環椎 atlas — 36
貫通 penetration — 307
貫通する penetrate — 307
眼底 fundus — 167
寒天 agar — 12
観点 respect — 365
〃 viewpoint — 452
〃 standpoint — 400
〃 view — 452
感度 sensitivity — 382
冠動脈疾患 CAD — 56
冠動脈心疾患 CHD — 68
冠動脈バイパス(術) CABG — 56
監督 supervision — 411
監督する supervise — 411
肝毒性 hepatotoxicity — 187
眼内炎 endophthalmitis — 137
眼内の intraocular — 221
カンナビノイド cannabinoid — 58
陥入 invagination — 222
陥入部 invagination — 222
観念化 ideation — 201
管の tubal — 436
〃 ductal — 126
癌の cancerous — 58
眼の ophthalmic — 291
間脳 diencephalon — 115
官能基 group — 180
〃 function — 167
官能性をもたせる functionalize — 167
干ばつ drought — 125
肝脾腫 hepatosplenomegaly — 187
肝脾腫大 hepatosplenomegaly — 187
乾皮症 xeroderma — 459
カンピロバクター(属) *Campylobacter* — 58
カンファレンス conference — 86
環付加 cycloaddition — 101
貫壁性の transmural — 433
鑑別する fingerprint — 159
簡便な convenient — 92
願望 desire — 112

願望する　desire — 112
γアミノ酪酸
gamma(γ)-amin obutyric acid — 169
〃　GABA — 168
間膜　ligament — 236
γグロブリン
gamma(γ)-globulin — 169
感銘　impression — 206
顔面の　facial — 154
関門　barrier — 43
丸薬　pill — 318
含有する　contain — 90
含(有)量　content — 91
関与　participation — 304
〃　engagement — 138
〃　involvement — 223
間葉　mesenchyme — 253
寛容化する　tolerize — 426
寛容(性)　tolerance — 426
寛容性の　tolerant — 426
間葉の　mesenchymal — 253
関与する　involve — 223
〃　engage — 138
管理　administration — 9
〃　management — 246
管理職　executive — 149
管理する　administer — 9
〃　manage — 246
〃　govern — 178
管理体制　regime — 358
還流　reflux — 357
灌流　lavage — 232
〃　superfusion — 410
灌流液　perfusate — 309
灌流する　perfuse — 309
〃　superfuse — 410
灌流(適用)　perfusion — 309
完了　completion — 83
含量　amount — 19
完了する　complete — 83
〃　finish — 159
寒冷　cryo- — 98
寒冷な　cold — 79
関連　association — 34
〃　relation — 360
〃　connection — 88
〃　reference — 357
〃　correlation — 95
〃　implication — 206
関連する　relate — 360
〃　correlate — 94
〃　associate — 34
関連性　relevance — 360
〃　relationship — 360
〃　relatedness — 360
関連性のある　relevant — 360
〃　relational — 360
関連づける　connect — 88
関連の　pertinent — 311
緩和　relaxation — 360
〃　palliation — 300
緩和する　ease — 128
〃　moderate — 262
〃　relax — 360
〃　palliate — 300
〃　alleviate — 16
〃　mitigate — 260
緩和的な　palliative — 300

き

気圧　atmosphere — 36
キー　key — 228
偽遺伝子　pseudogene — 343
起因しうる　attributable — 37
起因する　arise — 31
〃　ascribe — 33
〃　attribute — 37
〃　due to — 126
消える　fade — 155
記憶　memory — 252
記憶する　memorize — 252
〃　remember — 361
記憶喪失　amnesia — 19
気化　vaporization — 448
飢餓　hunger — 194
〃　starvation — 400
ギガ　G — 168
機械　machine — 244
機会　opportunity — 292
〃　occasion — 288
〃　chance — 67
〃　scope — 378

議会　congress — 88
機械感受性の　mechanosensitive — 250
機械受容器　mechanosensor — 250
機械センサー　mechanosensor - 250
機械的な　mechanical — 249
機械類　machinery — 244
幾何学　geometry — 173
幾何学上の
geometric / geometrical — 172
規格　gauge — 170
〃　specification — 395
〃　standard — 400
規格化　standardization — 400
〃　normalization — 284
規格化する　standardize — 400
飢餓性の　hunger — 194
幾何的な　geometric / geometrical — 172
帰還　feedback — 157
器官　organ — 293
〃　organo- — 294
期間　period — 309
〃　term — 420
〃　duration — 127
気管　trachea — 428
機関　agency — 12
〃　institution — 215
器官(型)の　organotypic — 294
器官形成　organogenesis — 294
気管支　bronchus — 54
気管支炎　bronchitis — 54
気管支拡張症　bronchiectasis — 54
気管支拡張薬　bronchodilator — 54
気管支鏡検査(法)　bronchoscopy — 54
気管支痙攣　bronchospasm — 54
気管支原性の　bronchogenic — 54
気管支周囲の　peribronchial — 309
気管支収縮　bronchoconstriction — 54
気管支内の　endobronchial — 136
気管支の　bronchial — 54
気管支肺胞の　bronchoalveolar - 54
気管支攣縮　bronchospasm — 54
帰還する　return — 368
気管切開(術)　tracheostomy — 428
気管内の　intratracheal — 221
〃　endotracheal — 138
機関の　institutional — 215
機器　instrument — 215
〃　hardware — 183
危機　crisis — 98
偽基質　pseudosubstrate — 343
利き手　handedness — 182
機器の　instrumental — 215
気球　balloon — 43
気胸　pneumothorax — 322
基金　foundation — 165
器具　apparatus — 28
〃　instrument — 215
器具使用　instrumentation — 215
器具の　instrumental — 215
奇形　deformity — 107
〃　malformation — 245
〃　abnormality — 2
奇形癌腫　teratocarcinoma — 420
奇形腫　teratoma — 420
帰結　consequence — 89
偽結核症　pseudotuberculosis - 343
気圏　atmosphere — 36
棄権　default — 106
危険　risk — 372
〃　hazard — 183
〃　danger — 104
起源　origin — 294
〃　genesis — 171
危険な　hazardous — 183
〃　dangerous — 104
危険率　P — 299
機構
organization / organisation — 293
〃　mechanism — 250
〃　machinery — 244
気候　climate — 75
気孔　pore — 326
気候順応
acclimation / acclimatization — 3
機構的な　mechanistic — 250
気候に順応する
acclimate / acclimatize — 3
機構の　mechanistic — 250

気孔の stomatal ―― 403
記載 registry ―― 358
〃 statement ―― 400
〃 mention ―― 252
基剤 base ―― 44
記載する register ―― 358
〃 enroll ―― 139
〃 record ―― 355
ギ酸 formate ―― 164
キサンチン xanthine ―― 459
ギ酸の formate ―― 164
生地 texture ―― 421
記事 article ―― 32
義肢 prosthesis ―― 340
技師 engineer ―― 138
擬似 quasi- ―― 348
既視感 deja vu ―― 107
疑似種 quasispecies ―― 348
基質 matrix ―― 248
〃 substrate ―― 407
気質 constitution ―― 89
〃 humor ―― 194
器質性の organic ―― 293
希釈 dilution ―― 117
希釈剤 diluent ―― 116
希釈する dilute ―― 116
記述 description ―― 111
〃 documentation ―― 123
技術 technique / technic ―― 418
技術移転の translational ―― 432
技術革新 innovation ―― 213
記述語 descriptor ―― 112
記述子 descriptor ―― 112
記述する document ―― 123
〃 note ―― 284
〃 describe ―― 111
記述的な descriptive ―― 111
技術の technical ―― 418
基準 basis ―― 44
〃 standard ―― 400
〃 benchmark ―― 45
〃 reference ―― 357
〃 measure ―― 249
規準化 normalization ―― 284
基準化する normalize ―― 284
機序 mechanism ―― 250
気象 weather ―― 456
キス kiss ―― 229
傷跡 scar ―― 377
基数 cardinal ―― 60
傷つける wound ―― 458
〃 undermine ―― 441
帰する ascribe ―― 33
〃 attribute ―― 37
〃 reside ―― 364
寄生 parasitism ―― 302
〃 infestation ―― 210
規制 regulation ―― 359
〃 control ―― 92
偽性 pseudo- ―― 343
犠牲 victim ―― 452
〃 expense ―― 150
〃 sacrifice ―― 375
規制緩和 deregulation ―― 111
規制緩和する deregulate ―― 111
犠牲者 victim ―― 452
寄生する parasitize ―― 302
規制する control ―― 92
〃 regulate ―― 358
寄生性の parasitic ―― 302
寄生体 parasite ―― 302
寄生虫 parasite ―― 302
〃 worm ―― 458
寄生虫血症 parasitemia ―― 302
犠牲にする sacrifice ―― 375
軌跡 trajectory ―― 429
季節 season ―― 379
季節性の seasonal ―― 379
基線 baseline ―― 44
基礎 base ―― 44
〃 basis ―― 44
〃 foundation ―― 165
偽足 pseudopod ―― 343
規則性 regularity ―― 358
規則的な regular ―― 358
基礎づける base ―― 44
基礎的な fundamental ―― 167
基礎の basic ―― 44
〃 basal ―― 43
基礎をなす underlie ―― 441
既存の preexisting / pre-existing ―― 331

気体 gas ― 169
期待 expectancy ― 150
奇胎 mole ― 262
擬態 mimicry ― 259
議題 agenda ― 12
期待する expect ― 150
気体の gaseous ― 169
擬態の mimetic ― 259
帰着する result ― 367
貴重な invaluable ― 222
〃 valuable ― 447
議長を務める chair ― 67
気づいている aware ― 40
喫煙 smoking ― 391
喫煙者 smoker ― 391
喫煙する smoke ― 391
気づかない unaware ― 440
気づく notice ― 285
〃 perceive ― 308
拮抗 antagonism ― 24
拮抗する antagonize ― 24
拮抗物質 antagonist ― 24
基底 basement ― 44
〃 ground ― 180
〃 fundus ― 167
基底外側の basolateral ― 44
基底層上の suprabasal ― 412
基底部 basement ― 44
〃 base ― 44
基底部の basal ― 43
規定濃度 normal ― 284
規定する rule ― 374
起点 origin ― 294
起電性の electromotive ― 132
〃 electrogenic ― 131
企図 intention ― 216
輝度 intensity ― 216
〃 luminance ― 241
気道 airway ― 14
軌道 orbit ― 292
〃 trajectory ― 429
起動 mobilization ― 261
気道過敏症 AHR ― 13
軌道関数 orbital ― 293
起動する mobilize ― 261
気道内の tracheobronchial ― 428
軌道の orbital ― 293
企図する intend ― 216
キナーゼ kinase ― 229
キネシン kinesin ― 229
機能 function ― 167
技能 skill ― 390
機能獲得型の gain-of-function ― 168
機能亢進(性)の hyperactive ― 196
機能させる functionalize ― 167
機能障害 impairment ― 205
〃 dysfunction ― 127
〃 malfunction ― 245
機能する function ― 167
機能性 functionality ― 167
機能喪失型の loss-of-function ― 241
機能低下(症) hypofunction ― 199
機能的磁気共鳴画像法 fMRI ― 162
機能的な functional ― 167
帰納的な inductive ― 209
機能の functional ― 167
機能不全 hypofunction ― 199
〃 malfunction ― 245
機能不全(症) insufficiency ― 215
〃 dysfunction ― 127
機能付与 functionalization ― 167
機能分化 functionalization ― 167
帰納法 induction ― 209
偽嚢胞 pseudocyst ― 343
キノロン quinolone ― 348
キノン quinone ― 348
希薄な dilute ― 116
〃 rare ― 351
揮発 volatilization ― 454
揮発させる volatilize ― 454
揮発性 volatility ― 454
揮発性の volatile ― 454
揮発度 volatility ― 454
気早い rash ― 351
規範 code ― 78
〃 norm ― 284
規範的な canonical ― 58
忌避剤 repellent ― 362
忌避物質 repellent ― 362
機敏な prompt ― 339
〃 alert ― 15

き

寄付 contribution ― 92
〃 donation ― 123
基部 stem ― 401
ギプス包帯 cast ― 62
寄付する endow ― 138
〃 donate ― 123
基部の basilar ― 44
気分 mood ― 264
規模 scale ― 376
〃 magnitude ― 244
気泡 bubble ― 55
〃 foam ― 162
基本 element ― 133
基本的な essential ― 145
〃 fundamental ― 167
〃 cardinal ― 60
基本の basic ― 44
〃 elementary ― 133
〃 basal ― 43
キマーゼ chymase ― 73
義務 duty ― 127
〃 liability ― 235
義務的な obligatory ― 287
〃 compulsory ― 85
義務の mandatory ― 246
義務を課す obligate ― 287
キメラ現象 chimerism / chimaerism ― 70
キメラ（体） chimera / chimaera ― 70
キメラの chimeric / chimaeric ― 70
キモトリプシン chymotrypsin ― 73
疑問 question ― 348
脚 leg ― 233
偽薬 placebo ― 319
逆 reverse ― 369
〃 retro- ― 368
逆数の reciprocal ― 354
逆説 paradox ― 301
逆説睡眠 REM sleep ― 361
逆説的な paradoxical ― 302
虐待 abuse ― 3
虐待する abuse ― 3
逆重畳 deconvolution ― 106
逆重畳積分 deconvolution ― 106
逆転 inversion ― 223
〃 reversal ― 369
逆転写PCR RT-PCR ― 373
逆の reverse ― 369
〃 backward ― 42
〃 inverse ― 223
〃 converse ― 93
〃 opposite ― 292
逆平行の antiparallel ― 26
逆方向 retro- ― 368
逆方向の adverse ― 11
逆も真なり *vice versa* ― 452
逆もまた同じ *vice versa* ― 452
逆U字型の bell-shaped ― 45
逆流 regurgitation ― 359
逆流（症） reflux ― 357
逆流する reflux ― 357
逆流の regurgitant ― 359
客観的な objective ― 287
逆行性の retrograde ― 368
逆行変性 degeneration ― 107
脚光を当てる highlight ― 189
ギャップ gap ― 169
キャップ形成 capping ― 59
GABA作動性の GABAergic ― 168
キャパシタンス capacitance ― 58
キャピラリー capillary ― 59
キャリア carrier ― 61
キャリブレーション calibration ― 57
キャンペーン campaign ― 58
丘 colliculus ― 80
球 bulb ― 55
〃 sphere ― 396
〃 globe ― 174
〃 globus ― 174
求愛 courtship ― 96
吸引 aspiration ― 33
〃 suction ― 408
〃 vacuum ― 447
吸引器 aspirator ― 33
吸引する aspirate ― 33
〃 suck ― 408
吸音材 insulator ― 215
球果 cone ― 86

嗅覚 olfaction ―― 289
求核剤 nucleophile ―― 286
求核試薬 nucleophile ―― 286
求核性 nucleophilicity ―― 286
求核性の nucleophilic ―― 286
嗅覚の olfactory ―― 290
吸気 inspiration ―― 214
吸気する inspire ―― 214
吸気(性)の inspiratory ―― 214
究極の ultimate ―― 439
〃 eventual ―― 147
球形嚢の saccular ―― 375
急激な abrupt ―― 2
〃 blast ―― 49
吸光 extinction ―― 152
吸光光度法 absorptiometry ―― 2
吸光度 absorbance ―― 2
救済 relief ―― 360
救済する relieve ―― 360
休止 cessation ―― 67
臼歯 molar ―― 262
休止期 pause ―― 306
休止させる rest ―― 366
休止状態 dormancy ―― 123
休止の silent ―― 388
吸収 absorption ―― 2
吸収させる blot ―― 50
吸収障害 malabsorption ―― 245
吸収する absorb ―― 2
吸収転移法 blotting ―― 50
吸収不良 malabsorption ―― 245
救出 rescue ―― 364
救出する rescue ―― 364
救助 salvage ―― 375
球状赤血球症 spherocytosis ―― 396
球状体 spheroid ―― 396
弓状の arcuate ―― 30
球状の globular ―― 174
〃 spherical ―― 396
弓状のもの arch ―― 30
救助する save ―― 376
丘疹 papule ―― 301
求心性の concentric ―― 85
〃 afferent ―― 12
求心路 afferent ―― 12
求心路遮断 deafferentation ―― 104
急性炎症性脱髄性多発ニューロパチー AIDP ―― 13
急性冠症候群 ACS ―― 6
急性呼吸窮迫症候群 ARDS ―― 30
急性骨髄性白血病 AML ―― 18
急性前骨髄球性白血病 APL ―― 28
急性の acute ―― 7
急性発症 storm ―― 403
〃 crisis ―― 98
急性リンパ性白血病 ALL ―― 16
急増 bulge ―― 55
吸息 inhalation ―― 212
休息 rest ―― 366
急速な rapid ―― 351
〃 quick ―― 348
吸着 adsorption ―― 10
吸着する adsorb ―― 10
吸虫 fluke ―― 161
QT延長症候群 LQTS ―― 241
QT間隔 QT interval ―― 347
求電子剤 electrophile ―― 132
求電子試薬 electrophile ―― 132
急な sudden ―― 408
嗅内の entorhinal ―― 140
吸入 inhalation ―― 212
吸入剤 inhalant ―― 212
吸乳する suck ―― 408
吸入する inhale ―― 212
吸入(性)の inhalational ―― 212
吸入薬 inhalant ―― 212
球の bulbar ―― 55
窮迫 distress ―― 121
休眠 dormancy ―― 123
休薬する withdraw ―― 458
キュウリ cucumber ―― 99
寄与 contribution ―― 92
橋 bridge ―― 53
〃 pons ―― 326
脅威 threat ―― 423
教育 education ―― 129
〃 instruction ―― 215
教育上の educational ―― 129
教育する teach ―― 418
〃 educate ―― 129
教育的な educational ―― 129

強化 consolidation — 89
〃 fortification — 165
〃 intensification — 216
〃 reinforcement — 359
協会 association — 34
〃 society — 392
〃 academy — 3
境界 border — 52
〃 borderline — 52
境界域 borderline — 52
境界線 borderline — 52
仰臥位の supine — 411
境界領域の boundary — 52
境界を画定する demarcate — 108
胸郭 thorax — 423
驚愕 startle — 400
教科書 textbook — 421
強化する fortify — 165
〃 reinforce — 359
〃 consolidate — 89
〃 intensify — 216
〃 strengthen — 404
協議事項 agenda — 12
協議する confer — 86
供給 supply — 411
〃 provision — 342
供給する provide — 342
〃 supply — 411
胸腔内の intrathoracic — 221
教訓 lesson — 234
凝血 coagulation — 77
凝血異常 coagulopathy — 77
凝血塊 clot — 77
共結晶 cocrystal — 78
凝血する clot — 77
狂犬病 rabies — 349
凝固 coagulation — 77
競合 competition — 83
競合者 competitor — 83
競合する compete — 83
競合的な competitive — 83
凝固酵素 coagulase — 77
凝固障害 coagulopathy — 77
凝固する clot — 77
胸骨の sternal — 402
強固な rigid — 371
狭窄 constriction — 90
〃 stricture — 404
〃 stenosis — 401
狭窄する constrict — 90
狭窄性の constrictive — 90
狭窄の stenotic — 401
凝視 gaze — 170
共刺激 costimulation — 95
教授 professor — 336
凝集 agglutination — 12
〃 aggregation — 13
共重合体 copolymer — 93
凝集する aggregate — 13
〃 agglutinate — 12
凝集素 agglutinin — 12
凝集体 aggregate — 13
強縮 tetanus — 421
強縮性の tetanic — 421
教授陣 faculty — 154
狭小化 narrowing — 273
共焦点の confocal — 87
共進化 coevolution — 78
強心性の cardiotonic — 61
強心薬 cardiotonic — 61
強制 constraint — 90
〃 pressure — 333
矯正 correction — 94
共生 symbiosis — 413
行政 administration — 9
共生者 symbiont — 413
強制する enforce — 138
〃 force — 163
〃 constrain — 90
強制的な imperative — 205
〃 compulsive — 85
〃 compulsory — 85
共生動物 commensal — 81
共生の commensal — 81
行政の administrative — 9
〃 executive — 149
業績 achievement — 5
胸腺 thymus — 425
胸腺欠損の athymic — 35
胸腺細胞 thymocyte — 425
胸腺腫 thymoma — 425
胸腺摘除(術) thymectomy — 424

胸腺の　thymic — 424
競争　competition — 83
競争相手　competitor — 83
鏡像異性　chirality — 70
鏡像(異性)体　enantiomer — 135
競争する　compete — 83
頬側の　buccal — 55
共存　colocalization — 80
〃　coexistence — 78
共存下の　coexistent — 78
兄弟姉妹　sib / sibling — 387
協調　coordination — 93
協調する　coordinate — 93
協調的な　coordinate — 93
強調　emphasis — 134
強調する　accentuate — 3
〃　stress — 404
〃　emphasize — 134
〃　underscore — 441
〃　highlight — 189
強直症　catalepsy — 62
強直性の　ankylosing — 23
〃　tonic — 427
共著者　coauthor — 78
共沈殿　coprecipitation — 93
共通　co- — 77
共通の　common — 82
協定　arrangement — 31
強度　intensity — 216
〃　strength — 404
共同　co- — 77
協同　conjunction — 88
協同筋　congener — 87
協同作用　cooperation — 93
〃　synergy — 415
協同する　synergize — 415
協同による　cooperative — 93
共同企業体　consortium — 89
共同研究　collaboration — 80
共同研究する　collaborate — 80
共同して　jointly — 227
共同する　cooperate — 93
共同性　cooperativity — 93
橋の　pontine — 326
共培養　coculture — 78
共培養する　coculture — 78
脅迫　threat — 423
〃　menace — 252
脅迫する　threaten — 423
強迫性の　compulsive — 85
〃　obsessive — 288
共発現　coexpression — 78
共発現する　coexpress — 78
強皮症　scleroderma — 378
恐怖　fear — 156
胸部　chest — 69
〃　thorax — 423
峡部　isthmus — 226
恐怖症　phobia — 314
共沸混合物　azeotrope — 41
胸部の　thoracic — 423
共分散　covariance — 97
共変数　covariate — 97
共変動　covariation — 97
共保温　coincubation — 79
莢膜　capsule — 59
〃　capsulatum — 59
胸膜　pleura — 321
強膜　sclera — 378
胸膜炎の　pleuritic — 321
胸膜の　pleural — 321
興味　interest — 217
興味ある　interesting — 217
興味深い　intriguing — 222
興味を起こさせる　interesting — 217
興味をそそる　intriguing — 222
興味をもたせる　interest — 217
業務の　occupational — 289
共鳴　resonance — 365
共鳴性の　resonant — 365
共役　conjugation — 88
〃　coupling — 96
共役因子　coactivator — 77
共役する　couple — 96
共役二重結合型リノール酸　CLA — 74
共有結合(性)の　covalent — 96
共有する　share — 385
共遊走　comigration — 81
共輸送　cotransport — 96
〃　symport — 414
共輸送する　cotransport — 96

き

共輸送体 cotransporter ——— 96
〃 symporter ——— 414
供与 donation ——— 123
強要する impose ——— 206
供与者 donor ——— 123
供与する donate ——— 123
供与体 donor ——— 123
協力 cooperation ——— 93
〃 collaboration ——— 80
協力者 partner ——— 304
協力する cooperate ——— 93
〃 collaborate ——— 80
〃 synergize ——— 415
協力的な cooperative ——— 93
〃 compliant ——— 84
強力な potent ——— 329
〃 powerful ——— 329
〃 strong ——— 405
〃 potential ——— 329
〃 massive ——— 248
行列 matrix ——— 248
行列式 determinant ——— 113
強烈な drastic ——— 125
〃 intense ——— 216
許可 permission ——— 311
巨核球 megakaryocyte ——— 251
許可する permit ——— 311
極 pole ——— 323
極期 climax ——— 75
極光 aurora ——— 38
局在 localization / localisation ——— 239
局在化させる sort ——— 394
局在させる localize / localise ——— 239
局所 spot ——— 398
極小 minimum ——— 259
極小化 minimization ——— 259
極小化する minimize ——— 259
極小の minimal ——— 259
局所解剖学 topography ——— 427
局所(性)の local ——— 239
局所的な topical ——— 427
局所の locoregional ——— 239
〃 regional ——— 358
〃 focal ——— 162
局所脳血流量 rCBF ——— 352
局所ホルモン autacoid ——— 38
局所領域の locoregional ——— 239
極性 polarity ——— 323
極性化 polarization ——— 323
極性化する polarize ——— 323
極性の polar ——— 323
曲線 curve ——— 100
曲線下面積 AUC ——— 38
極大 maximum ——— 249
極大の maximal ——— 249
極端な extreme ——— 153
〃 extraordinary ——— 153
棘突起 spine ——— 397
極度の extreme ——— 153
極の polar ——— 323
棘波 spike ——— 397
局面 phase ——— 313
〃 aspect ——— 33
虚血 ischemia / ischaemia ——— 225
虚血(性)の ischemic ——— 225
鋸歯状の dentate ——— 109
巨視的な macroscopic ——— 244
居住者 resident ——— 364
居住する inhabit ——— 212
〃 populate ——— 326
居住地 residence ——— 364
居住の residential ——— 364
寄与する contribute ——— 92
〃 contributory ——— 92
去勢 castration ——— 62
巨赤芽球性の megaloblastic ——— 251
拒絶 refusal ——— 357
拒絶する refuse ——— 357
〃 reject ——— 359
拒絶反応 rejection ——— 359
巨大 macro- ——— 244
巨大細胞の magnocellular ——— 244
巨大な giant ——— 173
〃 vast ——— 449
巨大分子 macromolecule ——— 244
巨大分子の macromolecular ——— 244
挙動 behavior / behaviour ——— 45
〃 motion ——— 265
挙動する behave ——— 45
拒否 rejection ——— 359
〃 refusal ——— 357

拒否する deny — 109
〃 refuse — 357
〃 reject — 359
許容する tolerate — 426
〃 allow — 16
許容的な permissive — 311
許容できる tolerable — 426
〃 permissible — 310
許容(度) allowance — 16
距離 distance — 121
距離がある distant — 121
キラー killer — 228
嫌う disfavor — 119
キラリティー chirality — 70
キラルな chiral — 70
ギラン・バレー症候群 Guillain-Barre syndrome — 181
切り替える switch — 413
切り込み incision — 207
切り込みを入れる incise — 207
規律 discipline — 118
起立性の orthostatic — 294
切り詰める curtail — 100
〃 truncate — 436
切り貼りする splice — 397
切り混ぜる shuffle — 387
気流 airflow — 14
着る clothe — 77
キレーター chelator — 68
キレート chelate — 68
キレート現象 chelation — 68
キレート剤 chelator — 68
キレートする chelate — 68
亀裂 fissure — 160
〃 crack — 97
切れ目 nick — 279
切れ目を入れる nick — 279
記録 log — 240
〃 record — 355
記録計 graph — 179
記録する record — 355
キロジュール kJ — 229
キロダルトン kilodalton — 228
〃 kDa — 228
キロベース kilobase — 228
〃 kb — 228
議論 argument — 31
〃 discussion — 119
議論する dispute — 120
〃 discuss — 119
議論の余地がある controversial — 92
金 gold — 177
筋 muscle — 269
〃 sarco- — 376
近 para- — 301
銀 silver — 388
〃 Ag — 12
近位 juxtaposition — 227
筋萎縮性側索硬化症 ALS — 17
筋萎縮(性)の amyotrophic — 20
均一性 homogeneity — 192
〃 uniformity — 442
均一な uniform — 442
近位の proximal — 342
筋炎 myositis — 271
筋芽細胞 myoblast — 271
菌株 strain — 403
筋管 myotube — 272
緊急事態 emergency — 134
緊急の emergent — 134
〃 urgent — 445
キンギョ goldfish — 177
筋強縮 tetany — 421
筋強直(症) myotonia — 272
近距離照射療法 brachytherapy — 52
筋緊張症 dystonia — 128
〃 myotonia — 272
筋系 musculature — 269
筋形質の sarcoplasmic — 376
筋形成 myogenesis — 271
筋痙攣 cramp — 97
菌血症 bacteremia / bacteraemia — 42
筋原性の myogenic — 271
筋原線維 myofibril — 271
近交系の inbred — 207
均衡する counterbalance — 96
筋骨格の musculoskeletal — 269
筋細胞 myocyte — 271
筋細胞膜 sarcolemma — 376
近視 myopia — 271

禁止　ban — 43
菌糸　hyphae — 198
近似　approximation — 29
禁止する　prohibit — 337
〃　ban — 43
均質化　homogenization — 192
均質化する　homogenize — 192
均質な　homogeneous — 192
近似の　approximate — 29
筋症　myopathy — 271
筋鞘　sarcolemma — 376
筋小胞体　SR — 399
筋小胞体カルシウムATPアーゼ
SERCA — 383
近親交配　inbreeding — 207
近心側の　mesial — 253
禁制された　continent — 91
筋性の　myogenic — 271
近赤外(線)の　near-infrared — 274
近赤外の　far-red — 155
筋節　myotome — 272
〃　sarcomere — 376
近接している　adjacent — 9
〃　proximate — 342
近接する　contiguous — 91
筋線維　myofiber — 271
筋線維芽細胞　myofibroblast — 271
金属　metallo- — 254
〃　metal — 254
金属酵素　metalloenzyme — 254
金属(性)の　metallic — 254
菌体外多糖　exopolysaccharide
— 150
菌体外毒素　exotoxin — 150
禁断　abstinence — 3
緊張　stress — 404
緊張性の　tonic — 427
筋痛(症)　myalgia — 270
キンドリング　kindling — 229
筋肉　muscle — 269
〃　sarco- — 376
筋肉炎　myositis — 271
筋肉痛　myalgia — 270
筋肉内注射　i.m. / im — 202
筋肉内の　intramuscular — 221
筋肉の　muscular — 269
筋の　muscular — 269
菌の　microbial — 256
筋板　myotome — 272
禁忌　contraindication — 92
禁忌となる　contraindicate — 92
筋フィラメント　myofilament — 271
筋分節　myotome — 272
近傍　vicinity — 452
筋膜　fascia — 155
筋膜炎　fasciitis — 155
吟味　scrutiny — 379
筋無力症の　myasthenic — 270
禁欲　abstinence — 3
近隣者　neighbor / neighbour — 275
菌類　fungi — 167
菌類の　fungal — 167

く

区　ward — 455
グアニジン　guanidine — 180
グアニリルシクラーゼ
guanylyl cyclase — 181
グアニル酸シクラーゼ　GC — 170
グアニン　guanine — 181
〃　G — 168
グアノシン　guanosine — 181
グアノシン一リン酸　GMP — 177
グアノシン二リン酸　GDP — 170
グアノシン三リン酸　GTP — 180
区域　segment — 380
区域の　segmental — 380
腔　cavity — 64
〃　space — 394
空間　space — 394
空間時間的な　spatiotemporal /
spatio-temporal — 395
空間的な　spatial — 395
空気　air — 14
偶奇性　parity — 303
空気にさらす　aerate — 11
空隙　void — 454
空隙率　porosity — 326
偶数の　even — 147
偶然　chance — 67
偶然性　contingency — 91
偶然性の　contingent — 91

偶然の accidental —— 3
〃 casual —— 62
〃 occasional —— 288
〃 incidental —— 207
空中の aerial —— 11
空腸 jejunum —— 227
空洞 cavity —— 64
空洞化 cavitation —— 64
空洞形成 cavitation —— 64
空洞性の cavernous —— 64
腔内の intraluminal —— 221
偶発事故 contingency —— 91
偶発性の contingent —— 91
〃 facultative —— 154
偶発的な accidental —— 3
〃 incident —— 207
〃 incidental —— 207
空腹 hunger —— 194
空腹感 hunger —— 194
空胞 vacuole —— 447
クエリー query —— 348
クエン酸 citrate —— 74
クエン酸の citrate —— 74
クオーツ quartz —— 348
クオラム quorum —— 349
区画 compartment —— 82
〃 division —— 122
区画化 compartmentalization / compartmentation —— 82
区画化する compartmentalize —— 82
躯幹 trunk —— 436
躯幹の truncal —— 436
茎 stalk —— 399
〃 stem —— 401
区切る delimit —— 108
楔 wedge —— 456
鎖間の interstrand —— 219
〃 interchain —— 217
駆使する utilize —— 446
駆出 ejection —— 131
駆出する eject —— 130
駆除 expulsion —— 152
苦情 complaint —— 83
クジラ whale —— 457
薬 drug —— 126
〃 pharmac(o)- —— 312
駆逐 expulsion —— 152
クチクラ cuticle —— 100
屈曲 bend —— 45
〃 flexion —— 160
屈曲させる bend —— 45
屈曲性 flexibility —— 160
屈曲(率) curvature —— 100
屈筋 flexor —— 160
クッション cushion —— 100
クッシング症候群 Cushing's syndrome —— 100
屈する succumb —— 408
〃 submit —— 407
〃 yield —— 459
屈性 tropism —— 436
屈折 refraction —— 357
屈折の refractive —— 357
屈側の flexor —— 160
クッパー細胞 Kupffer cell —— 230
駆動する drive —— 125
首 neck —— 274
工夫する devise —— 113
区分する compartmentalize —— 82
区別 distinction —— 121
区別可能な distinguishable —— 121
区別する distinguish —— 121
〃 differentiate —— 115
くぼみ pit —— 318
くまなく throughout —— 424
クマリン coumarin —— 96
組合 union —— 442
組み合わせ combination —— 81
〃 matching —— 248
〃 pair —— 300
〃 conjunction —— 88
組み合わせの combinatorial —— 81
組み合わせる combine —— 81
組み入れ incorporation —— 208
組み入れる incorporate —— 208
組換え recombination —— 355
組換え(型)の recombinant —— 355
組換え酵素 recombinase —— 355
組換え(性)の recombinational —— 355
組み換える recombine —— 355
組込み integration —— 216

組込み酵素 integrase ―― 216
組込みの integrative ―― 216
〃 built-in ―― 55
組み込む integrate ―― 216
汲み出す pump ―― 345
組立 assembly ―― 34
組み立てる formulate ―― 164
雲 cloud ―― 77
くも膜 arachnoid ―― 30
くも膜下腔内の intrathecal ―― 221
くも膜下の subarachnoid ―― 405
暗い dark ―― 104
クライアント client ―― 75
クライマックス climax ―― 75
クラス class ―― 75
クラスター cluster ―― 77
クラスターを形成する cluster ―― 77
クラスリン clathrin ―― 75
クラック crack ―― 97
グラフ graph ―― 179
グラファイト graphite ―― 179
グラフト graft ―― 178
クラミジア(属) *Chlamydia* ―― 70
クラミジア(性)の chlamydial ―― 70
グラム染色(法) Gram stain ―― 178
グランザイム granzyme ―― 179
クランプ clamp ―― 74
クランプする clamp ―― 74
グリア glia ―― 174
グリア芽細胞腫 glioblastoma ―― 174
グリア細胞腫 glioma ―― 174
グリア細胞由来神経栄養因子 GDNF ―― 170
グリアの glial ―― 174
クリアランス clearance ―― 75
クリーゼ crisis ―― 98
クリーニング cleaning ―― 75
クリーム cream ―― 97
グリーン green ―― 180
グリオーシス gliosis ―― 174
繰り送る feed ―― 157
クリオグロブリン血症 cryoglobulinemia ―― 99
クリオピリン関連周期性症候群 CAPS ―― 59
繰り返し repeatedly ―― 362
繰り返す continual ―― 91
〃 recapitulate ―― 354
〃 repeat ―― 362
グリカン glycan ―― 176
グリケーション glycation ―― 176
グリコーゲン glycogen ―― 176
グリコーゲン分解 glycogenolysis ―― 176
グリコール glycol ―― 176
グリコサミノグリカン glycosaminoglycan ―― 176
グリコシド glycoside ―― 176
グリコシラーゼ glycosylase ―― 177
グリコシル化 glycosylation ―― 177
グリコシル化する glycosylate ―― 177
グリコシルトランスフェラーゼ glycosyltransferase ―― 177
グリコシルホスファチジルイノシトール GPI ―― 178
グリシン glycine ―― 176
〃 G ―― 168
〃 Gly ―― 176
グリシン作動性の glycinergic ―― 176
クリスタリン crystallin ―― 99
グリセリン glycerol ―― 176
グリセルアルデヒド glyceraldehyde ―― 176
グリセルアルデヒド三リン酸脱水素酵素 GAPDH ―― 169
クリック click ―― 75
クリックする click ―― 75
クリニック clinic ―― 75
クリプトコッカス(属) *Cryptococcus* ―― 99
クリプトコッカス症 cryptococcosis ―― 99
クリプトスポリジウム症 cryptosporidiosis ―― 99
グループ group ―― 180
グルカゴン glucagon ―― 175
グルカゴン様ペプチド GLP ―― 175
グルカン glucan ―― 175
グルクロニド glucuronide ―― 175
グルクロン酸 glucuronic acid ―― 175
グルコース glucose ―― 175
グルコース配糖体 glucoside ―― 175

グルコース分解酵素 glucosidase —— 175
グルコース輸送体 GLUT —— 175
グルココルチコイド glucocorticoid —— 175
グルコシダーゼ glucosidase —— 175
グルコシド glucoside —— 175
苦しむ suffer —— 409
苦しめる afflict —— 12
グルタチオン glutathione —— 176
〃 GSH —— 180
グルタチオンSトランスフェラーゼ GST —— 180
グルタミン glutamine —— 176
〃 Gln —— 174
〃 Q —— 347
グルタミン酸 glutamate —— 175
〃 glutamic acid —— 175
〃 Glu —— 175
〃 E —— 128
グルタミン酸オキサロ酢酸トランスアミナーゼ GOT —— 177
グルタミン酸作動性の glutamatergic —— 175
グルタミン酸の glutamate —— 175
グルタミン酸ピルビン酸トランスアミナーゼ GPT —— 178
グルタミン転移酵素 transglutaminase —— 431
グルタルアルデヒド glutaraldehyde —— 176
くる病 rickets —— 371
クレアチニン creatinine —— 97
クレアチン creatine —— 97
クレアチンリン酸 phosphocreatine —— 315
グレイ gray —— 179
〃 Gy —— 181
クレイド clade —— 74
グレー gray —— 179
クレーター crater —— 97
グレーブス病 Graves' disease —— 179
クレーム claim —— 74
紅色の red —— 356
クレバス crevice —— 97
クレブシエラ(属) *Klebsiella* —— 229
クレブス・リンゲル液 Krebs-Ringer solution —— 230
クロイツフェルト・ヤコブ病 Creutzfeldt-Jakob disease —— 97
〃 CJD —— 74
クローン clone —— 76
クローン化した clonal —— 76
クローン化する clone —— 76
クローン形質 clonotype —— 76
クローン原性の clonogenic —— 76
クローン性 clonality —— 76
クローンの clonal —— 76
クローン病 Crohn's disease —— 98
クロスオーバー crossover —— 98
クロストーク crosstalk —— 98
クロストリジウム(属) *Clostridium* —— 76
クロスマッチ crossmatch —— 98
クロナリティー clonality —— 76
クロノタイプ clonotype —— 76
グロビン globin —— 174
グロブリン globulin —— 174
クロマチン chromatin —— 72
クロマチン免疫沈降法 CHIP —— 70
クロマトグラフ chromatograph —— 72
クロマトグラフィー chromatography —— 72
クロマトグラム chromatogram —— 72
クロム chromium —— 72
クロム酸 chromate —— 72
クロム親和(性)細胞 chromaffin cell —— 72
クロム親和性細胞腫 pheochromocytoma —— 314
クロモソーム chromosome —— 72
クロラムフェニコール chloramphenicol —— 70
クロロキン chloroquine —— 70
クロロフィル chlorophyll —— 70
クロロホルム chloroform —— 70
加える add —— 7
区分け compartmentalization / compartmentation —— 82
企てる undertake —— 441
郡 county —— 96

群　group — 180
軍事の　military — 259
群体　colony — 81
軍隊　military — 259
群発　burst — 56
群発する　burst — 56
群落　community — 82
訓練　discipline — 118
訓練する　discipline — 118
〃　train — 429

け

毛　hair — 182
系　series — 384
〃　system — 416
敬意　respect — 365
〃　regard — 358
経営　management — 246
経営者　executive — 149
経営する　manage — 246
経過　lapse — 231
警戒　caution — 63
警戒する　alert — 15
経過観察　follow-up / followup — 163
計画　program — 337
〃　plan — 319
〃　project — 337
計画する　program — 337
〃　plan — 319
計画的な　deliberate — 108
経過する　pass — 304
〃　elapse — 131
景観　landscape — 231
経管栄養　gavage — 170
経管的な　transluminal — 432
契機　opportunity — 292
経頸静脈性肝内門脈大循環短絡術
TIPS — 426
経験　experience — 150
軽減　relief — 360
〃　alleviation — 16
経験する　experience — 150
〃　undergo — 441
軽減する　palliate — 300
〃　alleviate — 16
〃　mitigate — 260
経験的な　empirical / empiric — 134
〃　*a priori* — 29
傾向　liability — 235
〃　tendency — 419
〃　trend — 434
蛍光　fluorescence — 161
蛍光共鳴エネルギー転移　FRET — 166
蛍光抗体(法)
immunofluorescence — 204
蛍光光度分析　fluorometry — 162
蛍光色素　fluorochrome — 162
経口摂取　ingestion — 211
経口摂取する　ingest — 211
蛍光退色後回復測定　FRAP — 166
蛍光定量(法)　fluorometry — 162
経口的な　oral — 292
経口的に　*per os* — 311
蛍光透視(法)　fluoroscopy — 162
経口の　p.o. / po — 323
蛍光の　fluorescent — 162
傾向の　prone — 339
蛍光発生の　fluorogenic — 162
蛍光標識インサイツハイブリッド形成法
FISH — 160
蛍光標示式細胞分取器　FACS — 154
警告　caution — 63
〃　alarm — 14
警告する　alarm — 14
〃　warn — 455
脛骨　tibia — 425
経済　economy — 129
経済学　economics — 129
経済的な　economic / economical
— 129
経済の　economic / economical
— 129
経細胞輸送　transcytosis — 430
計算　calculation — 57
計算書　account — 4
計算図表　nomogram — 281
計算する　calculate — 57
計算的な　computational — 85
計算法　computation — 85
形式主義　formalism — 164
形式論　formalism — 164
軽視する　neglect — 275

形質 phenotype —— 314
〃 plasma —— 320
〃 trait —— 429
憩室 diverticula —— 122
形質移入 transfection —— 431
形質移入する transfect —— 430
形質移入体 transfectant —— 431
憩室炎 diverticulitis —— 122
形質細胞腫 plasmacytoma —— 320
形質細胞様の plasmacytoid —— 320
形質転換 transformation —— 431
形質転換させる transform —— 431
形質転換体 transformant —— 431
形質転換能力を有する competent —— 83
形質導入 transduction —— 430
形質導入する transduce —— 430
経時的な chronological —— 73
傾斜した oblique —— 287
痙縮 contracture —— 91
〃 spasm —— 394
〃 spasticity —— 394
継承 succession —— 408
軽症の minor —— 259
経上皮の transepithelial —— 430
頸静脈の jugular —— 227
経食道の transesophageal —— 430
系図 pedigree —— 307
係数 coefficient —— 78
計数管 counter —— 96
計数器 counter —— 96
計数的な quantal —— 347
〃 digital —— 116
経頭蓋の transcranial —— 429
形成 formation —— 164
〃 biogenesis —— 48
形成異常 dysplasia —— 128
〃 malformation —— 245
形成異常(症) dysgenesis —— 127
形成術 -plasty —— 321
形成する mold —— 262
〃 form —— 164
〃 configure —— 87
形成体 organizer —— 294
形成不全 hypoplasia —— 199
〃 aplasia —— 28
形成不全(症) dysgenesis —— 127
ケイ素 silicon —— 388
〃 Si —— 387
計測 measurement —— 249
計測手段 instrumentation —— 215
計測する gauge —— 170
継続的な continuous —— 91
〃 consecutive —— 88
形態 morphology —— 265
〃 form —— 164
〃 topology —— 427
継代 passage —— 304
形態学 morphology —— 265
形態学的な morphological / morphologic —— 264
携帯型の portable —— 326
形態形成 morphogenesis —— 264
形態形成の morphogenetic —— 264
形態計測 morphometry —— 265
携帯式の ambulatory —— 18
形態上の morphological / morphoogic —— 264
〃 topological —— 427
継代する subculture —— 406
継代培養 subculture —— 406
経腸的な enteral —— 139
経腸の enteral —— 139
痙直 cramp —— 97
頸椎(部)の cervical —— 66
係蹄 loop —— 240
系統 stock —— 403
〃 strain —— 403
〃 line —— 237
系統学 genealogy —— 171
系統群 family —— 155
系統的な systematic —— 416
系統発生(学) phylogeny —— 317
系統発生学的な phylogenetic —— 317
系統発生の phylogenetic —— 317
軽度の mild —— 258
経内皮の transendothelial —— 430
経費 cost —— 95
経皮的冠動脈形成術 PCI —— 306
〃 PTCA —— 344
経皮的な percutaneous —— 308
〃 transdermal —— 430

け

軽微な　slight ―― 390
経鼻の　nasal ―― 273
系譜　lineage ―― 237
頸部　cervix ―― 66
〃　neck ―― 274
頸部の　carotid ―― 61
傾眠　drowsiness ―― 125
〃　lethargy ―― 234
〃　somnolence ―― 394
契約　contract ―― 91
契約する　contract ―― 91
経由して　via ―― 451
繋留する　anchor ―― 21
計量器　gauge ―― 170
計量的な　graded ―― 178
経歴　career ―― 61
系列　series ―― 384
系列の　serial ―― 383
痙攣　convulsion ―― 93
痙攣（発作）　seizure ―― 381
経路　pathway ―― 305
〃　route ―― 373
経路探索　pathfinding ―― 305
ケージ　cage ―― 57
ゲージ　gauge ―― 170
ケース　case ―― 62
ゲート　gate ―― 170
ゲート開閉する　gate ―― 170
ケーブル　cable ―― 56
外科　surgery ―― 412
外科医　surgeon ―― 412
外科学　surgery ―― 412
外科的な　surgical ―― 412
激越　agitation ―― 13
劇症（性）の　fulminant ―― 167
激増　outbreak ―― 296
劇的な　dramatic ―― 125
下剤　laxative ―― 232
景色　landscape ―― 231
化粧品　cosmetic ―― 95
消す　obliterate ―― 287
〃　extinguish ―― 152
下水　sewage ―― 385
桁　digit ―― 116
〃　order ―― 293
血液　blood ―― 50
〃　haemo- / haemato- ―― 182
〃　hemo- / hemato- ―― 185
血液学　hematology ―― 185
血液学的な　hematologic / hematological ―― 185
血液系の　hematologic / hematological ―― 185
血液透析　hemodialysis ―― 185
血液脳関門　BBB ―― 44
血液由来の　blood-borne ―― 50
血液量減少（症）　hypovolemia ―― 200
血縁でない　unrelated ―― 444
結果　consequence ―― 89
〃　consequent ―― 89
〃　output ―― 296
〃　sequence ―― 383
〃　outcome ―― 296
〃　result ―― 367
〃　outgrowth ―― 296
結核　tuberculosis ―― 437
〃　TB ―― 418
結核性の　tuberculous ―― 437
結果的に～になる　culminate ―― 100
結果として起こる　ensue ―― 139
結果として生じる　resultant ―― 367
結果としての　consequent ―― 89
欠陥　fault ―― 156
〃　defect ―― 106
〃　drawback ―― 125
血管　vessel ―― 451
〃　angio- ―― 22
〃　vaso- ―― 449
血管運動（性）の　vasomotor ―― 449
血管炎　vasculitis ―― 449
〃　angiitis ―― 22
血管外移動　transmigration ―― 432
血管外の　extravascular ―― 153
血管外膜の　adventitial ―― 11
血管外遊走　extravasation ―― 153
血管外漏出　extravasation ―― 153
血管拡張　vasodilation / vasodilatation ―― 449
血管拡張性失調症変異　ATM ―― 36
血管拡張薬　vasodilator ―― 449
血管形成　vasculogenesis ―― 449

血管形成(術)　angioplasty — 22
血管形成の　angiogenic — 22
血管細胞接着分子　VCAM — 449
血管作用性小腸ペプチド　VIP — 452
血管作用性の　vasoactive — 449
血管腫　hemangioma — 185
血管周囲の　perivascular — 310
血管収縮　vasoconstriction — 449
血管収縮性の　vasopressor — 449
血管収縮薬　vasoconstrictor — 449
血管腫症　angiomatosis — 22
血管新生　angiogenesis — 22
〃　neovascularization — 275
〃　vascularization — 449
血管新生の　angiogenic — 22
血管(性)の　vascular — 448
血管造影図　angiogram — 22
血管造影の　angiographic — 22
血管造影法　angiography — 22
血管増生　vascularity — 449
血管内の　intravascular — 221
〃　endovascular — 138
血管内皮増殖因子　VEGF — 450
血管内皮の　endothelial — 137
欠陥のある　defective — 106
血管浮腫　angioedema — 22
血管分布　vascularity — 449
血管平滑筋細胞　VSMC — 454
血管攣縮　vasospasm — 449
血球　hemocyte — 185
血球減少(症)　cytopenia — 103
血球容量　hematocrit — 185
月経(性)の　menstrual — 252
結合　association — 34
〃　coupling — 96
〃　linkage — 237
〃　bond — 51
〃　connection — 88
〃　union — 442
〃　binding — 47
結合解離定数　Kd — 228
結合活性　avidity — 40
結合剤　binder — 47
血行再建(術)　revascularization — 369
結合した　bound — 52
結合する　bind — 47
〃　bond — 51
〃　dock — 122
〃　couple — 96
〃　connect — 88
〃　engage — 138
〃　ligate — 236
結合性　connectivity — 88
血行性の　hematogenous — 185
結合(性)の　connective — 88
血行動態　hemodynamics — 186
血行動態の　hemodynamic — 185
結合の　binding — 47
血行力学　hemodynamics — 186
血行力学の　hemodynamic — 185
結紮する　ligate — 236
結紮法　ligation — 236
血色素症　hemochromatosis — 185
血色素尿(症)　hemoglobinuria — 186
欠失　deletion — 108
欠失させる　delete — 108
結実する　fruit — 166
欠失性の　deletional — 108
血腫　hematoma — 185
欠如　absence — 2
結晶　crystal — 99
血漿　plasma — 320
血症　-emia — 134
結晶化　crystallization — 99
結晶解析　crystallography — 99
結晶解析の　crystallographic — 99
結晶化する　crystallize — 99
血漿交換　plasmapheresis — 320
結晶(性)の　crystalline — 99
血小板　platelet — 321
〃　thrombocyte — 424
血小板活性化因子　PAF — 299
血小板血症　thrombocythemia — 424
血小板減少(症)　thrombocytopenia — 424
血小板増多(症)　thrombocytosis — 424
血小板由来成長因子　PDGF — 306
齧歯類の　rodent — 372

け

血清 serum ― 384
〃 sero- ― 384
血清陰性の seronegative ― 384
血清応答因子 SRF ― 399
血清学 serology ― 384
血清学的な
serologic / serological ― 384
血清学の serologic / serological ― 384
血清型 serotype ― 384
〃 serogroup ― 384
血清型亜型 serovar ― 384
血性の bloody ― 50
血清有病率 seroprevalence ― 384
血清陽性の seropositive ― 384
欠席 default ― 106
結石 calculus ― 57
結節 tubercle ― 437
〃 node ― 281
結節形成 nodulation ― 281
結節腫 ganglion ― 169
結節状構造 varicosity ― 448
結節状の nodular ― 281
結節性硬化症 TSC ― 436
結節性の tuberous ― 437
〃 nodal ― 281
結節の nodose ― 281
血栓 thrombus ― 424
血栓形成促進性の
prothrombotic ― 341
血栓症 thrombosis ― 424
血栓性静脈炎 thrombophlebitis ― 424
血栓(性)の thrombotic ― 424
血栓性閉塞性血管炎 TAO ― 417
血栓塞栓症 thromboembolism ― 424
血栓溶解 thrombolysis ― 424
欠損 agenesis ― 12
〃 deficit ― 106
〃 deletion ― 108
欠損した deficient ― 106
欠損症 deficiency ― 106
〃 defect ― 106
欠損する miss ― 260
欠損のある defective ― 106
血中尿素窒素 BUN ― 55
血中の blood ― 50
結腸 colon ― 80
結腸炎 colitis ― 80
結腸鏡検査 colonoscopy ― 80
結腸切除(術) colectomy ― 80
結腸造影法 colonography ― 80
結腸直腸の colorectal ― 81
結腸の colonic ― 80
決定 assignment ― 34
〃 determination ― 113
〃 decision ― 105
〃 definition ― 107
決定する determine ― 113
〃 decide ― 105
決定的でない inconclusive ― 207
決定的な critical ― 98
〃 deterministic ― 113
〃 conclusive ― 85
〃 crucial ― 98
〃 definitive ― 107
決定要因 determinant ― 113
欠点 disadvantage ― 118
〃 shortcoming ― 386
〃 weakness ― 456
〃 drawback ― 125
血統 lineage ― 237
〃 descent ― 111
〃 pedigree ― 307
血糖の glycemic ― 176
血尿(症) hematuria ― 185
欠乏 deficit ― 106
〃 depletion ― 110
〃 lack ― 230
〃 deprivation ― 111
欠乏させる deprive ― 111
〃 deplete ― 110
欠乏した scarce ― 377
〃 deficient ― 106
欠乏症 deficiency ― 106
欠乏する lack ― 230
結膜 conjunctiva ― 88
結膜炎 conjunctivitis ― 88
血友病 hemophilia ― 186
欠落 deletion ― 108
血流 bloodstream ― 50

血流再開 recanalization —— 354
〃 reperfusion —— 362
結論 conclusion —— 85
結論する conclude —— 85
ケトアシドーシス ketoacidosis —— 228
解毒 detoxification —— 113
解毒する detoxify —— 113
解毒薬 antidote —— 25
ケトン ketone —— 228
ケナガイタチ ferret —— 157
ゲニステイン genistein —— 172
懸念 concern —— 85
ゲノミクス genomics —— 172
ゲノム genome —— 172
ゲノム科学 genomics —— 172
ゲノム全域にわたる genomewide / genome-wide —— 172
ゲノムの genomic —— 172
ゲノムワイドな genomewide / genome-wide —— 172
ケミルミネッセンス chemiluminescence —— 68
煙 smoke —— 391
ケモカイン chemokine —— 69
ケモカイン受容体 CCR —— 64
ケラチノサイト keratinocyte —— 228
ケラチン keratin —— 228
ケラチン産生細胞 keratinocyte —— 228
下痢 diarrhea / diarrhoea —— 114
ゲル gel —— 170
圏 sphere —— 396
腱 tendon —— 419
〃 cord —— 94
〃 chorda —— 71
原 proto- —— 341
減圧 vacuum —— 447
権威 authority —— 38
原因 origin —— 294
〃 source —— 394
〃 cause —— 63
原因がある due to —— 126
原因である responsible —— 366
〃 causative —— 63
〃 ascribable —— 33
原因不明の cryptogenic —— 99
牽引(力) traction —— 429
眩暈 dizziness —— 122
〃 vertigo —— 451
幻影 illusion —— 202
〃 phantom —— 312
嫌悪 aversion —— 40
見解 view —— 452
〃 opinion —— 292
限界点 limit —— 237
〃 breakpoint —— 53
限外濾過 ultrafiltration —— 439
限界を定める delimit —— 108
幻覚 hallucination —— 182
原核生物 prokaryote / procaryote —— 338
原核生物の prokaryotic / procaryotic —— 338
厳格な rigorous —— 371
減感作 desensitization —— 112
原基 primordium —— 334
嫌気性菌 anaerobe —— 20
嫌気性の anaerobic —— 20
研究 research —— 364
〃 work —— 458
〃 study —— 405
〃 investigation —— 223
言及 mention —— 252
研究室 laboratory —— 230
研究者 researcher —— 364
〃 investigator —— 223
研究集会 workshop —— 458
研究所 institute —— 215
研究する research —— 364
〃 investigate —— 223
〃 study —— 405
言及する mention —— 252
〃 refer —— 357
研究の investigational —— 223
研究部門 department —— 110
限局 confinement —— 87
減極 depolarization —— 110
限局化 localization / localisation —— 239
限局させる localize / localise —— 239
限局する confine —— 87
限局性の focal —— 162

原型　prototype — 342
原形質　cytoplasm — 103
原形質の　cytoplasmic — 103
権限　mandate — 246
言語　language — 231
健康　health — 184
原稿　manuscript — 247
健康状態　fitness — 160
健康的な　healthy — 184
健康な　healthy — 184
言語学の　linguistic — 237
堅固な　tight — 425
言語の　verbal — 450
検査　examination — 147
〃　inspection — 214
〃　test — 421
現在の　current — 100
〃　present — 333
現在までに　until now — 444
検索　retrieval — 368
〃　search — 379
検索する　search — 379
〃　retrieve — 368
検査する　examine — 147
減算　subtraction — 408
減算する　subtract — 408
減算による　subtractive — 408
検死　necropsy — 274
犬歯　canine — 58
原子　atom — 36
原子価　valence — 447
原子化　atomization — 36
検死解剖　autopsy — 39
原子核の　nuclear — 285
原子間力顕微鏡　AFM — 12
見識　insight — 214
現実化　realization — 353
現実化する　realize — 353
現実(性)　reality — 353
現実的な　realistic — 353
現実の　real — 353
原始的な　primitive — 334
原子の　atomic — 36
減弱させる　attenuate — 37
原種　foundation — 165
研修期間　residency — 364
検出　detection — 112
検出可能な　detectable — 112
検出器　detector — 113
検出する　detect — 112
検出できる　detectable — 112
検出不可能な　undetectable — 441
検証　verification — 450
現象　phenomenon — 314
減少　loss — 240
〃　reduction — 356
〃　diminution — 117
〃　decrease — 106
減少させる　downregulate — 124
〃　diminish — 117
〃　decrease — 106
減少症　-penia — 307
検証する　verify — 450
減少する　reduce — 356
〃　decrease — 106
検証できる　testable — 421
検診　screening — 379
献身する　dedicate — 106
減衰　attenuation — 37
〃　decay — 105
〃　decrement — 106
減数分裂　meiosis — 251
減数分裂の　meiotic — 251
原生動物(門)　*Protozoa* — 342
顕性の　overt — 298
建設　construction — 90
建設する　build — 55
原線維　fibril — 158
原線維(性)の
fibrillar / fibrillary — 158
元素　element — 133
現像　development — 113
原則　principle — 335
元素の　elemental — 133
現存の　extant — 152
検体　sample — 375
減退　decline — 105
倦怠感　malaise — 245
減退する　decline — 105
現代の　current — 100
〃　modern — 262
〃　contemporary — 90

懸濁液 suspension ― 413
懸濁させる suspend ― 413
見地 light ― 237
〃 viewpoint ― 452
原虫の protozoan ― 342
原虫(類) *Protozoa* ― 342
原腸形成 gastrulation ― 170
原腸胚 gastrula ― 170
顕著な marked ― 247
〃 noteworthy ― 285
〃 outstanding ― 296
〃 conspicuous ― 89
〃 pronounced ― 339
〃 salient ― 375
〃 prominent ― 338
検定 test ― 421
限定 restriction ― 367
〃 definition ― 107
〃 limitation ― 237
限定された definite ― 106
限定する define ― 106
〃 qualify ― 347
〃 limit ― 237
〃 restrict ― 366
限定要素 parameter ― 302
限度 extent ― 152
検討する investigate ― 223
検尿 urinalysis ― 445
検波 detection ― 112
原発性硬化性胆管炎 PSC ― 343
原発性胆汁性肝硬変 PBC ― 306
原発性の primary ― 334
顕微解剖 microdissection ― 257
顕微鏡 microscope ― 257
顕微鏡観察(法) microscopy ― 257
顕微鏡写真，顕微鏡像
micrograph ― 257
顕微鏡の microscopic ― 257
顕微手術 microsurgery ― 258
肩部 shoulder ― 386
健忘(症) amnesia ― 19
研磨加工する polish ― 323
研磨する grind ― 180
原末 bulk ― 55
厳密さ stringency ― 405
〃 rigor ― 371
厳密な strict ― 404
〃 stringent ― 405
賢明な judicious ― 227
〃 advisable ― 11
権利 right ― 371
原理 rationale ― 352
〃 principle ― 335

こ

弧 arc ― 30
仔 pup ― 345
コア core ― 94
濃い dark ― 104
コイルドコイル coiled-coil ― 79
コインキュベーション
coincubation ― 79
孔 pore ― 326
〃 foramen ― 163
抗 anti- ― 24
高 hyper- ― 196
抗悪性腫瘍の antineoplastic ― 26
高悪性度の aggressive ― 13
高圧酸素療法の hyperbaric ― 196
高圧蒸気滅菌器 autoclave ― 38
降圧性の antihypertensive ― 26
〃 hypotensive ― 199
高圧の hyperbaric ― 196
抗アポトーシス性の
antiapoptotic ― 24
考案する devise ― 113
好意 favor / favour ― 156
行為 act ― 6
〃 action ― 6
〃 conduct ― 86
合意 consensus ― 88
後遺症 sequelae ― 383
更衣動作 dressing ― 125
高インスリン血症
hyperinsulinemia ― 197
抗ウイルス性の antiviral ― 27
抗ウイルス薬 antiviral ― 27
抗うつ性の antidepressant ― 25
抗うつ薬 antidepressant ― 25
幸運な fortunate ― 165
抗エストロゲン剤 antiestrogen ― 25
好塩基球 basophil ― 44

こ

抗炎症性の antiinflammatory / anti-inflammatory —— 26
構音障害 dysarthria —— 127
恒温動物 homeotherm —— 192
恒温に維持する incubate —— 208
恒温放置 incubation —— 208
硬化 consolidation —— 89
効果 effect —— 130
公開 disclosure —— 118
口蓋 palate —— 300
公開する disclose —— 118
口蓋の palatal / palatine —— 300
光化学系 photosystem —— 317
光化学の photochemical —— 316
工学 engineering —— 138
光学 optics —— 292
光学的な optical —— 292
光学の optical —— 292
光学濃度 OD —— 289
甲殻類 crustacean —— 98
硬化症 sclerosis —— 378
硬化性の sclerosing —— 378
口渇 thirst —— 423
光活性化 photoactivation —— 316
高活性抗レトロウイルス剤療法 HAART —— 182
効果的な efficacious —— 130
〃 effective —— 130
高価な expensive —— 150
〃 costly —— 95
高カリウム血症 hyperkalemia —— 197
高カルシウム血症 hypercalcemia —— 196
高カルシウム尿(症) hypercalciuria —— 196
交換 replacement —— 362
〃 exchange —— 148
〃 interchange —— 217
睾丸 testis —— 421
交換可能な exchangeable —— 148
高感受性の hypersensitive —— 198
交感神経刺激の sympathomimetic —— 414
交感(神経性)の sympathetic —— 414
交感神経模倣薬 sympathomimetic —— 414
交換する exchange —— 148
〃 interchange —— 217
〃 replace —— 362
抗癌性の anticancer —— 25
交換体 exchanger —— 148
交換できる exchangeable —— 148
高ガンマグロブリン血症 gammopathy —— 169
交換輸送体 antiporter —— 26
講義 lecture —— 233
講義する lecture —— 233
好気性の aerobic —— 11
後期促進複合体 APC —— 27
後期の late —— 232
高級な higher —— 189
工業 industry —— 209
鉱業 mining —— 259
工業化した industrialized —— 209
抗凝固(作用) anticoagulation —— 25
抗凝固の anticoagulant —— 25
抗凝固薬 anticoagulant —— 25
抗胸腺細胞の antithymocyte —— 27
公共の public —— 345
工業の industrial —— 209
合金 alloy —— 17
抗菌性の antibiotic —— 25
〃 antimicrobial —— 26
〃 antibacterial —— 25
口腔の oral —— 292
口径 caliber —— 57
合計 summation —— 410
〃 total —— 427
合計する sum —— 409
抗痙攣性の anticonvulsant —— 25
抗痙攣薬 anticonvulsant —— 25
攻撃 assault —— 34
〃 offense —— 289
〃 attack —— 37
攻撃する assault —— 34
攻撃性 aggressiveness —— 13
〃 aggression —— 13
攻撃的な aggressive —— 13
〃 offensive —— 289
高血圧(症) hypertension —— 198
高血圧性の hypertensive —— 198

抗血管新生の antiangiogenic — 24
抗血小板の antiplatelet — 26
抗血清 antiserum — 27
抗血栓(性)の antithrombotic — 27
高血糖(症) hyperglycemia / hyperglycaemia — 197
貢献 contribution — 92
抗原 antigen — 25
抗原結合性フラグメント Fab fragment — 154
抗原血症 antigenemia — 25
抗原決定基 epitope — 142
貢献者 contributor — 92
貢献する serve — 384
〃 contribute — 92
抗原性 antigenicity — 26
抗原(性)の antigenic — 26
抗原提示細胞 APC — 27
貢献する conducive — 86
交互 alternation — 17
咬合 articulation — 32
〃 occlusion — 288
抗高血圧の antihypertensive — 26
光合成 photosynthesis — 316
光合成の photosynthetic — 316
抗好中球細胞質抗体 ANCA — 21
広告する advertise — 11
構語障害 dysarthria — 127
硬骨魚(類) teleost — 419
交互の alternate — 17
〃 mutual — 269
交互変化 alternation — 17
交互脈 alternation — 17
高コレステロール血症 hypercholesterolemia — 197
後根神経節 DRG — 125
交叉 chiasm — 69
交差 intersection — 219
虹彩 iris — 224
膠細胞 glia — 174
抗細胞核の antinuclear — 26
交差検定 cross-validation — 98
交差する intersect — 219
〃 cross — 98
交差適合 crossmatch — 98
交差反応する crossreact — 98
考察 discussion — 119
交雑 hybridization — 195
交雑受精 intercross — 217
考察する discuss — 119
交雑する intercross — 217
抗酸化の antioxidant — 26
抗酸化物質 antioxidant — 26
好酸球 eosinophil — 141
好酸球増多(症) eosinophilia — 141
後肢 hindlimb — 189
格子 lattice — 232
光子 photon — 316
子ウシ calf — 57
抗しがたい compelling — 82
公式 formula — 164
公式化する formulate — 164
公式の formal — 164
〃 official — 289
高脂血症 hyperlipidemia — 197
高次コイル supercoil — 410
高次構造 conformation — 87
高次構造上の conformational — 87
膠質 colloid — 80
鉱質形成 mineralization — 259
鉱質コルチコイド mineralocorticoid — 259
高磁場 upfield — 444
後者 latter — 232
後者の latter — 232
公衆の public — 345
高周波 radiofrequency — 350
拘縮 contracture — 91
〃 spasticity — 394
口述する dictate — 115
抗腫瘍性の antitumor — 27
咬傷 bite — 49
考証 documentation — 123
工場 factory — 154
向上 improvement — 206
考証する document — 123
恒常性 homeostasis — 192
〃 homeo- — 191
工場設備 plant — 319
甲状腺 thyroid — 425
甲状腺炎 thyroiditis — 425

甲状腺機能亢進症
hyperthyroidism — 198
甲状腺機能低下症
hypothyroidism — 200
甲状腺刺激ホルモン
thyrotropin — 425
〃 TSH — 436
甲状腺刺激ホルモン放出ホルモン
TRH — 434
甲状腺腫 goiter — 177
甲状腺摘除(術) thyroidectomy — 425
甲状腺中毒症 thyrotoxicosis — 425
甲状腺の thyroidal — 425
恒常的な constitutive — 90
亢進 facilitation — 154
〃 enhancement — 138
更新 renewal — 361
抗侵害受容性の antinociceptive — 26
抗真菌(性)の antifungal — 25
抗真菌薬 antifungal — 25
更新する renew — 361
亢進する facilitate — 154
〃 enhance — 138
高浸透圧による hyperosmotic — 197
高浸透圧の hypertonic — 198
〃 hyperosmolar — 197
口唇の labial — 230
後腎の metanephric — 254
洪水 flood — 161
降水(量) precipitation — 330
較正 calibration — 57
構成 composition — 84
〃 constitution — 89
向性 tropism — 436
〃 -tropic — 435
剛性 rigidity — 371
合成 synthesis — 415
〃 elaboration — 131
合成酵素 synthase — 415
向精神(性)の psychotropic — 344
抗精神病の antipsychotic — 26
校正刷り proof — 339
較正する calibrate — 57
構成する comprise — 84
〃 constitute — 89
〃 compose — 84
校正する proofread — 339
合成する synthesize — 415
構成成分 component — 84
構成的な constitutive — 90
後成的な epigenetic — 141
後生動物の metazoan — 254
合成の synthetic — 416
構成物 constituent — 89
抗生物質 antibiotic — 25
構成要素の constitutive — 90
光線 light — 237
〃 ray — 352
光線過敏症 photosensitivity — 316
光線力学的な photodynamic — 316
酵素 enzyme — 141
構想 conception — 85
構造 structure — 405
構造化した organizational — 293
構造式 formula — 164
抗増殖性の antiproliferative — 26
構造(体) formation — 164
構造に関係しない nonstructural / non-structural — 284
構造の constitutional — 90
〃 structural — 405
酵素学 enzymology — 141
梗塞 infarct / infarction — 210
拘束 confinement — 87
〃 immobilization — 203
〃 restraint — 366
高速液体クロマトグラフィー
HPLC — 193
拘束する confine — 87
〃 restrain — 366
拘束性の restrictive — 367
後側の posterior — 327
高速の fast — 155
梗塞を受けた infarcted — 210
酵素結合免疫測定法 ELISA — 133
酵素前駆体 proenzyme — 336
酵素的な enzymatic — 140
酵素電気泳動(法) zymography — 460

酵素の enzymatic 140
酵素免疫測定法 EIA 130
抗体 antibody 25
〃 Ab 1
後退 recession 354
後代 progeny 337
高体温 hyperthermia 198
交替する alternate 17
抗体陽転 seroconversion 384
高炭酸ガス血症 hypercapnia 196
高地 height 184
構築 architecture 30
構築基盤 platform 321
構築する assemble 34
〃 structure 405
〃 construct 90
〃 organize 293
〃 build 55
構築物 assemblage 34
高窒素血症 azotemia 41
膠着 agglutination 12
膠着する agglutinate 12
鉤虫 hookworm 193
好中球 neutrophil 279
好中球減少(症) neutropenia 279
好中球増多(症) neutrophilia 279
好中球の neutrophilic 279
紅潮 flush 162
後腸 hindgut 189
高張の hypertonic 198
硬直 rigidity 371
〃 rigor 371
〃 stiffness 402
交通 traffic 429
好都合な convenient 92
行程 stroke 405
好転 improvement 206
抗てんかんの antiepileptic 25
抗てんかん薬 antiepileptic 25
光電子 photoelectron 316
好転する improve 206
後天性の acquired 6
後天性免疫不全症候群 AIDS 13
高度 altitude 17
〃 elevation 133
喉頭 larynx 232
行動 behavior / behaviour 45
行動上の behavioral 45
行動する act 6
口頭での oral 292
高等な higher 189
抗糖尿病(性)の antidiabetic 25
抗糖尿病薬 antidiabetic 25
喉頭の laryngeal 232
合同の congruent 88
後頭(部)の occipital 288
高度な advanced 11
〃 high 189
高度に highly 189
高度不飽和の polyunsaturated 326
高トリグリセリド血症
hypertriglyceridemia 198
口内炎 stomatitis 403
高ナトリウム血症
hypernatremia 197
購入する purchase 346
高尿酸血症 hyperuricemia 198
公認する authorize 38
好熱菌 thermophile 422
好熱性の thermophilic 423
後脳 hindbrain 189
効能 virtue 452
荒廃 deterioration 113
交配 mating 248
勾配 slope 391
〃 gradient 178
〃 ramp 350
後胚期の postembryonic 327
荒廃させる devastate 113
交配する mate 248
抗白血病性の antileukemic 26
後発射 afterdischarge 12
紅斑 erythema 144
〃 flare 160
広範囲の massive 248
紅斑症 erythema 144
紅斑性の erythematous 144
広汎性の pervasive 312
広範な wide 457
〃 extensive 152
〃 ubiquitous 439
〃 broad 54

広汎な　widespread — 457
後半の　latter — 232
交尾　mating — 248
抗ヒスタミン作用の
antihistamine — 26
抗ヒスタミン薬　antihistamine — 26
公表する　announce — 23
高ビリルビン血症
hyperbilirubinemia — 196
高頻度可変性の　hypervariable — 198
高頻度の　frequent — 166
高頻度反復の　tetanic — 421
抗不安(作用)の　anxiolytic — 27
抗不安薬　anxiolytic — 27
後負荷　afterload — 12
幸福　well-being — 456
後腹膜の　retroperitoneal — 368
抗不整脈(性)の　antiarrhythmic
— 25
抗不整脈薬　antiarrhythmic — 25
鉱物　mineral — 259
高プロラクチン血症
hyperprolactinemia — 198
興奮　excitation — 148
公文書　archive — 30
興奮(状態)　excitement — 148
興奮させる　excite — 148
興奮性　excitability — 148
興奮性亢進　hyperexcitability — 197
興奮性シナプス後電位　EPSP — 142
興奮性の　excitatory — 148
興奮毒性　excitotoxicity — 148
候補　candidate — 58
酵母　yeast — 459
後方散乱　backscattering — 42
合法性　validity — 447
合胞体　syncytium — 415
合法的な　legal — 233
後方の　posterior — 327
〃　backward — 42
酵母菌(属)　*Saccharomyces* — 374
酵母人工染色体　YAC — 459
高ホモシステイン血症
hyperhomocysteinemia — 197
硬膜　dura — 127
硬膜外の　epidural — 141
硬膜下の　subdural — 406
硬膜の　dural — 127
抗マラリアの　antimalarial — 26
高密度な　dense — 109
高密度リポタンパク質　HDL — 183
巧妙な取扱い　manipulation — 246
被る　suffer — 409
高名な　famous — 155
剛毛　bristle — 53
項目　item — 226
肛門周囲の　perianal — 309
肛門の　anal — 20
交絡させる　confound — 87
合理化する　rationalize — 352
効率　efficiency — 130
効率的な　efficient — 130
〃　effective — 130
合理的な　rational — 352
〃　reasonable — 353
抗利尿(性)の　antidiuretic — 25
抗利尿ホルモン　ADH — 8
抗利尿ホルモン不適合分泌症候群
SIADH — 387
考慮　consideration — 89
効力　virtue — 452
〃　efficacy — 130
〃　potency — 329
考慮すべき　considerable — 89
考慮する　consider — 89
〃　regard — 358
高リン酸塩血症
hyperphosphatemia — 197
抗リン脂質の　antiphospholipid
— 26
高齢者　elderly — 131
抗レトロウイルス性の
antiretroviral — 26
交連　commissure — 81
交連の　commissural — 81
航路決定　navigation — 274
航路決定する　navigate — 274
港湾　harbor / harbour — 183
越えて　trans- — 429
超える　exceed — 148
コエンザイムA　CoA — 77
コース　course — 96

コーティングされていない
uncoated 440
コード code 78
〃 cord 94
コード化する encode 135
コートする coat 78
コードする code 78
コード配列 CDS 64
コーナー corner 94
コーパス corpus 94
コーヒー coffee 79
凍る freeze 166
ゴール goal 177
誤解する mistake 260
コカイン cocaine 78
小型化する miniaturize 259
枯渇 depletion 110
枯渇させる deplete 110
個眼 facet 154
互換性 compatibility 82
互換性がある compatible 82
互換的な interchangeable 217
呼気 expiration 151
呼気終末陽圧換気 PEEP 307
呼気(性)の expiratory 151
ゴキブリ cockroach 78
顧客 client 75
呼吸 respiration 365
呼吸(運動) breath 53
呼吸困難 dyspnea 128
呼吸する breathe 53
呼吸(性)の respiratory 366
呼吸促迫 tachypnea 417
呼吸量低下 hypopnea 199
黒鉛 graphite 179
国際疾病分類 ICD 200
国際的な international 218
コクサッキーウイルス
coxsackievirus 97
コクサッキーウイルス・アデノウイルス
受容体 CAR 59
コクシジオイデス症
coccidioidomycosis 78
黒質 nigra 280
黒色腫 melanoma 251
国勢調査 census 65
ごく近い close 76
告知する herald 187
国内の domestic 123
克服する overcome 297
国民の national 273
穀物 grain 178
国立の national 273
穀粒 kernel 228
穀類 cereal 66
固形飼料 chow 72
〃 pellet 307
固形の solid 392
個々の individual 209
心に描く envision 140
試み attempt 37
〃 effort 130
〃 trial 434
試みの tentative 420
試みる attempt 37
〃 undertake 441
誤差 error 144
古細菌 archaea 30
孤児 orphan 294
腰帯 girdle 173
固執する stick 402
腰の lumbar 241
固縮 rigidity 371
糊状剤 paste 304
個人 individual 209
〃 single 389
個人差 individuality 209
個人的な personal 311
個人の private 335
コスト cost 95
コスミド cosmid 95
個性 identity 201
〃 individuality 209
誤整列 misalignment 260
呼息 exhalation 149
呼息する exhale 149
個体 individual 209
固体 solid 392
個体群 population 326
古代の ancient 21
個体発生 ontogenesis 291
個体発生過程 ontogeny 291

こ

答え　answer — 24
答える　answer — 24
鼓腸　bloating — 50
誇張する　exaggerate — 147
骨　bone — 51
〃　os — 294
骨異栄養症　osteodystrophy — 295
骨格　skeleton — 390
〃　scaffold — 376
骨格の　skeletal — 390
骨芽細胞　osteoblast — 295
骨化(症)　ossification — 295
骨関節炎　osteoarthritis — 295
〃　OA — 287
骨棘　osteophyte — 295
骨形成　osteogenesis — 295
〃　ossification — 295
骨形成異常　osteodystrophy — 295
骨形成タンパク質　BMP — 51
骨形成の　osteogenic — 295
骨減少症　osteopenia — 295
骨細胞　osteocyte — 295
骨シアロタンパク質　BSP — 55
骨髄　bone marrow — 51
〃　marrow — 247
骨髄異形成症候群　MDS — 249
骨髄移植　BMT — 51
骨髄炎　osteomyelitis — 295
骨髄機能抑制　myelosuppression — 271
骨髄球性の　myeloid — 270
骨髄形成異常　myelodysplasia — 270
骨髄腫　myeloma — 270
骨髄性の　myelogenous — 270
骨髄線維症　myelofibrosis — 270
骨髄増殖性の　myeloproliferative — 271
骨髄単球性の　myelomonocytic — 270
骨髄破壊的な　myeloablative — 270
骨髄非破壊的な　nonmyeloablative / non-myeloablative — 283
骨髄抑制　myelosuppression — 271
骨性の　bony — 51
骨折　fracture — 165
骨増殖体　osteophyte — 295
骨粗鬆症　osteoporosis — 296
骨軟化症　osteomalacia — 295
骨肉腫　osteosarcoma — 296
骨の　osseous — 295
骨盤　pelvis — 307
骨盤の　pelvic — 307
骨様の　osteoid — 295
固定　consolidation — 89
〃　clamp — 74
固定化　immobilization — 203
〃　fixation — 160
固定化する　immobilize — 203
固定する　consolidate — 89
〃　fix — 160
固定(法)　anchorage — 21
〃　fixation — 160
古典的な　classic / classical — 75
鼓動する　flutter — 162
異なった　different — 115
異なって　unlike — 443
〃　differently — 116
異なる　differ — 115
〃　dissimilar — 120
〃　distinct — 121
〃　vary — 448
～毎に　per — 308
ことば　tongue — 427
子供　child — 69
誤取り込み　misincorporation — 260
コドン　codon — 78
ゴナドトロピン　gonadotropin — 177
小波　wavelet — 455
コネキシン　connexin — 88
好ましい　preferable — 331
〃　favorable — 156
好み　preference — 331
好む　favor / favour — 156
〃　prefer — 331
コハク酸　succinate — 408
コハク酸の　succinate — 408
小箱　cassette — 62
孤発性の　sporadic — 398
コバラミン　cobalamin — 78
コバルト　cobalt — 78

コピー copy — 93
コピーする copy — 93
コヒーレンス coherence — 79
子ヒツジ lamb — 231
コファクター cofactor — 78
鼓舞する inspire — 214
個別化する individualize — 209
互変異性体 tautomer — 418
コホート cohort — 79
コポリマー copolymer — 93
コマンド command — 81
ゴム rubber — 373
コムギ(小麦) wheat — 457
〃 *Triticum aestivum* — 435
こむら返り cramp — 97
米 rice — 371
コメント comment — 81
顧問の advisory — 11
小屋 shed — 385
固有受容性の proprioceptive — 340
固有の endemic — 136
〃 intrinsic — 222
〃 proper — 339
〃 inherent — 212
雇用 employment — 135
誤用 misuse — 260
雇用する employ — 134
誤用する misuse — 260
雇用主 employer — 135
コラーゲン collagen — 80
コラーゲン分解酵素 collagenase — 80
娯楽の recreational — 355
コラゲナーゼ collagenase — 80
孤立した lone — 240
孤立の solitary — 393
コリプレッサー corepressor — 94
コリン choline — 71
コリン作動性の cholinergic — 71
ゴルジ装置 Golgi apparatus — 177
ゴルジ体 Golgi apparatus — 177
コルチコステロイド corticosteroid — 95
コルチコステロン corticosterone — 95
コルチコトロピン corticotropin — 95
コルチコトロピン放出因子 CRF — 97
コルチゾール cortisol — 95
コルヒチン colchicine — 79
コレシストキニン cholecystokinin — 71
〃 CCK — 64
コレステロール cholesterol — 71
これまでに so far — 392
〃 hitherto — 191
コレラ cholera — 71
コロイド colloid — 80
転がる tumble — 437
殺し屋 killer — 228
コロナ corona — 94
コロニー colony — 81
コロニー形成 colonization — 80
コロニー形成単位 CFU — 67
コロニー刺激因子 CSF — 99
コロニーの colonial — 80
コロノグラフィ colonography — 80
こわばり感 stiffness — 402
婚姻の marital — 247
コンカナバリン concanavalin — 85
根拠 basis — 44
〃 ground — 180
〃 reason — 353
〃 evidence — 147
混合する mix — 261
〃 merge — 253
混合物 mix — 261
混合(物) admixture — 10
〃 mixture — 261
昏睡 coma — 81
コンストラクト construct — 90
混成(体) hybrid — 195
混成の hybrid — 195
痕跡 trace — 428
痕跡の rudimentary — 374
根絶 eradication — 143
根絶する eradicate — 143
コンセンサス consensus — 88
コンソーシアム consortium — 89
混濁 opacity — 291
コンダクタンス conductance — 86
コンタミネーション contamination — 90

こ

根治的な curable — 100
〃 radical — 349
混注 coinjection — 79
昆虫 insect — 213
コンティグ contig — 91
根底にある underlie — 441
混同 confusion — 87
混同させる confuse — 87
混同する confound — 87
コンドーム condom — 86
コンドロイチン硫酸
chondroitin sulfate — 71
コントロール control — 92
困難 distress — 121
〃 difficulty — 116
困難な difficult — 116
混入 contamination — 90
混入物 contaminant — 90
混入を起こす contaminate — 90
コンパートメント compartment — 82
コンパイルする compile — 83
コンバターゼ convertase — 93
コンビナトリアルな combinatorial — 81
コンピュータ computer — 85
コンピュータ処理する
computerize — 85
〃 compute — 85
コンピュータ断層撮影法 CT — 99
コンピュータ内での in silico — 214
コンプライアンス compliance — 84
コンフリクト conflict — 87
コンフルエントな confluent — 87
コンポーネント component — 84
昏迷 stupor — 405
根毛 fibril — 158
混乱 confusion — 87
〃 derangement — 111
混乱する confuse — 87
根粒 nodule — 281
根粒形成 nodulation — 281
困惑させる confound — 87

さ

差 difference — 115
鎖 chain — 67
〃 strand — 403
座 locus — 240
サージ surge — 412
サーバー server — 384
サービス service — 384
サーファクタント surfactant — 412
サーベイランス surveillance — 412
歳 age — 12
再 re- — 352
座位 locus — 240
サイアザイド thiazide — 423
再移植 retransplantation — 368
再折り畳み refolding — 357
再開 resumption — 367
〃 reinitiation — 359
災害 disaster — 118
再開する resume — 367
最外側の outermost — 296
再開通 recanalization — 354
再確認する reestablish — 357
細画分 subfraction — 406
再活性化 reactivation — 352
再活性化する reactivate — 352
最下点 nadir — 272
再感染 reinfection — 359
再灌流 reperfusion — 362
再灌流する reperfuse — 362
再起 resurgence — 367
細気管支炎 bronchiolitis — 54
催奇形性 teratogenicity — 420
再吸収 resorption — 365
〃 reabsorption — 352
再吸収する resorb — 365
〃 reabsorb — 352
再狭窄 restenosis — 366
再局在化 relocalization — 360
細菌 bacterium — 42
〃 bacteria — 42
細菌学 bacteriology — 42
〃 microbiology — 256
細菌学的な microbiological / microbiologic — 256
細菌性赤痢 shigellosis — 386
細菌(性)の bacterial — 42
細菌叢 flora — 161
〃 microbiota — 256
細菌尿(症) bacteriuria — 42

最近の recent ― 354
細工しやすい tractable ― 429
サイクリックAMP cAMP ― 58
サイクリックAMP応答配列 CRE ― 97
サイクリックAMP応答配列結合タンパク質 CREB ― 97
サイクリックGMP cGMP ― 67
サイクリン cyclin ― 101
サイクリン依存性キナーゼ CDK ― 64
サイクル cycle ― 101
サイクロトロン cyclotron ― 101
剤形 formulation ― 164
再結合する rejoin ― 359
再検査する reexamine ― 357
再建(術) reconstruction ― 355
再建する reconstruct ― 355
〃 reestablish ― 357
再現する recapitulate ― 354
〃 reproduce ― 363
再現性 reproducibility ― 364
再現性のある reproducible ― 364
在郷軍人病 Legionnaires' disease ― 234
再考する revisit ― 369
再構成 reconstitution ― 355
再構成する reconstitute ― 355
再構築 remodeling / remodelling ― 361
〃 reassembly ― 353
〃 reconstruction ― 355
〃 reorganization ― 362
再構築する reconstruct ― 355
〃 restructure ― 367
最高に達する culminate ― 100
最高の best ― 46
最後から2番目の penultimate ― 307
財産 wealth ― 456
再酸素負荷 reoxygenation ― 362
再刺激 restimulation ― 366
再指示する redirect ― 356
再集合 reassembly ― 353
最終的な final ― 159
〃 definitive ― 107
〃 eventual ― 147
再手術 reoperation ― 362
再出現する reappear ― 353
再出発する restart ― 366
再循環 recycling ― 356
再循環する recycle ― 356
最初 beginning ― 45
最小 minimum ― 259
最小限 minimum ― 259
最小の least ― 233
〃 minimal ― 259
最小発育阻止濃度 MIC ― 256
細静脈 venule ― 450
彩色する paint ― 300
最初の first ― 159
〃 initial ― 212
〃 original ― 294
〃 primary ― 334
最新情報 update ― 444
再進入 reentry ― 356
最新の up-to-date ― 444
細心の meticulous ― 255
サイズ size ― 390
再水和 rehydration ― 359
再生 renewal ― 361
〃 regeneration ― 358
〃 reproduction ― 364
財政 finance ― 159
再生させる regenerate ― 358
再生する renew ― 361
〃 reproduce ― 363
再生息させる repopulate ― 363
再成長 regrowth ― 358
再生の regenerative ― 358
再生不良性の aplastic ― 28
再設計 redesign ― 356
再設計する redesign ― 356
再増殖 repopulation ― 363
〃 regrowth ― 358
最大 maximum ― 249
最大下の submaximal ― 407
最大結合量 Bmax ― 50
最大限 maximum ― 249
最大にする maximize ― 249

さ

最大の　maximal ― 249
最大反応速度　Vmax ― 454
最大半量の　half-maximal ― 182
採択する　adopt ― 10
在宅の　home ― 191
細断片　subfragment ― 406
最適以下の　suboptimal ― 407
最適化　optimization ― 292
最適化する　optimize ― 292
最適（状態）　optimum ― 292
最適な　optimal ― 292
再点検する　reexamine ― 357
サイト　site ― 389
サイド　side ― 387
細動　fibrillation ― 158
再導入　reintroduction ― 359
再導入する　reintroduce ― 359
細動脈　arteriole ― 31
サイトカイニン　cytokinin ― 102
サイトカイン　cytokine ― 102
サイトゾル　cytosol ― 103
サイトゾルの　cytosolic ― 103
サイトメガロウイルス　cytomegalovirus ― 102
〃　CMV ― 77
再取り込み　reuptake ― 369
再入院　readmission ― 353
再燃　flare ― 160
臍の　umbilical ― 440
坐位の　sedentary ― 380
才能　capability ― 58
栽培　culture ― 100
〃　cultivation ― 100
栽培化　domestication ― 123
再配向　reorientation ― 362
栽培する　culture ― 100
〃　rear ― 353
〃　cultivate ― 100
再配置　relocation ― 361
再配置させる　repopulate ― 363
栽培品種　cultivar ― 100
再配列　rearrangement ― 353
再配列させる　rearrange ― 353
再発　recurrence ― 356
〃　relapse ― 359
再発する　relapse ― 359
〃　recur ― 356
再発性の　recurrent ― 356
裁判　judgment / judgement ― 227
裁判所　court ― 96
再評価　reassessment ― 353
再評価する　reevaluate ― 357
〃　reassess ― 353
再負荷　rechallenge ― 354
催不整脈性の　arrhythmogenic ― 31
再プログラム　reprogramming ― 364
細分化　subdivision ― 406
細分画化　fractionation ― 165
再分極　repolarization ― 363
細分する　subdivide ― 406
再分布　redistribution ― 356
再分布する　redistribute ― 356
再編成　reorganization ― 362
〃　reform ― 357
再編成する　rearrange ― 353
〃　reorganize ― 362
〃　reform ― 357
細胞　cell ― 65
〃　-cyte ― 102
〃　cyto- ― 102
細胞遺伝学の　cytogenetic ― 102
細胞栄養芽層　cytotrophoblast ― 103
細胞外酵素　exoenzyme ― 150
細胞外シグナル制御キナーゼ　ERK ― 143
細胞外の　extracellular ― 152
細胞外への　exocytic ― 149
細胞外マトリックス　ECM ― 129
細胞化学　cytochemistry ― 102
細胞学　cytology ― 102
細胞核の　nuclear ― 285
細胞型　cellularity ― 65
細胞可溶質　cytosol ― 103
細胞間接着分子　ICAM ― 200
細胞間の　intercellular ― 217
細胞骨格　cytoskeleton ― 103
細胞骨格の　cytoskeletal ― 103
細胞質　cytoplasm ― 103
細胞質遺伝子　plasmon ― 320
細胞質内の　intracytoplasmic ― 221

細胞質の cytoplasmic 103
細胞質分裂 cytokinesis 102
細胞周囲の pericellular 309
細胞充実性 cellularity 65
細胞傷害性 cytotoxicity 103
細胞傷害性Tリンパ球 CTL 99
細胞傷害性の cytotoxic 103
細胞数測定 cytometry 102
細胞(性)の cellular 65
細胞性免疫 CMI 77
細胞全体の whole-cell 457
細胞増殖阻害薬 cytostatic 103
細胞増殖抑制性の cytostatic 103
細胞体 soma 393
細胞体樹状突起の somatodendritic 393
細胞毒 cytotoxin 103
細胞毒性 cytotoxicity 103
細胞毒性のある cytotoxic 103
細胞内可溶質の cytosolic 103
細胞内小器官 organelle 293
細胞内の intracellular 220
〃 subcellular 405
細胞変性の cytopathic 103
細胞保護(作用) cytoprotection 103
再訪問する revisit 369
細胞溶解 cytolysis 102
細密な fine 159
催眠(性)の hypnotic 198
催眠薬 hypnotic 198
細網 reticulum 367
細毛線維 microfibril 257
ザイモグラフィ zymography 460
ザイモサン zymosan 460
再誘発 rechallenge 354
採用 adoption 10
採用する adopt 10
再利用 recycling 356
〃 reuse 369
材料 material 248
再利用する recycle 356
〃 reuse 369
最良の best 46
再連結 religation 360
サイロキシン thyroxine 425
サイン sign 388
〃 signature 388
さえ even 147
境を接する border 52
栄える thrive 423
先立つ predate 330
作業課題 task 418
坐業の sedentary 380
作業負荷 workload 458
作業量 workload 458
索 cord 94
さく果 capsule 59
錯感覚 paresthesia 303
削減する curtail 100
酢酸 acetate 4
酢酸の acetate 4
錯視 illusion 202
削除 deletion 108
柵状織の trabecular 428
削除する delete 108
作成 construction 90
作成する create 97
〃 generate 171
作成物 construct 90
錯体 complex 84
錯体生成 complexation 84
策動する maneuver 246
作物 crop 98
錯乱 confusion 87
策略 maneuver 246
作話 fabrication 154
酒 alcohol 14
サケ salmon 375
裂けた cleft 75
裂け目 cleavage 75
避ける avoid 40
鎖骨上の supraclavicular 412
坐骨の sciatic 377
捧げる dedicate 106
〃 devote 113
サザンブロット法 Southern blotting 394
指し示している indicative 208
指し示す indicate 208
左室駆出分画 LVEF 242
左室肥大 LVH 242

さ

左室補助循環装置 LVAD ― 242
挫傷 contusion ― 92
指す point ― 323
嗄声 hoarseness ― 191
座席 seat ― 379
させる render ― 361
左旋性の levorotatory ― 235
挫瘡 acne ― 5
サソリ scorpion ― 378
撮影する photograph ― 316
撮影法 -graphy ― 179
雑音 noise ― 281
〃 murmur ― 269
錯覚 delusion ― 108
〃 illusion ― 202
擦過傷 abrasion ― 2
サッカライド saccharide ― 374
サッカロミセス属 *Saccharomyces* ― 374
殺菌 sterilization ― 402
殺菌性の bactericidal ― 42
殺菌的な bactericidal ― 42
〃 microbicidal ― 256
サッケード saccade ― 374
刷子 brush ― 54
雑誌 journal ― 227
雑種 hybrid ― 195
雑種形成 hybridization ― 195
雑種細胞 hybridoma ― 195
殺人 homicide ― 192
殺人者 homicide ― 192
雑草 weed ― 456
殺虫剤 insecticide ― 214
〃 pesticide ― 312
査定 assessment ― 34
査定する assess ― 34
査定できる assessable ― 34
サテライト satellite ― 376
作動性 -ergic ― 143
差動的な differential ― 115
作動薬 agonist ― 13
蛹の pupal ― 345
砂漠 desert ― 112
座標 coordinate ― 93
サブクラス subclass ― 405
サブグループ subgroup ― 406
サブクローニングする subclone ― 406
サブクローン subclone ― 406
サブゲノムの subgenomic ― 406
サブセット subset ― 407
サブタイプ subtype ― 408
サブドメイン subdomain ― 406
サブファミリー subfamily ― 406
サブユニット subunit ― 408
サプリメント supplement ― 411
サプレッサ suppressor ― 411
差別 discrimination ― 119
差別的な discriminatory ― 119
左方の left ― 233
サポニン saponin ― 376
妨げ obstacle ― 288
〃 bottleneck ― 52
妨げる obstruct ― 288
〃 occlude ― 288
〃 preclude ― 330
〃 disturb ― 121
さもないと otherwise ― 296
左右差 laterality ― 232
左右分化 lateralization ― 232
作用 action ― 6
〃 effect ― 130
作用する act ― 6
作用薬 agent ― 12
さらす expose ― 151
サラセミア thalassemia ― 422
さらに furthermore ― 167
〃 moreover ― 264
〃 further ― 167
サリチル酸 salicylate ― 375
サリドマイド thalidomide ― 422
去る leave ― 233
〃 left ― 233
サル monkey ― 263
サルコイドーシス sarcoidosis ― 376
サルコメア sarcomere ― 376
サルの simian ― 388
サルベージ salvage ― 375
サル免疫不全ウイルス SIV ― 390
サルモネラ(属) *Salmonella* ― 375
酸 acid ― 5
散逸 dissipation ― 120

散逸する dissipate — 120
産科 obstetrics — 288
酸化 oxidation — 298
参加 participation — 304
〃 entry — 140
酸解離指数 pKa — 319
産科学 obstetrics — 288
酸化還元 redox — 356
酸化還元酵素 oxidoreductase — 298
酸化酵素 oxidase — 298
参加者 participant — 304
酸化する oxidize — 298
参加する participate — 304
酸化体 oxidant — 298
酸化低密度リポタンパク質
oxLDL — 298
酸化的な oxidative — 298
三価鉄の ferric — 157
産科の obstetric / obstetrical — 288
酸化物 oxide — 298
三環系の tricyclic — 434
残基 residue — 365
三級の tertiary — 420
産業 industry — 209
産業の industrial — 209
酸血症 acidosis — 5
三元の ternary — 420
サンゴ coral — 93
珊瑚 coral — 93
参考文献 reference — 357
産後の postpartum — 328
残渣 residue — 365
散剤 powder — 329
散在させる disseminate — 120
散在性の diffuse — 116
〃 interspersed — 219
三叉神経の trigeminal — 434
三次元の three-dimensional — 423
〃 3D — 1
三次の tertiary — 420
三者(間)の tripartite — 435
三重線 triplet — 435
三重の triple — 435
〃 triplex — 435
算出 calculation — 57
〃 computation — 85
産出する afford — 12
算出する compute — 85
産出量 output — 296
サンショウウオ salamander — 375
参照する refer — 357
参照せよ cf. — 67
産生 production — 336
〃 generation — 171
賛成 agreement — 13
酸性化 acidification — 5
酸性化する acidify — 5
産生株 producer — 336
産生させる raise — 350
産生する elaborate — 131
〃 produce — 336
〃 yield — 459
〃 generate — 171
賛成する agree — 13
酸性度 acidity — 5
酸性の acidic — 5
三尖弁の tricuspid — 434
酸素 oxygen — 298
酸素測定 oximetry — 298
酸素添加 oxygenation — 299
酸素添加酵素 oxygenase — 298
〃 cyclooxygenase — 101
酸素添加する oxygenate — 299
酸素負荷 oxygenation — 299
酸素負荷する oxygenate — 299
酸素分圧 pO_2 — 323
酸素を供給する aerate — 11
残存する survive — 413
残存の residual — 365
散大 dilation / dilatation — 116
散大する dilate — 116
三徴候 triad — 434
暫定の interim — 218
算入 inclusion — 207
サンバーン sunburn — 410
三半期 trimester — 435
散布 dispersion — 120
残部 remainder — 361
散布する disperse — 120
産物 product — 336
サンプル sample — 375
三分位値 tertile — 420

さ

産卵口 vulva ―― 455
散乱する scatter ―― 377
産卵する lay ―― 233
残留している residual ―― 365
残留性 persistence ―― 311
残留性の persistent ―― 311
三量体 trimer ―― 435
三量体形成 trimerization ―― 435
三リン酸(エステル)
triphosphate ―― 435
三リン酸(三エステル)
trisphosphate ―― 435
三連構造 triad ―― 434

し

死 death ―― 104
肢 limb ―― 237
仕上げ dressing ―― 125
ジアシルグリセロール
diacylglycerol ―― 114
〃 DAG ―― 103
ジアステレオ選択性
diastereoselectivity ―― 115
ジアステレオマー diastereomer
―― 115
シアノバクテリア cyanobacteria
―― 101
ジアホラーゼ diaphorase ―― 114
シアリルトランスフェラーゼ
sialyltransferase ―― 387
シアル酸 sialic acid ―― 387
シアル酸転移酵素
sialyltransferase ―― 387
シアル酸付加 sialylation ―― 387
シアン cyanogen ―― 101
シアン化物 cyanide ―― 100
C型肝炎ウイルス HCV ―― 183
シークエンス sequence ―― 383
飼育する rear ―― 353
CGアイランド CpG island ―― 97
c-Jun N末キナーゼ JNK ―― 227
Gタンパク質共役受容体 GPCR
―― 178
Gタンパク質共役受容体キナーゼ
GRK ―― 180
Gタンパク質調節因子 RGS ―― 369
G2期 G2 phase ―― 168
GTP加水分解酵素 GTPase ―― 180
GTP加水分解酵素活性化タンパク質
GAP ―― 169
GTP結合タンパク質
G-protein ―― 168
〃 GTP-binding protein ―― 180
シート sheet ―― 386
C反応性タンパク質 CRP ―― 98
強いる impose ―― 206
シール seal ―― 379
G1期 G1 phase ―― 168
シェーグレン症候群
Sjogren's syndrome ―― 390
ジェネリックの generic ―― 171
シェル shell ―― 386
ジエン diene ―― 115
耳炎 otitis ―― 296
ジオキシゲナーゼ dioxygenase
―― 117
ジオキシド dioxide ―― 117
歯科 dentistry ―― 109
歯牙 tooth ―― 427
磁化 magnetization ―― 244
歯科医 dentist ―― 109
死骸 cadaver ―― 56
自家移植 autograft ―― 38
自家移植する autograft ―― 38
自家移植片 autograft ―― 38
紫外線 ultraviolet ―― 439
〃 UV ―― 446
紫外領域の ultraviolet ―― 439
視覚 vision ―― 453
歯学 dentistry ―― 109
自覚 awareness ―― 40
視覚的な visual ―― 453
自覚的な subjective ―― 406
四角な square ―― 398
視覚の visual ―― 453
〃 optic ―― 292
資格を与える qualify ―― 347
しかしながら however ―― 193
自家性の autologous ―― 39
耳下腺の parotid ―― 303
歯科用の dental ―― 109
子癇 eclampsia ―― 129

弛緩　relaxation —— 360
時間　moment —— 263
〃　time —— 425
弛緩期　diastole —— 115
弛緩させる　relax —— 360
時間尺度　timescale —— 425
志願する　volunteer —— 454
弛緩性の　flaccid —— 160
子癇前症　preeclampsia —— 331
時間の　temporal —— 419
弛緩薬　relaxant —— 360
時間を計る　time —— 425
式　equation —— 142
〃　formula —— 164
時期　period —— 309
磁器　porcelain —— 326
しきい値　threshold —— 423
磁気共鳴　MR —— 266
磁気共鳴画像法　MRI —— 266
色素　dye —— 127
〃　pigment —— 318
色素上皮由来因子　PEDF —— 307
色素性乾皮症　XP —— 459
色素性の　pigmentary —— 318
色素体　plastid —— 320
色素沈着　pigmentation —— 318
色素沈着過剰
hyperpigmentation —— 197
磁気の　magnetic —— 244
識別　discrimination —— 119
〃　identification —— 201
識別可能な　discernible —— 118
識別する　distinguish —— 121
〃　discriminate —— 119
〃　discern —— 118
識別できる　distinguishable —— 121
識別不能な　indistinguishable —— 209
子宮　uterus —— 446
子宮頸管炎　cervicitis —— 66
子宮頸管内の　endocervical —— 136
子宮頸部　cervix —— 66
子宮頸部の　cervical —— 66
糸球体　glomerulus —— 175
糸球体間質の　mesangial —— 253
糸球体硬化症
glomerulosclerosis —— 175
糸球体症　glomerulopathy —— 175
糸球体腎炎　glomerulonephritis —— 174
糸球体の　glomerular —— 174
糸球体濾過速度　GFR —— 173
子宮摘出(術)　hysterectomy —— 200
子宮内での　*in utero* —— 222
子宮内の　intrauterine —— 221
子宮内膜　endometrium —— 137
子宮内膜症　endometriosis —— 137
子宮内膜の　endometrial —— 137
子宮の　uterine —— 446
持久力　endurance —— 138
示強性の　intensive —— 216
時宜を得た　timely —— 425
敷く　pave —— 306
軸　axis —— 41
〃　shaft —— 385
軸索　axon —— 41
軸索切断　axotomy —— 41
軸索の　axonal —— 41
軸糸　axoneme —— 41
シグナル　signal —— 388
シグナル伝達
signaling / signalling —— 388
シグナル伝達性転写因子　STAT —— 400
軸の　axial —— 40
軸に沿った　axial —— 40
仕組み　mechanism —— 250
シグモイドの
sigmoid / sigmoidal —— 387
シクラーゼ　cyclase —— 101
シクロオキシゲナーゼ
cyclooxygenase —— 101
〃　COX —— 97
シクロスポリン　cyclosporine —— 101
シクロデキストリン
cyclodextrin —— 101
シクロフィリン　cyclophilin —— 101
シクロヘキシミド
cycloheximide —— 101
シクロホスファミド
cyclophosphamide —— 101
刺激　stimulation —— 403
〃　stimulus —— 403

刺激作用 irritation —— 225
刺激されていない unstimulated —— 444
刺激する stimulate —— 403
刺激性の stimulatory —— 403
刺激装置 stimulator —— 403
刺激的な provocative —— 342
〃 irritant —— 225
刺激物質 irritant —— 225
〃 stimulant —— 402
刺激薬 agonist —— 13
〃 stimulant —— 402
止血 hemostasis —— 186
試験 examination —— 147
〃 test —— 421
資源 resource —— 365
次元 dimension —— 117
試験管内進化法 SELEX —— 381
試験管内での *in vitro* —— 223
試験者 examiner —— 147
試験する examine —— 147
始原的な primordial —— 334
次元の dimensional —— 117
試験法 assay —— 34
事故 accident —— 3
自己 self- —— 381
〃 auto- —— 38
歯垢 plaque —— 320
事項 matter —— 248
視交差上核 SCN —— 378
視交叉上部の suprachiasmatic —— 412
視交叉前の preoptic —— 332
自己蛍光 autofluorescence —— 38
自己抗原 autoantigen —— 38
自己抗体 autoantibody —— 38
自己酸化 autoxidation —— 40
自己受容体 autoreceptor —— 39
自己触媒の autocatalytic —— 38
自己相関 autocorrelation —— 38
自己調節 autoregulation —— 39
仕事 task —— 418
仕事場 workplace —— 458
自己貪食 autophagy —— 39
死後の postmortem —— 328
自己の autologous —— 39
自己反応性の autoreactive —— 39
自己分解 autolysis —— 39
自己分泌 autocrine —— 38
自己免疫 autoimmunity —— 39
自己免疫性の autoimmune —— 38
自己免疫調節物質 AIRE —— 14
自己融解 autolysis —— 39
自己誘導物質 autoinducer —— 39
自己溶菌 autolysis —— 39
自己抑制 autoinhibition —— 39
自己リン酸化 autophosphorylation —— 39
歯根 root —— 372
示唆 suggestion —— 409
視細胞 photoreceptor —— 316
視索上部の supraoptic —— 412
示唆する suggest —— 409
視察 inspection —— 214
自殺 suicide —— 409
自殺の suicidal —— 409
示唆的な suggestive —— 409
示差の differential —— 115
死産 stillbirth —— 402
四肢 extremities —— 153
指示 instruction —— 215
支持 support —— 411
指示する direct —— 117
〃 instruct —— 215
〃 dictate —— 115
支持する favor / favour —— 156
〃 support —— 411
〃 underpin —— 441
脂質 lipid —— 238
〃 lipo- —— 238
子実 grain —— 178
事実 fact —— 154
脂質異常血症 dyslipidemia —— 127
脂質生合成 lipogenesis —— 238
脂質生成の lipogenic —— 238
脂質代謝異常 dyslipidemia —— 127
支持的な supportive —— 411
指示的な directive —— 118
支持物 support —— 411
指示薬 indicator —— 208
磁石 magnet —— 244
磁石の magnetic —— 244

歯周炎 periodontitis —— 310
歯周病 periodontitis —— 310
歯周部の periodontal —— 310
支出 expenditure —— 150
自主的な autonomous —— 39
思春期 puberty —— 345
思春期の pubertal / pubescent —— 345
視床 thalamus —— 422
支障 bottleneck —— 52
市場 market —— 247
事象 event —— 147
糸状仮足 filopodium —— 159
視床下の subthalamic —— 408
視床下部 hypothalamus —— 199
視床下部の hypothalamic —— 199
糸状虫症 filariasis —— 158
視床の thalamic —— 422
矢状の sagittal —— 375
視床皮質系の thalamocortical —— 422
視診 inspection —— 214
地震 earthquake —— 128
地震の seismic —— 381
歯髄 pulp —— 345
指数 quotient —— 349
〃 index —— 208
次数 order —— 293
指数関数 exponential —— 151
指数関数的な exponential —— 151
指数(部) exponent —— 151
シス(型)の cis —— 74
静かな quiet —— 348
ジスキネジア dyskinesia —— 127
シス作用(性)の cis-acting —— 74
シスチン cystine —— 102
システイン cysteine —— 102
〃 C —— 56
〃 Cys —— 101
システム system —— 416
シスト cyst —— 102
ジストニア dystonia —— 128
ジストロフィー dystrophy —— 128
ジストロフィーの dystrophic —— 128
ジストロフィン dystrophin —— 128
シスプラチン cisplatin —— 74
鎮まる subside —— 407
ジスムターゼ dismutase —— 119
沈める immerse —— 202
静める silence —— 388
ジスルフィド disulfide —— 121
雌性 female —— 157
姿勢 posture —— 329
〃 attitude —— 37
自生地 habitat —— 182
姿勢の postural —— 328
示性の rational —— 352
磁性の magnetic —— 244
歯石 calculus —— 57
施設 establishment —— 145
〃 institution —— 215
〃 facility —— 154
施設の institutional —— 215
自然 nature —— 274
自然増加 accrual —— 4
自然な natural —— 274
自然の native —— 273
自然発症高血圧ラット SHR —— 386
自然放射能 background —— 42
歯槽 alveolus —— 17
しそうな likely —— 237
歯槽の alveolar —— 17
持続時間 duration —— 127
持続する persist —— 311
〃 sustain —— 413
持続(性) persistence —— 311
持続性の persistent —— 311
〃 tonic —— 427
し損なう fail —— 155
シゾサッカロミセス(属) *Schizosaccharomyces* —— 377
子孫 offspring —— 289
〃 progeny —— 337
〃 descendant —— 111
下 sub- —— 405
屍体 cadaver —— 56
時代 era —— 143
死体解剖 necropsy —— 274
次第である depend —— 110
従う follow —— 163
〃 obey —— 287
〃 conform —— 87
下書き draft —— 125

し

したがって accordingly ―― 4
〃 therefore ―― 422
〃 hence ―― 186
仕立てる tailor ―― 417
下向きに downward ―― 124
下向きの descending ―― 111
〃 downward ―― 124
ジチオスレイトール
dithiothreitol ―― 121
シチジン cytidine ―― 102
自治の autonomous ―― 39
シチメンチョウ turkey ―― 437
四徴症 tetralogy ―― 421
膝 knee ―― 229
質 quality ―― 347
〃 substantia ―― 407
室 ventricle ―― 450
歯痛 toothache ―― 427
失活 inactivation ―― 206
失活剤 inactivator ―― 206
失活させる inactivate ―― 206
疾患 disorder ―― 119
疾患修飾性抗リウマチ薬
DMARD ―― 122
失禁 incontinence ―― 208
湿気 humidity ―― 194
〃 moisture ―― 262
湿気のある humid ―― 194
実験 experiment ―― 150
実現 realization ―― 353
実験室 laboratory ―― 230
実験上の experimental ―― 151
実験する experiment ―― 150
実験的自己免疫性脳脊髄炎 EAE
―― 128
実験的な empirical / empiric ―― 134
〃 experimental ―― 151
実験法 experimentation ―― 151
実験方法 experimentation ―― 151
失効 expiration ―― 151
実行 execution ―― 149
〃 practice ―― 330
〃 run ―― 374
〃 implementation ―― 206
〃 performance ―― 309
実行上の executive ―― 149
執行する enforce ―― 138
実行する enforce ―― 138
〃 practice ―― 330
〃 execute ―― 149
〃 implement ―― 206
失語(症) aphasia ―― 28
実在する exist ―― 149
実在性 reality ―― 353
実際的な practical ―― 330
実際に indeed ―― 208
実際の actual ―― 7
実時間の real-time / realtime ―― 353
実施する perform ―― 309
実質 parenchyma ―― 303
実質上の virtual ―― 452
実質性の parenchymal / parenchymatous ―― 303
実質的な substantial ―― 407
実質の parenchymal / parenchymatous ―― 303
実証 demonstration ―― 109
実証可能な demonstrable ―― 108
実証する demonstrate ―― 108
〃 substantiate ―― 407
〃 corroborate ―― 95
膝状体の geniculate ―― 172
実証できる demonstrable ―― 108
湿疹 eczema ―― 129
失神 syncope ―― 414
〃 faint ―― 155
失神する faint ―― 155
失速 stall ―― 399
実存の extant ―― 152
実体 entity ―― 140
実態 fact ―― 154
失調 mal- ―― 245
失調(症) ataxia ―― 35
知っている aware ―― 40
質的な qualitative ―― 347
湿度 humidity ―― 194
室の ventricular ―― 450
失敗 failure ―― 155
〃 abortion ―― 2
失敗する fail ―― 155
失敗に終わった abortive ―― 2
失敗の unsuccessful ―― 444

シッフ塩基　Schiff base — 377
疾病　disease — 119
〃　illness — 202
失望させる　disappoint — 118
実務家　practitioner — 330
質問　inquiry — 213
〃　query — 348
〃　question — 348
質問する　question — 348
質問表　questionnaire — 348
実用的な　practical — 330
質量　mass — 247
質量分析法　MS — 266
実例　instance — 214
指摘　designation — 112
至適　optimum — 292
指摘する　designate — 112
〃　indicate — 208
至適な　optimal — 292
シデロホア　siderophore — 387
支店　branch — 53
時点で　as of — 32
指導　direction — 117
〃　instruction — 215
〃　guidance — 181
始動　start — 400
自動　auto- — 38
自動化　automation — 39
自動化する　automate — 39
四頭筋　quadriceps — 347
自動酸化　autoxidation — 40
指導者　director — 118
指導する　conduct — 86
〃　instruct — 215
自動性　automaticity — 39
自動(性)の　automatic — 39
自動調節　autoregulation — 39
指導的な　instructive — 215
〃　directive — 118
自動的な　automatic — 39
自動能　motility — 265
〃　automaticity — 39
自動能のある　motile — 265
シトクロム　cytochrome — 102
シトシン　cytosine — 103
〃　C — 56
シトルリン　citrulline — 74
シナプス　synapse — 414
シナプス外の　extrasynaptic — 153
シナプス形成　synaptogenesis — 414
シナプス後の　postsynaptic — 328
シナプス後膜肥厚　PSD — 343
シナプス前(性)の　presynaptic — 333
シナプスの　synaptic — 414
シナプトソーム　synaptosome — 414
シナプトタグミン　synaptotagmin — 414
シナリオ　scenario — 377
歯肉　gingiva — 173
歯肉炎　gingivitis — 173
シヌクレイン　synuclein — 416
ジヌクレオチド　dinucleotide — 117
死の　dead — 104
凌ぐ　surpass — 412
〃　outweigh — 296
支配　government — 178
〃　predominance — 331
支配する　rule — 374
〃　govern — 178
〃　dominate — 123
四倍体　tetraploid — 421
四倍体の　tetraploid — 421
支配的な　predominant — 331
しばしば　often — 289
自発運動　locomotion — 239
自発運動の　locomotor — 239
自発性の　spontaneous — 398
支払い　payment — 306
支払う　pay — 306
市販する　market — 247
市販の　commercial — 81
紫斑病　purpura — 346
ジヒドロピリジン　dihydropyridine — 116
指標　index — 208
〃　indicator — 208
師部　phloem — 314
ジフテリア　diphtheria — 117
シフト　shift — 386
四分位　quartile — 348
四分位数　quartile — 348
四分円　quadrant — 347

し

自閉症　autism — 38
嗜癖　addiction — 7
ジペプチジルペプチダーゼ　DPP — 125
ジペプチド　dipeptide — 117
死亡　demise — 108
子房　ovary — 297
脂肪　fat — 156
〃　lipo- — 238
脂肪異栄養症　lipodystrophy — 238
脂肪細胞　adipocyte — 9
脂肪酸　fatty acid — 156
脂肪酸の　fatty — 156
脂肪織炎　panniculitis — 301
脂肪質の　fatty — 156
脂肪腫　lipoma — 238
脂肪症　steatosis — 401
死亡数　mortality — 265
死亡する　decease — 105
脂肪性肝炎　steatohepatitis — 401
脂肪生成　adipogenesis — 9
脂肪族の　aliphatic — 15
脂肪組織炎　panniculitis — 301
脂肪に富んだ　fatty — 156
脂肪の　adipose — 9
脂肪分解　lipolysis — 238
脂肪分解酵素　lipase — 238
脂肪便　steatorrhea — 401
死亡率　lethality — 234
〃　mortality — 265
絞り　diaphragm — 114
島　island — 225
〃　islet — 225
姉妹　sister — 389
島状の　islet — 225
シミュレーション　simulation — 389
シミュレーター　simulator — 389
シミュレートする　simulate — 389
嗜眠　drowsiness — 125
〃　lethargy — 234
使命　mission — 260
耳鳴　tinnitus — 426
自明の　trivial — 435
示す　sign — 388
〃　demonstrate — 108
〃　exhibit — 149
〃　show — 386
〃　signify — 388
〃　present — 333
〃　suggest — 409
〃　display — 120
〃　depict — 110
ジメチルスルホキシド
dimethylsulfoxide — 117
湿った　wet — 456
湿らせる　dampen — 104
湿る　moisture — 262
占める　occupy — 289
指紋　fingerprint — 159
視野　scope — 378
シャーガス病　Chagas' disease — 67
シャープな　sharp — 385
シャーレ　plate — 321
斜位の　oblique — 287
ジャイレース　gyrase — 181
社会　society — 392
社会基盤　infrastructure — 211
社会経済的な　socioeconomic — 392
社会人口統計学的な
sociodemographic — 392
社会的な　societal — 392
社会の　social — 392
社会復帰　rehabilitation — 359
試薬　reagent — 353
弱視　amblyopia — 18
尺側の　ulnar — 439
弱点　shortcoming — 386
〃　drawback — 125
尺度　scale — 376
弱毒化　attenuation — 37
弱毒化する　attenuate — 37
弱毒性　avirulence — 40
若年(性)の　juvenile — 227
若年発症成人型糖尿病　MODY — 262
瀉血　phlebotomy — 314
遮光する　shade — 385
謝罪する　apologize — 28
斜視　strabismus — 403
謝辞　acknowledgment / acknowl-
edgement — 5
写真　graph — 179
〃　photograph — 316
〃　picture — 318

射精 ejaculation —— 130
視野測定 perimetry —— 309
遮断 blockade —— 50
〃 block —— 50
遮断する block —— 50
遮断薬 antagonist —— 24
〃 blocker —— 50
惹起 initiation —— 212
惹起する evoke —— 147
〃 initiate —— 212
シャッフルする shuffle —— 387
シャトル shuttle —— 387
煮沸する boil —— 51
シャフト shaft —— 385
遮蔽 masking —— 247
遮蔽する insulate —— 215
〃 shield —— 386
遮蔽物 shield —— 386
シャペロン chaperone —— 68
邪魔する impede —— 205
〃 disturb —— 121
シャント shunt —— 387
種 species —— 395
〃 seed —— 380
腫 -oma —— 290
州 province —— 342
自由 freedom —— 166
周囲 peri- —— 309
獣医学 veterinary —— 451
獣医学の veterinary —— 451
獣医師 veterinarian —— 451
周囲の ambient —— 18
周縁 circumference —— 74
周縁質 periplasm —— 310
周縁の marginal —— 247
周縁部 margin —— 247
収穫 harvest —— 183
縦隔 mediastinum —— 250
収穫する harvest —— 183
集学的な multidisciplinary —— 267
収穫物 crop —— 98
臭化物 bromide —— 54
習慣 practice —— 330
〃 custom —— 100
習慣性 addiction —— 7
〃 habituation —— 182
習慣性の habitual —— 182
習慣性のある addictive —— 7
重感染 coinfection —— 79
〃 superinfection —— 410
習慣になる habituate —— 182
臭気 odor / odour —— 289
周期 cycle —— 101
周期現象 periodicity —— 309
周期性 periodicity —— 309
〃 rhythmicity —— 370
周期性の periodic —— 309
〃 cyclic —— 101
〃 cyclical —— 101
周期的振動 oscillation —— 295
周期的な periodic —— 309
〃 rhythmic —— 370
周期的変動 fluctuation —— 161
住居 residence —— 364
従業員 employee —— 135
終局の conclusive —— 85
住居の residential —— 364
襲撃 assault —— 34
〃 attack —— 37
襲撃する assault —— 34
終結 termination —— 420
充血 hyperemia —— 197
住血吸虫(属) *Schistosoma* —— 377
住血吸虫症 schistosomiasis —— 377
終結剤 terminator —— 420
終結させる terminate —— 420
集合 ensemble —— 139
〃 population —— 326
重合酵素 polymerase —— 324
重合させる polymerize —— 325
集合する assemble —— 34
〃 aggregate —— 13
〃 populate —— 326
集合体 assembly —— 34
〃 assemblage —— 34
重合体 polymer —— 324
重合体の polymeric —— 325
重合(反応) polymerization —— 325
集合部品 module —— 262
収差 aberration —— 1
シュウ酸 oxalate —— 298

し

周産期の　perinatal ―― 309
シュウ酸の　oxalate ―― 298
従事　occupation ―― 289
十字型の　cruciform ―― 98
従事者　employee ―― 135
従事する　engage ―― 138
十字部　cruciform ―― 98
収集　collection ―― 80
収集する　collect ―― 80
〃　harvest ―― 183
収縮　contraction ―― 91
〃　constriction ―― 90
収縮期　systole ―― 416
収縮期の　systolic ―― 416
収縮する　shrink ―― 386
〃　contract ―― 91
〃　constrict ―― 90
収縮性　contractility ―― 91
収縮性の　contractile ―― 91
〃　constrictive ―― 90
収縮末期の　end-systolic ―― 136
周術期の　perioperative ―― 310
住所　address ―― 8
集晶　drusen ―― 126
重症急性呼吸器症候群　SARS ―― 376
重症筋無力症
myasthenia gravis ―― 270
重症度　severity ―― 385
重症の　severe ―― 385
重症複合免疫不全　SCID ―― 378
修飾　modification ―― 262
修飾因子　modifier ―― 262
修飾可能な　modifiable ―― 262
修飾する　modify ―― 262
修飾的な　modulatory ―― 262
修飾物質　modulator ―― 262
重水素　deuterium ―― 113
修正　revision ―― 369
集積　accumulation ―― 4
重積　invagination ―― 222
臭素　bromine ―― 54
〃　Br ―― 52
愁訴　complaint ―― 83
重層　superposition ―― 411
重層する　stratify ―― 404
収束　convergence ―― 93
充足　repletion ―― 362
収束する　converge ―― 92
収束(性)の　convergent ―― 93
柔組織　parenchyma ―― 303
重大な　crucial ―― 98
〃　serious ―― 384
重大な意味をもつ　critical ―― 98
終端　terminus ―― 420
集団　cluster ―― 77
〃　population ―― 326
〃　group ―― 180
〃　mass ―― 247
重炭酸塩　bicarbonate ―― 46
集団性の　collective ―― 80
終端の　terminal ―― 420
集団の　collective ―― 80
集中　concentration ―― 85
集中強化治療室　ICU ―― 200
集中する　center / centre ―― 65
〃　focus ―― 162
集中的な　intensive ―― 216
ジュウテリウム　deuterium ―― 113
終点　end point / endpoint ―― 136
重点　emphasis ―― 134
充填材　cement ―― 65
充填する　fill ―― 158
シュート　shoot ―― 386
雌雄同株　hermaphrodite ―― 187
充当する　appropriate ―― 29
雌雄同体　hermaphrodite ―― 187
習得　acquisition ―― 6
重篤な　serious ―― 384
〃　grave ―― 179
シュードジーン　pseudogene ―― 343
重度の　profound ―― 337
シュードノット　pseudoknot ―― 343
シュードモナス(属)
Pseudomonas ―― 343
自由な　free ―― 166
柔軟性　flexibility ―― 160
柔軟な　flexible ―― 160
自由に　*ad libitum* ―― 9
十二指腸　duodenum ―― 126
十二指腸の　duodenal ―― 126
自由にする　liberate ―― 235
収入　income ―― 207

十年(間) decade 105
終脳 telencephalon 419
終脳の telencephalic 419
終板 endplate 138
周皮細胞 pericyte 309
修復 repair 362
〃 restoration 366
〃 fixation 160
修復する repair 362
〃 fix 160
重複性の redundant 356
十分である suffice 409
十分な adequate 8
〃 full 167
〃 sufficient 409
周辺質 periplasm 310
周辺性の peripheral 310
周辺の marginal 247
銃砲 firearm 159
終末呼気の end-tidal 136
終末糖化産物受容体 RAGE 350
終末ボタン bouton 52
集密的な confluent 87
羞明 photophobia 316
絨毛 villus 452
絨毛癌 choriocarcinoma 71
絨毛性ゴナドトロピン choriogonadotropin 72
絨毛性の chorionic 72
絨毛膜の chorionic 72
腫瘍随伴の paraneoplastic 302
収容する accommodate 3
重要性 importance 206
〃 significance 388
重要な essential 145
〃 important 206
〃 key 228
〃 vital 453
従来の conventional 92
収率 yield 459
収量 yield 459
重量 weight 456
終了する close 76
〃 complete 83
〃 end 135
〃 terminate 420
重量モル浸透圧濃度 osmolality 295
重力 gravity 179
重力加速度 G 168
重力屈性 gravitropism 179
重力の gravitational 179
収斂 convergence 93
収斂する converge 92
収斂(性)の convergent 93
重労働 labor 230
主観的な subjective 406
種間の interspecific 219
手技 maneuver 246
〃 procedure 336
授業 lesson 234
熟化 ripening 371
縮合 fusion 168
〃 condensation 86
縮合させる condense 86
縮合物 condensate 86
縮窄 coarctation 77
縮尺 scale 376
宿主 host 193
粥腫 atheroma 35
〃 plaque 320
縮重 degeneracy 107
縮重度 degeneracy 107
粥腫切除(術) atherectomy 35
縮小 reduction 356
縮小型の miniature 259
熟成 aging / ageing 13
熟成する age 12
縮退 degeneracy 107
〃 degeneration 107
縮退度 degeneracy 107
熟達した proficient 336
宿泊設備 accommodation 4
熟練 skill 390
手根の carpal 61
手指 finger 159
種子 seed 380
樹脂 resin 365
手術 operation 291
〃 surgery 412
手術後の postoperative 328
手術する operate 291

し

手術前後の　perioperative — 310
手術前の　preoperative — 332
手術の　surgical — 412
種々の　myriad — 272
〃　miscellaneous — 260
手掌　palm — 300
樹状細胞　DC — 104
樹状突起　dendrite — 109
樹状突起の　dendritic — 109
手掌の　palmar — 300
樹状の　dendritic — 109
受信機　receiver — 354
受信者動作特性曲線　ROC curve — 372
受精　fertilization — 157
受精させる　fertilize — 157
受精能　fertility — 157
主成分分析　PCA — 306
酒石酸　tartrate — 418
酒石酸の　tartrate — 418
種属　species — 395
主題　theme — 422
〃　subject — 406
受胎　conception — 85
受諾　acceptance — 3
主たる　main — 244
〃　principal — 335
〃　chief — 69
手段　avenue — 40
〃　measure — 249
〃　means — 249
手段になる　instrumental — 215
主張　contention — 91
〃　claim — 74
腫脹　swelling — 413
主張する　claim — 74
〃　argue — 30
腫脹の　oncotic — 291
出芽　emergence — 134
出芽する　bud — 55
〃　germinate — 173
〃　sprout — 398
出血　bleeding — 50
〃　hemorrhage — 186
出血する　bleed — 49
出現　advent — 11
〃　arrival — 31
〃　appearance — 28
〃　manifestation — 246
〃　emergence — 134
出現する　emerge — 134
術後の　postoperative — 328
出産　childbearing — 69
〃　delivery — 108
〃　parturition — 304
出産可能の　childbearing — 69
出産児数　parity — 303
出産する　deliver — 108
出産の　maternal — 248
術式　procedure — 336
出生後の　postnatal — 328
出穂　heading — 183
出生　birth — 49
〃　childbirth — 69
出生前の　prenatal — 332
出席　attendance — 37
出席している　present — 333
出席者　attendant — 37
出席する　attend — 37
術前の　preoperative — 332
術中の　intraoperative — 221
出発　departure — 110
出版　press — 333
出版する　issue — 226
〃　publish — 345
出版(物)　publication — 345
出費　expense — 150
出力　output — 296
主導　initiative — 212
受動的な　passive — 304
手動の　manual — 247
受動皮膚アナフィラキシー　PCA — 306
取得する　obtain — 288
〃　acquire — 5
首都の　metropolitan — 255
授乳　lactation — 231
授乳する　nurse — 287
種の　trivial — 435
樹皮　bark — 43
首尾一貫性　coherence — 79
受粉　pollination — 323

授粉 pollination —— 323
種分化 speciation —— 395
寿命 lifespan / life span —— 236
〃 lifetime —— 236
腫瘍 tumor / tumour —— 437
〃 neoplasm —— 275
需要 demand —— 108
腫瘍壊死因子α TNF-alpha（α） —— 426
腫瘍壊死因子関連アポトーシス誘発リガンド TRAIL —— 429
腫瘍学 oncology —— 290
腫瘍学者 oncologist —— 290
腫瘍学の oncological —— 290
腫瘍化の tumorigenic —— 437
受容器 acceptor —— 3
腫瘍形成 tumorigenesis —— 437
〃 oncogenesis —— 290
腫瘍形成能 tumorigenicity —— 437
腫瘍原性の tumorigenic —— 437
腫瘍症 neoplasia —— 275
腫瘍性の neoplastic —— 275
受容性の receptive —— 354
主要組織適合複合体 MHC —— 256
腫瘍（組織）内の intratumoral —— 221
受容体 receptor —— 354
受容体型チロシンホスファターゼ RPTP —— 373
受容体活性化作用 agonism —— 13
腫瘍退縮性の oncolytic —— 290
腫瘍タンパク質 oncoprotein —— 290
主要でない minor —— 259
主要な major —— 245
〃 primary —— 334
〃 prime —— 334
〃 principal —— 335
〃 chief —— 69
〃 cardinal —— 60
腫瘍免疫賦活薬 neoadjuvant —— 275
授与する confer —— 86
受理する accept —— 3
樹立する establish —— 145
腫瘤 mass —— 247
種類 sort —— 394
シュワン細胞 Schwann cell —— 377
シュワン細胞腫 schwannoma —— 377
準 quasi- —— 348
〃 semi- —— 381
準～ associate —— 34
準安定な metastable —— 254
順位 rank —— 351
準位 level —— 235
順化 acclimation / acclimatization —— 3
〃 conditioning —— 86
〃 domestication —— 123
瞬間 moment —— 263
循環 circulation —— 73
循環器の cardiovascular —— 61
循環させる circulate —— 73
循環式の circular —— 73
循環する cycle —— 101
〃 circulate —— 73
循環性の circulatory —— 74
純系 clone —— 76
順行性の anterograde —— 24
準最大な submaximal —— 407
瞬時の instantaneous —— 214
遵守した compliant —— 84
順序 order —— 293
純粋な pure —— 346
順調な satisfactory —— 376
純度 purity —— 346
順応 accommodation —— 4
〃 adaptation —— 7
順応させる adapt —— 7
順応する accommodate —— 3
順応性の adaptive —— 7
順番 turn —— 438
準備 preparation —— 332
〃 arrangement —— 31
準備する arrange —— 31
〃 prepare —— 332
準備中の preliminary —— 332
瞬膜の nictitating —— 280
瞬目 eyeblink —— 153
準優位な subdominant —— 406
順列 permutation —— 311
除圧 decompression —— 105
除圧する decompress —— 105
ジョイント joint —— 227
子葉 cotyledon —— 96

し

使用 employment ——— 135
〃 use ——— 446
章 chapter ——— 68
省 province ——— 342
商 quotient ——— 349
鞘 sheath ——— 385
症 -pathy ——— 305
〃 -sis ——— 389
昇圧剤 vasopressor ——— 449
昇圧性の pressor ——— 333
〃 vasopressor ——— 449
昇圧薬 pressor ——— 333
昇位 promotion ——— 339
上位 supra- ——— 411
上位性 superiority ——— 410
上位の senior ——— 382
〃 superior ——— 410
上咽頭 nasopharynx ——— 273
上咽頭の nasopharyngeal ——— 273
小円 minicircle ——— 259
消化 digestion ——— 116
昇華 sublimation ——— 406
浄化 purge ——— 346
紹介 introduction ——— 222
照会 referral ——— 357
〃 inquiry ——— 213
〃 reference ——— 357
障害 disorder ——— 119
〃 -pathy ——— 305
〃 hindrance ——— 190
〃 impediment ——— 205
傷害 injury ——— 213
〃 insult ——— 215
生涯 life ——— 236
〃 lifetime ——— 236
傷害後の postinjury ——— 328
紹介する introduce ——— 222
照会する refer ——— 357
傷害する injure ——— 213
傷害性の injurious ——— 213
生涯の lifelong ——— 236
障害を起こさせる lesion ——— 234
障害を起こす disorder ——— 119
消化管間質腫瘍 GIST ——— 173
奨学金 grant ——— 178
上顎骨の maxillary ——— 248
上顎の maxillary ——— 248
消化する digest ——— 116
浄化する clarify ——— 74
消化性の digestive ——— 116
〃 peptic ——— 308
松果体の pineal ——— 318
消化不良 dyspepsia ——— 127
浄化率 clearance ——— 75
償還 reimbursement ——— 359
小眼球症 microphthalmia ——— 257
小眼球症関連転写因子 MITF ——— 260
小環状の minicircle ——— 259
小管の canalicular ——— 58
蒸気 vapor / vapour ——— 448
小器官 organelle ——— 293
小球 globule ——— 174
小球体 microsphere ——— 258
上級の senior ——— 382
消去 extinction ——— 152
商業 trade ——— 429
状況 circumstance ——— 74
〃 aspect ——— 33
〃 condition ——— 86
〃 situation ——— 390
商業的な commercial ——— 81
消極的な passive ——— 304
消去剤 scavenger ——— 377
衝撃 percussion ——— 308
〃 impulse ——— 206
〃 impact ——— 205
小結節 nodule ——— 281
象限 quadrant ——— 347
条件 condition ——— 86
上限 ceiling ——— 64
条件づけ conditioning ——— 86
条件づける condition ——— 86
条件的な conditional ——— 86
証拠 evidence ——— 147
〃 proof ——— 339
消光 extinction ——— 152
症候 symptom ——— 414
照合 matching ——— 248
症候学 symptomatology ——— 414
症候群 syndrome ——— 415
消光剤 quencher ——— 348
小膠細胞 microglia ——— 257

消光する extinguish — 152
〃 quench — 348
上行性 ascending — 33
症候性の syndromic — 415
〃 symptomatic — 414
証拠となる witness — 458
証拠文献 documentation — 123
詳細 detail — 112
錠剤 tablet — 416
常在性の resident — 364
〃 indigenous — 208
詳細に明らかにされた
well-defined — 456
小細胞肺癌 SCLC — 378
蒸散 transpiration — 433
硝酸塩 nitrate — 280
消散する dissipate — 120
硝酸の nitrate — 280
硝子質 hyaline — 195
常磁性の paramagnetic — 302
硝子体切除(術) vitrectomy — 453
硝子体内の intravitreal — 222
硝子体の vitreous — 453
消失 disappearance — 118
〃 elimination — 133
消失させる abolish — 2
〃 dissipate — 120
消失する regress — 358
〃 disappear — 118
上室性の supraventricular — 412
照射 radiation — 349
〃 bombardment — 51
焼灼術 ablation — 2
照射する radiate — 349
〃 irradiate — 224
〃 illuminate — 202
照射性の radiative — 349
照射(法) irradiation — 224
照射療法 radiotherapy — 350
成就 accomplishment — 4
常習者 addict — 7
常習性の habitual — 182
詳述する elaborate — 131
上述の above-mentioned — 2
〃 aforementioned — 12
少女 juvenile — 227
症状 presentation — 333
〃 symptom — 414
〃 manifestation — 246
上昇 elevation — 133
〃 rise — 372
上昇させる elevate — 133
上昇する ascend — 32
〃 rise — 372
ショウジョウバエ(属)
Drosophila — 125
生じる arise — 31
〃 stem — 401
昇進 promotion — 339
小人症 dwarfism — 127
消衰 extinction — 152
消衰した extinct — 152
消衰していく evanescent — 147
少数の oligo- — 290
少数派 minority — 259
少数民族 minority — 259
使用する use — 446
生ずる engender — 138
掌性 chirality — 70
上清 supernatant — 410
上清の supernatant — 410
蒸泄 transpiration — 433
常染色体 autosome — 39
常染色体(性)の autosomal — 39
常染色体優性多発性嚢胞腎
ADPKD — 10
醸造する brew — 53
掌側の palmar — 300
状態 state — 400
〃 condition — 86
〃 status — 401
承諾する grant — 178
条虫 tapeworm — 417
小腸炎 enteritis — 139
小腸結腸炎 enterocolitis — 139
冗長性 redundancy — 356
冗長性の redundant — 356
冗長な lengthy — 234
焦点 focus — 162
焦点の focal — 162
焦点を合わせる focus — 162
衝動 urge — 445

し

晶洞 drusen —— 126
情動 emotion —— 134
常同性 stereotype —— 402
情動(性)の affective —— 11
情動の emotional —— 134
消毒 disinfection —— 119
消毒剤 disinfectant —— 119
消毒の antiseptic —— 27
消毒薬 antiseptic —— 27
衝突 collision —— 80
衝突する impinge —— 205
〃 collide —— 80
小児 child —— 69
小児科 pediatrics —— 307
小児科医 pediatrician —— 307
小児科学 pediatrics —— 307
小児科学の pediatric —— 307
小児科の pediatric —— 307
小児期 childhood —— 70
小児性の infantile —— 210
小児用の child —— 69
承認 admission —— 9
〃 acceptance —— 3
〃 approval —— 29
承認する accept —— 3
〃 acknowledge —— 5
〃 admit —— 10
〃 approve —— 29
少年 juvenile —— 227
小脳 cerebellum —— 66
小脳の cerebellar —— 66
小配列 microsequence —— 258
蒸発 evaporation —— 147
〃 vaporization —— 448
蒸発する evaporate —— 147
消費 expenditure —— 150
〃 consumption —— 90
上皮 epidermis —— 141
〃 epithelium —— 142
〃 epithelia —— 142
上皮化 epithelialization —— 142
上皮下の subepithelial —— 406
消費者 consumer —— 90
上皮小体の parathyroid —— 302
消費する spend —— 396
〃 consume —— 90
上皮成長因子 EGF —— 130
上皮性ナトリウムチャネル ENaC —— 135
上皮性の epidermal —— 141
〃 epithelial —— 142
上皮内の intraepithelial —— 221
消費量 consumption —— 90
上部の upper —— 444
小部分 subdivision —— 406
障壁 barrier —— 43
〃 obstacle —— 288
小片 piece —— 318
条片 strip —— 405
使用(法) usage —— 446
小疱 bleb —— 49
小胞 vesicle —— 451
情報 information —— 211
情報科学 informatics —— 211
情報価値のある informative —— 211
小胞(性)の vesicular —— 451
小胞体 ER —— 143
小胞体の endoplasmic —— 137
情報の informational —— 211
漿膜の serosal —— 384
正味の net —— 276
静脈 vein —— 450
〃 vena —— 450
静脈血栓塞栓症 VTE —— 454
静脈(性)の venous —— 450
静脈切開(術) phlebotomy —— 314
静脈内注射 i.v. / iv —— 227
静脈内の intravenous —— 222
静脈瘤 varices —— 448
静脈瘤の variceal —— 448
照明 illumination —— 202
証明 proof —— 339
〃 hallmark —— 182
〃 certification —— 66
証明されてない unproven —— 443
証明書 certificate —— 66
証明する evidence —— 147
〃 certify —— 66
消滅 demise —— 108
消滅する disappear —— 118
小面 facet —— 154

消耗 exhaustion 149
〃 waste 455
〃 consumption 90
消耗させる waste 455
〃 exhaust 149
消耗性の exhaustive 149
剰余 residue 365
小葉 lobule 239
〃 leaflet 233
剰余の residual 365
将来性 capability 58
将来の prospective 340
省略 omission 290
省略された short 386
省略する abbreviate 1
〃 omit 290
蒸留 distillation 121
上流 upstream 445
蒸留する distill 121
蒸留物 distillate 121
使用量 usage 446
少量 paucity 306
小領域 subdomain 406
〃 subregion 407
症例 case 62
条例 act 6
奨励する encourage 135
上腕の brachial 52
除外 exclusion 149
初回抗原刺激を与える prime 334
除外する exclude 149
初回通過の first-pass 159
除核 enucleation 140
除感作 desensitization 112
初期 beginning 45
初期化 reprogramming 364
初期状態の default 106
初期の initial 212
〃 early 128
除去 excision 148
〃 removal 361
〃 deletion 108
〃 elimination 133
〃 obliteration 287
除去する delete 108
〃 abstract 3
〃 scavenge 377
〃 eliminate 133
〃 obviate 288
〃 remove 361
除去療法 apheresis 28
職員 personnel 311
〃 staff 399
職業 occupation 289
職業性の occupational 289
食後の postprandial 328
食作用 phagocytosis 312
食事 diet 115
食事制限 diet 115
食事性の dietary 115
〃 alimentary 15
触診 palpation 300
触針 probe 335
植生 vegetation 449
触知できる palpable 300
食道 esophagus 145
食道炎 esophagitis 145
食道の esophageal 144
食肉動物 predator 330
職場 workplace 458
〃 office 289
触媒 catalyst 62
触媒作用 catalysis 62
触媒(作用)の catalytic 62
触媒する catalyze / catalyse 63
食品 food 163
植物 plant 319
〃 phyto- 317
植物塩基 alkaloid 15
植物学の botanical 52
植物性血球凝集素
phytohemagglutinin 317
植物性の vegetal 449
植物相 flora 161
植物の botanical 52
植物ホルモン phytohormone 317
食胞 phagosome 312
食味 taste 418
植民地の colonial 80
食物 food 163
食物の dietary 115
食欲 appetite 29

し

食欲過剰　hyperphagia —— 197
食欲不振(症)　anorexia —— 23
所見　comment —— 81
助言　advice —— 11
助言する　advise —— 11
〃　counsel —— 96
所在　localization / localisation —— 239
除細動　defibrillation —— 106
除細動器　defibrillator —— 106
書式　format —— 164
処女　virgin —— 452
徐々の　gradual —— 178
除神経　denervation —— 109
除神経する　denervate —— 109
女性化乳房(症)　gynecomastia —— 181
助成金　grant —— 178
女性　female —— 157
女性の　female —— 157
女性ホルモン　estrogen / oestrogen —— 145
除染　decontamination —— 105
除草剤　herbicide —— 187
処置　treatment —— 434
処置上の　procedural —— 335
処置する　treat —— 434
触角　horn —— 193
触覚　touch —— 428
触覚の　tactile —— 417
ショック　shock —— 386
ショットガン　shotgun —— 386
ショ糖　sucrose —— 408
所得　income —— 207
初発性の　incipient —— 207
鋤鼻の　vomeronasal —— 454
処分　disposition —— 120
〃　disposal —— 120
序文　introduction —— 222
〃　preface —— 331
処分する　discard —— 118
〃　dispose —— 120
助変数　parameter —— 302
処方　formulation —— 164
〃　formula —— 164
処方する　formulate —— 164
〃　prescribe —— 333
徐放性製剤　depot —— 110
処方(箋)　prescription —— 333
徐脈　bradycardia —— 52
署名　signature —— 388
所有する　possess —— 327
処理　treatment —— 434
処理する　handle —— 182
〃　treat —— 434
処理能力　processivity —— 336
処理量　throughput —— 424
徐冷　annealing —— 23
初老性の　presenile —— 333
初老の　elderly —— 131
知らせる　signify —— 388
〃　inform —— 211
調べる　investigate —— 223
〃　examine —— 147
〃　check —— 68
〃　interrogate —— 219
知られた　familiar —— 155
〃　well-known —— 456
尻　hip —— 190
シリアル　cereal —— 66
シリーズ　series —— 384
シリカ　silica —— 388
シリコーン(樹脂)　silicone —— 388
シリコン　silicon —— 388
自律神経系　ANS —— 24
自律神経性の　autonomic —— 39
自律性　autonomy —— 39
自律性の　autonomous —— 39
糸粒体　mitochondria —— 260
資料　data —— 104
飼料　forage —— 163
試料　sample —— 375
〃　specimen —— 395
資料収集　compilation —— 83
示量性の　extensive —— 152
試料を採取する　sample —— 375
視力　vision —— 453
シリンジ　syringe —— 416
シリンダー　cylinder —— 101
知る　learn —— 233
しるし　indication —— 209
シルドプロット　Schild plot —— 377

指令　command — 81
〃　directive — 118
〃　order — 293
指令的な　instructive — 215
ジレンマ　dilemma — 116
白い　white — 457
シロイヌナズナ
Arabidopsis thaliana — 30
しわがれ声　hoarseness — 191
心　mind — 259
人為現象　artifact / artefact — 32
人為的起源の　anthropogenic — 24
人為的な　artificial — 32
人員　personnel — 311
心因性の　compulsive — 85
腎盂腎炎　pyelonephritis — 346
心エコー図法
echocardiography — 128
心炎　carditis — 61
腎炎　nephritis — 275
進化　evolution — 147
侵害　violation — 452
侵害受容　nociception — 281
侵害受容器　nociceptor — 281
侵害受容性の　nociceptive — 281
侵害する　impinge — 205
侵害性の　noxious — 285
心外膜　epicardium — 141
人格　personality — 311
真核生物
eukaryote / eucaryote — 146
真核生物の
eukaryotic / eucaryotic — 146
真核生物翻訳開始因子　eIF — 130
進化上の　evolutionary — 147
進化する　evolve — 147
進化における　evolutionary — 147
心悸亢進　palpitation — 300
新機軸　innovation — 213
審議する　deliberate — 108
新規性　novelty — 285
新奇な　exotic — 150
新規の　novel — 285
〃　*de novo* — 109
伸筋　extensor — 152
心筋　myocardium — 271
心筋炎　myocarditis — 271
心筋細胞　cardiomyocyte — 60
〃　cardiocyte — 60
心筋症　cardiomyopathy — 60
真菌症　mycosis — 270
真菌の　fungal — 167
心筋の　myocardial — 271
心筋保護　cardioplegia — 60
心筋保護液　cardioplegia — 60
真菌類　fungi — 167
真空　vacuum — 447
真空の　vacuum — 447
シングルトン　singleton — 389
シンクロトロン　synchrotron — 414
神経　nerve — 276
〃　neur(o)- — 276
神経因性の　neuropathic — 278
〃　neurogenic — 277
神経栄養性の　neurotrophic — 279
神経炎　neuritis — 276
神経外胚葉　neuroectoderm — 277
神経解剖学的な
neuroanatomical — 276
神経科学　neuroscience — 278
神経化学の　neurochemical — 277
神経学　neurology — 277
神経学的な
neurologic / neurological — 277
神経芽細胞　neuroblast — 277
神経芽細胞腫　neuroblastoma — 277
神経画像処理　neuroimaging — 277
神経型一酸化窒素合成酵素
nNOS — 281
神経筋接合部　NMJ — 281
神経筋の　neuromuscular — 277
神経原性の　neurogenic — 277
神経原線維の　neurofibrillary — 277
神経膠芽腫　glioblastoma — 174
神経膠腫　glioma — 174
神経膠症　gliosis — 174
神経行動学的な
neurobehavioral — 276
神経細線維　neurofilament — 277
神経細胞　neuron / neurone — 277
神経細胞接着因子　NCAM — 274
神経細胞体　perikarya — 309

神経細胞の　neuronal ―― 278
神経質な　nervous ―― 276
神経支配　innervation ―― 213
神経支配する　innervate ―― 213
神経遮断性の　neuroleptic ―― 277
神経遮断薬　neuroleptic ―― 277
神経症　neurosis ―― 278
神経障害　neuropathy ―― 278
神経障害性の　neuropathic ―― 278
神経症の　neurotic ―― 278
神経上皮　neuroepithelium ―― 277
神経上皮の　neuroepithelial ―― 277
神経心理学の　neuropsychological ―― 278
神経ステロイド　neurosteroid ―― 278
神経成長因子　NGF ―― 279
神経性の　neurologic / neurological ―― 277
腎形成の　nephrogenic ―― 275
神経生物学　neurobiology ―― 277
神経生物学的な　neurobiological ―― 276
神経生理学　neurophysiology ―― 278
神経節　ganglion ―― 169
神経線維腫　neurofibroma ―― 277
神経線維腫症　neurofibromatosis ―― 277
神経線維網　neuropil / neuropile ―― 278
神経叢　plexus ―― 322
神経痛　neuralgia ―― 276
神経伝達　neurotransmission ―― 278
神経伝達物質　neurotransmitter ―― 278
神経毒　neurotoxin ―― 278
神経毒性　neurotoxicity ―― 278
〃　neurovirulence ―― 279
神経毒性のある　neurotoxic ―― 278
神経突起　neurite ―― 276
神経突起の　neuritic ―― 276
神経内科　neurology ―― 277
神経内分泌　neuroendocrine ―― 277
神経の　neural ―― 276
〃　nervous ―― 276
神経梅毒　neurosyphilis ―― 278
神経発生　neurogenesis ―― 277
神経病理　neuropathology ―― 278
神経病理学　neuropathology ―― 278
神経病理学的な　neuropathological / neuropathologic ―― 278
神経病理の　neuropathological / neuropathologic ―― 278
神経分泌の　neurosecretory ―― 278
神経ペプチド　neuropeptide ―― 278
神経変性　neurodegeneration ―― 277
神経変性の　neurodegenerative ―― 277
神経保護　neuroprotection ―― 278
心血管系の　cardiovascular ―― 61
腎血管性の　renovascular ―― 362
腎結石(症)　nephrolithiasis ―― 275
心原性の　cardiogenic ―― 60
進行　progression ―― 337
〃　advance ―― 11
〃　progress ―― 337
信号　signal ―― 388
人口　population ―― 326
人工関節　prosthesis ―― 340
人工呼吸　ventilation ―― 450
人工呼吸器　ventilator ―― 450
進行する　advance ―― 11
〃　progress ―― 337
〃　proceed ―― 336
進行性多巣性白質脳症　PML ―― 322
進行性の　advanced ―― 11
〃　processive ―― 336
〃　progressive ―― 337
進行中の　ongoing ―― 291
〃　underway ―― 441
人口統計学　demographics ―― 108
人工の　artificial ―― 32
人工補充の　prosthetic ―― 340
人工リン脂質小胞　liposome ―― 238
信号を送る　signal ―― 388
深刻な　profound ―― 337
審査　judgment / judgement ―― 227
〃　exploration ―― 151
深在性の　deep ―― 106
腎細胞癌　RCC ―― 352
診察　inspection ―― 214
浸漬　immersion ―― 202
浸漬する　immerse ―― 202
〃　dip ―― 117

シンシチウム　syncytium ―― 415
心室　ventricle ―― 450
心室内の　intraventricular ―― 222
心室の　ventricular ―― 450
真実の　*bona fide* ―― 51
真実味のある　plausible ―― 321
人種　population ―― 326
〃　race ―― 349
侵襲　aggression ―― 13
〃　infestation ―― 210
〃　insult ―― 215
侵襲する　invade ―― 222
〃　insult ―― 215
侵襲性　invasiveness ―― 222
侵襲性の　invasive ―― 222
侵襲要因　stressor ―― 404
浸出　effusion ―― 130
浸出液　exudate ―― 153
〃　effusion ―― 130
浸出性の　exudative ―― 153
浸出物　exudate ―― 153
人種の　racial ―― 349
浸潤　invasion ―― 222
〃　infiltration ―― 210
浸潤する　infiltrate ―― 210
浸潤性の　invasive ―― 222
〃　infiltrative ―― 210
信条　belief ―― 45
〃　principle ―― 335
腎症　nephropathy ―― 276
侵食　abrasion ―― 2
〃　erosion ―― 143
侵食する　erode ―― 143
信じる　believe ―― 45
親水性の　hydrophilic ―― 196
新生血管の　neovascular ―― 275
真正細菌　eubacteria ―― 146
新生児　neonate ―― 275
〃　newborn ―― 279
新生仔　neonate ―― 275
〃　newborn ―― 279
新生児の　neonatal ―― 275
〃　newborn ―― 279
新生仔の　newborn ―― 279
真性染色質　euchromatin ―― 146
真性糖尿病　diabetes mellitus ― 114
新生内膜　neointima ―― 275
新生の　nascent ―― 273
真正の　authentic ―― 38
腎性の　nephrogenic ―― 275
〃　renal ―― 361
新生物　neoplasm ―― 275
新生物の　neoplastic ―― 275
腎石症　nephrolithiasis ―― 275
親切　favor / favour ―― 156
振戦　tremor ―― 434
新鮮な　fresh ―― 166
心臓　heart ―― 184
〃　cardi(o)- ―― 60
腎臓　kidney ―― 228
〃　nephr(o)- ―― 275
腎臓学　nephrology ―― 276
心臓周囲の　pericardial ―― 309
心臓内の　intracardiac ―― 220
心臓の　cardiac ―― 60
心臓病学　cardiology ―― 60
腎臓病学　nephrology ―― 276
心臓病専門医　cardiologist ―― 60
迅速性　rapidity ―― 351
迅速な　prompt ―― 339
〃　rapid ―― 351
死んだ　dead ―― 104
シンターゼ　synthase ―― 415
身体　body ―― 51
靭帯　ligament ―― 236
人体計測の　anthropometric ―― 24
身体障害　disability ―― 118
身体的な　physical ―― 317
身体の　somatic ―― 393
身体力学　biomechanics ―― 48
シンタキシン　syntaxin ―― 415
診断　diagnosis ―― 114
診断学　diagnostics ―― 114
診断基準　criteria ―― 98
診断群分類　DPC ―― 125
診断上の　diagnostic ―― 114
診断する　diagnose ―― 114
診断未確定の　undiagnosed ―― 441
人畜共通感染症　zoonosis ―― 460
シンチグラフィー　scintigraphy ― 378
伸長　elongation ―― 133
〃　expansion ―― 150

し

身長　stature — 401
〃　height — 184
慎重さ　caution — 63
伸長する　elongate — 133
〃　expand — 150
慎重な　careful — 61
〃　prudent — 343
〃　deliberate — 108
シンチレーション　scintillation — 378
心停止　asystole — 35
シンデカン　syndecan — 415
心的外傷　trauma — 433
心的外傷後ストレス症候群　PTSD — 344
腎摘除(術)　nephrectomy — 275
シンテターゼ　synthetase — 415
シンテニー　synteny — 415
伸展　extension — 152
〃　stretch — 404
心電図　electrocardiogram — 131
〃　ECG — 128
心電図検査
electrocardiography — 131
伸展する　extend — 152
伸展性　compliance — 84
深度　depth — 111
浸透　penetration — 307
〃　permeation — 310
振動　vibration — 451
浸透圧　osmolality — 295
浸透圧性の　osmotic — 295
浸透圧の　osmolar — 295
浸透移行性の　systemic — 416
浸透(現象)　osmosis — 295
浸透させた　impregnated — 206
浸透している　pervasive — 312
振動数　frequency — 166
振盪する　shake — 385
浸透する　penetrate — 307
〃　permeate — 310
浸透性　permeability — 310
浸透性の　permeable — 310
〃　permeant — 310
〃　penetrant — 307
振動性の　oscillatory — 295
浸透度　penetrance — 307
浸透率　penetrance — 307
心毒性　cardiotoxicity — 61
腎毒性　nephrotoxicity — 276
シンドローム　syndrome — 415
心内膜　endocardium — 136
心内膜炎　endocarditis — 136
心内膜下の　subendocardial — 406
心内膜心筋の　endomyocardial — 137
心内膜(性)の　endocardial — 136
侵入　invasion — 222
〃　entry — 140
進入する　enter — 139
侵入する　invade — 222
信念　belief — 45
真の　true — 436
心嚢　pericardium — 309
心嚢の　pericardial — 309
心配させる　concern — 85
心配する　care — 61
〃　fear — 156
心配な　nervous — 276
心肺の　cardiopulmonary — 60
〃　cardiorespiratory — 60
真皮　dermis — 111
新皮質　neocortex — 275
神秘的な　occult — 288
振幅　amplitude — 19
深部の　deep — 106
進歩　advancement — 11
〃　advance — 11
〃　progress — 337
心房　atrium — 37
心房性ナトリウム利尿ペプチド
ANP — 24
心房(性)の　atrial — 36
シンポーター　symporter — 414
心保護　cardioprotection — 60
シンポジウム　symposium — 414
進歩する　advance — 11
〃　improve — 206
心膜　pericardium — 309
心膜炎　pericarditis — 309
蕁麻疹　urticaria — 446
親密さ　familiarity — 155

親密な familiar 155
〃 intimate 220
尋問する interrogate 219
親油性の lipophilic 238
信用 confidence 86
信頼 trust 436
信頼する rely 361
〃 trust 436
信頼性 reliability 360
〃 reliance 360
信頼できない unreliable 444
信頼できる reliable 360
信頼(度) confidence 86
心理 psycho- 344
心理学 psychology 344
心理学者 psychologist 344
心理学の
psychological / psychologic 344
心理社会的な psychosocial 344
心理的な
psychological / psychologic 344
診療 practice 330
診療所 clinic 75
診療報酬明細書 receipt 354
心理療法 psychotherapy 344
森林 forest 164
親類 relative 360
進路 path 305
親和性 affinity 12
〃 -philic 314

す

巣 nest 276
図 figure 158
〃 plot 322
図案 draft 125
髄 pulp 345
〃 marrow 247
随意的な voluntary 454
随意の elective 131
スイープ sweep 413
水泳 swimming 413
髄液細胞増加(症) pleocytosis 321
膵炎 pancreatitis 301
水界の aquatic 29
髄芽腫 medulloblastoma 251
水銀 mercury 253
〃 Hg 188
髄腔内の intrathecal 221
推計 estimation 145
遂行する execute 149
〃 perform 309
水酸化 hydroxyl 196
〃 hydroxy 196
水酸化酵素 hydroxylase 196
水酸化物 hydroxide 196
水死 drowning 125
髄質 medulla 251
髄質の medullary 251
衰弱させる weaken 456
〃 debilitate 104
水腫 edema 129
水準 level 235
推奨 recommendation 355
穂状花序 spike 397
髄鞘形成 myelination 270
推奨する recommend 355
錐状体の conical 88
水晶の crystalline 99
水腎症 hydronephrosis 195
推進する propel 339
水浸の submerge 407
水生の aquatic 29
膵切除(術) pancreatectomy 300
水素 hydrogen 195
〃 H 181
〃 hydr(o)- 195
水素イオン proton 342
水素イオン濃度指数 pH 312
膵臓 pancreas 300
膵臓の pancreatic 301
水素化 hydrogenation 195
水素化物 hydride 195
水素化リン phosphine 315
推測 inference 210
〃 speculation 396
〃 conjecture 88
推測する infer 210
〃 speculate 396
推測に基づく hypothetical 200
水素付加 hydrogenation 195

錐体　cone ― 86
〃　pyramid ― 346
錐体外路性の　extrapyramidal ― 153
錐体(状)の　pyramidal ― 347
衰退する　wane ― 455
垂直の　perpendicular ― 311
垂直方向の　vertical ― 451
スイッチ　switch ― 413
推定　extrapolation ― 153
〃　estimate ― 145
推定上の　putative ― 346
推定する　estimate ― 145
〃　presume ― 333
推定的な　presumptive ― 333
推定量　estimator ― 145
水痘　varicella ― 448
〃　chickenpox ― 69
膵島炎　insulitis ― 215
膵頭十二指腸切除(術)
pancreaticoduodenectomy ― 301
水頭症　hydrocephalus ― 195
髄内の　intramedullary ― 221
随伴性の　contingent ― 91
〃　concomitant ― 86
水分　moisture ― 262
水分補給する　hydrate ― 195
水平　horizon ― 193
水平線　horizon ― 193
水平な　horizontal ― 193
水平方向の　horizontal ― 193
水疱　blister ― 50
水疱性の　bullous ― 55
〃　vesicular ― 451
髄膜　meninges ― 252
髄膜炎　meningitis ― 252
髄膜炎菌血症
meningococcemia ― 252
髄膜炎菌性の　meningococcal ― 252
髄膜腫　meningioma ― 252
髄膜の　meningeal ― 252
髄膜脳炎　meningoencephalitis ― 252
睡眠　sleep ― 390
睡眠発作　narcolepsy ― 273
水(溶)性の　aqueous ― 30
水様の　watery ― 455
髄様の　medullary ― 251
水力学的な　hydrodynamic ― 195
推量　conjecture ― 88
推量する　conjecture ― 88
水力の　hydraulic ― 195
水路　canal ― 58
推論　inference ― 210
推論する　deduce ― 106
〃　infer ― 210
水和　hydration ― 195
水和させる　hydrate ― 195
水和物　hydrate ― 195
数学　mathematics ― 248
数学の
mathematical / mathematic ― 248
数字　digit ― 116
〃　figure ― 158
数値　count ― 96
スーパーオキシド　superoxide ― 411
スーパーオキシドジスムターゼ
SOD ― 392
スーパーコイル　supercoil ― 410
スーパー抗原　superantigen ― 410
スーパーシフト　supershift ― 411
スーパーファミリー　superfamily ― 410
数倍の
several-fold / severalfold ― 385
数量化　quantification ― 348
数量化する　quantify ― 348
数列　progression ― 337
図解　scheme / schema ― 377
〃　illustration ― 202
図解する　illustrate ― 202
図解の　graphic / graphical ― 179
スカベンジャー　scavenger ― 377
スキーム　scheme / schema ― 377
スキャッチャードプロット
Scatchard plot ― 377
スキャナー　scanner ― 377
すぐに　readily ― 353
スクランブルする　scramble ― 378
スクリーニング　screening ― 379
スクリーニングする　screen ― 378
スクリーン　screen ― 378
スクレイピー　scrapie ― 378

優れた excellent — 148
〃 good — 177
〃 superior — 410
優れる outperform — 296
スクロース sucrose — 408
スケール scale — 376
スケジュール schedule — 377
助っ人 helper — 185
スコア score — 378
過ごす spend — 396
巣ごもる nest — 276
筋書き scenario — 377
図式 figure — 158
図示する diagram — 114
筋をつける striate — 404
スズ tin — 426
勧める advise — 11
〃 offer — 289
スタートする start — 400
スタウロスポリン staurosporine — 401
スタチン statin — 400
スタック stack — 399
スタッフ staff — 399
スタンド stand — 399
スタンニング stunning — 405
スチレン styrene — 405
頭痛 headache — 183
ステップ step — 401
すでに述べた above-mentioned — 2
捨てる discard — 118
ステレオタイプ stereotype — 402
ステロイド steroid — 402
ステロイド産生の steroidogenic — 402
ステロール sterol — 402
ステント stent — 401
ステント内の in-stent — 215
ストア感受性チャネル SOC — 392
ストイキオメトリ stoichiometry — 403
ストップ stop — 403
ストラテジー strategy — 404
ストランド strand — 403
ストランド間の interstrand — 219
ストリンジェンシー stringency — 405
ストリンジェントな stringent — 405
ストレス stress — 404
ストレス活性化プロテインキナーゼ SAPK — 376
ストレス源の stressful — 404
ストレス要因 stressor — 404
ストレプトマイシン streptomycin — 404
ストローク stroke — 405
素直な frank — 165
スナネズミ gerbil — 173
すなわち i.e. — 201
〃 namely — 273
〃 *viz.* — 453
スネア SNARE — 391
スパーク spark — 394
スパイク spike — 397
スパイクを打つ spike — 397
スパイロメトリー spirometry — 397
スパズム spasm — 394
スパズム性の spastic — 394
スパン span — 394
図表 chart — 68
〃 diagram — 114
図表の graphic / graphical — 179
スピロヘータ spirochete — 397
スピン spin — 397
図譜 atlas — 36
スフィンゴ脂質 sphingolipid — 396
スフィンゴシン sphingosine — 396
スフィンゴシン一リン酸 S1P — 374
スフィンゴ糖脂質 glycosphingolipid — 177
スフィンゴミエリン sphingomyelin — 396
スフェロイド spheroid — 396
スプライシング splicing — 397
スプライスする splice — 397
スプライソソーム spliceosome — 397
スプルー sprue — 398
スプレー spray — 398
スペーサ spacer — 394
スペース space — 394
スペクトリン spectrin — 395
スペクトル spectrum — 396

スペクトルの　spectral ―― 395
すべての　total ―― 427
滑る　slide ―― 390
スポーツマン　athlete ―― 35
スポット　spot ―― 398
スポロゾイト　sporozoite ―― 398
隅　corner ―― 94
住む　reside ―― 364
スメア（検査）　smear ―― 391
SUMO化　sumoylation ―― 410
スライス　slice ―― 390
スライド　slide ―― 390
スラッジ　sludge ―― 391
刷り込みする　imprint ―― 206
スリット　slit ―― 390
スリッページ　slippage ―― 390
～する間に　while ―― 457
〃　whilst ―― 457
スループット　throughput ―― 424
鋭い　sharp ―― 385
〃　quick ―― 348
鋭さ　acuity ―― 7
スルフィド　sulfide ―― 409
スルフヒドリル　sulfhydryl ―― 409
スルホトランスフェラーゼ
sulfotransferase ―― 409
スルホニル尿素　sulfonylurea ―― 409
スルホン化する　sulfonate ―― 409
スルホン酸　sulfonate ―― 409
～するように　so as to ―― 392
ずれ　lag ―― 231
スレオニン　threonine ―― 423
〃　Thr ―― 423
〃　T ―― 416
スワブ　swab ―― 413
座る　seat ―― 379

せ

正　ortho- ―― 294
性　sex ―― 385
〃　gender ―― 170
生育不能な
nonviable / non-viable ―― 284
精液　semen ―― 381
〃　sperm ―― 396
精液の　seminal ―― 381
成果　achievement ―― 5
〃　result ―― 367
生化学　biochemistry ―― 47
生化学の　biochemical ―― 47
性格　character ―― 68
〃　personality ―― 311
正確さ　accuracy ―― 4
〃　precision ―― 330
正確な　accurate ―― 4
〃　precise ―― 330
〃　exact ―― 147
生活　life ―― 236
生活習慣　lifestyle / life-style ―― 236
生活の質　QOL ―― 347
生活様式　lifestyle / life-style ―― 236
世紀　century ―― 66
性器　genitalia ―― 172
正規化する　normalize ―― 284
正規の　normal ―― 284
性器の　genital ―― 172
正規分布　Gaussian distribution
―― 170
請求　request ―― 364
正球性の　normocytic ―― 284
制御　regulation ―― 359
〃　control ―― 92
制御因子　regulator ―― 359
制御されていない　uncontrolled
―― 441
制御する　control ―― 92
〃　regulate ―― 358
制御性の　regulatory ―― 359
制御できる　controllable ―― 92
整形外科の　orthopedic ―― 294
生検　biopsy ―― 48
制限　confinement ―― 87
〃　restriction ―― 367
〃　limitation ―― 237
〃　restraint ―― 366
制限酵素断片長多型　RFLP ―― 369
制限する　limit ―― 237
〃　restrict ―― 366
〃　confine ―― 87
〃　restrain ―― 366
制限の　restrictive ―― 367
正弦波の　sinusoidal ―― 389

成功　success — 408
性交　intercourse — 217
〃　sex — 385
性向　propensity — 339
整合　matching — 248
性行為感染症　STD — 401
性交後日数　dpc — 125
成功した　successful — 408
成功する　succeed — 408
整合性　integrity — 216
〃　consistency — 89
生合成　biosynthesis — 48
〃　biogenesis — 48
生合成の　biosynthetic — 48
精巧な　elaborate — 131
〃　exquisite — 152
性交不能　impotence — 206
性交不能の　impotent — 206
精査　scrutiny — 379
製剤　formulation — 164
〃　preparation — 332
精細胞　spermatid — 396
政策　policy — 323
製作　fabrication — 154
製作する　manufacture — 247
〃　fabricate — 154
生産　production — 336
〃　manufacture — 247
生産者　manufacturer — 247
〃　producer — 336
生産性　productivity — 336
生産的な　productive — 336
青酸の　cyanide — 100
制酸の　antacid — 24
制酸薬　antacid — 24
生産力　productivity — 336
精子　sperm — 396
〃　spermatozoa — 396
政治(学)　politics — 323
静止期　interphase — 219
正式の　formal — 164
精子形成　spermatogenesis — 396
精子細胞　spermatid — 396
静止状態　quiescence — 348
静止状態の　quiescent — 348
青紫色の　violet — 452
静止する　rest — 366
性質　character — 68
〃　nature — 274
〃　property — 339
〃　disposition — 120
性質決定　characterization / characterisation — 68
誠実な　faithful — 155
誠実に　*bona fide* — 51
政治的な　political — 323
静止の　resting — 366
静寂　silence — 388
脆弱性　vulnerability — 454
〃　fragility — 165
脆弱な　vulnerable — 454
〃　fragile — 165
成熟　maturation — 248
〃　ripening — 371
成熟した　mature — 248
成熟する　mature — 248
成熟前の　premature — 332
成熟度　maturity — 248
性状　attribution — 37
正常圧水頭症　NPH — 285
正常圧の　normotensive — 284
正常化　normalization — 284
正常血糖　euglycemia — 146
清浄剤　detergent — 113
星状細胞腫　astrocytoma — 35
正常酸素圧の　normoxic — 284
正常な　normal — 284
星状の　stellate — 401
〃　asteroid — 35
精上皮腫　seminoma — 381
生殖　reproduction — 364
生殖器　genitalia — 172
生殖系列　germline — 173
生殖腺　gonad — 177
生殖腺刺激ホルモン放出ホルモン　GnRH — 177
生殖腺の　gonadal — 177
生殖の　reproductive — 364
〃　genital — 172
生殖母体　gametophyte — 169
精神　mind — 259
〃　psycho- — 344

せ

成人 adult — 10
精神医学 psychiatry — 344
精神医学の psychiatric — 343
精神運動性の psychomotor — 344
精神科 psychiatry — 344
精神科医 psychiatrist — 344
成人期 adulthood — 11
精神錯乱 delirium — 108
精神障害の診断と統計マニュアル第4版
DSM-IV — 126
成人(性)の adult — 10
成人T細胞白血病 ATL — 36
精神的な mental — 252
精神の mental — 252
〃 psychiatric — 343
精神病 psychosis — 344
精神病性の psychotic — 344
精神病理 psychopathology — 344
精神病理学 psychopathology — 344
精神賦活性の psychoactive — 344
精神分裂病 schizophrenia — 377
精神療法 psychotherapy — 344
静水(学)的な hydrostatic — 196
生成 formation — 164
〃 production — 336
〃 elaboration — 131
精製 purification — 346
生成する produce — 336
精製する purify — 346
生成物 product — 336
成績体 product — 336
性腺 gonad — 177
性腺機能低下(症)
hypogonadism — 199
性腺刺激ホルモン
gonadotropin — 177
性腺摘除 castration — 62
整然とした orderly — 293
性腺の gonadal — 177
精巣 testis — 421
清掃 cleaning — 75
製造 manufacture — 247
製造者 manufacturer — 247
精巣上体 epididymis — 141
清掃する scavenge — 377
製造する make — 245
精巣の testicular — 421
清掃率 clearance — 75
生息地 habitat — 182
生存 survival — 412
生存可能な viable — 451
生存者 survivor — 413
生存する live — 239
〃 survive — 413
生存促進性の prosurvival — 340
生存度 viability — 451
成体 adult — 10
生体 bio- — 47
生体エネルギー論の bioenergetic
— 47
生体外での *in vitro* — 223
生体外の［で］ *ex vivo* — 153
生態学 ecology — 129
生態学上の ecological — 129
生態学的地位 niche — 279
生態型 ecotype — 129
生態系 ecosystem — 129
生態系の ecological — 129
生体工学 biomechanics — 48
生体高分子 biopolymer — 48
生体材料 biomaterial — 48
生体適合性 biocompatibility — 47
生体内原位置での *in situ* — 214
生体内での *in vivo* — 223
生体内変換 biotransformation
— 49
生体分子 biomolecule — 48
生体利用度 bioavailability — 47
せいだとする assign — 34
生着する engraft — 138
正中線の midline — 258
正中の medial — 250
〃 median — 250
〃 midline — 258
成虫の imaginal — 202
成長 growth — 180
生長 outgrowth — 296
成長期 anagen — 20
成長する outgrow — 296
〃 grow — 180
成長性の incremental — 208
清澄な clear — 75

成長ホルモン　GH ── 173
精通　familiarity ── 155
精通した　familiar ── 155
性的な　sexual ── 385
静的な　static ── 400
静電気的な　electrostatic ── 132
正電極　anode ── 23
静電の　electrostatic ── 132
精度　accuracy ── 4
〃　precision ── 330
正当化する　authorize ── 38
〃　justify ── 227
〃　warrant ── 455
生得的な　innate ── 213
制吐の　antiemetic ── 25
制吐薬　antiemetic ── 25
正二十面体の　icosahedral ── 200
青年　adolescent ── 10
青年期　adolescence ── 10
青年期の　adolescent ── 10
性の　sexual ── 385
正の　positive ── 327
性能　ability ── 1
成否　feasibility ── 156
製品　product ── 336
政府　government ── 178
生物　organism ── 293
〃　bio- ── 47
生物医学の　biomedical ── 48
生物科学　bioscience ── 48
生物学　biology ── 48
生物学者　biologist ── 48
生物学的酸素要求量　BOD ── 51
生物学的な　biological / biologic ── 48
生物型　biotype ── 49
生物検定法　bioassay ── 47
生物工学　biotechnology ── 48
生物情報学　bioinformatics ── 48
生物多様性　biodiversity ── 47
生物の　biological / biologic ── 48
生物発光　bioluminescence ── 48
生物物理学　biophysics ── 48
生物物理学的な　biophysical ── 48
生物物理の　biophysical ── 48
生物マーカー　biomarker ── 48
成分　component ── 84
〃　element ── 133
〃　constituent ── 89
〃　ingredient ── 211
〃　moiety ── 262
生分解性の　biodegradable ── 47
成分を濃縮する　enrich ── 139
性別　sexuality ── 385
〃　gender ── 170
精母細胞　spermatocyte ── 396
精密化　refinement ── 357
精密検査　workup ── 458
精密(度)　precision ── 330
精密な　rigorous ── 371
精密にする　refine ── 357
生命　life ── 236
声明　statement ── 400
生命体　organism ── 293
生命体の　organismal ── 293
生命の　vital ── 453
生命倫理　bioethics ── 48
制約する　constrain ── 90
製薬の　pharmaceutical ── 313
西洋わさび　horseradish ── 193
西洋わさびペルオキシダーゼ　HRP ── 194
性欲　libido ── 236
〃　sexuality ── 385
生理学　physiology ── 317
生理学者　physiologist ── 317
生理学的な　physiological / physiologic ── 317
生理活性　bioactivity ── 47
生理機能　physiology ── 317
生理食塩水　saline ── 375
正立の　upright ── 445
生理的な　physiological / physiologic ── 317
整流　rectification ── 355
精留　rectification ── 355
整流器　rectifier ── 355
整流する　rectify ── 355
整流性の　rectifier ── 355
整列　orientation ── 294
整列(化)　alignment ── 15
整列させる　align ── 15

せ

精練 refinement ― 357
世界中の worldwide ― 458
世界的な global ― 174
世界的に worldwide ― 458
世界保健機関 WHO ― 457
〃 World Health Organization ― 458
世界レベルでの international ― 218
咳 cough ― 96
石英 quartz ― 348
赤外(線)の infrared ― 211
赤芽球 erythroblast ― 144
脊索 notochord ― 285
脊索動物 chordate ― 71
析出 deposition ― 110
赤色の red ― 356
脊髄炎 myelitis ― 270
脊髄症 myelopathy ― 270
脊髄小脳の spinocerebellar ― 397
脊髄小脳変性症 SCA ― 376
脊髄造影 myelography ― 270
脊髄の spinal ― 397
石炭酸 phenol ― 314
脊柱 spine ― 397
脊柱前弯症 lordosis ― 240
脊椎 spine ― 397
脊椎炎 spondylitis ― 398
脊椎関節症 spondyloarthropathy ― 398
脊椎動物 vertebrate ― 451
赤道の equatorial ― 142
責任 liability ― 235
〃 responsibility ― 366
責任がある responsible ― 366
赤白血病 erythroleukemia ― 144
積分 integral ― 216
積分する integrate ― 216
積分(法) integration ― 216
石墨 graphite ― 179
石油 petroleum ― 312
セキュリティー security ― 380
赤痢 dysentery ― 127
咳をする cough ― 96
セクシュアリティ sexuality ― 385
セクション section ― 380
セクター sector ― 380
セグメント segment ― 380
セクレターゼ secretase ― 379
セシウム cesium / caesium ― 67
〃 Cs ― 99
世代 generation ― 171
節 ganglion ― 169
〃 node ― 281
〃 knot ― 229
説 theory ― 422
舌 tongue ― 427
絶縁する insulate ― 215
切開 dissection ― 120
〃 section ― 380
石灰化 calcification ― 57
〃 mineralization ― 259
石灰化する mineralize ― 259
切開(術) incision ― 207
切開する incise ― 207
〃 section ― 380
舌下の sublingual ― 406
接眼の ocular ― 289
積極性 aggressiveness ― 13
積極的な active ― 6
〃 positive ― 327
〃 aggressive ― 13
接近 approach ― 29
〃 access ― 3
接近する approach ― 29
〃 access ― 3
接近できる accessible ― 3
接近できること accessibility ― 3
設計 design ― 112
設計する engineer ― 138
赤血球 erythrocyte ― 144
〃 RBC ― 352
赤血球凝集素 hemagglutinin ― 185
〃 HA ― 182
赤血球形成 erythropoiesis ― 144
赤血球(系)の erythroid ― 144
赤血球増多(症) polycythemia ― 324
〃 erythrocytosis ― 144
節減 parsimony ― 303
接合 conjugation ― 88
接合剤 cement ― 65
接合子嚢 oocyst ― 291
接合性の conjugative ― 88

接合体 zygote — 460
接合部 junction — 227
切歯 incisor — 207
摂取 uptake — 445
〃 ingestion — 211
接種 inoculation — 213
接種後に postinoculation — 328
摂取する take — 417
〃 ingest — 211
接種する inoculate — 213
摂取(量) intake — 216
切除可能な resectable — 364
接触 contact — 90
接触感染 contagion — 90
摂食障害 anorexia — 23
摂食する feed — 157
接触する contact — 90
絶食する fast — 155
切除術 excision — 148
〃 resection — 364
〃 -ectomy — 129
切除する ablate — 1
〃 resect — 364
〃 excise — 148
〃 transect — 430
切除不能な unresectable — 444
セッション session — 384
接線(方向)の tangential — 417
節足動物 arthropod — 32
絶対温度 K — 228
絶対的な absolute — 2
絶対の obligate — 287
切断 breakage — 53
〃 cleavage — 75
〃 transection — 430
〃 scission — 378
切断可能な cleavable — 75
切断しやすい scissile — 378
切断(術) amputation — 19
切断する sever — 385
〃 break — 53
〃 cleave — 75
設置 placement — 319
接着 adhesion — 9
〃 cohesion — 79
接着剤 glue — 175
〃 adhesive — 9
接着する adhere — 8
接着性の adhesive — 9
接着斑 desmosome — 112
接着斑キナーゼ FAK — 155
絶頂 height — 184
絶頂になる culminate — 100
セット set — 384
摂動 perturbation — 312
説得力のある compelling — 82
セットする set — 384
節の nodal — 281
舌の lingual — 237
切迫性の urge — 445
設備 equipment — 143
〃 facility — 154
接吻 kiss — 229
切片 slice — 390
〃 intercept — 217
〃 section — 380
切片上での in situ — 214
絶妙な exquisite — 152
説明 explanation — 151
説明(書) instruction — 215
説明する account for — 4
〃 explain — 151
説明責任 accountability — 4
説明的な descriptive — 111
絶滅 extinction — 152
絶滅させる subvert — 408
〃 extinguish — 152
絶滅した extinct — 152
設立 establishment — 145
〃 foundation — 165
設立者 founder — 165
設立する institute — 215
施肥 fertilization — 157
セファロスポリン cephalosporin — 66
セプシス sepsis — 383
ゼブラフィッシュ zebrafish — 460
〃 *Danio rerio* — 104
セブンレスの息子 SOS — 394
背骨 backbone — 42
セミノーマ seminoma — 381
セメント cement — 65

せ

ゼラチナーゼ gelatinase —— 170
ゼラチン gelatin —— 170
セラピスト therapist —— 422
セラミック ceramic —— 66
セラミックの ceramic —— 66
セラミド ceramide —— 66
セリン serine —— 384
〃 Ser —— 383
〃 S —— 374
セルロース cellulose —— 65
セレクター selector —— 381
セレクチン selectin —— 381
セレン selenium —— 381
〃 Se —— 379
セレン含有タンパク質 selenoprotein —— 381
セロトニン serotonin —— 384
〃 5-HT —— 1
セロトニン作動性の serotonergic —— 384
セロトニン輸送体 SERT —— 384
ゼロの null —— 286
世話 care —— 61
腺 gland —— 174
線 line —— 237
全 all —— 16
前悪性の premalignant —— 332
線維，繊維 fiber / fibre —— 158
遷移 transition —— 432
〃 succession —— 408
線維化 filamentation —— 158
線維芽細胞 fibroblast —— 158
線維芽細胞成長因子 FGF —— 157
線維筋痛症 fibromyalgia —— 158
線維形成 fibrogenesis —— 158
線維症 fibrosis —— 158
線維症の fibrotic —— 158
繊維状の filamentous —— 158
線維素 fibrin —— 158
線維束 bundle —— 55
線維束形成 fasciculation —— 155
線維束性収縮 fasciculation —— 155
線維素原 fibrinogen —— 158
線維素溶解 fibrinolysis —— 158
線維柱帯の trabecular —— 428
線維肉腫 fibrosarcoma —— 158
遷延性の persistent —— 311
腺窩 crypt —— 99
漸加 recruitment —— 355
前額の frontal —— 166
漸加する recruit —— 355
腺癌 adenocarcinoma —— 8
前癌(性)の premalignant —— 332
選挙の elective —— 131
漸近線 asymptote —— 35
前駆脂肪細胞 preadipocyte —— 330
前駆症状 antecedent —— 24
前駆症状の presymptomatic —— 333
前駆体［物質］ precursor —— 330
前駆体 progenitor —— 337
線形動物 nematode —— 275
線形の linear —— 237
先見性 vision —— 453
先験的な *a priori* —— 29
閃光 flash —— 160
〃 spark —— 394
穿孔(処理) perforation —— 308
穿孔処理をする perforate —— 308
専攻する major —— 245
先行する antecedent —— 24
〃 preceding —— 330
潜行性の insidious —— 214
旋光性の rotatory —— 373
旋光(度) rotation —— 373
旋光分散 ORD —— 293
閃光放射 scintillation —— 378
前後関係 context —— 91
全国的な nationwide —— 273
全国的に nationwide —— 273
前骨髄球性の promyelocytic —— 339
前骨髄球性白血病 PML —— 322
前後方向の anteroposterior —— 24
センサー sensor —— 382
洗剤 detergent —— 113
先在する preexisting / pre-existing —— 331
潜在性 latency —— 232
潜在性の occult —— 288
〃 cryptic —— 99
潜在的な potential —— 329
繊細な delicate —— 108
潜在能力 potential —— 329

潜在力　potency — 329
穿刺　puncture — 345
栓子　embolus — 133
潜時　latency — 232
前肢　forelimb — 164
前者　former — 164
腺腫　adenoma — 8
腺腫性の　adenomatous — 8
前述の　preceding — 330
腺症　adenopathy — 8
洗浄　irrigation — 225
〃　cleaning — 75
〃　lavage — 232
線条　stria — 404
洗浄剤　detergent — 113
洗浄する　wash — 455
線条体　striatum — 404
線条体の　striatal — 404
線状の　linear — 237
染色質　chromatin — 72
染色する　stain — 399
染色体　chromosome — 72
染色体外の　extrachromosomal — 152
染色体の　chromosomal — 72
染色分体　chromatid — 72
染色(法)　staining — 399
前処置　pretreatment — 334
〃　conditioning — 86
前処置する　preload — 332
〃　pretreat — 334
前処理する　pretreat — 334
前進　advancement — 11
全身化する　generalize — 171
前神経の　proneural — 339
前進する　progress — 337
〃　proceed — 336
全身性エリテマトーデス　SLE — 390
全身性炎症反応症候群　SIRS — 389
全身性の　general — 171
全身(性)の　systemic — 416
漸進的な　gradual — 178
前進的な　processive — 336
センス　sense — 382
線図　diagram — 114
仙髄の　sacral — 375
先制攻撃の　preemptive — 331
腺(性)の　glandular — 174
全世界の　universal — 442
前線　front — 166
喘息　asthma — 35
センター　center / centre — 65
先体　acrosome — 6
全体　total — 427
全体像　overview — 298
全体で　altogether — 17
全体的な　global — 174
全体的に見て　overall — 297
全体として　*in toto* — 220
全体の　entire — 140
〃　gross — 180
〃　whole — 457
〃　overall — 297
選択　selection — 381
〃　choice — 71
選択肢　option — 292
選択する　select — 381
〃　choose — 71
選択性　selectivity — 381
選択的セロトニン再取り込み阻害薬　SSRI — 399
選択的な　selective — 381
選択の　elective — 131
尖端　apex — 28
先端　tip — 426
先端巨大症　acromegaly — 6
剪断する　shear — 385
尖端の　apical — 28
センチメートル　centimeter — 65
〃　cm — 77
センチモルガン　centimorgan — 65
線虫　nematode — 275
〃　*Caenorhabditis elegans* — 56
蠕虫(類)　helminth — 185
前腸　foregut — 164
前兆　predictor — 331
〃　aura — 38
全長　span — 394
全腸炎　enterocolitis — 139
全長の　full-length — 167
仙椎の　sacral — 375
疝痛，仙痛　colic — 80

せ

穿通 penetration —— 307
前提 premise —— 332
前庭 vestibule —— 451
剪定する prune —— 343
前提とする premise —— 332
前提の antecedent —— 24
宣伝する advertise —— 11
先天性の congenital —— 87
先天的な inborn —— 207
戦闘 combat —— 81
煽動 agitation —— 13
先導 guide —— 181
〃 pathfinding —— 305
蠕動 peristalsis —— 310
先導者 leader —— 233
前頭前部の prefrontal —— 331
前頭前野 PFC —— 312
前頭側頭の frontotemporal —— 166
前糖尿病性の prediabetic —— 331
前頭部の frontal —— 166
前投薬 premedication —— 332
セントロメア centromere —— 66
前の anterior —— 24
〃 prior —— 335
前脳 forebrain —— 163
全能性 totipotency —— 427
前曝露 preexposure —— 331
選抜する single —— 389
前部 front —— 166
前負荷 preload —— 332
潜伏(期) latency —— 232
潜伏期関連核抗原 LANA —— 231
潜伏性の latent —— 232
全部の whole —— 457
選別機 selector —— 381
選別されていない unselected —— 444
選別する sort —— 394
〃 filter —— 159
前鞭毛型 promastigote —— 338
前方に forward —— 165
腺房の acinar —— 5
前方の forward —— 165
前保温する preincubate —— 332
喘鳴する wheeze —— 457
洗面器 basin —— 44
全面的な entire —— 140
前面の frontal —— 166
譫妄 delirium —— 108
線毛 fimbria —— 159
〃 pilus —— 318
繊毛 cilia —— 73
繊毛の ciliary —— 73
専門 specialty —— 395
専門医 specialist —— 395
専門家 specialist —— 395
〃 expert —— 151
専門化 specialization —— 395
専門化する specialize —— 395
専門職 profession —— 336
専門知識 expertise —— 151
専門的意見 expertise —— 151
専門領域 specialty —— 395
占有する occupy —— 289
占有率 share —— 385
〃 occupancy —— 288
線溶 fibrinolysis —— 158
前立腺 prostate —— 340
前立腺炎 prostatitis —— 340
前立腺摘除(術) prostatectomy —— 340
前立腺特異抗原 PSA —— 343
前立腺の prostatic —— 340
戦略 strategy —— 404
戦略的な strategic —— 404
線量 dose —— 124
染料 dye —— 127
線量測定 dosimetry —— 124
前臨床の preclinical —— 330
前例のない unprecedented —— 443
洗練させる refine —— 357
洗練された sophisticated —— 394
前腕 forearm —— 163

そ

素因 predisposition —— 331
〃 diathesis —— 115
〜の素因を作る predispose —— 331
総 all —— 16
〃 common —— 82
層 lamina —— 231
〃 layer —— 233
〃 stratum —— 404

相 phase —— 313
双 bi- —— 46
像 image —— 202
〃 graph —— 179
〃 picture —— 318
増悪 deterioration —— 113
〃 exacerbation —— 147
〃 aggravation —— 13
増悪させる deteriorate —— 113
〃 aggravate —— 12
増悪する exacerbate —— 147
草案 draft —— 125
相違 difference —— 115
相違した discrepant —— 119
掃引 sweep —— 413
造影法 -graphy —— 179
相加 addition —— 7
増加 gain —— 168
〃 increment —— 208
〃 rise —— 372
〃 increase —— 208
走化作用 chemotaxis —— 69
増加する multiply —— 268
〃 rise —— 372
増加する[させる] increase —— 208
走化性 chemotaxis —— 69
走化性の chemotactic —— 69
増加性の increasing —— 208
〃 incremental —— 208
相加的な additive —— 8
挿管 intubation —— 222
相関 relationship —— 360
増感 intensification —— 216
相関(関係) correlation —— 95
増感剤 sensitizer —— 382
増感させる intensify —— 216
挿管する intubate —— 222
相関する correlate —— 94
相関性の correlative —— 95
相関度 contingency —— 91
想起 retrieval —— 368
〃 recall —— 354
争議 dispute —— 120
臓器 organ —— 293
早期の early —— 128
〃 preterm —— 333
増強 augmentation —— 38
〃 potentiation —— 329
〃 enhancement —— 138
増強する enhance —— 138
〃 potentiate —— 329
〃 augment —— 38
〃 intensify —— 216
双極子 dipole —— 117
双極子の dipolar —— 117
双極性の bipolar —— 49
装具 prosthesis —— 340
遭遇 encounter —— 135
遭遇する encounter —— 135
総計する total —— 427
造形の plastic —— 320
象牙質 dentin —— 109
造血 hematopoiesis —— 185
造血幹細胞 HSC —— 194
造血(性)の hematopoietic —— 185
造血性の hemopoietic —— 186
相互 inter- —— 216
相互依存 interdependence —— 217
奏功器 effector —— 130
総合的な synthetic —— 416
相互関係 interrelationship —— 219
相互作用 interaction —— 217
〃 interplay —— 219
相互作用する interact —— 216
相互作用的な interactive —— 217
相互接続する interconnect —— 217
造骨細胞 osteoblast —— 295
造骨細胞の osteoblastic —— 295
造骨性の osteoblastic —— 295
相互転換 interconversion —— 217
相互転換可能な
interchangeable —— 217
相互の mutual —— 269
〃 reciprocal —— 354
相互変換する interconvert —— 217
操作 manipulation —— 246
〃 operation —— 291
走査 scan —— 376
相殺する offset —— 289
〃 counteract —— 96
操作者 operator —— 291
操作上の operational —— 291

走査する scan ― 376
操作する engineer ― 138
〃 operate ― 291
操作的な operative ― 291
〃 operant ― 291
早産児 prematurity ― 332
早産の preterm ― 333
創始者 founder ― 165
喪失 obliteration ― 287
操縦する drive ― 125
〃 steer ― 401
〃 manipulate ― 246
早熟性の precocious ― 330
造腫瘍性 tumorigenicity ― 437
創傷 wound ― 458
創傷郭清 debridement ― 105
双子葉植物 dicot ― 115
相乗性 synergism ― 415
相乗的な synergistic ― 415
層状の laminar ― 231
〃 lamellar ― 231
叢状の plexiform ― 322
巣状分節性糸球体硬化症 FSGS ― 166
増殖 expansion ― 150
〃 proliferation ― 338
〃 growth ― 180
〃 multiplication ― 268
増殖因子 proliferator ― 338
増殖型の vegetative ― 449
増殖期 increment ― 208
増殖剤 proliferator ― 338
装飾する decorate ― 106
増殖する multiply ― 268
〃 proliferate ― 338
増殖性細胞核抗原 PCNA ― 306
増殖性の productive ― 336
〃 proliferative ― 338
増殖巣 focus ― 162
草食動物 herbivore ― 187
創製 parturition ― 304
双性イオン zwitterion ― 460
総説 review ― 369
創造 creation ― 97
想像 imagination ― 202
〃 supposition ― 411
騒々しい noisy ― 281
創造する create ― 97
想像する imagine ― 202
〃 suppose ― 411
〃 conceive ― 85
臓側の visceral ― 453
増大 augmentation ― 38
〃 increment ― 208
〃 escalation ― 144
総体症状 symptomatology ― 414
増大する augment ― 38
〃 escalate ― 144
相対的な relative ― 360
送達 delivery ― 108
相談 consultation ― 90
相談する consult ― 90
装置 apparatus ― 28
〃 device ― 113
草地 grassland ― 179
装着する instrument ― 215
〃 wear ― 456
想定 assumption ― 34
想定する assume ― 34
〃 postulate ― 328
贈呈する present ― 333
争点 issue ― 226
相同 homo- ― 192
相同異質形成の homeotic ― 192
相当する correspond ― 95
〃 equal ― 142
〃 corresponding ― 95
相当するもの equivalent ― 143
相同性 homology ― 192
相動性の phasic ― 313
相同体 homolog / homologue ― 192
相同的な homologous ― 192
相同な homologous ― 192
相同分子種
ortholog / orthologue ― 294
層にする layer ― 233
挿入 insertion ― 214
〃 intercalation ― 217
挿入欠失 indel ― 208
挿入する insert ― 214
〃 intercalate ― 217
挿入の insertional ― 214
挿入物 insert ― 214

槽の　alveolar — 17
蒼白な　pale — 300
早発性の　precocious — 330
〃　premature — 332
相反　repulsion — 364
装備　harness — 183
装備する　equip — 143
〃　furnish — 167
躁病　mania — 246
躁病の　manic — 246
増幅　amplification — 19
増幅産物　amplicon — 19
増幅する　amplify — 19
層別化　stratification — 404
層別化する　stratify — 404
双方向性の　bidirectional — 46
〃　interactive — 217
僧帽弁の　mitral — 261
相補性　complementation — 83
〃　complementarity — 83
相補DNA　cDNA — 64
相補的な　complementary — 83
草本　herbal — 187
掻痒(症)　pruritus — 343
〃　itching — 226
造粒　granulation — 178
総量の　gross — 180
〃　total — 427
造林地　plantation — 319
藻類　alga — 15
総和　summation — 410
ソース　source — 394
ゾーン　zone — 460
阻害　inhibition — 212
阻害する　inhibit — 212
阻害薬　inhibitor — 212
遡及的な　retrospective — 368
束　bundle — 55
側　side — 387
属　genus — 172
側坐核の　accumbens — 4
側枝　arbor — 30
〃　collateral — 80
即時型過敏反応　anaphylaxis — 20
即時(型)の　immediate — 202
即時的な　instantaneous — 214
束状化　fasciculation — 155
促進　facilitation — 154
〃　promotion — 339
〃　acceleration — 3
促進剤　accelerator — 3
促進する　accelerate — 3
〃　facilitate — 154
〃　promote — 338
〃　hasten — 183
〃　expedite — 150
属する　reside — 364
〃　pertain — 311
属性　attribution — 37
足蹠　footpad — 163
足跡　footprint — 163
塞栓　embolus — 133
塞栓形成　embolization — 133
塞栓形成する　embolize — 133
塞栓術　embolization — 133
塞栓症　embolism — 133
塞栓性の　embolic — 133
促通　facilitation — 154
測定　measurement — 249
足底　sole — 392
測定可能な　measurable — 249
測定する　measure — 249
測定できる　measurable — 249
側底の　basolateral — 44
足底の　plantar — 319
測定法　method — 255
〃　assay — 34
〃　-metry — 255
速度　velocity — 450
〃　rate — 352
〃　speed — 396
側頭(部)の　temporal — 419
側頭葉てんかん　TLE — 426
速度論　kinetics — 229
速度論の　kinetic — 229
束縛　constraint — 90
束縛する　constrain — 90
続発症　sequelae — 383
続発性の　secondary — 379
側方化　lateralization — 232
側方の　lateral — 232
側面　profile — 337

側面の side 387
鼠径(部) groin 180
鼠径部の inguinal 212
損なう impair 205
〃 compromise 85
阻止 prevention 334
〃 repression 363
組織 tissue 426
〃 histo- 190
組織化 organization / organisation 293
組織化学 histochemistry 190
組織化学的な histochemical 190
組織学 histology 190
組織学的な histological / histologic 190
組織化した organizational 293
組織化する orchestrate 293
組織過程の organizational 293
組織診 biopsy 48
組織する organize 293
組織像 histology 190
組織適合性 histocompatibility 190
組織の histological / histologic 190
組織病理学 histopathology 191
組織プラスミノゲンアクチベーター tPA / t-PA 428
組織分布 topography 427
組織分布の topographic / topographical 427
組織崩壊 disorganization 119
組織メタロプロテアーゼ阻害物質 TIMP 426
阻止する prevent 334
〃 repress 363
訴訟 procedure 336
疎水性 hydrophobicity 196
疎水性の hydrophobic 196
組成 organization / organisation 293
〃 constitution 89
〃 composition 84
蘇生 resuscitation 367
蘇生する resuscitate 367
粗製の crude 98
疎性の loose 240
祖先 progenitor 337
〃 ancestor 21
注ぐ pour 329
育てる nurse 287
〃 rear 353
措置 action 6
卒業する graduate 178
卒業生 graduate 178
続行 resumption 367
即効性の instantaneous 214
測光法 photometry 316
卒後の postgraduate 327
率直な straightforward 403
〃 frank 165
外 extra- 152
粗動 flutter 162
外向きの outward 296
備える equip 143
〃 furnish 167
そのうえ furthermore 167
〃 moreover 264
その後 thereafter 422
その他の点では otherwise 296
その中に wherein 457
その場限りの *ad hoc* 9
ソフトウェア software 392
ソフトな soft 392
ソマトスタチン somatostatin 393
染める dye 127
〃 stain 399
粗面の rough 373
ソラレン psoralen 343
ソラレン長波長紫外線療法 PUVA therapy 346
素粒子の subnuclear 407
素量 quantum 348
素量の quantal 347
ゾル sol 392
それ以上に further 167
それ自体で *per se* 311
それぞれに respectively 365
それぞれの respective 365
それによって thereby 422
〃 whereby 457

それ故に accordingly —— 4
〃 therefore —— 422
〃 hence —— 186
尊敬 respect —— 365
存在 presence —— 333
〃 existence —— 149
存在する stand —— 399
〃 exist —— 149
〃 present —— 333
存在量 abundance —— 3
損失 loss —— 240
損傷 injury —— 213
〃 damage —— 103
損傷する damage —— 103
〃 injure —— 213
損傷乗り越えの translesion —— 432
存続 continuation —— 91

た

多 multi- —— 267
〃 poly- —— 324
ターゲット target —— 418
TATA結合タンパク質 TBP —— 418
TATAボックス TATA box —— 418
ターミナーゼ terminase —— 420
ターミナル terminal —— 420
ターミネーター terminator —— 420
ターン turn —— 438
ターンオーバー turnover —— 438
体 body —— 51
〃 corpus —— 94
～対～ versus —— 451
大 macro- —— 244
台 stand —— 399
ダイアモンド diamond —— 114
体位 position —— 327
〃 posture —— 329
胎位 presentation —— 333
帯域 zone —— 460
体位性の postural —— 328
〃 orthostatic —— 294
第一原理による *ab initio* —— 1
第一鉄の ferrous —— 157
第一の first —— 159
退院 discharge —— 118
退院させる discharge —— 118
体液 fluid —— 161
〃 humor —— 194
退役軍人 veteran —— 451
体液性の humoral —— 194
ダイエットする diet —— 115
対応 correspondence —— 95
対応する equivalent —— 143
〃 correspond —— 95
〃 corresponding —— 95
対応のある paired —— 300
対応のない unpaired —— 443
対応物 counterpart —— 96
ダイオード diode —— 117
ダイオキシン dioxin —— 117
退化 degeneration —— 107
〃 involution —— 223
胎芽 embryo —— 133
代価 cost —— 95
体外 exo- —— 149
体外移植組織 explant —— 151
体外の extracorporeal —— 152
体格 constitution —— 89
大学 university —— 443
大学院の postgraduate —— 327
体格指数 BMI —— 51
対角の diagonal —— 114
大環状化合物 macrolide —— 244
大環状の macrocyclic —— 244
大気 atmosphere —— 36
〃 air —— 14
大気圧 atm —— 36
待期的な elective —— 131
大気の atmospheric —— 36
〃 aerial —— 11
大規模な large-scale —— 231
〃 extensive —— 152
耐久性 durability —— 127
〃 endurance —— 138
耐久性のある durable —— 127
〃 permanent —— 310
体躯 trunk —— 436
体型計測 morphometry —— 265
退形成の anaplastic —— 21
体験 experience —— 150
対抗 counter- —— 96
退行 involution —— 223

た

退行させる regress ―― 358
対抗する counteract ―― 96
〃 oppose ―― 292
対抗制御的な counterregulatory ―― 96
退行性の degenerative ―― 107
対向輸送の antiport ―― 26
大黒柱 mainstay ―― 245
第三期の tertiary ―― 420
第三の third ―― 423
胎児 embryo ―― 133
〃 fetus ―― 157
胎仔 embryo ―― 133
〃 fetus ―― 157
体軸方向の anteroposterior ―― 24
体質 constitution ―― 89
〃 trait ―― 429
体質性の constitutional ―― 90
胎児の embryonic ―― 134
〃 fetal ―― 157
胎仔の fetal ―― 157
代謝 metabolism ―― 254
代謝回転 turnover ―― 438
代謝型グルタミン酸受容体 mGluR ―― 255
代謝型の metabotropic ―― 254
代謝拮抗薬 antimetabolite ―― 26
代謝産物 metabolite ―― 254
代謝する metabolize ―― 254
代謝(性)の metabolic ―― 254
代謝物 metabolite ―― 254
大衆 public ―― 345
〃 multitude ―― 268
体重 weight ―― 456
体重過剰 overweight ―― 298
退縮 regression ―― 358
〃 retraction ―― 368
退縮する retract ―― 368
対照 contrast ―― 92
〃 control ―― 92
対称 symmetry ―― 414
対象 subject ―― 406
〃 object ―― 287
代償 compensation ―― 83
〃 price ―― 334
代償する compensate ―― 82
代償性抗炎症性反応症候群 CARS ―― 62
対掌体 enantiomer ―― 135
対症的な palliative ―― 300
代償的な compensatory ―― 83
対称な symmetric / symmetrical ―― 413
帯状の cingulate ―― 73
苔状の mossy ―― 265
代償不全 decompensation ―― 105
帯状疱疹 zoster ―― 460
大静脈 cava ―― 64
大食細胞 macrophage ―― 244
大食症 bulimia ―― 55
退色する bleach ―― 49
対処する cope ―― 93
対人性の interpersonal ―― 219
ダイズ(大豆) soy ―― 394
〃 *Glycine max* ―― 176
対数 logarithm ―― 240
対数の logarithmic ―― 240
〃 log ―― 240, 290
対生 dichotomy ―― 115
体制 establishment ―― 145
耐性 resistance ―― 365
〃 tolerance ―― 426
体性感覚の somatosensory ―― 393
胎生期の embryonal ―― 134
体性の somatic ―― 393
耐性の resistant ―― 365
〃 tolerant ―― 426
耐性幼虫 dauer ―― 104
大西洋の Atlantic ―― 36
体積 volume ―― 454
堆積 deposition ―― 110
〃 sedimentation ―― 380
堆積物 sediment ―― 380
体節 segment ―― 380
〃 somite ―― 393
体節の segmental ―― 380
苔癬 lichen ―― 236
苔癬状の lichen ―― 236
大腿 femur ―― 157
大腿骨 femur ―― 157
代替の alternative ―― 17
〃 surrogate ―― 412

大腿部 thigh — 423
代替物 alternative — 17
大腿部の femoral — 157
大多数 majority — 245
台地 plateau — 321
大腸 colon — 80
大腸炎 colitis — 80
大腸菌 Escherichia coli — 144
大腸腺腫症 APC — 27
大腸内視鏡検査 colonoscopy — 80
大腸の colonic — 80
帯電 charge — 68
態度 manner — 246
〃 attitude — 37
大動脈 aorta — 27
大動脈内の intraaortic — 220
大動脈の aortic — 27
大都会の metropolitan — 255
体内 endo- — 136
体内での *in vivo* — 223
体内分布 biodistribution — 47
ダイナミクス dynamics — 127
ダイナミン dynamin — 127
第二鉄の ferric — 157
第二の second — 379
〃 secondary — 379
ダイニン dynein — 127
大脳 cerebrum — 66
〃 cerebr(o)- — 66
大脳の cerebral — 66
胎盤 placenta — 319
胎盤増殖因子 PLGF — 322
対比 confrontation — 87
〃 contrast — 92
対比させる contrast — 92
代表 representation — 363
代表者 representative — 363
代表する represent — 363
代表的な representative — 363
代表の representational — 363
対物の objective — 287
タイプ標本 type — 438
大部分は mostly — 265
大便 stool — 403
〃 feces — 156
大変革 revolution — 369
退歩 degeneracy — 107
ダイマー dimer — 117
大麻類 cannabinoid — 58
怠慢 omission — 290
タイムスケール timescale — 425
タイムリーな timely — 425
退薬 withdrawal — 458
ダイヤグラム diagram — 114
太陽光 sunlight — 410
耐容性 tolerability — 426
耐容性の tolerant — 426
耐容性を示す tolerate — 426
太陽の solar — 392
タイラーマウス脳脊髄炎ウイルス TMEV — 426
平らな even — 147
〃 plane — 319
平らにする flatten — 160
〃 level — 235
代理 proxy — 342
〃 substitute — 407
代理業 agency — 12
大陸 continent — 91
大理石骨病 osteopetrosis — 295
対立遺伝子 allele — 16
対立形質の allelic — 16
対立しない unopposed — 443
代理人 proxy — 342
〃 surrogate — 412
対流 convection — 92
大流行 outbreak — 296
〃 pandemic — 301
大量 abundance — 3
大量死 mortality — 265
大量瞬時投与 bolus — 51
大量の bulk — 55
〃 abundant — 3
〃 massive — 248
多因子の multifactorial — 267
多飲(症) polydipsia — 324
タウオパチー tauopathy — 418
タウリン taurine — 418
ダウン症候群 Down's syndrome — 124
ダウンレギュレーション downregulation / down-regulation — 124

た

ダウンレギュレートする downregulate ― 124
唾液 saliva ― 375
唾液の salivary ― 375
耐えられる tolerable ― 426
耐える bear ― 45
〃 endure ― 138
〃 withstand ― 458
高い high ― 189
互いに組み合わせる interdigitate ― 217
高さ pitch ― 318
〃 height ― 184
多価の multivalent ― 268
多価不飽和脂肪酸 PUFA ― 345
多価不飽和の polyunsaturated ― 326
高まる mount ― 265
多環(式)の polycyclic ― 324
多義性 ambiguity ― 18
多義性の ambiguous ― 18
タキゾイト tachyzoite ― 417
多義的な equivocal ― 143
多岐にわたる divergent ― 122
多機能の multifunctional ― 267
妥協 compromise ― 85
妥協する compromise ― 85
タグ tag ― 417
卓越した prominent ― 338
巧みに操作する manipulate ― 246
巧みに誘導する maneuver ― 246
多クローン性の polyclonal ― 324
タクロリムス tacrolimus ― 417
蓄え reserve ― 364
貯える stock ― 403
タグをつける tag ― 417
多型 polymorphism ― 325
多形 polymorphism ― 325
多形核の polymorphonuclear ― 325
多形核白血球 PMN ― 322
多形性心室頻拍 torsade de pointes ― 427
多形性の pleomorphic ― 321
〃 polymorphic ― 325
多型の polymorphic ― 325
多系列の multilineage ― 267
多血症 plethora ― 321
〃 polycythemia ― 324
多源性の multifocal ― 267
多孔質の porous ― 326
多酵素の multienzyme ― 267
多孔度 porosity ― 326
多剤耐性 MDR ― 249
多剤耐性関連タンパク質 MRP ― 266
多剤の multidrug ― 267
多細胞の multicellular ― 267
多座配列タイピング MLST ― 261
多サブユニットの multisubunit ― 268
確かな certain ― 66
確かめる ascertain ― 33
多次元的な multidimensional ― 267
多糸(性)の polytene ― 326
多施設の multicenter ― 267
出し抜く circumvent ― 74
多重遺伝子 multigene ― 267
多重度 redundancy ― 356
〃 multiplicity ― 268
多重の multiple ― 268
〃 multiplex ― 268
多種多様な diverse ― 122
多食症 hyperphagia ― 197
打診 percussion ― 308
多数 multitude ― 268
多数の great ― 179
〃 numerous ― 286
助け aid ― 13
助けになる conducive ― 86
〃 helpful ― 185
助ける aid ― 13
ダスト dust ― 127
尋ねる ask ― 33
多成分の multicomponent ― 267
多層 multilayer ― 267
多臓器機能障害症候群 MODS ― 262
多臓器の multiorgan ― 268
多巣性の multifocal ― 267
戦い combat ― 81
戦う combat ― 81
正しい correct ― 94
〃 right ― 371
正しいとする justify ― 227
直ちに readily ― 353

ただひとつの sole —— 392
漂う drift —— 125
多段階の multistage —— 268
多段の multistep —— 268
多タンパク質の multiprotein —— 268
立場 position —— 327
〃 standpoint —— 400
立ち向かう address —— 8
多中心の multicenter —— 267
立つ stand —— 399
脱 de- —— 104
〃 dis- —— 118
〃 un- —— 440
脱アセチル化する deacetylate —— 104
脱アセチル酵素 deacetylase —— 104
脱アセチル反応 deacetylation —— 104
脱アミノ化 deamination —— 104
脱アミノ化酵素 deaminase —— 104
脱イオンした deionized —— 107
脱灰する demineralize —— 108
脱外被 uncoating —— 440
脱核 enucleation —— 140
脱顆粒 degranulation —— 107
脱感作 desensitization —— 112
脱感作させる desensitize —— 112
脱臼 dislocation —— 119
脱共役 uncoupling —— 441
脱コート uncoating —— 440
脱重合する depolymerize —— 110
脱重合(反応) depolymerization —— 110
脱出症 hernia —— 187
〃 prolapse —— 338
脱出する prolapse —— 338
脱水 dehydration —— 107
〃 desiccation —— 112
脱髄 demyelination —— 109
脱水酵素 dehydratase —— 107
〃 anhydrase —— 22
脱水(症) dehydration —— 107
脱水する dehydrate —— 107
脱髄性の demyelinating —— 109
脱水素 dehydrogenation —— 107
脱水素酵素 dehydrogenase —— 107
達する amount —— 19
〃 arrive —— 31
〃 reach —— 352
〃 attain —— 37
達成 achievement —— 5
〃 attainment —— 37
〃 accomplishment —— 4
達成する achieve —— 5
〃 accomplish —— 4
〃 attain —— 37
脱疽 gangrene —— 169
脱炭酸 decarboxylation —— 105
脱炭酸酵素 decarboxylase —— 105
タッチ touch —— 428
脱着 desorption —— 112
脱着させる desorb —— 112
Tatタンパク質 Tat protein —— 418
脱ハロゲン化酵素 dehalogenase —— 107
脱皮する molt —— 263
脱ピリミジン塩基の apyrimidinic —— 29
脱プリン塩基の apurinic —— 29
脱プロトン化 deprotonation —— 111
脱分極 depolarization —— 110
脱分極する depolarize —— 110
脱保護 deprotection —— 111
脱メチル化 demethylation —— 108
脱メチル化する demethylate —— 108
脱毛症 alopecia —— 17
脱溶媒和 desolvation —— 112
脱抑制 disinhibition —— 119
脱落 shedding —— 385
〃 omission —— 290
脱落する shed —— 385
脱落性の deciduous —— 105
脱離 detachment —— 112
脱離(反応) elimination —— 133
脱離酵素 lyase —— 242
脱力(感) weakness —— 456
脱リン酸(化) dephosphorylation —— 110
脱リン酸化酵素 phosphatase —— 314
脱リン酸化する dephosphorylate —— 110
縦座標 ordinate —— 293
縦軸 ordinate —— 293
縦方向の longitudinal —— 240

多点の multipoint — 268
多動 hyperactivity — 196
妥当性 appropriateness — 29
〃 validity — 447
妥当な adequate — 8
〃 appropriate — 29
〃 desirable — 112
〃 proper — 339
〃 valid — 447
〃 pertinent — 311
多糖(類) polysaccharide — 325
例えば e.g. — 130
多ドメインの multidomain — 267
ダニ tick — 425
多尿 diuresis — 121
多尿(症) polyuria — 326
種付けをする stock — 403
TUNEL染色 TUNEL staining — 437
多能性の pluripotent — 322
〃 multipotent — 268
多嚢胞(性)の polycystic — 324
楽しみ comfort — 81
頼みの綱 mainstay — 245
タバコ tobacco — 426
〃 cigarette — 73
多発神経障害 polyneuropathy — 325
多発(性)関節炎 polyarthritis — 324
多発性筋炎 polymyositis — 325
多発(性)動脈炎 polyarteritis — 324
多発性内分泌腺腫症 MEN — 252
多発性の multiple — 268
多発ニューロパチー polyneuropathy — 325
束ねる bundle — 55
多部位 multisite — 268
タプシガルジン thapsigargin — 422
多分 presumably — 333
〃 perhaps — 309
多分化能の multipotent — 268
食べる eat — 128
多変量の multivariate / multivariable — 268
多胞体の multivesicular — 268
他方では whereas — 457
卵 egg — 130
タマホコリカビ(属) *Dictyostelium* — 115
ダメージ damage — 103
ためらう hesitate — 187
多面的な pleiotropic — 321
多面発現性の pleiotropic — 321
多毛(症) hirsutism — 190
タモキシフェン tamoxifen — 417
保つ hold — 191
多様化 diversification — 122
多様化する diversify — 122
多様性 divergence — 122
〃 diversity — 122
〃 variety — 448
多用途記録計 polygraph — 324
多用途性 versatility — 451
多様な various — 448
頼る rely — 361
多量体 multimer — 267
〃 polymer — 324
多量体化 multimerization — 268
多量体の polymeric — 325
多量体免疫グロブリン受容体 pIgR — 318
足りる suffice — 409
ダルトン dalton — 103
〃 Da — 103
痰 sputum — 398
単 mono- — 263
〃 uni- — 442
単位 unit — 442
〃 U — 438
単一 single — 389
単一アレルの monoallelic — 263
単一光子放射型コンピュータ断層撮影法 SPECT — 395
単一体 unity — 442
単一対立遺伝子の monoallelic — 263
単一の single — 389
〃 simple — 388
単位の unitary — 442
段階 step — 401
〃 stage — 399
段階的な graded — 178
〃 stepwise — 401
段階的に stepwise — 401

単核球症 mononucleosis ― 264
単核性の mononuclear ― 264
炭化水素 hydrocarbon ― 195
単科大学 college ― 80
胆管炎 cholangitis ― 71
胆管細胞 cholangiocyte ― 71
胆管細胞癌 cholangiocarcinoma ― 71
胆管腺癌 cholangiocarcinoma ― 71
胆管造影(法) cholangiography ― 71
単眼の monocular ― 263
単球 monocyte ― 263
探究 pursuit ― 346
探究する explore ― 151
〃 seek ― 380
探求する pursue ― 346
単球走化性因子 MCP ― 249
単球の monocytic ― 263
単クローン性の monoclonal ― 263
単系統性の monophyletic ― 264
単剤治療 monotherapy ― 264
単細胞の unicellular ― 442
探索 exploration ― 151
探索子 probe ― 335
探索する probe ― 335
〃 explore ― 151
探索(性)の exploratory ― 151
炭酸 carbonate ― 59
炭酸水素塩 bicarbonate ― 46
炭酸の carbonic ― 59
短時間の brief ― 53
単シナプス性の monosynaptic ― 264
胆汁 bile ― 47
胆汁うっ滞 cholestasis ― 71
単収縮 twitch ― 438
胆汁の biliary ― 47
短縮化 truncation ― 436
短縮する shorten ― 386
〃 curtail ― 100
短縮性の concentric ― 85
単純化する simplify ― 389
単純さ simplicity ― 389
単純な simple ― 388
〃 plain ― 319
単純ヘルペスウイルス HSV ― 194
単子葉 monocot ― 263
誕生 birth ― 49
淡水 freshwater ― 166
炭水化物 carbohydrate ― 59
淡水産の，淡水性の freshwater ― 166
弾性 elasticity ― 131
男性 male ― 245
男性化 virilization ― 452
男性型多毛症 hirsutism ― 190
単生児 singleton ― 389
男性の male ― 245
弾性の elastic ― 131
男性ホルモン androgen ― 21
胆石(症) gallstone ― 169
〃 cholelithiasis ― 71
断絶 discontinuity ― 118
炭疽 anthrax ― 24
炭素 carbon ― 59
〃 C ― 56
単層 monolayer ― 263
断層 fault ― 156
淡蒼球 pallidum ― 300
淡蒼球破壊術 pallidotomy ― 300
断層撮影の tomographic ― 427
断層撮影(法) tomography ― 427
単相性の haploid ― 182
〃 monophasic ― 264
単層の unilamellar ― 442
断続的な intermittent ― 218
担体 carrier ― 61
〃 support ― 411
断定的な declarative ― 105
耽溺 addiction ― 7
耽溺させる addict ― 7
耽溺性の addictive ― 7
タンデム型の tandem ― 417
単糖 monosaccharide ― 264
胆道造影(法) cholangiography ― 71
単刀直入な straightforward ― 403
単独療法 monotherapy ― 264
単に merely ― 253
断熱材 insulator ― 215
断熱性の adiabatic ― 9
胆嚢 gallbladder ― 169
胆嚢炎 cholecystitis ― 71

胆嚢切除(術) cholecystectomy - 71
タンパク質 protein — 341
タンパク質性の proteinaceous — 341
タンパク質前駆体 preprotein — 332
タンパク質分解 proteolysis — 341
タンパク質分解酵素 protease — 340
タンパク質分解性の proteolytic — 341
タンパク質リン酸化酵素 protein kinase — 341
蛋白尿(症) proteinuria — 341
単発の solitary — 393
短尾奇形 brachyury — 52
単分子の unimolecular — 442
単分子膜 monolayer — 263
断片 fragment — 165
〃 piece — 318
断片化 fragmentation — 165
断片化する fragment — 165
単変量の univariate — 442
タンポナーデ tamponade — 417
タンポン充填 tamponade — 417
単味の plain — 319
断面 section — 380
短絡(術) shunt — 387
短絡する shunt — 387
単離 isolation — 225
単離する isolate — 225
単量体 monomer — 263
単量体の monomeric — 263
弾力(性) elasticity — 131
弾力のある elastic — 131

ち

チアジド thiazide — 423
チアノーゼ cyanosis — 101
チアミン thiamine — 423
地域 district — 121
〃 region — 358
地域社会 community — 82
小さい minor — 259
〃 small — 391
チーフ chief — 69
地衣(類) lichen — 236
チェックする check — 68
チェックポイント checkpoint — 68
遅延 retardation — 367
〃 delay — 107
遅延型の delayed — 108
遅延させる retard — 367
遅延性の delayed — 108
チオール thiol — 423
チオプリンメチル基転移酵素 TPMT — 428
チオレドキシン thioredoxin — 423
違う differ — 115
近く proximity — 342
〃 vicinity — 452
知覚 perception — 308
知覚的な perceptual — 308
近くに near — 274
近くの nearby — 274
近づきづらい inaccessible — 206
近づく approximate — 29
力 power — 329
〃 force — 163
〃 strength — 404
力を与える power — 329
置換 displacement — 120
〃 replacement — 362
〃 substitution — 407
置換基 substituent — 407
置換する substitute — 407
〃 displace — 120
地球 globe — 174
地区 district — 121
逐次の sequential — 383
〃 successive — 408
蓄積 accumulation — 4
蓄積する accumulate — 4
蓄膿 empyema — 135
地形学 topography — 427
知見 finding — 159
〃 observation — 288
治験 trial — 434
治験の investigational — 223
恥骨の pubic — 345
知識 knowledge — 230
致死(性) lethality — 234
地質学の geological — 172
地質の geological — 172

致死的な　lethal — 234
〃　fatal — 156
致死の　mortal — 265
致死率　fatality — 156
致死量以下の　sublethal — 406
地図作成　mapping — 247
知性　intelligence — 216
知性のある　intellectual — 216
遅滞　retardation — 367
縮み　shrinkage — 386
縮む　shrink — 386
縮める　retract — 368
地中海の　Mediterranean — 250
地中海貧血症　thalassemia — 422
膣　vagina — 447
膣坐薬　pessary — 312
膣疾患　vaginosis — 447
膣症　vaginosis — 447
膣前庭　vestibule — 451
窒素　nitrogen — 280
〃　N — 272
窒素酸化物　nitroxide — 280
〃　NOx — 285
窒素の　nitric — 280
チップ　tip — 426
知的な　intellectual — 216
チトクロム　cytochrome — 102
チトクロムC　cyt C — 102
チトクロムP450　P450 — 299
〃　CYP — 101
知能　intelligence — 216
遅発(型)の　late — 232
遅発性の　delayed — 108
〃　tardive — 417
地表　ground — 180
チフス　typhus — 438
痴呆　dementia — 108
地方　province — 342
地方の　endemic — 136
〃　local — 239
チミジル酸　thymidylate — 425
チミジン　thymidine — 424
緻密な　compact — 82
緻密部　pars compacta — 303
チミン　thymine — 425
〃　T — 416
致命的な　lethal — 234
〃　fatal — 156
〃　vital — 453
チャージ　charge — 68
チャート　chart — 68
チャイニーズハムスター
Chinese hamster — 70
チャイニーズハムスター卵巣細胞
CHO cell — 70
着手する　launch — 232
着床前　preimplantation — 332
チャコール　charcoal — 68
チャネル　channel — 67
チャプター　chapter — 68
チャンバー　chamber — 67
治癒　cure — 100
注意　attention — 37
〃　precaution — 330
〃　notice — 285
〃　care — 61
〃　caution — 63
注意欠陥多動性障害　ADHD — 8
注意散漫　distraction — 121
注意深い　careful — 61
〃　meticulous — 255
中咽頭　oropharynx — 294
中央　center / centre — 65
〃　middle — 258
中央値　median — 250
中央に置く　center / centre — 65
中央の　middle — 258
仲介　mediation — 250
注解(書)　commentary — 81
注解する　annotate — 23
中隔　septum — 383
中隔形成　septation — 383
中隔の　septal — 383
中間体　intermediate — 218
中間点　midpoint — 258
中間の　intermediate — 218
〃　middle — 258
〃　intermediary — 218
中継　relay — 360
中継する　relay — 360
昼行性の　diurnal — 121

ち

中止 discontinuation 118
〃 withdrawal 458
〃 pause 306
〃 stop 403
中止する suspend 413
〃 withdraw 458
〃 discontinue 118
〃 stop 403
注視する gaze 170
忠実性 fidelity 158
忠実度 fidelity 158
忠実な strict 404
〃 faithful 155
注射 injection 212
注射外筒 barrel 43
注射器 syringe 416
〃 injector 213
注釈づけ annotation 23
注釈を付ける annotate 23
注射後に postinjection 328
注射する inject 212
抽出 abstraction 3
抽出液 extract 152
抽出可能な extractable 152
抽出する extract 152
抽出（法） extraction 153
抽象化 abstraction 3
抽象化する abstract 3
柱状図 histogram 190
抽象的な abstract 3
中心 center / centre 65
中心窩の foveal 165
中心子 centriole 65
中心体 centrosome 66
中心的な pivotal 318
中心的な要素 backbone 42
中心の central 65
中心粒 centriole 65
虫垂 appendix 29
虫垂炎 appendicitis 29
虫垂切除（術） appendectomy 29
中枢神経系 CNS 77
中枢の central 65
〃 pivotal 318
中性子 neutron 279
中性脂肪 triglyceride 434
中性の neutral 279
鋳造する cast 62
中断 discontinuation 118
〃 discontinuity 118
〃 interruption 219
〃 break 53
〃 abort 2
中断させる interrupt 219
中断されていない uninterrupted 442
中断する abort 2
〃 discontinue 118
中腸 midgut 258
躊躇する hesitate 187
中程度の moderate 262
〃 intermediate 218
〃 modest 262
中点 midpoint 258
中毒 poisoning 323
〃 intoxication 220
中毒学 toxicology 428
中毒者 abuser 3
中毒性表皮壊死剥離症 TEN 419
中途での premature 332
中途の intermediary 218
注入 infusion 211
〃 transfusion 431
注入液 infusion 211
注入する infuse 211
〃 transfuse 431
〃 inject 212
中脳 midbrain 258
〃 mesencephalon 253
中脳水道周囲の periaqueductal 309
中脳の mesencephalic 253
中脳辺縁系の mesolimbic 253
中胚葉 mesoderm 253
中皮腫 mesothelioma 253
中皮の mesothelial 253
チューブ tube 436
チューブリン tubulin 437
注目 attention 37
注目すべき remarkable 361
〃 noticeable 285
〃 noteworthy 285
〃 notable 284

注目する feature ― 156
〃 note ― 284
注文に応じて作る customize ― 100
中立性 neutrality ― 279
中裂 cleft ― 75
中和 neutralization ― 279
中和する neutralize ― 279
治癒する heal ― 183
腸 intestine ― 220
〃 bowel ― 52
〃 enter(o)- ― 139
〃 gut ― 181
超 very ― 451
〃 super- ― 410
〃 ultra- ― 439
腸炎 enteritis ― 139
〃 enterocolitis ― 139
超遠心分離法
ultracentrifugation ― 439
調音 articulation ― 32
超音波 ultrasound ― 439
超音波検査 ultrasonography ― 439
〃 sonography ― 394
超音波処理する sonicate ― 394
超音波処理物 sonicate ― 394
超音波ドプラー(法)
Doppler ultrasonography ― 123
超音波の sonic ― 394
〃 ultrasonic ― 439
〃 supersonic ― 411
超過 excess ― 148
聴覚 hearing ― 184
聴覚障害 deafness ― 104
聴覚性の auditory ― 38
〃 acoustic ― 5
腸管 intestine ― 220
腸管出血性の
enterohemorrhagic ― 139
腸管の enteric ― 139
腸管病原性の enteropathogenic
― 140
腸間膜 mesentery ― 253
腸間膜の mesenteric ― 253
長期増強現象 LTP ― 241
長期的な longitudinal ― 240
腸球菌 *Enterococcus* ― 139
超急性の hyperacute ― 196
超共役 hyperconjugation ― 197
長期抑制現象 LTD ― 241
腸筋層間の myenteric ― 271
徴候 indication ― 208
〃 sign ― 388
〃 symptom ― 414
〃 manifestation ― 246
超抗原 superantigen ― 410
超高速の ultrafast ― 439
超好熱性の hyperthermophilic
― 198
腸骨の iliac ― 202
調査 research ― 364
〃 survey ― 412
〃 study ― 405
〃 investigation ― 223
調剤者 pharmacist ― 313
腸細胞 enterocyte ― 139
調査監視 surveillance ― 412
調査する research ― 364
〃 investigate ― 223
〃 survey ― 412
〃 study ― 405
〃 explore ― 151
調査の investigational ― 222
超酸化物 superoxide ― 411
長軸方向の longitudinal ― 240
腸疾患 enteropathy ― 140
長寿 longevity ― 240
腸重積(症) intussusception ― 222
長所 virtue ― 452
聴診 auscultation ― 38
聴診器 stethoscope ― 402
調整 adjustment ― 9
調整する tune ― 437
〃 adjust ― 9
調製する prepare ― 332
調製(法) preparation ― 332
調整用の preparative ― 332
調節 modulation ― 262
〃 regulation ― 359
調節解除する deregulate ― 111
調節可能な adjustable ― 9
調節する modulate ― 262
〃 regulate ― 358

ち

調節性の　regulatory ―― 359
〃　modulatory ―― 262
調節不全　dysregulation ―― 128
挑戦　challenge ―― 67
挑戦する　challenge ―― 67
調達　procurement ―― 336
調達する　procure ―― 336
頂端　apex ―― 28
頂端の　apical ―― 28
腸チフス　typhoid ―― 438
ちょうつがい　hinge ―― 190
調停する　reconcile ―― 355
超低密度リポタンパク質　VLDL ―― 453
頂点　peak ―― 306
〃　vertex ―― 451
超伝導　superconductivity ―― 410
超伝導体　superconductor ―― 410
腸と肝臓の間での　enterohepatic ―― 139
腸内の　enteric ―― 139
腸の　intestinal ―― 220
挑発する　provoke ―― 342
超微細構造　ultrastructure ―― 439
超微細構造の　ultrastructural ―― 439
腸病原性の　enteropathogenic ―― 140
重複　duplication ―― 127
重複感染　superinfection ―― 410
重複する　overlap ―― 297
重複(部分)　overlap ―― 297
超分子の　supramolecular ―― 412
腸閉塞　ileus ―― 202
超変異　hypermutation ―― 197
聴聞会　hearing ―― 184
跳躍する　vault ―― 449
調律　rhythm ―― 370
調律する　tune ―― 437
張力　tension ―― 420
張力の　tensile ―― 420
超臨界の　supercritical ―― 410
鳥類　bird ―― 49
鳥類の　avian ―― 40
調和　ensemble ―― 139
〃　accordance ―― 4
〃　concert ―― 85
〃　accord ―― 4
調和させる　reconcile ―― 355
調和した　harmonic ―― 183
調和する　accord ―― 4
調和性の　concordant ―― 86
直　ortho- ―― 294
直筋　rectus ―― 356
直鎖状の　normal ―― 284
〃　straight ―― 403
〃　n ―― 272
直接的な　direct ―― 117
直接の　direct ―― 117
直線化する　linearize ―― 237
直線性　linearity ―― 237
直線的な　linear ―― 237
直線の　straight ―― 403
直腸　rectum ―― 355
直腸炎　proctitis ―― 336
直腸の　rectal ―― 355
直面　confrontation ―― 87
直面する　confront ―― 87
〃　envision ―― 140
〃　face ―― 154
直立の　upright ―― 445
直流　DC ―― 104
直列(型)の　tandem ―― 417
著作権　copyright ―― 93
著者　author ―― 38
著書目録　bibliography ―― 46
貯蔵　preservation ―― 333
〃　storage ―― 403
貯蔵所　reservoir ―― 364
〃　depot ―― 110
〃　repository ―― 363
貯蔵(所)　pool ―― 326
貯蔵する　store ―― 403
〃　pool ―― 326
〃　preserve ―― 333
貯蔵部位　store ―― 403
貯蔵物　stock ―― 403
〃　depot ―― 110
直角の　right ―― 371
直感的な　intuitive ―― 222
直近の　proximate ―― 342
直径　diameter ―― 114
直交(性)の　orthogonal ―― 294
著名な　manifest ―― 246

貯留　accumulation — 4
〃　retention — 367
チラコイド　thylakoid — 424
チラシ　leaflet — 233
ちらつき　flicker — 160
ちり　dust — 127
地理学の
geographic / geographical — 172
地理的な
geographic / geographical — 172
治療　therapy — 422
〃　care — 61
治療学　therapeutics — 422
治療可能な　treatable — 434
治療計画　regimen — 358
治療指針　guideline — 181
治療(上)の　curative — 100
治療する　cure — 100
〃　remedy — 361
〃　treat — 434
治療専門家　therapist — 422
治療できる　curable — 100
治療の　therapeutic — 422
治療不要な　insignificant — 214
治療(法)　treatment — 434
〃　cure — 100
治療薬　remedy — 361
チロキシン　thyroxine — 425
チロシン　tyrosine — 438
〃　Tyr — 438
〃　Y — 459
チロシンホスファターゼ　PTPase — 344
沈降　precipitation — 330
〃　sedimentation — 380
沈降する　sediment — 380
沈降物　sediment — 380
〃　precipitate — 330
沈渣　pellet — 307
陳述的な　declarative — 105
鎮静剤　narcotic — 273
〃　sedative — 380
鎮静させる　sedate — 380
鎮静(作用)　sedation — 380
鎮静作用のある　sedative — 380
沈着　deposition — 110
沈着する　deposit — 110
沈着物　deposit — 110
鎮痛　analgesia — 20
鎮痛性の　analgesic — 20
鎮痛薬　analgesic — 20
沈殿　precipitation — 330
沈殿させる　precipitate — 330
沈殿物　precipitate — 330
鎮吐薬　antiemetic — 25
チンパンジー　chimpanzee — 70

つ

対　pair — 300
対イオン　counterion — 96
追加　addition — 7
追加の　additional — 8
〃　supplemental — 411
追加免疫する　boost — 51
椎骨　vertebra — 451
椎骨の　vertebral — 451
追跡　trace — 428
〃　pursuit — 346
追跡する　track — 428
〃　trace — 428
〃　pursue — 346
追跡調査　follow-up / followup — 163
対での　pairwise — 300
対にする　pair — 300
対の　paired — 300
追放　expulsion — 152
〃　extrusion — 153
追放する　purge — 346
〃　extrude — 153
対麻痺　paraplegia — 302
費やす　spend — 396
通院する　attend — 37
通過　pass — 304
〃　passage — 304
〃　transit — 431
痛覚　nociception — 281
痛覚過敏　hyperalgesia — 196
通過する　pass — 304
〃　cross — 98
通気　aeration — 11
通行する　transit — 431
〃　traffic — 429

つ

通常飼育の　conventional — 92
通常の　conventional — 92
〃　general — 171
〃　normal — 284
〃　regular — 358
〃　common — 82
〃　usual — 446
〃　ordinary — 293
通じる　lead — 233
通性の　facultative — 154
通知　notice — 285
痛風　gout — 178
通路　track — 428
使う　use — 446
掴む　grasp — 179
接木する　graft — 178
付き添い　attendance — 37
付添い人　attendant — 37
月々の　monthly — 264
継手　joint — 227
次の　following — 163
造る　manufacture — 247
作る　make — 245
〃　fabricate — 154
付け加える　append — 28
漬ける　dip — 117
都合良い　advantageous — 11
〃　favorable — 156
都合悪い　unfavorable — 442
〃　inconvenient — 208
伝える　convey — 93
筒　barrel — 43
続く　follow — 163
〃　continue — 91
続ける　continue — 91
包む　envelop — 140
繋ぎ止める　tether — 421
つなぎ役　linker — 238
繋ぐ　joint — 227
角をもつ　angular — 22
翼　wing — 458
翼をつける　wing — 458
粒にする　grain — 178
ツベルクリン　tuberculin — 437
積み重なる　stack — 399
積荷　cargo — 61
紡ぐ　spin — 397
爪　nail — 272
冷たい　cold — 79
〃　cool — 93
強い　robust — 372
〃　strong — 405
釣り合い　proportion — 339
釣り合った　proportional — 339
〃　commensurate — 81
釣り合わせる　poise — 323
釣鐘状の　bell-shaped — 45
吊す　suspend — 413
連れ合い　mate — 248

て

デアセチラーゼ　deacetylase — 104
デアミナーゼ　deaminase — 104
であるにもかかわらず
although — 17
〃　in spite of — 214
底　floor — 161
〃　fundus — 167
堤　ridge — 371
低　hypo- — 198
低アルブミン血症
hypoalbuminemia — 199
提案　proposal — 339
〃　suggestion — 409
〃　offer — 289
提案する　propose — 340
定位　orientation — 294
Th2細胞　Th2 cell — 421
Th1細胞　Th1 cell — 421
DNA分解酵素
deoxyribonuclease — 110
〃　DNase — 122
DNAポリメラーゼ　Pol — 323
DNA巻き戻し酵素　helicase — 184
TNF受容体関連因子　TRAF — 429
T細胞　T-cell — 416
T細胞受容体　TCR — 418
T細胞性急性リンパ性白血病
T-ALL — 416
定位的な　stereotactic — 402
Tリンパ球　T-cell — 416
帝王切開(術)　cesarean section - 67

低応答(性) hyporesponsiveness —— 199
低温 cryo- —— 98
低温電子顕微鏡 cryo-electron microscopy —— 99
低下 decline —— 105
低下させる lower —— 241
低下する decline —— 105
低カリウム血症 hypokalemia —— 199
低カルシウム血症 hypocalcemia —— 199
低換気 hypoventilation —— 200
低ガンマグロブリン血症 hypogammaglobulinemia —— 199
低灌流 hypoperfusion —— 199
定義 definition —— 107
提起する pose —— 327
定義する define —— 106
定期的な periodic —— 309
〃 regular —— 358
提供 donation —— 123
〃 provision —— 342
提供者 provider —— 342
提供する give —— 173
〃 provide —— 342
〃 offer —— 289
デイケア day care —— 104
低形質の hypomorphic —— 199
提携する affiliate —— 12
低形成の hypoplastic —— 199
低血圧 hypotension —— 199
低血圧の hypotensive —— 199
低血糖(症) hypoglycemia —— 199
低減させる lower —— 241
抵抗 resistance —— 365
抵抗する stand —— 399
〃 resist —— 365
〃 withstand —— 458
抵抗性の resistant —— 365
抵抗の resistive —— 365
抵抗力 resistance —— 365
低呼吸 hypopnea —— 199
低酸素血症 hypoxemia —— 200
低酸素症 hypoxia —— 200
低酸素の hypoxic —— 200
停止 offset —— 289
〃 arrest —— 31
〃 stop —— 403
提示 presentation —— 333
停止させる arrest —— 31
提示する present —— 333
低磁場 downfield —— 124
定住する settle —— 384
提出 submission —— 407
挺出歯 extrusion —— 153
提出する pose —— 327
〃 submit —— 407
提唱 proposal —— 339
提唱する advocate —— 11
〃 propose —— 340
定常性の constant —— 89
定常の stationary —— 400
〃 steady —— 401
〃 plateau —— 321
低身長症 dwarf —— 127
〃 dwarfism —— 127
低浸透圧の hypotonic —— 200
定数 constant —— 89
ディスク disc / disk —— 118
ディスプレイ display —— 120
訂正 correction —— 94
訂正する correct —— 94
定性的な qualitative —— 347
定足数 quorum —— 349
停滞 stasis —— 400
低体温 hypothermia —— 199
定着する settle —— 384
低張の hypotonic —— 200
程度 degree —— 107
〃 extent —— 152
〃 grade —— 178
低ナトリウム血症 hyponatremia —— 199
核内低分子RNA snRNA —— 391
低分子干渉RNA siRNA —— 389
低分子の small —— 391
低分子ヘアピンRNA shRNA —— 387
低分子量ヘパリン LMWH —— 239
ディベート debate —— 104
低マグネシウム血症 hypomagnesemia —— 199

低密度の　sparse ― 394
低密度リポタンパク質　LDL ― 233
低密度リポタンパク質受容体関連タンパク質　LRP ― 241
呈味の　gustatory ― 181
啼鳴　vocalization ― 454
低メチル化　hypomethylation ― 199
底面　bottom ― 52
定理　theorem ― 422
定量　determination ― 113
定量化　quantitation ― 348
〃　quantification ― 348
定量する　assay ― 34
〃　quantitate ― 348
〃　determine ― 113
〃　quantify ― 348
定量的構造活性相関　QSAR ― 347
定量的な　quantitative ― 348
定量法　-metry ― 255
低リン酸血症
hypophosphatemia ― 199
ディレクター　director ― 118
データ　data ― 104
データセット　dataset ― 104
データベース　database ― 104
テーマ　theme ― 422
デオキシ　deoxy ― 110
デオキシヌクレオチド三リン酸
dNTP ― 122
デオキシリボ核酸
deoxyribonucleic acid ― 110
〃　DNA ― 122
デオキシリボヌクレオチド
deoxyribonucleotide ― 110
手がかり　clue ― 77
〃　cue ― 99
デカルボキシラーゼ
decarboxylase ― 105
デカントする　decant ― 105
適応　accommodation ― 4
〃　adaptation ― 7
適応させる　adapt ― 7
適応症　indication ― 208
適応する　accommodate ― 3
適応性　applicability ― 29
適応できる　adaptive ― 7
適応度　fitness ― 160
適格性　competence ― 83
〃　competency ― 83
〃　eligibility ― 133
適格性のある　competent ― 83
的確な　accurate ― 4
〃　precise ― 330
〃　exact ― 147
滴下注入　instillation ― 215
滴下注入する　instill ― 215
適宜　*ad libitum* ― 9
適合　matching ― 248
適合しない　incompatible ― 207
適合する　compatible ― 82
〃　fit ― 160
〃　conform ― 87
適合性　compatibility ― 82
〃　fitness ― 160
〃　suitability ― 409
出来事　incident ― 207
〃　event ― 147
デキサメタゾン　dexamethasone
― 113
溺死　drowning ― 125
適した　suitable ― 409
摘出　excision ― 148
摘出(術)　extraction ― 153
摘出する　excise ― 148
摘除(術)　resection ― 364
摘除する　resect ― 364
デキストラン　dextran ― 113
適する　suit ― 409
適切さ　appropriateness ― 29
適切な　adequate ― 8
〃　appropriate ― 29
〃　proper ― 339
〃　pertinent ― 311
滴定　titration ― 426
滴定する　titrate ― 426
適当な　fit ― 160
適度な　modest ― 262
できない　incapable ― 207
〃　unable ― 440
できないこと　inability ― 206
適用　application ― 29
適用可能な　applicable ― 29

適用する apply ― 29
適用性 applicability ― 29
適用範囲 coverage ― 97
適用量 dosage ― 124
出口 exit ― 149
〃 outlet ― 296
テクニック technique / technic ― 418
手首 wrist ― 458
デコイ decoy ― 106
デコードする decode ― 105
デザイン design ― 112
デザインする design ― 112
デサチュラーゼ desaturase ― 111
手触り texture ― 421
デジタル化する digitize ― 116
デジタルの digital ― 116
デジャブ deja vu ― 107
手順 protocol ― 342
〃 procedure ― 336
デシリットル deciliter ― 105
テストステロン testosterone ― 421
テストする test ― 421
デスモソーム desmosome ― 112
テタニー tetany ― 421
テタヌス tetanus ― 421
鉄 iron ― 224
〃 Fe ― 156
撤回 withdrawal ― 458
手続き上の procedural ― 335
徹底的な complete ― 83
〃 radical ― 349
〃 thorough ― 423
〃 drastic ― 125
〃 exhaustive ― 149
〃 perfect ― 308
撤廃 abrogation ― 2
鉄分 iron ― 224
出所 source ― 394
テトラサイクリン tetracycline ― 421
テトロドトキシン tetrodotoxin ― 421
～でない限り unless ― 443
テネイシン tenascin ― 419
手のひら palm ― 300
デハロゲナーゼ dehalogenase ― 107
手引き書 manual ― 247
デヒドラターゼ dehydratase ― 107
デヒドロゲナーゼ dehydrogenase ― 107
デフェンシン defensin ― 106
デフォルトの default ― 106
デブリードマン debridement ― 105
デポー depot ― 110
デュシェンヌ型筋ジストロフィー Duchenne muscular dystrophy ― 126
テラトーマ teratoma ― 420
テラトカルシノーマ teratocarcinoma ― 420
デリケートな delicate ― 108
テリトリー territory ― 420
出る exit ― 149
テロメア telomere ― 419
テロメア結合タンパク質 TBP ― 418
テロメア伸長酵素 telomerase ― 419
テロメアの telomeric ― 419
テロメラーゼ telomerase ― 419
テロメラーゼ逆転写酵素 TERT ― 420
点 point ― 323
〃 spot ― 398
電圧 voltage ― 454
転移 displacement ― 120
〃 metastasis ― 254
〃 transition ― 432
〃 transfer ― 431
転位 transposition ― 433
〃 dislocation ― 119
転位(反応) rearrangement ― 353
電位 voltage ― 454
〃 potential ― 329
〃 E ― 128
転移RNA tRNA ― 435
電位依存性の voltage-dependent ― 454
電位開口型の voltage-gated ― 454
転移酵素 transferase ― 431
転位酵素 translocase ― 432
電位図 electrogram ― 131
転位する transpose ― 433
〃 dislocate ― 119

て

転移する metastasize — 254
転位性の migratory — 258
〃 transposable — 433
転移性の metastatic — 254
転位置 translocation — 432
転位置させる translocate — 432
添加 addition — 7
〃 fortification — 165
転化 inversion — 223
電荷 charge — 68
展開 development — 113
〃 deployment — 110
展開(式) expansion — 150
電解質 electrolyte — 131
電解質の electrolytic — 131
展開する develop — 113
添加して栄養価を高める fortify — 165
転化する invert — 223
添加物 additive — 8
転換 conversion — 93
〃 transition — 432
〃 diversion — 122
癲癇 epilepsy — 141
転換酵素 convertase — 93
転換する convert — 93
〃 switch — 413
てんかん発作 epileptogenesis — 141
〃 seizure — 381
てんかん発作(性)の ictal — 200
点眼用の ophthalmic — 291
電気 electricity — 131
〃 electro- — 131
電気泳動の electrophoretic — 132
電気泳動(法) electrophoresis — 132
電気化学的な electrochemical — 131
電気除細動 cardioversion — 61
電気生理学 electrophysiology — 132
電気生理学的な electrophysiological / electrophysiologic — 132
電気生理学の electrophysiological / electrophysiologic — 132
電気穿孔(法) electroporation — 132
電気的な electric / electrical — 131
電気の electric / electrical — 131
電気容量 capacity — 58
〃 capacitance — 58
電極 electrode — 131
デング熱 dengue — 109
典型的な typical — 438
典型的に表す typify — 438
点検 inspection — 214
〃 check — 68
点検する check — 68
電弧 arc — 30
天候 weather — 456
転座 translocation — 432
電子 electron — 132
展示会 exhibit — 149
電子核二重共鳴 ENDOR — 137
電子軌道 orbital — 293
電磁気の electromagnetic — 131
電子工学 electronics — 132
電子常磁性共鳴 EPR — 142
電子スピン共鳴 ESR — 145
展示する exhibit — 149
〃 display — 120
転じて trans- — 429
デンシトメトリー densitometry — 109
電子の electronic — 132
電磁の electromagnetic — 131
転写 transcription — 430
転写酵素 transcriptase — 430
転写後の posttranscriptional — 328
転写する transcribe — 430
転写促進因子 enhancer — 139
転写促進配列 promoter — 338
転写の transcriptional — 430
転写物 transcript — 430
天井 ceiling — 64
点状出血の petechial — 312
点状の punctate — 345
点数をつける score — 378
伝染 spread — 398
〃 contagion — 90
伝染させる transmit — 433
伝染する infect — 210
伝染性の epidemic — 141
〃 communicable — 82
〃 infectious — 210
伝染病 epidemic — 141

伝達 communication —— 82
〃 transduction —— 430
〃 transmission —— 433
〃 transfer —— 431
伝達する transmit —— 433
〃 communicate —— 82
〃 transduce —— 430
伝達性の communicable —— 82
〃 transmissible —— 432
伝達物質 transmitter —— 433
電池 battery —— 44
点滴 infusion —— 211
点滴する instill —— 215
点滴注入 instillation —— 215
伝統 tradition —— 429
伝導 conduction —— 86
伝導性 conductance —— 86
伝統的な traditional —— 429
店頭での over-the-counter —— 297
伝導率 conductivity —— 86
デンドリマー dendrimer —— 109
天然ゴム latex —— 232
天然痘 smallpox —— 391
天然の native —— 273
〃 natural —— 274
電場 field —— 158
伝搬 propagation —— 339
伝搬する propagate —— 339
天秤 balance —— 42
臀部 hip —— 190
殿部 buttock —— 56
添付物 appendix —— 29
テンプレート template —— 419
デンプン starch —— 400
デンプンの aleurone —— 15
展望 vision —— 453
〃 perspective —— 311
天疱瘡 pemphigus —— 307
展望の perspective —— 311
転用する divert —— 122
電離 ionization —— 224
電離する ionize —— 224
電流 current —— 100
電量測定の coulometric —— 96
伝令RNA mRNA —— 266
伝令者 messenger —— 253

と

度 degree —— 107
とある certain —— 66
問い合わせ inquiry —— 213
糖 glyco- —— 176
糖(質) sugar —— 409
銅 copper —— 93
〃 Cu —— 99
洞 sinus —— 389
同意 agreement —— 13
〃 approval —— 29
〃 consent —— 88
どういうわけか somehow —— 393
同位元素 isotope —— 226
同意する agree —— 13
〃 consent —— 88
同位体 isotope —— 226
同位体異性体 isotopomer —— 226
同位体の isotopic —— 226
同一遺伝子の syngeneic —— 415
統一する unify —— 442
統一性 unity —— 442
同一性 identity —— 201
同一の identical —— 201
動員 recruitment —— 355
〃 mobilization —— 261
動員する mobilize —— 261
投影 projection —— 338
投影する project —— 337
等温の isothermal —— 226
透過 penetration —— 307
〃 transmission —— 433
頭蓋顔面の craniofacial —— 97
頭蓋(骨) skull —— 390
頭蓋底の basilar —— 44
頭蓋内の intracranial —— 220
頭蓋の cranial —— 97
同格 apposition —— 29
透過酵素 permease —— 310
透過させる permeate —— 310
同化作用 anabolism —— 20
〃 elaboration —— 131
〃 assimilation —— 34
透過処理 permeabilization —— 310
透過処理する permeabilize —— 310

と

透過する penetrate ― 307
〃 transmit ― 433
同化する elaborate ― 131
透過性 permeability ― 310
透過性にする permeabilize ― 310
同化(性)の anabolic ― 20
透過性のある permeable ― 310
等価な equivalent ― 143
透過率 T ― 416
導管 duct ― 126
〃 vessel ― 451
〃 conduit ― 86
道管 vessel ― 451
導関数 derivative ― 111
動眼の oculomotor ― 289
同期 entrainment ― 140
動機 motive ― 265
動悸 palpitation ― 300
同期化 synchronization ― 414
同期させる entrain ― 140
動機づけ motivation ― 265
動機づける motivate ― 265
同義の synonymous ― 415
当局 authority ― 38
動機を与える motivate ― 265
同系移植(片) isograft ― 225
統計学 statistics ― 400
統計学的な statistical / statistic ― 400
同系交配の inbred ― 207
同型接合性 homozygosity ― 192
同型接合体 homozygote ― 192
同系内の syngeneic ― 415
統計の statistical / statistic ― 400
凍結する freeze ― 166
凍結保存 cryopreservation ― 99
動原体 kinetochore ― 229
動原体周囲の pericentromeric ― 309
投稿 submission ― 407
統合 integration ― 216
瞳孔 pupil ― 345
動向 trend ― 434
統合された unified ― 442
統合失調感情性の schizoaffective ― 377
統合失調症 schizophrenia ― 377
統合失調症治療薬 antipsychotic ― 26
投稿する submit ― 407
統合する integrate ― 216
〃 unify ― 442
統合性 integrity ― 216
瞳孔の pupillary ― 345
等効力の equipotent ― 143
橈骨 radius ― 350
橈骨の radial ― 349
動作 movement ― 266
動作する act ― 6
洞察 insight ― 214
投資 investment ― 223
同時活性化 coactivation ― 77
同時感染 coinfection ― 79
同軸の coaxial ― 78
同時形質移入 cotransfection ― 96
同時刺激 costimulation ― 95
同時刺激の costimulatory ― 95
糖脂質 glycolipid ― 176
投資する invest ― 223
同時制御する coregulate ― 94
同時精製する copurify ― 93
同時注入 coinjection ― 79
同質 homeo- ― 191
同質遺伝子的な isogenic ― 225
糖質コルチコイド glucocorticoid ― 175
同時投与 coadministration ― 77
同時の simultaneous ― 389
〃 concomitant ― 86
同時発現 coexpression ― 78
同時発現する coexpress ― 78
同時発生 coincidence ― 79
同時発生的な concurrent ― 86
同時分離する cosegregate ― 95
投射 projection ― 338
等尺性の isometric ― 226
投射する project ― 337
同種 homo- ― 192
同種(異系)間の allogeneic ― 16
同種移植する allograft ― 16
同種移植(片) allograft ― 16
同種抗原 alloantigen ― 16

同種抗体 alloantibody —— 16
同種志向性の ecotropic —— 129
同種重合体 homopolymer —— 192
同種親和性の homophilic —— 192
同種の conspecific —— 89
同種免疫の alloimmune —— 16
同所性の orthotopic —— 294
同書に *ibid.* —— 200
同時罹患(率) comorbidity —— 82
同心円状の concentric —— 85
糖新生 gluconeogenesis —— 175
同心性の concentric —— 85
同性愛者 homosexual —— 192
同性愛の homosexual —— 192
透析液 dialysate —— 114
透析機器 dialyzer —— 114
透析する dialyze —— 114
透析(法) dialysis —— 114
当然の logical —— 240
〃 natural —— 274
同属種 congener —— 87
同側性の ipsilateral —— 224
同族体 homolog / homologue —— 192
頭側の cranial —— 97
〃 rostral —— 373
同族の cognate —— 79
淘汰 selection —— 381
動態 kinetics —— 229
動態学的な kinetic —— 229
到達 delivery —— 108
到達する arrive —— 31
〃 reach —— 352
到達性 accessibility —— 3
到達できる accessible —— 3
糖タンパク質 glycoprotein —— 176
到着 arrival —— 31
到着する arrive —— 31
頭頂 vertex —— 451
同調 synchronization —— 414
同調化 entrainment —— 140
同調させる synchronize —— 414
〃 entrain —— 140
〃 conform —— 87
等張(性) isotonicity —— 226
同調性 synchrony —— 414
等張(性)の isotonic —— 226
同調的な synchronous —— 414
等張の isoosmotic —— 226
頭頂部の parietal —— 303
等張力 isotonicity —— 226
疼痛 pain —— 299
同定 identification —— 201
同定可能な identifiable —— 201
同定する identify —— 201
動的な dynamic / dynamical —— 127
糖転移酵素 glycosyltransferase —— 177
等電点電気泳動 IEF —— 201
等電点の isoelectric —— 225
同等者 peer —— 307
同等性 equivalence —— 143
同等の equal —— 142
道徳的な moral —— 264
導入 introduction —— 222
〃 transfer —— 431
導入遺伝子 transgene —— 431
導入する transfect —— 430
〃 introduce —— 222
糖尿病 diabetes mellitus —— 114
〃 DM —— 122
糖尿病性の diabetic —— 114
糖尿病誘発性の diabetogenic —— 114
銅の cuprous —— 100
頭皮 scalp —— 376
逃避 evasion —— 147
〃 escape —— 144
頭部 head —— 183
〃 headgroup —— 183
同封する enclose —— 135
糖付加 glycation —— 176
同腹仔 littermate —— 239
動物 animal —— 22
糖ペプチド glycopeptide —— 176
同胞 sib / sibling —— 387
等方性の isotropic —— 226
洞房の sinoatrial —— 389
等密度の isopycnic —— 226
動脈 artery —— 32
動脈炎 arteritis —— 32
動脈硬化(症) arteriosclerosis —— 31
動脈性の arteriosus —— 32
動脈造影(法) arteriography —— 31

動脈内膜切除(術)
endarterectomy — 136
動脈の　arterial — 31
動脈瘤　aneurysm — 22
冬眠　hibernation — 189
冬眠する　hibernate — 189
透明性　clarity — 74
透明度　transparency — 433
透明な　transparent — 433
等モルの　equimolar — 143
トウモロコシ　maize — 245
投薬　dosage — 124
〃　medication — 250
〃　dosing — 124
投薬する　medicate — 250
投与　administration — 9
動揺　perturbation — 312
〃　surge — 412
〃　deflection — 107
動揺させる　perturb — 311
同様に　as well as — 32
〃　likewise — 237
同様の　similar — 388
投与する　administer — 9
投与量　dose — 124
〃　input — 213
〃　dosage — 124
到来　advent — 11
動力学　kinetics — 229
〃　dynamics — 127
動力学的な　kinetic — 229
当量　equivalent — 143
同僚　colleague — 80
〃　peer — 307
等力の　equipotent — 143
糖類　saccharide — 374
同類物　congener — 87
登録　enrollment — 139
〃　registration — 358
〃　entry — 140
登録数　enrollment — 139
登録する　register — 358
〃　enroll — 139
登録簿　registry — 358
討論　debate — 104
〃　discussion — 119
討論する　debate — 104
当惑させる　puzzle — 346
遠い　distant — 121
通す　pass — 304
ドーピング　doping — 123
通り道　path — 305
トール様受容体
Toll-like receptor — 427
〃　TLR — 426
都会の　urban — 445
トカゲ　lizard — 239
溶かす　dissolve — 120
トキソイド　toxoid — 428
トキソプラズマ(属)
Toxoplasma — 428
トキソプラズマ症
toxoplasmosis — 428
ドキソルビシン　doxorubicin — 125
時々　sometimes — 393
〃　often — 289
時々の　occasional — 288
徳　virtue — 452
解く　solve — 393
特異性　specificity — 395
特異体質の　idiosyncratic — 201
特異的な　specific — 395
特異な　singular — 389
毒液　venom — 450
得策の　advisable — 11
特質　property — 339
独自の　original — 294
特集する　feature — 156
特殊化する　specialize — 395
特殊な　special — 395
特殊分化　specialization — 395
特性　profile — 337
毒性　toxicity — 428
〃　virulence — 452
毒性学　toxicology — 428
毒性学的な　toxicological — 428
毒性のある　virulent — 453
毒素　toxin — 428
独創的な　original — 294
毒素産生性の　toxigenic — 428
特徴　character — 68
〃　characteristic — 68

〃 feature ― 156
〃 hallmark ― 182
〃 distinction ― 121
特徴ある characteristic ― 68
特徴がはっきりした
well-characterized ― 456
特徴づけ characterization / characterisation ― 68
特徴づけられていない
uncharacterized ― 440
特徴づける
characterize / characterise ― 68
〃 mark ― 247
特徴的な discriminatory ― 119
〃 pathognomonic ― 305
特徴のある distinctive ― 121
特徴を調べる
characterize / characterise ― 68
特定 specification ― 395
特定する specify ― 395
特定の particular ― 304
特定病原体除去の SPF ― 396
独特の peculiar ― 306
〃 unique ― 442
特に especially ― 145
特発性の idiopathic ― 201
〃 cryptogenic ― 99
毒(物) poison ― 323
毒物注入 envenomation ― 140
特別な special ― 395
〃 particular ― 304
匿名の anonymous ― 23
特有の peculiar ― 306
独立 independence ― 208
独立の unpaired ― 443
〃 independent ― 208
毒を入れる poison ― 323
時計回りの［に］ clockwise ― 76
渡航者 traveler ― 434
ドコサヘキサエン酸
docosahexaenoic acid ― 123
〃 DHA ― 114
どこでも wherever ― 457
トコフェロール tocopherol ― 426
ところが whereas ― 457
屠殺する sacrifice ― 375
閉じ込め confinement ― 87
〃 containment ― 90
閉じた close ― 76
都市の urban ― 445
土壌 ground ― 180
〃 soil ― 392
図書館 library ― 236
閉じる close ― 76
土台 bed ― 45
土着の native ― 273
〃 indigenous ― 208
突起 process ― 336
特許 patent ― 304
特許を取得する patent ― 304
ドッキングする dock ― 122
特権 privilege ― 335
突出 protrusion ― 342
〃 projection ― 338
〃 extrusion ― 153
突出した salient ― 375
突出する extrude ― 153
〃 project ― 337
〃 protrude ― 342
突然の sudden ― 408
突然変異 mutation ― 269
突然変異誘発 mutagenesis ― 269
突然変異を誘発する mutagenize ― 269
突発 rash ― 351
〃 burst ― 56
突発する burst ― 56
突発性の spontaneous ― 398
凸面の convex ― 93
ドデシル硫酸ナトリウム SDS ― 379
整える trim ― 434
ドナー donor ― 123
隣の neighbor / neighbour ― 275
ドパミン dopamine ― 123
ドパミン作動性の dopaminergic ― 123
飛ぶ fly ― 162
塗布する swab ― 413
ドプラ超音波検査
Doppler ultrasonography ― 123
トポイソメラーゼ
topoisomerase ― 427

と

乏しい　poor ―― 326
〃　short ―― 386
〃　scant ―― 377
トポロジー　topology ―― 427
塗沫　smear ―― 391
富　wealth ―― 456
ドメイン　domain ―― 123
ドメイン間の　interdomain ―― 217
止める　stall ―― 399
〃　stop ―― 403
伴う　accompany ―― 4
〃　entail ―― 139
ドライブ　drive ―― 125
トラウマ　trauma ―― 433
とらえどころのない　elusive ―― 133
捕らえる　catch ―― 63
捉える　grasp ―― 179
トラコーマ　trachoma ―― 428
トラフ(値)　trough ―― 436
トランケーション　truncation ―― 436
トランジスタ　transistor ―― 431
トランスアミナーゼ　transaminase ―― 429
トランス活性化　transactivation ―― 429
トランス活性化因子　transactivator ―― 429
トランスクリプターゼ　transcriptase ―― 430
トランスクリプトーム　transcriptome ―― 430
トランスグルタミナーゼ　transglutaminase ―― 431
トランスサイトーシス　transcytosis ―― 430
トランス作用性の　trans-acting ―― 429
トランスジェニックの　Tg ―― 421
〃　transgenic ―― 431
トランスデューサ　transducer ―― 430
トランスバージョン　transversion ―― 433
トランスファーRNA　tRNA ―― 435
トランスフェクション　transfection ―― 431
トランスフェクタント　transfectant ―― 431
トランスフェラーゼ　transferase ―― 431
トランスフェリン　transferrin ―― 431
トランスフォーミング成長因子　TGF ―― 421
トランスフォーメーション　transformation ―― 431
トランスポータ　transporter ―― 433
トランスポゾン　transposon ―― 433
トランスロカーゼ　translocase ―― 432
トランスロケーター　translocator ―― 432
トリ　bird ―― 49
トリアージ　triage ―― 434
取り扱い　management ―― 246
取り扱う　handle ―― 182
取り入れる　internalize ―― 218
トリガー　trigger ―― 434
取り囲む　encircle ―― 135
〃　circumscribe ―― 74
トリカルボン酸回路　TCA cycle ―― 418
取り組む　address ―― 8
トリグリセリド　triglyceride ―― 434
トリコーム　trichome ―― 434
取り込み　incorporation ―― 208
〃　uptake ―― 445
取り込む　incorporate ―― 208
トリソミー　trisomy ―― 435
トリチウム　tritium ―― 435
トリチウム標識した　tritiated ―― 435
トリの　avian ―― 40
取り除く　deprive ―― 111
〃　strip ―― 405
〃　withdraw ―― 458
〃　omit ―― 290
〃　obviate ―― 288
〃　remove ―― 361
取り計らう　arrange ―― 31
トリパノソーマ(属)　*Trypanosoma* ―― 436
トリパノソーマ　trypanosome ―― 436
トリパノソーマ感染症　trypanosomiasis ―― 436
取引　account ―― 4
〃　traffic ―― 429

トリプシン　trypsin — 436
ドリフト　drift — 125
トリプトファン　tryptophan — 436
〃　Trp — 436
〃　W — 455
トリプレット　triplet — 435
努力　effort — 130
努力する　seek — 380
取る　take — 417
ドルーゼン　drusen — 126
トルサード・ド・ポアン　torsade de pointes — 427
取るに足りない　insignificant — 214
ドレイン　drain — 125
トレーサー　tracer — 428
トレース　trace — 428
トレオニン　threonine — 423
〃　Thr — 423
ドレッシング　dressing — 125
トレッドミル　treadmill — 434
ドレナージ　drainage — 125
トレポネーマ(属)　*Treponema* — 434
トロポニン　troponin — 436
トロポミオシン　tropomyosin — 436
トロンビン　thrombin — 424
トロンボキサン　thromboxane — 424
トロンボキサン A_2　TXA_2 — 438
鈍角の　obtuse — 288
貪食　engulfment — 138
貪食細胞　phagocyte — 312
貪食する　engulf — 138
貪食(性)　phagocytosis — 312
富んだ　rich — 371
トンネル　tunnel — 437
どん欲な　avid — 40

な

内　endo- — 136
〃　intra- — 220
ナイアシン　niacin — 279
内因性交感神経刺激作用　ISA — 225
内因性の　intrinsic — 222
内科医　physician — 317
〃　internist — 218
内腔　lumen — 241
内径　caliber — 57
内在性カンナビノイド　endocannabinoid — 136
内在性の　endogenous — 136
内視鏡　endoscope — 137
内視鏡検査　endoscopy — 137
内質の　endoplasmic — 137
ナイセリア(属)　*Neisseria* — 275
内挿　interpolation — 219
内臓　viscera — 453
内挿する　interpolate — 219
内臓の　visceral — 453
〃　splanchnic — 397
内側の　inside — 214
〃　medial — 250
〃　interior — 218
〃　inner — 213
内転　adduction — 8
内転筋　adductor — 8
内毒血症　endotoxemia — 137
内胚乳　endosperm — 137
内胚葉　endoderm — 136
内皮　endothelium — 137
内皮型一酸化窒素合成酵素　eNOS — 139
内皮下の　subendothelial — 406
内部　intra- — 220
内部移行　internalization — 218
内部移行する　internalize — 218
内部の　internal — 218
〃　interior — 218
内分泌学　endocrinology — 136
内分泌の　endocrine — 136
内膜　intima — 220
内膜の　intimal — 220
内容(物)　content — 91
ナイロン　nylon — 287
治らない　incurable — 208
長い　lengthy — 234
〃　long — 240
長くする　lengthen — 234
長さ　length — 234
流す　flush — 162
〃　shed — 385
〃　pour — 329
〃　drain — 125

仲間 companion — 82
〃 mate — 248
仲間の associate — 34
流れ current — 100
〃 flow — 161
〃 stream — 404
流れる flow — 161
〃 run — 374
〃 abort — 2
投げる cast — 62
〃 pitch — 318
成し遂げる achieve — 5
〃 accomplish — 4
なすりつけたようにバンドが尾を引くこと smear — 391
謎 puzzle — 346
謎の enigmatic — 139
ナチュラルキラー細胞 NK cell — 280
名付ける term — 420
〃 designate — 112
納得させる convince — 93
〜など etc — 145
ナトリウム sodium — 392
〃 Na — 272
Na^+/Ca^{2+}交換輸送体 NCX — 274
ナトリウム排泄増加性の natriuretic — 273
七つ組の heptad — 187
斜めの oblique — 287
ナノ n — 272
ナノ結晶 nanocrystal — 273
ナノ構造 nanostructure — 273
ナノスケール nanoscale — 273
ナノチューブ nanotube — 273
ナノテクノロジー nanotechnology — 273
ナノモル濃度での nanomolar — 273
ナノ粒子 nanoparticle — 273
ナノワイヤー nanowire — 273
ナビゲーション navigation — 274
鉛 lead — 233
〃 Pb — 306
波 wave — 455
波打つ ripple — 371
涙の lacrimal — 230
滑らかにする smoothen — 391
悩ます distress — 121
〃 burden — 55
悩み distress — 121
慣らす habituate — 182
並べ替え permutation — 311
並べる juxtapose — 227
成る constitute — 89
なる turn — 438
ナルコレプシー narcolepsy — 273
慣れ habituation — 182
縄張り territory — 420
軟膏(剤) ointment — 289
軟骨 cartilage — 62
軟骨形成 chondrogenesis — 71
軟骨細胞 chondrocyte — 71
軟性下疳 chancroid — 67
ナンセンスの nonsense — 283
軟体動物 mollusc — 263
難治性の intractable — 220
〃 refractory — 357
何とか somehow — 393
軟膜 pia — 317
難民 refugee — 357
難溶性 insolubility — 214
難溶性の insoluble — 214

に

ニードル needle — 274
二塩基 dinucleotide — 117
匂い odor / odour — 289
匂い物質 odorant — 289
二核性の binuclear — 47
二価鉄の ferrous — 157
二価の divalent — 122
〃 bivalent — 49
二環式の bicyclic — 46
〜に関して regarding — 358
〃 as to — 32
〜に関する限りは as for — 32
二環の bicyclic — 46
二機能性の bifunctional — 46
面皰 acne — 5
二級の secondary — 379
二極管 diode — 117
肉芽形成 granulation — 178
肉眼的な gross — 180

肉眼での　macroscopic — 244
肉芽腫　granuloma — 179
肉芽腫症　granulomatosis — 179
肉芽腫(性)の　granulomatous — 179
肉腫　sarcoma — 376
肉汁　broth — 54
肉食動物　carnivore — 61
肉体的な　physical — 317
二形性　dimorphism — 117
二原子酸素添加酵素　dioxygenase — 117
二項式　binomial — 47
ニコチン　nicotine — 280
ニコチンアミド　nicotinamide — 280
ニコチン酸アデニンジヌクオチドリン酸　NAADP — 272
ニコチン酸アミドアデニンジヌクレオチド　NAD — 272
ニコチン酸アミドアデニンジヌクレオチドリン酸　NADP — 272
ニコチン性の　nicotinic — 280
ニコチンの　nicotinic — 280
濁り　cloud — 77
二酸化炭素分圧　pCO_2 — 306
二酸化物　dioxide — 117
二次元の　two-dimensional — 438
2シストロン性の　bicistronic — 46
二次の　secondary — 379
二者択一の　alternative — 17
二重　doublet — 124
二重項　doublet — 124
二重鎖　duplex — 126
二重鎖の　double-strand — 124
二重視　diplopia — 117
二重線　doublet — 124
二重層　bilayer — 46
二重の　double — 124
〃　dual — 126
〃　duplex — 126
二重ハイブリッドの　two-hybrid — 438
二重盲検の　double-blind — 124
二乗　square — 398
二状態の　two-state — 438
二色性　dichroism — 115
二進法の　binary — 47
ニセ　pseudo- — 343
二成分の　binary — 47
偽の　false — 155
〃　mock — 261
〃　sham — 385
〃　spurious — 398
二相性の　biphasic — 49
二対立遺伝子の　biallelic — 46
二段階の　two-step — 438
日常的な　routine — 373
ニック　nick — 279
ニッケル　nickel — 280
〃　Ni — 279
日光皮膚炎　sunburn — 410
日周性の　circadian — 73
日周の　diurnal — 121
ニッチ　niche — 279
ニップル　nipple — 280
似ている　resemble — 364
似てない　dissimilar — 120
二糖(類)　disaccharide — 118
ニトロ　nitro — 280
ニトロ化　nitration — 280
ニトログリセリン　nitroglycerin — 280
ニトロシル化　nitrosylation — 280
ニトロチロシン　nitrotyrosine — 280
二倍体　diploid — 117
鈍い　blunt — 50
鈍らせる　blunt — 50
二分子　dyad — 127
二分枝　bifurcation — 46
二分枝の　bifurcate — 46
二分子の　bimolecular — 47
二分子膜　bilayer — 46
二分の　bipartite — 49
二分(法)　dichotomy — 115
二峰性の　bimodal — 47
二本鎖RNA　dsRNA — 126
二本鎖切断　DSB — 126
二本鎖DNA　dsDNA — 126
二本鎖の　double-strand — 124
二面の　dihedral — 116
にもかかわらず　nevertheless — 279
〃　regardless — 358
〃　nonetheless — 282

に

にもかかわらず albeit —— 14
〃 despite —— 112
入院 admission —— 9
〃 hospitalization —— 193
入院患者 inpatient —— 213
入院させる admit —— 10
〃 hospitalize —— 193
入学 admission —— 9
乳化させる emulsify —— 135
乳業 dairy —— 103
乳酸 lactate —— 231
乳酸脱水素酵素 LDH —— 233
乳酸の lactate —— 231
〃 lactic —— 231
乳児 infant —— 210
乳児期 infancy —— 210
乳児性の infantile —— 210
乳児突然死症候群 SIDS —— 387
乳汁分泌 lactation —— 231
乳汁漏出(症) galactorrhea —— 168
入手可能な available —— 40
入手不可能な unavailable —— 440
入場 entrance —— 140
乳腺刺激ホルモン prolactin —— 338
乳腺腫瘍摘出(術) lumpectomy —— 242
乳腺の mammary —— 246
乳濁液 emulsion —— 135
乳糖 lactose —— 231
乳頭 disc / disk —— 118
〃 papilla —— 301
〃 nipple —— 280
乳頭腫 papilloma —— 301
乳頭の papillary —— 301
乳頭浮腫 papilledema —— 301
乳糖分解酵素 lactase —— 230
入念な elaborate —— 131
乳白度 opacity —— 291
乳房 breast —— 53
乳房エックス線撮影 mammography —— 246
乳房X線像 mammogram —— 246
乳房形成(術) mammoplasty —— 246
乳房切除(術) mastectomy —— 248
乳房の mammary —— 246
ニューモシスチス(属) *Pneumocystis* —— 322
ニューヨーク心臓病学会 NYHA —— 287
入力 input —— 213
ニューロステロイド neurosteroid —— 278
ニューロトランスミッター neurotransmitter —— 278
ニューロトロフィン neurotrophin —— 279
ニューロパイル neuropil / neuropile —— 278
ニューロパチー neuropathy —— 278
ニューロフィラメント neurofilament —— 277
ニューロブラストーマ neuroblastoma —— 277
ニューロペプチドY NPY —— 285
ニューロン neuron / neurone —— 277
ニューロンの neuronal —— 278
尿 urine —— 446
尿管 ureter —— 445
尿管の ureteric —— 445
〃 ureteral —— 445
尿検査 urinalysis —— 445
尿細管 tubule —— 437
尿細管間質性の tubulointerstitial —— 437
尿細管の tubular —— 437
尿酸 urate —— 445
〃 uric acid —— 445
尿酸の urate —— 445
尿症 -uria —— 445
尿素 urea —— 445
尿道 urethra —— 445
尿道炎 urethritis —— 445
尿道の urethral —— 445
尿毒症 uremia —— 445
尿の urinary —— 446
尿崩症 diabetes insipidus —— 114
尿路疾患(性)の uropathogenic —— 446
尿路上皮の urothelial —— 446
尿路造影(法) urography —— 446
二卵性の dizygotic —— 122
二硫化物 disulfide —— 121
二量体 dimer —— 117

二量体化　dimerization — 117
二リン酸　pyrophosphate — 347
二連の　bipartite — 49
ニワトリの　chick — 69
任意抽出の　unselected — 444
任意の　arbitrary — 30
〃　facultative — 154
認可　certification — 66
〃　license — 236
〃　permit — 311
〃　authorization — 38
認可する　authorize — 38
人気　popularity — 326
人気のある　popular — 326
人間性　humanity — 194
認識　recognition — 354
〃　cognition — 79
〃　awareness — 40
認識する　recognize / recognise — 354
認識できる　recognizable — 354
妊娠　pregnancy — 331
妊娠(期間)　gestation — 173
妊娠高血圧腎症　preeclampsia — 331
妊娠した　pregnant — 332
妊娠する　conceive — 85
妊娠中絶　abortion — 2
妊娠中の　pregnant — 332
忍耐強い　patient — 305
認知　cognition — 79
〃　perception — 308
認知症　dementia — 108
認知症になる　dement — 108
認知上の　cognitive — 79
認知神経科学的な　neurocognitive — 277
認知する　acknowledge — 5
〃　recognize / recognise — 354
〃　perceive — 308
認知性の　cognitive — 79
認定する　qualify — 347
妊婦の　maternity — 248
任務　mission — 260
任命　designation — 112
任命する　designate — 112

ぬ

ヌード　nude — 286
ヌクレアーゼ　nuclease — 285
ヌクレオカプシド　nucleocapsid — 285
ヌクレオシド　nucleoside — 286
ヌクレオソーム　nucleosome — 286
ヌクレオチド　nucleotide — 286
ヌクレオチド鎖切断の　endonucleolytic — 137
布，布地　cloth — 77
塗る　paste — 304
〃　paint — 300
ヌル　null — 286
濡れた　wet — 456

ね

根　root — 372
ネオアジュバント　neoadjuvant — 275
ネクローシス　necrosis — 274
ネコ　cat — 62
ネコの　feline — 157
ねじれ　torsion — 427
〃　kink — 229
ねじれ形の　staggered — 399
熱　heat — 184
〃　thermo- — 422
熱安定性　thermostability — 423
熱安定性の　thermostable — 423
熱狂　mania — 246
熱産生　thermogenesis — 422
熱ショックタンパク質　HSP — 194
熱ショック転写因子　HSF — 194
熱性の　febrile — 156
熱耐性　thermotolerance — 423
熱帯の　tropical — 435
ネット　net — 276
ネットワーク　network — 276
熱分解　pyrolysis — 347
熱力学　thermodynamics — 422
熱力学的な　thermodynamic — 422
熱量　calorie / calory — 57
熱量測定法　calorimetry — 57
熱量の　caloric — 57

値引きする　discount ―― 118
ネフローゼ　nephrosis ―― 276
ネフローゼの　nephrotic ―― 276
ネフロン　nephron ―― 276
眠気　drowsiness ―― 125
〃　sleepiness ―― 390
眠る　sleep ―― 390
値を付ける　price ―― 334
年一回の　annual ―― 23
粘液　mucus ―― 267
粘液腫　myxoma ―― 272
粘液水腫　myxedema ―― 272
粘液性の　mucous ―― 267
粘液様の　mucoid ―― 266
年間の　annual ―― 23
捻挫　distortion ―― 121
燃焼　combustion ―― 81
稔性　fertility ―― 157
粘性　viscosity ―― 453
稔性の　fertile ―― 157
年代　era ―― 143
粘弾性　viscoelasticity ―― 453
粘着　cohesion ―― 79
粘着性の　cohesive ―― 79
捻転　torsion ―― 427
粘度　viscosity ―― 453
年輩の　senior ―― 382
粘膜　mucosa ―― 266
粘膜炎　mucositis ―― 267
粘膜下層　submucosa ―― 407
粘膜関連リンパ組織　MALT ―― 246
粘膜の　mucous ―― 267
燃料　fuel ―― 166
年齢　age ―― 12

の

ノイズ　noise ―― 281
脳　brain ―― 53
〃　cerebr(o)- ―― 66
〃　encephal(o)- ―― 135
嚢　bursa ―― 55
〃　pouch ―― 329
〃　sac ―― 374
脳炎　encephalitis ―― 135
農園　plantation ―― 319
農学　agriculture ―― 13
脳下垂体アデニル酸シクラーゼ活性化ポリペプチド　PACAP ―― 299
脳下垂体の　pituitary ―― 318
脳幹　brainstem / brain stem ―― 53
脳橋　pons ―― 326
膿胸　empyema ―― 135
農業　agriculture ―― 13
農業家　farmer ―― 155
脳橋の　pontine ―― 326
脳血管性の　cerebrovascular ―― 66
脳血流量　CBF ―― 64
脳室　ventricle ―― 450
脳室下の　subventricular ―― 408
脳室周囲の　paraventricular ―― 303
〃　periventricular ―― 310
脳室内の　intracerebroventricular ―― 220
〃　intraventricular ―― 222
脳室の　ventricular ―― 450
嚢腫　cyst ―― 102
濃縮　concentration ―― 85
〃　enrichment ―― 139
〃　condensation ―― 86
濃縮する　concentrate ―― 85
〃　condense ―― 86
濃縮体　tangle ―― 417
濃縮物　concentrate ―― 85
〃　condensate ―― 86
脳症　encephalopathy ―― 135
脳障害　encephalopathy ―― 135
嚢状の　saccular ―― 375
脳神経外科　neurosurgery ―― 278
脳振盪　concussion ―― 86
膿性の　purulent ―― 346
〃　suppurative ―― 411
脳脊髄液　CSF ―― 99
脳脊髄炎　encephalomyelitis ―― 135
脳脊髄の　cerebrospinal ―― 66
脳卒中　stroke ―― 405
脳底の　basilar ―― 44
濃度　concentration ―― 85
能動的な　active ―― 6
濃度測定(法)　densitometry ―― 109
脳内の　intracerebral ―― 220
膿尿(症)　pyuria ―― 347

脳の cerebral 66
脳波 electroencephalogram 131
〃 EEG 129
嚢胚 gastrula 170
嚢胚形成 gastrulation 170
脳波記録(法) electroencephalography 131
農夫 farmer 155
嚢胞 cyst 102
膿疱 pustule 346
嚢胞性線維症膜コンダクタンス制御因子 CFTR 67
嚢胞性の cystic 102
嚢胞切除(術) cystectomy 102
農薬 pesticide 312
脳由来神経栄養因子 BDNF 44
膿瘍 abscess 2
脳梁 callosum 57
能力 ability 1
〃 capacity 58
〃 power 329
〃 capability 58
〃 potency 329
〃 facility 154
〃 performance 309
能力がない incapable 207
〃 incompetent 207
能力障害 disability 118
能力のある capable 58
〃 proficient 336
ノーザンブロット法 Northern blotting 284
ノーベル賞 Nobel prize 281
ノーマリゼーション normalization 284
逃れる evade 146
残す leave 233
〃 spare 394
残り remainder 361
〃 rest 366
残る remain 361
乗せる mount 265
除いて except 148
望ましい desirable 112
望ましくない undesirable 441
望まれない unwanted 444
望む desire 112
〃 long 240
ノックアウト knockout 229
〃 KO 230
ノックイン knock-in 229
ノックダウン knockdown 229
ノット knot 229
〜のない free 166
延ばす lengthen 234
伸びる grow 180
〃 stretch 404
述べる state 400
〃 mention 252
のぼせ flash 160
登る climb 75
飲み込む swallow 413
〃 engulf 138
飲み物 beverage 46
ノモグラム nomogram 281
乗り上げる override 298
乗換え crossover 98
ノルアドレナリン noradrenaline 284
ノルアドレナリン作動性の noradrenergic 284
ノルマ norm 284
ノルマル normal 284
〃 n 272
ノロウイルス norovirus 284
ノンコンプライアンス noncompliance 282
ノンパラメトリックな nonparametric / non-parametric 283
ノンレスポンダー nonresponder / non-responder 283

は

葉 leaf 233
歯 tooth 427
場 field 158
場合 case 62
〃 circumstance 74
〃 instance 214
〃 occasion 288
バーキットリンパ腫 Burkitt's lymphoma 55

の
は

パーキンソニズム　parkinsonism ―― 303
パーキンソン病　Parkinson's disease ―― 303
把握する　grasp ―― 179
バージョン　version ―― 451
バースト　burst ―― 56
バースト形成単位　BFU ―― 46
パーセンタイル　percentile ―― 308
パーセント　percent ―― 308
パート　part ―― 303
ハードウェア　hardware ―― 183
パートナー　partner ―― 304
ハーネス　harness ―― 183
パーミアーゼ　permease ―― 310
灰　ash ―― 33
胚　embryo ―― 133
〃　germ ―― 173
肺　lung ―― 242
バイアス　bias ―― 46
配位　coordination ―― 93
配位子　ligand ―― 236
灰色　gray ―― 179
排液法　drainage ―― 125
肺炎　pneumonia ―― 322
肺炎球菌　*pneumococci* ―― 322
肺炎球菌の　pneumococcal ―― 322
肺炎の　pneumonic ―― 322
バイオアッセイ　bioassay ―― 47
バイオアベイラビリティ　bioavailability ―― 47
バイオインフォマティクス　bioinformatics ―― 48
バイオサイエンス　bioscience ―― 48
バイオセンサー　biosensor ―― 48
バイオタイプ　biotype ―― 49
バイオテクノロジー　biotechnology ―― 48
パイオニア　pioneer ―― 318
バイオハザード　biohazard ―― 48
バイオフィルム　biofilm ―― 48
バイオプシー　biopsy ―― 48
バイオポリマー　biopolymer ―― 48
バイオマス　biomass ―― 48
バイオマテリアル　biomaterial ―― 48
バイオルミネセンス　bioluminescence ―― 48
胚芽　germ ―― 173
媒介　mediation ―― 250
媒介する　mediate ―― 250
媒介性の　borne ―― 52
背外側の　dorsolateral ―― 123
媒介物　mediator ―― 250
〃　agent ―― 12
倍加する　double ―― 124
肺活量測定　spirometry ―― 397
廃棄　disposition ―― 120
〃　disposal ―― 120
肺気腫　emphysema ―― 134
廃棄する　discard ―― 118
廃棄物　waste ―― 455
配給　distribution ―― 121
配給する　distribute ―― 121
配偶子　gamete ―― 169
配偶子形成　gametogenesis ―― 169
配偶者　spouse ―― 398
配偶体　gametophyte ―― 169
背景　background ―― 42
胚形成　embryogenesis ―― 134
敗血症　sepsis ―― 383
〃　septicemia ―― 383
敗血症の　septic ―― 383
背後　rear ―― 353
配合　combination ―― 81
〃　mixture ―― 261
配合禁忌　incompatibility ―― 207
配合する　compound ―― 84
配向(性)　orientation ―― 294
胚軸　hypocotyl ―― 199
バイシストロニックな　bicistronic ―― 46
廃止する　abolish ―― 2
〃　abrogate ―― 2
排出　excretion ―― 149
〃　emission ―― 134
排出する　expel ―― 150
〃　excrete ―― 149
〃　drain ―― 125
排出量　output ―― 296
排除　exclusion ―― 149
〃　elimination ―― 133
〃　clearance ―― 75

排除する exclude — 149
〃 eliminate — 133
排水管 drain — 125
倍数性 ploidy — 322
〃 polyploidy — 325
倍数体 polyploid — 325
胚性幹細胞 ES cell — 144
胚性(期)の embryonal — 134
肺性心 cor pulmonale — 94
胚性の embryonic — 134
排泄 excretion — 149
排泄する excrete — 149
排泄性の excretory — 149
排泄物 feces — 156
〃 discharge — 118
肺臓炎 pneumonitis — 322
背側の dorsal — 123
媒体 vehicle — 450
配達 delivery — 108
配達する deliver — 108
排他的な exclusive — 149
配置 placement — 319
〃 disposition — 120
〃 deployment — 110
培地 medium — 251
配置する deploy — 110
〃 position — 327
〃 place — 319
配糖体 glycoside — 176
梅毒 syphilis — 416
ハイドロゲル hydrogel — 195
背内側の dorsomedial — 124
胚乳 endosperm — 137
排尿 urination — 446
〃 micturition — 258
排尿筋 detrusor — 113
排尿障害 dysuria — 128
肺の pulmonary — 345
胚の germinal — 173
～倍の fold — 163
〃 time — 425
排膿法 drainage — 125
バイパス bypass — 56
胚盤胞 blastocyst — 49
胚盤葉 blastoderm — 49
胚盤葉上層 epiblast — 141
配備する deploy — 110
背腹側の dorsoventral — 124
ハイブリッド hybrid — 195
ハイブリッド形成(法)
hybridization — 195
ハイブリッドを形成させる
hybridize — 195
ハイブリドーマ hybridoma — 195
肺胞 alveolus — 17
肺胞炎 alveolitis — 17
肺胞の alveolar — 17
肺門 hilus — 189
培養 culture — 100
〃 cultivation — 100
培養液 medium — 251
培養する culture — 100
胚様体 embryoid — 134
培養の cultural — 100
ハイライト highlight — 189
排卵 ovulation — 298
排卵する ovulate — 298
排卵性の ovulatory — 298
入る enter — 139
配列 constellation — 89
〃 arrangement — 31
〃 sequence — 383
〃 array — 31
配列する arrange — 31
配列内リボソーム進入部位 IRES — 224
配列を決定する sequence — 383
バインダー binder — 47
ハウスキーピング housekeeping
— 193
ハエ fly — 162
破壊 destruction — 112
〃 lesion — 234
〃 disruption — 120
破壊する disrupt — 120
〃 lesion — 234
〃 subvert — 408
〃 break — 53
〃 destroy — 112
破壊的な destructive — 112
〃 disruptive — 120
博士 doctor — 123
秤 scale — 376

は

計る scale 376
吐き気 nausea 274
吐き出す exhale 149
パキテン期 pachytene 299
バキュロウイルス baculovirus 42
破局 catastrophe 63
掃く sweep 413
麦芽 malt 246
博士(学位) Ph.D. / PhD 313
白質脳症 leukoencephalopathy 235
拍出 outflow 296
〃 ejection 131
拍出する eject 130
拍出量 output 296
白色 white 457
白色種 albino 14
白色人種の Caucasian 63
白人 white 457
〃 Caucasian 63
薄層クロマトグラフィー TLC 426
莫大な enormous 139
〃 vast 449
剥脱 deprivation 111
剥奪する strip 405
バクテリア bacteria 42
バクテリア人工染色体 BAC 41
バクテリオクロロフィル bacteriochlorophyll 42
バクテリオファージ bacteriophage 42
バクテリオロドプシン bacteriorhodopsin 42
拍動 beat 45
拍動する beat 45
拍動性の pulsatile 345
白内障 cataract 63
爆発 explosion 151
爆発性の explosive 151
爆発的な explosive 151
爆発物 explosive 151
白斑(症) vitiligo 453
薄膜 lamina 231
〃 film 159
剥離 abrasion 2
〃 detachment 112
剥離させる detach 112
パクリタキセル paclitaxel 299
曝露 exposure 151
曝露されていない unexposed 442
曝露する expose 151
〃 challenge 67
暴露する unmask 443
波形 waveform 455
激しい severe 385
〃 intense 216
励ます encourage 135
跛行 claudication 75
破骨細胞 osteoclast 295
破骨細胞形成 osteoclastogenesis 295
破骨細胞分化因子 RANKL 351
運ぶ carry 61
〃 convey 93
はしか measles 249
始まる originate 294
初め beginning 45
始める start 400
〃 launch 232
播種 dissemination 120
播種する seed 380
播種性血管内血液凝固 DIC 115
場所 location 239
〃 place 319
破傷風 tetanus 421
走る run 374
橋を架ける span 394
パス path 305
パズル puzzle 346
派生効果 ramification 350
派生する derive 111
派生的な derivative 111
派生物 outgrowth 296
バセドウ病 Graves' disease 179
バソプレシン vasopressin 449
破損 breakage 53
〃 disruption 120
〃 damage 103
破損する disrupt 120
〃 damage 103
パターン pattern 305
パターン形成する pattern 305

裸の　naked — 273
〃　nude — 286
〃　bare — 43
果たす　play — 321
〃　attain — 37
働く　work — 458
破綻的な　breakthrough — 53
波長　wavelength — 455
バチルス(属)　*Bacillus* — 41
罰　penalty — 307
発育　growth — 180
発育不全　hypoplasia — 199
〃　abortion — 2
発育不全の　abortive — 2
発育を阻止する　stunt — 405
発火　firing — 159
発芽　germination — 173
麦角　ergot — 143
発芽する　bud — 55
〃　germinate — 173
〃　sprout — 398
バッカル錠　buccal — 55
発癌　carcinogenesis — 60
〃　oncogenesis — 290
抜管　extubation — 153
発癌遺伝子　oncogene — 290
発汗する　sweat — 413
発癌性の　oncogenic — 290
発癌物質　carcinogen — 60
発揮　exertion — 149
発議　initiative — 212
曝気　aeration — 11
発揮する　exert — 149
はっきりと認識できる
appreciable — 29
白金　platinum — 321
〃　Pt — 344
バックグラウンド　background — 42
バッククロス　backcross — 42
発掘　mining — 259
パッケージ　package — 299
白血球　leukocyte — 235
〃　WBC — 455
白血球減少(症)　leukopenia — 235
白血球増多(症)　leukocytosis — 235
白血球の　leukocytic — 235
白血症　leukosis — 235
白血病　leukemia / leukaemia — 235
白血病の　leukemic / leukaemic
— 235
白血病誘発　leukemogenesis — 235
白血病抑制因子　LIF — 236
発見　discovery — 119
〃　finding — 159
発現　expression — 152
発現遺伝子配列断片　EST — 145
発見する　discover — 119
発現する　express — 151
発現増加
upregulation / up-regulation — 445
発見的な　heuristic — 188
発現を停止させる　silence — 388
発酵　fermentation — 157
発光酵素　luciferase — 241
発行物　issue — 226
発散　divergence — 122
発散させる　exhale — 149
発散する　emanate — 133
〃　diverge — 122
発射　discharge — 118
発出する　emanate — 133
発症　onset — 291
〃　event — 147
発情(期)　heat — 184
発情(期)の　estrous — 145
発症する　affect — 11
発色性の　chromogenic — 72
発色団　chromophore — 72
発振　oscillation — 295
発振器　oscillator — 295
発振する　oscillate — 294
発振の　oscillatory — 295
抜粋　abstract — 3
発する　emanate — 133
発生　development — 113
〃　onset — 291
〃　occurrence — 289
発声　vocalization — 454
発生学　embryology — 134
発生期の　nascent — 273
発生させる　engender — 138
発生上の　developmental — 113

発生する occur — 289
発生装置 generator — 171
発声の vocal — 454
発生率 incidence — 207
〃 occurrence — 289
罰則 penalty — 307
発達 development — 113
〃 buildup — 55
発達上の developmental — 113
発達する develop — 113
バッチ batch — 44
パッチ patch — 304
発動因子 initiator — 212
発熱 fever — 157
発熱性の exothermic — 150
発熱物質 pyrogen — 347
発病 onset — 291
発表 presentation — 333
発表する announce — 23
〃 publish — 345
発病(率) incidence — 207
発明する devise — 113
ハト pigeon — 318
波動 ripple — 371
歯止め ratchet — 351
花 flower — 161
鼻 nose — 284
鼻の nasal — 273
花の floral — 161
離れて trans- — 429
離れる leave — 233
パニック panic — 301
羽 wing — 458
パネル panel — 301
歯の dental — 109
幅 width — 457
〃 breadth — 53
パピローマ papilloma — 301
ハプテン hapten — 183
バブル bubble — 55
ハプロイド haploid — 182
ハプロタイプ haplotype — 183
ハプロ不全 haploinsufficiency — 183
ハムスター hamster — 182
波面 wavefront — 455
速い fast — 155
〃 quick — 348
早く early — 128
速める accelerate — 3
ハライド halide — 182
パラ位の p- — 299
払い戻し reimbursement — 359
パラインフルエンザ parainfluenza — 302
払う pay — 306
パラダイム paradigm — 301
ばらつく vary — 448
パラドックス paradox — 301
パラフィン paraffin — 302
パラ分泌 paracrine — 301
パラメータ parameter — 302
パラメトリックな parametric — 302
パラロガスな paralogous — 302
パラログ paralog / paralogue — 302
バランス balance — 42
針 needle — 274
バリウム barium — 43
〃 Ba — 41
バリコシティ varicosity — 448
鍼(治療) acupuncture — 7
パリティ parity — 303
バリデーション validation — 447
ハリネズミ hedgehog — 184
バリヤー barrier — 43
バリン valine — 447
〃 V — 447
〃 Val — 447
パリンドローム palindrome — 300
貼る paste — 304
バルーン balloon — 43
バルク bulk — 55
バルジ bulge — 55
パルス pulse — 345
パルスフィールドゲル電気泳動 PFGE — 312
バルビツール酸(塩) barbiturate — 43
バルブ valve — 448
パルプ pulp — 345
パルボウイルス parvovirus — 304

パルミチン酸　palmitate — 300
パルミチン酸転移酵素
palmitoyltransferase — 300
パルミチン酸の　palmitate — 300
パルミトイル化　palmitoylation — 300
パルミトイルトランスフェラーゼ
palmitoyltransferase — 300
破裂　explosion — 151
〃　rupture — 374
破裂する　rupture — 374
バレット食道
Barrett's esophagus — 43
ハロゲン　halogen — 182
ハロゲン化物　halide — 182
ハロタン　halothane — 182
葉を出す　leaf — 233
版　edition — 129
〃　version — 451
斑　plaque — 320
〃　macule — 244
反　counter- — 96
半　semi- — 381
範囲　area — 30
〃　range — 351
〃　reach — 352
〃　spectrum — 396
〃　scope — 378
範囲外　ultra- — 439
反映　reflection — 357
反映する　reflect — 357
反映的な　reflective — 357
汎化　generalization — 171
反回性の　recurrent — 356
半球　hemisphere — 185
半径　radius — 350
汎血球減少(症)　pancytopenia - 301
半月体　crescent — 97
半減期　half life — 182
〃　$T_{1/2}$ — 416
半減させる　halve — 182
半合成の　semisynthetic — 382
番号を付ける　number — 286
バンコマイシン　vancomycin — 448
瘢痕　scar — 377
反作用する　counteract — 96
反射　reflex — 357
〃　reflection — 357
反社会的な　antisocial — 27
反射性交感神経性ジストロフィー
RSD — 373
反射の　reflective — 357
搬出　export — 151
繁殖　propagation — 339
繁殖させる　breed — 53
繁殖する　propagate — 339
〃　reproduce — 363
繁殖性　fertility — 157
繁殖性の　fertile — 157
繁殖不能の　sterile — 402
繁殖力　fecundity — 156
半身麻痺　hemiparesis — 185
半数体　haploid — 182
反芻動物　ruminant — 374
半接合性の　hemizygous — 185
半接着斑　hemidesmosome — 185
ハンセン病　leprosy — 234
反対　objection — 287
〃　contradiction — 91
反対する　object — 287
〃　oppose — 292
反対側の　contralateral — 92
反対の　counter — 96
〃　contrary — 92
〃　opposite — 292
判断　judgment / judgement — 227
判断基準　criteria — 98
判断する　reason — 353
〃　judge — 227
〃　read — 353
範疇　category — 63
反跳(現象)　rebound — 354
ハンチントン病
Huntington's disease — 194
判定　determination — 113
〃　decision — 105
判定する　decide — 105
半定量的な　semiquantitative — 382
パンデミック　pandemic — 301
斑点　spot — 398
反転　inversion — 223
〃　reversal — 369

は

反転させる　invert —— 223
反転した　inverse —— 223
斑点状丘疹の　maculopapular —— 244
バンド　band —— 43
半導体　semiconductor —— 381
反時計回りの［に］ counterclockwise —— 96
ハンドル　handle —— 182
犯人　culprit —— 100
番人　sentinel —— 383
反応　response —— 366
〃　reaction —— 352
反応器　reactor —— 353
反応式　equation —— 142
反応者　responder —— 366
反応する　respond —— 366
〃　react —— 352
反応性　responsiveness —— 366
〃　reactivity —— 353
万能性　versatility —— 451
反応性亢進　hyperreactivity —— 198
〃　hyperresponsiveness —— 198
反応性低下　hyporesponsiveness —— 199
反応性の　reactive —— 353
反応体　reactant —— 352
反応物　reactant —— 352
販売する　market —— 247
反発　repulsion —— 364
汎発する　disseminate —— 120
晩発（性）の　late —— 232
反発的な　repulsive —— 364
反復　repetition —— 362
〃　repeat —— 362
反復して　repeatedly —— 362
反復性の　repetitive —— 362
〃　recurrent —— 356
〃　iterative —— 226
パンフレット　leaflet —— 233
判別　discrimination —— 119
判別可能な　discriminative —— 119
判別する　discriminate —— 119
判別できない　indistinguishable —— 209
判別の　discriminant —— 119
ハンマーヘッド型の　hammerhead —— 182
判明する　prove —— 342
汎用性の　versatile —— 450
伴侶　companion —— 82
範例　paradigm —— 301

ひ

比　ratio —— 352
非　a- —— 1
〃　de- —— 104
〃　non- —— 281
〃　un- —— 440
非アイソトープの　cold —— 79
非悪性の　nonmalignant / non-malignant —— 283
ヒアリン　hyaline —— 195
ヒアリング　hearing —— 184
非アルコール性脂肪性肝炎　NASH —— 273
非アルコール性脂肪性肝疾患　NAFLD —— 272
非アルコール性の　nonalcoholic —— 282
ヒアルロナン　hyaluronan —— 195
非イオン性の　nonionic / non-ionic —— 282
B型肝炎ウイルス　HBV —— 183
ピーク　peak —— 306
B細胞　B-cell —— 41
B細胞受容体　BCR —— 44
Bcr-Abl融合タンパク質　Bcr-Abl —— 44
ビーズ　bead —— 44
非依存　independence —— 208
非依存性の　independent —— 208
PDZドメイン　PDZ domain —— 306
非遺伝子組換えの　nontransgenic / non-transgenic —— 284
P糖タンパク質　P-glycoprotein —— 299
ピーナッツ　peanut —— 306
ビーム　beam —— 45
HeLa細胞　HeLa cell —— 184
Bリンパ球　B-cell —— 41
鼻咽腔　nasopharynx —— 273
鼻咽頭の　nasopharyngeal —— 273

非運動性の
nonmotile / non-motile —— 283
冷える cool —— 93
鼻炎 rhinitis —— 370
非炎症性の noninflammatory /
non-inflammatory —— 282
非応答者 nonresponder / non-
responder —— 283
非応答性の unresponsive —— 444
ビオチン biotin —— 49
ビオチン化 biotinylation —— 49
ビオチン標識 biotinylation —— 49
被蓋の tegmental —— 418
控える withhold —— 458
非可逆的な irreversible —— 224
比較 comparison —— 82
被殻 putamen —— 346
比較ゲノムハイブリダイゼーション
CGH —— 67
比較する compare —— 82
〃 weigh —— 456
比較できる comparable —— 82
比較の comparative —— 82
日陰 shade —— 385
皮下脂肪 skinfold —— 390
皮下注射 s.c. / sc —— 376
非活性化 deactivation —— 104
非活性化する deactivate —— 104
皮下の subcutaneous —— 406
光 light —— 237
〃 photo- —— 316
光回復酵素 photolyase —— 316
光吸収率 absorbance —— 2
光サイクル photocycle —— 316
光産物 photoproduct —— 316
光周期 photoperiod —— 316
〃 photocycle —— 316
光受容器 photoreceptor —— 316
光親和性 photoaffinity —— 316
光増感剤 photosensitizer —— 316
光退色 photobleaching —— 316
光伝達 phototransduction —— 317
光標識する photolabel —— 316
光分解(反応) photolysis —— 316
光を当てる flash —— 160
光を放つ flash —— 160
非観血式の
noninvasive / non-invasive —— 282
非慣習的な unconventional —— 441
非感受性 insensitivity —— 214
非感受性の insensitive —— 214
非感染性の uninfected —— 442
引き起こす cause —— 63
〃 induce —— 209
引き金 trigger —— 434
引き金を引く trigger —— 434
引き算 subtraction —— 408
引き算する subtract —— 408
非喫煙者
nonsmoker / non-smoker —— 283
引きつける attract —— 37
引き続く subsequent —— 407
非機能性の nonfunctional / non-
functional —— 282
非競合性の noncompetitive / non-
competitive —— 282
非競合的な noncompetitive / non-
competitive —— 282
非共有結合の
noncovalent / non-covalent —— 282
非局在化 delocalization —— 108
非局在化する delocalize —— 108
非極性の nonpolar / non-polar — 283
非許容の nonpermissive / non-
permissive —— 283
非近交系の outbred —— 296
非筋肉の
nonmuscle / non-muscle —— 283
引く pull —— 345
低い low —— 241
鼻腔胃の nasogastric —— 273
鼻腔内の intranasal —— 221
ピクセル pixel —— 318
ピグメント pigment —— 318
非経口的な parenteral —— 303
非結合の unbound —— 440
被検者 subject —— 406
ピコアンペア pA —— 299
飛行 flight —— 161
飛行時間型質量分析 TOF-MS — 426
非公式の private —— 335
肥厚する thicken —— 423

ひ

肥厚性の　hyperplastic — 197
非構造的な
nonstructural / non-structural — 284
肥厚板　placode — 319
非効率的な　inefficient — 209
ピコシーメンス　picosiemens — 317
〃　pS — 343
非古典的な
nonclassical / non-classical — 282
微細構造　microstructure — 258
微細線維　filament — 158
微細な　fine — 159
脾細胞　splenocyte — 397
ヒ酸(塩)　arsenate — 31
非刺激の　unstimulated — 444
被子植物　angiosperm — 22
皮脂腺の　sebaceous — 379
皮質　cortex — 95
〃　cortices — 95
皮質下の　subcortical — 406
皮質脊髄の　corticospinal — 95
皮質の　cortical — 95
微視的な　microscopic — 257
脾腫　splenomegaly — 397
微絨毛　microvilli — 258
非腫瘍形成性の　nontumorigenic / non-tumorigenic — 284
非受容体の
nonreceptor / non-receptor — 283
非遵守　noncompliance — 282
微小　micro- — 256
尾状核の　caudate — 63
微小管　microtubule — 258
微小環境　microenvironment — 257
〃　niche — 279
微小管形成中心　MTOC — 266
微小キメラ化　microchimerism — 256
微小血管　microvessel — 258
微小血管系　microvasculature — 258
微小血管症　microangiopathy — 256
微小血管障害　microangiopathy — 256
微小血管の　microvascular — 258
微小欠失　microdeletion — 256
非小細胞肺癌　NSCLC — 285
非常時　emergency — 134
微小重力　microgravity — 257
微小循環　microcirculation — 256
微小線維　microfilament — 257
微小電極　microelectrode — 257
微小透析　microdialysis — 256
非常な　exceeding — 148
微小な　minute — 259
非常に　very — 451
非常の　emergent — 134
微少溶液の　microfluidic — 257
微小粒子　microparticle — 257
微小領域　microdomain — 257
比色定量　colorimetry — 81
非触媒性の
noncatalytic / non-catalytic — 282
比色分析　colorimetry — 81
ビジョン　vision — 453
皮疹　eruption — 144
〃　rash — 351
非侵害性の　innocuous — 213
非神経性の
nonneuronal / non-neuronal — 283
非侵襲性の
noninvasive / non-invasive — 282
非水解性の　nonhydrolyzable / non-hydrolyzable — 282
ヒスタミン　histamine — 190
ヒスタミン作動性の
histaminergic — 190
ヒスチジン　histidine — 190
〃　H — 181
〃　His — 190
ヒステリシス　hysteresis — 200
非ステロイド性抗炎症薬　NSAID — 285
非ステロイド性の
nonsteroidal / non-steroidal — 283
ヒストグラム　histogram — 190
ヒストプラズマ症
histoplasmosis — 191
ヒストン　histone — 190
ヒストンデアセチラーゼ　HDAC — 183
ビス2アミノフェニルエチレングリコール四酢酸　BAPTA — 43

ビスホスホネート bisphosphonate — 49
歪み strain — 403
〃 distortion — 121
〃 skew — 390
非制限的な unrestricted — 444
非生産的な nonproductive / non-productive — 283
非正統的な illegitimate — 202
微生物 germ — 173
〃 microorganism — 257
〃 microbe — 256
微生物学 microbiology — 256
微生物学的な microbiological / microbiologic — 256
微生物叢 microbiota — 256
微生物の microbial — 256
微生物葉緑素 bacteriochlorophyll — 42
飛跡 track — 428
非線形の nonlinear / non-linear — 282
非選択的な nonselective / non-selective — 283
非占有の unoccupied — 443
ヒ素 arsenic — 31
皮層 cortex — 95
〃 cortices — 95
脾臓 spleen — 397
非相同の nonhomologous / non-homologous — 282
非相同末端結合 NHEJ — 279
皮層の cortical — 95
脾臓の splenic — 397
尾側 caudal — 63
ヒ素の arsenic — 31
非存在 absence — 2
肥大型心筋症 HCM — 183
肥大型の hypertrophic — 198
非対称 asymmetry — 35
肥大症 hyperplasia — 197
〃 hypertrophy — 198
非代償期の decompensated — 105
非代償性の decompensated — 105
非対称の asymmetric / asymmetrical — 35
肥大性の hypertrophic — 198
浸す immerse — 202
〃 submerge — 407
ビタミン vitamin — 453
左，左の left — 233
非致死性の nonfatal / non-fatal — 282
〃 nonlethal / non-lethal — 282
非嫡出の illegitimate — 202
引っかく scratch — 378
ヒツジ sheep — 386
ヒツジの ovine — 298
筆者 author — 38
必須な essential — 145
必須の prerequisite — 333
〃 mandatory — 246
必然性 necessity — 274
必然的な causal — 63
〃 inevitable — 210
〃 necessary — 274
ピッチ pitch — 318
匹敵させる compare — 82
匹敵する comparable — 82
〃 equal — 142
ヒップ hip — 190
必要 need — 274
必要条件 prerequisite — 333
必要とする need — 274
〃 necessitate — 274
〃 entail — 139
〃 require — 364
必要な prerequisite — 333
〃 necessary — 274
〃 requisite — 364
必要(量) requirement — 364
非定型の atypical — 37
〃 unconventional — 441
否定する deny — 109
〃 negate — 274
脾摘出(術) splenectomy — 397
非伝染性の noninfectious / non-infectious — 282
非天然の nonnative / non-native — 283
ヒト human — 194
〃 Homo sapiens — 192

ひ

ひどい gross — 180
非働化 inactivation — 206
非同期的な asynchronous — 35
非同義の nonsynonymous / non-synonymous — 284
非糖尿病性の nondiabetic / non-diabetic — 282
ヒト(型)の human — 194
ヒト化の humanized — 194
ヒト顆粒球エーリキア症 HGE — 189
非特異的な nonspecific / non-specific — 283
ヒト臍帯静脈内皮細胞 HUVEC — 194
ヒトサイトメガロウイルス HCMV — 183
等しい equal — 142
ヒト絨毛性ゴナドトロピン hCG — 183
ヒト上皮成長因子受容体2 HER-2 — 187
ヒト成長ホルモン hGH — 189
ひと揃い battery — 44
〃 suite — 409
ヒト胎児由来腎臓細胞 HEK cell — 184
ヒト遅延整流性カリウムイオンチャネル遺伝子 HERG — 187
1つの mono- — 263
ヒトT細胞白血病ウイルス HTLV — 194
ヒトテロメラーゼ逆転写酵素 hTERT — 194
ヒト白血球抗原 HLA — 191
ヒトパピローマウイルス HPV — 194
一晩の overnight — 297
ヒトヘルペスウイルス HHV — 189
ヒト免疫不全症ウイルス HIV — 191
ヒドロキシ hydroxy — 196
ヒドロキシアパタイト hydroxyapatite — 196
ヒドロキシエイコサテトラエン酸 hydroxyeicosatetraenoic acid — 196
〃 HETE — 188
ヒドロキシメチルグルタリルCoA還元酵素 HMG-CoA reductase — 191
ヒドロキシラーゼ hydroxylase — 196
ヒドロキシル hydroxyl — 196
ヒドロキシル化 hydroxylation — 196
ヒドロキシル化する hydroxylate — 196
ヒドロラーゼ hydrolase — 195
皮内の intradermal — 221
泌乳 lactation — 231
泌尿器科(学)の urologic — 446
泌尿器の urinary — 446
泌尿生殖器の urogenital — 446
避妊具 contraceptive — 91
避妊手術 sterilization — 402
避妊の contraceptive — 91
避妊(法) contraception — 91
避妊薬 contraceptive — 91
非ヌクレオシド系逆転写酵素阻害薬 NNRTI — 281
比の specific — 395
非能率的な inefficient — 209
被曝 exposure — 151
批判 criticism — 98
批判する criticize — 98
ひび crack — 97
非必須の nonessential / non-essential — 282
非ヒトの nonhuman / non-human — 282
日々の daily — 103
非肥満性糖尿病マウス NOD mouse — 281
非肥満性の nonobese / non-obese — 283
非病原性 avirulence — 40
非病原性の nonpathogenic / non-pathogenic — 283
非標識の unlabeled — 443
非標準の noncanonical / non-canonical — 282
批評する criticize — 98
批評の critical — 98
皮膚 skin — 390
鼻部 nose — 284
尾部 tail — 417

皮膚炎 dermatitis —— 111
皮膚科 dermatology —— 111
皮膚科学 dermatology —— 111
皮膚筋炎 dermatomyositis —— 111
被覆 coverage —— 97
腓腹 calf —— 57
腓腹筋 gastrocnemius —— 170
被覆度 coverage —— 97
皮膚掻痒(症) pruritus —— 343
皮膚T細胞リンパ腫 CTCL —— 99
皮膚粘膜の mucocutaneous —— 266
皮膚の cutaneous —— 100
〃 dermal —— 111
ビブリオ(属) *Vibrio* —— 452
非プロセス型の unprocessed —— 443
微分の differential —— 115
非分裂の nondividing / non-dividing —— 282
非平衡の nonequilibrium / non-equilibrium —— 282
ピペット pipette —— 318
非ペプチド性の nonpeptide / non-peptide —— 283
被包 encapsulation —— 135
尾胞 blastocyst —— 49
非抱合型の unconjugated —— 440
非放射性の nonradioactive / non-radioactive —— 283
〃 cold —— 79
被包する encapsulate —— 135
非翻訳の noncoding / non-coding —— 282
〃 untranslated —— 444
非翻訳領域 UTR —— 446
被膜 coat —— 78
肥満細胞 mast cell —— 248
肥満細胞症 mastocytosis —— 248
肥満(症) obesity —— 287
〃 adiposity —— 9
肥満性の obese —— 287
びまん性の diffuse —— 116
肥満度指数 BMI —— 51
肥満の obese —— 287
秘密 secret —— 379
秘密の secret —— 379
秘密を明かす unveil —— 444
微妙な subtle —— 408
ひも cord —— 94
百日咳 pertussis —— 312
百分位数 percentile —— 308
百分率 percentage —— 308
日焼け止め sunscreen —— 410
費用 expense —— 150
病 disease —— 119
秒 second —— 379
病院 hospital —— 193
病因学 etiology / aetiology —— 146
病因論の etiologic / etiological —— 146
評価 judgment / judgement —— 227
〃 evaluation —— 146
〃 assessment —— 34
〃 appreciation —— 29
氷河 glacier —— 173
病害 disease —— 119
費用がかかる cost —— 95
評価可能な evaluable —— 146
評価者 estimator —— 145
評価する assess —— 34
〃 value —— 447
〃 benchmark —— 45
〃 estimate —— 145
〃 rate —— 352
〃 appreciate —— 29
〃 evaluate —— 146
評価できる assessable —— 34
病気 sickness —— 387
〃 illness —— 202
評議会 council —— 96
病気に罹らせる predispose —— 331
病気の ill —— 202
〃 sick —— 387
表現 expression —— 152
〃 representation —— 363
病原 etiology / aetiology —— 146
病原菌 germ —— 173
〃 pathogen —— 305
表現型 phenotype —— 314
表現型の phenotypic / phenotypical —— 314
表現する express —— 151

ひ

病原性　pathogenesis — 305
〃　pathogenicity — 305
〃　virulence — 452
病原性の　etiologic / etiological — 146
病原性のある　pathogenic — 305
〃　virulent — 453
病原体　pathogen — 305
病原体の　pathogenic — 305
表現の　representational — 363
病原力　aggressiveness — 13
表在性の　superficial — 410
表示　demonstration — 109
標識　marker — 247
〃　tag — 417
〃　landmark — 231
〃　label — 230
病識　insight — 214
標識する　label — 230
〃　mark — 247
表示する　label — 230
〃　denote — 109
描写　description — 111
〃　picture — 318
〃　delineation — 108
〃　depiction — 110
描写する　describe — 111
〃　delineate — 108
〃　depict — 110
描出　visualization — 453
描出する　visualize — 453
標準　standard — 400
標準化　standardization — 400
標準化する　standardize — 400
標準誤差　S.E. / SE — 379
標準的な　canonical — 58
標準の　authentic — 38
標準偏差　S.D. / SD — 379
苗条　shoot — 386
病巣　focus — 162
病巣の　focal — 162
表題　heading — 183
病態　pathology — 305
病態生理学　pathophysiology — 305
病態生理学的な　pathophysiological / pathophysiologic — 305
病態生理の　pathophysiological / pathophysiologic — 305
病態の　pathologic / pathological — 305
標的　target — 418
病的状態　morbidity — 264
〃　sickness — 387
病的な　morbid — 264
標的にする　target — 418
評点　rating — 352
病棟　ward — 455
美容の　cosmetic — 95
漂白剤　bleach — 49
漂白する　bleach — 49
表皮　epidermis — 141
表皮融解　epidermolysis — 141
表皮溶解　epidermolysis — 141
病変　lesion — 234
病変形成　pathogenesis — 305
標本　preparation — 332
〃　sample — 375
〃　specimen — 395
表明　manifestation — 246
表面　surface — 412
〃　face — 154
表面活性物質　surfactant — 412
表面抗原分類　CD — 64
表面(上)の　superficial — 410
表面上は　seemingly — 380
表面に浮かぶ　supernatant — 410
病理　pathology — 305
病理学　pathology — 305
病理学者　pathologist — 305
病理学的な　pathologic / pathological — 305
病理生物学　pathobiology — 305
病理組織学的な　histopathological / histopathologic — 191
病理組織の　histopathological / histopathologic — 191
病理の　pathologic / pathological — 305
漂流　drift — 125
秤量する　weigh — 456
病歴　history — 191
評論　criticism — 98

費用を負担できる　afford — 12
ヒヨコ　chick — 69
日和見性の　opportunistic — 292
開いた　open — 291
開く　open — 291
糜爛　erosion — 143
非ランダムな
nonrandom / non-random — 283
比率　proportion — 339
〃　rate — 352
ひりひりする　sore — 394
ピリミジン　pyrimidine — 347
ピリミジン塩基のない
apyrimidinic — 29
微粒化　atomization — 36
微粒子　microsphere — 258
〃　particulate — 304
〃　microparticle — 257
微量　trace — 428
〃　micro- — 256
微量アルブミン尿(症)
microalbuminuria — 256
微量栄養素　micronutrient — 257
微量希釈　microdilution — 256
微量注入　microinjection — 257
微量注入する　microinject — 257
微量な　minor — 259
肥料分　fertility — 157
非両立の　incompatible — 207
ビリルビン　bilirubin — 47
ヒル　leech — 233
ピル　pill — 318
ヒル係数　Hill coefficient — 189
ピルビン酸　pyruvate — 347
ピルビン酸の　pyruvate — 347
昼間　daytime — 104
比例　proportion — 339
比例的な　proportional — 339
比例の　linear — 237
非連結の　unlinked — 443
非連鎖の　unlinked — 443
非連続的な　discontinuous — 118
広い　wide — 457
〃　broad — 54
疲労　fatigue — 156
疲労困憊　exhaustion — 149
疲労困憊させる　exhaust — 149
広がる　spread — 398
広くする　widen — 457
広げる　broaden — 54
〃　spread — 398
広幅化する　broaden — 54
ピロリン酸　pyrophosphate — 347
火をつける　spark — 394
敏感な　sensitive — 382
貧血　anemia / anaemia — 21
頻呼吸　tachypnea — 417
貧困　poverty — 329
ヒンジ　hinge — 190
品質　quality — 347
貧弱な　poor — 326
品種　race — 349
〃　form — 164
〃　cultivar — 100
品種の　racial — 349
ピンセット　forceps — 163
〃　tweezers — 438
頻度　frequency — 166
頻拍　tachycardia — 417
頻繁な　frequent — 166
頻脈　tachycardia — 417
頻脈性不整脈　tachyarrhythmia
— 417
品目　item — 226

ふ

不　dis- — 118
〃　non- — 281
〃　un- — 440
ファージ　phage — 312
ファイバー　fiber / fibre — 158
ファゴサイト　phagocyte — 312
ファゴソーム　phagosome — 312
ファミリー　family — 155
ファラッド　F — 154
ファルネシル化　farnesylation — 155
ファルネシル基転移酵素
farnesyltransferase — 155
ファルネシルトランスフェラーゼ
farnesyltransferase — 155
ファルマコフォア
pharmacophore — 313

ファロピウス管　fallopian tube ―― 155
不安　anxiety ―― 27
〃　disturbance ―― 121
〃　fear ―― 156
ファンコニー貧血
Fanconi anemia ―― 155
不安定化　destabilization ―― 112
不安定化させる　destabilize ―― 112
不安定性　instability ―― 214
〃　lability ―― 230
不安定な　unstable ―― 444
〃　labile ―― 230
ファンデルワールス力
van der Waals force ―― 448
不安な　anxious ―― 27
部位　site ―― 389
〃　locus ―― 240
〃　domain ―― 123
フィードバック　feedback ―― 157
フィードフォワードの
feedforward ―― 157
フィステル　fistula ―― 160
不一致　discordance ―― 118
〃　discrepancy ―― 119
〃　disagreement ―― 118
〃　inconsistency ―― 207
不一致の　inconsistent ―― 208
フィットする　fit ―― 160
フィットネス　fitness ―― 160
部位特異的な　site-directed ―― 389
フィトクロム　phytochrome ―― 317
フィトヘマグルチニン
phytohemagglutinin ―― 317
フィブリノーゲン　fibrinogen ―― 158
フィブリン　fibrin ―― 158
フィブロネクチン　fibronectin ―― 158
フィラメント　filament ―― 158
フィラメント形成　filamentation ―― 158
フィラメント状の　filamentous ―― 158
フィラリア症　filariasis ―― 158
斑入り　variegation ―― 448
フィルター　filter ―― 159
フィルム　film ―― 159
フィンガープリント　fingerprint ―― 159
フィンチ　finch ―― 159
封じ込め　containment ―― 90
風疹　rubella ―― 373
ブーストする　boost ―― 51
風船　balloon ―― 43
封着する　seal ―― 379
風土　climate ―― 75
封筒　envelope ―― 140
ブートストラップ　bootstrap ―― 51
風土性の　endemic ―― 136
封入　entrapment ―― 140
〃　inclusion ―― 207
〃　encapsulation ―― 135
封入する　entrap ―― 140
〃　enclose ―― 135
風媒性の　airborne ―― 14
夫婦間の　marital ―― 247
フーリエ変換　Fourier transform ―― 165
プール　pool ―― 326
フェトプロテイン　fetoprotein ―― 157
フェニル　phenyl ―― 314
フェニルアラニン
phenylalanine ―― 314
〃　F ―― 154
〃　Phe ―― 313
フェニルケトン尿(症)
phenylketonuria ―― 314
フェノール　phenol ―― 314
フェノチアジン　phenothiazine ―― 314
フェリチン　ferritin ―― 157
フェレット　ferret ―― 157
フェロモン　pheromone ―― 314
不応状態　refractoriness ―― 357
不応性の　refractory ―― 357
フォークヘッド　forkhead ―― 164
フォーマット　format ―― 164
フォーマットする　format ―― 164
フォールディング　folding ―― 163
フォトリアーゼ　photolyase ―― 316
フォトン　photon ―― 316
フォルスコリン　forskolin ―― 165
フォルボール　phorbol ―― 314
フォルボール12-ミリスチン酸13-酢酸
PMA ―― 322

不隠　agitation —— 13
フォンウィルブランド因子
von Willebrand factor —— 454
〃　vWF —— 455
フォンヒッペル・リンダウ病
VHL —— 451
付加　addition —— 7
孵化　incubation —— 208
負荷　charge —— 68
〃　load —— 239
深い　deep —— 106
不快感　discomfort —— 118
不快な　unpleasant —— 443
〃　offensive —— 289
不可逆的な　irreversible —— 224
不確定性　uncertainty —— 440
不確定な　uncertain —— 440
不確定の　inconclusive —— 207
〃　indefinite —— 208
負荷軽減　unloading —— 443
不可欠な　indispensable —— 209
不可欠の　integral —— 216
深さ　depth —— 111
不可視の　invisible —— 223
付加する　append —— 28
孵化する　hatch —— 183
不活性　inactivity —— 207
不活性化　inactivation —— 206
不活性化する　inactivate —— 206
〃　deactivate —— 104
不活性な　inert —— 209
〃　noble —— 281
不活性の　inactive —— 207
付加的な　additional —— 8
不可能な　impossible —— 206
不可避な　imperative —— 205
〃　obligatory —— 287
〃　inevitable —— 210
付加物　adduct —— 8
負荷をかける　load —— 239
不完全型の　incomplete —— 207
不完全な　incomplete —— 207
〃　imperfect —— 205
武器　weapon —— 456
不規則さ　irregularity —— 224
不規則な　irregular —— 224
拭き取り検体　swab —— 413
普及している　pervasive —— 312
普及する　prevail —— 334
不均一性　heterogeneity —— 188
不均一な　heterogeneous / heterogenous —— 188
不均化酵素　dismutase —— 119
不均衡　disequilibrium —— 119
〃　imbalance —— 202
不均衡にする　unbalance —— 440
不均等な　unequal —— 441
付近に　near —— 274
副　para- —— 301
腹外側の　ventrolateral —— 450
腹臥の　prone —— 339
腹腔鏡検査　laparoscopy —— 231
腹腔の　peritoneal —— 310
〃　celiac —— 64
複屈折　birefringence —— 49
復元　renaturation —— 361
〃　reinstatement —— 359
復元する　reconstruct —— 355
複合　combination —— 81
副睾丸　epididymis —— 141
副交感(神経)の
parasympathetic —— 302
副甲状腺機能亢進(症)
hyperparathyroidism —— 197
副甲状腺機能低下(症)
hypoparathyroidism —— 199
副甲状腺の　parathyroid —— 302
副甲状腺ホルモン　PTH —— 344
副甲状腺ホルモン関連ペプチド
PTHrP —— 344
複合する　combine —— 81
複合性の　composite —— 84
複合体　complex —— 84
複合体形成　complexation —— 84
複合体の　composite —— 84
複合多糖　glycoconjugate —— 176
複合的な　integral —— 216
複合糖質　glycoconjugate —— 176
複合の　compound —— 84
複合ビタミン剤　multivitamin —— 268
伏在の　saphenous —— 375
複雑化する　complicate —— 84

ふ

複雑さ　complexity — 84
複雑性　complexity — 84
複雑な　complex — 84
〃　intricate — 222
複雑にする　complicate — 84
副産物　byproduct — 56
複視　diplopia — 117
福祉　well-being — 456
〃　welfare — 456
服従させる　subject — 406
服従する　obey — 287
〃　submit — 407
副集団　subgroup — 406
副腎摘除(術)　adrenalectomy — 10
副腎の　adrenal — 10
副腎皮質刺激ホルモン
adrenocorticotropic hormone — 10
〃　corticotropin — 95
副腎皮質ステロイド
corticosteroid — 95
副腎皮質ホルモン刺激ホルモン
ACTH — 6
腹水　ascites — 33
複数点での　multipoint — 268
複数の　multiple — 268
複製　replication — 363
〃　duplication — 127
〃　reproduction — 364
複製酵素　replicase — 362
複製する　copy — 93
〃　replicate — 363
〃　duplicate — 126
〃　reproduce — 363
複製の　replicative — 363
副生物　byproduct — 56
複製物　copy — 93
〃　replica — 362
輻輳　convergence — 93
輻輳する　converge — 92
複相体　diploid — 117
複素環　heterocycle — 188
腹側　ventral — 450
腹痛　cramp — 97
腹内側の　ventromedial — 450
副鼻腔炎　sinusitis — 389
腹部　abdomen — 1
腹部大動脈瘤　AAA — 1
腹部の　abdominal — 1
腹部膨満　bloating — 50
腹膜　peritoneum — 310
腹膜炎　peritonitis — 310
腹膜の　peritoneal — 310
含まない　free — 166
含む　involve — 223
〃　include — 207
〃　contain — 90
服薬遵守　compliance — 84
服用する　take — 417
服用量　dose — 124
ふくらはぎ　calves — 57
父系性　paternity — 305
父系性の　paternal — 304
不顕性の　latent — 232
符号　sign — 388
不幸な　unfortunate — 442
不合理な　irrational — 224
フコース　fucose — 166
不在の　absent — 2
塞ぐ　seal — 379
不死化　immortalization — 203
不死化する　immortalize — 203
不自然な　unnatural — 443
不死の　immortal — 203
不治の　incurable — 208
浮腫　edema — 129
不十分　insufficiency — 215
不十分な　low — 241
〃　insufficient — 215
不純物　impurity — 206
部署　unit — 442
腐蝕　corrosion — 95
腐食　corrosion — 95
〃　erosion — 143
腐食する　erode — 143
布陣　constellation — 89
婦人科(学)　gynecology — 181
婦人科学の
gynecologic / gynecological — 181
婦人科の
gynecologic / gynecological — 181
不浸透性の　impermeable — 205
不随意(性)の　involuntary — 223

付随させる　accompany — 4
付随する　associate — 34
付随物　concomitant — 86
不斉　asymmetry — 35
父性　paternity — 305
不正確な　incorrect — 208
〃　inaccurate — 206
不成功の　unsuccessful — 444
不正な治療　malpractice — 245
不斉の
asymmetric / asymmetrical — 35
父性の　paternal — 304
不整脈　arrhythmia — 31
不整脈源性の　arrhythmogenic — 31
防ぐ　avert — 40
不全(症)　failure — 155
不全片麻痺　hemiparesis — 185
不全麻痺　paresis — 303
不相応な　disproportionate — 120
不足　deficit — 106
〃　lack — 230
〃　shortage — 386
〃　paucity — 306
〃　shortness — 386
〃　hypo- — 198
付属器　appendage — 29
付属肢　appendage — 29
不足した　scarce — 377
付属的な　ancillary — 21
不足の　short — 386
付属の　accessory — 3
〃　adjunctive — 9
付属物　accessory — 3
〃　adjunct — 9
〃　attachment — 37
ブタ　pig — 318
〃　swine — 413
不耐性　intolerance — 220
不耐性の　intolerant — 220
不確かな　unclear — 440
〃　equivocal — 143
二つ組　duplicate — 126
二つの　bi- — 46
ブタの　porcine — 326
ブタノール　butanol — 56
二股に分ける　bifurcate — 46
二股の　bifurcate — 46
負担　burden — 55
負担させる　burden — 55
縁　margin — 247
〃　edge — 129
付着　attachment — 37
付着する　attach — 37
〃　adhere — 8
付着性　adherence — 8
付着性の　adherent — 8
〃　cohesive — 79
付着力のある　adherent — 8
不調和な　discordant — 118
ブチル　butyl — 56
不対合　mispair — 260
不対合を形成する　mispair — 260
不対の　unpaired — 443
普通の　normal — 284
〃　common — 82
〃　ordinary — 293
フッ化　fluorinated — 162
〃　fluoro — 162
復活　resurgence — 367
フッ化物　fluoride — 162
復帰　reversion — 369
復帰する　revert — 369
復帰(突然)変異　reversion — 369
復帰変異体　revertant — 369
復旧する　restore — 366
〃　reestablish — 357
腹腔内注射　i.p. / ip — 224
腹腔内の　intraabdominal — 220
腹腔内への　intraperitoneal — 221
物質　matter — 248
〃　substance — 407
〃　material — 248
フッ素　fluorine — 162
〃　F — 154
フッ素化した　fluorinated — 162
物体　object — 287
沸点　bp — 52
沸騰する　boil — 51
フットショック　footshock — 163
物品　item — 226
〃　article — 32
不釣合な　disproportionate — 120

ふ

物理化学的な　physicochemical — 317
物理学　physics — 317
物理学者　physicist — 317
物理的現象　physics — 317
物理的な　physical — 317
不定形の　unstructured — 444
不定の　inconsistent — 208
〃　variable — 448
〃　adventitious — 11
〃　indefinite — 208
不適応の　maladaptive — 245
不適合性　incompatibility — 207
不適正塩基対　mismatch — 260
不適性の　inappropriate — 207
不適切な　inadequate — 207
〃　irrelevant — 224
不適当な　inadequate — 207
〃　inappropriate — 207
〃　improper — 206
負電極　cathode — 63
太糸期　pachytene — 299
不等　disparity — 119
不動　immobility — 203
不動化　immobilization — 203
不動化する　immobilize — 203
不透過性の　impermeable — 205
不透過の　impermeant — 205
ブドウ球菌(属)　*Staphylococcus* — 400
不同性　disparity — 119
浮動性めまい　dizziness — 122
ブドウ糖　glucose — 175
不動の　immobile — 203
ぶどう膜炎　uveitis — 447
ぶどう膜の　uveal — 447
不透明　opacity — 291
不透明化　opacification — 291
不透明な　opaque — 291
太った　fat — 156
不妊化　sterilization — 402
不妊化する　sterilize — 402
不妊(症)　infertility — 210
〃　sterility — 402
不妊の　infertile — 210
不稔性　sterility — 402
不稔の　sterile — 402
負の　negative — 275
不能　impotence — 206
不能の　impotent — 206
腐敗する　decompose — 105
不必要な　unnecessary — 443
〃　dispensable — 120
不服従　noncompliance — 282
部分　part — 303
〃　portion — 327
〃　moiety — 262
〃　piece — 318
部分構造　substructure — 408
部分的な　partial — 304
部分の　partial — 304
〃　fractional — 165
部分複合体　subcomplex — 406
不平衡　disequilibrium — 119
普遍化する　generalize — 171
普遍性　generality — 171
不偏(性)の　unbiased — 440
普遍的な　universal — 442
不便な　inconvenient — 208
不変の　unchanged — 440
〃　unaltered — 440
〃　invariant — 222
不法な　illegal — 202
不飽和化　desaturation — 111
不飽和化酵素　desaturase — 111
不飽和脂肪酸酸化酵素　lipoxygenase — 238
不飽和の　unsaturated — 444
フマル酸　fumarate — 167
フマル酸の　fumarate — 167
不満足な　unsatisfactory — 444
踏みにじる　override — 298
不眠症　insomnia — 214
不向きな　improper — 206
不明な　unexplained — 441
不明瞭な　unclear — 440
〃　obscure — 288
不明瞭にする　obscure — 288
不滅にする　perpetuate — 311
不毛の　infertile — 210
部門　department — 110
〃　division — 122

〃 section ― 380
〃 branch ― 53
〃 sector ― 380
浮遊 suspension ― 413
浮遊させる suspend ― 413
浮遊する float ― 161
不用意な casual ― 62
不溶性 insolubility ― 214
不溶(性)の insoluble ― 214
浮揚性の buoyant ― 55
賦与する endow ― 138
プラーク plaque ― 320
フラーレン fullerene ― 167
プライマー primer ― 334
プライマーゼ primase ― 334
ブラウザ browser ― 54
フラクタル fractal ― 165
フラクタルカイン fractalkine ― 165
フラグメント fragment ― 165
フラゲリン flagellin ― 160
プラコード placode ― 319
ブラシ brush ― 54
ブラジキニン bradykinin ― 52
ブラシでこする brush ― 54
プラスチック plastic ― 320
プラスチド plastid ― 320
ブラストミセス症 blastomycosis ― 49
プラズマ plasma ― 320
プラズマ細胞腫 plasmacytoma ― 320
プラスマフェレーシス plasmapheresis ― 320
プラスミド plasmid ― 320
プラスミノーゲン plasminogen ― 320
プラスミン plasmin ― 320
プラスモディウム(属) *Plasmodium* ― 320
プラスモン plasmon ― 320
プラセボ placebo ― 319
プラチナ platinum ― 321
〃 Pt ― 344
Fura-2蛍光色素 Fura-2 ― 167
フラッシュ flash ― 160
プラットフォーム platform ― 321
プラトー plateau ― 321
フラビン flavin ― 160
フラビンアデニンジヌクレオチド FAD ― 154
フラボノイド flavonoid ― 160
ブランク blank ― 49
プランテーション plantation ― 319
プラント plant ― 319
ブリーチ bleach ― 49
不利益 disadvantage ― 118
プリオン prion ― 335
プリオンタンパク質 PrP ― 343
不履行 breach ― 53
プリズム prism ― 335
フリッカー flicker ― 160
ブリッジ bridge ― 53
フリップフロップの flip-flop ― 161
不良 mal- ― 245
浮力のある buoyant ― 55
プリン purine ― 346
プリン塩基のない apurinic ― 29
プリン作動性の purinergic ― 346
篩 sieve ― 387
ふるいにかける sieve ― 387
〃 screen ― 378
震える shake ― 385
フルエンス fluence ― 161
フルオレセイン fluorescein ― 161
フルオロ fluoro ― 162
フルオロデオキシグルコース FDG ― 156
フルオロフォア fluorophore ― 162
プルキンエ Purkinje ― 346
フルクトース fructose ― 166
ブルセラ(属) *Brucella* ― 54
ブルセラ症 brucellosis ― 54
振る舞い behavior / behaviour ― 45
振る舞う behave ― 45
ふれ deflection ― 107
フレア flare ― 160
無礼 offense ― 289
プレイ prey ― 334
プレインキュベーション preincubation ― 332
プレインキュベートする preincubate ― 332
ブレークスルー breakthrough ― 53

ふ

プレーティング　plating ―― 321
プレート　plate ―― 321
フレーム　frame ―― 165
フレームシフト
frameshift / frame shift ―― 165
フレームワーク　framework ―― 165
プレオサイトーシス　pleocytosis
―― 321
ブレオマイシン　bleomycin ―― 50
プレクストリン　pleckstrin ―― 321
プレグナンX受容体　PXR ―― 346
プレコンディショニング
preconditioning ―― 330
プレセニリン　presenilin ―― 333
プレゼンテーション
presentation ―― 333
プレチスモグラフィ
plethysmography ―― 321
プレドニゾン　prednisone ―― 331
プレニル化　prenylation ―― 332
プレパラート　preparation ―― 332
ブレブ　bleb ―― 49
触れる　touch ―― 428
不連続　discontinuity ―― 118
不連続な　discontinuous ―― 118
フロア　floor ―― 161
プロインスリン　proinsulin ―― 337
プロウイルス　provirus ―― 342
プロオピオメラノコルチン
POMC ―― 326
プローブ　probe ―― 335
フローラ　flora ―― 161
プロカスパーゼ　procaspase ―― 335
付録　appendix ―― 29
プログラム　program ―― 337
プログラムする　program ―― 337
プロゲスチン　progestin ―― 337
プロゲステロン　progesterone ―― 337
プロ酵素　proenzyme ―― 336
プロジェクト　project ―― 337
ブロス　broth ―― 54
プロスタグランジン
prostaglandin ―― 340
〃　PG ―― 312
プロスタグランジンH合成酵素
PGHS ―― 312
プロスタノイド　prostanoid ―― 340
プロステーシス　prosthesis ―― 340
プロスペクティブな
prospective ―― 340
プロセス　process ―― 336
ブロッカー　blocker ―― 50
プロット　plot ―― 322
ブロットする　blot ―― 50
プロットする　plot ―― 322
ブロット法　blotting ―― 50
プロテアーゼ　protease ―― 340
プロテアーゼ活性化受容体　PAR
―― 301
プロテアソーム　proteasome ―― 340
プロテアソームの
proteasomal ―― 340
プロテイナーゼ　proteinase ―― 341
プロテインキナーゼ
protein kinase ―― 341
プロテインキナーゼA　PKA ―― 319
プロテインキナーゼC　PKC ―― 319
プロテオーム　proteome ―― 341
プロテオグリカン
proteoglycan ―― 341
プロテオミクス　proteomics ―― 341
プロテオリピド　proteolipid ―― 341
プロテオリポソーム
proteoliposome ―― 341
プロトオンコジーン　proto-oncogene
/ protooncogene ―― 341
プロトコル　protocol ―― 342
プロトタイプ　prototype ―― 342
プロトプラスト　protoplast ―― 342
プロトポルフィリン
protoporphyrin ―― 342
プロドラッグ　prodrug ―― 336
プロトロンビン　prothrombin ―― 341
プロトン　proton ―― 342
プロトン化された　protonated ―― 342
プロトン付加　protonation ―― 342
プロトンポンプ阻害薬　PPI ―― 329
プロバイオティクス
probiotics ―― 335
プロバイダー　provider ―― 342
プロピオン酸　propionate ―― 339
プロファイリング　profiling ―― 337

プロファイル profile —— 337
プロペプチド propeptide —— 339
プロホルモン prohormone —— 337
ブロム bromine —— 54
プロモータ promoter —— 338
ブロモデオキシウリジン
bromodeoxyuridine —— 54
プロラクチン prolactin —— 338
プロリン proline —— 338
〃 Pro —— 335
〃 P —— 299
不和合性 incompatibility —— 207
分 minute —— 259
糞 stool —— 403
雰囲気 atmosphere —— 36
噴火 eruption —— 144
文化 culture —— 100
分化 differentiation —— 116
分解 degradation —— 107
〃 breakdown —— 53
〃 decomposition —— 105
〃 disassembly —— 118
〃 disintegration —— 119
分解する decompose —— 105
〃 catabolize —— 62
〃 degrade —— 107
〃 disassemble —— 118
〃 crack —— 97
〃 resolve —— 365
分解性の degradative —— 107
分解能 resolution —— 365
分画 fraction —— 165
分画する fractionate —— 165
分画の fractional —— 165
分化系列 lineage —— 237
噴火口 crater —— 97
分化する differentiate —— 115
分化全能性 totipotency —— 427
分割 cleavage —— 75
〃 resolution —— 365
〃 partition —— 304
分割する part —— 303
〃 divide —— 122
〃 partition —— 304
〃 cleave —— 75
〃 split —— 398
分割量 aliquot —— 15
文化的な cultural —— 100
分化転換 transdifferentiation — 430
分岐 divergence —— 122
〃 bifurcation —— 46
〃 ramification —— 350
〃 branch —— 53
分岐する diverge —— 122
分極 polarization —— 323
分極させる polarize —— 323
文献 bibliography —— 46
〃 literature —— 238
吻合 anastomosis —— 21
分光 spectrum —— 396
分光器 spectrometer —— 395
分光計 spectrometer —— 395
分光光度(法)
spectrophotometry —— 395
吻合(術) anastomosis —— 21
吻合する anastomose —— 21
分光測定(法) spectrometry —— 395
〃 spectrophotometry —— 395
分光の spectral —— 395
分光法 spectroscopy —— 396
分光法の spectroscopic —— 396
粉砕する grind —— 180
分散 variance —— 448
〃 dispersion —— 120
分散型の interspersed —— 219
分散させる disperse —— 120
分散(作用) dispersal —— 120
分散した discrete —— 119
分散分析 ANOVA —— 24
分枝 arbor —— 30
〃 arborization —— 30
分子 molecule —— 263
分子間の intermolecular —— 218
分子内の intramolecular —— 221
分子の molecular —— 263
分子モル mol —— 262
分取 fractionation —— 165
分集団 subpopulation —— 407
噴出 eruption —— 144
噴出物 eruption —— 144
文書 document —— 123
文書化 documentation —— 123

分子量　Mw ― 270
粉塵　dust ― 127
分数　fraction ― 165
分生子　conidia ― 88
分析　analysis ― 20
分析計　analyzer ― 20
分析者　analyst ― 20
分析する　analyze / analyse ― 20
分析的な　analytic / analytical ― 20
分析の　analytic / analytical ― 20
分析物　analyte ― 20
分節　segment ― 380
分節化　segmentation ― 380
分節状の　segmental ― 380
吻側延髄腹外側野　RVLM ― 374
吻側の　rostral ― 373
分断　shedding ― 385
分配　distribution ― 121
〃　segregation ― 380
〃　allocation ― 16
〃　partition ― 304
分配する　allocate ― 16
〃　distribute ― 121
分泌　secretion ― 380
〃　discharge ― 118
分泌過多　hypersecretion ― 198
分泌型白血球ペプチダーゼ阻害物質
SLPI ― 391
分泌酵素　secretase ― 379
分泌する　discharge ― 118
〃　secrete ― 380
分泌(性)の　secretory ― 380
分泌促進物質　secretagogue ― 379
分布　distribution ― 121
分布する　distribute ― 121
分別する　sort ― 394
糞便　feces ― 156
分娩　delivery ― 108
〃　parturition ― 304
〃　labor ― 230
分娩後の　postpartum ― 328
糞便の　fecal ― 156
粉末　powder ― 329
粉末化する　powder ― 329
噴霧　spray ― 398
〃　atomization ― 36
噴霧吸入器　nebulizer ― 274
噴霧する　spray ― 398
〃　nebulize ― 274
分野　field ― 158
〃　universe ― 443
分離　dissociation ― 120
〃　segregation ― 380
〃　separation ― 383
〃　isolation ― 225
分離可能な　separable ― 383
分離した　discrete ― 119
分離する　separate ― 383
〃　segregate ― 380
〃　dissociate ― 120
〃　resolve ― 365
分率　fraction ― 165
分離できる　dissociable ― 120
分類　classification ― 75
〃　categorization ― 63
〃　class ― 75
〃　category ― 63
分類学　taxonomy ― 418
分類学的な　taxonomic ― 418
分類群　taxa ― 418
分類子　classifier ― 75
分類指標　classifier ― 75
分類上の　categorical ― 63
〃　taxonomic ― 418
分類する　classify ― 75
〃　categorize ― 63
〃　group ― 180
〃　type ― 438
分裂　division ― 122
〃　disruption ― 120
〃　fission ― 160
分裂後期　anaphase ― 20
分裂した　split ― 398
分裂終期　telophase ― 419
分裂する　divide ― 122
分裂前期　prophase ― 339
分裂前中期　prometaphase ― 338
分裂促進因子　mitogen ― 260
分裂促進的な　mitogenic ― 260
分裂組織　meristem ― 253
分裂中期　metaphase ― 254

へ

ヘアピン状の hairpin ― 182
平滑筋細胞 SMC ― 391
平滑筋腫 leiomyoma ― 234
平滑な smooth ― 391
平滑末端化する blunt ― 50
閉環 cyclization ― 101
兵器 weapon ― 456
平均する average ― 40
平均値 average ― 40
〃 mean ― 249
平均値の標準誤差 S.E.M. / SEM ― 381
平均の average ― 40
〃 mean ― 249
閉経期 menopause ― 252
閉経後の postmenopausal ― 328
閉経前の premenopausal ― 332
平衡 equilibrium ― 143
〃 balance ― 42
平衡異常 imbalance ― 202
平衡化 equilibration ― 143
平衡化する equilibrate ― 143
平衡にする equilibrate ― 143
平行の parallel ― 302
閉鎖 closure ― 76
〃 occlusion ― 288
閉鎖(症) atresia ― 36
閉鎖する occlude ― 288
閉塞 obstruction ― 288
〃 occlusion ― 288
〃 obliteration ― 287
閉塞性の obstructive ― 288
〃 occlusive ― 288
並置 apposition ― 29
平地 plain ― 319
並置する appose ― 29
〃 juxtapose ― 227
ベイト bait ― 42
併発 coincidence ― 79
併発する supervene ― 411
〃 complicate ― 84
平板化する flatten ― 160
平方 square ― 398
平凡な trivial ― 435
平面 plane ― 319
平面の planar ― 319
併用 combination ― 81
並立 juxtaposition ― 227
並列する appose ― 29
並列の parallel ― 302
ベーシック・ヘリックス・ループ・ヘリックス bHLH ― 46
ペーシング pacing ― 299
ペース pace ― 299
ペースト paste ― 304
ペースメーカー pacemaker ― 299
ベースライン baseline ― 44
βアミロイド Abeta(β) ― 1
β細胞，ベータ細胞 beta(β) cell ― 46
β酸化 beta(β)-oxidation ― 46
βシート beta(β) sheet ― 46
β線 beta(β) particle ― 46
β粒子 beta(β) particle ― 46
ベールを取る unveil ― 444
壁孔 pit ― 318
壁在性の mural ― 269
冪乗 power ― 329
ヘキソース hexose ― 188
壁側の parietal ― 303
ペグ化された pegylated ― 307
ベクター vector ― 449
ベクトル vector ― 449
ペスト plague ― 319
別基準標本 allotype ― 16
別個に apart ― 27
ペッサリー diaphragm ― 114
〃 pessary ― 312
ヘッジホッグ hedgehog ― 184
ベッド bed ― 45
別の otherwise ― 296
別々に differently ― 116
別々の separate ― 383
〃 discrete ― 119
ベテラン veteran ― 451
ヘテロオリゴマー heterooligomer ― 188
ヘテロ核内リボタンパク質 hnRNP ― 191
ヘテロ核の heteronuclear ― 188

へ

ヘテロ環　heterocycle ―― 188
ヘテロクロマチン
heterochromatin ―― 188
ヘテロ三量体　heterotrimer ―― 188
ヘテロ接合性　heterozygosity ― 188
ヘテロ接合性欠失　LOH ―― 240
ヘテロ接合(性)の　heterozygous
―― 188
ヘテロ接合体　heterozygote ―― 188
ヘテロダイマー　heterodimer ― 188
ヘテロ二重鎖　heteroduplex ―― 188
ヘテロ二本鎖　heteroduplex ―― 188
ヘテロ二量体　heterodimer ―― 188
ヘテロ二量体化
heterodimerization ―― 188
ヘテロマー　heteromeric ―― 188
ペニシリン　penicillin ―― 307
ペニス　penis ―― 307
ヘパラン　heparan ―― 186
ヘパリン　heparin ―― 186
ヘビ　snake ―― 391
ペプチダーゼ　peptidase ―― 308
ペプチド　peptide ―― 308
ペプチド加水分解酵素　peptidase
―― 308
ペプチドグリカン　peptidoglycan
―― 308
ペプチドグリカン認識タンパク質
PGRP ―― 312
ペプチド作動性の　peptidergic ― 308
ペプチド模倣の　peptidomimetic
―― 308
ヘマトクリット　hematocrit ― 185
ヘミ接合性の　hemizygous ―― 185
ヘミデスモソーム
hemidesmosome ―― 185
ヘム　heme ―― 185
ヘモグロビン
hemoglobin / haemoglobin ―― 186
〃　Hb ―― 183
ヘモグロビン尿(症)
hemoglobinuria ―― 186
ヘモクロマトーシス
hemochromatosis ―― 185
ヘモフィルス(属)　*Haemophilus*
―― 182
部屋　room ―― 372
減らす　taper ―― 417
〃　lessen ―― 234
ヘリカーゼ　helicase ―― 184
ヘリコバクター(属)
Helicobacter ―― 184
ペリサイト　pericyte ―― 309
ヘリシティー　helicity ―― 184
ペリプラズム　periplasm ―― 310
ペルオキシ亜硝酸　peroxynitrite ― 311
ペルオキシソーム　peroxisome ― 311
ペルオキシソーム増殖因子活性化受容体
PPAR ―― 329
ペルオキシダーゼ　peroxidase ― 311
ヘルスケア　healthcare ―― 184
ヘルツ　Hz ―― 200
ヘルニア　hernia ―― 187
ヘルニア形成　herniation ―― 187
ヘルパー　helper ―― 185
ヘルペス　herpes ―― 187
ペレット　pellet ―― 307
弁　valve ―― 448
変異　mutation ―― 269
〃　variation ―― 448
変異原性　mutagenicity ―― 269
変異原性の　mutagenic ―― 269
変異させる　mutate ―― 269
変異性の　mutational ―― 269
変異体　mutant ―― 269
〃　variant ―― 448
変異の　mutational ―― 269
変異誘発物　mutator ―― 269
変異誘発物質　mutagen ―― 269
辺縁　border ―― 52
辺縁系の　limbic ―― 237
辺縁の　boundary ―― 52
変温動物　poikilotherm ―― 323
変化　variation ―― 448
〃　alteration ―― 17
〃　change ―― 67
〃　shift ―― 386
変化しない　invariant ―― 222
変換　conversion ―― 93
〃　transduction ―― 430
〃　transformation ―― 431
〃　transform ―― 431

変換する convert — 93
〃 transform — 431
便宜 convenience — 92
変形 deformity — 107
〃 deformation — 107
変形させる deform — 107
偏見 bias — 46
〃 prejudice — 332
偏向 bias — 46
〃 deviation — 113
〃 predilection — 331
〃 deflection — 107
偏好 predilection — 331
変更 modification — 262
偏光解消 depolarization — 110
変更可能な modifiable — 262
偏光計 polarimeter — 323
偏光(現象) polarization — 323
偏光させる polarize — 323
偏向する deviate — 113
変更する modify — 262
偏差 deviation — 113
遍在性の ubiquitous — 439
編纂 compilation — 83
編纂する compile — 83
返事 reply — 363
変時(性)の chronotropic — 73
変種 variant — 448
編集する edit — 129
編集の editorial — 129
返事をする reply — 363
偏心 eccentricity — 128
返信する reply — 363
偏心性の eccentric — 128
変数 variable — 448
片［偏］頭痛 migraine — 258
変性 denaturation — 109
変性剤 denaturant — 109
変性させる denature — 109
〃 degenerate — 107
変性(症) degeneration — 107
編成する form — 164
〃 orchestrate — 293
偏性の obligate — 287
変性の degenerative — 107
ベンゼン benzene — 45
変旋光 mutarotation — 269
変則性 irregularity — 224
偏側性 laterality — 232
ベンゾジアゼピン benzodiazepine — 45
変態 metamorphosis — 254
ベンチマーク benchmark — 45
変調 modulation — 262
変調器 modulator — 262
変調させる modulate — 262
ベンド bend — 45
変動 variation — 448
変動する range — 351
〃 vary — 448
〃 fluctuate — 161
〃 oscillate — 294
扁桃(腺) tonsil — 427
扁桃体 amygdala — 19
弁の valvular — 448
便秘 constipation — 89
変分 variation — 448
弁閉鎖不全 regurgitation — 359
扁平上皮の squamous — 398
弁別 discrimination — 119
弁別の discriminative — 119
〃 discriminant — 119
鞭毛 flagellum — 160
鞭毛の flagellar — 160
片利共生の commensal — 81
便利な convenient — 92
変量の variable — 448
変力(性)の inotropic — 213
弁輪 annulus — 23
ヘンレ係蹄 Henle's loop — 186

ほ

穂 spike — 397
ポア pore — 326
保安 security — 380
保因 carriage — 61
保因者 carrier — 61
法 law — 232
房 chamber — 67
傍 para- — 301
包囲 investment — 223
法医学的な forensic — 164

ほ

包囲する surround 412
〃 encompass 135
〃 circumvent 74
〃 invest 223
防衛 defense / defence 106
防衛する defend 106
防衛的な defensive 106
貿易 trade 429
崩壊 decay 105
〃 breakdown 53
〃 disintegration 119
〃 collapse 80
妨害 disturbance 121
〃 interruption 219
〃 hindrance 190
〃 impediment 205
崩壊する collapse 80
妨害する interrupt 219
〃 interfere 217
〃 impede 205
〃 obstruct 288
〃 hamper 182
〃 intercept 217
〃 disturb 121
妨害物 obstruction 288
〃 blockage 50
胞隔炎 alveolitis 17
蜂窩織炎 cellulitis 65
包括 entrapment 140
包括する entrap 140
包括的な comprehensive 84
包括法 entrapment 140
包含 inclusion 207
傍観者 bystander 56
包含する cover 97
崩御 demise 108
防御 defense / defence 106
〃 protection 340
防御する defend 106
防御的な defensive 106
〃 protective 341
防御力 defense / defence 106
剖検 autopsy 39
〃 necropsy 274
芳香 aroma 31
方向 direction 117
抱合 conjugation 88
縫合 suture 413
暴行 assault 34
膀胱 bladder 49
膀胱炎 cystitis 102
芳香化酵素 aromatase 31
抱合する conjugate 88
縫合する suture 413
芳香性の aromatic 31
方向性の directional 118
抱合性の conjugative 88
芳香族の aromatic 31
抱合体 conjugate 88
方向づけ orientation 294
方向づける direct 117
〃 orient 294
報告 report 363
報告者 reporter 363
報告する report 363
報告によれば reportedly 363
傍細胞の paracellular 301
ホウ酸 borate 52
放散 dissipation 120
奉仕 service 384
胞子 spore 398
防止 prevention 334
胞子形成 sporulation 398
胞子形成する sporulate 398
防止する discourage 119
〃 prevent 334
〃 preclude 330
房室間の atrioventricular 36
房室の AV 40
放射 radiation 349
〃 emission 134
〃 beam 45
放射活性 radioactivity 350
放射活性のある radioactive 349
放射状の radial 349
放射する radiate 349
〃 emit 134
〃 beam 45
放射性 radio- 349
放射性医薬品
radiopharmaceutical 350
放射性核種 radionuclide 350

放射性同位元素　RI —— 370
放射性同位体　radioisotope —— 350
放射性トレーサ　radiotracer —— 350
放射性の　hot —— 193
放射性リガンド　radioligand —— 350
放射線　radio- —— 349
放射線科　radiology —— 350
放射線科医　radiologist —— 350
放射線学　radiology —— 350
放射線学的な
radiologic / radiological —— 350
放射線感受性　radiosensitivity —— 350
放射線増感　radiosensitization —— 350
放射線治療　radiotherapy —— 350
放射体　emitter —— 134
放射の　radiative —— 349
放射能　radioactivity —— 350
放射標識　radiolabeling —— 350
放射免疫アッセイ
radioimmunoassay —— 350
〃　RIA —— 370
放射免疫療法
radioimmunotherapy —— 350
報酬　reward —— 369
萌出　eruption —— 144
放出　emission —— 134
〃　release —— 360
〃　ejection —— 131
〃　extrusion —— 153
〃　egress —— 130
放出しうる　releasable —— 360
放出する　release —— 360
〃　emit —— 134
傍腫瘍性の　paraneoplastic —— 302
膨潤　swelling —— 413
傍小脳脚の　parabrachial —— 301
疱疹　blister —— 50
方針　policy —— 323
〃　path —— 305
疱疹　herpes —— 187
法人　corporation —— 94
紡錘形の　spindle —— 397
〃　fusiform —— 167
紡錘状の　fusiform —— 167
紡錘体　spindle —— 397
萌生　eruption —— 144
縫線核の　raphe —— 351
ホウ素　boron —— 52
〃　B —— 41
蜂巣炎　cellulitis —— 65
蜂巣織炎　cellulitis —— 65
法則　rule —— 374
包帯材　dressing —— 125
包帯法　dressing —— 125
放置する　leave —— 233
膨張　expansion —— 150
〃　inflation —— 211
〃　distention —— 121
膨張させる　inflate —— 211
膨張する　expand —— 150
〃　distend —— 121
膨張の　oncotic —— 291
法廷　court —— 96
方程式　equation —— 142
放電　discharge —— 118
放電する　discharge —— 118
乏突起膠細胞
oligodendrocyte —— 290
乏突起膠腫
oligodendroglioma —— 290
乏突起神経膠腫
oligodendroglioma —— 290
乏尿(症)　oliguria —— 290
胞嚢体　oocyst —— 291
胞胚　blastula —— 49
胞胚葉　blastoderm —— 49
包皮　foreskin —— 164
防備　fortification —— 165
豊富　abundance —— 3
抱負　aspiration —— 33
防腐性の　antiseptic —— 27
豊富な　replete —— 362
〃　abundant —— 3
〃　rich —— 371
防腐の　aseptic —— 33
傍分泌　paracrine —— 301
方法　fashion —— 155
〃　manner —— 246
〃　method —— 255
〃　procedure —— 336
〃　mode —— 261
方法論　methodology —— 255

ほ

方法論的な　methodological / methodologic ― 255
包埋する　embed ― 133
包膜　envelope ― 140
膨満感　distension ― 121
訪問　visit ― 453
訪問する　visit ― 453
法律　law ― 232
膨隆　protrusion ― 342
膨隆する　protrude ― 342
暴力　violence ― 452
法令遵守　compliance ― 84
放浪する　wander ― 455
飽和　saturation ― 376
飽和させる　saturate ― 376
飽和性の　saturable ― 376
ポーズ　pause ― 306
ポーセレン　porcelain ― 326
ポータブル　portable ― 326
ポータル　portal ― 327
ボード　board ― 51
頬髭　whisker ― 457
ホーム　home ― 191
ボーラス　bolus ― 51
〜他　et al. ― 145
補外　extrapolation ― 153
捕獲　capture ― 59
捕獲する　capture ― 59
〃　catch ― 63
他の　other ― 296
〃　otherwise ― 296
補完　complementation ― 83
補間　interpolation ― 219
補完する　complement ― 83
補間する　interpolate ― 219
補強　reinforcement ― 359
補強する　reinforce ― 359
〃　underpin ― 441
母系性の　maternal ― 248
補欠の　prosthetic ― 340
保健　health ― 184
保険　insurance ― 215
保健医療　healthcare ― 184
歩行運動　locomotion ― 239
〃　gait ― 168
歩行運動の　locomotor ― 239
歩行する　walk ― 455
補酵素　coenzyme ― 78
保護(作用)　protection ― 340
保護する　protect ― 340
保護的な　protective ― 341
保持　retention ― 367
母指　thumb ― 424
ホジキン病　Hodgkin's disease ― 191
保持する　hold ― 191
〃　retain ― 367
ポジトロン　positron ― 327
ポジトロン放出断層撮影　PET ― 312
捕集　collection ― 80
補充　replacement ― 362
〃　supplement ― 411
〃　supplementation ― 411
〃　recruitment ― 355
〃　replenishment ― 362
捕集する　collect ― 80
補充する　supplement ― 411
〃　recruit ― 355
〃　replenish ― 362
補充性の　supplementary ― 411
母集団　population ― 326
保守的な　conservative ― 89
補助　assistance ― 34
補助因子　cofactor ― 78
補助的　co- ― 77
保証　assurance ― 34
〃　guarantee ― 181
〃　warrant ― 455
補償　compensation ― 83
保障　security ― 380
歩哨　sentinel ― 383
保証する　insure ― 216
〃　ensure ― 139
〃　guarantee ― 181
〃　assure ― 34
〃　warrant ― 455
補償する　compensate ― 82
補助金　grant ― 178
捕食　predation ― 330
補助具　adaptor / adapter ― 7
捕食者　predator ― 330
補助者　assistant ― 34

補助受容体　coreceptor — 94
補助する　assist — 34
補助的な　adjunctive — 9
〃　auxiliary — 40
〃　ancillary — 21
補助の　adjunct — 9
保持力　retention — 367
ホスト　host — 193
ホスピス　hospice — 193
ホスファターゼ　phosphatase — 314
ホスファターゼ・テンシン・ホモログ　PTEN — 344
ホスファチジル　phosphatidyl — 314
ホスファチジルイノシトール　phosphatidylinositol — 315
〃　PI — 317
ホスファチジルイノシトール3キナーゼ　PI3K — 317
ホスファチジルイノシトール二リン酸　PIP_2 — 318
ホスファチジルエタノールアミン　phosphatidylethanolamine — 315
ホスファチジルコリン　phosphatidylcholine — 315
ホスファチジルセリン　phosphatidylserine — 315
ホスファチジン酸　phosphatidic acid — 314
ホスフィン　phosphine — 315
ホスホイノシチド　phosphoinositide — 315
ホスホエノールピルビン酸　phosphoenolpyruvate — 315
ホスホエノールピルビン酸カルボキシキナーゼ　PEPCK — 308
ホスホクレアチン　phosphocreatine — 315
ホスホジエステラーゼ　phosphodiesterase — 315
〃　PDE — 306
ホスホチロシン　phosphotyrosine — 316
ホスホチロシン結合ドメイン　PTB domain — 344
ホスホトランスフェラーゼ　phosphotransferase — 316
ホスホリパーゼ　phospholipase — 315
〃　PL — 319
ホスホリパーゼA_2　PLA_2 — 319
ホスホリパーゼC　PLC — 321
ホスホリラーゼ　phosphorylase — 315
ホスホロチオエート　phosphorothioate — 315
補正　correction — 94
母性　maternity — 248
補正する　adjust — 9
補正的な　corrective — 94
補正の　corrective — 94
母性の　maternal — 248
保全　preservation — 333
〃　conservation — 89
保全する　conserve — 89
捕捉　entrapment — 140
〃　trap — 433
捕捉剤　scavenger — 377
捕捉する　entrap — 140
〃　trap — 433
細くする　taper — 417
保存　preservation — 333
〃　conservation — 89
保存記録　archive — 30
保存記録する　archive — 30
保存する　preserve — 333
〃　conserve — 89
〃　save — 376
保存的な　conservative — 89
補体　complement — 83
ホタル　firefly — 159
歩調　pace — 299
〃　gait — 168
歩調取り　pacemaker — 299
勃起　erection — 143
勃起の　erectile — 143
ポックスウイルス　poxvirus — 329
発作　episode — 142
〃　insult — 215
〃　bout — 52
〃　attack — 37
発作間の　interictal — 218
発作性の　paroxysmal — 303
発作性夜間血色素尿症　PNH — 322

発作中の　interictal — 218
発疹　eruption — 144
〃　rash — 351
〃　exanthem — 148
発赤　flare — 160
発端者　proband — 335
発端の　incipient — 207
ボツリヌス　botulinum — 52
ボツリヌス中毒　botulism — 52
ほつれた　dishevelled — 119
補綴　prosthesis — 340
ポテンシャル　potential — 329
ほどく　unwind — 444
ポドサイト　podocyte — 323
ボトルネック　bottleneck — 52
ほとんど　almost — 17
〃　nearly — 274
〃　quite — 349
哺乳　suckling — 408
哺乳動物　mammal — 246
哺乳類　mammal — 246
哺乳類の　mammalian — 246
哺乳類ラパマイシン標的タンパク質　mTOR — 266
骨　osteo- — 295
骨組み　frame — 165
母斑　nevus — 279
ポピュラーな　popular — 326
ほぼ　approximately — 29
ホメオスタシス　homeostasis — 192
ホメオスタシスの　homeostatic — 192
ホメオティックな　homeotic — 192
ホメオドメイン　homeodomain — 191
ホメオボックス　homeobox — 191
ホモシステイン　homocysteine — 192
ホモジナイズする　homogenize — 192
ホモジネート　homogenate — 192
ホモセクシャルな　homosexual — 192
ホモ接合性　homozygosity — 192
ホモ接合性の　homozygous — 192
ホモ接合体　homozygote — 192
ホモタイプの　homotypic — 192
ホモダイマー　homodimer — 192
ホモ二量体　homodimer — 192
ホモ二量体化　homodimerization — 192
ホモ二量体形成　homodimerization — 192
ホモポリマー　homopolymer — 192
ホモログ　homolog / homologue — 192
ホモロジー　homology — 192
保有する　carry — 61
ボランティア　volunteer — 454
ポリアクリルアミド　polyacrylamide — 324
ポリアクリルアミドゲル電気泳動　PAGE — 299
ポリアデニル化　polyadenylation — 324
ポリアミン　polyamine — 324
ポリープ　polyp — 325
ポリープ症　polyposis — 325
ポリADPリボースポリメラーゼ　PARP — 303
ポリエチレン　polyethylene — 324
ポリエチレングリコール　PEG — 307
ポリエチレンテレフタラート　PET — 312
ポリオ　poliomyelitis — 323
ポリオウイルス　poliovirus — 323
ポリオール　polyol — 325
ポリグラフ　polygraph — 324
ポリグルタミン　polyglutamine 324
ポリケチド　polyketide — 324
ポリサッカライド　polysaccharide — 325
ポリシー　policy — 323
ポリソーム　polysome — 326
ポリタンパク質　polyprotein — 325
ポリヌクレオチド　polynucleotide — 325
ポリヌクレオチド末端加水分解酵素　exonuclease — 150
ポリフェノール　polyphenol — 325
ポリペプチド　polypeptide — 325
ポリマー　polymer — 324

ポリメラーゼ polymerase — 324
ポリメラーゼ連鎖反応法 PCR — 306
保留する withhold — 458
〃 suspend — 413
ボルタ(ン)メトリー voltammetry — 454
ボルト V — 447
ポルフィリン porphyrin — 326
ポルフィリン症 porphyria — 326
ホルミルメチオニルロイシルフェニルアラニン fMLP — 162
ホルムアルデヒド formaldehyde — 164
ホルモン hormone — 193
ホルモン性の hormonal — 193
ホルモン前駆体 prohormone — 337
ボレリア(属) *Borrelia* — 52
ホロ酵素 holoenzyme — 191
本 book — 51
本質 nature — 274
本質的な essential — 145
〃 intimate — 220
本質的に *per se* — 311
本態性の essential — 145
盆地 basin — 44
本当の real — 353
ポンプ pump — 345
ボンベ cylinder — 101
本物の true — 436
翻訳 translation — 432
翻訳後の posttranslational — 328
翻訳スリップ slippage — 390
翻訳する translate — 432
翻訳の translational — 432
本来の proper — 339
〃 inherent — 212

ま

マーカー marker — 247
マーク mark — 247
マージン margin — 247
マーモセット marmoset — 247
マーモット woodchuck — 458
マイクロRNA miRNA / miR — 260
〃 microRNA — 257
マイクロアレイ microarray — 256
マイクロインジェクション microinjection — 257
マイクロインジェクトする microinject — 257
マイクロサテライト microsatellite — 257
マイクロスフェア microsphere — 258
マイクロダイアリシス microdialysis — 256
マイクロダイセクション microdissection — 257
マイクロチャネル microchannel — 256
マイクロドメイン microdomain — 257
マイクロ波 microwave — 258
マイクロピペット micropipette — 257
マイクロプレート microplate — 257
マイクロメートル micrometer — 257
μM以下の submicromolar — 407
マイクロモル濃度 micromolar — 257
マイクロリットル microliter — 257
マイクロ流体の microfluidic — 257
マイコバクテリウム(属) *Mycobacterium* — 270
マイコプラズマ mycoplasma — 270
毎週 weekly — 456
毎週の weekly — 456
埋葬する bury — 56
毎月の monthly — 264
マイトジェン mitogen — 260
マイトジェン活性化プロテインキナーゼ MAP kinase — 247
毎年の yearly — 459
マイナーな minor — 259
マイニング mining — 259
マウス mouse — 266
〃 mice — 256
〃 *Mus musculus* — 269
マウス肝炎ウイルス MHV — 256
マウス胎仔由来線維芽細胞 MEF — 251
マウスの murine — 269
マウス白血病ウイルス MLV — 261
マウントする mount — 265

ま

前 fore- 163
〃 pre- 330
前置きをする preface 331
前側の anterior 24
〃 ventral 450
前向きの prospective 340
前もって形作る preform 331
マカク macaque 244
巻き込む involve 223
巻き戻す unwind 444
膜 membrane 252
蒔く plate 321
膜貫通 TM 426
膜貫通の transmembrane 432
膜間の intermembrane 218
膜近傍の juxtamembrane 227
膜状の membranous 252
膜性の membranous 252
マグネシウム magnesium 244
〃 Mg 255
膜融合の fusogenic 168
マクログロブリン macroglobulin 244
マクログロブリン血症 macroglobulinemia 244
マクロファージ macrophage 244
マクロファージ炎症性タンパク質 MIP 260
マクロファージコロニー刺激因子 M-CSF 243
マクロファージ走化因子 MCF 249
マクロライド macrolide 244
曲げる bend 45
摩擦 friction 166
〃 attrition 37
勝る predominate 331
〃 surpass 412
真下に beneath 45
交わり intersection 219
交わる intersect 219
麻疹 measles 249
マス trout 436
麻酔 anesthesia 21
麻酔科 anesthesiology 21
麻酔科医 anesthesiologist 21
麻酔学 anesthesiology 21
麻酔する anesthetize / anaesthetize 21
麻酔性の narcotic 273
〃 anesthetic 21
麻酔前の preanesthetic 330
麻酔薬 narcotic 273
〃 anesthetic 21
麻酔をかける anesthetize / anaesthetize 21
まず確実な probable 335
マスキング masking 247
マスタード mustard 269
マスト細胞 mast cell 248
マスト細胞症 mastocytosis 248
混ぜる mix 261
〃 scramble 378
〃 shuffle 387
またがる span 394
マダニ(類) tick 425
間違い error 144
〃 mistake 260
間違った incorrect 208
〃 erroneous 143
待つ await 40
末期医療施設 hospice 193
末期腎不全 ESRD 145
末期の end-stage 136
〃 terminal 420
末梢 periphery 310
末梢血幹細胞 PBSC 306
末梢血単核球 PBMC 306
末梢神経系 PNS 322
抹消する obliterate 287
末梢性の peripheral 310
末梢の peripheral 310
全く altogether 17
〃 quite 349
全く同じ identical 201
末端 terminal 420
〃 end 135
末端反復配列 LTR 241
末端肥大症 acromegaly 6
マッピング mapping 247
MAPキナーゼキナーゼ MEK 251
MAPキナーゼホスファターゼ MKP 261

MAPK-ERKキナーゼ　MEK — 251
窓　window — 457
まとめ役　organizer — 294
マトリックス　matrix — 248
マトリックス支援レーザー脱離イオン化法　MALDI — 245
マトリックスメタロプロテイナーゼ　MMP — 261
マナー　manner — 246
学ぶ　learn — 233
マニピュレーション　manipulation — 246
マニュアル　manual — 247
免れる　escape — 144
まばたき　blink — 50
麻痺　palsy — 300
〃　paralysis — 302
麻痺させる　paralyze — 302
麻痺した　numb — 286
目蓋　eyelid — 153
ままである　remain — 361
マメ　bean — 45
摩耗　abrasion — 2
〃　attrition — 37
〃　wear — 456
摩耗する　wear — 456
麻薬　narcotic — 273
麻薬の　narcotic — 273
マラリア　malaria — 245
マラリア原虫　*Plasmodium* — 320
マリファナ　marijuana — 247
マルチコピーの　multicopy — 267
マルチビタミン剤　multivitamin — 268
マルトース　maltose — 246
マルファン症候群　Marfan syndrome — 247
マレイン酸　maleate — 245
マレイン酸の　maleate — 245
まれな　scarce — 377
〃　infrequent — 211
〃　rare — 351
回る　revolve — 369
蔓延　spread — 398
蔓延している　prevalent — 334
マンガン　manganese — 246
〃　Mn — 261
慢性　chronicity — 73
慢性炎症性脱髄性多発ニューロパチー　CIDP — 73
慢性骨髄性白血病　CML — 77
慢性腎臓病　CKD — 74
慢性肉芽腫症　CGD — 67
慢性の　chronic — 73
慢性閉塞性肺疾患　COPD — 93
慢性リンパ性白血病　CLL — 76
満足　satisfaction — 376
満足させる　satisfy — 376
満足な　satisfactory — 376
マントル　mantle — 247
マンノース　mannose — 246
満腹　satiety — 376
マンモグラフィー　mammography — 246
マンモグラム　mammogram — 246
満了　expiration — 151

み

未　un- — 440
見出す　discover — 119
ミーティング　meeting — 251
見えなくなる　fade — 155
ミエリン　myelin — 270
ミエリン塩基性タンパク質　MBP — 249
ミエリン化された　myelinated — 270
ミエリン形成　myelination — 270
ミエリン鞘のない　unmyelinated — 443
ミエローマ　myeloma — 270
ミエログラフィー　myelography — 270
ミエロパチー　myelopathy — 270
ミエロペルオキシダーゼ　myeloperoxidase — 270
ミオクローヌス　myoclonus — 271
ミオクローヌス性の　myoclonic — 271
ミオグロビン　myoglobin — 271
ミオグロビン尿(症)　myoglobinuria — 271
ミオシン　myosin — 271
ミオシン軽鎖キナーゼ　MLCK — 261

み

ミオトニー　myotonia — 272
ミオパチー　myopathy — 271
未解決の　unresolved — 444
〃　unanswered — 440
未解明の　unexplained — 441
ミカエリス定数
Michaelis constant — 256
味覚　taste — 418
磨く　polish — 323
味覚の　gustatory — 181
見かけの　apparent — 28
三日月　crescent — 97
未関与の　uninvolved — 442
幹　stem — 401
右　right — 371
未記述の　undescribed — 441
右の　right — 371
ミクロアルブミン尿(症)
microalbuminuria — 256
ミクログリア　microglia — 257
ミクログリアの　microglial — 257
ミクロ構造　microstructure — 258
ミクロソーム　microsome — 258
ミクロソームトリグリセリド輸送タンパク質　MTP — 266
ミクロソームの　microsomal — 258
ミクロフィブリル　microfibril — 257
ミクロフィラメント
microfilament — 257
未決定　suspension — 413
未決定の　undetermined — 441
未検出の　undetected — 441
未交尾の　virgin — 452
見込み　prospect — 340
〃　estimate — 145
〃　expectation — 150
〃　perspective — 311
〃　promise — 338
〃　chance — 67
〃　odds — 289
見込みがある　promise — 338
見込みのない　unlikely — 443
見込む　expect — 150
短い　short — 386
〃　brief — 53
短い散在反復配列　SINE — 389
未熟さ　prematurity — 332
未熟児　prematurity — 332
未熟な　immature — 202
実生　seedling — 380
未障害の　unimpaired — 442
未処置の　untreated — 444
〃　naive — 273
ミス　miss — 260
水　water — 455
〃　hydr(o)- — 195
見過ごす　overlook — 297
ミスセンスの　missense — 260
水チャネル　aquaporin — 29
見捨てる　desert — 112
水の　aqueous — 30
ミスフォールディング
misfolding — 260
ミスペア　mispair — 260
ミスマッチ　mismatch — 260
未制御の　unregulated — 443
未成熟な　immature — 202
未精製の　crude — 98
見せかけの　sham — 385
ミセル　micelle — 256
ミセル性の　micellar — 256
溝　furrow — 167
〃　groove — 180
〃　sulcus — 409
未損傷の　undamaged — 441
〃　uninjured — 442
見出し　heading — 183
満たす　fill — 158
〃　fulfill — 166
見た目には　seemingly — 380
乱れ　derangement — 111
未置換の　unsubstituted — 444
満ちた　full — 167
未知の　unidentified — 442
〃　unknown — 443
導く　guide — 181
〃　lead — 233
〃　steer — 401
未調整の　unadjusted — 440
未治療の　untreated — 444
三つ組　triad — 434
〃　triplet — 435

密集した compact — 82
密接な tight — 425
〃 intimate — 220
密着する stick — 402
密度 density — 109
密な dense — 109
密封小線源治療 brachytherapy - 52
密封する seal — 379
密封の occlusive — 288
見積もり estimation — 145
見積額 estimate — 145
見積もる estimate — 145
未定の indeterminate — 208
未同定の unidentified — 442
見通し prospect — 340
ミトコンドリア mitochondria - 260
ミトコンドリアDNA mtDNA — 266
ミトコンドリアの mitochondrial — 260
認める grant — 178
〃 notice — 285
〃 admit — 10
〃 observe — 288
〃 appreciate — 29
〃 approve — 29
みなす deem — 106
〃 consider — 89
〃 postulate — 328
〃 regard — 358
港 harbor / harbour — 183
源 source — 394
見慣れた familiar — 155
ミニサークル minicircle — 259
ミニサテライト minisatellite — 259
ミニチュアの miniature — 259
ミネラル mineral — 259
ミネラル化 mineralization — 259
ミネラル化する mineralize — 259
ミネラルコルチコイド mineralocorticoid — 259
ミネラル除去する demineralize — 108
ミネラルの mineral — 259
未発達の rudimentary — 374
未発表の unpublished — 443
未分画の unfractionated — 442
未分化の undifferentiated — 441
〃 anaplastic — 21
未分化リンパ腫キナーゼ ALK — 15
未変化の intact — 216
〃 unchanged — 440
未変性の native — 273
未報告の unreported — 444
見本 example — 148
耳鳴り tinnitus — 426
脈動の pulsatile — 345
脈拍 pulse — 345
脈波検査 plethysmography — 321
脈絡 context — 91
脈絡髄膜炎 choriomeningitis — 72
脈絡膜 choroid — 72
脈絡膜の choroidal — 72
脈管炎 angiitis — 22
脈管構造 vasculature — 449
脈管症 vasculopathy — 449
脈管障害 vasculopathy — 449
脈管の vascular — 448
ミュータント mutant — 269
ミューラー細胞 Muller cell — 267
ミリスチン酸 myristate — 272
ミリストイル化 myristoylation — 272
ミリストイル化アラニンリッチCキナーゼ基質 MARCKS — 247
ミリ当量 mEq — 252
ミリメートル水銀柱 mmHg — 261
魅力的な attractive — 37
魅惑 attraction — 37
魅惑する attract — 37
〃 fascinate — 155
見分ける discern — 118
民族 race — 349
民族性 ethnicity — 146
民族(性)の ethnic — 146
民族的な ethnic — 146

む

無 a- — 1
〃 dis- — 118
〃 non- — 281
無意識の unaware — 440
〃 unconscious — 441

む

無意味な　nonsense —— 283
ムード　mood —— 264
無羽の　wingless —— 458
無影響の　unaffected —— 440
無音　silence —— 388
無音の　silent —— 388
無害な　innocuous —— 213
向かって　toward / towards —— 428
無活動の　quiescent —— 348
向かわせる　orient —— 294
無感覚の　numb —— 286
無関係の　unrelated —— 444
〃　independent —— 208
〃　irrespective —— 224
無機化する　mineralize —— 259
無機質の　mineral —— 259
無機の　inorganic —— 213
無気肺　atelectasis —— 35
無機物　mineral —— 259
無緊張症　atonia —— 36
無菌の　aseptic —— 33
〃　sterile —— 402
報いる　reward —— 369
無形成　agenesis —— 12
無形成の　aplastic —— 28
無血管性の　avascular —— 40
無月経(症)　amenorrhea —— 18
向け直す　redirect —— 356
無限大　infinity —— 210
無限の　infinite —— 210
無効性の　ineffective —— 209
無拘束の　unrestrained —— 444
無効な　ineffective —— 209
無効にする　abolish —— 2
〃　abrogate —— 2
無効の　void —— 454
無呼吸　apnea —— 28
無作為化　randomization —— 351
無作為の　random —— 351
無酸素(症)　anoxia —— 24
無酸素性の　anaerobic —— 20
無視する　neglect —— 275
〃　ignore —— 201
無視できる　negligible —— 275
無翅の　wingless —— 458
蝕む　undermine —— 441
無修飾の　unmodified —— 443
矛盾　discrepancy —— 119
〃　inconsistency —— 207
〃　contradiction —— 91
〃　conflict —— 87
矛盾した　discrepant —— 119
矛盾する　contradict —— 91
〃　conflict —— 87
無条件(刺激)の　unconditioned —— 440
無症候性の　asymptomatic —— 35
無症状の　asymptomatic —— 35
〃　silent —— 388
〃　subclinical —— 405
無傷の　intact —— 216
無処置の　intact —— 216
〃　untreated —— 444
無処理の　naive —— 273
無水塩　anhydride —— 22
無水ケイ酸　silica —— 388
無水の　absolute —— 2
無髄の　unmyelinated —— 443
無水物　anhydride —— 22
無数の　myriad —— 272
難しい　difficult —— 116
ムスカリン性の　muscarinic —— 269
結びつける　link —— 237
〃　implicate —— 206
結び目　knot —— 229
無制限の　unrestrained —— 444
無精子症　azoospermia —— 41
無性生殖の　asexual —— 33
無性の　asexual —— 33
無脊椎動物　invertebrate —— 223
ムターゼ　mutase —— 269
無秩序　chaos —— 67
無秩序の　random —— 351
ムチン　mucin —— 266
無痛性の　painless —— 299
〃　indolent —— 209
無定形の　amorphous —— 19
無電荷の　uncharged —— 440
無毒性の　nontoxic / non-toxic —— 284
無毒な　nontoxic / non-toxic —— 284
無認識の　unrecognized —— 443

胸　breast ―― 53
〃　chest ―― 69
胸やけ　heartburn ―― 184
無の　null ―― 286
無能　inability ―― 206
無能な　incompetent ―― 207
無能にする　disable ―― 118
無能力の　incompetent ―― 207
無反応　anergy ―― 21
無病生存率　EFS ―― 130
無腐性の　avascular ―― 40
無併発の　uncomplicated ―― 440
無変化の　silent ―― 388
無鞭毛型　amastigote ―― 17
無防備な　unprotected ―― 443
無保険者　uninsured ―― 442
無保険の　uninsured ―― 442
無麻酔の　unanesthetized ―― 440
無名の　anonymous ―― 23
群がる　swarm ―― 413
無理な　impossible ―― 206
〃　unnatural ―― 443
無料の　free ―― 166
無力　inability ―― 206
群れ　group ―― 180
〃　swarm ―― 413
ムンプス　mumps ―― 269

め

芽　bud ―― 55
明確さ　clarity ―― 74
〃　definition ―― 107
明確な　explicit ―― 151
明期　photoperiod ―― 316
明示的な　explicit ―― 151
迷走神経　vagus ―― 447
迷走神経切断　vagotomy ―― 447
迷走神経の　vagal ―― 447
メイディン・ダービー・イヌ腎臓細胞　Madin-Darby canine kidney cell ―― 244
〃　MDCK cell ―― 249
明白な　clear ―― 75
〃　unequivocal ―― 441
〃　evident ―― 147
〃　pronounced ―― 339
〃　unambiguous ―― 440
命名者　author ―― 38
命名する　designate ―― 112
命名法　nomenclature ―― 281
名目上の　nominal ―― 281
明瞭さ　clarity ―― 74
明瞭な　clear ―― 75
命令　designation ―― 112
〃　command ―― 81
〃　mandate ―― 246
命令する　mandate ―― 246
命令的な　imperative ―― 205
迷路　maze ―― 249
メジアン　median ―― 250
メシル酸塩　mesylate ―― 253
目印　marker ―― 247
〃　tag ―― 417
〃　landmark ―― 231
メスの　female ―― 157
珍しい　unusual ―― 444
〃　rare ―― 351
〃　unique ―― 442
〃　uncommon ―― 440
メタアナリシス　meta-analysis ― 253
メタ位の　m- ―― 243
メタセシス　metathesis ―― 254
目立たせる　accentuate ―― 3
〃　distinguish ―― 121
目立つ　striking ―― 404
〃　outstanding ―― 296
〃　conspicuous ―― 89
〃　salient ―― 375
メタノール　methanol ―― 255
メタロプロテアーゼ　metalloproteinase / metalloprotease ―― 254
メタロプロテイナーゼ　metalloproteinase / metalloprotease ―― 254
メタン　methane ―― 255
メタンスルホン酸塩　mesylate ― 253
〃　methanesulfonate ―― 255
メチオニン　methionine ―― 255
〃　Met ―― 253
〃　M ―― 243
メチシリン　methicillin ―― 255
メチシリン耐性黄色ブドウ球菌　MRSA ―― 266

メチル methyl —— 255
メチル化 methylation —— 255
メチル化されていない
unmethylated —— 443
メチル化する methylate —— 255
メチル基転移酵素
methyltransferase —— 255
メチルトランスフェラーゼ
methyltransferase —— 255
メチレン methylene —— 255
メチレンテトラヒドロ葉酸還元酵素
MTHFR —— 266
メッキ plating —— 321
滅菌する sterilize —— 402
滅菌法 sterilization —— 402
メッセージ message —— 253
メッセンジャー messenger —— 253
メッセンジャーRNA mRNA —— 266
メッセンジャーリボ核タンパク質
mRNP —— 266
メディエーター mediator —— 250
メディケア Medicare —— 250
メディケイド Medicaid —— 250
メトトレキサート methotrexate
—— 255
目に見える visible —— 453
メバロン酸 mevalonate —— 255
メバロン酸の mevalonate —— 255
めまい vertigo —— 451
〃 dizziness —— 122
メラトニン melatonin —— 251
メラニン melanin —— 251
メラニン細胞刺激ホルモン MSH
—— 266
メラニン産生細胞 melanocyte - 251
メラニン保有細胞 melanophore
—— 251
メラノーマ melanoma —— 251
メラノサイト melanocyte —— 251
メラノソーム melanosome —— 251
メリット merit —— 253
メロゾイト merozoite —— 253
綿 cotton —— 96
面 aspect —— 33
〃 face —— 154
〃 plane —— 319
〃 facet —— 154
免疫 immunity —— 203
〃 immun(o)- —— 203
免疫化 immunization —— 203
免疫化学的な immunochemical
—— 203
免疫化学の immunochemical - 203
免疫学 immunology —— 204
免疫学的測定法 immunoassay - 203
免疫学的な immunologic / immunological —— 204
免疫化する immunize —— 203
免疫寛容誘発の tolerogenic —— 426
免疫吸着の immunosorbent —— 205
免疫共沈降
coimmunoprecipitation —— 79
免疫グロブリン
immunoglobulin —— 204
〃 Ig —— 201
免疫グロブリンE IgE —— 201
免疫グロブリンA IgA —— 201
免疫グロブリンM IgM —— 201
免疫グロブリン軽鎖 L chain —— 230
免疫グロブリンG IgG —— 201
免疫グロブリン受容体 Fc receptor
—— 156
免疫蛍光の immunofluorescent
—— 204
免疫原 immunogen —— 204
免疫原性 immunogenicity —— 204
免疫原性の immunogenic —— 204
免疫(行為) immunization —— 203
免疫細胞化学
immunocytochemistry —— 203
免疫細胞化学の
immunocytochemical —— 203
免疫除去 immunodepletion —— 204
免疫親和性 immunoaffinity —— 203
免疫する immunize —— 203
免疫性の immunologic / immunological —— 204
免疫染色(法) immunostaining —— 205
免疫組織化学
immunohistochemistry —— 204
免疫組織化学的な
immunohistochemical —— 204

免疫担当性の
immunocompetent —— 203
免疫調節性の
immunomodulatory —— 204
〃 immunoregulatory —— 205
免疫沈降
immunoprecipitation —— 204
免疫沈降する
immunoprecipitate —— 204
免疫沈降物
immunoprecipitate —— 204
免疫毒素 immunotoxin —— 205
免疫の immune —— 203
免疫反応性
immunoreactivity —— 205
免疫反応性の
immunoreactive —— 205
免疫病原性
immunopathogenesis —— 204
免疫標識する immunolabel —— 204
免疫病理学
immunopathology —— 204
免疫賦活性の
immunostimulatory —— 205
免疫不全症
immunodeficiency —— 203
免疫不全状態
immunodeficiency —— 203
免疫不全の immunodeficient —— 204
免疫ブロット
immunoblotting —— 203
免疫ペルオキシダーゼ
immunoperoxidase —— 204
免疫無防備状態の
immunocompromised —— 203
免疫優性な
immunodominant —— 204
免疫陽性の immunopositive —— 204
免疫抑制
immunosuppression —— 205
免疫抑制の
immunosuppressive —— 205
免疫抑制薬
immunosuppressant —— 205
〃 immunosuppressive —— 205
免疫療法 immunotherapy —— 205
免疫療法の
immunotherapeutic —— 205
免許 license —— 236
面積 area —— 30
面接 interview —— 219
面前 presence —— 333
メンデル則に従った
Mendelian —— 252
メンバー member —— 252

も

盲検の blank —— 49
盲検法の blind —— 50
毛細管 capillary —— 59
毛細血管 microvessel —— 258
〃 capillary —— 59
毛細血管拡張 telangiectasia —— 419
毛細血管の microvascular —— 258
毛細胆管の canalicular —— 58
申込み application —— 29
申し出 offer —— 289
網(状)赤血球 reticulocyte —— 367
毛状突起 trichome —— 434
毛状の hairy —— 182
網状の reticular —— 367
〃 plexiform —— 322
妄想 delusion —— 108
妄想の obsessive —— 288
盲腸 cecum —— 64
盲腸の cecal —— 64
毛髪 hair —— 182
もう一つの another —— 23
網膜 retina —— 367
網膜炎 retinitis —— 368
網膜芽細胞腫 retinoblastoma — 368
網膜下の subretinal —— 407
網膜色素上皮 RPE —— 373
網膜症 retinopathy —— 368
網膜電図 electroretinogram — 132
網膜の retinal —— 367
盲目の blind —— 50
毛様体神経栄養因子 CNTF —— 77
毛様体の ciliary —— 73
網羅する cover —— 97
〃 comprise —— 84

網羅的な　global ―― 174
燃え上がり現象　kindling ―― 229
燃える　burn ―― 55
モーター　motor ―― 265
モード　mode ―― 261
モーメント　moment ―― 263
模擬訓練装置　simulator ―― 389
模擬実験　simulation ―― 389
模擬実験を行う　simulate ―― 389
目　order ―― 293
木炭　charcoal ―― 68
目的　aim ―― 14
〃　purpose ―― 346
〃　intent ―― 216
目的地　destination ―― 112
目的とする　intend ―― 216
目的に合わせる　tailor ―― 417
目標　aim ―― 14
〃　goal ―― 177
〃　end ―― 135
〃　object ―― 287
目標とする　aim ―― 14
目標(物)　objective ―― 287
木部　xylem ―― 459
モグラ　mole ―― 262
目録　inventory ―― 222
〃　catalog ―― 62
模型　model ―― 261
モザイク　mosaic ―― 265
モザイク現象　mosaicism ―― 265
文字　literature ―― 238
もしあったとしても　if any ―― 201
もしあれば　if any ―― 201
もしかすると　perhaps ―― 309
模式化　illustration ―― 202
模式化する　illustrate ―― 202
模式図　scheme / schema ―― 377
もしそうなら　if so ―― 201
モジュール　module ―― 262
モジュレーター　modulator ―― 262
モダリティー　modality ―― 261
もたれる　lean ―― 233
モチーフ　motif ―― 265
持つ　hold ―― 191
〃　possess ―― 327
〃　carry ―― 61
最も　best ―― 46
〃　most ―― 265
もっともな　natural ―― 274
もっともらしい　plausible ―― 321
〃　feasible ―― 156
もつれ　tangle ―― 417
もつれる　tangle ―― 417
モディファイヤー　modifier ―― 262
モデル　model ―― 261
モデルを作る　model ―― 261
元　proto- ―― 341
戻し交雑する　backcross ―― 42
戻し交配する　backcross ―― 42
戻す　return ―― 368
基づく　base ―― 44
〃　ascribe ―― 33
モニター　monitor ―― 263
モノアミン　monoamine ―― 263
モノアミン酸化酵素　MAO ―― 247
モノカイン　monokine ―― 263
モノクローナル　monoclonal ―― 263
モノマー　monomer ―― 263
模倣　mimicry ―― 259
模倣した　mimetic ―― 259
模倣する　mimic ―― 259
模倣物　mimic ―― 259
燃やす　burn ―― 55
漏らす　leak ―― 233
モラル　moral ―― 264
モル　mole ―― 262
モル浸透圧の　osmolar ―― 295
モル浸透圧濃度　osmolarity ―― 295
モルの　molar ―― 262
モル濃度　molar ―― 262
〃　M ―― 243
モルヒネ　morphine ―― 264
モルフォゲン　morphogen ―― 264
モルフォリノ　morpholino ―― 264
モルモット　guinea pig ―― 181
漏れ　leak ―― 233
漏れやすい　leaky ―― 233
漏れる　leak ―― 233
門　gate ―― 170
〃　division ―― 122
門歯　incisor ―― 207

問診 inquiry ― 213
〃 interview ― 219
問題 matter ― 248
〃 problem ― 335
〃 question ― 348
問題がある questionable ― 348
問題解決法 algorithm ― 15
問題点 problem ― 335
〃 issue ― 226
問題になる matter ― 248
問題のある problematic ― 335
門部 hilus ― 189
門脈の portal ― 327

や

矢 arrow ― 31
野 field ― 158
夜間の nocturnal ― 281
ヤギ goat ― 177
ヤギの caprine ― 59
約 approximately ― 29
〃 *circa* ― 73
〃 ca. ― 56
薬学 pharmacy ― 313
薬剤 drug ― 126
〃 agent ― 12
薬剤師 pharmacist ― 313
約束 engagement ― 138
〃 agreement ― 13
〃 promise ― 338
約束する promise ― 338
役立たない useless ― 446
役立つ available ― 40
〃 useful ― 446
〃 serve ― 384
〃 valuable ― 447
〃 helpful ― 185
〃 instrumental ― 215
〃 subserve ― 407
役立つこと usefulness ― 446
薬動力学 pharmacodynamics ― 313
薬物 drug ― 126
〃 medicine ― 250
薬物送達システム DDS ― 104
薬物速度論 pharmacokinetics ― 313
薬物治療 medication ― 250
薬物治療する medicate ― 250
薬物適用 medication ― 250
薬物動態学 pharmacokinetics ― 313
薬物動態の pharmacokinetic ― 313
薬物有害反応 ADR ― 10
薬物療法 pharmacotherapy ― 313
薬物療法学 therapeutics ― 422
薬包 cartridge ― 62
薬用の medicinal ― 250
薬理学 pharmacology ― 313
薬理学の pharmacologic / pharmacological ― 313
薬力学 pharmacodynamics ― 313
薬力学的な pharmacodynamic ― 313
薬理作用の pharmacologic / pharmacological ― 313
薬理作用(論) pharmacology ― 313
役割 role ― 372
〃 part ― 303
役をつける cast ― 62
火傷 burn ― 55
夜行性の nocturnal ― 281
野菜 vegetable ― 449
優しい gentle ― 172
矢印 arrow ― 31
安い inexpensive ― 210
野生型 WT ― 458
野生型の wild-type / wildtype ― 457
野生生物 wildlife ― 457
野生の wild ― 457
痩せた lean ― 233
薬局 pharmacy ― 313
ヤツメウナギ lamprey ― 231
宿す harbor / harbour ― 183
野兎病 tularemia ― 437
ヤヌスキナーゼ JAK ― 227
山 mountain ― 265
止む cease ― 64
やめる quit ― 348
ヤリイカ squid ― 398
柔らかい soft ― 392

や

和らげる ease ―― 128
〃 moderate ―― 262
〃 lessen ―― 234
〃 palliate ―― 300

ゆ

唯一の singular ―― 389
優位 dominance ―― 123
優位性 advantage ―― 11
〃 superiority ―― 410
有意性 significance ―― 388
有意でない nonsignificant / non-significant ―― 283
有意な significant ―― 388
優位な dominant ―― 123
誘引 attraction ―― 37
誘因 incentive ―― 207
ユーイング肉腫 Ewing's sarcoma ―― 147
誘引剤 attractant ―― 37
誘引する attract ―― 37
誘引性の attractive ―― 37
誘引物質 pheromone ―― 314
〃 attractant ―― 37
有益な helpful ―― 185
〃 beneficial ―― 45
〃 informative ―― 211
融解 fusion ―― 168
融解する melt ―― 251
有害生物 pest ―― 312
有害な injurious ―― 213
〃 adverse ―― 11
〃 deleterious ―― 108
〃 hazardous ―― 183
〃 harmful ―― 183
〃 detrimental ―― 113
有機 organo- ―― 294
有機塩素 organochlorine ―― 294
誘起する evoke ―― 147
勇気づける encourage ―― 135
有機(物)の organic ―― 293
有棘の spiny ―― 397
有機リン酸塩 organophosphate ―― 294
ユークロマチン euchromatin ― 146
有限の finite ―― 159
融合 fusion ―― 168
有効期限が切れる expire ―― 151
融合細胞 hybridoma ―― 195
融合する fuse ―― 167
有効性 effectiveness ―― 130
〃 efficacy ―― 130
〃 validity ―― 447
融合性の fusogenic ―― 168
有効性の高い efficacious ―― 130
有効な active ―― 6
〃 valid ―― 447
〃 effective ―― 130
融剤 flux ―― 162
有酸素性の aerobic ―― 11
有糸分裂 mitosis ―― 261
有糸分裂後の postmitotic ―― 328
有糸分裂の mitotic ―― 261
有糸分裂誘発 mitogenesis ―― 260
優秀な excellent ―― 148
遊出 emigration ―― 134
〃 transmigration ―― 432
有髄の myelinated ―― 270
有する bear ―― 45
優勢 dominance ―― 123
〃 predominance ―― 331
〃 preponderance ―― 332
優性 dominance ―― 123
優勢である predominate ―― 331
優勢な predominant ―― 331
優性の dominant ―― 123
雄性の male ―― 245
優先(権) priority ―― 335
優先順位をつける prioritize ―― 335
優先する prior ―― 335
優先的な preferential ―― 331
優先(度) preference ―― 331
遊走 migration ―― 258
遊走する migrate ―― 258
〃 swarm ―― 413
〃 wander ―― 455
遊走性の migratory ―― 258
遊走阻止因子 MIF ―― 258
有足細胞 podocyte ―― 323
有痛性の painful ―― 299
誘電性の dielectric ―― 115
誘電体 dielectric ―― 115

尤度　likelihood — 237
誘導　induction — 209
〃　derivation — 111
誘導型一酸化窒素合成酵素　iNOS — 213
誘導性の　inducible — 209
誘導体　derivative — 111
誘導体化　derivatization — 111
誘導の　inductive — 209
誘導能　inducibility — 209
有毒な　toxic — 428
有能な　capable — 58
誘発　induction — 209
〃　elicitation — 133
〃　challenge — 67
誘発する　induce — 209
〃　elicit — 133
〃　provoke — 342
〃　spark — 394
〃　precipitate — 330
誘発性の　inducible — 209
〃　provocative — 342
誘発物　elicitor — 133
誘発物質　inducer — 209
有病率　prevalence — 334
有名な　famous — 155
〃　well-known — 456
ユーモア　humor — 194
有毛の　hairy — 182
幽門洞　antrum — 27
有用性　availability — 40
〃　utility — 446
〃　usefulness — 446
有用な　available — 40
〃　useful — 446
遊離　liberation — 236
〃　release — 360
遊離可能な　releasable — 360
遊離基　radical — 349
遊離する　release — 360
〃　liberate — 235
有利な　advantageous — 11
有理の　rational — 352
遊離の　free — 166
優良医薬品製造基準　GMP — 177
有力な　powerful — 329
輸液　infusion — 211
〃　transfusion — 431
床　bed — 45
〃　floor — 161
歪める　distort — 121
〃　skew — 390
輸血　transfusion — 431
輸血する　transfuse — 431
癒合　fusion — 168
〃　coalescence — 77
輸出　export — 151
輸出する　export — 151
輸精の　seminiferous — 381
輸送　carriage — 61
〃　transport — 433
〃　traffic — 429
〃　transfer — 431
輸送する　transport — 433
〃　carry — 61
輸送の　motive — 265
輸送体　transporter — 433
〃　translocator — 432
癒着　adhesion — 9
〃　adherence — 8
〃　accretion — 4
〃　coalescence — 77
ゆっくりとした　slow — 391
ユニット　unit — 442
輸入　import — 206
輸入する　import — 206
輸尿管　ureter — 445
指　digit — 116
〃　finger — 159
ユビキチン　ubiquitin — 439
ユビキチン化　ubiquitination — 439
ユビキチン化された　ubiquitinated — 439
ユビキチン様タンパク質　SUMO — 410
由来する　stem — 401
〃　descend — 111
由来の　borne — 52
ゆらぎ　fluctuation — 161
〃　wobble — 458
ゆらぐ　fluctuate — 161

ゆ

輸卵管　fallopian tube ― 155
〃　oviduct ― 298
緩い　loose ― 240
許す　allow ― 16

よ

良い　good ― 177
葉　lobe ― 239
用意　preparation ― 332
陽イオン　cation ― 63
用意ができた　ready ― 353
用意する　prepare ― 332
〃　provide ― 342
容易な　easy ― 128
〃　facile ― 154
容易に　readily ― 353
用意をさせる　poise ― 323
要因　parameter ― 302
要因の　factorial ― 154
溶液　solution ― 393
溶解　dissolution ― 120
溶解(現象)　lysis ― 243
溶解させる　lyse ― 243
〃　dissolve ― 120
溶解性　solubility ― 393
溶解性の　lytic ― 243
ヨウ化物　iodide ― 223
容器　container ― 90
〃　chamber ― 67
要求　requirement ― 364
〃　claim ― 74
〃　request ― 364
〃　need ― 274
要求する　demand ― 108
〃　claim ― 74
〃　request ― 364
〃　require ― 364
〃　order ― 293
要求(量)　demand ― 108
陽極　anode ― 23
容器を傾けて上清を移す　decant ― 105
溶菌　bacteriolysis ― 42
溶菌液　lysate ― 243
溶菌性の　lytic ― 243
溶菌斑　plaque ― 320
溶血　hemolysis ― 186
溶血性の　hemolytic ― 186
溶血素　hemolysin ― 186
溶原性　lysogeny ― 243
溶原性の　temperate ― 419
用語　term ― 420
擁護者　advocate ― 11
溶骨性の　osteolytic ― 295
用語法　terminology ― 420
溶剤　solvent ― 393
〃　flux ― 162
葉酸　folate ― 163
葉酸代謝拮抗薬　antifolate ― 25
葉酸の　folate ― 163
要旨　summary ― 410
〃　abstract ― 3
幼児　infant ― 210
養子縁組　adoption ― 10
様式　fashion ― 155
〃　manner ― 246
〃　modality ― 261
〃　pattern ― 305
〃　mode ― 261
幼児期　childhood ― 70
幼児期の　infant ― 210
溶質　solute ― 393
養子の　adoptive ― 10
幼若(型)の　juvenile ― 227
溶出　elution ― 133
溶出液　eluate ― 133
溶出させる　elute ― 133
溶出物　effluent ― 130
葉鞘　sheath ― 385
葉状仮足　lamellipodia ― 231
用心　precaution ― 330
羊水の　amniotic ― 19
幼生　larva ― 232
陽性　positivity ― 327
陽性の　positive ― 327
幼生の　larval ― 232
容積　bulk ― 55
〃　volume ― 454
容積測定の　volumetric ― 454
要素　element ― 133
〃　element ― 133
〃　factor ― 154

ヨウ素 iodine ―― 223
〃 I ―― 200
ヨウ素化 iodination ―― 223
ヨウ素化する iodinate ―― 223
要素の elementary ―― 133
ヨウ素の iodide ―― 223
幼虫 larva ―― 232
腰椎の lumbar ―― 241
要点 point ―― 323
陽電子 positron ―― 327
容認 permission ―― 311
容認する permit ―― 311
容認できない unacceptable ―― 440
容認できる acceptable ―― 3
〃 permissible ―― 310
溶媒 solvent ―― 393
〃 vehicle ―― 450
溶媒和 solvation ―― 393
溶媒和させる solvate ―― 393
葉片 lamina ―― 231
要約する sum ―― 409
〃 summarize ―― 410
〃 brief ―― 53
溶融する fuse ―― 167
〃 melt ―― 251
溶離 elution ―― 133
溶離剤 eluent ―― 133
容量 capacity ―― 58
用量 dose ―― 124
〃 dosage ―― 124
容量性の
capacitative / capacitive ―― 58
用量設定 titration ―― 426
葉緑素 chlorophyll ―― 70
葉緑体 chloroplast ―― 70
ヨード iodine ―― 223
予期 expectancy ―― 150
予期しない unanticipated ―― 440
抑圧 depression ―― 111
〃 suppression ―― 411
〃 repression ―― 363
抑圧可能な repressible ―― 363
抑圧する repress ―― 363
〃 suppress ―― 411
〃 depress ―― 110
抑圧的な repressive ―― 363
抑欝 depression ―― 111
抑鬱性の depressive ―― 111
抑止 abrogation ―― 2
抑制 depression ―― 111
〃 inhibition ―― 212
〃 suppression ―― 411
〃 repression ―― 363
抑制因子 suppressor ―― 411
抑制解除 derepression ―― 111
抑制されうる inhibitable ―― 212
抑制する inhibit ―― 212
〃 repress ―― 363
〃 suppress ―― 411
〃 depress ―― 110
抑制性シナプス後電位 IPSP
―― 224
抑制性の inhibitory ―― 212
〃 suppressive ―― 411
抑制的な repressive ―― 363
抑制薬 inhibitor ―― 212
〃 depressant ―― 110
予言者 predictor ―― 331
予後 prognosis ―― 337
〃 outcome ―― 296
横切って trans- ―― 429
横切る traverse ―― 434
横座標 abscissa ―― 2
横軸 abscissa ―― 2
汚す soil ―― 392
横たえる lay ―― 233
横になる lie ―― 236
予後の prognostic ―― 337
横幅 breadth ―― 53
汚れ stain ―― 399
予算 budget ―― 55
四次の quaternary ―― 348
よじる kink ―― 229
寄せ集め mosaic ―― 265
予想 expectation ―― 150
予想外の unexpected ―― 441
予想可能な predictable ―― 331
予期される prospective ―― 340
予想する expect ―― 150
〃 predict ―― 331
予想の predictive ―― 331
装う adopt ―― 10

予測　anticipation — 25
〃　prediction — 331
予測可能な　predictable — 331
予測する　forecast — 163
〃　anticipate — 25
〃　predict — 331
予測の　predictive — 331
予測不可能な　unpredictable — 443
余地　room — 372
〃　scope — 378
予知する　herald — 187
予知の　predictive — 331
予定　schedule — 377
〃　plan — 319
予定された　predetermined — 331
予定する　schedule — 377
〃　destine — 112
夜通しで　overnight — 297
余白　margin — 247
予備　reserve — 364
呼び起こす　inspire — 214
〃　invoke — 223
予備試験　pretest — 333
予備条件づけ　preconditioning — 330
予備の　preliminary — 332
〃　spare — 394
予備保温　preincubation — 332
予報　forecast — 163
〃　prediction — 331
予防　prevention — 334
〃　prophylaxis — 339
予報する　forecast — 163
予防する　prevent — 334
予防接種　immunization — 203
〃　vaccination — 447
予防的な　prophylactic — 339
〃　preventive — 334
〃　preemptive — 331
予防できる　preventable — 334
予防の　preventive — 334
予防法　prophylaxis — 339
予防薬　prophylactic — 339
読み過ごし　readthrough — 353
読み出し情報　readout — 353
読み取り　readout — 353
読み枠　ORF — 293
読む　read — 353
予約　reservation — 364
予約する　reserve — 364
〃　book — 51
余裕　margin — 247
余裕がある　afford — 12
よりまさる　outweigh — 296
弱い　weak — 456
弱さ　weakness — 456
弱める　weaken — 456
四級の　quaternary — 348
四重鎖　quadruplex — 347
四重の　quadruplex — 347
四徴候　tetralogy — 421
四倍の　quadruple — 347
四分位間の　interquartile — 219
四量体化　tetramerization — 421

ら

らい　leprosy — 234
ライゲーション　ligation — 236
らい腫型の　lepromatous — 234
ライ症候群　Reye's syndrome — 369
ライセンス　license — 236
ライノウイルス　rhinovirus — 370
ライブラリー　library — 236
ライム病　Lyme disease — 242
ラウス肉腫　Rous sarcoma — 373
ラウス肉腫ウイルス　RSV — 373
酪酸　butyrate — 56
酪酸の　butyrate — 56
ラクターゼ　lactase — 230
ラクタマーゼ　lactamase — 230
ラクタム　lactam — 230
ラクタム分解酵素　lactamase — 230
落胆させる　discourage — 119
ラクトース　lactose — 231
ラクトン　lactone — 231
酪農　dairy — 103
落葉性の　deciduous — 105
～らしい　appear — 28
ラジカル　radical — 349
ラセミ化　racemization — 349
ラセミ体の　racemic — 349
らせん形の　spiral — 397

らせん状の　helical ―― 184
らせん(体)　helix ―― 184
らせん度　helicity ―― 184
ラチェット　ratchet ―― 351
ラット　*Rattus norvegicus* ―― 352
〃　rat ―― 351
ラテックス　latex ―― 232
ラテンアメリカ系の　hispanic ―― 190
ラパマイシン　rapamycin ―― 351
ラフト　raft ―― 350
ラフリング　ruffling ―― 374
ラベル　label ―― 230
ラマン散乱　Raman scattering ― 350
ラミニン　laminin ―― 231
ラミン　lamin ―― 231
ラメリポディア　lamellipodia ― 231
卵円(形)　oval ―― 296
卵黄　yolk ―― 459
卵割　cleavage ―― 75
卵割球　blastomere ―― 49
卵管　fallopian tube ―― 155
〃　oviduct ―― 298
卵管炎　salpingitis ―― 375
卵管峡部　isthmus ―― 226
卵管の　tubal ―― 436
卵形成　oogenesis ―― 291
卵形の　oval ―― 296
ランゲルハンス細胞
Langerhans' cell ―― 231
乱交雑の　promiscuous ―― 338
乱雑な　promiscuous ―― 338
卵子　egg ―― 130
卵子発生　oogenesis ―― 291
卵巣　ovary ―― 297
卵巣摘除(術)　oophorectomy ― 291
〃　ovariectomy ―― 297
卵巣の　ovarian ―― 297
藍藻(類)　cyanobacteria ―― 101
ランダム化する
randomize / randomise ―― 351
ランダム増幅多型DNA法　RAPD ―― 351
ランダムな　random ―― 351
ランテス　RANTES ―― 351
卵白アルブミン　ovalbumin ―― 297
卵胞　follicle ―― 163
卵胞ホルモン
estrogen / oestrogen ―― 145
卵母細胞　oocyte ―― 291
乱用　abuse ―― 3
乱用者　abuser ―― 3
乱用する　abuse ―― 3
乱流の　turbulent ―― 437

り

リアーゼ　lyase ―― 242
リアソータントな　reassortant ―― 354
リアノジン　ryanodine ―― 374
リアノジン受容体　RyR ―― 374
リアルタイムでの
real-time / realtime ―― 353
リーキーな　leaky ―― 233
リーシュマニア(属)　*Leishmania* ―― 234
リーシュマニア症　leishmaniasis ―― 234
リーズナブルな　reasonable ―― 353
リーダー　leader ―― 233
リードスルー　readthrough ―― 353
リウマチ学　rheumatology ―― 370
リウマチ学者　rheumatologist ― 370
リウマチ性の　rheumatic ―― 370
リウマチ様の　rheumatoid ―― 370
利益　gain ―― 168
〃　benefit ―― 45
〃　interest ―― 217
〃　profit ―― 337
利益になる　profit ―― 337
利益を得る　benefit ―― 45
リエントリー　reentry ―― 356
リガーゼ　ligase ―― 236
理解　realization ―― 353
〃　grasp ―― 179
〃　appreciation ―― 29
理解する　understand ―― 441
〃　realize ―― 353
〃　comprehend ―― 84
理解(力)　comprehension ―― 84
理解力のある　comprehensive ― 84
リガンド　ligand ―― 236
リガンド非結合の　unliganded ― 443

罹患率　morbidity —— 264
〃　prevalence —— 334
力価　titer —— 426
力学　mechanics —— 250
力学的な
dynamic / dynamical —— 127
〃　mechanical —— 249
力説　emphasis —— 134
陸生の　terrestrial —— 420
リケッチア　rickettsia —— 371
履行する　fulfill —— 166
〃　implement —— 206
リコンビナーゼ　recombinase
—— 355
リザーバー　reservoir —— 364
リサイクリング　recycling —— 356
リサイクル　recycle —— 356
理事　director —— 118
梨状の　piriform —— 318
リジン　lysine —— 243
〃　Lys —— 243
〃　K —— 228
リスク　risk —— 372
リステリア（属）　*Listeria* —— 238
リステリア症　listeriosis —— 238
リズム　rhythm —— 370
リセット　reset —— 364
リセットする　reset —— 364
理想的な　ideal —— 201
リソソーム　lysosome —— 243
リソソームの　lysosomal —— 243
リゾチーム　lysozyme —— 243
リゾホスファチジン酸　LPA —— 241
リゾルバーゼ　resolvase —— 365
離脱　withdrawal —— 458
離断　transection —— 430
リチウム　lithium —— 238
〃　Li —— 235
立案する　draft —— 125
立証　verification —— 450
立証する　prove —— 342
〃　verify —— 450
〃　argue —— 30
律速の　rate-limiting —— 352
立体　stereo- —— 401
立体異性体　stereoisomer —— 402
立体化学　stereochemistry —— 402
立体上の　steric —— 402
立体選択性　stereoselectivity —— 402
立体選択的な　stereoselective —— 402
立体対称性の　chiral —— 70
立体特異性　stereospecificity —— 402
立体特異的な　stereospecific —— 402
立体配座　conformation —— 87
立体配座異性体　conformer —— 87
立体配置　configuration —— 87
律動　rhythm —— 370
律動性　rhythmicity —— 370
律動的な　rhythmic —— 370
立方の　cubic —— 99
利点　advantage —— 11
〃　benefit —— 45
〃　merit —— 253
利点のある　beneficial —— 45
リドカイン　lidocaine —— 236
離乳させる　wean —— 456
離乳児　weanling —— 456
離乳した　weanling —— 456
利尿　diuresis —— 121
利尿作用のある　diuretic —— 121
利尿薬　diuretic —— 121
リノール酸　linoleic acid —— 238
リノレン酸　linolenic acid —— 238
リパーゼ　lipase —— 238
リバータント　revertant —— 369
リバウンド　rebound —— 354
リハビリテーション
rehabilitation —— 359
リピート　repeat —— 362
リファレンス　reference —— 357
リフォーム　reform —— 357
リフォールディング　refolding
—— 357
リプレッサー　repressor —— 363
リブロース　ribulose —— 371
リブロース-1,5-二リン酸カルボキシラーゼ・オキシゲナーゼ
Rubisco —— 374
利便性　convenience —— 92
リボース　ribose —— 370
リボ核酸　ribonucleic acid —— 370
〃　RNA —— 372

リポキシゲナーゼ lipoxygenase —— 238
〃 LOX —— 241
リボザイム ribozyme —— 371
リポジストロフィー lipodystrophy —— 238
リポジトリ repository —— 363
リボシル基転移酵素 ribosyltransferase —— 371
リボシルトランスフェラーゼ ribosyltransferase —— 371
リボソーム ribosome —— 371
リポソーム liposome —— 238
リボソームRNA rRNA —— 373
リボソームの ribosomal —— 371
リポ多糖 lipopolysaccharide —— 238
〃 LPS —— 241
リポタンパク質 lipoprotein —— 238
リボヌクレアーゼ ribonuclease —— 370
〃 RNase —— 372
リボヌクレオシド ribonucleoside —— 370
リボヌクレオタンパク質 ribonucleoprotein —— 370
〃 RNP —— 372
リボヌクレオチド ribonucleotide —— 370
リボフラビン riboflavin —— 370
リモデリング remodeling / remodelling —— 361
略式の casual —— 62
理由 reason —— 353
〃 cause —— 63
〃 account —— 4
留意する mind —— 259
硫化物 sulfide —— 409
隆起 protrusion —— 342
〃 swelling —— 413
〃 eminence —— 134
〃 tuber —— 437
隆起する protrude —— 342
〃 bulge —— 55
流行 fashion —— 155
流行する prevail —— 334
流行性の epidemic —— 141
流行の prevalent —— 334
硫酸 sulfate / sulphate —— 409
流産 abortion —— 2
硫酸化 sulfation —— 409
硫酸化する sulfate / sulphate —— 409
硫酸基転移酵素 sulfotransferase —— 409
流産する abort —— 2
粒子 bead —— 44
〃 particle —— 304
〃 grain —— 178
粒子性の particulate —— 304
流出 outflow —— 296
〃 issue —— 226
〃 efflux —— 130
流出液 effluent —— 130
流出する efflux —— 130
留出物 distillate —— 121
流出物 effluent —— 130
〃 efflux —— 130
流出量 outflow —— 296
粒状の particulate —— 304
隆線 ridge —— 371
流束 flux —— 162
流体 fluid —— 161
流体力学 rheology —— 370
留置 placement —— 319
留置(術) implantation —— 206
留置する indwell —— 209
流動 flow —— 161
〃 flux —— 162
流動する stream —— 404
流動性 fluidity —— 161
流動性の mobile —— 261
〃 fluid —— 161
流動度 fluidity —— 161
流入 influx —— 211
〃 entry —— 140
留保 reservation —— 364
留保する reserve —— 364
流路 pass —— 304
利用 utilization —— 446
〃 exploitation —— 151
量 amount —— 19
〃 content —— 91
〃 quantity —— 348

両アレルの　biallelic — 46
領域　region — 358
〃　area — 30
〃　domain — 123
〃　universe — 443
領域間の　interdomain — 217
領域の　regional — 358
利用化　utilization — 446
両眼(性)の　binocular — 47
両極性の　bipolar — 49
量子　quantum — 348
両室の　biventricular — 49
量子的な　quantal — 347
領収書　receipt — 354
両親媒(性)の　amphipathic — 19
両親媒性(物質)の　amphiphilic — 19
利用する　employ — 134
〃　harness — 183
〃　utilize — 446
良性の　benign — 45
両生類　amphibian — 19
両生類の　amphibian — 19
両側性の　bilateral — 46
量的形質遺伝子座　QTL — 347
量的な　quantitative — 348
利用できる　available — 40
菱脳節　rhombomere — 370
両方　bi- — 46
療法　therapy — 422
〃　regimen — 358
〃　remedy — 361
療法指導　consultation — 90
量を決める　titrate — 426
緑色蛍光タンパク質　GFP — 173
緑色の　green — 180
緑内障　glaucoma — 174
旅行　travel — 434
旅行者　traveler — 434
旅行する　travel — 434
リレー　relay — 360
履歴　history — 191
履歴現象　hysteresis — 200
理論　theory — 422
理論上の　theoretical — 422
理論的根拠　rationale — 352
リン　phosphorus — 315
〃　phospho- — 315
〃　P — 299
リンカー　linker — 238
臨界の　critical — 98
臨界ミセル濃度　CMC — 77
輪郭　outline — 296
〃　profile — 337
〃　contour — 91
〃　edge — 129
輪郭を描く　outline — 296
淋菌　gonococci — 177
淋菌(性)の　gonococcal — 177
リンク　link — 237
リン光　phosphorescence — 315
リンゴ酸　malate — 245
リンゴ酸の　malate — 245
輪作　rotation — 373
リン酸　phosphate — 314
リン酸化　phosphorylation — 315
リン酸化過剰　hyperphosphorylation — 197
リン酸化酵素　kinase — 229
リン酸化する　phosphorylate — 315
リン酸化タンパク質　phosphoprotein — 315
リン酸化チロシン　phosphotyrosine — 316
リン酸基転移酵素　phosphotransferase — 316
リン酸の　phosphate — 314
リン脂質　phospholipid — 315
リン脂質加水分解酵素　phospholipase — 315
淋疾　gonorrhea — 177
臨時の　interim — 218
臨時目的の　*ad hoc* — 9
臨床医　clinician — 76
臨床家　clinician — 76
臨床の　clinical — 76
輪状の　annular — 23
臨床病理学的な　clinicopathologic — 76
輪生　whorl — 457
隣接している　adjacent — 9

隣接する neighbor / neighbour ― 275
〃 adjoin ― 9
〃 flanking ― 160
リンパ(液) lymph ― 242
リンパ芽球 lymphoblast ― 242
リンパ芽球性の lymphoblastic ― 242
リンパ芽球様の lymphoblastoid ― 242
リンパ球 lymphocyte ― 242
リンパ球減少(症) lymphopenia ― 243
リンパ球向性の lymphotropic ― 243
リンパ球性の lymphocytic ― 243
リンパ球増殖性の lymphoproliferative ― 243
リンパ球増多(症) lymphocytosis ― 243
リンパ系の lymphoid ― 243
リンパ腫 lymphoma ― 243
リンパ水腫 lymphedema ― 242
リンパ性の lymphoblastic ― 242
〃 lymphocytic ― 243
〃 lymphatic ― 242
リンパ節腫脹 lymphadenopathy ― 242
リンパ節症 lymphadenopathy ― 242
リンパ浮腫 lymphedema ― 242
淋病 gonorrhea ― 177
鱗片 scale ― 376
鱗片状の squamous ― 398
リンホカイン lymphokine ― 243
リンホトキシン lymphotoxin ― 243
倫理 ethics ― 146
倫理学 ethics ― 146
倫理上の ethical ― 146
倫理的な moral ― 264

る

類遺伝子性の congenic ― 87
類縁体 relative ― 360
類骨の osteoid ― 295
類似 homeo- ― 191
類似性 analogy ― 20
〃 similarity ― 388
類似体 analog / analogue ― 20
類似点 resemblance ― 364
類似の similar ― 388
〃 analogous ― 20
ルイス酸 Lewis acid ― 235
ルイス肺癌細胞 LLC ― 239
累積的な cumulative ― 100
涙腺の lacrimal ― 230
類天疱瘡 pemphigoid ― 307
類洞の sinusoidal ― 389
類肉腫症 sarcoidosis ― 376
類粘液質 mucoid ― 266
類別する grade ― 178
ルーチン routine ― 373
ルーチン的な routine ― 373
ルート route ― 373
ループ loop ― 240
ループス lupus ― 242
ルーメン lumen ― 241
ルール rule ― 374
ルシフェラーゼ luciferase ― 241
ルビジウム rubidium ― 373
〃 Rb ― 352
ルミネッセンス luminescence ― 242
ルミネッセンスの luminescent ― 242

れ

例 example ― 148
例外 exception ― 148
〃 anomaly ― 23
例外的な exceptional ― 148
例外の exceptional ― 148
霊感 inspiration ― 214
励起 excitation ― 148
励起子 exciton ― 148
励起させる excite ― 148
冷却する cool ― 93
〃 chill ― 70
冷光 luminescence ― 242
例証する exemplify ― 149
例数 n ― 272
霊長類 primate ― 334

冷凍保存　cryopreservation — 99
レイノー現象
Raynaud's phenomenon — 352
レーザー　laser — 232
レーザー光　laser — 232
RACE法　RACE — 349
レオロジー　rheology — 370
歴史　history — 191
歴史的な　historical / historic — 191
レギュレータ　regulator — 359
レギュロン　regulon — 359
レクチン　lectin — 233
レシーバ　receiver — 354
レジオネラ(属)　*Legionella* — 234
レジオネラ症
Legionnaires' disease — 234
レジデント　resident — 364
レシピエント　recipient — 354
レスポンダー　responder — 366
レセプター　receptor — 354
レセプト　receipt — 354
レダクターゼ　reductase — 356
レチナール　retinal — 367
レチノイド　retinoid — 368
レチノイドX受容体　RXR — 374
レチノイン酸　retinoic acid — 368
〃　RA — 349
レチノイン酸受容体　RAR — 351
レチノール　retinol — 368
列　column — 81
〃　train — 429
裂　fissure — 160
劣化　deterioration — 113
列挙する　enumerate — 140
裂溝　fissure — 160
レッスン　lesson — 234
劣性の　recessive — 354
レドックス　redox — 356
レトロウイルス　retrovirus — 368
レトロスペクティブな
retrospective — 368
レトロトランスポゾン
retrotransposon — 368
レニン　renin — 362
レパートリー　repertoire — 362
レビュー　review — 369
レプチン　leptin — 234
レプトスピラ症　leptospirosis — 234
レプリカ　replica — 362
レプリカーゼ　replicase — 362
レプリコン　replicon — 363
レプリソーム　replisome — 363
レベル　level — 235
レポーター　reporter — 363
レポート　report — 363
レムナント　remnant — 361
連　train — 429
連関　coupling — 96
〃　linkage — 237
連関する　couple — 96
連結　ligation — 236
〃　link — 237
連結酵素　ligase — 236
〃　synthetase — 415
連結する　link — 237
〃　ligate — 236
連結部　junction — 227
連合　association — 34
〃　union — 442
連合性　association — 34
連合性の　associative — 34
連鎖　linkage — 237
連鎖球菌(属)　*Streptococcus* — 404
連鎖球菌(性)の　streptococcal — 404
練習　practice — 330
練習する　practice — 330
攣縮　twitch — 438
連想する　associate — 34
連想の　associative — 34
連続　continuation — 91
〃　series — 384
連続性　continuity — 91
連続体　continuum — 91
連続的な　continuous — 91
〃　sequential — 383
〃　serial — 383
〃　successive — 408
〃　consecutive — 88
レンチウイルス　lentivirus — 234
レントゲン　R — 349
レントゲン写真　roentgenogram
— 372

連絡 communication —— 82
連絡する communicate —— 82
連立の simultaneous —— 389

ろ

路 tract —— 429
〃 tractus —— 429
ロイコトリエン leukotriene —— 235
〃 LT —— 241
ロイシン leucine —— 235
〃 Leu —— 234
〃 L —— 230
漏洩 leakage —— 233
老化 senescence —— 382
老化した senescent —— 382
瘻孔 fistula —— 160
労作 exertion —— 149
労作性の exertional —— 149
漏出 leakage —— 233
〃 discharge —— 118
〃 leak —— 233
漏出性の leaky —— 233
老人性の geriatric —— 173
〃 senile —— 382
狼蒼 lupus —— 242
漏斗 funnel —— 167
老年性の senile —— 382
浪費する waste —— 455
労力 effort —— 130
老(齢)化 aging / ageing —— 13
老齢期の geriatric —— 173
濾液 filtrate —— 159
Rho関連キナーゼ ROCK —— 372
ロータリー rotary —— 373
ロードシス lordosis —— 240
濾過 filtration —— 159
濾過する filter —— 159
ログ log —— 240
六炭糖 hexose —— 188
肋膜 pleura —— 321
露光 exposure —— 151
ロジスティック曲線の logistic —— 240
露出 exposure —— 151
ロゼット rosette —— 372
ロタウイルス rotavirus —— 373
肋間の intercostal —— 217
肋骨 rib —— 370
ロッド rod —— 372
ロドプシン rhodopsin —— 370
濾胞 follicle —— 163
濾胞刺激ホルモン FSH —— 166
濾胞性の follicular —— 163
論 -ology —— 290
論拠 argument —— 31
論説 editorial —— 129
論争 controversy —— 92
〃 dispute —— 120
論争する dispute —— 120
論争のある controversial —— 92
論点 contention —— 91
論評する comment —— 81
〃 review —— 369
論文 paper —— 301
〃 article —— 32
〃 publication —— 345
論理 logic —— 240
論理的な logical —— 240

わ

輪 ring —— 371
〃 loop —— 240
〃 annulus —— 23
和 sum —— 409
ワークショップ workshop —— 458
矮化する dwarf —— 127
矮性の dwarf —— 127
Ｙ染色体 Y chromosome —— 459
和解 compromise —— 85
わかりにくい elusive —— 133
腋 axilla —— 41
枠 frame —— 165
枠組み framework —— 165
ワクシニア vaccinia —— 447
惑星 planet —— 319
ワクチン vaccine —— 447
ワクチン接種 vaccination —— 447
ワクチン接種をしていない unvaccinated —— 444
分け与える impart —— 205
分ける divide —— 122
ワサビダイコン horseradish —— 193

わずかな　insignificant —— 214
〃　subtle —— 408
〃　scant —— 377
〃　slight —— 390
ワセリン　petrolatum —— 312
ワタ　cotton —— 96
渡り　migration —— 258
ワット　W —— 455
割合　percentage —— 308
〃　proportion —— 339
〃　rate —— 352
〃　ratio —— 352
割当　assignment —— 34
〃　allocation —— 16
割り当てる　assign —— 34
〃　allocate —— 16
割引　discount —— 118
割引する　discount —— 118
弯曲　curvature —— 100

付　録
Appendix

付 録

間違えやすい語句一覧

1. 複数形の成り立ち

①単数形 -a が複数形で -ae となるパターン：ただし（*）を付けた単語は -s という規則変化もかなり多い.

alga	／algae	（藻類）
aorta *	／aortae	（大動脈）
lamina	／laminae	（薄膜）
larva	／larvae	（幼生）
placenta *	／placentae	（胎盤）
retina *	／retinae	（網膜）
trachea	／tracheae	（気管）
vertebra	／vertebrae	（椎骨）

②単数形 -a または -as が複数形で -ata となるパターン

soma	／somata	（細胞体）
pancreas	／pancreata	（膵臓）
stroma	／stromata	（間質）

③単数形 -is が複数形で -es となるパターン：-ises という重複を避けるための変化だろう.

analysis	／analyses	（分析）
axis	／axes	（軸）
crisis	／crises	（発症）
diagnosis	／diagnoses	（診断）
dialysis	／dialyses	（透析）
parenthesis	／parentheses	（括弧）
pelvis	／pelves	（骨盤）
penis	／penes	（陰茎）
testis	／testes	（精巣）

④単数形 -on が複数形で -a となるパターン：数は少ないが重要なものが多い.

criterion	／criteria	（判断基準）
ganglion	／ganglia	（神経節）
mitochondrion	／mitochondria	（ミトコンドリア）
phenomenon	／phenomena	（現象）

付録

⑤単数形 -um が複数形で -a となるパターン

antiserum	／antisera	（抗血清）
atrium	／atria	（心房）
bacterium	／bacteria	（細菌）
cerebellum	／cerebella	（小脳）
datum	／data	（データ）
endoplasmic reticulum	／endoplasmic reticula	（小胞体）
endothelium	／endothelia	（内皮）
epithelium	／epithelia	（上皮）
equilibrium	／equilibria	（平衡）
medium	／media	（培地）
quantum	／quanta	（量子）
serum	／sera	（血清）
spectrum	／spectra	（スペクトル）
symposium	／symposia	（シンポジウム）

⑥単数形 -us, -um が複数形で -i となるパターン

※ 例外的に genus は genera となる.

bronchus	／bronchi	（気管支）
callus	／calli	（カルス）
fungus	／fungi	（菌類）
genus	／genera※	（属）
hippocampus	／hippocampi	（海馬）
hypothalamus	／hypothalami	（視床下部）
jejunum	／jejuni	（空腸）
locus	／loci	（座位）
nucleus	／nuclei	（核）
pilus	／pili	（線毛）
radius	／radii	（半径）
Staphylococcus	／staphylococci	（ブドウ球菌）
stimulus	／stimuli	（刺激）
Streptococcus	／streptococci	（連鎖球菌）
terminus	／termini	（終端）
thalamus	／thalami	（視床）
thrombus	／thrombi	（血栓）
uterus	／uteri	（子宮）
villus	／villi	（絨毛）

⑦単数形 -x が複数形で -ces となるパターン

cortex	／cortices	（皮質）
helix	／helices	（らせん体）
index	／indices	（指標）
matrix	／matrices	（行列）

⑧その他のパターン

leaf	／leaves	（葉）
mouse	／mice	（マウス）
ox	／oxen	（雄牛）
tooth	／teeth	（歯）

2. 綴りが似ている関連語で，意味が異なる単語

adherence	接着性，精神的な癒着
adhesion	接着，物質的な癒着
analyst	分析者
analyzer	分析計
arc	アーク，弧
arch	アーチ，弓状のもの
arteriosclerosis	動脈硬化症
atherosclerosis	アテローム性（動脈）硬化症
base	基礎，塩基
basis	基礎，根拠
chromatography	クロマトグラフィー＝方法
chromatograph	クロマトグラフ＝機器
chromatogram	クロマトグラム＝出力されたチャート
comment	意見，論評
commentary	注解（書）
committee	委員会，委員
commission	委任，委員会
congenic	類遺伝子性の
congenital	先天性の
continual	（頻繁に）繰り返す
continuous	連続的な，継続的な
dosage	投与量
dose	一回分の投与量
eluate	溶出液；出てきたもの
eluent	溶離剤；流すもの
enthalpy	エンタルピー
entropy	エントロピー
formula	式，構造式
formulation	処方，剤形
lie	［自］横になる，位置する
lay	［他］横たえる，産卵する

machine	機械
machinery	機械類，機構
morbidity	罹患率
mortality	死亡率
novel findings	新しい発見
Nobel prize	ノーベル賞
nucleotide	ヌクレオチド；塩基＋糖＋リン酸
nucleoside	ヌクレオシド；塩基＋糖
osmolality	重量モル浸透圧濃度
osmolarity	モル浸透圧濃度
personal	個人的な
personnel	職員，人員
reflex	生理的な反射
reflection	物理的な反射，反映
relation	関係，関連
relationship	関連性，相関
responsible	責任がある，原因である
responsive	応答性の
silicon	ケイ素
silicone	シリコーン樹脂
triphosphate	三リン酸エステル（リン酸が三つ直列）
trisphosphate	三リン酸三エステル（エステル結合三つ）

3. 外来語の正しい綴りとアクセント

アスベスト	asbéstos
アポトーシス	apoptósis
アラインメント（整列化）	alígnment
アルカロイド	álkaloid
アルコール	álcohol
アルゴリズム	álgorithm
アルデヒド	áldehyde
アルミニウム	alúminum　または　alúminium
アレルギー	állergy
アンバランス	imbálance（unbálance は動詞）
アンモニア	ammónia
インピーダンス	impédance
ウイルス	vírus [váirəs]
エーテル	éther
エキス	éxtract 名
エステル	éster

エラー	érror
オキシダント	óxidant（oxydant ではない）
オルガネラ	organélle
カウンセリング	cóunseling
カオス	cháos
カテーテル	cátheter　[kǽθətə]
カテゴリー（範疇）	cátegory
カニューレ	cánnula（cannule ではない）
カプセル	cápsule
カラム	cólumn
カリウム	potássium（ドイツ語 Karium が日本語に）
カリエス	cáries [kέəriːz]
カロチン	cárotene
キモトリプシン	chymotrýpsin
キャピラリー（毛細管）	cápillary
キレート	chélate
クチクラ	cúticle（キューティクル）
クライマックス	clímax
クロム	chrómium
コレステロール	choléstérol
コンセンサス	consénsus
コンタミ（汚染）	contaminátion
コンプライアンス	complíance
サーベイランス（監視）	survéillance
シミュレーション	simulátion
シャトル	shúttle
ジレンマ	dilémma
シンチレーション	scintillátion
スキーム，シェーマ（模式図）	schéme／schéma
スケジュール	schédule
ストイキオメトリ（化学量論）	stoichiómetry
ストラテジー（戦略）	strátegy
スピロヘータ	spírochete　[spáirəkiːt]
セシウム	césium　[síːziəm]
ゾル	sól（ドイツ語読みが日本語に）　[sál]
チアノーゼ	cyanósis
チンパンジー	chimpanzée
ツベルクリン	tubérculin
データ	dáta
ディベート（討論）	debáte
テクニック（技法）	techníque
デザイン	desígn
テリトリー	térritory
ドナー	dónor

ナトリウム	sódium（ドイツ語 Natrium が日本語に）
パラダイム（範例）	páradigm
ハロゲン	hálogen
ピペット	pipétte（pipet はほとんど使われない）
ピンセット	fórceps／twéezers
プラスミノーゲン	plasmínogen
プラセボ（偽薬）	placébo
プラトー	platéau
プレパラート	preparátion
プローブ	próbe
プロトコル	prótocol
ベクトル，ベクター	véctor（分野によって異なる日本語だが同一）
ヘマトクリット	hemátocrit
ヘルペス	hérpes [hə́rpiːz]
ボランティア	voluntéer
ミセル	micélle
ミトコンドリア	mitochóndria（複数形として）単数形 -rium
モチーフ	motíf
モルモット	gúinea pig
リズム	rhýthm
リケッチア	rickéttsia
リチウム	líthium
リハビリテーション	rehabilitátion
ルーチン	routíne
レセプト	recéipt
レパートリー	répertoire
ワクチン	vaccíne

〔編著者代表者略歴〕

金子周司（かねこ・しゅうじ）

京都大学大学院薬学研究科・生体機能解析学分野教授

1958年長野市生まれ．京都大学薬学部卒業，薬学博士，富山医科薬科大学和漢薬研究所助手，京都大学薬学部助手，同助教授を経て2004年より現職．専門はイオンチャネルとトランスポータの中枢薬理学．趣味はスキーと焚き火．

本書は「ライフサイエンス必須英単語 改訂版　ライフサイエンス必須英和辞典」を改訂・改題したものです．

ライフサイエンス 必須英和・和英辞典（ひっすえいわ・わえいじてん）

改訂第3版（かいていだい はん）

2000年 3月30日　第1版第1刷発行
2004年 4月 1日　　　　第4刷発行
2005年 8月 5日　改訂版第1刷発行
2008年10月20日　　　　第4刷発行
2010年 4月10日　第3版第1刷発行

編　著　ライフサイエンス辞書プロジェクト

発行人　一戸 裕子

発行所　株式会社　羊　土　社

〒101-0052

東京都千代田区神田小川町2-5-1

TEL　03(5282)1211

FAX　03(5282)1212

E-mail eigyo@yodosha.co.jp

URL　http://www.yodosha.co.jp/

装　幀　日下 充典

ISBN978-4-7581-0839-3　印刷所　広研印刷株式会社

本書の複写にかかる複製，上映，譲渡，公衆送信（送信可能化を含む）の各権利は（株）羊土社が管理の委託を受けています．

JCOPY <（社）出版者著作権管理機構 委託出版物>

本書の無断複写は著作権法上での例外を除き禁じられています．複写される場合は，そのつど事前に，（社）出版者著作権管理機構（TEL 03-3513-6969，FAX 03-3513-6979，e-mail：info@jcopy.or.jp）の許諾を得てください．